JN437422

개정

대기과학 에센스

하경자 · 김경익

Essence of
Atmospheric
Sciences

부산대학교출판문화원

목 차

제4장 대기경계층

제5장 난류운동

제6장 대기수분과 물수지

제7장 대기의 안정도

제8장 구름의 형성과 발달

제9장 수적의 형성과 강수발달

제10장 대기의 운동과 에너지

제11장 대기의 순환과 와도

제12장 국지풍

제13장 지구 규모 순환

제18장 수치예보

제19장 대기 오염

제20장 기후 변동성과 기후 변화

재개정판에 부치는 저자의 글

지난 2년간의 한국기상학회장으로서 다른 과학계 분들을 만나고 학회 60주년의 기념행사를 하면서 대기과학에서 다루는 기상, 오염, 기후의 주제가 대기과학의 전공자 이외 일반인들에게도 중요하다는 것을 많이 느껴서 교정 수정판을 내게 되었다. 대학에서의 강의 이외에도 기상현상을 쉽게 설명하는 것과 기후변화나 기후위기의 이슈에서 가끔 논란이 되는 문제들을 일반인들에게 설명할 때에는 기상현상에 대한 원리를 매우 정확하게 설명하는 것이 중요하다는 것을 더욱 느끼게 되었다. 그 동안 사단법인 집현네트워크를 통하여 '기후, 환경'의 주제로 블로거 활동을 하게 되었으며, 참여하신 분들이 '관측 자료 기반의 해석'과 '물리적 현상의 과학적 설명', 그리고 '모형 결과 기반으로 풀이'가 중요하다고 밝히고 있다. 이에 따라 이 책에서 다루어 내고 있는 많은 해설과 물리과정의 이해가 한층 더 중요해지고 있다고 느끼고 이 수정판에서는 해석이 부족한 부분과 새로이 나온 기후변화 모델링 자료들을 첨가하게 되었다.

오늘날을 사는 현대인에게 지구상의 대기에서 일어나는 기상과 기후에 대한 과학적 이해는 필수적이다. 그래서 기상과 기후를 전반적으로 다루는 '대기과학'은 과학과 공학을 공부하는 학생들에게 필수적인 과목으로 자리매김하고 있다. 그 이유는 경제성장과 기후변화로 기상과 기후예측 그리고 그 응용에 대한 수요가 계속 급증하고 있기 때문이다. 이 책은 다음 두 가지를 지향하고 있다. 첫째는 한 권의 책으로 대기과학의 기본적이고 중요한 지식을 습득할 수 있도록 기술하였다. 따라서 대기과학의 기본 개념에서 수치예보, 기후변화까지 망라하여 다루고 있다. 가급적 강의하는 교수의 입장보다는 학생의 입장에서 어려운 내용을 쉽게 기술하여 이해를 도우려고 노력하였다. 둘째는 대기과학의 기본원리를 실제 응용하여 문제 해결을 시도할 수 있도록 그 내용을 구성하였다. 따라서 대기과학의 기본 원리에 충분한 이해를 도모할 수 있는 상세한 설명과 활용을 염두에 둔 응용문제를 풀이하는 방식을 채택하였다. 이는 그동안 국가고시를 비롯한 각종 시험문제에 출제위원으로 참여하면서 대기과학에 대한 '이해'의 단계를 넘어 활용 가능한 '지식'으로 끌고 갈 서적은 응용까지 포함해야 한다는 판단에서 비롯되었다. '대기과학 에센스'는 20개의 장으로 구성되어 있으며, 그 이름이 의미하는 바와 같이 기초의 이해 단계를 어느 정도 넘어선 책이다. 기존의 서적들은 수학적인 부분이 배제된 설명 위주의 책이거나 또는 완전히 수학적이고 물리적인 것을 강조한 것이 많다. 이 책은 그 어느 하나에 치우치지 않고, 포괄적인 이해의 어려움이 있는 내용은 실전 문제를 통하여 해결하고자 하였다. 최근의 학문적 요구에 걸맞게 대기과학의 물리적 현상을 이해하고 나아가 실전의 공학적 문제를 계산으로 해결할 수 있도록 독자들에게 도움이 되는 책을 저술하고자 하였다.

재개정판을 준비하면서 도움을 준 서울대 출신 문찬혁 군, 부산대 류진우 군과 부산대출판문화원에 깊은 감사의 마음을 전한다.

2024년 1월 30일 효원에서 저자 하 경 자

제1장 대기과학의 기초

대기과학(atmospheric science)은 지구 대기에 대한 연구, 탐사 및 관측이 상층대기를 비롯한 행성 대기까지 확장된 포괄적인 학문이다. 따라서 대기과학에서는 대류권에 국한된 전통적인 기상학의 내용인 기상, 기후뿐만 아니라 대기오염, 상층대기의 물리와 화학 그리고 대기 원격 탐사 등이 다루어진다. 이 장에서는 지구 대기의 특성, 구조 그리고 대기과학을 공부하는 데 필요한 기본적인 내용이 기술되어 있다.

1.1 대기과학의 기본개념

대기에는 놀라운 **기상(weather)**현상들이 있다. 대기의 기상현상들은 우리들의 생활과 정서에 직, 간접으로 영향을 미친다. 기상현상은 혼돈(chaos)과 복잡성(complexity)의 결과이다. 여러 다른 장소에서 일어나는 물리 과정 사이의 상호작용들은 복잡성의 원인이다. 예를 들어, 지면의 온도 차이는 바람을 유도하는 기압의 차이를 발생시킨다. 바람은 여러 곳으로 수분을 이동시키며 때로는 구름을 형성한다. 이 과정에서 수증기의 응결로 방출된 잠열은 대기의 열역학과 역학 과정에 영향을 미친다.

대기에서 일어나는 과정은 물리 과정의 **비선형성(nonlinearity)**과 **되먹임 작용(feedback mechanism)**이 함께 일어나고 있으므로 매우 복잡하여 정확한 예측이 불가능하다. 여기서 비선형성은 계(system)에 어떤 변수의 값을 입력(input)했을 경우 그 입력 값에 비례해서 출력(output)이 나오지 않는 성질이다. 되먹임 작용은 계에 어떤 변화가 있을 때, 계 내부의 과정을 통해 그 변화가 계속 증폭(또는 감소)하는 것을 말한다. 그림 1.1과 같이 이산화탄소의 증가로 기온이 증가하면, 이로 인해 해양의 온도가 증가하고 대기 중의 이산화탄소를 흡수할 능력이 전보다 감소하여 대기 중의 이산화탄소는 더욱 증가하게 된다. 이를 양(positive)의 되먹임 작용의 예이다.

기상현상이 복잡한데도 기상현상의 예측에 대한 정확도는 계속 향상되고 있다. 이는 지구 대기 운동에 지구 자전이 영향을 미친다는 것을 알게 되었기 때문이다. 또한, 대기 내에서 일어나는 물리, 화학적 과정과 대기의 운동뿐만 아니라 대기-해양 상호작용에 대한 이해의 폭이 넓어졌기 때문이다.

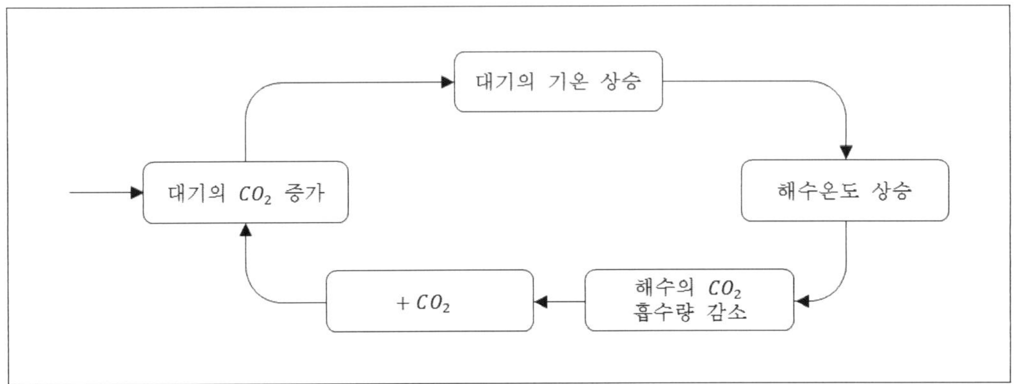

그림 1.1 ▌ CO_2의 증가에 의한 양의 되먹임 작용.

이 장에서는 대기과학을 이해하는 데 기본적인 내용으로 지구 회전체의 특징, 기본 좌표계와 운동의 기술, 대기-해양 상호작용 그리고 지구 대기의 특성과 구조에 대해 기술되어 있다. 그리고 이 책에 주어진 대기역학을 이해하는 데 필요한 기본적인 수학을 간략하게 기술하고 있다.

1.2 지구 회전체의 특성

지구는 기하학적으로 구에 매우 가까운 회전 타원체이다. 지구의 모양과 자전축을 중심으로 한 회전은 대기의 운동과 순환에 커다란 영향을 미친다. 따라서 지구 회전체의 특성에 대한 이해가 필요하다. 지구의 모양은 적도 부분이 볼록하고 극 부분이 편평한 타원체(spheroid)이긴 하지만 거의 완전한 구 모양이며, 평균 반경(R_e)은 $6{,}370km$이다. 지구의 표면적은 $5.09\times10^{14}m^2$이며 이 중에서 육지의 면적은 29%이고 해양의 면적은 71%이다. 표 1.1은 지구의 중요 특정 상수를 요약한 것이다. 표에 주어진 지표에서 지구의 평균 중력가속도(g)는 다음과 같이 주어진다.

$$g=\frac{GM}{R_e^2} \tag{1.1}$$

여기서 $G(=6.67\times10^{-11}Nm^2kg^{-2})$는 만유인력상수, $M(=5.9\times10^{24}kg)$은 지구 질량이다.

지구의 자전 주기는 약 24시간이며, 극 지역의 자전 각 속도(Ω)는 아래와 같다.

$$\Omega=\frac{2\pi}{P_{rot}}=\frac{2\pi}{86,164s}=7.292\times10^{-5}(rads^{-1}) \tag{1.2}$$

여기서 P_{rot}는 항성일(sidereal day)을 나타낸다. 한편 지구 자전 각 속도는 위도(ϕ)에 따르며 그림 1.2에 의해 다음과 같이 주어진다.

$$\Omega_\phi=\Omega\sin\phi \tag{1.3}$$

식 (1.3)에 의하면 적도에서는 지구 자전 **각속도(angular velocity)**는 0이며 극에서는 최대이다. 주어진 위도에서 연직 방향에 대한 국지적인 자전 주기를 **진자일(pendulum day)**이라고 하며 다음과 같이 정의한다.

$$P_{pend}=\frac{2\pi}{\Omega_\phi}=\frac{2\pi}{\Omega\sin\phi} \tag{1.4}$$

위 식에서 진자일은 지구 자전을 증명한 **푸코진자(Foucault Pendulum)**의 회전 주기를 의미한다. 식 (1.4)에서 $\Omega\simeq2\pi/24h$로 근사하면 위도 30° 인 곳에서 진자일은 48시간이 된다.

표 1.1 ▌ 지구의 중요 특정 상수.

지구 반경(R_e)	6.37×10^6m
지구의 표면적($4\pi R_e^2$)	$5.09\times10^{14}m^2$
지구의 단면적(πR_e^2)	$1.27\times10^{14}m^2$
지구의 자전 각 속도(Ω)	$7.292\times10^{-5}rads^{-1}$
지구의 표면 중력가속도(g)	$9.81ms^{-2}$
지구의 1 항성일(P_{rot})	$86,164s$
지구에서 이탈속도(V_e)	$11.2kms^{-1}$

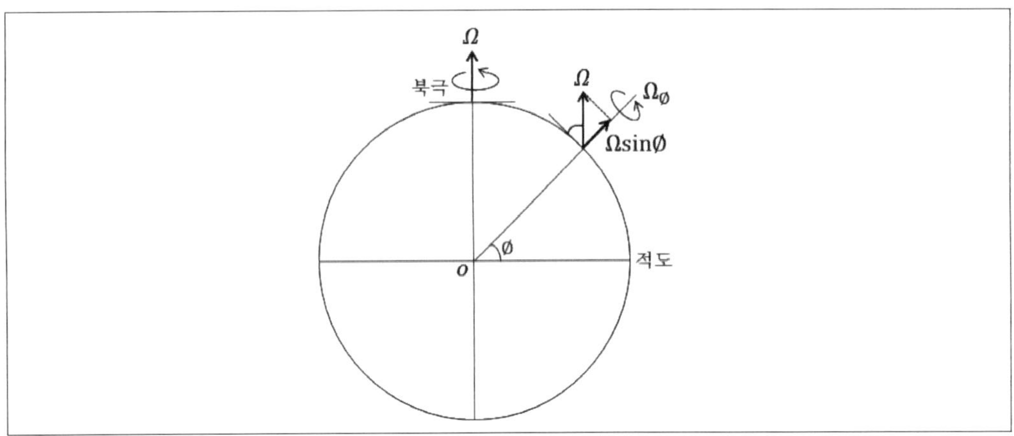

그림 1.2 ▎위도에 따른 지구 자전 각 속도의 변화.

1.3 대기-해양 상호작용

해양은 지표의 약 70%를 차지하고 있으며 평균 깊이는 $3.7km$, 질량은 $1.4\times10^{21}kg$ 지구 대기 질량($5\times10^{18}kg$)의 약 300배이다. 따라서 해양은 지표나 대기의 열용량에 비해 매우 커서 기상과 기후학적 측면에서 매우 중요한 역할을 한다. 따라서 해양의 특성을 고려하지 않고서는 대기의 순환이나 물리, 화학 과정을 설명할 수 없는 경우가 많다. 대기-해양 상호작용을 (ⅰ) 에너지의 연직 이동, (ⅱ) 에너지의 수평 이동 그리고 (ⅲ) 대기-해양 상호작용에 의한 순환의 관점에서 살펴보자. 해양이 대기에 미치는 직접적인 것으로는 잠열, 현열, 장파 복사가 있으며, 이들 플럭스의 양은 **해수 표면 온도(sea surface temperature, SST)**에 의해 좌우된다.

(ⅰ) 에너지의 연직 이동 관점에서 보면, 해양은 상당한 양의 태양복사 에너지를 흡수하고, 대기로 장파 복사를 방출한다. 해양에서 일어나는 엄청난 양의 물의 증발은 잠열의 형태로 대기에 많은 에너지를 공급한다.

(ⅱ) 에너지의 수평 이동관점에서 해양은 저위도의 열을 고위도로 운반하면서 기상과 기후에 국지적으로 커다란 영향을 미친다. 그림 1.3에서 보는 바와 같이 해양은 대기보다 적기는 하지만 저위도에서 위도 40° 까지 상당한 열을 수송하고 있음을 알 수 있다. 그 결과 해양을 끼고 있는 연안은 기온의 연교차가 작다.

(ⅲ) 대기-해양 상호작용에 의한 순환의 관점에서 살펴보면, 대기-해양이 직접 상호작용하는 것과는 달리, 멀리 떨어져 있는 곳의 대기와 해양이 연동하여 변하는 것을 **원격상관(tele-**

connection)이라고 한다. 대기-해양 원격상관의 가장 좋은 예로 **ENSO(El Niño-Southern Oscillation)**를 들 수 있다. ENSO의 경우 엘니뇨는 대기-해양 상호작용의 해수변동에 의한 현상이고, **남방진동(Southern Oscillation)**은 적도 태평양의 동쪽과 서쪽에서 기압이 시소(seesaw)처럼 변동하는 대기 현상이다. 적도를 중심으로 서태평양과 동태평양 해양에서 평상시 **워커순환(Walker circulation)**이 일어나는 경우에 동태평양에는 고기압, 서태평양에는 저기압이 형성되어 해상에는 동태평양에서 서태평양으로 바람이 분다. 이로 인해서 태평양으로 수온이 높은 해수가 이동하면서 대류가 활발하고 비가 많이 내린다. 이때 상층에는 서태평양에서 동태평양으로 바람이 분다. 한편 엘니뇨 시에는 서태평양에는 고기압, 동태평양에는 저기압이 형성되어 해상에는 서태평양에서 동태평양으로 바람이 분다. 따라서 동태평양으로 수온이 높은 해수가 이동하면서 페루 연안을 중심으로 겨울철임에도 불구하고 수온의 **이상승온(anomalous warming)**을 일으킨다. 그 결과 이 지역에 대류가 매우 활발하여 비가 많이 내린다. 이때 상층에는 평상시의 워커 순환 때와 정반대로 동태평양에서 서태평양으로 바람이 불 수 있다.

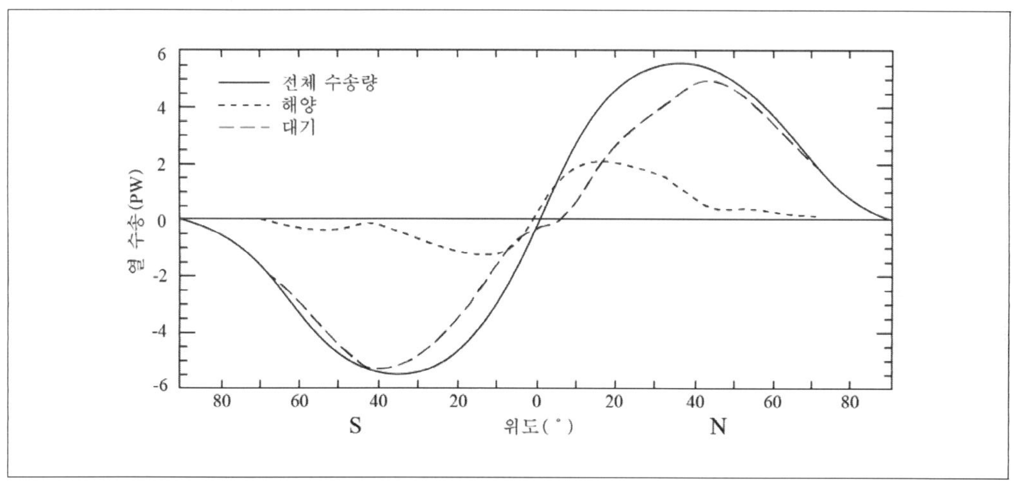

그림 1.3 ▎ **대기와 해양에 의한 열 수송** (Trenberth and Caron, 2001).

그림 1.4는 해양의 연직 구조를 나타낸 모식도이다. 그림에서 보는 바와 같이 혼합층에서 해수의 온도와 **염분(salinity)**이 일정하다. 그러나 그 아래 **수온약층(thermocline)**에서는 수온이 급격히 감소하고 있다. 혼합층의 깊이는 전형적으로 50 ~ 100m이며, 혼합층에서 수온이 일정한 이유는 대류와 바람에 의한 표층 해수의 난류혼합 때문이다.

표층 해수뿐만 아니라 심층 해수의 순환도 기상, 기후에 영향을 미친다. 최근 연구에 의하면 극지방에 빙하가 녹으면서 심층 해수의 순환 경로가 바뀌고 있다. 심층 해수의 순환은 전 지구 규모이므로 이로 인한 국지적인 기후 변화가 예상된다.

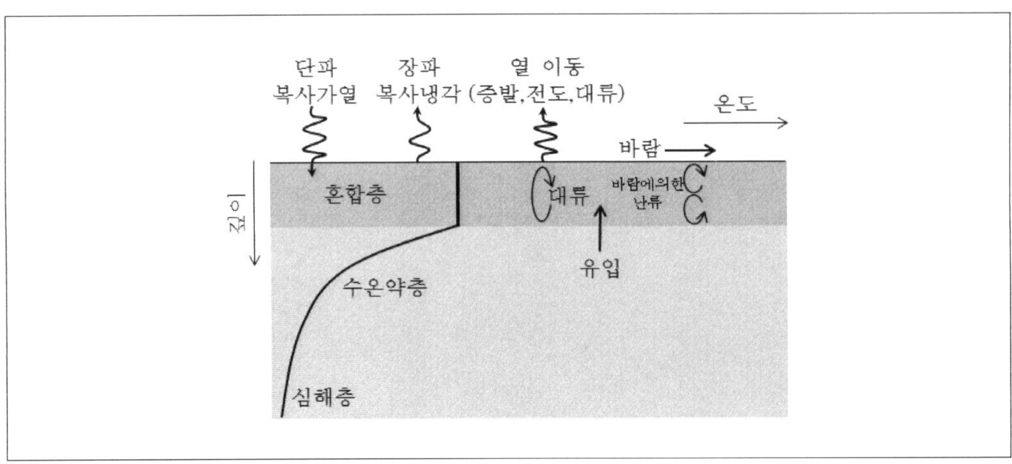

그림 1.4 ❙ 해양의 연직 구조.

1.4 지구 대기의 조성과 특징

지구 대기는 인간이 호흡에 필요한 공기를 제공할 뿐만 아니라 우주복사(cosmic radiation)와 유성으로부터 지상에 있는 생물을 보호한다. 지구 대기의 경계는 뚜렷하지 않지만, 지표에서 대략 1000km까지 이며, 그 이상은 **행성 간 공간(interplanetary space)**에 속한다. 기상학적 측면에서 보면 대기는 순환을 통하여 저위도의 열을 고위도로 수송하며, 해양이 방출하는 다량의 수증기를 대류으로 이동하여 물 순환에서 매우 중요한 역할을 한다.

대기는 지구 중력에 의해 묶여있는 지구 주위를 둘러싸고 있는 기체의 층으로 정의할 수 있다. 기체 분자가 지구 대기권에 갇혀 있으려면 분자의 속도(V_m)가 **이탈속도**(V_{es})보다 작아야 한다. 즉 아래와 같이 나타낼 수 있다.

$$V_m < V_{es} = \left(\frac{2GM_e}{R_e}\right)^{1/2} \tag{1.5}$$

위 식에서 G는 만유인력상수, M_e는 지구 질량 그리고 R_e는 지구 반경이다. 지구의 경우 $V_{es} = 11.2kms^{-1}$이다. 여기서 기체 분자의 속도(V_m)를 **최대 확률속도(most probable speed)**, V_{mp}로 고려하면

$$V_m = V_{mp} = \left(\frac{2kT}{m}\right)^{\frac{1}{2}} \tag{1.6}$$

으로 주어진다. 여기서 m와 T는 기체 분자의 질량과 온도이며, k는 볼츠만 상수(Boltzmann's constant)로서 $k = 1.38 \times 10^{-23} J/K$이다. 질소분자($N_2$)의 경우 0℃ 에서 $V_{mp} = 402 ms^{-1}$로 이탈속도(V_{es})보다 더욱 작다. 따라서 지구 대기를 이탈하는 것이 매우 어렵다고 해석할 수 있다. 그러나 이것과 더불어 기체 분자의 이탈 조건에서 고려해야 할 사항은 기체 분자의 **평균 자유 행로(mean free path)**이다. 지표 부근에 있는 기체 분자는 이탈속도를 가지고 있다 하더라도 지구에서 이탈하는 것이 매우 어렵다. 그 이유는 지표 부근에서 평균 자유 행로는 $0.1\mu m$ 정도이며 이는 기체 간의 평균 거리의 30배가 넘기 때문이다. 따라서 지표 근처에 있는 기체 분자가 지구를 벗어나려면 무한히 많은 무작위(random) 충돌을 하여야 한다. 실제로 기체 분자가 이탈 가능한 고도는 지표에서 $550km$로 지구 중심에서 $6920km$에 해당하는 고도이며 여기서 이탈속도는 $10.73kms^{-1}$이다.

예제 1.1

수소분자 하나의 질량은 $1.67 \times 10^{-27}kg$이다. 지표에서 $550km$인 고도에서 지구를 이탈하려면 그 온도가 얼마나 되어야 하는지 계산하시오. (단, 이탈속도는 $10.73kms^{-1}$라고 가정하자.)

풀이

식 (1.6)에서 $T = \frac{m}{2k} V_{mp}^2$ 으로 주어진다.

$$\text{수소원자: } T = \frac{1.67 \times 10^{-27} kg}{2 \times 1.38 \times 10^{-23} (J/K)} (10.73 kms^{-1})^2 = 6996K$$

계산에 따르면 이탈에 필요한 온도는 $6996K$가 되어야 한다. 실제로 대기 중의 기체가 이탈하기에는 지구대기의 평균 온도가 너무 낮다.

표 1.2 ▌ 지구대기의 주요 구성성분은 고도 (<~ $80km$).

구성	분자량	체적 비(%)
질소(N_2)	28.01	78.1
산소(O_2)	32.00	20.09
아르곤(Ar)	39.95	0.93
수증기(H_2O)	18.02	~ 0.4(평균), 지표: 1- 4%
이산화탄소(CO_2)	44.01	390 ppm(0.039%)
메탄(CH_4)	16.04	1.8 ppm
건조 공기	28.96 (평균치)	

지구 대기 조성의 연직 구조는 **동질권(homosphere)**와 **이질권(heterosphere)**으로 구분할 수 있다. 동질권은 지표에서 대략 고도 100km의 영역으로 난류혼합(turbulent mixing)이 분자확산(molecular diffusion)보다 상대적으로 우세하여 수증기, 탄산가스 그리고 오존 등을 제외한 주요 공기의 조성비가 일정한 기층이다. 한편 이질권에서는 분자확산이 난류 확산보다 탁월하여 분자량이 작은 기체의 조성비가 고도에 따라 증가하면서 조성의 층상화(stratification)가 이루어진다.

표 1.2는 동질권에 속하는 고도 약 80km 이하에서 대기의 조성을 보여 준다. 여기서 수증기, 이산화탄소 그리고 메탄은 주요 온실기체이다. 대기 조성 중 가장 많은 체적을 차지하고 있는 질소는 화학적으로 **비(불)활성 가스(inert gas)**로 다른 원소와 화학반응을 잘 하지 않는 물질이며, 물에 대한 용해도가 낮다. 대부분 질소는 지구형성 초기에 화산분출 시 방출된 것이 지구 대기에 남아 있는 것이다. 대기 중의 산소는 주로 광합성에 의해서 형성된 것이며, 수증기는 잠열 방출 및 온실효과와 관련하여 매우 중요한 역할을 하고 대부분 대류권에 존재한다. 이산화탄소는 식물의 광합성에 필요하며 중요한 온실기체이다.

지구 대기에는 표 1.2에 주어진 기체뿐만 아니라 많은 미량기체가 존재하며 또한 에어로졸(aerosol)이 존재한다. 에어로졸은 구름과 강수 입자들을 제외한 대기 중에 떠 있는 모든 입자를 말하며, 유기물질, 꽃가루, 토양입자, 화산재, 해염(sea salt), 유성진 그리고 최근에 단시간의 기후변동에 영향을 주는 블랙 카본**(black carbon)** 등을 말한다. 블랙 카본은 화석연료와 생물연료(biomass)의 불완전 연소로 인해 발생한 직경$\leq 2.5\mu m$인 입자이다. 직경$\leq 2.5\mu m$인 입자들을 통틀어 **PM2.5(particulate material)** 또는 초**미세먼지**라고 한다. 블랙 카본은 직접 태양광을 흡수하거나 눈이나 얼음 위에 쌓인 경우 알베도를 감소시키며 구름의 응결핵으로도 작용한다. 이산화탄소의 생존 기간은 100년이 넘지만, 블랙 카본의 생존 기간은 매우 짧아서 단기간에 기후 변화를 일으킬 수 있다.

대기화학과 관련된 문제로 생명이 있는 지구 대기의 조성은 생명체가 없는 다른 행성 대기와 어떻게 다른지 살펴보도록 하자. Lovelock(1991)은 우주선에서 관측한 분광계로 조사한 화성, 금성, 실제 지구 대기의 화학성분을 산화물(O_2, CO_2), 환원물(CH_4, H_2) 및 불활성물(N_2, Ar)로 구분하여 생물체의 존재와 대기의 화학조성 간의 관계를 조사하였다. 여기서 **환원물질(reducing substance)**은 영양분, 연료 등 산소와 결합할 수 있는 물질을 말한다. 연구결과 지구 대기에는 다른 행성에 없는 환원물인 메탄과 수소가 존재하고 있음을 알게 되었다. 환원물과 산화물이 함께 존재하는 것은 지구 대기가 화학적으로 비평형 상태에 있음을 말해준다. 만약 지구에 생명체가 없다면 금성과 화성과 같이 지구에는 환원물이 존재하지 않는다.

1.5 지구 대기 연직 구조

대기의 연직 구조는 지표의 영향, 온도, 조성 및 전자밀도를 고려하여 구분된다. 여기서는 지표의 영향과 온도분포를 기준으로 대기층을 구분하여 기술하고 있다.

(1) 대기경계층과 자유대기

대기경계층(atmospheric boundary layer)은 지표에 직접 접하고 있는 대기의 최하층이며, 대기의 상태 또는 대기 흐름이 지표면의 영향을 직접 받는 층으로 **행성경계층**(planetary boundary layer)이라고도 한다. 그림 1.5는 대류권에서 대기경계층과 자유대기의 연직 구조를 나타낸 모식도이다. 대기경계층의 높이는 대기의 상태, 주간과 야간 그리고 지표의 성질에 따라 다르며 지표와 기상 조건에 따라서 수십 m에서 수 km나 된다. 해양에서 발달하는 대기경계층을 육지와 구분하여 해양 대기경계층이라고 하며, 경계층의 정상에 구름이 있는 경계층을 **"구름이 정상에 위치한 경계층**(cloud topped boundary layer)**"**이라고 한다.

대기경계층과 자유대기의 구분을 기온을 이용하여 비교하면, 대기경계층에서는 기온의 일변화가 일어나지만, 자유 대기에서는 기온의 일변화가 일어나지 않는다. 바람의 경우 대기경계층에서는 고도에 따라 지표마찰이 바람에 미치는 영향이 감소한다. 따라서 마찰이 풍속에 미치는 영향을 무시할 수 있는 고도가 대기경계층의 고도이다. 대기경계층 내에서 바람은 지표 마찰의 영향으로 등압선을 가로질러 고기압에서 저기압으로 불어간다.

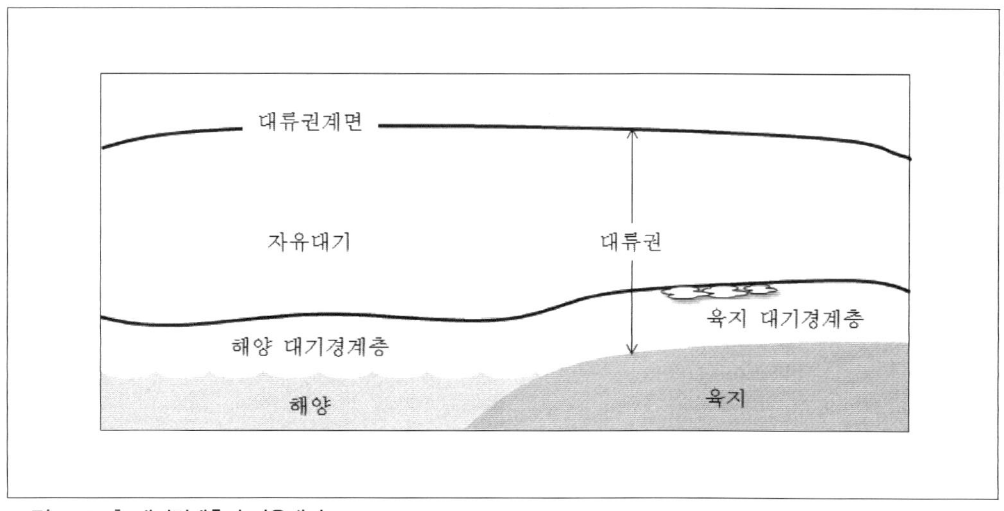

그림 1.5 ┃ 대기경계층과 자유대기.

대기경계층에서는 난류와 대기의 **연직 혼합**(vertical mixing)이 현저하게 나타나며, 난류에 의해 열, 수분, 운동량의 연직 수송이 일어난다. 대기경계층은 대기안정도에 따라 대류경계층, 중립 경계층 그리고 안정 경계층으로 구분한다. 대기경계층은 인간이 생활하는 대기의 최하층으로 대기오염, 안개 발생, 난류 그리고 국지예보 등의 관점에서 매우 중요한 연구 대상이다.

자유대기(free atmosphere)는 지표의 영향을 직접 받지 않는 대기경계층 위에 있는 대기이다. 바람의 연직 시어가 대기경계층에 비해 매우 적고, **청천난류**(clear air turbulence)가 발생하기도 하지만 난류 강도는 대기경계층보다 일반적으로 더 낮다. 자유대기에서는 마찰 효과가 무시되고 대기 운동은 지구 자전에 의한 전향력과 기압경도력의 지배를 받는다. 따라서 바람은 등압선에 나란한 지균풍으로 근사할 수 있으며, 자유대기의 밑면 고도를 **지균풍 고도**라고 한다.

(2) 온도분포에 의한 연직 구조

지구 대기의 기온분포에 의한 기층의 구분은 보통 미국 **표준대기**(standard atmosphere) 또는 **국제민간항공기구**(International Civil Aviation Organization, ICAO)에서 정한 것을 기준으로 사용한다. 각층의 구분에 있어서 고도별로 커다란 차이가 없으므로 함께 사용되고 있다.

▌대류권

대류권(troposphere)은 지구 대기의 최하층으로 지구 대기 질량의 대략 80%를 차지하며, 중위도에서 대류권계면의 높이는 평균 $11km$ 이다. 대류권계면의 높이는 위도와 계절에 따라 다르며 열대에서는 $15 \sim 16km$, 고위도에서는 $8 \sim 9km$ 이다. 북반구에서 고위도로 갈수록 대류권계면의 높이는 낮아지며 동일 위도에서도 대류권계면의 높이는 겨울보다 여름이 높다. 대류권은 이름 그대로 대류에 의해 공기가 연직으로 잘 혼합되어 있다. 대류권에서는 활발한 대류로 인해 일기가 끊임없이 변하며, 남반구와 북반구에 걸쳐 대기대순환(general circulation)이 일어난다. 표 1.3은 기온분포에 의한 대기권의 구분과 각 기층의 특성을 보인 것이다.

표 1.3 ❙ 기온분포에 의한 대기권의 구분.

각 층의 명칭	평균 해수면 위 지위고도(km)	기온변화율 (℃/km)	기온 (℃)	기압 (hPa)
대류권	0.0	-6.5	15.0	1,013.25
대류권계면	11.0	0.0	-56.5	226.32
성층권	20.0	1.0	-56.5	54.75
	32.0	2.8	-44.5	8.68
성층권계면	47.0	0.0	-2.5	1.11
중간권	51.0	-2.8	-2.5	0.67
	71.0	-2.0	-58.5	0.04
중간권계면	84.9	-	-86.28	0.004

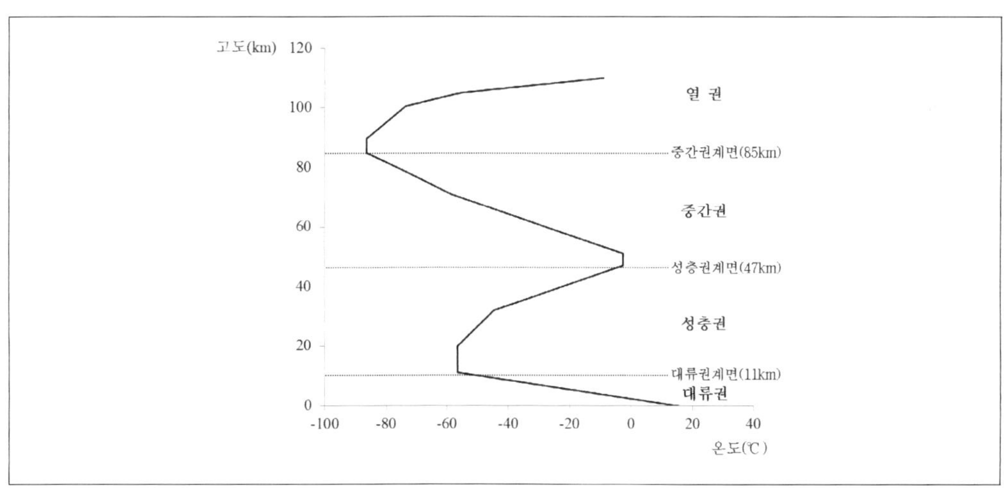

그림 1.6 ❙ 대기의 기온분포.

❙ 성층권

성층권(stratosphere)은 고도 $11km$에서 $50km$에 이르는 층으로 기온이 고도에 따라 증가하는 안정한 층이다. 따라서 대류와 난류가 매우 제한되어 대기의 연직 혼합이 약하다. 기온이 고도에 따라 증가하는 이유는 성층권에 오존(O_3)이 존재하기 때문이다. 성층권 오존은 미량이긴 하지만 태양복사의 자외선을 흡수하여 지상에 있는 생물을 생존할 수 있게 한다.

성층권은 대류권의 대기대순환과 같은 대규모 순환은 아직 확인되고 있지 않다. 성층권의 순환으로는 **준 2년 주기 진동**(Quasi-Biennial Oscillation, QBO), Brewer-Dobson **순환** 그리고 **성층권 돌연승온**(stratospheric sudden warming)을 들 수 있다.

❙ 중간권

중간권(mesosphere)은 성층권계면(~ $50km$, -2.5℃)에서 중간권계면(~ $85km$, -86℃)에 이르는 대기층으로 대기권에서 가장 온도가 낮은 층이다. 온도가 감소하는 이유는 성층권계면을 지나면서 오존농도가 계속 감소하기 때문이다. 미국 표준대기를 참고하면 고도 $50km$ 에서 기온은 -2.5℃ , 기압은 $0.76hPa$ 이고 공기밀도는 $1.0\times10^{-3}kgm^{-3}$ 이다. 공기밀도는 매우 낮지만, 질소분자와 산소분자의 비는 해면과 같다.

❙ 열권

중간권계면에서 고도 약 $1000km$ 까지를 **열권(thermosphere)**이라고 한다. 열권에서는 N_2 와 O_2 가 태양 자외선을 흡수하기 때문에 중간권과는 달리 온도가 고도에 따라 증가한다. 이는 열권에서 자외선의 강도는 고도가 증가할수록 증가하는 데 비하여, 공기밀도는 감소하기 때문이다. 이로 인해 분자 하나가 흡수하는 에너지가 고도에 따라 매우 증가한다. 공기밀도가 매우 낮으므로 작은 양의 에너지를 흡수해도 온도가 매우 증가한다. 열권의 온도변화는 태양활동에 따라 크게 좌우된다. 예를 들면 고도 $500km$ 에서 평균 태양활동 시 온도는 약 $500K$ 이지만 태양활동의 활발한 경우에는 $1500K$ 나 된다.

열권은 대기밀도가 너무 낮아 온도를 직접 측정할 수 없으며, 열권의 상부에서 대기에 의한 저항으로 나타나는 위성의 궤도변화를 관측하여 대기 온도를 결정한다. 열권의 대기는 매우 희박하지만, 공기분자가 위성과 충돌할 경우 위성의 속도를 감소시킨다.

1.6 대기의 열역학적 상태

대기의 열역학적 상태는 기본적으로 압력, 밀도, 온도로 나타낼 수 있다. 그러나 대기의 수분 함량이 기상변화의 중요한 변수이므로 통상적으로 수증기 밀도를 중요한 변수로 고려한다.

(1) 상태 방정식

대기는 혼합기체이긴 하지만 그 상태를 이상기체의 상태 방정식으로 기술할 수 있다. 대기의 상태, 즉 기압(p), 밀도(ρ) 그리고 온도(T)와의 관계는 다음의 상태 방정식을 따른다.

$$p = \rho R_m T \tag{1.7}$$

여기서 p와 ρ는 습윤공기의 압력과 밀도를 나타낸다. 대기의 수증기 함량에 따라 습윤공기의 분자량(M_m)이 다르므로 습윤공기에 대한 기체상수 $R_m (= R^* / M_m)$이 일정하지 않다. 따라서 습윤공기에 대한 상태 방정식을 단순화하기 위하여 **가온도(virtual temperature, T_v)**를 도입하며 다음과 같이 나타낸다.

$$p = \rho R_d T_v \tag{1.8}$$

여기서 R_d는 건조 공기에 대한 기체상수로 $R_d = 287.053 Jkg^{-1}K^{-1}$이다. 식 (1.8)에 의해 가온도를 건조 공기가 습윤공기와 같은 압력과 밀도를 가질 때 온도로 정의할 수 있다. 가온도는 다음과 같이 주어진다.

$$T_v = T(1 + 0.61r) \tag{1.9}$$

여기서 r은 수증기 혼합비이다. 공기 덩이에 액체 수(liquid water)와 수증기가 포함된 경우에는 다음과 같이 주어진다.

$$T_v = T(1 + 0.61r - r_l) \tag{1.10}$$

r_l은 건조 공기의 질량에 대한 액체수의 혼합비이며, 공기 덩이에 있는 건조 공기의 질량에 대한 액체수의 질량비이다. 식 (1.10)에서 r_l을 빼준 이유는 수증기만이 가온도의 증가(순 부력의 증가)에 기여하고, 액체 수는 건조 공기와 같이 하중(loading)으로 작용하기 때문이다. 공기 덩이의 부력 계산에서 가온도를 고려하면 식 (1.10)을 좀 쉽게 이해할 수 있다.

(2) 대기 압력

대기가 미치는 압력(p)을 보통 기압이라고 부르며 단위면적에 연직으로 작용하는 대기의 무게에 의한 힘으로 스칼라량으로 다음과 같이 정의된다.

$$p(Pa) = \frac{F}{A} \tag{1.11}$$

여기서 $A(m^2)$는 면적, 힘 F의 단위는 N 그리고 압력의 단위는 Pa (Pascal)이다. 그러나 실제로 기압을 표시할 경우 $hPa(=100\,Pa)$을 통상 사용한다. 해수면에서 표준기압은 $p = 1013.25\,hPa$이며 이를 1기압이라고 하며, 다음과 같이 여러 단위로 나타낸다.

$$1013.25\,hPa = 101,325\,Pa = 1013.25mb = 760mm\,Hg = 1.033227atm \tag{1.12}$$

어떤 고도에서 측정한 대기압은 그 고도 위에 있는 모든 공기의 분자들의 무게에 의해 단위면적이 받는 힘으로 다음과 같이 나타낼 수 있다.

$$p(z) = \int_z^{\infty} \rho(z) g dz \tag{1.13}$$

$\rho(z)$는 공기밀도이며 고도증가에 따라 감소한다. 식 (1.13)에 의하면 기압은 고도증가에 따라 감소한다. 기체를 압축하면 이로 인해 공기밀도가 증가한다. 대기의 아랫면에서 압력이 가장 높으며 압축도 가장 크다. 그러므로 대기의 정상 부근 보다 대기층의 아랫면에서 더 많은 분자가 압축된다. 그 결과 대기의 압력은 높은 고도에서보다 지표 근처에서 더 빨리 지수 함수적으로 감소한다.

식 (1.7)의 기체 상태 방정식에 의한 압력과 대기의 무게에 의한 압력은 실제로 같다. 풍선이 기체로 채워져 있을 때, 그 내부압력이 주위 대기압과 균형을 이루고 있을 경우 기체의 내부압력과 주위 기압은 같다. 만일 공기 덩이가 단열 상승하면 공기 덩이는 단열팽창하면서 기압이 낮아지면서 동시에 주위 기압과 균형을 이룬다.

(3) 대기의 온도

대기의 온도는 거시적으로 상태 방정식을 이용하여 나타낼 수 있지만, 미시적으로 보면 각 기체 분자의 속력과 관계가 있다. 따라서 기체 분자의 속력(v)은 기체 온도(T)의 척도가 된다. 기체 분자의 운동론에 의하면 기체 분자의 평균 운동에너지와 절대온도 사이에는 다음 관계식이 성립한다.

$$< \frac{1}{2}mv^2 > = \frac{3}{2}kT \quad (1.14)$$

좌측 항은 기체 분자의 평균 운동에너지이며, k는 **볼츠만 상수(Boltzmann's constant)**로서 $k = 1.38 \times 10^{-23} J/K$이다. 식 (1.14)는 온도계로 측정한 한 온도 값에 대해 기체 분자는 다양한 속력을 갖는다는 것을 의미한다. 이 방정식은 대기밀도가 너무 낮아 온도계를 이용하여 온도를 측정할 수 없는 고도 $100km$ 이상에서 대기의 온도를 추정하는 데 이용된다.

볼츠만 상수를 이용한 상태 방정식이 기체 분자의 수밀도(n)와 압력과 온도와의 관계는 아래와 같다.

$$p = nkT \quad (1.15)$$

이 식에서 n은 단위체적 당 분자의 개수를 나타낸다.

1.7 정역학평형

대기의 연직 가속도가 무시할 수 있을 정도로 매우 작은 경우에 그림 1.7과 같이 기층 또는 공기 덩이에 작용하는 중력과 연직 기압경도력이 평형을 이루고 있는 것으로 고려할 수 있다. 이 평형 상태를 **정역학평형(hydrostatic equilibrium)**이라고 하고, 평형 관계를 나타내는 식을 정역학 방정식이라고 한다.

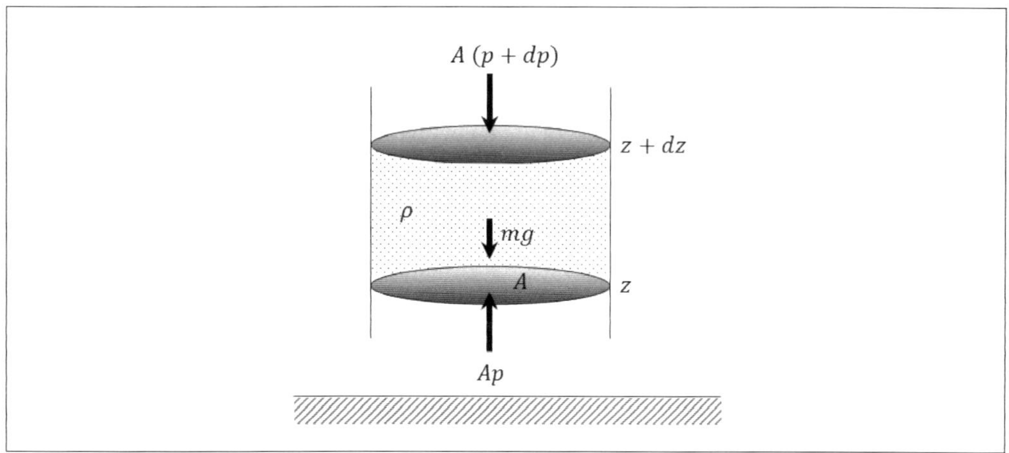

그림 1.7 ❙ 공기의 얇은 수평층에 작용하는 힘의 정역학 평형.

정역학 방정식을 유도하기 위해 대기 중에 그림 1.7과 같이 A를 수평 단면적으로 하는 연직 공기기둥에서 고도 z의 수평면과 고도 $z+dz$의 수평면 사이에 있는 공기에 가해지는 힘의 균형을 생각해 보자. 공기 덩이에 작용하는 힘이 중력과 연직 기압경도력이 균형을 이루고 있으므로 다음과 같이 나타낼 수 있다.

$$\rho g A \triangle z = Ap(z) - Ap(z+\triangle z) \tag{1.16}$$

으로 주어진다. 여기서 $p(z+\triangle z)$는 다음과 같이 근사할 수 있다.

$$p(z+\triangle z) = p(z) + \frac{\partial p}{\partial z}\triangle z \tag{1.17}$$

이 식을 식 (1.16)에 대입하고 정리하면 다음의 정역학 방정식을 얻는다.

$$-\frac{1}{\rho}\frac{\partial p}{\partial z} = g \tag{1.18}$$

식 (1.18)은 연직 기압경도력과 중력의 균형을 보여 주며, 다음과 같이 표현할 수 있다.

$$dp \;=\; -\rho g dz \tag{1.19}$$

식 (1.19)는 고도증가에 따라 기압이 감소함을 보여 준다. 실제로 기압은 고도증가에 따라 지수 함수적으로 감소한다. 이를 수식으로 표현하기 위해 식 (1.19)에 건조 공기의 상태 방정식을 적용하고 정리하면 다음과 같이 주어진다.

$$\frac{dp}{dz} = -\frac{gp}{R_d T} \tag{1.20}$$

여기서 T는 z의 함수이므로 식 (1.20)을 다음과 같이 $z=0$에서 임의의 고도 z까지 적분으로 나타낼 수 있다.

$$\int_{p_0}^{p} d(\ln p) = -\int_0^z \frac{g}{R_d T(z')}dz' \tag{1.21}$$

여기서 z'은 가변수(dummy variable)이며, 식 (1.21)의 적분 결과는 다음과 같이 주어진다.

$$\ln p(z) - \ln p_0 = -\frac{g}{R_d}\int_0^z \frac{1}{T(z')}dz' \tag{1.22}$$

또는 지수함수로 다음과 같이 나타낼 수 있다.

$$p(z) = p_0 \exp\left(-\frac{g}{R_d}\int_0^z \frac{dz'}{T(z')}\right) \tag{1.23}$$

주어진 대기층의 평균온도(T_{av})나 **등온대기(isothermal atmosphere)**를 고려할 경우 식 (1.23)은 좀 더 간단한 다음과 같은 형태로 주어진다.

$$p(z) = p_0 \exp\left(\frac{-z}{H}\right) \tag{1.24}$$

여기서 H를 기압의 **규모 고도(scale height)**라고 하며, 규모 고도는 $z = H, 2H, \ldots$ 로 증가하면 기압은 e^{-1}과 e^{-2}배로 감소함을 의미한다.

$$H(m) = \frac{R_d T_{av}}{g} = 29.29\, T_{av}(K) \tag{1.25}$$

식 (1.25)에서 지구의 평균온도 255K를 적용하면 규모 고도는 약 7.5km이다.

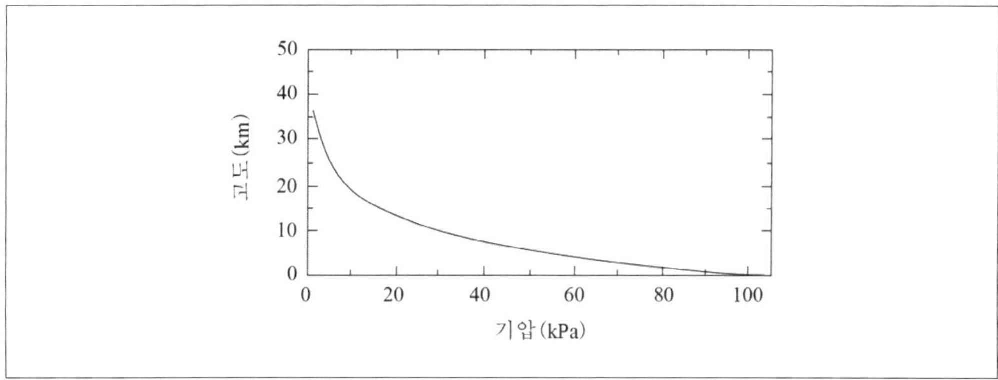

그림 1.8 ▌ 고도 z와 대기 압력 p의 관계.

평균온도가 같은 경우에도 기체의 종류에 따라 기체상수가 다르므로 규모 고도가 다르다. 각 기체에 대한 규모고도(H_i)를 보편기체상수(R^*)와 기체의 분자량을 써서 나타내면 다음과 같다.

$$H_i(m) = \frac{R^* T_{av}}{M_i\, g} \tag{1.26}$$

이 식에서 $R^* = 8.314 Jmole^{-1}K^{-1}$이며 M_i는 임의의 기체의 분자량을 나타낸다. 식 (1.26)에 따르면 기체의 분자량이 작은 기체일수록 규모 고도가 더 큼을 알 수 있다. 예를 들면 온도 255K에서 분자량이 2.02인 수소분자의 규모 고도는 107km인 데 비해 분자량이 44.01인 이산화탄소의 규모 고도는 4.9km이다. 상층으로 올라갈수록 분자량이 작은 기체의 농도가 더 큰 이유는 기체 간의 규모 고도의 차이로 설명할 수 있다.

공기밀도가 고도에 따라 어떻게 변하는지를 살펴보기 위해 식 (1.23)을 고려하자.

$$p(z) = p_0 \exp\left(-\frac{g}{R_d}\int_0^z \frac{dz'}{T(z')}\right) \tag{1.27}$$

고도 $z = 0m$에서 온도를 T_0, 밀도를 ρ_0라고 하면 $p_0 = \rho_0 R_d T_0$이며, 고도 z에서 온도를 $T(z)$, 밀도를 $\rho(z)$라고 하면 $p(z) = \rho(z) R_d T(z)$이다. 이 두 식을 식 (1.27)에 대입하면

$$\rho(z) = \frac{T_0 \rho_0}{T(z)} \exp\left(-\frac{g}{R_d}\int_0^z \frac{dz'}{T(z')}\right) \tag{1.28}$$

으로 주어진다. 식 (1.28)는 공기밀도가 고도에 따라 지수함수적인 감소를 함을 알 수 있다. 등온대기의 경우 식 (1.28)은 다음과 같이 주어진다.

$$\rho(z) = \rho_0 \exp\left(\frac{-z}{H}\right) \tag{1.29}$$

등온대기의 경우 압력의 규모 고도나 밀도의 규모 고도는 같다. 한편 주어진 임의의 기체(i)에 대한 밀도는 식 (1.29)에서 H_i를 고려하여 다음과 같이 나타낸다.

$$\rho_i(z) = \rho_{i0} \exp\left(\frac{-z}{H_i}\right) \tag{1.30}$$

예제 1.2

지표에서 기온이 15℃, 1기압일 때 공기밀도는 얼마인가. 또, 이 상태에서 지표에서 100m 올라간 경우 기압은 얼마나 감소하는가?

풀이

상태 방정식 이용 :

$$\rho = \frac{1013.25 \times 10^2 Pa}{(288K)(287.047J\ K^{-1}kg^{-1})} = 1.23\,kgm^{-3}$$

지표에서 100m 올라간 경우

$$\triangle p = -\rho g \triangle z = -(1.23kgm^{-3})(9.8ms^{-2})(100m) = -12hPa$$

1.8 측고공식

두 등압면 p_1과 p_2에 의한 위와 아래의 높이 차이를 그 층의 두께 또는 **층후(thickness)**라고 하며, 대기 요란의 구조를 분석하는 데 이용된다. 층후는 기압과 고도의 관계식에서 구할 수 있다.

식 (1.19)에 상태 방정식 $p = \rho R_d T_v$를 대입한 후 dz를 구하면,

$$dz = -\frac{R_d T_v}{g}\frac{dp}{p} \tag{1.31}$$

으로 주어진다. 여기서 R_d는 건조 공기의 기체상수, T_v는 가온도이다. 이 식을 두 개의 고도 z_1과 z_2에 대해서 정적분을 하면 두 등압면 사이의 고도차는 다음과 같이 주어진다.

$$z_2 - z_1 = \frac{R_d}{g}\int_{P_2}^{p_1} T_v \frac{dp}{p} \tag{1.32}$$

여기서 T_v는 변수이므로 p에 대한 적분을 쉽게 하려면 평균 가온도 $\overline{T_v}$를 도입하여 식 (1.32)를 적분한 결과는 다음과 같다.

$$z_2 - z_1 = \frac{R_d}{g}\overline{T_v}\ln\left(\frac{p_1}{p_2}\right) \tag{1.33}$$

여기서 $\overline{T_v} = \int_{p_1}^{p_2} T_v dlnp / \int_{p_1}^{p_2} dlnp$이다. 식 (1.33)을 **측고공식(hypsometric equation)**이라고 한다. 이 식에 의하면 두 등압면 사이의 기층의 두께(층후)는 기층의 평균 가온도에 비례함을 알 수 있다. 한편 식 (1.33)은 다음과 같이 나타낼 수 있다.

$$\ln p_1 - \ln p_2 = \frac{g}{R_d \overline{T_v}}(z_2 - z_1) \tag{1.34}$$

식 (1.34)는 층후와 압력 차의 관계를 나타낸다.

1.9 대기 운동의 기술을 위한 좌표계

지구가 거의 구 모양이라고 할지라도 대기의 운동을 기술하는데 지표를 평면으로 가정해도 충분하기 때문에 항상 구면좌표계를 사용할 필요는 없다. 여기서는 직교좌표와 구면 좌표에 대해서 살펴보자.

▌ 직교 좌표(Cartesian coordinate)

국지(local) 직교 좌표계는 그림 1.9과같이 북반구의 경우 관측자가 위치한 지점(원점)에서 위도선을 따라 동쪽은 x축, 경도선을 따라 북쪽은 y축 그리고 관측자의 연직 상방은 z축이 된다. 따라서 물체의 속도 성분은 $u = dx/dt$, $v = dy/dt$ 그리고 $w = dz/dt$로 주어진다.

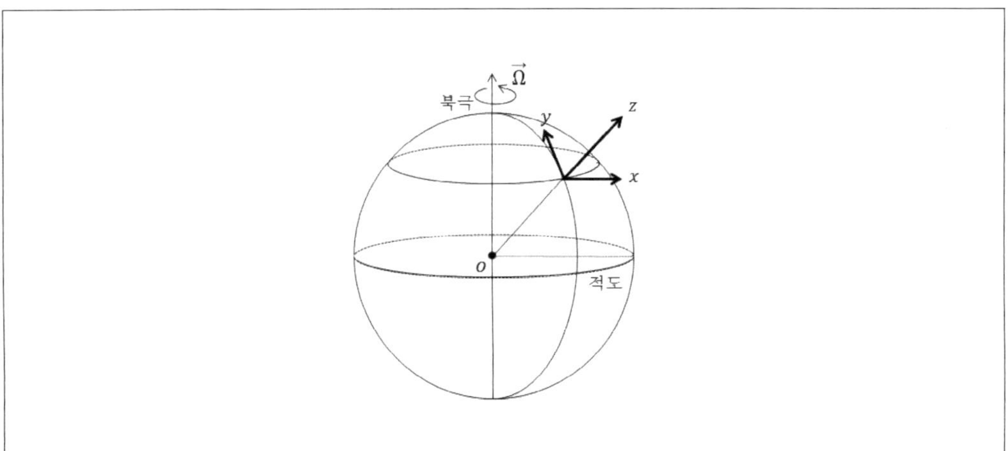

그림 1.9 ▌ 지상의 국지 직교 좌표계.

▌ 극좌표(polar coordinate)

대기의 수평운동을 다룰 때는 2차원 직교좌표나 극좌표를 많이 사용한다. 극좌표에서 수평 속도는 방향(θ)과 속력(V)로 표현할 수 있다. 바람은 극좌표로 표시하지만 때로는 직교좌표로 나타내어 여러 가지 기상학적 요소를 계산한다.

풍향은 바람이 불어오는 방향으로 북풍이 0° 이므로 $-y$축을 기준으로 시계 방향을 따라 360° 까지 나타낸다. 한편 보통 수학적인 2차원 좌표의 경우 $+x$ 방향이 0° 이므로 반시계 방향을 따라 360° 까지 표시한다. 그림 1.10은 수학적인 풍향(θ_{ma})과 기상학적인 풍향 (θ_{me})을 나타낸 것이다. 두 각의 관계는 θ_{ma}의 범위에 따라 두 가지 경우로 고려한다.

(ⅰ) $0^\circ \le \theta_{ma} \le 270^\circ$ 경우 $\theta_{ma} + \theta_{me} = 270^\circ$ 이다. 그리고 (ⅱ) $270^\circ < \theta_{ma} \le 360^\circ$ 경우 $-\theta_{ma} - \theta_{me} = 90^\circ$ 이고 $\theta_{ma} + \theta_{me} = -90^\circ\ (= 270^\circ)$로 주어진다. 따라서 θ_{ma} 와 θ_{me}의 관계는 어느 경우에나 다음과 같이 나타낼 수 있다(그림 1.10).

$$\theta_{ma} = 270^\circ - \theta_{me} \tag{1.35}$$

식 (1.35)에서 풍향이 북서풍 계열로 $\theta_{me} = 330^\circ$ 인 경우에는 $\theta_{ma} = -60^\circ$ 가 된다.

바람 벡터는 직교좌표에서 x 성분을 u, y 성분을 v 라고 하면 다음과 같이 주어진다.

$$\vec{V} = u\hat{i} + v\hat{j} \tag{1.36}$$

식 (1.36)에서 풍속은 벡터의 크기로 $|\vec{V}| = V = (u^2 + v^2)^{1/2}$ 으로 주어진다.

기상학에서 풍향은 바람이 불어오는 방향을 나타낸다. 따라서 서풍은 서쪽에서 불어오므로 이때 풍향은 270° 이다. 이것은 양의 x 방향으로 공기가 이동할 때 u의 양의 값과 일치한다. 풍향과 풍속을 이용하여 바람 벡터의 x 성분 y 성분을 나타내면 다음과 같이 주어진다.

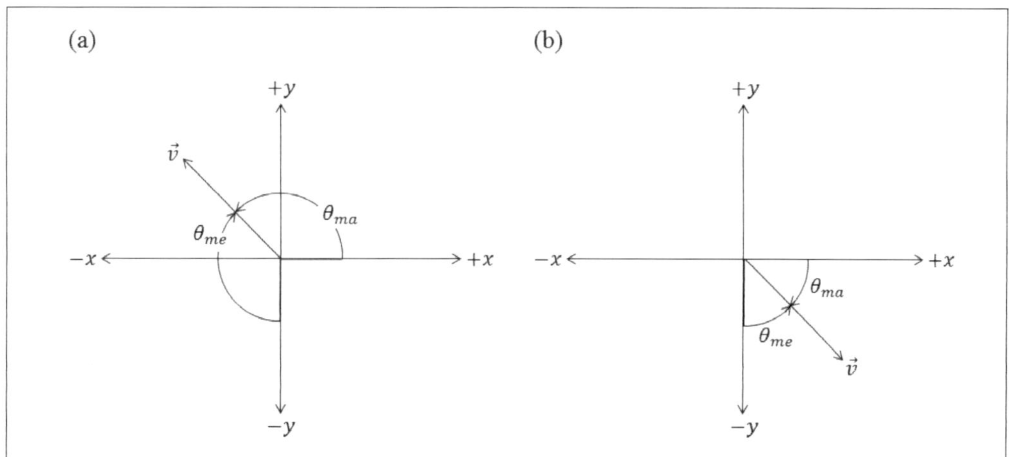

그림 1.10 ▌ 기상학인 풍향과 수학적 정의에 풍향 각과의 관계.

$$u = -V\sin(\theta_{me}) \tag{1.37}$$

$$v = -V\cos(\theta_{me}) \tag{1.38}$$

여기서 $V = 10ms^{-1}$, $\theta_{me} = 90^\circ$ 이면 $u = -10ms^{-1}$, $v = 0ms^{-1}$이 된다.

1.10 대기과학을 위한 기초수학

(1) 전미분과 편미분의 연쇄 법칙

수학은 과학을 이해하는데 필요한 언어라고 할 수 있다. 여기서는 전미분과 편미분 그리고 미분의 연쇄 법칙에 관해 기본내용을 기술하고 있다.

▌전미분

함수 ϕ가 $\phi = \phi(x, y, z)$인 경우 ϕ의 **전미분(total differentiation)**은 다음과 같이 주어진다.

$$d\phi = \frac{\partial \phi}{\partial x}dx + \frac{\partial \phi}{\partial y}dy + \frac{\partial \phi}{\partial z}dz \qquad (1.39)$$

여기서 $\frac{\partial \phi}{\partial x}, \frac{\partial \phi}{\partial y}$ 그리고 $\frac{\partial \phi}{\partial z}$는 함수 ϕ에 편미분을 나타낸다.

한편 $d\vec{r} = \hat{i}\,dx + \hat{j}\,dy + \hat{k}dz$ 와 벡터 미분 연산자 ∇(del)을 이용하면 식 (1.39)을 다음과 같이 나타낼 수 있다.

$$d\phi = \nabla\phi \cdot d\vec{r} \qquad (1.40)$$

여기서 $\nabla = \hat{i}\frac{\partial}{\partial x} + \hat{j}\frac{\partial}{\partial y} + \hat{k}\frac{\partial}{\partial z}$이며 그 단위는 m^{-1}이다.

▌연쇄 법칙

연쇄 법칙(chain rule)은 $\phi = \phi(x, y)$일 때, x와 y가 또 다른 함수(예: t, r)의 함수일 때 $\left(\frac{\partial \phi}{\partial r}\right)$와 $\left(\frac{\partial \phi}{\partial t}\right)$를 구하는 미분 법칙이다. 이때 x와 y는 중간변수(intermediate variable)이고 r과 t는 독립변수이다.

독립변수가 1개인 경우, 함수 ϕ가 $\phi = \phi(x, y, z)$이고 x, y그리고 z가 t의 함수인 경우 연쇄 법칙(chain rule)은 다음과 같이 주어진다. ϕ의 변화량, $\delta\phi$는 다음과 같이 주어진다.

$$\delta\phi = \frac{\partial \phi}{\partial x}\delta x + \frac{\partial \phi}{\partial y}\delta y + \frac{\partial \phi}{\partial z}\delta z \qquad (1.41)$$

여기서 식 (1.41)를 δt로 나누어 준 다음에 $\delta x \to 0$, $\delta y \to 0$, $\delta z \to 0$ 그리고 $\delta t \to 0$으로 취하면, 식 (1.41)은 다음과 같이 나타낼 수 있다.

$$\frac{d\phi}{dt} = \frac{\partial \phi}{\partial x}\frac{dx}{dt} + \frac{\partial \phi}{\partial y}\frac{dy}{dt} + \frac{\partial \phi}{\partial z}\frac{dz}{dt} \tag{1.42}$$

독립변수가 2개인 경우이면서 함수 ϕ가 $\phi = \phi(x, y)$이고 $x = x(s, t)$, $y = y(s, t)$인 경우

$$\delta\phi = \frac{\partial \phi}{\partial x}\delta x + \frac{\partial \phi}{\partial y}\delta y \tag{1.43}$$

여기서 dx와 dy는 각각 다음과 같이 주어진다.

$$\delta x = \frac{\partial x}{\partial s}\delta s + \frac{\partial x}{\partial t}\delta t, \quad \delta y = \frac{\partial y}{\partial s}\delta s + \frac{\partial y}{\partial t}\delta t \tag{1.44}$$

한편 $\left(\frac{\partial \phi}{\partial s}\right)$와 $\left(\frac{\partial \phi}{\partial s}\right)$는 다음과 같다.

$$\frac{\partial \phi}{\partial s} = \frac{\partial \phi}{\partial x}\frac{\partial x}{\partial s} + \frac{\partial \phi}{\partial y}\frac{\partial y}{\partial s}, \qquad \frac{\partial \phi}{\partial t} = \frac{\partial \phi}{\partial x}\frac{\partial x}{\partial t} + \frac{\partial \phi}{\partial y}\frac{\partial y}{\partial t} \tag{1.45}$$

한 가지 주의할 사항은 $\frac{dy}{dx} = \left(\frac{dx}{dy}\right)^{-1}$은 성립하지만 $\left(\frac{\partial x}{\partial t}\right) \neq \left(\frac{\partial t}{\partial x}\right)^{-1}$이다. $\left(\frac{\partial x}{\partial t}\right)$는 s를 고정한 상태에서 x에 대한 t의 편미분이지만 $\left(\frac{\partial t}{\partial x}\right)^{-1}$는 y를 고정한 상태에서 t에 대한 x의 편미분이기 때문이다.

(2) 벡터 해석

벡터 해석(vector analysis)에서는 벡터 항등식, 적분 정리, 직교 좌표계에서 벡터 연산에 대해 기술되어 있다.

❙ 미분 연산자

미분 연산자 ∇(del)은 직교 좌표계에서 3방향의 기울기 또는 변화율을 구하는 데 쓰이며 단위는 m^{-1}이고, 미분 연산 시에 스칼라 함수에 적용한다.

$$\nabla = \hat{i}\frac{\partial}{\partial x} + \hat{j}\frac{\partial}{\partial y} + \hat{k}\frac{\partial}{\partial z} \tag{1.46}$$

예를 들면 Φ가 스칼라 함수 $\Phi(x,y,z)$인 경우 x, y 그리고 z방향에서 Φ의 경도(gradient) 또는 변화율은 $\nabla\Phi$로 다음과 같이 나타낼 수 있다.

$$\nabla\Phi = \hat{i}\frac{\partial\Phi}{\partial x} + \hat{j}\frac{\partial\Phi}{\partial y} + \hat{k}\frac{\partial\Phi}{\partial z} \tag{1.47}$$

식 (1.47)에서 $\nabla\Phi$는 하나의 벡터이므로 크기와 방향을 갖는다. 그 크기는 $|\nabla\Phi|$으로 주어

$$|\nabla\Phi| = \left[\left(\frac{\partial\Phi}{\partial x}\right)^2 + \left(\frac{\partial\Phi}{\partial y}\right)^2 + \left(\frac{\partial\Phi}{\partial z}\right)^2\right]^{\frac{1}{2}} \tag{1.48}$$

진다. $\nabla\Phi$의 방향은 그림 1.11과 같이 Φ의 값이 가장 많이 증가하는 방향으로 Φ의 등치선에 직각인 방향이 된다.

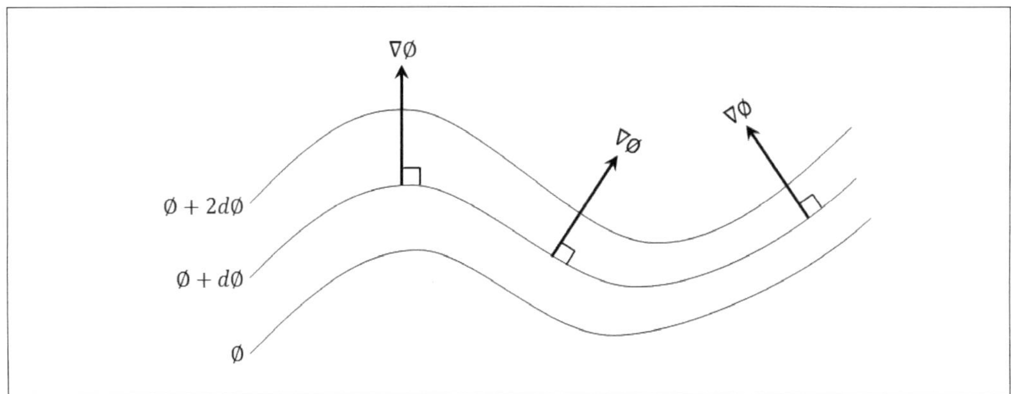

그림 1.11 ▌ 스칼라 장(ϕ)에서 $\nabla\Phi$의 방향.

한편 Laplace 연산자는 $\nabla \cdot \nabla = \nabla^2$으로 정의하며 3차원 직교좌표에 대해 다음과 같이 정의한다.

$$\nabla^2 = \frac{\partial^2}{\partial x^2} + \frac{\partial^2}{\partial y^2} + \frac{\partial^2}{\partial z^2} \tag{1.49}$$

∇^2은 스칼라 미분 연산자이며 그 단위는 m^{-2}이다. ∇^2을 스칼라 함수, ϕ에 적용할 경우 다음과 같다.

$$\nabla^2\phi = \frac{\partial^2\phi}{\partial x^2} + \frac{\partial^2\phi}{\partial y^2} + \frac{\partial^2\phi}{\partial z^2} \tag{1.50}$$

여기서 $\nabla^2\phi$는 라플라시안 ϕ로 읽는다.

▌ 적분 정리

대기과학에서 많이 이용되는 적분 정리는 **발산정리(divergence theorem)**와 **스토크스 정리(Stokes's theorem)**이다.

(i) 발산정리 : 하나의 벡터 장(vector field) 내에서 체적분과 면적 분의 관계를 나타낸 정리로서 다음과 같이 주어진다. 여기서 체적 $d\tau$는 표면적 ds로 둘러싸인 내부의 체적을 의미한다.

$$\int_{vol} \nabla \cdot \vec{V} d\tau = \int_{sfc} \vec{V} \cdot d\vec{s} \tag{1.51}$$

(ii) 스토크스 정리 : 3차원 공간상의 폐곡선에서 수행되는 선적분은 폐곡선이 둘러싼 임의의 곡면 A에서의 면적 분으로 변환될 수 있으며, 이것에 대한 역도 성립한다.

$$\oint \vec{V} \cdot d\vec{l} = \int_{A} (\nabla \times \vec{V}) \cdot d\vec{A} \tag{1.52}$$

여기서 좌측의 적분은 폐곡선에 대한 선적분을 나타내며, 우측의 적분은 컬(curl)에 대한 면적분이다. 물리적으로는 좌측의 순환과 우측의 소용돌이도(와도)를 관련짓는 식이다.

▌ 벡터 항등식

아래의 벡터 항등식은 $\vec{A}$와 $\vec{B}$가 벡터이고 ϕ가 스칼라 함수일 때 성립한다.

$$\nabla \times \nabla \phi = 0 \tag{1.53}$$

$$\nabla \cdot (\phi \vec{A}) = \phi(\nabla \cdot \vec{A}) + \vec{A} \cdot \nabla \phi \tag{1.54}$$

$$\nabla \times (\phi \vec{A}) = \nabla \phi \times \vec{A} + \phi(\nabla \times \vec{A}) \tag{1.55}$$

$$\nabla \cdot (\nabla \times \vec{A}) = 0 \tag{1.56}$$

$$(\vec{A} \cdot \nabla)\vec{A} = \frac{1}{2}\nabla(\vec{A} \cdot \vec{A}) - \vec{A} \times (\nabla \times \vec{A}) \tag{1.57}$$

$$\nabla \times (\vec{A} \times \vec{B}) = \vec{A}(\nabla \cdot \vec{B}) - \vec{B}(\nabla \cdot \vec{A}) - (\vec{A} \cdot \nabla)\vec{B} + (\vec{B} \cdot \nabla)\vec{A} \tag{1.58}$$

$$\vec{A} \times (\vec{B} \times \vec{C}) = \vec{B}(\vec{A} \cdot \vec{C}) - \vec{C}(\vec{A} \cdot \vec{B}) \tag{1.59}$$

예제 1.3

벡터 방정식 $\frac{\partial \vec{V}}{\partial t} = -\nabla E - \omega \frac{\partial \vec{V}}{\partial p}$ 에 $\hat{k} \cdot \nabla \times$를 취하여 ζ로 기술하시오. 여기서 $\zeta = \hat{k} \cdot (\nabla \times \vec{V})$ 이고, $\vec{V}$는 수평 풍속이다.

풀이

좌변: $\hat{k} \cdot \nabla \times \left(\frac{\partial \vec{V}}{\partial t} \right) = \frac{\partial [\hat{k} \cdot (\nabla \times \vec{V})]}{\partial t} = \frac{\partial \zeta}{\partial t}$, 우변: 식 (1.53)과 (1.55) 이용

우변: $\nabla \times (\nabla E) = 0$,

$$-\hat{k} \cdot \nabla \times \left(\omega \frac{\partial \vec{V}}{\partial p} \right) = -\omega \frac{\partial [\hat{k} \cdot (\nabla \times \vec{V})]}{\partial p} + \hat{k} \cdot \left(\frac{\partial \vec{V}}{\partial p} \times \nabla \omega \right)$$

$$\therefore \frac{\partial \zeta}{\partial t} = -\omega \frac{\partial \zeta}{\partial p} + \hat{k} \cdot \left(\frac{\partial \vec{V}}{\partial p} \times \nabla \omega \right)$$

연습문제

1. 주어진 용기에 N개의 기체 분자가 있고, 그 온도가 T이다. 이상기체의 경우 분자의 속력 분포인 Maxwell-Boltzmann 분포, $n(v)$는 다음과 같이 주어진다.

$$n(v) = 4\pi N\left(\frac{m}{2\pi kT}\right)^{\frac{3}{2}} v^2 \exp\left(-\frac{mv^2}{2kT}\right) \tag{1}$$

$$N = \int_0^{\infty} n(v)dv \tag{2}$$

여기서 k는 볼츠만 상수, m은 기체 분자의 질량 그리고 v는 분자의 속력이다.

(1) 여기서 $n(v)$의 단위는 물리적 의미는 무엇인가?

(2) $\bar{v} = (8kT/\pi m)^{1/2}$ 으로 주어짐을 보이시오.

(3) $\overline{v^2} = 3kT/m$ 으로 주어짐을 보이시오.

(4) 최대 확률속력(v_{mp}) 가 $v_{mp} = (2kT/m)^{\frac{1}{2}}$ 으로 주어짐을 보이시오.

(5) 주어진 체적에서 기체의 평균 자유 행로가 기체의 절대온도에 비례하고 압력에 반비례함을 보이시오.

2. 지구의 반지름을 $6370km$, 지구 중력가속도를 $9.8ms^{-2}$ 그리고 지표에서 압력을 1기압으로 고려할 때, 지구 대기의 질량을 구하시오.

3. (u, v) 성분이 (5, 20)일 때, 풍향과 풍속(ms^{-1})을 구하시오.

4. (a) 풍향이 북풍, 풍속이 $10ms^{-1}$ 일 때와 (b) 풍향이 $300°$, 풍속이 $15kts$ 일 때, 각각의 직교 좌표계의 속도 성분 u, v를 구하시오.

5. Exner function은 $\pi = (p/p_0)^{R_d/C_p} = T/\theta$ 으로 정의한다. 여기서 θ는 온위, T는 온도 그리고 기준압력을 나타낸다. 그리고 C_p는 기체의 정압비열이며 R_d는 기체상수다. 주어진 식을 이용하여 $c_p\theta\nabla\pi = \frac{1}{\rho}\nabla p$ 임을 보이시오.

제2장 복사와 복사전달

태양복사 에너지는 대기 운동의 원동력일 뿐만 아니라 지표면의 에너지 수지에 중요한 역할을 하며 생명체의 생존에 필요한 에너지를 제공한다. 태양 복사의 일 주기와 계절적인 분포는 태양 주변을 도는 지구의 궤도 특성에 영향을 받는다. 한편 지구와 대기는 장파 복사를 하며, 대기에서 지구로 향하는 **적외선 복사**는 보통 지구에서 우주로 나가는 적외선 복사보다 적으므로 낮과 밤에 지구 표면에서의 순 냉각을 일으킨다. 이 장에서는 태양복사와 지구와 대기의 장파 복사 특성에 대해 논의한다.

2.1 복사의 전파특성

복사(radiation)는 x선, γ선, 가시광선, 적외선 등을 포함한 전자기파를 총칭하는 것으로 파장에 따라 특징이 다르다. 복사는 **양자(quantum)**의 개념으로 보면 입자인 동시에 파동의 성질을 갖는다. 복사를 하나의 입자로 고려한 것을 **광자(photon)**라고 하며, 광자의 에너지(E_{pho})로 주어진다.

$$E_{pho} = hf = h\frac{c}{\lambda} \tag{2.1}$$

여기서 $h(=6.63\times10^{-34}Js)$는 플랑크(Planck)상수이며 f와 λ는 각각 전자기파의 진동수와 파장이다. c는 진공에서 전자기파의 전파속도로 $c=2.998\times10^{8}ms^{-1}$이다. 전자기파는 **횡파(transverse wave)**로서 파의 진행 방향과 진동 방향이 서로 직각을 이루며 전파속도는 다음과 같다.

$$c = \lambda f \tag{2.2}$$

한편 전자기파의 특징을 기술하는데 파수(wave)와 각진동수(angular frequency)를 이용한다. 파수는 단위 길이(m)에 대한 파동의 수를 나타내며

$$\nu(m^{-1}) = \frac{1}{\lambda} \tag{2.3}$$

으로 정의한다. 각진동수(ω)는 한 파장을 2π 라디안(radian)으로 고려했을 때 단위시간에 파동이 몇 라디안 진행하는지 나타내는 물리량으로 다음과 같이 정의한다.

$$\omega = 2\pi f \tag{2.4}$$

복사의 기본적인 특성은 파장, 진동수, 에너지로 기술 할 수 있다.

2.2 복사 에너지 속에 관한 기본정의

복사의 세기는 보통 속 또는 플럭스(flux)와 강도(intensity)로 표시한다. 그러나 이들은 동일한 물리량이지만 복사를 흡수하는 경우와 방출하는 경우의 뜻이 다르므로 이를 명확히 구분하여 이해할 필요가 있다.

(1) 복사 속

복사속(radiant flux)은 일반적으로 단위시간 동안 통과하는 복사 에너지양을 나타내는 용어로서 그 단위는 Js^{-1} 이다. 이때, 단위시간 동안 단위면적이 받는 복사 에너지를 **복사조도(irradiance)**라고 하며 다음과 같이 정의한다.

$$\Phi_{rad} = \frac{dE_{rad}}{dAdt} \tag{2.5}$$

여기서 Φ_{rad}는 복사 조도이며, 단위는 Wm^{-2}이다. dE_{rad}는 입사한 복사 에너지($Joule$), dA는 복사가 입사한 면의 면적을 나타내며 dt는 입사한 복사 에너지의 통과 시간을 나타낸다. 여기서 방향은 구체적으로 고려하지 않는다. 태양상수(solar constant)는 태양복사의 입사 방향과 복사 에너지를 받는 면의 이루는 각이 직각인 경우의 복사 조도이다. 지구복사처럼 어떤 면이 복사를 방출하는 경우에는 **복사 방출도(radiant exitance)**라고 한다.

(2) 복사 강도

복사강도(radiant intensity)는 그림 2.1과 같이 복사 에너지가 복사 원(source)의 한 지점에서 나가는 경우 단위시간에 그 방향에 직교하는 미소 단위 **입체각(solid angle)**을 통과한 복사 에너지양으로 단위는 Wsr^{-1}이다. 복사 강도는 그림 2.1에 주어진 바와 같이 임의의 방향(θ, ϕ)에서 단위 **입체각**과 해당 면적을 통해 방출되는 복사 에너지의 양으로 다음과 같이 정의한다.

$$I(\theta,\phi) = \frac{dE_{rad}}{d\Omega dt} \tag{2.6}$$

여기서 $d\Omega(= dA/r^2)$는 복사가 통과하는 입체각의 크기를 나타낸다. 만일 복사원(radiant source)을 하나의 점으로 고려하고 복사속이 방향과 무관하다면, 복사 강도는 등방성을 갖는다. 복사 강도의 개념은 점 복사원에만 적용할 수 있지만, 면적을 가진 복사원이라도 복사 강도의 측정지점이 복사원과 거리가 멀리 떨어져 있는 경우에는 점 복사원(point radiation source)으로 고려할 수 있다.

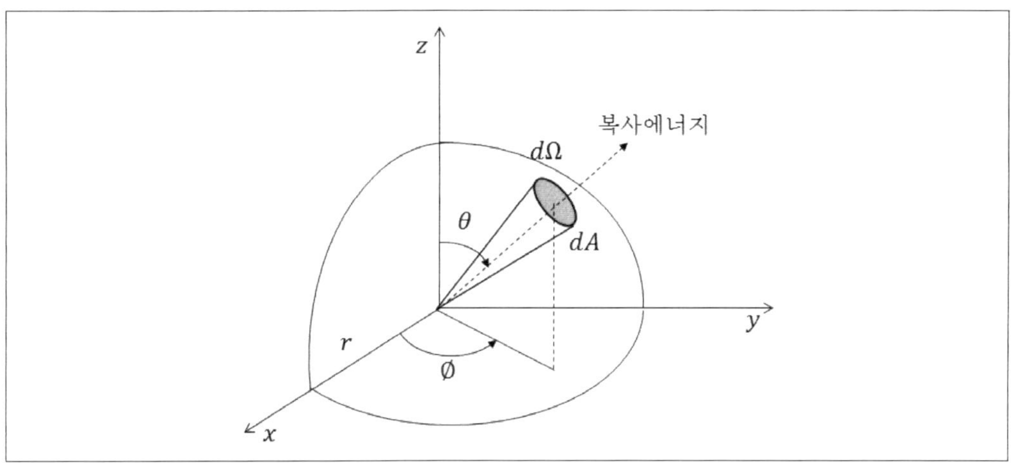

그림 2.1 ▌ **복사 강도와 입체각.**

그림 2.1에서 점 복사원에 의한 상향 복사속(F_{up})은 $I(\theta,\phi)$의 연직 성분 즉 $I(\theta,\phi)\cos\theta$ 이다. 전체 반구에 대해 이를 적분한 것으로 다음과 같이 주어진다.

$$F_{up} = \int_{\Omega} I(\theta,\phi)\cos\theta \ d\Omega \tag{2.7a}$$

여기서 F_{up}의 단위는 $watt$이다. 식 (2.7a)를 구면 좌표로 나타내면 다음과 같이 주어진다.

$$F_{up} = \int_0^{2\pi} \int_0^{\frac{\pi}{2}} I(\theta,\phi)\cos\theta \ \sin\theta \ d\theta \ d\phi \tag{2.7b}$$

등방성 복사 방출일 때 복사 강도가 방향에 무관하므로 $F_{up} = \pi I$로 주어진다.

복사휘도(radiance)는 그림 2.2에서 주어진 바와 같이 미소 면적 dA에서 방출된 복사 중 단위시간에 dA의 법선과 θ를 이루는 입체각 $d\Omega(= \sin\theta d\theta\, d\phi)$을 통과하는 복사 에너지를 dA의 입체각 방향으로 투영한 면적으로 나누어 준 것으로 다음과 같이 정의한다.

$$N(\theta,\phi) = \frac{dE_{rad}}{d\Omega dA cos\theta dt} = \frac{d\Phi_{rad}}{d\Omega \cos\theta} \tag{2.8}$$

여기서 $N(\theta,\phi)$의 단위는 $Wm^{-2}sr^{-1}$이다.

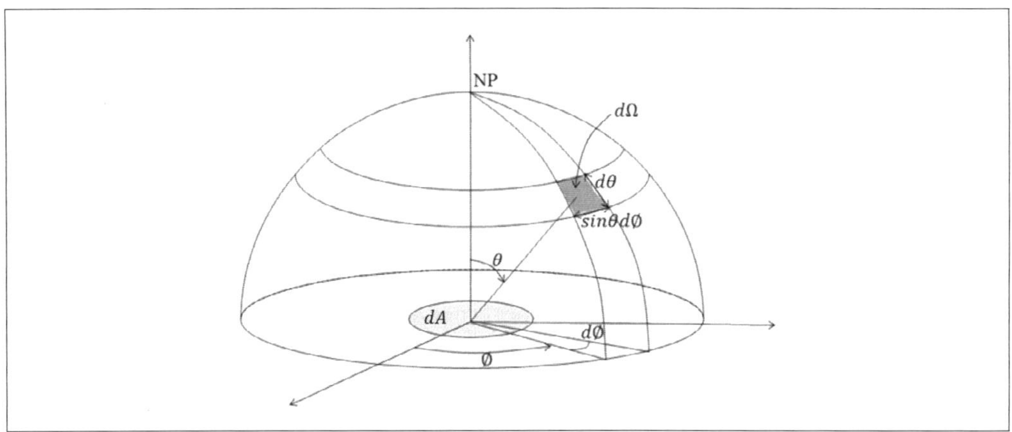

그림 2.2 ▎ 미소 면적 dA에서 방출된 복사가 미소 입체각 통과 시 공간좌표.

표 2.1 ▎ 복사전달의 기본 용어.

용 어	기본 정의	관련 식	단위
복사 속 (radiant flux)	단위시간에 방출(반사, 투과)하는 복사 에너지. * 플럭스의 일반정의와 다름	$F = \frac{dE_{rad}}{dt}$	W
복사 방출도 (radiant exitance)	복사원에서 단위시간에 단위면적을 통해서 전입체각으로 방출한 복사 에너지. *radaiant emittance는 복사방출도에 대한 이전 용어로 현재 사용 안함.	$F_{exit} = \frac{dE_{rad}}{dAdt}$	Wm^{-2}
복사에너지 밀도 (radiant energy density)	단위체적이 포함하고 있는복사 에너지의 공간밀도.	$\rho_{rad} = \frac{dE_{rad}}{dV}$	$J\,m^{-3}$
복사 조도 (irradiance)	주어진 평면에 대해 그 면 위에 있는 모든 방향에서 복사 에너지가 입사할 때 단위면적이 받는 총에너지.	$\Phi_{rad} = \frac{dE_{rad}}{dAdt}$	Wm^{-2}
복사 강도 (radiant intensity)	복사원에서 방출되어 주어진 방향으로 단위시간에 단위입체각을 통과하는 복사 에너지.	$I = \frac{dE_{rad}}{d\Omega dt}$	Wsr^{-1}
복사 휘도 (radiance)	미소 면적dA에서 방출된 복사 중 단위시간에 dA의 법선과 θ를 이루는 입체각 $d\Omega$를 통과하는 복사 에너지를 dA의 입체각 방향으로 투영한 면적($dAcos\theta$)으로 나누어 준 것.	$N = \frac{dE_{rad}}{dAcos\theta d\Omega dt}$	$Wm^{-2}\,sr^{-1}$

표 2.1은 복사전달에 관한 기본적인 용어이다. 이 중에서 복사속은 단위시간에 복사 에너지의 방출, 반사 또는 통과하는 복사 에너지로 정의하며 그 단위는 $Watt$이다. 이런 의미에서 복사속을 복사능(radiant power)이라고도 한다. 일반적인 속(flux)의 정의, 즉 물리량/(시간 · 면적)으로 주어지는 물리량은 복사전달에서는 복사속 밀도(radiant flux density)라고 한다. 복사방출도(radiant exitance)와 복사조도(irradiance)가 복사속 밀도에 해당한다. 표 2.1에 주어진 복사용어에 그 앞에 분광(spectral)이라는 단어가 있을 경우에는 주어진 파장 범위에 대한 것으로, 이 경우 그 단위에 μm^{-1}을 곱해준다(예: 분광복사 강도의 단위는 $Wsr^{-1}\mu m^{-1}$이다).

2.3 복사법칙

복사체의 물리적 특성을 나타내는 4가지 기본법칙으로는 **플랑크(planck)법칙**, **빈(Wien)의 변위 법칙**, **스테판-볼츠만(Stefan-Boltzmann)** 그리고 **키르히호프(Kirchhoff)의 법칙**이 있다.

(1) 플랑크(Planck)의 법칙

주어진 흑체의 표면 온도(T)에 대해 파장(λ)에 따라 흑체가 방출하는 복사 에너지의 강도 분포를 나타내는 식을 **플랑크의 법칙**이라고 하며 다음과 같이 주어진다.

$$B_\lambda = \frac{2hc^2}{\lambda^5} \times \frac{1}{\exp(hc/\lambda kT) - 1} \tag{2.9}$$

여기서 B_λ의 단위는 단위 파장 범위에 대한 복사 에너지 속(flux)으로 그 단위는 $Wm^{-2}sr^{-1}\mu m^{-1}$이다. 플랑크상수 $h = 6.6262 \times 10^{-34} Js$이고, $c = 2.998 \times 10^8 ms^{-1}$으로 진공에서 광속, $k = 1.3806 \times 10^{-23} JK^{-1}$으로 볼츠만 상수이다.

주어진 온도에서 파장에 따른 물체가 방출하는 복사 에너지의 분포가 플랑크법칙에 의한 복사 분포곡선과 일치할 경우 이를 흑체(blackbody)라고 한다. 대기정상에서 관측한 태양의 복사 에너지 스펙트럼은 표면 온도 $6000K$에 해당하는 흑체복사 에너지의 분포, 즉 플랑크법칙에 의한 복사 곡선과 거의 일치한다. 따라서 태양을 흑체로 고려할 수 있다. 식 (2.9)에 $c = \lambda\nu$의 관계식을 적용하면 플랑크(Planck)의 법칙은 진동수의 함수로 나타낼 수 있다.

(2) 빈(Wien)의 변위 법칙

흑체 복사 에너지의 파장에 따른 분포, 즉 플랑크 곡선에서 최대 복사 강도에 해당하는 파장과 온도와의 관계식을 **빈의 변위 법칙**이라고 하며, $\partial B_\lambda(T)/\partial\lambda = 0$에서 얻어진다.

$$\lambda_{\max}(\mu m) = \frac{2897}{T} \tag{2.10}$$

여기서 $\lambda_{\max}$는 복사 강도가 최대인 파장이다. 그림 2.3에서 보면 표면 온도가 $5780K$인 태양의 최대복사가 일어나는 파장은 $0.5\mu m$부근이나 지구의 경우는 $12\mu m$부근이다. 빈의 법칙에 의하면, 복사 강도의 최대 파장은 물체의 표면 온도가 증가할수록 점점 더 짧아짐을 알 수 있다. 태양복사는 넓은 파장 영역에서 복사가 일어나며 가시광선 영역에서 최대강도가 나타난다. 태양복사 대부분이 지구복사에 비해 짧은 $4\mu m$이하의 짧은 파장 영역에 속하므로 **단파복사(shortwave radiation)**라고 한다. 태양에서 방출된 복사의 경우, 약 46.8%는 가시광선 영역에 있고, 46.5%가 근적외선과 열적외선 영역에, 6.7%가 자외선 영역에 있다.

지표면과 대기로부터 방출되는 복사 에너지는 주로 $4\mu m \sim 100\mu m$의 범위에 집중되어 있으며, 대략 $12\mu m$에서 최대 복사 에너지를 방출한다. 태양복사에 비해 지구복사는 파장이 더 큰 장파장에 에너지가 집중되어 있다. 최대복사에너지를 방출하는 파장은 지표면과 대기의 온도에 따라 달라질 수 있다. 지구복사를 **장파복사(longwave radiation)**라고 하는 이유는 태양복사$(0.2-5\mu m)$에 비해 장파장에 에너지가 집중되어 있기 때문이다.

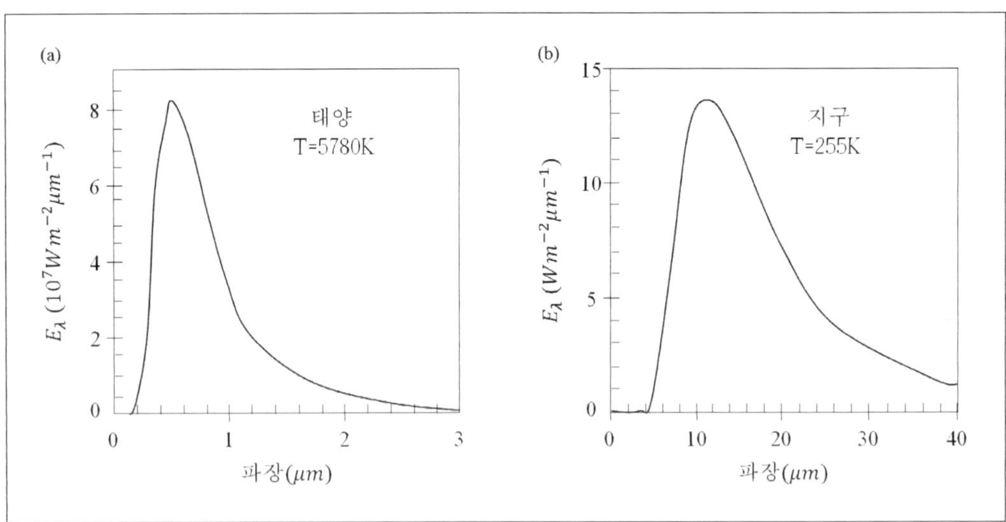

그림 2.3 ▎(a) 태양의 플랑크 흑체 복사 조도와 (b) 지구의 플랑크 흑체 복사 조도.

(3) 스테판-볼츠만(Stefan-Boltzmann) 법칙

온도가 절대온도 $0K$보다 높은 물체가 단위시간에 단위 표면면적을 통해서 방출하는 복사에너지의 양은 절대온도의 4승에 비례한다는 것이 스테판-볼츠만 법칙이다. **스테판-볼츠만 법칙**은 플랑크의 복사법칙 식 (2.9)를 전 파장에 대해서 적분한 것으로 다음과 같이 주어진다.

$$B(T) = \int_0^{\infty} B_\lambda(T) d\lambda = \frac{\sigma}{\pi} T^4 \tag{2.11}$$

여기서 σ는 볼츠만 상수로 $\sigma = 5.67 \times 10^{-8} W/m^2K^4$이다. 식(2.11)을 다음과 같이 기술하면 스테판-볼츠만 법칙을 얻는다.

$$F_b = \pi B(T) = \sigma T^4 \tag{2.12}$$

여기서 F_b는 흑체복사의 강도(Wm^{-2})이고, 플랑크 곡선의 면적에 해당한다. 흑체의 복사량은 흑체 표면 온도의 4승에 비례하므로, 온도가 2배가 되면 방출되는 에너지는 16배가 된다.

실제로 흑체는 자연계에 존재하지 않음에도 불구하고, 방출 가능한 최대 복사량을 추정하는데 유용한 이상적인 모델이다. 대부분 액체와 고체들은 주어진 온도에서 가능한 최대 복사량에서 일정 비율만을 방출하는 **회색체(gray body)**이다. 흑체복사에 대한 상대적인 물질들의 에너지 복사 비율을 그 물질의 **방출률(emissivity)**이라고 한다. 방출률(ϵ)은 0부터 1까지의 범위를 가지며, 흑체가 아닌 물체의 방출률을 고려한 스테판-볼츠만 법칙은 다음과 같이 나타낼 수 있다.

$$F_{gray} = \epsilon \sigma T^4 \tag{2.13}$$

회색체에 대한 스테판-볼츠만 법칙은 방출률과 온도의 함수로 복사량을 나타내고, 대부분 물체 표면의 방출률은 0.9 이상이다.

(4) 키르히호프(Kirchhoff)의 법칙

키르히호프의 법칙은 열역학 평형(thermodynamic equilibrium)이 유지되는 경우에 적용되며, 주어진 파장에서 흡수율과 방출률이 같음을 나타낸다. 따라서 좋은 흡수체는 좋은 방출체이다. **키르히호프의 법칙(Kirchoff's law)**은 다음의 식으로 주어진다.

$$a_\lambda = \epsilon_\lambda \tag{2.14}$$

여기서 a_λ는 주어진 파장에서 흡수율이고 ϵ_λ는 방출률이다. 흑체의 경우 $a_\lambda = \epsilon_\lambda = 1$이며, 흑체가 아닌 회색체(gray body)의 경우

$$a_\lambda = \epsilon_\lambda < 1 \qquad (2.15)$$

키르히호프의 법칙의 한 예로 아스팔트를 들 수 있다. 여름에 낮 동안에 태양광을 받으면 아스팔트는 토양보다 더 빨리 가열되어 그 온도가 매우 높지만, 밤에는 토양보다 더 빨리 냉각된다. 이처럼 아스팔트가 토양보다 더 빨리 가열되고 또 냉각되는 것은 아스팔트의 복사 에너지의 흡수율과 방출률이 토양에 대한 값보다 커서 좋은 흡수체임과 동시에 좋은 방출체이기 때문이다.

2.4 복사전달 방정식

복사는 매질에 의해 흡수, 산란되기도 하고 또 복사가 매질에 의해 방출되기도 한다. 여기서는 이 3가지 과정의 비교적 간단한 경우를 고려하여 복사전달 방정식을 기술하고 있다.

(1) 흡수 매질에서 복사전달

복사가 매질을 통과 시에 매질에 의한 흡수가 매질에 의한 산란이나 방출보다 매우 탁월한 경우를 고려한다. 예를 들면 태양복사의 자외선 또는 가시광선이 지구 대기의 기체를 통과하는 경우가 이에 해당될 수 있다. 대기의 온도가 낮으므로 대기의 기체에 의한 자외선 또는 가시광선의 방출은 실제로 거의 없다. 복사방정식을 유도하기 위해 그림 2.4에 주어진 바와 같이 파장이 λ이고, 복사 강도가 I_λ인 복사 빔(beam)이 전파 경도상에 있는 두 지점 s_1과 s_2사이의 거리, ds를 통과하는 경우를 고려한다. 경로 ds를 통과 시에 복사 강도의 변화(dI_λ)는 복사 강도, 기체의 밀도(ρ), 질량 흡수계수(k_λ) 그리고 I_λ에 비례한다. 따라서 흡수에 의한 복사 강도의 변화는 다음과 같이 주어진다.

$$dI_\lambda = -I_\lambda k_\lambda \rho ds \qquad (2.16)$$

여기서 I_λ의 단위는 $W sr^{-1}$이며, k_λ의 단위는 $m^2 kg^{-1}$이다. 식 (2.16)을 비어(Beer)의 법칙이라고 한다. 식 (2.16)의 양변을 I_λ로 나누어 주고 다음과 같이 적분을 한다.

$$\int_{I_\lambda(s_1)}^{I_\lambda(s_2)} \frac{dI_\lambda}{I_\lambda} = -\int_{s_1}^{s_2} k_\lambda \rho ds \qquad (2.17)$$

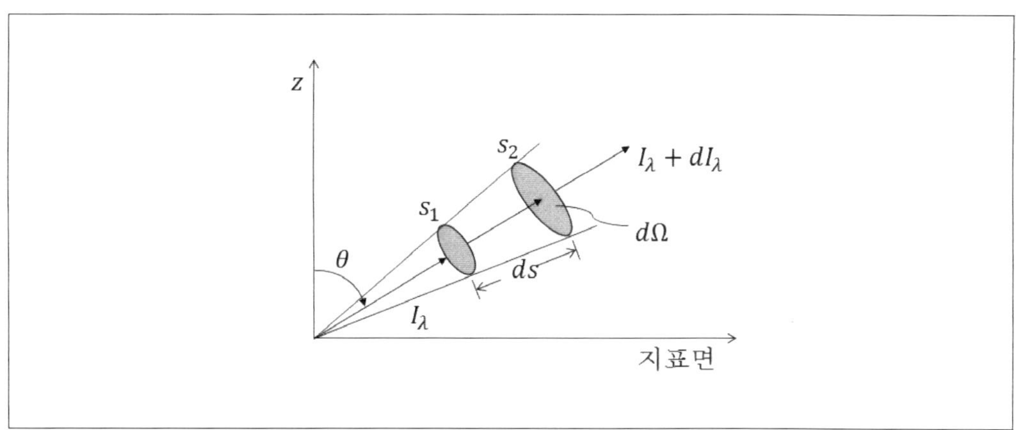

그림 2.4 ❙ 흡수 매질에서 복사의 전달.

식 (2.17)을 적분하면

$$I_\lambda(s_2) = I_\lambda(s_1)\exp\left(-\int_{s_1}^{s_2} k_\lambda \rho ds\right) \tag{2.18}$$

로 주어진다. 한편 $dz = ds cos\theta$ 그리고 $\mu \equiv \cos\theta$의 관계를 이용하면 식 (2.18)은

$$I_\lambda(z_2) = I_\lambda(z_1)\exp\left(-\frac{1}{\mu}\int_{z_1}^{z_2} k_\lambda \rho dz\right) \tag{2.19}$$

으로 주어진다.

앞에 주어진 식 (2.18)의 적분구간을 광학두께(optical thickness) 또는 광학깊이(optical depth)라고 하며 다음과 같이 무차원의 τ_λ로 표시한다.

$$\tau_\lambda = \int_{s_1}^{s_2} k_\lambda \rho ds \tag{2.20}$$

식 (2.20)을 이용하면 다음과 같이 주어진다.

$$I_\lambda(s_2) = I_\lambda(s_1)e^{-\tau_\lambda} \tag{2.21}$$

이 식을 이용하여 투과율(t_λ)을 다음과 같이 정의한다.

$$t_\lambda = \frac{I_\lambda(s_2)}{I_\lambda(s_1)} = e^{-\tau_\lambda} \tag{2.22}$$

식 (2.22)는 매질에 입사한 복사량에 대한 투과량의 비를 나타내므로 **투과율(fractional transmission 또는 transmissivity)**이라고 한다. 한편 매질에서 복사의 산란과 방출이 없으므로 이 경우 매질의 흡수율(a_λ)은 다음과 같이 주어진다.

$$a_\lambda = 1 - t_\lambda = 1 - e^{-\tau_\lambda} \tag{2.23}$$

식 (2.23)에 의하면 $\tau_\lambda = 0$인 경우 흡수율이 영이다.

(2) 흡수와 방출 매질에서 복사전달

파장이 λ인 복사가 매질을 통과하는 동안 매질에 의한 산란은 무시할 정도로 작고, 흡수와 복사방출이 중요한 경우를 고려한다. 예를 들면 적외선 복사가 지구 대기를 통과하는 기체는 적외선 복사를 흡수할 뿐만 아니라 방출하기도 한다. 따라서 이 같은 경우에는 복사전파 과정에서 일어나는 흡수와 방출을 다음과 같이 복사전달 방정식에 함께 고려하여야 한다.

$$dI_\lambda = dI_{a\lambda}(\text{흡수}) + dI_{e\lambda}(\text{방출}) \tag{2.24}$$

여기서 $dI_{e\lambda}$항은 매질의 국지 열역학적 평형에서 고려된다. 키르히호프의 법칙에 의하면 물질의 복사흡수율과 방출률은 같으므로 복사전달 방정식은 다음과 같이 주어진다.

$$dI_{e\lambda} = k_\lambda B_\lambda(T)\rho ds \tag{2.25}$$

$B_\lambda(T)$를 복사방출의 원천함수(source function)라고 한다. 식 (2.16)과 (2.25)를 이용하여 식 (2.24)를 구체적으로 기술하면 다음과 같다.

$$dI_\lambda = -I_\lambda k_\lambda \rho ds + k_\lambda B_\lambda(T)\rho ds \tag{2.26}$$

식 (2.26)를 **슈바르츠차일드(Schwarzchild)의 방정식**이라고 하며 비 산란 매질에서 복사전달을 기술하는 가장 기본적인 방정식이다. 식 (2.26)은 매질 온도가 균일하며 등방복사(isotropic radiation)가 일어나는 **열역학 평형(thermodynamic equilibrium)**인 경우에 적용된다. 실제 지구 대기에서는 온도가 균일하거나 또 등방복사가 완전하게 일어나지는 않는다. 그러나 고도 60 ~ 70km 이하의 대기층은 국지 열역학적 평형(local thermodynamic equilibrium)으로 근사할 수 있다. 그 이유는 이곳에서 분자들 간의 에너지 천이(energy transition)가 충돌에 의해 지배되기 때문이다.

(3) 산란 매질에서 복사전달

복사가 매질을 통과하는 동안 흡수와 방출은 무시할 수 있을 정도로 작고, 산란이 매우 탁월한 경우를 고려하자. 이 경우에 복사전달 방정식은 진행하는 복사의 산란에 의한 감쇄와 주위에서 산란된 복사가 진행하는 복사에 기여하는 두 과정의 합으로 다음과 같이 주어진다.

$$dI_\lambda = \ -I_\lambda k_s \rho ds + \frac{\rho k_s}{4\pi}\int_0^{2\pi}\int_0^{\pi} P(\theta',\phi' \rightarrow \theta,\phi) I_\lambda(\theta',\phi') \sin\theta' d\theta' d\phi' ds \qquad (2.27)$$

여기서 $k_s = k_s(\lambda)$는 매질의 산란계수, $I(\theta',\phi')$는 그림 2.5와 같이 (θ',ϕ')방향에서 ds에 위치한 부피요소(volume element)로 입사하는 복사 강도를 나타낸다. 그리고 $P(\theta',\phi' \rightarrow \theta,\phi)$는 **위상함수(phase function)**이며, 다음의 정규화 조건(normalization condition)을 만족한다.

$$\frac{1}{4\pi}\int_{4\pi} P(\theta',\phi' \rightarrow \theta,\phi) d\Omega' = 1 \qquad (2.28)$$

여기서 $d\Omega' = \sin\theta' d\theta' d\phi'$으로 입체각(solid angle)을 나타내며, $\frac{P}{4\pi}$는 ds에 위치한 부피요소를 둘러싸고 있는 전 입체각($4\pi\, str$)중 (θ',ϕ')방향에서 산란체적 요소로 입사한 복사 가운데서 매질에 의해 (θ,ϕ)방향으로 산란되는 비율을 나타낸다.

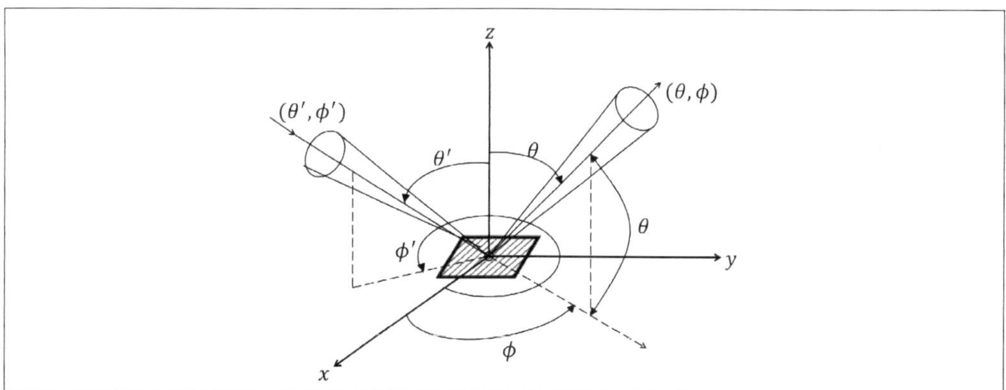

그림 2.5 ▌ 산란 매질에서 복사전달.

대기 중에서 기체에 의한 **레일리 산란(Rayleigh Scattering)**의 경우 그 위상함수는

$$P_{Ray} = \frac{3}{4}(1 + \cos^2\Theta) \qquad (2.29)$$

으로 주어진다. 여기서 Θ는 산란각으로 산란 입자에 대한 입사광의 진행 방향과 입자에 의한 산란광의 진행 방향이 이루는 각이다.

2.5 태양복사의 시·공간 변화

지표가 받는 태양복사량은 지구 공전 궤도의 변화 그리고 지구를 중심으로 한 태양의 좌표에 따라 달라진다. 그리고 지구상의 지리적 위치에 따라 태양의 고도 각의 변화로 복사의 강도와 하루의 길이가 달라져서 계절 변화를 가져온다.

(1) 지구의 공전주기

천문학자인 요하네스 케플러(Johannes Kepler)는 17세기에 행성들이 태양 주위의 타원형 궤도를 가진다는 것을 발견하였다. 그러나 태양계를 구성하고 있는 대부분 행성의 궤도는 거의 원형이어서 이심률은 비교적 낮다. 원형 궤도에 대해 그는 각 행성의 궤도주기 (P)와 태양에서 행성까지의 거리 (R)는 다음 관계식으로 주어짐을 보였다.

$$P = cR^{3/2} \tag{2.30}$$

여기서 상수 $c \simeq 0.1996 \times (d)(10^9 \times m)^{-3/2}$ 이다. 여기서 d는 지구에서 하루의 길이(날)를 의미한다. 행성의 궤도주기는 행성에서 경험할 수 있는 계절에 영향을 주는 각 행성의 한 해의 길이를 보여 준다.

지구의 경우 태양에서 지구까지의 평균 거리인 $R = 149.6 \times 10^9 m$를 식 (2.30)에 대입하면 정확한 지구의 해(Earth year)는 $P = 365.2d$으로 주어진다. 실제로 지구는 365.0일 이내에 궤도 공전을 완전히 끝내지 않으므로 4년마다 하루를 추가하는 윤년을 이용하여 바로잡는다.

2) 지구의 궤도

지구와 달은 지구-달 공통 무게중심 주위를 27.32일의 주기를 가지고 회전한다. 달의 질량은 지구 질량(5.9742×10^{24}kg)의 경우 1.23%밖에 되지 않기 때문에, 무게중심은 달의 중심보다 지구의 중심에 훨씬 가깝다. 이 무게중심은 지구 표면 아래에 있는 지구 중심으로부터 $4671 km$에 있어서 지구 반경인 약 $6371 km$보다 짧다.

1차 근사를 위해, 지구-달 무게중심 궤도는 365.25463일의 주기 P를 가지고 **타원** 궤도 내에서 태양의 주위를 공전한다. 타원의 **장반경**의 길이 a는 $149.597 Gm$이고, 이 거리를 **1천문단위**(astronomical unit, AU)로 정의한다. 이때, $1 Gm = 10^9 m$이다.

지구궤도는 타원 궤도로서 **단반경**의 길이 b는 $149.090 Gm$이다. 태양의 중심은 타원의 초점 중 하나에 위치하며, $a^2 = b^2 + c^2$일 때, 두 초점 간 거리 c는 $2.5 Gm$이다. 궤도는 원형에 가깝고, 타원의 이심률 $e = c/a = 0.0167$이다. 지구와 태양 간의 가장 가까운 거리(**근일점**) $a - c = 149.96\,Gm$이고 $\tau = 1$월 3일 에 발생한다. 가장 먼 거리(**원일점**)은 $a + c = 151.96\,Gm$이고 $\tau = 7$월 4일 에 발생한다. 지구는 지구-달 무게중심 주변을 회전하고 있는 반면, 이 무게중심은 태양 주위를 회전하기 때문에 지구 중심의 위치는 태양 궤도를 회전하듯 약간 구불구불하게 이동한다. 이 경로는 그림 2.6(두꺼운 선)으로 과장 되어 있다. 태양에서 보는 근일점과 지구 위치(실제로는 지구-달 무게중심에 대한) 간의 각도는 **진근점 이각** ν라고 한다. 그림 2.5에서 이 각은 한 해 동안 시간 t가 $\tau = 1$월 3일 근일점 일에서부터 증가한다. 케플러의 제 2 법칙에 따르면 지구와 태양을 잇는 선은 같은 기간에 동일한 면적을 통과한다.

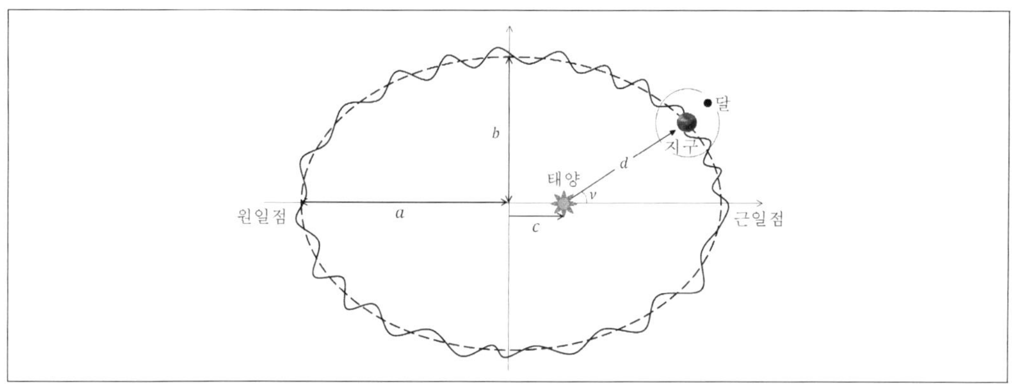

그림 2.6 ❙ 지구궤도의 기하학적 구조(모식도).

평균 근점이각이라 불리는 각 M은 간단하지만 ν의 유용한 근사이다. P가 궤도주기, C가 원의 둘레에 해당하는 각도일 때($C = 2\pi\, radians = 360°$) 다음과 같이 정의된다.

$$M = C\frac{t-\tau}{P} \tag{2.31}$$

여기서 P는 지구 공전주기며, $P = 365.256363$일이다. 지구궤도는 이심률이 거의 0이기 때문에, $\nu \cong M$이다. 타원 지구궤도에 대한 진근점 이각의 훨씬 더 정확한 근사는 다음과 같다.

$$v = M + 0.0333988\sin(M) + 0.0003486\sin(2M) + 0.0000050\sin(3M) \tag{2.32}$$

태양과 지구 간의 거리 R(실제로 지구-달 무게중심)은 시간의 함수로 다음과 같다.

$$R = \frac{a(1-e^2)}{1+e\cos(\nu)} \tag{2.33}$$

여기서 e는 타원 이심률이다. 만약 $\nu \cong M$인 간단한 근사가 이용되었다면, 각 오차는 2° 보다 작고, 거리 오차는 0.06%보다 작다.

(3) 계절효과

황도(태양 주변을 공전하는 지구의 궤도 평면)에 대해 상대적으로 기울어진 지구 자전축의 경사각은 $\Phi_r = 23.45° = 0.409rad.$이다. 정의에 의해, 이 각은 그림 2.6과 같이 북반구의 **북회귀선**의 위도와 같다. 위도는 북반구에서 양수로 정의되어 있다. 남반구의 **남회귀선**은 각은 같으나 음의 부호를 가진다.

태양의 적위(declination) δ_s는 황도(지구의 공전 궤도를 천구 상에 확장했을 때의 가상적인 궤도)와 지구 적도 평면 간의 각도로 그림 2.7과 같이 정의한다. 지구 자전축의 경사 방향이 항성(fixed star)에 대해서 거의 일정하기 때문에 태양 적위는 6월 22일(북반구에서의 **하지**)에 +22.45°에서 12월 22일에 -23.45°(**동지**)까지 변한다.

한 해의 날수로 정의되는 상대적인 **율리우스 일** d를 정의한다. 예를 들면 1월 15일은 $d = 15$이다. 2월 5일은 $d = 36$(1월 중 31일과 2월 중 5일을 더하면)이다. 윤년이 아닌 해에 대해서, 6월 22일 하지는 $d_r = d = 173$이다. 한 해당 날수 $d_y = 365$이다. 윤년에는 $d_y = 366$을 이용한다. 한 해 중 어떤 날(d)의 태양 적위는 다음과 같이 주어진다.

$$\delta_s = \Phi_r \cos\left[\frac{2\pi(d - d_r)}{d_y}\right] \qquad (2.34)$$

태양의 궤도가 타원형보다는 원형이라고 가정했기 때문에, 이 식은 단지 근사식이다.

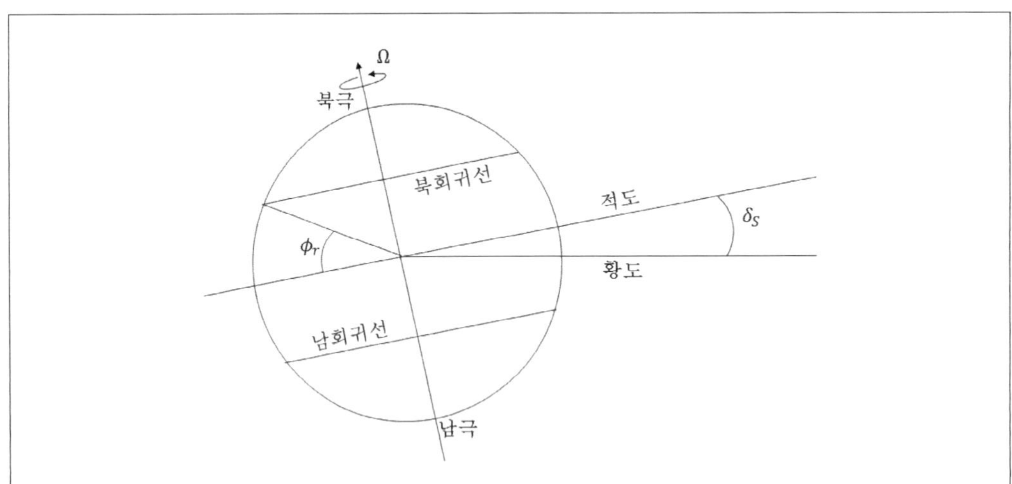

그림 2.7 ❙ **지구 적도에 대한 황도의 경사각.**

예제 2.1

3월 5일($d = 31(1월) + 28(2월) + 5(3월) = 64$)의 태양 적위($\delta_s$)는 얼마인지 구하시오.

풀이

$$\delta_s = 23.45^\circ \times \cos\left[\frac{360^\circ(64-173)}{365}\right] = 23.45^\circ \times \cos[-107.51^\circ] = -0.75^\circ$$

춘분(3월 21일)에 태양의 적위가 0° 이므로 춘분 전 태양의 적위는 음의 값을 갖는다.

(4) 태양의 고도와 방위각

지구가 축을 중심으로 회전함에 따라 지역적인 수평선 위의 **태양 고도각**(Ψ)이 상승하고 하강한다. Ψ는 그 지역의 위도(ϕ)와 경도(λ_e)에 의존하며 다음 식을 이용하여 계산한다.

$$\sin(\Psi) = \sin(\phi)\sin(\delta_s) - \cos(\phi)\cos(\delta_s)\cos\left[\frac{Ct_{UTC}}{t_d} - \lambda_e\right] \tag{2.35}$$

시간 t_{UTC}는 **국제 표준시**(그리니치 표준시: Greenwich Mean Time, **GMT** 또는 Zulu Z time)인 **UTC**(Universal Time Coordinated)이다. 앞에서와같이 $C = 2\pi radians = 360^\circ$ 이며 일조시간의 길이는 t_d이다. 식 (2.35)에서 t_{UTC}를 시간 (hr)으로 표시하면, $t_d = 24hr$이다. 위도는 적도의 북쪽에서 양의 값을 가지고, 경도는 그리니치 자오선의 서쪽에서 양의 값을 가진다. $\sin(\Psi)$관계는 지구의 어느 지점에 도달하는 태양 에너지의 일주기를 계산할 때 사용된다. 북쪽을 기준으로 태양의 지역적인 **방위각** α는 다음과 같이 주어진다.

$$\cos(\alpha) = \frac{\sin(\delta_s) - \sin(\phi)\cos(\zeta)}{\cos(\phi)\sin(\zeta)} \tag{2.36}$$

여기서 **천정각**은 $\zeta = C/4 - \Psi$이다. 오후에는, 동쪽에서가 아닌 서쪽에서 일몰 때문에 천청각 α는 $\alpha = C - \alpha$로 보정한다. 그림 2.8은 식 (2.35)와 (2.36)을 이용하여 계산한 지점(하지와 동지)과 분점(추분과 춘분) 동안 서울의 고도각과 방위각을 보여준다.

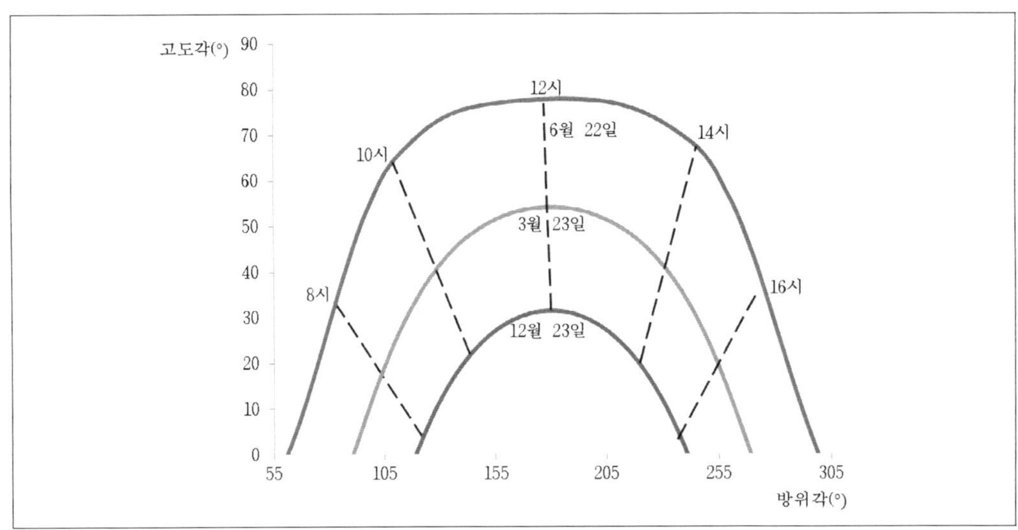

그림 2.8 ▎ 겨울, 봄 그리고 여름의 주어진 날 시간에 따른 태양의 위치(실선).

(5) 일출, 일몰, 박명

태양의 중심 고도각이 0° 일 때 **기하학적 일출(Geometric sunrise)**과 일몰이 나타난다. **겉보기 일출/일몰(Apparent sunrise/set)**은 지표에서 관측자가 보았을 때 태양의 꼭대기가 지평선 아래로 넘어갈 때로 정의한다. 지구에서 볼 때 태양은 0.267° 에 해당하는 유한한 반경을 가진다. 한편 대기를 통과하는 빛의 굴절로 인해 태양의 꼭대기가 심지어 지평선 아래 0.567° 일 때도 보인다. 그러므로 겉보기 일출/일몰은 태양의 중심이 −0.833° 의 고도각을 가질 때 발생한다.

태양의 겉보기 꼭대기가 지평선보다 약간 아래에 있을 때 지구의 표면은 직접적인 태양광을 받지 않는다. 그러나 지평선 아래 있는 태양이 지구 대기 상층을 비추고 있을 때 공기분자에 의한 빛의 산란으로 지표는 간접적으로 태양 광선을 여전히 받을 수 있다. 산란된 빛이 지표에 존재하는 동안을 박명(twilight)이라고 한다. 태양이 지평선 아래로 점점 내려가면서 박명은 점점 희미해지기 때문에 일출박명(sunrise twilight)의 시작이나 일몰박명(sunrise twilight)의 끝에 대한 정확한 정의가 없다.

여러 기구가 임의로 여러 가지 박명을 정의하여 사용하고 있다. **상용박명(civil twilight)**은 인간이 지표면의 물체들을 보는 능력에 기초한 것으로 태양의 중심 고도각이 −6° 보다 낮지 않으면 언제든지 발생한다. **군용박명(military twilight)**은 태양의 중심 고도각이 −12° 보다 낮지만 않으면 발생한다. **천문박명(astronomical twilight)**은 태양 고도각이 특정한 별을 볼 수 있을 정도로 하늘빛(skylight)이 충분히 어두워지는 −18° 에서 끝난다. 표 2.2는 일출, 일몰 그리고 박명에 대한 태양 고도각 Ψ 요약한 것이다. 앞에서 기술한 일출, 일몰, 박명시각은 식 (2.35)를 재배열함으로써 구할 수 있다.

$$t_{UTC} = \frac{t_d}{C}\left\{\lambda_e \pm \arccos\left[\frac{\sin\phi\,\sin\delta_s - \sin\Psi}{\cos\phi\,\cos\delta_s}\right]\right\} \tag{2.37}$$

t_{UTC}를 계산 시 고도각은 표 2.2에 주어진 값을 이용한다. 일출에 대해서는 +부호를 일몰에 대해서는 -부호를 사용한다. 만약 $t_{UTC} < 0$라면 그 결과에 $24h$을 더한다. 그리고 UTC에서 구하는 지역의 표준 시간으로 바꾸어 준다.

표 2.2 ▌ 일출, 일몰 및 박명에 대한 태양의 고도각.

구	분	고 도 각
일 출 / 일 몰	기하학적	0°
	겉 보 기	−0.833°
박 명	상 용	−6°
	군 사	−12°
	천 문	−18°

2.6 지표면에서의 에너지 분포

(1) 에너지 분포

태양의 중심에서 표면까지 거리 R_s, 그 표면에서 복사 에너지 속을 E_s라고 한다. 태양 중심에서 임의의 거리 r_e에서 단위면적이 받는 복사 에너지양을 E_e라고 하면 다음 관계식을 얻을 수 있다.

$$E_e = E_s\left(\frac{R_s}{r_e}\right)^2 \tag{2.38}$$

식 (2.38)을 역 자승법칙(inverse square law)이라고 한다. 식 (2.38)에 의하면 태양에서 지구에 도달하는 복사 에너지가 매우 많이 감소함을 예상할 수 있다. 그림 2.9는 지구 대기 꼭대기에 도달한 태양복사 에너지 분포로서 지구궤도 반경(r_e)에 대한 태양 반경(R_s)의 비율 $(R_s/r_e)^2$에 비례하여 2.167×10^{-5}만큼 태양표면에서 복사량이 감소한 것을 보여 준다. 그림 2.9에 있는 지구복사는 지구 대기 상층에서의 **복사조도(irradiance)**이다.

식 (2.38)으로부터 우리는 지구궤도에 도달하는 복사 플럭스가 태양의 표면에서보다 굉장히 감소하는 것을 예상한다. 그림 2.9의 태양 방출은 식 (2.38)에서 얻은 지구궤도 반경에 대한 태양 반경 비율의 제곱에 근거하여 2.167×10^{-5}만큼 감소하여야 한다. 이 결과는 그림 2.9에 나타난 지구의 방출과 대비된다. 그림 2.9의 태양복사 곡선 아래의 면적은 지구의 궤도에 도달하는 총 태양복사 조도에 해당한다.

이 양을 일반적으로 **태양상수** S라 한다. 위성에 의해 대기 꼭대기에서 측정된 태양복사 조도의 실제 값은 약 $S = 1368 \pm 7\, Wm^{-2}$이지만 약간씩 변한다. 운동학적 단위로(해수면 밀도에 근거한), 태양상수는 거의 $S = 1.125 Kms^{-1}$이다.

역 제곱 법칙에 따르면 지구와 태양 간의 거리 변동은 태양상수의 변화를 일으킨다.

$$S(R) = S_0 \left(\frac{\overline{R}}{R} \right)^2 \tag{2.39}$$

이때, $S_0 = 1368\, Wm^{-2}$는 태양과 지구 간의 평균 거리가 $\overline{R} = 149.6 \times 10^9 m$일 때 측정된 평균 태양상수이다. 태양상수는 대기의 꼭대기에서 관측되는 태양 광선에 수직을 이루는 평면을 통과하는 태양복사 에너지 플럭스라는 것을 기억할 필요가 있다.

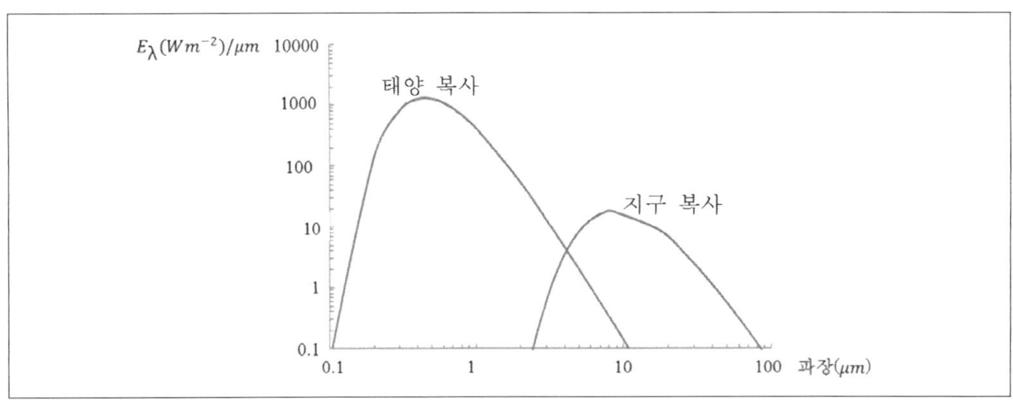

그림 2.9 ▍ 태양에서 지구 대기의 정상에 도달하는 태양복사의 분포와 대기의 정상에서 나가는 지구복사의 분포 (로그 스케일).

태양상수와 같은 복사 플럭스(복사 조도, S)는 복사의 경로에 직각인 단위면적을 통과하는 에너지의 양이다. 만약 복사와 수직을 이루지 않는 지표면에 복사가 입사할 경우 지표의 단위면적이 받는 복사는 사인 법칙에 따라 감소한다. 지표면이 받는 플럭스 R_s는 태양의 고도각이 Ψ일 때 아래와 같이 주어진다.

$$R_s = S \sin(\Psi) \tag{2.40}$$

(2) 평균 하루 일사량

대기의 꼭대기에서 들어오는 24시간 평균 태양복사(일사량)는 태양 고도각과 일광 시간 둘 다 고려한다. 예를 들면, 여름철에 극에 가까운 지역은 태양의 고도각은 낮지만 긴 일광(daylight) 시간으로 더 많이 보상되기 때문에 적도에서보다 극지방에서 여름에 총 일사량이 더 많다.

어떤 지역에서 평균 일 일사량(daily insolation) $\overline{E}(Wm^{-2})$는 그 지역의 대기 꼭대기가 항상 태양광에 수직은 아니며 또한 지구 회전에 따라 시간과 시간각이 변하므로 이를 고려하면 다음과 같이 주어진다.

$$\overline{E} = \frac{S_0}{\pi}\left(\frac{\overline{R}}{R}\right)^2 [h_0{}' \sin(\pi)\sin(\delta_s) + \cos(\phi)\cos(\delta_s)\sin(h_0)] \tag{2.41}$$

여기서 $S_0 = 1368\,Wm^{-2}$는 평균 태양상수이고, $\overline{R} = 149.6 \times 10^9 m$은 평균 태양-지구 거리, R은 연중 어떤 날에 대한 지구-태양 간의 실제 거리이다. $h_0{}'$는 라디안으로 표현된 시간각(hour angle)이다. 일출과 일몰 시 시간각(자오선과 천체가 이루는 각도) h_0는

$$\cos(h_0) = -\tan(\phi)\tan(\delta_S) \tag{2.42}$$

으로 위도와 태양의 적위에 따라 달라진다.

예제 2.2

하지($d = d_r = 173$) 동안 밴쿠버($\phi = 49.25°\,N$, $\lambda_e = 123.1°\,W$)에서의 평균 일 일사량 $\overline{E}$를 계산하시오. 그리고 같은 날 적도에서 평균 일사량과 비교하시오.

풀이

식 (2.34)을 이용하여 $\delta_s = \Phi_r = 23.45°$ 이고

식 (2.31)을 이용하여 M=167.55°, 식 (2.33)에 의해 $R = 151.892\,Gm$ 이다.

식 (2.42)을 이용하여

$h_0 = \arccos[-\tan(49.25°) \times \tan(23.45°)] = 120.23°$

$h_0{}' = h_0 \times 2\pi/360° = 2.098\,rad$

식 (2.41)을 이용하여

$$\overline{E} = \frac{(1368\,Wm^{-2})}{\pi}\left(\frac{149.6\,Gm}{151.892\,Gm}\right)^2 [2.098 \times \sin(49.25°) \times \sin(23.45°) + \cos(49.25°) \times \cos(23.45°) \times \sin(120.23°)]$$

$\overline{E} = (1327\,Wm^{-2}) \times [2.098(0.3016) + 0.5174]$

따라서 $\overline{E} = 486\,Wm^{-2}$

같은 방법으로 계산하면 같은 날 적도에서 평균 일 일사량은 밴쿠버보다 $400\,Wm^{-2}$ 작다.

(3) 흡수와 반사, 투과

한 기층에 입사한 복사속($E_{\lambda\ inc}$)이 기층을 구성하고 있는 매질에 의해서 반사, 흡수, 투과가 일어나는 경우를 고려한다. 이 기층에 의해 반사된 복사 강도를 $E_{\lambda\ ref}$ 라고 하면 반사율은 다음과 같이 주어진다.

$$\text{반사율:}\ r_\lambda = \frac{E_{\lambda\ ref}}{E_{\lambda\ inc}} \tag{2.43}$$

또한, 기층에 의해 흡수된 에너지를 $E_{\lambda abs}$ 그리고 투과한 에너지양을 $E_{\lambda tra}$ 라고 하면 기층에 의한 흡수율과 투과율은 각각 다음과 같이 주어진다.

$$\text{흡수율:}\ a_\lambda = \frac{E_{\lambda\ abs}}{E_{\lambda\ inc}} \tag{2.44}$$

$$\text{투과율:}\ t_\lambda = \frac{E_{\lambda tra}}{E_{\lambda\ inc}} \tag{2.45}$$

이 비율들의 합은 어느 파장에서나 그 합이 100% 즉, 1이 되어야 하므로 다음식이 성립한다.

$$1 = a_\lambda + r_\lambda + t_\lambda \tag{2.46}$$

또한, 식 (2.46)은 다음과 같이 나타낼 수 있다.

$$E_\lambda = E_{\lambda\ abs} + E_{\lambda\ ref} + E_{\lambda\ tra} \tag{2.47}$$

이 식은 복사 에너지 보존을 보여준다.

표 2.3 ▌ 전형적인 적외선 복사방출률.

지 표	방출률(ϵ)	지 표	방출률(ϵ)
토 양	0.9 − 0.98	신선한 눈	0.99
아 스 팔 트	0.95	오래된 눈	0.82
콘 크 리 트	0.71 − 0.9	얼 음	0.96
사 막	0.84 − 0.91	권 운	0.3
도 시	0.85 − 0.95	고 적 운	0.9
녹 색 초 지	0.9 − 0.95	저 층 운	1.0
유 리	0.87 − 0.94	침 엽 수 림	0.97
젖 은 모 래	0.98	적 색 벽 돌	0.92

지구 지표면과 같이 불투명한($t_\lambda = 0$) 물질에 대해서 흡수율은 $a_\lambda = 1 - r_\lambda$로 주어진다. 반사도와 흡수도, 투과도는 보통 파장에 따라 변한다. 예를 들면 깨끗한 눈은 입사하는 태양복사의 약 90%를 반사하지만 적외선 복사의 반사는 거의 0%이다. 이러한 특성은 기온 예보에 매우 중요하다. 단일파장을 고려하기보다는, 어떤 한 파장대에서 순 효과를 조사하는 것도 가능하다. 총 입사 태양복사(즉, 모든 태양 파장대에 대해 평균적인), E_{inc}에 대한 총 반사 E_{ref}의 비율을 **알베도** A라 한다.

$$A = \frac{E_{ref}}{E_{inc}} \tag{2.48}$$

태양복사에 대한 전 지구의 평균 알베도 $A = 30\%$이다. 표 2.4는 주어진 지표의 피복 상태에 따른 알베도 값을 보여 준다. 실제 전 지구 알베도는 얼음 지역, 적설 지역, 토양 수분, 지형, 식물에 의해 변동한다.

지구의 표면(육지와 해양)은 매우 강한 복사 흡수체이자 방출체이므로 앞에 주어진 관계식을 이용하여 지표에서의 에너지 수지를 구하기는 쉽다. 그러나 대기에서는 그 과정이 약간 더 복잡하다. 한 가지 접근 방법은 전체 대기 두께를 하나의 기층으로 다루는 것이다. 전체 대기의 총 방출률과 흡수율, 반사율을 조사하기 위해 대기의 꼭대기에서의 복사와 바닥에서의 복사를 비교할 수 있다. **대기의 창**이라 불리는 일부 파장대에서는 흡수가 거의 없어서 복사 대부분을 통과시킨다. 다른 파장대에서는 부분 흡수나 전체 흡수가 있다. 그러므로 대기는 복사에 대해 필터와 같은 역할을 한다.

표 2.4 ▎ **전형적인 알베도(A).**

지 표	알 베 도(%)	지 표	알 베 도(%)
신선한 눈	75 − 95	아스팔트(길)	5 − 15
고래된 눈	35 − 70	비포장 도로	18 − 35
회색얼음	60	콘크리트	15 − 37
깊은 물	5 − 20	빌 딩	9
어둡고 젖은 토양	6 − 8	도시(평균)	15
밝고 건조한 토양	16 − 18	벼 경작지	5 − 12
모래토양	20 − 25	침엽수림	5 − 15
짙은 구름	70 − 95	녹색초지	26
엷은 구름	20 − 65	사바나(savana)	15

2.7 지표의 복사수지

지표면에 수직인 순(net) 복사 플럭스(양의 값이 상방) R_n, 하강하는 태양복사 R_s, 반사된 태양복사 R_{sr}, 대기에서 방출되어 하강하는 장파(적외선) 복사 R_{Ld}, 지구에서 방출하는 장파 복사 R_{Lu}로 나타낼 수 있다.

$$R_n = -R_s + R_{sr} - R_{Ld} + R_{Lu} \tag{2.49}$$

여기서 R_s와 R_{Ld}는 하강하므로 음의 부호를 가진다. 그림 2.10은 전형적인 지표에서 식 (2.49)에 주어진 복사속의 각 성분의 일변화를 보여준다. 순 복사속이 영이 되는 시점은 해가 뜬 직후와 해지기 직전이다.

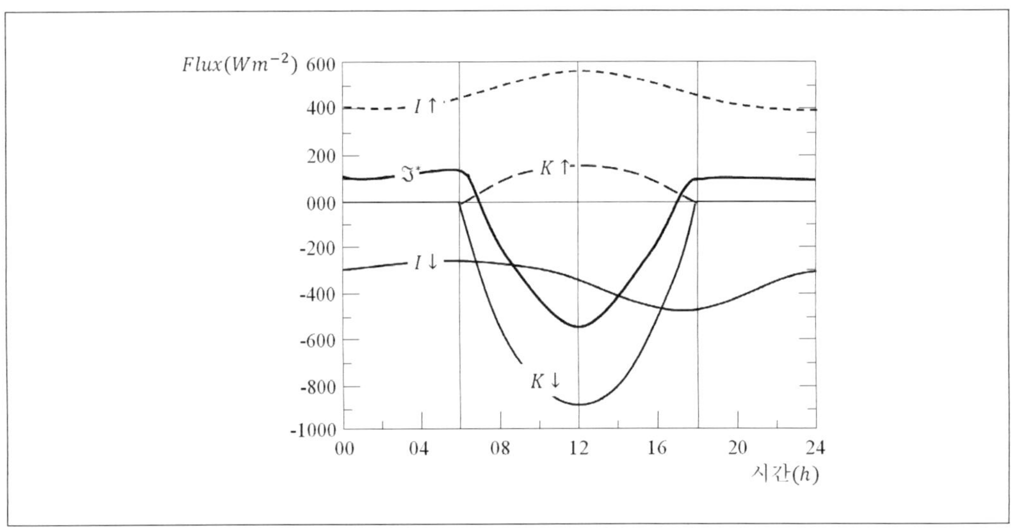

그림 2.10 ❙ 전형적인 지표면에서의 복사 플럭스의 일변화. 양의 값은 상향의 플럭스를 의미.

(1) 태양복사

태양복사 조도(태양상수)는 대기 꼭대기에서 $S = 1368 \pm 7\,Wm^{-2}$이다. 이 복사의 일부는 그림 2.11과 같이 대기의 꼭대기와 지표면 사이에서 감쇄된다. 또한, 다음에 주어진 사인 법칙 식(2.50)은 지표면에 수직인 하강 태양 플럭스 R_s를 구할 때만 사용한다. 낮의 하강 태양 플럭스는 다음과 같다.

$$R_s = ST_r \sin\Psi \tag{2.50}$$

여기서 T_r은 **순 하늘 투과율(net sky transmissivity)**이다. R_s가 하강하는 플럭스이므로 음의 부호는 식 (2.50)에 포함되어 있다. 식 (2.50)은 $\sin\Psi$를 구하는 데 이용할 수 있다. 밤에는 하강하는 태양 플럭스는 0이다.

순 투과율은 대기와 대기 흡수 특성, 운량을 통과하는 경로 길이에 좌우된다. 순 투과율에 대한 한 가지 근사는

$$T_r = (0.6 + 0.2\sin\Psi)(1 - 0.4\sigma_H)(1 - 0.7\sigma_M)(1 - 0.4\sigma_L) \tag{2.51}$$

여기서 상층과 중층, 하층 운량의 비율은 각각 σ_H, σ_M 그리고 σ_L이다. 이 운량 비율은 0과 1 사이에서 변하며 투과율 또한 0과 1 사이에서 바뀐다. 알베도가 A인 경우 지표에 도달하는 태양광에 대해 일부가 반사되고 반사된 단파 에너지는 다음과 같이 주어진다.

$$R_{sr} = -A R_s \tag{2.52}$$

여기서 음의 부호는 반사된 복사가 상향임을 나타낸다.

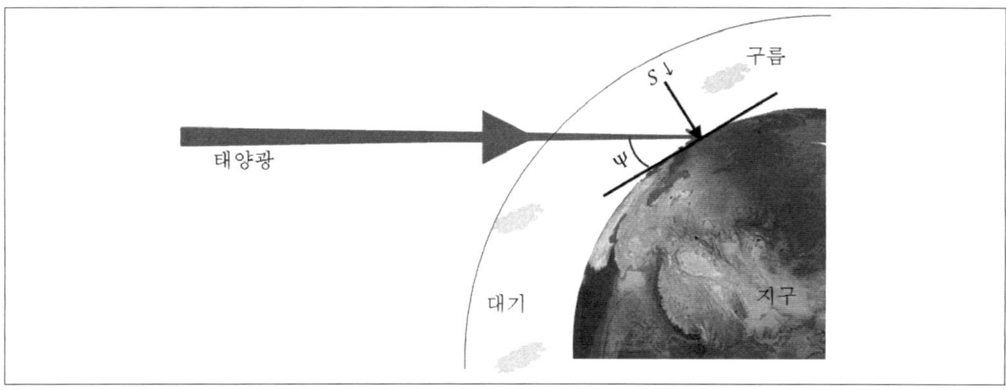

그림 2.11 ▎ 지구의 지표로 향하는 태양광의 경로.

(2) 장파(적외선) 복사

지구 지표면으로부터 상향으로 적외선 복사의 방출량은 슈테판-볼츠만 관계식에 의해 구할 수 있다.

$$R_{Lu} = \epsilon_{ir}\sigma T^4 \tag{2.53}$$

여기서 ϵ_{ir}은 스펙트럼(대부분 지표에서 0.9에서 0.99)의 적외선 부분의 지표 방출률이다. 그러나 대기에서 지표로 향하는 적외선 복사는 계산하기가 어려우므로 순 장파 복사(R_{nL})는

다음과 같이 정의된다.

$$R_{nL} = R_{Ld} + R_{Lu} \tag{2.54}$$

이 플럭스에 대한 한 가지 근사는 다음과 같다.

$$R_{nL} = b(1 - 0.1\sigma_H - 0.3\sigma_M - 0.6\sigma_L) \tag{2.55}$$

여기서 모수 $b = 98.5\,Wm^{-2}$이다.

(3) 순 복사

식 (2.49), (2.50), (2.51), (2.52) 그리고 (2.54)를 결합하면 순 복사(R_n), 양의 값이 상향으로 정의함을 산출하는 식이 다음과 같이 주어진다.

$$\text{주간}: R_n = -(1-A)\,S\,T_r \sin(\Psi) + R_{nL} \tag{2.56}$$

$$\text{야간}: R_n = R_{nL} \tag{2.57}$$

연습문제

1. 적색광은 $0.7\mu m$의 파장 λ을 가진다. 진공 내에의 적색광의 진동수 f와 각 진동수 ω, 파수 ν를 구하시오. 단, 진공에서 빛의 속도는 $c = 2.998 \times 10^8 ms^{-1}$이다.

2. 온도가 $3000K$인 물체로부터 파장이 $0.53\mu m$인 녹색광의 흑체 단색 복사방출도 E_λ를 구하시오.

3. 단색복사 강도 (monochromatic intensity)는 파장(λ) 또는 파수(ν)로 표시할 수 있다. $I_\nu = -\lambda^2 I_\lambda$ 임을 보이시오.

4. 지구의 복사평형 온도가 1% 증가하면 지구가 방출하는 총에너지가 몇 % 증가하는지를 구하시오.

5. 하지 (d=dr=173) 동안 위도(35.5°), 경도(125°)인 곳에서 평균 일사량을 구하시오.

제3장 열역학 과정과 열수지

물리학의 에너지 보존법칙에 따르면 에너지는 생성되거나 소멸하지 않지만, 형태를 바꿀 수 있다. 지구로 들어온 태양복사 에너지는 대기와 지표에 의해 열의 형태로 흡수되어 대기의 운동과 날씨 변화를 유도한다. 이 장에서는 지구에서 일어나는 열역학 과정과 지표면의 열수지에 대해서 살펴보도록 하자.

3.1 열역학 제1법칙

기체로 이루어진 어떤 계의 온도와 관련된 **내부에너지(internal energy)** 증가는 다음 식으로 나타낼 수 있다.

$$du = dq + dw_e \tag{3.1}$$

여기서 dq와 dw_e는 주위에서 계에 주어진 열과 일의 양을 나타낸다. 주위에서 계에 미치는 압력이 p_e인 경우 dw_e를 다음과 같이 정의한다.

$$dw_e = -p_e d\alpha \tag{3.2}$$

여기서 $d\alpha$는 계의 비체적 변화를 나타낸다. 식 (3.2)에 의하면 주위에서 계에 일하여 계가 수축하는 경우 $dw_e > 0$이며 이때 계의 내부에너지가 증가한다. 계가 한 일 dw를 식 (3.1)에 고려하기 위해 그림 3.1과 같이 표면적 A, 체적 V인 계의 팽창을 고려하자. 표면에서 각 방향으로 dr만큼 거리가 증가했을 때 체적의 증가 dV는

$$dV = A\,dr \tag{3.3}$$

로 주어진다. 기체가 계의 전 표면(A)에 미치는 힘을 F라 하면 계의 내부압력은 $p = F/A$으로 주어진다. 여기서 p와 dV를 이용하면,

$$dW = pdV = pAdr \tag{3.4}$$

을 얻는다. dW를 단위 질량에 대한 일 $dw(=dW/m)$로 나타내면 다음과 같다.

$$dw = p\,d\alpha \tag{3.5}$$

따라서 계가 주위에 대해서 일을 한 경우 $dw > 0$, 주위가 계에 대해서 일을 한 경우 $dw < 0$이다.

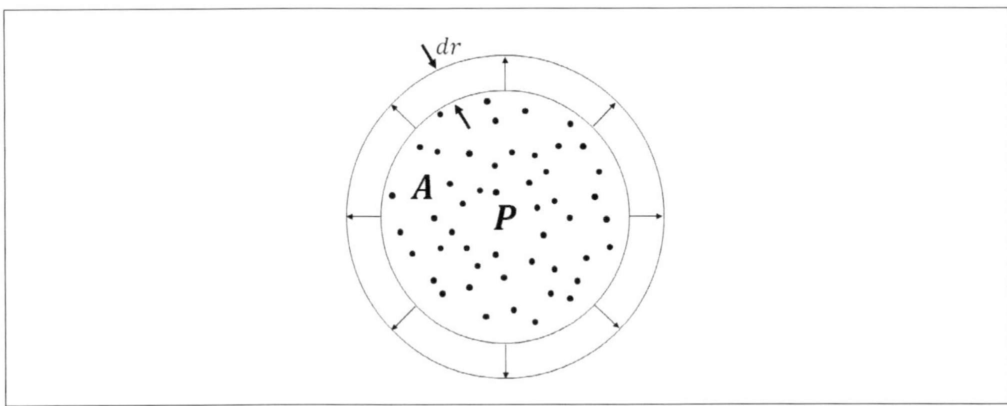

그림 3.1 ▌ 공기 덩이의 팽창에 의한 일.

식 (3.2)와 (3.5)에서 등압 상태에서 계가 일을 하거나 주위가 계에 일하는 경우 $p = p_e$이므로

$$dw_e = -dw = -p d\alpha \tag{3.6}$$

가 된다. 이를 식 (3.1)에 대입하면 열역학 제1법칙은 다음과 같이 주어진다.

$$dq = du + p\,d\alpha \tag{3.7}$$

이 식은 **열역학 제1법칙**에 관한 두 가지 표현 중 하나이며, 그 의미는 계에 열을 가할 경우 가한 열의 일부는 계의 내부에너지 증가와 나머지는 계가 주위에 일하는 데 사용됨을 보여 준다. 열역학 제1법칙은 에너지 보존법칙으로 어떤 물질에나 적용된다. 식 (3.7)에서 내부에너지는 $du = c_v\,dT$로 주어지므로 열역학 제1법칙은

$$dq = c_v\,dT + p\,d\alpha \tag{3.8}$$

으로 기술할 수 있다. 한편 기체의 상태 방정식 $p\alpha = RT$를 미분하면 다음 식을 얻는다.

$$pd\alpha + \alpha\,dp = RdT \tag{3.9}$$

여기서 R은 비기체상수이다. 이 관계식을 (3.8)에 대입하면 다음과 같이 주어진다.

$$dq = (c_v + R)dT - \alpha dp \tag{3.10}$$

압력이 일정한 경우, 즉 $dp=0$에서의 정압비열을 $c_p = c_v + R$로 두면 다음과 같이 주어진다.

$$dq = c_p dT - \alpha dp \tag{3.11}$$

여기서 αdp는 단위 질량에 대한 일을 나타낸다. 이 식은 열역학 제1법칙의 다른 형태로서 식 (3.8)에 비해 대기 분석에 더 많이 이용된다. 그 이유는 실제 대기 관측에서 밀도 보다는 온도와 압력 관측이 더 쉽기 때문이다. 좌변의 dq항은 복사와 전도에 의한 계의 **외적가열(external heating)**과 내부에서 수증기의 응결잠열과 화학반응 등에 의한 **내부가열(internal heating)**로 구분할 수 있다. 계의 단열과정은 외적가열이 없는 경우이다.

3.2 대기의 온도변화

대기에서 연직 방향의 기온감률은 대기가 정적인 경우와 운동 상태에 따라 다르다. 대기의 기온감률은 대기의 운동을 고려하지 않는 정지 상태에서 기온의 평균값으로 대류권에서는 6.5℃ km^{-1}이다. 한편 건조단열감률, 습윤단열감률은 공기 덩이의 수증기 함량과 운동을 고려한 것이다.

(1) 건조단열감률과 온위

불포화 공기 덩이가 단열 상승할 경우 고도에 따른 온도 감소율을 **건조단열감률(dry adiabatic lapse rate)**이라고 한다. 건조단열감률을 구하기 위해서 식 (3.11)에 $dq=0$을 적용하면

$$\frac{dT}{dp} = \frac{\alpha}{c_{pd}} \tag{3.12}$$

의 관계를 얻는다. 여기서 c_{pd}는 건조 공기의 정압비열이다. 정역학 방정식 $dp=-\rho g dz$를 이용하면 건조단열감률은

$$\gamma_d = -\left(\frac{dT}{dz}\right)_d = \frac{g}{c_{pd}} = 9.8\mathrm{K\,km^{-1}} \tag{3.13}$$

와 같다. 여기서 첨자 d는 건조 공기를 의미하며, 1℃ 변화는 1K변화와 같기 때문에, 온도 차를 계산할 때 ℃ 와 K은 서로 바꿀 수 있다. 식 (3.13)에 의하면 불포화 공기 덩이가 1 km 상승할

때마다 온도는 약 10℃ 감소한다. 공기 덩이가 단열 상승할 때 온도가 감소하는 까닭은 주위 대기의 기압이 낮아지면서 공기 덩이의 팽창으로 인하여 주위 공기에 일하면서 내부에너지가 감소하기 때문이다.

공기 덩이가 단열 상승할 경우 연직 속도를 w라고 하면, 공기 덩이의 온도변화율은

$$\left(\frac{dT}{dt}\right)_d = \left(\frac{dT}{dz}\right)_d \left(\frac{dz}{dt}\right) = -\gamma_d w \tag{3.14}$$

으로 나타낼 수 있다. 식 (3.14)에 의하면 공기 덩이가 단열상승($w > 0$)할 경우에는 시간에 따라 온도가 감소하고, 단열하강($w < 0$)할 경우에는 시간에 따라 온도가 증가한다.

온위 방정식을 유도하기 위해 단위 질량의 건조 공기에 대한 열역학 제1법칙을 이용한다. 단열과정에서는 $dq = 0$이므로 식 (3.11)은

$$c_{pd}\, dT = \alpha\, dp \tag{3.15}$$

가 된다. 여기서 $p\alpha = R_d T$를 적용하고 다음과 같이 적분을 하면

$$\int_T^\theta \frac{dT}{T} = \frac{R_d}{c_{pd}} \int_p^{p_0} \frac{dp}{p} \tag{3.16}$$

를 얻는다. 식 (3.16)의 적분 결과에 의한 온위(θ)는

$$\theta = T\left(\frac{p_0}{p}\right)^{R_d/c_{pd}} = T\left(\frac{p_0}{p}\right)^{0.286} \tag{3.17}$$

으로 주어지며 이를 **포아송 방정식(Poisson equation)**이라고 한다. 온위는 압력과 온도가 (p, T)인 공기 덩이를 단열적으로 p_0=1000hPa까지 이동시켰을 때 공기 덩이의 온도이다. 온위는 건조 공기의 단열과정에서 보존된다. 일반적으로 대기의 수증기 함량은 건조 공기에 비해 상당히 작으므로 식 (3.17)은 불포화 공기의 온위를 근사적으로 계산하는 데 많이 이용된다.

(2) 기온감률

정지 상태의 대기에서 고도에 따른 기온의 감소를 기온감률(γ) 또는 환경 기온감률이라고 하며

$$\gamma = -\frac{dT}{dz} \tag{3.18}$$

으로 정의한다. 주어진 한 고도에 있는 질량이 m_a인 공기 덩이에 가해진 열이 dQ_h일 경우 열역학 제1법칙은 다음과 같이 주어진다.

$$dQ_h = m_a c_p dT - Vdp \tag{3.19}$$

여기서 V는 공기 덩이의 체적이며 Vdp는 압력변화에 기인한 공기 덩이의 수축 또는 팽창에 기인한 일을 나타낸다. 식 (3.19)를 $m_a c_p$로 나누어 주고 정리하면

$$dT = \frac{dQ_h}{c_p m_a} + \frac{\alpha}{c_p} dp \tag{3.20}$$

을 얻는다. 기온감률(γ)을 구하기 위해 양변을 $-dz$로 나누어 주면

$$\gamma = -\frac{dT}{dz} = -\frac{1}{c_p m_a}\frac{dQ_h}{dz} - \frac{\alpha}{c_p}\frac{dp}{dz} \tag{3.21}$$

을 얻는다. 여기서 정역학 방정식 $\frac{dp}{dz} = -\rho g$를 식 (3.21)에 적용하면 기온감률은

$$\gamma = \frac{g}{c_p} - \frac{1}{c_p m_a}\frac{dQ_h}{dz} = \gamma_d - \frac{1}{c_p m_a}\frac{dQ_h}{dz} \tag{3.22}$$

으로 주어진다. 식 (3.22)의 우변에 있는 $\frac{dQ_h}{dz}$항은 복사 가열, 수증기 응결 시 잠열가열, 난류의 소산(dissipation)에 기인한 가열, 화학반응에 의한 가열, 공기 덩이와 주위 공기와의 대류와 난류에 의한 가열을 포함한다. 실제 관측에 의한 대류권에서 평균 기온 감률은 $\gamma = 6.5℃/km$로 γ_d보다 작다. 따라서 식 (3.22)에서 열에너지의 연직 수렴은 $-\frac{dQ_h}{dz} > 0$ 임을 알 수 있다.

(3) 습윤단열감률과 잠열

습윤공기의 단열상승은 구름생성과 발달에 있어서 매우 중요하다. 이론적으로 포화 단열과정과 **위단열과정(pseudo adiabatic process)**으로 구분하고 있다. 이 두 과정의 차이는 수분의 보존 여부이다. 포화 단열과정은 수분이 보존되는 가역과정이다. 그러나 위단열과정은 구름 덩이가 상승과정에서 수증기의 응결로 형성된 물이 계속 구름 덩이에서 빠져나가므로 수분과 열의 보존이 되지 않는 비가역과정이다. 실제로 위단열감률과 습윤단열감률은 큰 차이가 없다. 따라서 습윤단열감률은 위단열감률로 근사할 수 있으며 실제 대기의 상태 분석에서 위단열감률을 적용하고 있다. 위단열과정에서 단열감률은 다음의 습윤공기에 대한 열역학 제1법칙의 근사식을 이용하여 구할 수 있다.

$$dq \fallingdotseq c_{pd}\, dT - \alpha dp \tag{3.23}$$

여기서 α는 포화공기의 비체적이다. 지금 상태가 (T, p, w_s)인 포화공기가 위단열적으로 상승하여 그 상태가 ($T+dT$, $p+dp$, w_s+dw_s)로 되었다고 가정한다. 이 과정에서 수증기의 응결로 포화 혼합비가 dw_s만큼 감소 시에 방출한 열을 $dq=-L_{wv}dw_s$라고 하면 식 (3.23)은

$$c_{pd}dT+L_{wv}dw_s-\alpha dp=0 \tag{3.24}$$

으로 주어진다. 한편 식 (3.24)에 $dp=-\rho gdz$를 적용하고 고도의 증가에 따른 포화공기의 온도감률을 구하면

$$\gamma_s=-\frac{dT}{dz}=\frac{g}{c_{pd}}+\frac{L_{wv}dw_s}{c_{pd}dz} \tag{3.25}$$

또는

$$\gamma_s=\gamma_d+\frac{L_{wv}dw_s}{c_{pd}dz} \tag{3.26}$$

으로 주어진다. 여기서 포화공기가 단열상승 시에는 $dw_s/dz<0$ 이므로 $\gamma_s<\gamma_d$이다. 그러나 공기 덩이가 계속 상승하여 포화 혼합비가 0에 가까워지면 $dw_s/dz\approx 0$이 되어 γ_s가 γ_d와 거의 같게 된다. 포화 혼합비는 건조 공기의 압력과 포화수증기압의 함수이므로 식 (3.25)에서 dw_s/dz는 일정하지 않으며, 보통 $\gamma_s\approx 4\sim 7$℃/km 의 범위의 값을 가진다.

3.3 열역학선도

공기 덩이의 부력을 구하기 위해 환경 기온감률과 공기 덩이의 단열감률을 비교하는 것이 필요할 때가 있다. 실제로 공기 덩이의 연직 운동이나 상태변화 시에 열역학 방정식을 계산하기보다는 열역학 관계식에 의한 등치선(isopleth)이 포함된 열역학 다이어그램 또는 열역학선도를 이용하는 것이 더 편리하다.

(1) 기본 등치선

열역학 다이어그램은 일반적으로 5개의 등치선(isopleth)을 포함하고 있다. 그림 3.2의 Skew T－log p 다이어그램에 주어진 각 등치선의 의미와 특징은 다음과 같다.

- **등압선** : 가로축에 나란하게 그려진 검은색 직선이 등압선(isobar)이며, 보통 1050 hPa부터 100 hPa까지 그려져 있다.
- **등온선** : 등온선(isotherm)은 왼쪽 아랫부분에서 오른쪽 위로 약 45°의 경사를 가진다. 등온선의 간격은 일정하고 그 단위는 보통 섭씨로 표시되어 있다.
- **건조단열선** : 건조단열선(dry adiabat)은 온위(θ)가 일정한 값을 갖는 등치선으로 불포화 공기가 단열적으로 상승, 하강할 때의 온도변화를 나타낸다. 그림 3.2에서 등온선과 거의 90°를 유지하고 있으며 왼쪽 윗부분에서 오른쪽 아랫부분으로 기울어진 갈색 선이다.
- **포화단열선** : 포화단열선(saturation adiabat)은 포화된 공기 덩이가 위단열과정(pseudo-adiabatic process)에 의해 상승할 때의 온도변화를 나타내며, 습윤단열선(moist adiabat)이라고도 하며 그림 3.2에서 가장 큰 곡률을 가진 녹색 곡선이다.
- **포화혼합비선** : 포화혼합비(w_s)는 단열도에서 기압 축에 대해서 오른쪽으로 대략 40° 정도 기울어진 푸른색의 점선으로 그 단위는 $g\,kg^{-1}$이다.

(2) 공기 덩이의 단열과정 분석

▎건조 단열과정

기압이 1,000hPa , 온도가 20℃ 불포화 공기가 계속 불포화 상태로 800hPa고도까지 단열 상승했을 때 그곳 온도는 다음과 같이 구한다. 그림 3.2에서 먼저 1,000hPa, 20℃ 인 점을 표시하고 건조단열선을 따라 800hPa 고도 지점까지 올라간다. 그리고 그 지점을 통과하는 등온선의 값을 읽으면 2℃ 이다. 이 온도가 1,000hPa, 20℃ 불포화 공기가 단열 상승하여 800 hPa에 도달했을 때 가지는 온도이다. 온위는 건조 단열과정에서 보존되므로, 예를 들면 10℃의 등온위선(건조단열선) 상에 있는 공기는 기압과 온도와 관계없이 모두 온위가 같다.

▎습윤단열과정

예를 들면 1,000hPa, 20℃ 에서 포화 상태의 공기가 단열 상승하여 490hPa에 도달했을 때 온도를 구해보자. 출발점을 지나는 습윤 단열선(녹색)을 따라 상승하여 490hPa고도에서 만나는 점을 표시하고 이 점을 지나는 등온선의 값을 읽으면 그 온도가 약 −10℃를 얻는다. 최초 온도보다 10 ℃ 감소하였음을 알 수 있다.

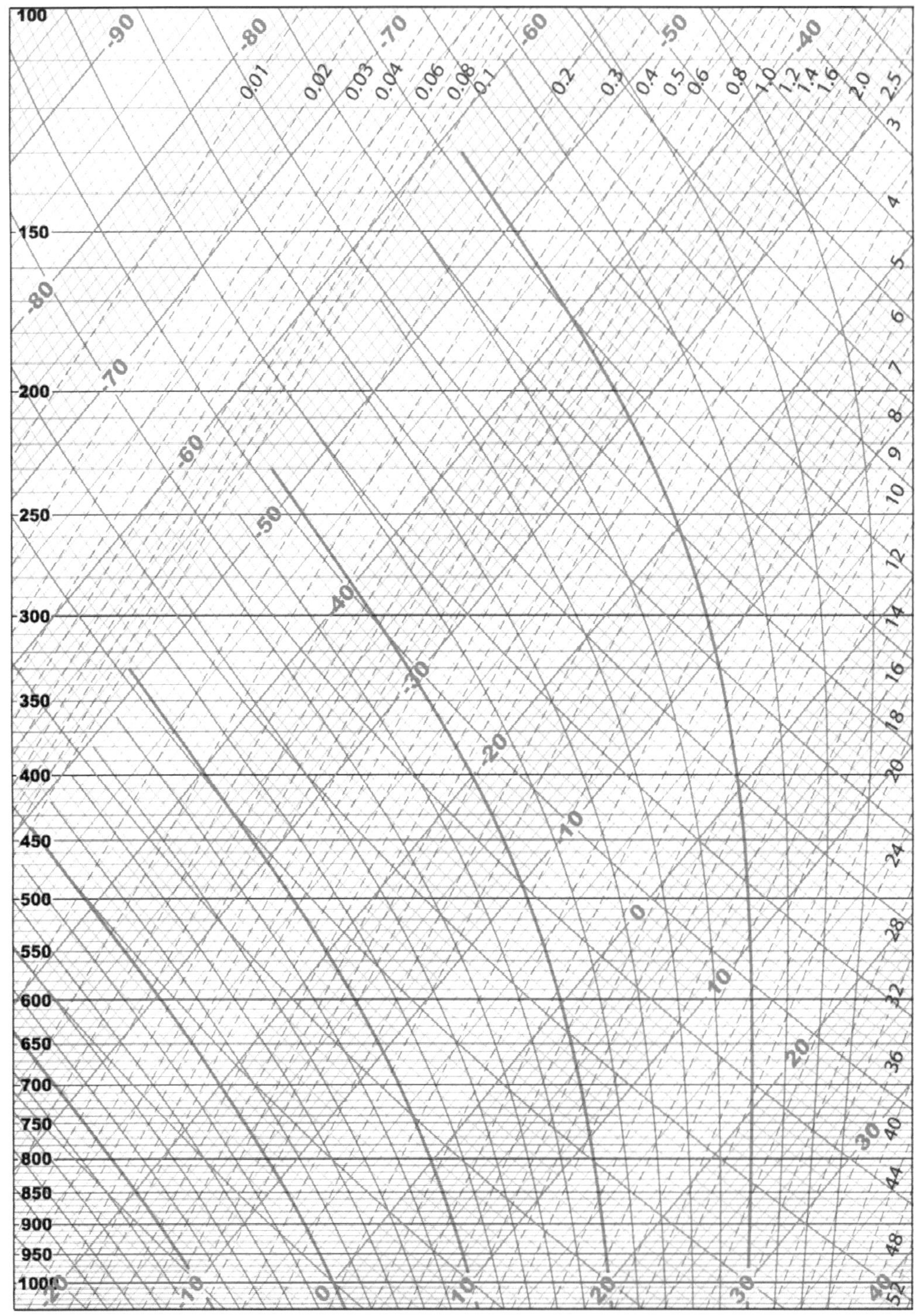

그림 3.2 ▎skew T-log P 다이어그램의 5개의 등치선.

▌등온위 선상에서 온도변화 과정

그림 3.2에서 등온위선은 건조단열선으로 2℃ 간격으로 그려져 있다. 예를 들면 1,000hPa에서 10℃, 20℃, 30℃ 인 등온위선이 숫자와 함께 그려져 있다. 여기서 1,000hPa, 20℃ 선을 예를 들면 불포화 공기가 이 선을 따라 올라가면 900hPa에서 11.3℃, 800hPa에서 1.9℃ 이다. 700hPa에서 −8.4℃ 그리고 500hPa에서 −32.6℃를 가지며 이때 공기 덩이가 상승 시 온도감소율은 건조 단열 감률과 같다. 따라서 등온위선을 건조단열선이라고 한다.

3.4 공기 덩이의 열수지

(1) 라그랑지식 열수지

공기 덩이는 고무로 된 외피(skin)가 없는 대기로 채워진 풍선으로 생각할 수 있다. 공기 덩이는 운동하면서 주위 물질과 열을 교환 및 주위와 일을 주고받는다. 따라서 운동 과정에서 공기 덩이의 역학적, 열역학적 상태가 바뀐다. 계(공기 덩이)의 운동에 따른 그 물리적 상태 또는 성질의 변화를 기술하는 것이 **라그랑지언(Lagrangian)** 기법이다.

유체 덩이가 $r_0(t_0)$에서 $r(t+dt)$로 이동할 때 온도(T) 변화를 고려해 보자.

$T = T(x, y, z, t)$이므로 시간에 따른 T의 변화는

$$\frac{dT}{dt} = \frac{\partial T}{\partial t} + \frac{\partial T}{\partial x}\frac{dx}{dt} + \frac{\partial T}{\partial y}\frac{dy}{dt} + \frac{\partial T}{\partial z}\frac{dz}{dt} \tag{3.27}$$

로 주어진다. 여기서 $u = dx/dt$, $v = dy/dt$, $w = dz/dt$로 두면 식 (3.27)은 다음과 같다.

$$\frac{dT}{dt} = \frac{\partial T}{\partial t} + u\frac{\partial T}{\partial x} + v\frac{\partial T}{\partial y} + w\frac{\partial T}{\partial z} \tag{3.28}$$

또는

$$\frac{dT}{dt} = \frac{\partial T}{\partial t} + \vec{V} \cdot \nabla T \tag{3.29}$$

으로 나타낼 수 있다. 식 (3.29)에서 $\frac{dT}{dt}$를 라그랑지언(Lagrangian) 변화라고 한다. 그리고 $\frac{\partial T}{\partial t}$를 오일러리언 변화 또는 경향(tendency)이라고 하며, 주어진 위치에서 시간에 따른 T의 변화를 나타낸다. $-\vec{V} \cdot \nabla T$는 이류(advection)항이다. 식 (3.29)에서 $\frac{\partial T}{\partial t} = 0$인 경우를 **정상상태(steady state)**라고 하며, 이 경우에는 주어진 위치에서 시간에 따른 T의 변화가 없다.

(2) 오일러기법의 열수지

실제로 고려하는 체적(계)의 열손실 또는 열 획득(heat gain)은 두 가지 요인에 의해서 결정된다. 하나는 그림 3.3과 같이 체적을 통해 나가는 **열속(heat flux)**의 발산 또는 수렴이며 다른 하나는 체적 내에 있는 **내부 열원(internal heat source)**의 시간에 따른 변화이다. 단위질량의 계의 온도 변화를 일으키는 열속의 발산과 내부 열원과 의 관계는 다음과 같이 나타낼 수 있다.

$$\frac{\partial}{\partial t}(\rho c_p T) = -\nabla \cdot \overrightarrow{F_h} + \Delta S_0 \tag{3.30}$$

여기서 ρ는 계의 밀도 c_p는 정압비열, T는 계의 온도, $\overrightarrow{F_h}$는 열속(Wm^{-2}), ΔS_0는 계의 내부 열원으로 그 단위는 Wm^{-3}이며, 순냉각(net cooling)인 경우 $\Delta S_0 < 0$이고 잠열방출인 경우 $\Delta S_0 > 0$이다.

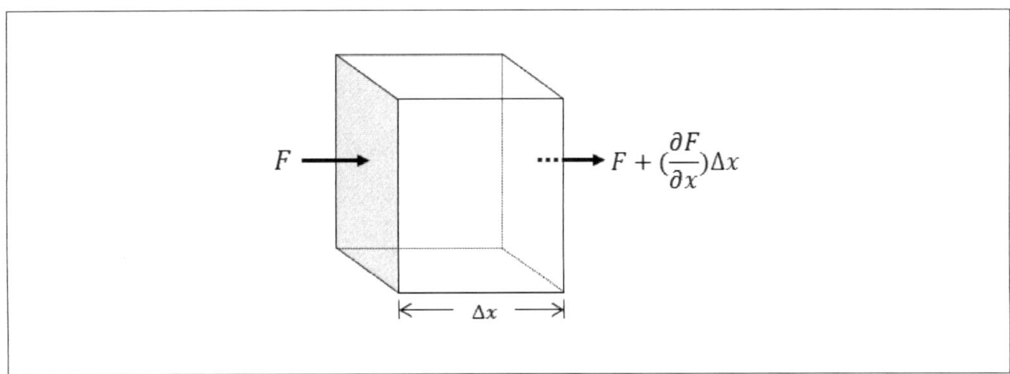

그림 3.3 ▌ 체적통과 전과 통과 후의 열 플럭스 변화.

해당 체적 내에서 온도 감소를 일으키는 것은 플럭스의 발산이다. 양의 발산 즉 $\nabla \cdot \overrightarrow{F_h} > 0$인 경우 체적으로부터 나가는 플럭스가 체적으로 들어가는 플럭스보다 많음을 의미한다. 음의 플럭스 발산 $\nabla \cdot \overrightarrow{F_h} < 0$의 경우에는 플럭스 수렴이라 부른다. 3차원 플럭스를 고정된 체적에 고려하여 오일러의 형식으로 기술하면 다음과 같이 주어진다.

$$\frac{\Delta T}{\Delta t} = -\frac{1}{\rho c_p}\left[\frac{\Delta F_{hx}}{\Delta x} + \frac{\Delta F_{hy}}{\Delta y} + \frac{\Delta F_{hz}}{\Delta z}\right] + \frac{\Delta S_0}{\rho c_p} \tag{3.31}$$

식 (3.31)을 간단히 나타내기 위해 **운동학적 플럭스(kinematic flux)** $\overrightarrow{F_k} \equiv \overrightarrow{F_h}/\rho c_p$를 도입하면 국지적 온도변화는 다음과 같이 주어진다.

$$\frac{\Delta T}{\Delta t} = -\left[\frac{\Delta F_{kx}}{\Delta x} + \frac{\Delta F_{ky}}{\Delta y} + \frac{\Delta F_{kz}}{\Delta z}\right] + \frac{\Delta S_0}{\rho c_p} \tag{3.32}$$

여기서 $\overrightarrow{F_k}$의 단위는 $m℃ s^{-1}$이다. 식 (3.32)는 대기의 온도 예보를 하는데 매우 유용하다. 운동학적 플럭스는 (속도)×(이동되는 변수)의 형태로 플럭스를 표시할 때 이용한다. 이 방정식의 해를 구하기 위해서는 열 플럭스 경도(gradient)를 결정해야 한다. 식 (3.31)과 (3.32)의 열 플럭스에 기여하는 물리 과정에는 열의 이류, 전도, 난류 그리고 복사가 있다. 이들 관련되는 항들을 구체적으로 나타내면 다음과 같다.

$$\frac{\Delta F_{kx}}{\Delta x} = \left(\frac{\Delta F_{kx}}{\Delta x}\right)_{adv} + \left(\frac{\Delta F_{kx}}{\Delta x}\right)_{cond} + \left(\frac{\Delta F_{kx}}{\Delta x}\right)_{turb} + \left(\frac{\Delta F_{kx}}{\Delta x}\right)_{rad} \tag{3.33}$$

$$\frac{\Delta F_{ky}}{\Delta y} = \left(\frac{\Delta F_{ky}}{\Delta y}\right)_{adv} + \left(\frac{\Delta F_{ky}}{\Delta y}\right)_{cond} + \left(\frac{\Delta F_{ky}}{\Delta y}\right)_{turb} + \left(\frac{\Delta F_{ky}}{\Delta y}\right)_{rad} \tag{3.34}$$

$$\frac{\Delta F_{kz}}{\Delta z} = \left(\frac{\Delta F_{kz}}{\Delta z}\right)_{adv} + \left(\frac{\Delta F_{kz}}{\Delta z}\right)_{cond} + \left(\frac{\Delta F_{kz}}{\Delta z}\right)_{turb} + \left(\frac{\Delta F_{kz}}{\Delta z}\right)_{rad} \tag{3.35}$$

이제 각 물리 과정에 대해 기술하고, 각 열원 항들을 추정하여 오일러 식 열수지 방정식에 대입한다.

(3) 이류

이류(advection)는 유체의 운동에 의해 그 성질(예: 온도, 와도)이 수송되는 것을 말한다. 따라서 이류가 일어나면 주어진 위치에서 그 성질이 바뀐다. 일반적으로 수평 바람에 의한 것을 이류, 대기의 연직 운동에 의한 것을 대류라고 한다. x-방향의 운동학적 이류는 다음과 같이 유속과 온도경도의 곱으로 주어진다.

$$\left(\frac{\Delta F_{kx}}{\Delta x}\right)_{adv} = -u\frac{\Delta T}{\Delta x} = -u\frac{\Delta\theta}{\Delta x} \tag{3.36}$$

여기서 $-u(\Delta T/\Delta x) = -u(\Delta\theta/\Delta x) > 0$인 경우를 양의 온도이류라고 한다. 동일한 방법으로 y-방향에 대해서 온도이류는

$$\left(\frac{\Delta F_{ky}}{\Delta y}\right)_{adv} = -v\frac{\Delta T}{\Delta y} = -v\frac{\Delta\theta}{\Delta y} \tag{3.37}$$

으로 주어진다. 그러나 연직 방향의 공기 이류에 대해서 다음과 같이 주어진다.

$$\left(\frac{\Delta F_{kz}}{\Delta z}\right)_{adv} = -w\left(\frac{\Delta T}{\Delta z}+\gamma_d\right) = -w\frac{\Delta\theta}{\Delta z} \tag{3.38}$$

식 (3.38)에서 공기 덩이가 연직으로 상승하는 경우에는 $w > 0$이다.

예제 3.1

공기의 평균온도가 높이에 따라 선형으로 감소한다고 가정할 때 $z=200m$에서 $T=16℃$이고, $z=1000m$에서 $T=10℃$이다. 상층의 찬 공기가 $w=-0.1ms^{-1}$으로 단열 하강 하는 경우, $z=500m$에서의 이류에 기인한 온도감률은 얼마인지 구하시오.

풀이

다른 열 교환이 없다고 가정한다. 상층의 온도가 낮다고 하더라도 이 공기가 단열하강하면 온도가 상승한다.

식 (3.38)을 식 (3.32)에 대입하고, 나머지 열 교환 과정을 모두 무시하면

$$\begin{aligned}\Delta T/\Delta t &= -w\left(\frac{\Delta T}{\Delta z}+\Gamma_d\right)\\ &= -(-0.1ms^{-1})\times(-0.0075+0.0098℃m^{-1}) = 1.73\times10^{-3}℃s^{-1}\end{aligned}$$

(4) 전도 및 지표 플럭스

분자들이 서로 충돌 시에 온도가 높은 곳에서 낮은 곳으로 열 또는 운동에너지로 전달되는데, 이를 **전도(conduction)**라고 한다. 이러한 분자충돌에 의한 열전도는 고체, 액체, 기체에서 일어나며 이 과정에서 물질이 이동하는 것은 아니다. 전도는 지구 표면의 열이 대기 중으로, 그리고 또한 열이 땅 속으로 전달되는 기본적인 방법이다. 전도에 의한 연직방향의 열 플럭스 ($F_{hz\,cond}$)는 다음과 같이 나타낼 수 있다.

$$F_{hz\,cond} = -k\frac{\Delta T}{\Delta z} \tag{3.39}$$

여기서 분자 전도도 k는 열이 통과하는 물질의 성질이며, 물질, 밀도, 온도, 습도에 따라 다르다. 해수면 높이에서 표준 상태에 대해 공기의 분자 전도도는 $k=2.53\times10^{-2}Wm^{-2}K^{-1}$이다. 대류권의 대부분에서 온도경도 $\Delta T/\Delta z$는 상대적으로 작으므로 분자 전도도는 무시할 수 있다. 따라서 다음과 같이 근사를 할 수 있다.

$$\frac{\Delta F_{hx\,cond}}{\Delta x} \approx \frac{\Delta F_{hy\,cond}}{\Delta y} \approx \frac{\Delta F_{hz\,cond}}{\Delta z} \approx 0 \tag{3.40}$$

이 방정식은 지면을 제외한 모든 곳에서 열 수지 방정식 (3.33)과 (3.35)에 사용된다.

예제 3.2

대기의 하부 $1mm$에서 $100\,Wm^{-2}$의 열 플럭스가 전도되기 위해 필요한 지표와 대기의 온도 차이는 몇 도인가?

풀이

식 (3.39)를 ΔT에 대해서 풀면

$$\Delta T = -\frac{\Delta z \times F_{hz\,cond}}{k}$$

$$\Delta T = -\frac{10^{-3}m \times 100\,Wm^{-2}}{2.53 \times 10^{-2}\,Wm^{-1}K^{-1}} \approx -3.96K$$

(5) 대류

대류는 유체가 물체와 접촉한 상태에서 온도 차가 있을 때 **총체 유체운동(bulk fluid motion)**에 의한 열 이동이다. 대기과학에서는 주로 연직 방향의 열 이동에 대해 이 용어를 사용한다. 대류는 유체운동이 어떻게 일어났는가에 따라서 **자유대류(free convection)**와 **강제대류(forced convection)**로 분류한다. 자유대류는 유체의 부등가열에 의해서 부력 효과가 탁월할 때 나타난다. 즉 가열된 온도가 높은 유체는 상승하고 온도가 낮은 유체는 하강하는 유체운동이 일어난다. 강제대류는 불규칙한 지형의 영향이나 바람의 연직 시어가 존재할 때 **외부강제(external forcing)**에 의해서 아래에 있는 유체가 위로, 위에 있는 유체가 아래로 이동하면서 열 이동과 교환이 일어나는 현상이다. 대기경계층에서 바람이 불 때 난류에 의해서 크기가 2 mm ~2km에 이르는 크고 작은 맴돌이(eddy)가 생성된다. 이 맴돌이들은 지표 바로 위의 대기나 대기경계의 상부까지 열을 매우 효과적으로 전달한다. 강제대류를 **역학대류(mechanical convection)**라고도 하며 대기경계층의 성질(예: 온위, 바람, 혼합 등)을 균일하게 하는데 커다란 역할을 한다. 한편 자유대류와 강제대류가 함께 일어나는 경우가 있는데 이를 **혼합대류(mixed convection)**라고 한다.

대기 중에서 대류에 의한 열 이동을 이해하기 위해 맑은 여름날 가열된 아스팔트 도로 위를 생각해 보자. 이때 아스팔트면의 온도는 50℃ 이상이지만 그림 3.4와 같이 인접한 0.5mm 높이에서 공기의 온도는 20℃ ~30℃ 이다. 이 경우에 열전달에서 지표에서 난류가 0이 되므로 전도가 매우 중요하다. 그리고 전도가 무시되는 위층에서는 난류가 열 이동에 중요한 역할을 한다. 이러한 이유 때문에 지표에서 연직 방향으로의 열속은 전도와 난류를 함께 고려한 **유효 지표 난류열속(effective surface turbulence heat flux)**으로 나타낸다. 실제로 지표 수 mm 부근에서 온도의 연직변화율을 측정하거나 예측하지 않으므로 식 (3.39)를 적용하여 열속을 구하기는 어렵다. 그러나 바람이 부는 날 전도와 난류를 고려한 지표에서의 유효 열속은 다음 식을 이용하여 구할 수 있다.

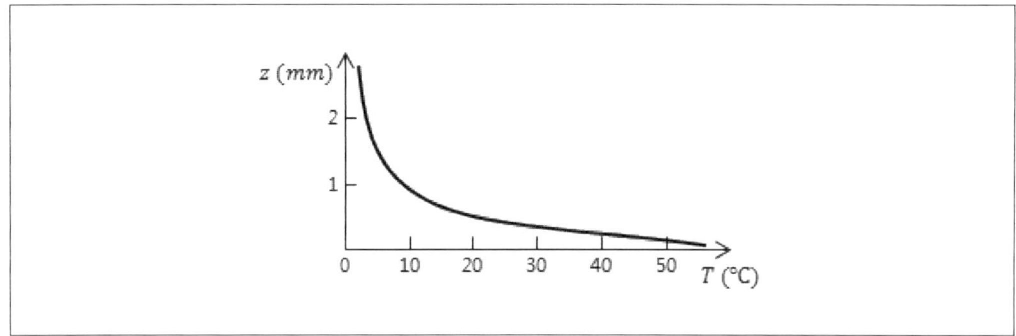

그림 3.4 ▎ 맑은 날의 지표로부터 수 mm 높이의 강한 온도경도는 강한 전도 열 플럭스를 이끌지만, 높은 대기에서 전도는 무시할 수 있음.

바람이 부는 날 전도와 난류의 혼합은 다음과 같은 유효 지표 열 플럭스를 생성한다.

$$F_H = C_H|\vec{V}|(\theta_{sfc} - \theta_{air}) \tag{3.41}$$

또는

$$F_H \cong C_H|\vec{V}|(T_{sfc} - T_{air}) \tag{3.42}$$

$|\vec{V}|$은 높이 10m에서 평균 바람 속도, T_{air}는 10m에서 기온, T_{sfc}는 지표면 온도, θ_{air}와 θ_{sfc}는 온위를 나타낸다. C_H는 총체 열전달계수(bulk heat transfer coefficient)이다. 이 계수는 상수가 아니고, 지표의 상태와 난류의 강도에 따라 달라지며 무차원의 값을 갖는다. 비교적 매끄러운 지표 위에서는 약 2×10^{-3}, 거친 표면이나 숲 위에서는 약 2×10^{-2}의 범위 값을 갖는다. 방정식 (3.41)과 (3.42)는 강한 이류일 때 유용하다.

대류권에서 바닥으로부터 $1 \sim 2km$의 기층을 **대기경계층**(atmospheric Boundary Layer, ABL)이라한다. 무풍(calm) 상태에서 강한 일사에 의한 가열과 상승하는 **열기포**(thermals)는 대기 경계층 내에서 종종 발생한다. 이러한 종류의 경계층을 **혼합층**(mixed layer, ML)이라한다. 열기포의 상승은 열 플럭스에 상당한 영향을 미친다. 무풍인 날에는 방정식 (3.41)이나 (3.42)를 사용하는 것 대신 다음 식을 이용하여 지표 열 플럭스를 계산한다.

$$F_H = b_h w_B (\theta_{sfc} - \theta_{ML}) \tag{3.43}$$

또는

$$F_H = a_h w_* (\theta_{sfc} - \theta_{ML}) \tag{3.44}$$

여기서 θ_{ML}은 혼합층의 중간 부분인 $500m$의 고도에서 온위이다. 경험에 의해 구해진 혼합층 전달 계수 a_h는 0.0063이고, 대류 이동 계수 b_h는 5×10^{-4}이며 둘 다 지표의 거칠기에 대해 독립적이다. **부력 속도 규모**(buoyancy velocity scale, w_B)는 연직으로 열 이동 효과를 보여 준다.

$$w_B = \left[\frac{g z_i}{\theta_{v\ ML}} (\theta_{v\ sfc} - \theta_{v\ ML}) \right]^{1/2} \tag{3.45}$$

z_i는 대류 경계층, 즉 혼합층의 높이이고, g는 중력가속도이고, θ_v는 가온위(단위는 K)이다. 보통 연직 가속도는 약 $0.02 w_b$이다. 식 (3.44)에서 w_*는 **디어도프 속도**(Deardorff velocity)라고 하며

$$w_* = \left(\frac{g z_i}{T_v} F_h \right)^{\frac{1}{3}} \tag{3.46}$$

으로 주어진다. 이 속도는 대류 혼합층에 대한 연직 속도의 규모이며, 그 값은 전형적으로 $1ms^{-1}$정도이다. 그리고 w_*와 w_B의 관계는 $w_* \simeq 0.08 w_B$ 이다.

(6) 난류

난류는 공기 덩이의 **맴돌이**(eddy or vortex)라 불리는 규모가 $2mm \sim 2km$인 소용돌이의 준무작위(quasi random) 움직임이다. 비록 한 공기 덩이가 이동한 곳은 질량보존 법칙에 의해 항상 다른 곳에서 이동해 온 공기 덩이로 대체 되지만, 이동하는 공기 덩이와 새로운 공기 덩이는 서로 온도가 다를 수 있다. 주변으로 열이 이동하므로 열 플럭스가 만들어진다. 다양한 크기의

맴돌이에 의한 각각의 열 플럭스를 고려하는 대신에 한 지역 내의 모든 맴돌이(eddy)들에 의한 평균 열 플럭스를 고려하기 위한 통계를 사용하였다.

난류의 순 효과는 초기에 서로 다른 지점에서 온 공기 덩이들이 서로 혼합하는 것이다. 즉 난류는 공기를 균일하게 하는 경향이 있다. 그 결과 온위, 바람, 습도는 난류의 작용에 의해 점차 균일한 상태로 바뀐다. 혼합량은 난류의 강도가 바뀜에 따라 시간과 지역에 따라 바뀐다. 예를 들면 눈이 쌓이지 않은 땅 위에서 맑은 날씨일 때 난류가 강하며 대기 경계층(ABL)내에서 상당한 열전달을 일으킨다. 난류의 균질화(homonization)때문에 난류 플럭스는 고도에 따라 대략적으로 선형적으로 변화하므로, ABL의 꼭대기와 밑면에서 난류 플럭스가 추정되어질 수 있다.

맑은 날 주간에 대기경계층 꼭대기의 열 플럭스는 대략 지표 열 플럭스의 20% 규모이고, 부호는 반대로 나타난다. ABL 바닥의 플럭스는 전도와 관련이 있고, 유효 지표 플럭스 F_H로 앞에서 식 (3.41)과 (3.42)로 주어졌다. 대기 경계층의 난류 플럭스의 발산은 $0 < z \leq z_i$에 대해 다음과 같이 주어진다.

$$\frac{\Delta F_{z\ turb}}{\Delta z} \approx \frac{F_{z\ top} - F_{z\ bot}}{z_i} \tag{3.47}$$

$$\frac{\Delta F_{z\ turb}}{\Delta z} \approx \frac{-aF_H}{z_i} \tag{3.48}$$

여기서 a는 1.2이며, z_i는 대기 경계층의 높이이며 보통 $200m \sim 2km$이다.

예제 3.3

맑고 갠 날 유효 지표 열플럭스가 $0.1kms^{-1}$일 때, 1km의 대기경계층에서 연직 플럭스 발산은 얼마인가?

풀이

식(3.48) 이용 :

$$\frac{\Delta F_{z\ turb}}{\Delta z} \approx \frac{-1.2 \times (0.1Kms^{-1})}{1000m} = -1.2 \times 10^{-4} Ks^{-1}$$

$$\therefore \frac{\Delta F_{z\ turb}}{\Delta z} \simeq 0$$

맑은 날 대기경계층보다 상층에서는 난류가 무시될 수 있다. 밤에 난류는 종종 매우 약해진다. 즉, 맑은 날 밤 연직 플럭스 발산은 작으며 하층의 $100m$를 제외하고는 무시할 수 있다.

(7) 복사

대류권의 공기는 상대적으로 적외복사에 대해 불투명하여 어떤 고도에서 방출된 복사는 인접한 다른 고도로 다시 흡수되며, 이 중 일부는 처음의 고도로 다시 복사해 돌아간다. 이 복잡한 과정의 결과로 연직적인 적외복사의 경도가 상대적으로 작아지고, 수평적 복사 경도는 거의 0에 가깝게 된다. 따라서 다음과 같이 기술 할 수 있다.

$$\frac{\Delta F_{x\ rad}}{\Delta x} \approx \frac{\Delta F_{y\ rad}}{\Delta y} \approx 0 \tag{3.49}$$

$$\frac{\Delta F_{z\ rad}}{\Delta z} \approx -0.1 \sim -0.2\ (Kh^{-1}) \tag{3.50}$$

구름, 연무 또는 연기가 없을 때 태양복사에 의한 직접적인 공기의 복사 가열은 무시할 수 있다. 하지만 태양광선은 지표를 가열하여 복사와 대류를 통해 열을 분배하고 공기를 간접적으로 데운다. 또한 낮 동안 태양복사는 꽤 많이 구름을 가열한다.

(8) 잠열

열 또는 **열에너지(thermal energy)**는 에너지의 한 유형이며, 계와 주위와 온도 차가 있을 때 이동하는 성질을 가지고 있다. 열은 현열과 잠열로 구분할 수 있다. 열이 계에 주어졌을 때 그 온도 변화와 관계한 열을 **현열(sensible heat)**, 계의 상변화(phase change)를 일으키는데 관계한 열을 **잠열(latent heat)**이라고 한다. 물의 기화, 얼음의 융해와 승화하는데 필요한 잠열을 각각 기화열, 융해열 그리고 승화열이라고 한다. 온도 0℃에서 물의 상변화와 관계된 잠열은 다음과 같다.

$$L_{iv} = 2.834 \times 10^6 \mathrm{J\,kg^{-1}} = 677.0\,\mathrm{kcal\,kg^{-1}} \tag{3.51}$$

$$L_{iw} = 0.334 \times 10^6 \mathrm{J\,kg^{-1}} = 79.7\,\mathrm{kcal\,kg^{-1}} \tag{3.52}$$

$$L_{wv} = 2.500 \times 10^6 \mathrm{J\,kg^{-1}} = 597.3\,\mathrm{kcal\,kg^{-1}} \tag{3.53}$$

잠열은 온도에 따라 조금 다르지만 기상현상과 관련된 대부분의 계산에서는 위의 값을 사용하고 있다.

예를 들어 빗방울이 낙하 시에 증발하려는 경우를 고려해 보자. 빗방울이 수증기로 바뀌는데 필요한 잠열은 대기에서 공급된다. 그 결과 대기는 열을 잃고 온도가 내려가며 이를 **증발냉각**

(evaporative cooling)이라고 한다. $m_{condensing}$ 그램의 수증기가 응결할 때 발생하는 잠열의 양은 오일러 체적에서 $L_v m_{condensing}$으로 주어진다. 잠열이 체적 내 공기의 질량(m_{air})에 고루 분포할 때 전체 잠열에 의한 가열의 열원 항(source term)은 식 (3.31)을 참고하면

$$\frac{\Delta S_0}{C_p \Delta t} = \frac{L_v m_{condensing}}{C_p m_{air} \Delta t} \tag{3.54}$$

이다. 액체 물의 증발에 대해 음의 부호를 갖는다(공기의 냉각).

대류권의 높이를 대략 $z_{Trop} = 11km$로 두고 공기기둥에 대해 생각해보자. 전체 기둥의 평균적인 응결가열률은 땅으로 떨어지는 강수의 양에 비례한다. 만약 RR이 물의 높이의 변화로 측정되는 시간에 따른 비의 양을 나타낸다면, 잠열에 의한 가열 열원 항은 아래와 같다.

$$\frac{\Delta S_0}{C_p \Delta t} = \frac{L_v \rho_{liq} RR}{C_p \rho_a z_{Trop}} \tag{3.55}$$

$\rho_{liq} = 1025kg\,m^{-3}$은 물의 밀도, ρ_a는 전체 기둥을 평균한 공기의 밀도, $L_v / C_p = 2500 K kg_{air}\,kg_{liq}^{-1}$은 등압조건에서 응결열을 뜻한다. 표준대기를 대류권 높이 11km로 둘 때 평균 대류권 밀도는 $\rho_{air} = 0.689kg\,m^{-3}$로 주어진다. 즉 방정식 (3.55)는 다음과 같이 쓸 수 있다.

$$\frac{\Delta S_0}{C_p \Delta t} = aRR \tag{3.56}$$

여기서 $a = 0.338 K mm^{-1}$이다.

(9) 순 열수지

총 오일러 열 수지는 열역학 제1법칙 식 (3.32)를 플럭스 경도의 정의(3.33)~(3.35)에 결합하여 구할 수 있다. 이때, 대기의 상황에 따라 복잡한 방정식을 단순화 시킬 수 있다. 연직 평균 온도 이류, 연직 난류의 이동과 전도는 무시할 수 있다고 가정한다. 직접적인 태양에 의한 가열은 무시하지만 적외복사에 의한 냉각은 작은 상수로 근사한다. 단순화된 오일러 열 수지 방정식은 다음과 같다.

$$\left(\frac{\Delta T}{\Delta t}\right)_{x,y,z} = -\left[u\frac{\Delta T}{\Delta x} + v\frac{\Delta T}{\Delta y}\right] - 0.1\left(\frac{K}{h}\right) - \frac{\Delta F_{z\,turb}(\theta)}{\Delta z} + \frac{L_v}{C_p}\frac{m_{condense}}{m_{air}\Delta t} \tag{3.57}$$

여기서 우변의 항들은 차례로 이류, 복사, 난류, 잠열 항이다. $\triangle F_{ztur}(\theta)$는 열에 대한 난류 플럭스 발산항을 나타낸다. 복사항의 (K/h)는 복사 가열율의 단위이다. 수분과 운동량에 관한 난류 플럭스 발산도 같은 형태로 주어진다. 만약, 응결 또는 증발이 없다면 잠열과 관계된 항은 0으로 둘 수 있다.

예제 3.4

동서방향의 풍속은 $4ms^{-1}$이고 연직방향 풍속은 $0ms^{-1}$이다. 기온의 수평경도가 $\triangle T/\triangle x = 1.5℃/10km$이고, $m_{cond}/m_{air} = 2g/kg$, 낮 동안 $1000m$ 두께의 대기경계층은 $0.2Kms^{-1}$의 유효 지표 운동학적 플럭스를 갖는다. $L_v/C_p = 2.5K/(g_{water}/kg_{air})$를 이용할 때, 고정된 한 점에서 한 시간 동안의 온도변화를 구하시오.

풀이

식 (3.57)을 이용해서 각 항을 나눠서 계산하고 $\triangle t$를 곱한다.

$$\triangle T_{adv} = -4ms^{-1} \times 1.5^{-4}℃m^{-1} \times 3600s = -2.16℃$$

$$\triangle T_{latent} = \left(2.5Kkg_{air}g_{water}^{-1}\right) \times \left(2g_{water}/kg_{air}\right) = +5.0℃$$

$$\triangle T_{rad} = -0.1Kh^{-1} \times 1h = -0.1℃$$

$$\triangle T_{turb} = -\frac{-1.2\,(0.2Kms^{-1})}{1000m} \times 3600s = 0.86℃$$

$$\triangle T = (Adv + Latent + Rad + Turb)\triangle t$$

$$= (-2.16 + 5.0 - 0.1 + 0.86)℃ = 3.6℃$$

3.5 지표면 열수지

(1) 열수지

지표에서 열 수지는 잠열 속, 현열 속, 전도에 의하여 지면 아래로 향하는 열 속을 추정하는 데 매우 중요하다. 열수지 고려 시 지표의 두께는 0으로 고려한다. 지면으로 향하는 단파복사는 R_s, 지면에서 반사된 단파복사는 R_{sr}, 난류형태로 열을 이동하는 현열 속은 H_S 그리고 H_L은 잠열 속, H_G는 분자전도에 의해 땅속으로 향하는 **지면 열속(ground heat flux)**으로 표시하면 지표에서 모든 플럭스의 합은 0이 되므로 다음과 같이 주어진다.

$$R_n = H_S + H_L + H_G \tag{3.58}$$

여기서 R_n은 순 복사로 $R_n = R_s - R_{sr} + R_{Ld} - R_{Lu}$으로 주어진다. 여기서 지면으로 향하는 장파복사는 R_{Ld}, 지면에서 대기로 향하는 장파복사는 R_{Lu}이다. 모든 열속의 부호는 지면에 대해 하향인 경우는 음(−), 상향인 경우는 양(+)으로 고려한다. 지표에서 열 수지는 주간과 야간으로 구분해서 다룬다. 수분 속의 경우에도 (3.58)과 같은 관계가 적용된다. 그림 3.5(a)는 주간에 지표의 열 수지를 보여 준다. 그림 3.5(a)에서 이 부호 합의를 따르면 지표에서 열 수지는 다음과 같이 주어진다.

$$-R_n = H_S + H_L - H_G \tag{3.59}$$

식 (3.59)에서 모든 플럭스의 단위는 Wm^{-2}이다.

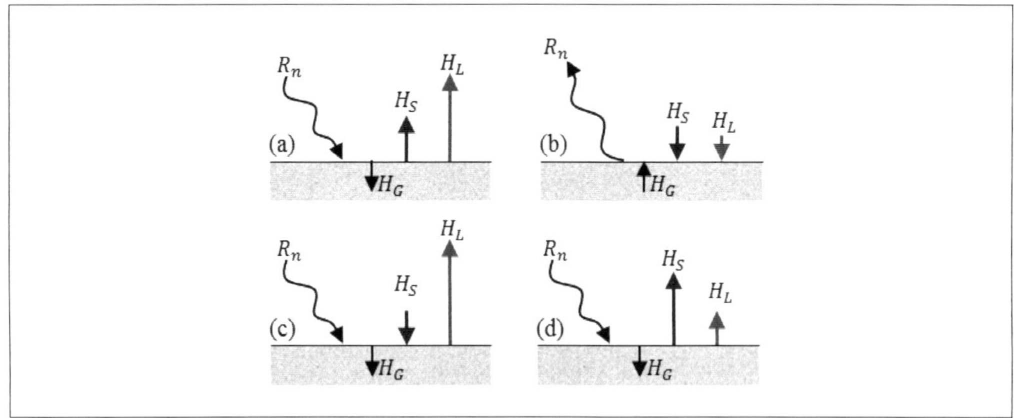

그림 3.5 ❙ 플럭스들은 지표 열 수지에 영향을 미친다. (a) 낮 동안 초목이 있는 지표, (b) 밤 동안 초목이 있는 지표, (c) 따뜻하고 건조한 공기가 차고 습한 지표 위로 이류하며 생기는 오아시스 효과, (d) 낮 동안 사막.

그림 3.5(b)는 야간에는 지표에서 모든 플럭스의 부호가 반대가 되므로 열수지 방정식은 다음과 같이 주어진다.

$$R_n = -H_S - H_L + H_G \tag{3.60}$$

그림 3.5(c)는 주간에 관개지역과 같은 곳에서 물의 증발에 의한 잠열 속이 순 복사열 속을 능가하여 이때 증발로 인해 물 위에 있는 공기의 온도가 낮아진 경우이다. 부족한 열을 보충하기 위해 현열속이 아래로 향하고 있다. 다른 지역의 가열된 건조한 공기가 증발이 매우 활발한 관개지역의 수면 위로 이동(온난이류)하여 물을 증발시키는 것을 오아시스 효과라고 한다. 수면의 온도가 낮으므로 그 위에 있는 기층의 아래에서 현열이 이동하면서 추가로 물을 증발시킨

다. 그림 3.5(d)는 주간에 사막의 지표에서 열 수지를 나타낸다. 순 복사열속의 상당부분이 현열로 대기로 향하고 있다.

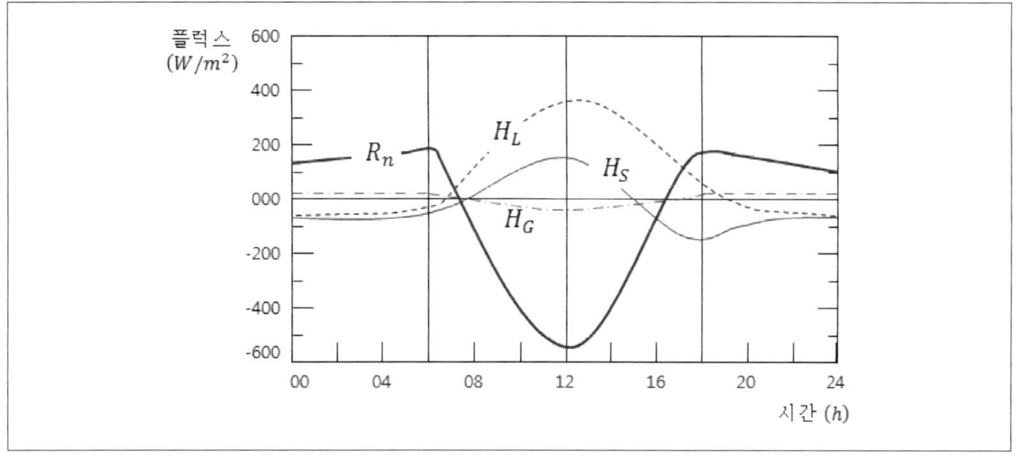

그림 3.6 ▌ 전형적인 지표 열수지의 일변화. 상향 플럭스들은 양의 값을 갖는다.

그림 3.6은 습한 식생을 가진 지표에서 플럭스들의 일변화를 보여준다. 식 (3.59)에서 순복사는 계의 강제력으로 다른 항들은 그의 반응으로 볼 수도 있다. 지표로 향하는 플럭스는 순 복사에 비례하며, 이는 적절한 근사이다. 이 근사를 운동학(kinematic) · 역학적으로 표현하면 다음과 같다.

$$H_G \approx X R_n \tag{3.61}$$

주간에는 $X = 0.1$이고, 야간에는 $X = 0.5$이다. 평형을 이루는 지표를 가로지르는 열수지 식 (3.60)에서는 플럭스 간에 균형을 이룬다. 그러나 공기의 체적을 고려할 경우 플럭스의 불균형이 일어나며 공기가 가열 또는 냉각된다.

(2) 보웬비

현열과 잠열의 상대적인 크기는 대기경계층의 기후와 직접적인 관련성을 갖는다. 잠열 속에 대한 현열속의 비를 **보웬비(Bowen ratio)**라고 하며 다음과 같이 정의한다.

$$B = \frac{H_S}{H_L} \tag{3.62}$$

만일 $B > 1$이면 지표에 물이 어느 정도 제한된 상태에서 지표에서 열의 상당 부분이 현열로 대기 중으로 전달된다. 따라서 기후는 비교적 온난할 가능성이 있다. 한편 $B < 1$인 경우는 잠열

속이 현열속 보다 커서 대기로 상당 부분의 열이 잠열 형태로 이동한다. 따라서 이와 같은 경우에는 잠열이 지표 부근의 하층대기를 가열하는 데 직접 기여하지 않는다. 따라서 기후는 비교적 한랭하면서 습도가 높을 수 있다. 보웬비는 바다에서 0.1을 가진다. 보웬비가 $B<0$인 경우는 현열속과 잠열속의 부호가 서로 반대일 때 나타난다. 보웬비가 $B<0$인 경우는 통상적으로 야간에 현열속이 지면을 향하고 주간에 증발이 계속되어 잠열속이 대기를 향할 때이다. 식 (3.62)를 지표에서 에너지 수지방정식 (3.58)에 적용하면

$$BR_n = (1+B)H_S + BH_G \tag{3.63}$$

을 얻는다. 이 식에서 H_S를 구하면 다음 식을 얻는다.

$$H_S = \frac{B(R_n - H_G)}{(1+B)} \tag{3.64}$$

동일한 방법으로 H_L을 구하면 다음과 같이 주어진다.

$$H_L = \frac{(R_n - H_G)}{(1+B)} \tag{3.65}$$

보웬비는 바다에서 0.1, 개척된 작물에서 0.2, 초지에서 0.5, 반건조 지역에서 5이상, 사막에서 10이상의 값을 가진다. 보웬비 식 (3.62)로 정의하지만 실제로 다음과 같이 구할 수 있다. 현열 속을 열 이동 계수(K_h)를 이용하여 나타내면

$$H_S = -K_h \frac{\partial}{\partial z}(\rho c_p T) \tag{3.66}$$

으로 주어진다. 한편 잠열 속을 수증기 이동 계수(K_v)를 이용하여 나타내면

$$H_L = -L_v K_v \frac{\partial}{\partial z}(\rho r) \tag{3.67}$$

으로 주어진다. 앞에서 주어진 H_S를 H_L로 나누어 주고 $K_h = K_v$을 가정하면 다음 식을 얻는다. 식을 두 고도(z_1, z_2)에서 온도와 수증기 혼합비(r)의 측정치를 고려하여 다음과 같이 나타낼 수 있다.

$$B = \gamma \frac{\Delta T}{\Delta r} = \gamma \frac{\Delta \theta}{\Delta r} \tag{3.68}$$

여기서 $\gamma = c_{pd}/L_v = 0.4(K^{-1})$이고, $\Delta T = T_2 - T_1$이며, $\Delta r = r(z_2) - r(z_1)$을 나타낸

다. $\triangle\theta$는 두 고도에서 온위의 차이며 $\theta = T_2 - T_1 + (9.8\times10^{-3}K/m)(z_2 - z_1)$이다. 많은 관측에서 현열플럭스가 대기의 하층 $20m$ 온위의 연직경도($\Delta\theta$)에 비례함이 증명되고 있다. 보웬비는 온도계와 습도계를 통해 쉽게 구할 수 있다. 이러한 방법을 사용하기 위해서는 온위 $\triangle\theta$와 혼합비 $\triangle r$의 차이는 같은 높이에서 측정되어야 한다.

식 (3.62)와 에너지평형 식 (3.59)를 결합하여 지표 플럭스 식 (3.61)에 근사하면 다음의 현열플럭스 식을 구할 수 있다.

$$H_s = \frac{-0.9R_n}{\dfrac{\triangle r}{\gamma\triangle\theta}+1} \tag{3.69}$$

마찬가지로, 잠열 플럭스는 다음과 같다.

$$H_L = \frac{-0.9R_n}{\dfrac{\gamma\triangle\theta}{\triangle r}+1} \tag{3.70}$$

두 식을 계산하는 대신, 첫 번째 식을 먼저 계산한 후, 지표에너지평형 방정식을 이용해 다른 것을 찾는 것이 효율적인 방법이다.

$$H_L = -aR_n - H_s \tag{3.71}$$

여기서 a는 0.9이다. 두 높이에서 온도와 습도의 양과 지표 근처에서의 전체 복사의 양을 알면, 열과 수분의 연직 유효 플럭스를 결정하는 데 충분하다. 지표 열 플럭스는 지표근처에서의 온위 감소로 알 수 있는데, 식 (3.41) 혹은 식 (3.43)을 통해 알 수 있다.

연습문제

1. 지면과 접하고 있는 대기의 하부에서 $1mm$에서 $100\ Wm^{-2}$의 열 플럭스가 전도하기 위해 필요한 온도 차는 얼마인가?

2. 맑고 바람이 없는 날 $2km$의 혼합층이 $\theta = 300K$로 건조하다. 지표온도(T_{sfc})가 $325K$일 때 유효 지표 열 플럭스를 구하라.

3. 열역학 제1법칙 $dq = c_p\, dT - \alpha dp$에서 αdp는 단위 비체적에 대한 일에 해당된다. 이에 대해서 설명하시오.

4. 초지 위의 총 지표 복사 플럭스가 $-500\ Wm^{-2}$일 때, 지표 열수지 방정식의 다른 항들을 구하라.

5. 수증기의 혼합비가 $10g\,kg^{-1}$인 공기 덩어리가 정지되어있다고 할 때, $10kg$의 공기덩어리가 $100\ W$의 비율로 10분 동안 가열 될 때의 온도 변화를 구하시오.

제4장 대기경계층

대기경계층(atmospheric boundary layer, ABL)은 **행성경계층**(planetary boundary layer, PBL)이라고도 하는데 지구의 표면을 둘러싸고 있는 대기층에서 지면의 영향을 직접 받는 부분을 말한다. 대기경계층은 **지표층**(surface layer)과 **에크만층**(Ekman layer)으로 나뉘며, 이와 다르게 지표면의 영향을 받지 않는 대기를 자유대기라 한다. 대기경계층은 난류가 두드러지게 나타나며 정적으로 안정한 대기층이 위에 놓이는 층이며, 안정한 야간에는 두께가 지상으로부터 수십 미터로 낮게 나타나지만 낮에 불안정할 때는 1~2km까지 발달할 수 있다. 지표면에서 열, 수분이나 운동량 플럭스가 활발하게 되는 층이며, 이 층에서는 공기 운동에 기압경도력, 마찰력, 전향력이 영향을 미치는데, 이러한 영향에 의해 고도에 따른 공기의 운동은 **에크만나선**(Ekman spiral)을 나타낸다.

4.1 대기경계층의 정의

경계층 기상학자인 Stull은 그의 저서(Stull, 1988)를 통하여 대기경계층을 “지구 표면의 존재에 의하여 직접 영향을 받으며 한 시간 이내의 시간 규모를 가지는 지표면 강제력에 대응하는 대류권의 저층부”라는 정의를 내렸다. 정의에 따라 맑은 날 대기경계층은 지표면의 특성에 반응하여 특징적인 일변화를 나타낸다. 그림 4.1은 맑은 날에 대기경계층의 전형적인 하루 내 시간변화를 보인 그림이다.

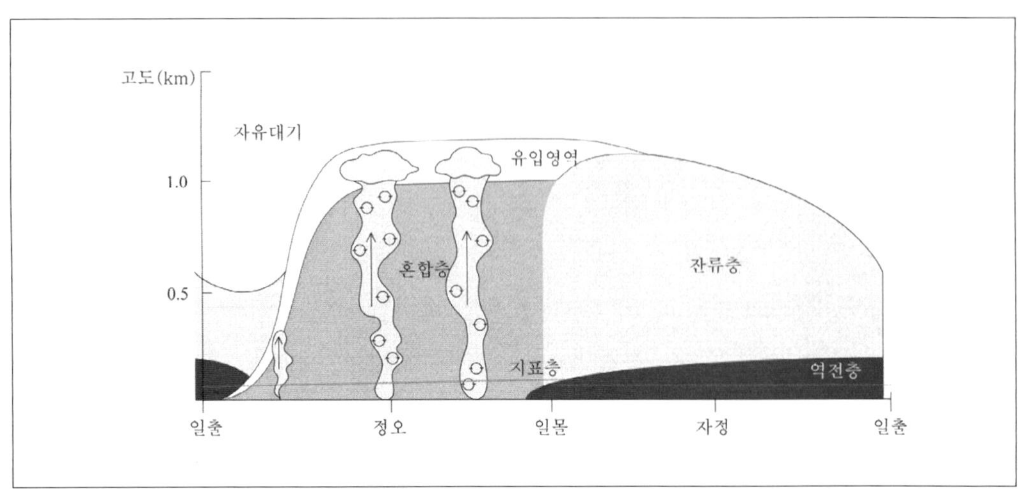

그림 4.1 ❙ 육지에서의 맑은 날 대기경계층의 일변화 구조.

일출과 일몰에 따른 복사 가열의 일변화에 의하여 지구 표면과 대기 사이에 현열과 잠열 플럭스의 일변화가 생긴다. 이러한 플럭스들은 대기 전체에 모두 도달할 수 없으며 대류권 하부의 지표 부근의 얕은 층에 국한되는데 이 층이 대기경계층이다. 그러므로 대기경계층에서는 플럭스를 주도하는 난류운동이 활발하게 일어나며, 이 난류는 대기경계층의 주요한 현상 중 하나이다. 경계층은 우리 인간이 사는 곳이며, 농작물이 자라는 곳이고, 사회활동을 하는 곳이기 때문에 대기경계층의 일변화는 우리에게 익숙하다. 우리는 대기경계층의 형성과 특징이 어떻게 다른지 이 장에서 알아볼 것이다. 일출 후 대기경계층은 1~2km로 높이 발달하여 활발하게 지표의 열, 수분, 그리고 운동량을 대기와 교환하는데, 이 경계층을 **대류경계층**(convective boundary layer)이라고 한다. 일몰 후에는 지표의 장파 복사 냉각이 강하게 일어나기 때문에 경계층이 안정하게 되어 매우 얇은 경계층이 되는데 이를 **안정경계층**(stable boundary layer) 혹은 주로 야간에 발생되기 때문에 **야간경계층**(nocturnal boundary layer)이라 부른다. 야간에 지표 냉각이 심하게 일어나면 매우 낮은 기온층이 지면 근처에 형성되어 기온감률이 낮과는 반대로 상층으로 가면서 높아지는 층이 생기는데 이를 **지표 역전층**(surface inversion)이라 부른다.

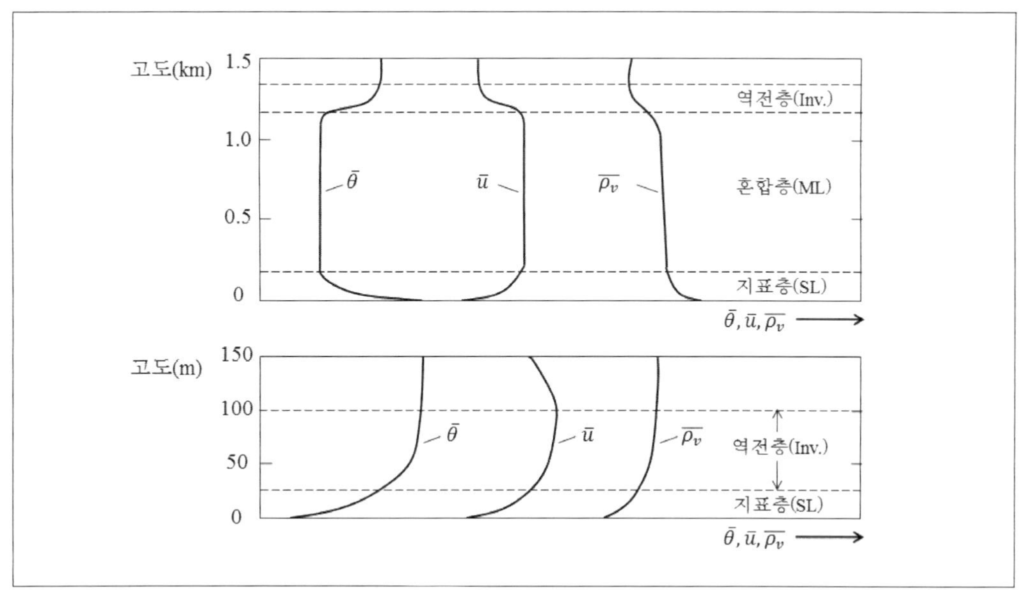

그림 4.2 ▎ 주간 (위) 과 야간 (아래)의 경계층 내의 주요 프로파일. 왼쪽부터 온위, 바람, 수증기 혼합비.

대기경계층에서는 온도, 수증기량, 바람, 그리고 오염농도의 변화도 일변화를 뚜렷하게 보이며, 여러 날 시계열을 보면 일 순환이 뚜렷하게 나타난다. 특히 그림 4.2에서 보인 것은 주간과 야간으로 나누어 온위, 풍속, 습도를 나타내는 수증기 혼합비의 연직 분포이다. 그림의 위와 아래, 즉 주간과 야간의 경계층 높이가 매우 다르기 때문에 규모를 다르게 하여 나타냈다.

4.2 경계층의 형성

일반적으로 대류권의 표준대기는 건조 단열 감률보다 작은 감률이기 때문에 열역학단열선도에 기온 감률을 그려보면 기온감률이 고도가 증가할수록 높은 온위 쪽으로 기울어져 있다. 이러한 기울기는 공기가 정적으로 안정한 것을 나타낸다. 안정한 공기가 되면 연직 운동이 작아진다.

대류권의 하부인 대기경계층은 난류가 매우 강하다. 난류는 대기의 혼합을 일으키므로 표준대기의 아래층은 거의 균질하다. 즉, 난류지역 내에서 대기경계층의 꼭대기에 있는, 높은 온위를 가진 공기는 맨 아래층의 낮은 온위를 가진 공기와 혼합된다. 난류가 특히 활발할 때, 이러한 대기경계층을 **혼합층**(mixed layer)이라고 부른다. 혼합 후 공기의 온위는 혼합층에서 낮고 동일한 온위를 가지나 그 위로 자유대기는 고도에 따라 일정하게 증가하는 온위를 가진다. 혼합층 위에 있는 대기는 난류에 의해 바뀌지 않기 때문에 **자유대기**(free atmosphere)라고 한다.

풍동실험(wind tunnel experiment)에서 재현한 경계층을 공학적 경계층이라고 한다. 지표의 바닥에 대하여 마찰저항을 느끼는 대기층의 두께는 무한히 커질 수 있다(그림 4.3a). 경계층의 두께가 바람 터널의 꼭대기에 닿을 때까지, 경계층 두께(h) 는 풍하 측 거리(x) 의 제곱근에 비례한다고 가정된다. 그러나 지구의 자전은 대기경계층 두께에 역학적 제약을 가하여(그림 4.3b) 경계층의 최대 두께는 지구 자전(코리올리 인자 f와 관련)에 대한 바람응력(마찰속도 u_*와 관련)의 비율에 비례한다. 실제 대기경계층에서 강한 **덮개역전**(capping inversion)은 z_i로 대기경계층을 제한한다(그림 4.3c). 이러한 성층(stratification)구조는 대기경계층 두께와 에디(eddy)들을 변화시킨다. 그래서 온도의 연직 구조는 항상 대기경계층에 중요하다는 것을 의미한다.

혼합이 없는 자유대기에 인접한 난류 혼합층으로 인하여 혼합층 상부에서는 온위가 급격하게 증가한다. 이 지역을 전이 지역(transition zone)이라 부르며, 매우 안정하고 기온 역전이 자주 일어난다. 즉, 고도에 따라 온위가 증가하는 지역이다. 역전층의 고도는 z_i로 나타내며, 난류경계층의 깊이 척도이다. 기온 역전은 대기경계층 내에서 운동에 대한 뚜껑 또는 모자 같은 역할을 한다. 혼합층 내의 공기 덩이를 생각해보라. 만약 난류가 혼합층의 공기를 혼합층의 꼭대기 바깥인 자유대기 쪽으로 밀어 넣었을 경우, 그 공기는 주위 공기보다 너무 차가워서 강한 부력이 공기 덩이를 다시 혼합층 아래로 되돌아가게 만든다. 따라서 공기 덩이, 난류, 대기오염은 혼합층 내에 갇혀있다. 대기경계층을 가두는 강력한 안정층 또는 기온 역전층은 항상 있다. 정적으로 안정한 대류권의 맨 아래쪽에서 난류혼합이 덮개 역전층을 형성하고, 다시 이 덮개 역전층은 대기경계층 내로 난류를 가둔다. 덮개 역전층은 대류권을 두 부분으로 분리시키며, 활발한 난류는 가열과 마찰 같은 지표의 영향을 대기경계층에 빠르게 반응할 수 있도록 만든다. 그러나 이 대류권의 나머지인 자유대기는 지표면과 강한 난류와의 상호작용의 영향을 받지 않으며, 마찰 또는 가열의 영향도 받지 않는다.

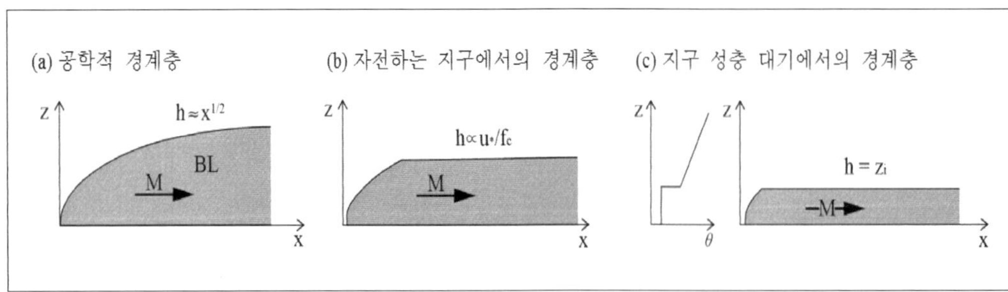

그림 4.3 ▌ 다양한 형태의 경계층의 기술 (Stull, 2000).

고기압 지역에서 바람은 상대적으로 약하기 때문에, 대기는 지표면 위에 오랜 시간 동안 머문다. 따라서 대기경계층의 공기는 지표의 온도, 습도, 오염물질 등의 특성을 받아들일 만큼 충분한 시간 동안 지표에 머문다. 이러한 대기경계층 공기 덩이를 기단이라고 부른다. 두 개의 서로 다른 고기압 중심으로부터의 대기는 저기압 중심으로 서로 접근했을 때, 두 기단을 분리하는 지역을 전선(front)이라고 한다.

전선에서는 차갑고, 무거운 기단이 따뜻하고 가벼운 기단 아래로 쐐기처럼 작용한다. 바람이 무겁고 차가운 기단에서 따뜻한 기단으로 불어감으로써 쐐기는 지상에서부터 따뜻한 경계층 공기를 분리하여 차가운 공기 위로 타고 올라가게 한다. 대기경계층은 전선 뒤에 있는 앞으로 진행하는 기단 내에서 형성되고, 상층으로 올라간 따뜻하고 습한 공기는 지표면과 접촉하지 않기 때문에 더 이상 경계층이 아니다. 대신 상승하는 따뜻한 공기는 냉각되면서 응결하여 전선과 관련된 구름을 만든다.

4.3 기온의 일 변화

맑은 날씨에서 대기경계층의 구성요소는 시간에 따라 변화한다. 주간에는 정적으로 불안정한 혼합층(mixed layer)이 존재하지만 야간에는 정적으로 안정경계층(stable boundary layer)이 정적으로 중립인 잔류층(residual layer) 아래에 형성된다. 잔류층은 낮에 형성된 혼합층에 있던 오염물질과 수분을 가지고 있지만 난류는 거의 존재하지 않는다.

대기경계층에서 지표 부근의 20-200m를 지표층(surface layer)이라고 부른다. 지표층에서의 마찰, 저항, 열전도 그리고 지표면에서의 증발이 고도에 따른 풍속, 기온, 습도를 변화시킨다. 그러나 난류 플럭스가 비교적 고도에 따라 일정하여 지표층을 등플럭스층(constant flux layer)이라 한다.

혼합층으로부터 자유대기를 분리시키는 것은 간헐적인 난류가 일어나는 매우 안정한 **유입구역(entrainment zone)**이다. 혼합층의 깊이(z_i)는 유입 구역의 중간과 지면사이의 거리이다. 덮개역전층은 대기경계층 내에 지표 열플럭스와 증발을 가둔다. 그 결과, 열이 낮 동안 대기경계층 내에서 축적되어 언제나 지표가 대기보다 온도가 더 높다. 냉각(실제로 열 손실)은 야간에 누적되며 이때는 언제나 지표가 공기보다 온도가 더 낮다. 즉, 대기경계층의 온도 구조는 축적된 가열이나 냉각에 따라 결정된다.

일반적인 오후 3시와 오전 3시의 기온 연직 구조는 그림 4.4와 같다. 주간의 혼합층 내의 환경감률은 거의 단열적이다. 불안정한 지표층은 혼합층의 맨 아래에 있다. 따뜻한 열기포는 유입구역에 닿을 때까지 지표층에서 혼합층을 통과하며 상승한다. 이러한 열적 순환은 강한 난류를 생성하며, 오염물질, 온위, 수분이 연직적으로 잘 혼합될 수 있도록 한다. 혼합층 전체, 지표층, 유입 구역의 맨 아랫부분은 정적으로 불안정하다.

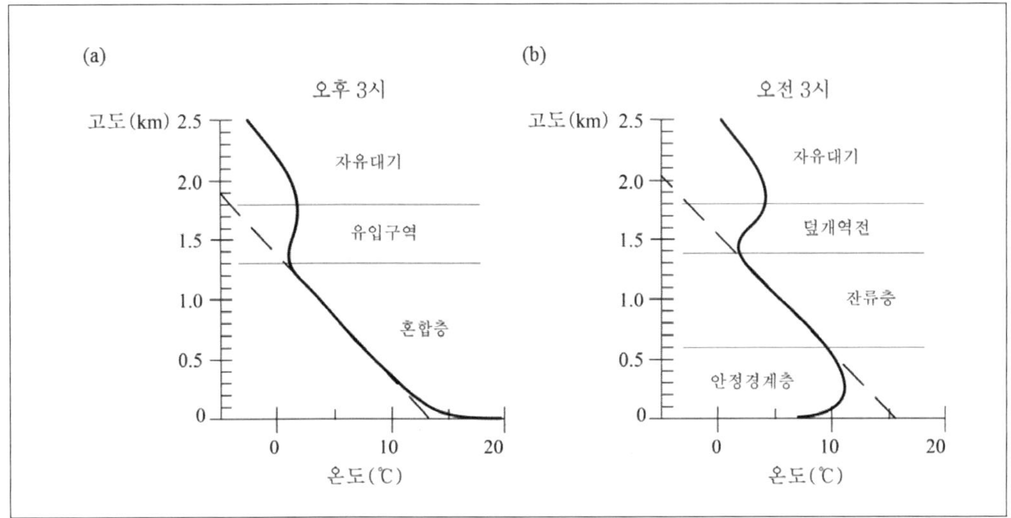

그림 4.4 ▌ 대기경계층의 연직 온도 분포. (a) 주간(오후 3시), (b) 야간(오전 3시). 점선은 건조단열감률선.

유입구역에서 주간에 혼합층 깊이가 증가하는데, 이는 자유대기 공기가 혼합층으로 유입되거나 통합되기 때문이다. 자유대기의 좀 더 청정하고 더 건조한 공기가 혼합층 내부로 유입된다고 할지라도, 혼합층 내의 오염물질은 유입구역을 통해 달아날 수 없다. 즉, 유입구역은 혼합구간의 밸브 역할을 하게 되는 것이다. 야간의 혼합층 맨 아래는 상대적으로 차가워진 지표에 의해 냉각된다. 그 결과 대기경계층은 안정해진다. 이 안정한 대기경계층의 맨 아래 부분은 지표층이다. 안정한 대기경계층의 상부는 잔류층이다. 잔류층은 지표로부터 냉각의 영향을 받지 않으며, 이곳의 기온 분포는 그 전날에 있던 혼합층의 단열감률과 같다. 이 위층으로는 덮개역전층이 있으며 유입구역 중의 비난류 잔여지역이다.

(1) 안정한 대기

안정한 대기경계층에서 난류는 간헐적으로 일어나며, 지표 공기와의 상호작용은 상당히 약하다. 지표면이 경사진 경우 차가운 공기를 내리막으로 흘러가게끔 만드는데, 경사면을 따라 부는 바람을 활강바람(katabatic wind)이라고 한다.

약한 바람일 때, 평평한 지면에서 지속적으로 난류상태인 안정경계층에서 온위는 대략 고도에 따라 다음식과 같이 지수 함수적으로 증가한다.

$$\Delta\theta(z) = \Delta\theta_s e^{-z/H_e} \tag{4.1}$$

여기서 $\Delta\theta$는 고도(z)에서의 대기와 잔류층의 대기 사이의 온위 차이이다.

지표면 부근의 이러한 차이는 $\Delta\theta_s(z=0)$로 정의하면, 이는 때때로 안정경계층의 강도를 나타내는 척도이다. H_e는 지수 함수 곡선의 e-감쇠 고도(e-folding height)라 하며 안정경계층의 실제 깊이 h는 대략 $h = 5H_e$ 정도이다.

누적된 냉각(Q_{Ak}) 이 시간에 따라 증가할수록, 안정한 대기경계층의 깊이와 강도는 다음과 같이 증가한다 (Stull,2000).

$$H_e \approx a V_{RL}^{3/4}\sqrt{t} \tag{4.2}$$

$$\Delta\theta_s = \frac{Q_{Ak}}{H_e} \tag{4.3}$$

여기서 $a \cong 0.15\,m^{1/4}s^{1/4}$, V_{RL} 은 잔류층에서의 풍속이다. 누적된 냉각은 시간에 비례하기 때문에, e-감쇠 고도(H_e) 와 강도는 둘 다 시간의 제곱근에 따라 증가한다. 즉, 초저녁 때 안정한 경계층의 빠른 성장은 야간이 끝날 무렵이 되면서 점점 약화된다.

예제 4.1

잔류층에서의 풍속이 $10ms^{-1}$일 때, 고도 100m에서 야간에 12시간 경과후의 온위 차를 구하시오. 단, $Q_{Ak} = -1000Km$이다.

풀이

식 (4.2) 이용 :

$H_e \approx (0.15m^{1/4}s^{1/4})(10ms^{-1})^{3/4}(43200s)^{1/2} = 175m$

지표에서의 온위 차는 식 (4.3) 이용하면 다음과 같다.

$\Delta\theta_s = (-1000Km)/(175m) = -5.7K$

100m에서의 온위 차를 구하기 위해, 식 (4.1)을 이용 :

$\Delta\theta(100m) = (-5.7\,K)e^{-100m/175m} = -3.2K$

(2) 불안정한 대기

혼합층 내에서의 온위 구조는 간단하다. 근사적으로 온위는 고도에 따라 일정하다. 따라서 시간에 따른 혼합층의 온위와 깊이의 변화를 살펴보는 것이 중요하다. 주간의 온도 구조를 예보하기 위해 이른 아침의 온위 구조를 이용한다. 실제 대기에서의 관측은 이상적으로 가정한 경우와는 다르게, 지수함수와 같이 나타나지 않을 수도 있다.

아래의 방법은 초기 온위 구조에 대한 다양한 모습을 나타낸 것이다. 그래프를 그리는 방법은 간단하다. 먼저, 고도 z에 따른 새벽의 온위 관측분포를 그린다. 다음에 우리가 관심을 가지고 있는 시간 t_1사이에 발생한 주간 누적 가열 Q_{Ak}를 결정한다. 이 열은 대기경계층의 공기를 가열한다. 따라서 온도 곡선 아래에 있는 면적은 누적된 가열과 같다. 지표면과 관측온도 사이의 연직적 등온위선을 그린다. 그 곡선 아래의 면적(그림 4.5a에서 빗금친 부분)은 누적된 가열과 같다. 이 연직 곡선은 혼합층의 온위($\theta_{ML}(t_1)$)를 나타내며 연직 선와 새벽의 처음 온도 곡선이 교차하는 고도가 혼합층 깊이 $z_i(t_1)$이다. 주간에 누적된 가열은 시간에 따라 증가하며 ($Area_2$ = 시간(t_2)에서 빗금 친 부분과 사선 친 부분의 합이다.), 혼합층의 온도와 깊이는 더 증가한다 (그림 4.5a). 주간의 온위의 분포가 그림 4.5b에 그려져 있다. 혼합층의 성장을 찾는 이 방법은 열역학 방법(thermodynamic method)이라고 하며, $10ms^{-1}$ 미만으로 바람이 부는, 맑은 날의 전형적인 혼합층의 90% 를 설명하고 있다.

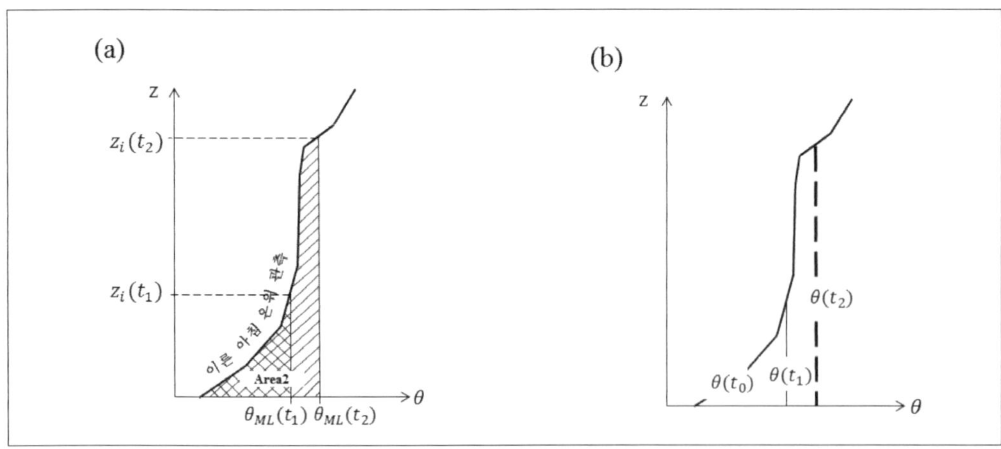

그림 4.5 ❙ 혼합층의 시간적 변화. 누적된 가열은 곡선아래의 면적을 증가시킨다.

난류 혼합층은 보통 자유대기에서 비난류성(nonturbulent) 공기를 유입함으로써 성장한다. 그림 4.6a 와 같이 연직으로 일정한 온위를 가진 그리고 유입 구간 내에서 온위도약이 있는 혼합층으로 가정한 모형으로 이상화할 수 있다.

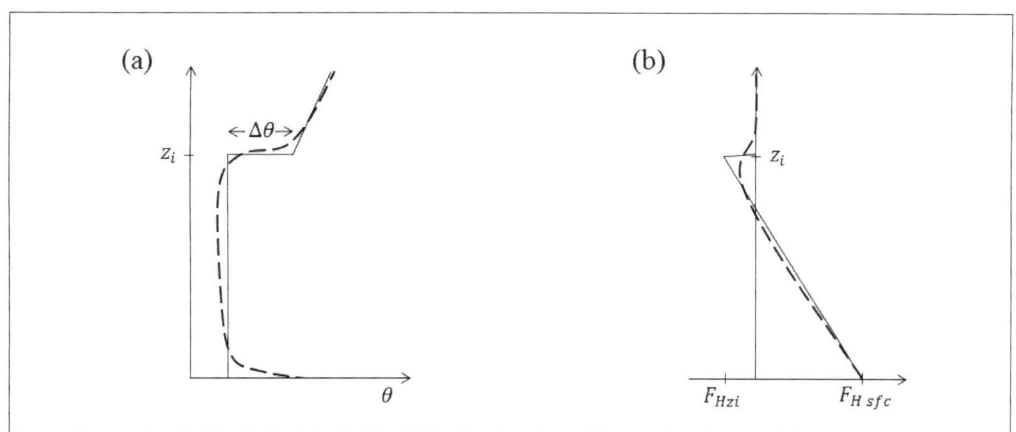

그림 4.6 ❙ (a) 실제 연직 온위 분포(점선)와 근사된 혼합층의 모형(실선).
(b) 실제 온위분포와 모형(실선)으로 가정된 온위에 해당되는 열 플럭스 분포.

자유대기로부터 유입된 공기는 혼합층의 공기보다 온도가 더 높다. 온도가 더 높은 공기가 아랫방향으로 유입되기 때문에 혼합층의 꼭대기에서 열 플럭스(F_{Hzi})는 음의 값을 가진다. 열 플럭스 구조(그림 4.6b)는 고도에 따라 선형 구조를 나타내며, 혼합층의 꼭대기에서 음의 최댓값을 가진다. 자유대기에서 혼합층으로의 유입률을 유입속도(w_e)라고 말하며, 음의 값을 절대 가지지 않는다. 유입속도는 단위시간당, 단위면적당 유입된 공기의 부피이다. 다시 말하면, 속도와 같은 단위를 가지기는 하지만 일종의 부피 플럭스이다.

혼합층의 성장률은 다음과 같다.

$$\frac{\triangle z_i}{\triangle t} = w_e + w_s \tag{4.4}$$

여기서 w_s 는 종관 규모의 연직 속도이며, 날씨가 맑은 날 대기가 전형적으로 침강할 때는 음의 값을 가진다. 혼합층 꼭대기에서의 운동학적 열 플럭스는 다음과 같다.

$$F_{Hzi} = -w_e \triangle \theta \tag{4.5}$$

더 강한 온도도약을 가진 더 강한 유입은 더 큰 열 플럭스를 가져온다. 유사한 관계식들을 이용하여 수분, 오염물질, 운동량의 유입 플럭스는 습도, 오염물 농도 또는 풍속의 각각의 도약의 함수로 기술할 수 있다. 예를 들어 온도의 경우, 온도 도약은 혼합고 위에서의 온도에서 혼합고 아래에서의 온도 차이로 정의된다. 유입 속도는 모든 변수에 대해 같은 값을 가진다.

자유대류 동안에 유입된 운동학적 열 플럭스는 지표면 열 플럭스의 약 20%이다.

$$F_{Hzi} \cong -A\, F_{Hsfc} \tag{4.6}$$

$A(\cong 0.2)$는 **볼 비율(Ball ratio)**이라고 하며, F_{Hsfc}는 지표면 운동학적 열 플럭스이다. 이 비율은 열에만 적용되며, 다른 변수에 대해서는 적용되지 않는다. 바람이 강한 조건인 경우의 A는 0.2보다 클 수 있다. 위의 두 개의 식을 결합하여 자유대류 동안의 유입속도를 다음과 같이 근사시킬 수 있다.

$$w_e \cong \frac{AF_{Hsfc}}{\Delta\theta} \tag{4.7}$$

식 (4.6)과 이 식을 결합하면 플럭스 비율 방법(flux-ratio method)이라고 불리는 혼합층 성장 방정식을 얻는다. 방정식으로부터 덮개역전층이 더 강할수록 성장률은 느리며 이와 반대로 지표면의 열 플럭스가 강할수록 성장률은 더 빠르다. 플럭스 비율 방법과 열역학 방법은 자유대류 동안에 혼합층 성장의 결과와 대등한 결과를 준다.

예제 4.2

유입구역에서 온위 도약이 3℃이고 지표면 운동학적 열 플럭스가 $0.5Kms^{-1}$ 일 때 유입속도를 구하시오.

풀이

식 (4.7)를 이용:

$$w_e \cong \frac{AF_{Hsfc}}{\Delta\theta} = \frac{0.2(0.5Kms^{-1})}{(3K)} = 0.03ms^{-1}$$

4.4 바람의 구조

이론적으로 마찰이 없는 조건에서 생기는 이상적인 균형을 이루는 바람을 **지균풍**이라고 한다. 그러나 정상풍은 지표면에 의한 마찰과 난류가 있기 때문에, 보통 지균풍보다 작아서 이를 **아지균적(subgeostrophic)**이라고 한다. 난류는 경계층 내에서 지표 부근의 속도가 작은 공기와 경계층 나머지 부분에 있는 속도가 큰 공기를 계속 혼합한다. 이로 인해 경계층은 저항을 받게 되고 지균풍(G)보다 작은 바람으로 아지균적으로 바뀐다. 연직적으로 평균된 정상풍 바람을 M_{BL}이라 한다. 실제 대기경계층 중간지역에서 정상풍의 평균값, M_{BL}은 실제 정상풍 속도와 거의 동일하지만, 지표 부근의 바람은 훨씬 더 작다.

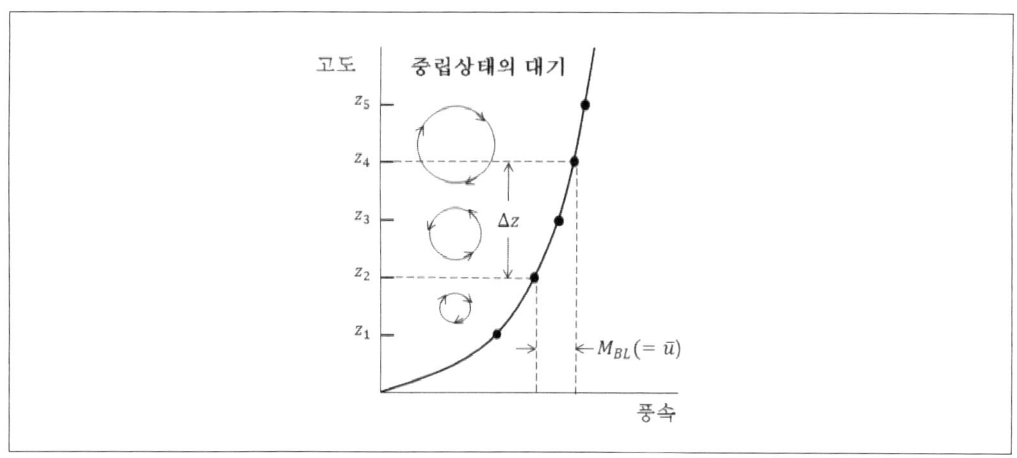

그림 4.7 ▎ 중립의 대기안정도 하에서의 풍속의 연직 프로파일과 난류.

정적으로 안정한 지표층에 대해서는 이러한 대수 분포는 좀 더 선형적인 형태로 바뀐다(그림 4.7). 지표 부근의 바람은 대수적인 분포보다 좀 더 풍속이 적으며 정온(calm)에 가깝다. 지표층 바로 위의 바람은 종종 정상상태에 있지 않으며, 일시적으로 지균풍보다 빠르게 증가하여 **초지균적**(supergeostrophic)이 될 수 있으며 이를 **관성진동**(inertial oscillation)이라고 부른다.

(1) 중립 지표층에서의 풍속 대수분포

지표면에서 풍속은 0이다. 정적으로 중립인 지표층(지표로부터 50-100m)에서 바람 속도는 고도에 따라 대수 함수적으로 증가한다. 그러나 풍속의 연직 분포의 모양은 지표 거칠기에 따라 달라진다.

$$V(z) = \frac{u_*}{k}\ln\left(\frac{z}{z_0}\right) \tag{4.8}$$

만약 고도 z_1 에서의 풍속 V_1 을 알고 있다면, 고도 z_2에서의 풍속 V_2 를 구할 수 있다.

$$V_2 = V_1\frac{\ln(z_2/z_0)}{\ln(z_1/z_0)} \tag{4.9}$$

대부분 지상 관측소에서는 표준 고도($z_1 = 10m$)에서의 풍속을 측정한다.

대류(불안정한) 대기경계층의 하부 20%는 **기저층**(radix layer)이라고 불리며, 기저층의 바람은 고도에 따라 지수 **멱법칙 관계**(exponential power-law relationship)를 따른다. 즉, 바람은 중립 상태와 비교해서 풍속이 더 크고, 그 위에서는 중립 상태와 비교해서 풍속이 더 작다.

지표부근에서 항력(drag)에 대해 논의를 한 후에 대기경계층 하층에서 3가지 바람에 대해 자세히 설명할 것이다.

대기경계층 밑면에서 지표면 가까이 풍속 분포는 실험적으로 구해 왔었다. 정적으로 중립인 대기경계층의 5%의 밑면은 지표층이며, 그곳에서의 풍속은 고도에 따라 대수 함수적으로 증가한다(그림 4.8).

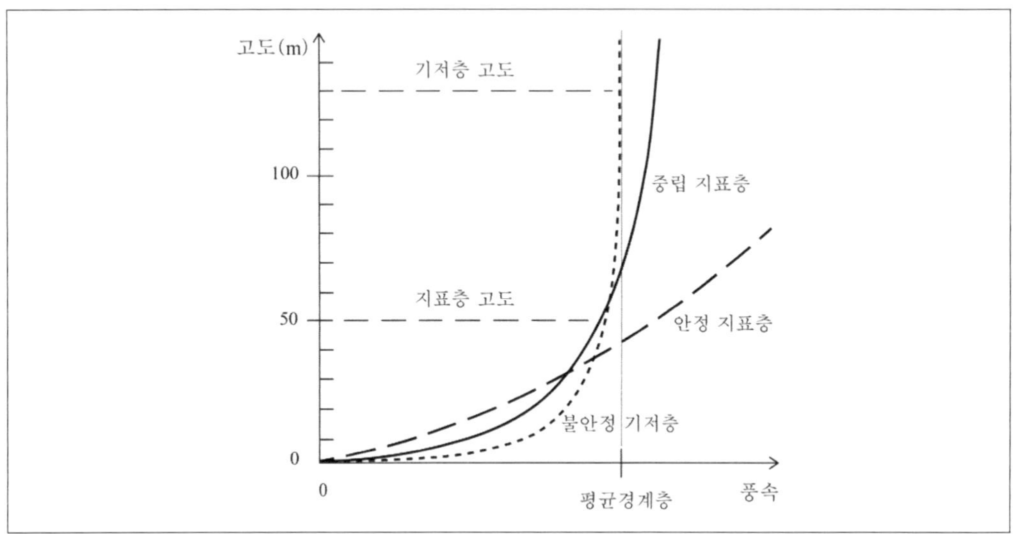

그림 4.8 ❙ 정적 안정도에 따라 서로 다른 전형적인 지표층과 기저층(radix layer)에서의 고도에 따른 풍속 분포.

(2) 바람 연직 분포의 변화

육지에서 맑은 날 바람은 보통 그림 4.9와 같이 일 순환을 보인다. 예를 들면, 일출 후 몇 시간 후 9시에는 300m의 두께의 얇은 혼합층이 자주 나타난다. 이 얇은 혼합층 내에 바람(V_{BL} 혹은 M_{BL})은 고도에 따라 일정하며, 지표면 부근의 풍속은 0이 아니다. 주간에 아지균풍의 바람이 깊은 층을 이루며 대기경계층을 채우게 되는 오후 3시까지 혼합층이 깊어진다. 난류가 높은 곳의 강한 바람을 아래쪽으로 혼합시키기 때문에 지표면 부근의 바람은 중간 정도의 속도를 가진다. 일몰 후에는 보통 난류강도가 약해지기 때문에 지표면의 저항이 지상의 풍속을 약화시킨다. 그러나 난류가 없는 조건에서는 대기경계층의 중간 고도에 있는 공기는 지표에 대한 저항의 영향을 더 이상 받지 않으며 가속되기 시작한다. 새벽 3시까지는 지상 수백 미터에 있는 바람은 지상의 바람이 거의 없을 지라도 초지균적인 바람이 된다. 그리고 일출 후에 난류는 다시 연직 혼합을 시작한다.

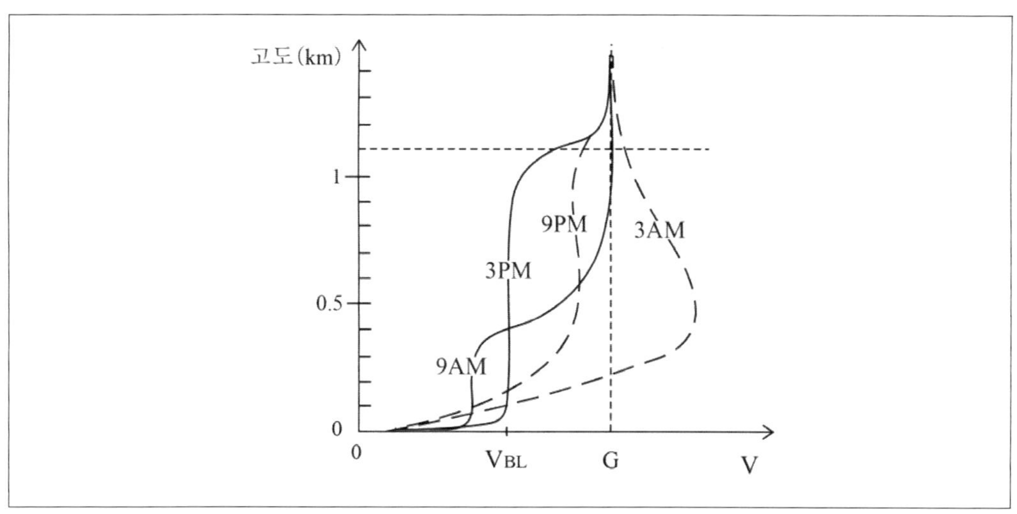

그림 4.9 ▌ 육지의 맑은 날 전형적인 대기경계층의 변화. G는 지균풍속이며 V_{BL}은 평균경계층 바람.

(3) 경계층의 물리적 특성

대기경계층의 주요한 물리적 특성을 항력, 응력, 마찰속도와 거칠기 길이로 나타낼 수 있다. 대기와 지표면 같은 두 가지 물체 사이의 마찰력을 흔히 **항력**(drag)이라고 한다. 항력을 정량화하는 방법은 한 면을 따라 물체를 밀었을 때, 요구되는 힘을 측정하는 것이다. 예를 들어, 평평한 책상 위에 책이 놓여있을 때, 먼저 그 책을 움직이게 한 후에 계속해서 그것을 운동시키려면 항력과는 크기는 같지만 방향이 반대인 일정한 힘으로 계속 밀어주어야 한다. 만약 미는 걸 멈추면, 책은 정지할 것이다.

책은 책상에 일정 면과 접촉하고 있다. 일반적으로 접촉 면적이 넓으면, 마찰을 극복하기 위해 힘이 더 많이 필요하다. 단위면적당 접촉한 면에 마찰력의 양을 **응력**(stress, τ)이라고 하며, 이때 응력은 면과 평행하다. 응력의 단위는 Nm^{-2}이며, Pa로도 표현하며, 응력과 압력의 단위는 같으나 압력은 응력과 달리 접촉 면적과 직각을 이루는 단위면적당 힘으로 정의한다.

미끄럼 운동 시 응력은 접촉하는 두 물체가 서로 받는 힘이다. 예를 들어 두 개의 책을 식탁 위에 쌓아놓았을 때, 식탁과 책 사이뿐만 아니라, 책과 책 사이에도 마찰이 있다. 위쪽에 있는 책을 건드리지 않고 밑에 있는 책을 어떤 방향으로 이동시키고 싶다면, 밑에 있는 책과 반대 방향으로 위쪽에 있는 책에 힘을 가하여야 한다.

책을 쌓아 놓은 것과 같이 여러 대기층으로 쌓인 대기경계층을 생각해보면 각각의 층은 응력을 받는다. 맨 아래 대기층은 바로 위쪽의 대기층뿐만 아니라 지표면에 대해서도 응력을 받는다. 또한 지표면은 공기항력(air drag)을 받는다. 해양에서의 **바람응력(wind stress)**은 해류를 일으킨다.

대기에서 난류에 의한 응력은 분자 점성에 의한 응력저항보다 훨씬 더 크다. 이 때문에 흔히 **마찰응력(frictional stress)**보다 **난류응력(turbulent stress)**이라고 한다. 또한 난류 응력은 **레이놀즈 응력(Reynolds stress)**이라고 불리기도 한다. Reynolds는 난류 응력을 난류 돌풍 속도(gust velocity)와 관련지었다.

대기는 유체이기 때문에, 단위 밀도(ρ) 당 응력으로 고려하는 게 더 쉽다. 이를 **운동학적 응력(kinematic stress)**이라고 한다. 지표면에 대한 운동학적 응력은 u_*^2라는 기호를 사용하며, 여기서 u_* 는 마찰속도이고 다음과 같이 정의된다.

$$u_*^2 = |\tau / \rho| \tag{4.10}$$

일반적으로 u_*의 값은 0(무풍상태)에서 1 ms^{-1}(강풍상태)의 범위를 가진다. 보통 풍속의 경우 흔히 $u_* = 0.5ms^{-1}$ 부근의 값을 가진다.

유체에서의 난류 응력은 바람 속도의 제곱에 비례한다. 또한 응력은 거친 지표면에서 더 크게 나타난다. 무차원인 저항계수(C_D)는 운동학적 응력과 $z = 10m$에서의 바람 속도(V_{10})를 다음과 같이 표현한다.

$$u_*^2 = C_D V_{10}^2 \tag{4.11}$$

여기서 항력 계수(C_D)의 값은 2×10^{-3}(매끄러운 면)에서 2×10^{-2}(거친 면)의 범위를 가진다. 이는 총체열전달계수(the bulk heat transfer coefficient)와 비슷하다.

지표 거칠기는 **공기역학 거칠기 길이(aerodynamic roughness length, z_0)**를 정량적으로 나타낸다. 거칠기 길이는 지표면의 상태에 따라 달라지는데, 숲과 같은 거친 지표면은 언 호수처럼 매끄러운 표면보다 더 큰 거칠기 길이를 가진다.

정적으로 중립인 공기에 대하여 항력 계수와 공기역학적 거칠기 길이 간의 관계는 다음과 같다.

$$C_D = \frac{k^2}{\ln^2(z_R / z_0)} \tag{4.12}$$

여기서 $k(=0.4)$는 von Karman상수이며, $z_R(=10m)$은 지상풍을 측정하기 위해 정의한 기준 고도이다. 대기가 정적으로 안정해질수록 항력 계수는 감소한다. 불안정한 대기에서는 거칠기가 덜 중요하며, 다른 접근 방법을 사용해야 한다.

또한 (4.11)과 (4.12) 식을 결합하면 마찰속도에 대한 식을 지상풍 속도와 거칠기 길이로 다음과 같이 표현할 수 있다.

$$u_* = \frac{kV_{10}}{\ln[z_R/z_0]} \tag{4.13}$$

이 식의 물리적 해석은 거칠기가 큰 지표면 위의 강한 바람은 더 큰 운동학적 응력을 일으킬 수 있다는 것이다.

예제 4.3

정적으로 중립인 조건일 때, (a)도시와 (b)농촌에서 표준 지상풍($5ms^{-1}$)의 항력 계수를 구하시오. 또한 각 지역에서의 마찰속도와 지표응력을 구하시오. (단, 도시와 농촌에서 거칠기 길이는 각각 $2m$, $0.5m$ 이다.)

풀이

거칠기 길이는 (a) 도시에서 $z_0 = 2m$, (b) 농촌에서 $z_0 = 0.5m$ 이다.

식 (4.12)를 이용 :

(a) $C_D = \dfrac{0.4^2}{\ln^2(10m/2m)} \approx 0.06$

(b) $C_D = \dfrac{0.4^2}{\ln^2(10m/0.5m)} \approx 0.02$

식 (4.11)를 이용 :

(a) $u_* = \sqrt{C_D V_{10}^2} = \sqrt{0.06 \times (5ms^{-1})^2} \approx 1.22ms^{-1}$

(b) $u_* = \sqrt{C_D V_{10}^2} = \sqrt{0.02 \times (5ms^{-1})^2} \approx 0.71ms^{-1}$

$\rho = 1.2kgm^{-3}$이라고 가정하고, 식 (4.10)를 이용 :

(a) $\tau = \rho u_*^2 = (1.2kgm^{-3})(1.22ms^{-1})^2 \approx 1.79kgm^{-1}s^{-2} = 1.79Pa$

(b) $\tau = \rho u_*^2 = (1.2kgm^{-3})(0.71ms^{-1})^2 \approx 0.60kgm^{-1}s^{-2} = 0.60Pa$

(4) 안정한 지표층에서의 대수-선형 분포

육지에서 야간과 같은 정적으로 안정한 조건일 때, 지표면 부근에서의 풍속은 작지만, 상층에서는 대수분포에서 주어진 것보다 더 크다. 이러한 분포는 z에서 대수 함수와 선형 항을 둘 다 가진 식을 통해 실험적으로 기술된다.

$$V(z) = \frac{u_*}{k}\left[\ln\left(\frac{z}{z_0}\right) + 6\frac{z}{L}\right] \tag{4.14}$$

여기서 V은 고도 (z)에서의 풍속이며, $k(=0.4)$는 von Karman 상수, z_0는 공기 역학적 거칠기 길이, u_*는 마찰속도이다. 식 (4.14)에서 L은 **오브코브 길이(Obukhov length)**이며 다음과 같이 정의된다.

$$L \equiv \frac{-{u_*}^3}{k(g/T_v)F_{Hsfc}} \tag{4.15}$$

위 식에서 $g(=9.8ms^{-2})$는 중력가속도, T_v는 절대 가온도, F_{Hsfc}는 운동학적 지표면 열 플럭스이다. L의 단위는 m이며, 정적으로 안정한 조건일 때 F_{Hsfc}가 음수이므로 L은 양의 값을 갖는다. 안정한 지표층에서 난류의 시어 생성이 부력을 능가하는 고도를 오브코브 길이라고 해석할 수 있다. 오브코브 길이 L은 z/L로 대기안정도에 사용될 수 있다.

예제 4.4

밤에 마찰속도 $0.3ms^{-1}$, 공기 역학적 거칠기 길이 $0.02m$, 평균 가온도 $300K$, 운동학적 지표면 열 플럭스 $-0.05Kms^{-1}$일 때, 지표로부터 $10m$에서의 바람 속도를 구하시오.

풀이

L을 구하기 위해, 식 (4.15)를 이용
V을 구하기 위해, 식 (4.14)를 이용

식 (4.15)에 의해 $L \equiv \frac{-(0.3ms^{-1})^3}{0.4(9.8ms^{-2}/300K)(-0.05Kms^{-1})} = 41.3m$ 이므로

식 (4.14)를 이용 :

$$V(10m) = \frac{0.3ms^{-1}}{0.4}\left[\ln\left(\frac{10m}{0.02m}\right) + 6\frac{10m}{41.3m}\right] = 5.75m$$

(5) 대류 기저층의 연직 분포

맑은 날에 대류성 열기포(convective thermals)를 가진, 정적으로 불안정한 대기경계층에 대하여, 지표면 부근의 고도에서 풍속은 일정하다. 일정한 풍속을 나타내는 층과 지표면 사이를 **기저층(radix layer, RxL)**이라고 말한다. 기저층에서의 풍속의 연직 구조는 다음과 같다(Stull, 2000).

$$V(z) = V_{BL}\left(\zeta_*^D\right)^A \exp\left[A\left(1-\zeta_*^D\right)\right] \quad (0 \le \zeta^* \le 1.0) \tag{4.16a}$$

그리고

$$V(z) = V_{BL} \ (1.0 \le \zeta^*) \tag{4.16b}$$

여기서 $\zeta^*=1$는 기저층의 꼭대기로 정의된다. 중립 지표층에서의 바람 속도의 구조일 때 기저층의 아랫부분에서의 바람 속도는 고도에 따라 더 빠르게 증가하지만, 혼합층의 일정한 바람에 대하여 접선을 이룬다.

앞에 주어진 식들에서 무차원고도(ζ^*)는 다음과 같이 구할 수 있다.

$$\zeta_* = \frac{1}{C}\frac{z}{z_i}\left(\frac{w_*}{u_*}\right)^B \tag{4.17}$$

w_*는 Deardorff 속도이며, 평평한 지형에 대하여 경험적으로 $A = 1/4$, $B = 1/4$ 그리고 $C = 1/2$로 둔다. 높은 지형에 대해서는 $D = 1/2$로 두며, 이 값은 높은 지형에 대해서 1.0 에 가깝게 증가한다.

Deardorff 속도는 다음과 같이 정의된다.

$$w_* = \left[\frac{g}{T_v} z_i F_{Hsfc}\right]^{1/3} \tag{4.18}$$

이 식에서 $g(=9.8ms^{-2})$는 중력가속도, T_v는 절대 가온도, z_i는 대기경계층 두께(혼합층 두께), F_{Hsfc}는 지표면에서의 운동학적 현열 플럭스이며 단위는 Kms^{-1}이다. w_*의 전형적인 값은 $1ms^{-1}$이다. Deardorff 속도와 부력 속도 w_B는 모두 정적으로 불안정한 대기경계층에서의 대류 속도 규모(scale)이며, 이 두 변수와의 관계는 $w_* \cong 0.08w_B$ 이다. 식 (4.16)을 사용하기 위해서는 혼합층(V_{BL}) 중간 부분에서의 평균 풍속을 알고 있어야 한다.

자유 대류 기저층과 강제 대류 지표층 모두에서 난류는 운동량을 수송하며, 이는 바람의 구조를 제어하고 시어를 결정한다. 그러나 기저층과 지표층 사이의 차이는 되먹임(feedback)에서의 차이로 인해 나타난다.

중립 지표층에서는 바람시어가 난류를 생성하고 다시 난류는 바람시어를 제어하기 때문에 강한 되먹임이 있다. 그러나 대류성 난류는 바람시어가 아니라 주로 부력 열기포에 의해서 생성되기 때문에 이러한 되먹임은 일어나지 않는다.

예제 4.5

$1km$ 의 두꺼운 혼합층에 대하여, 가온도가 $300K$이고 지표면 열 플럭스 $1Kms^{-1}$, 마찰속도는 $0.2ms^{-1}$ 일 때, 고도 $50m$ 에서의 풍속을 구하시오. (단, 지형은 평평하며, 대기경계층의 중간 부분에서의 바람은 $5ms^{-1}$이다.)

풀이

$g/T_v = 0.03 m s^{-2} K^{-1}$ 이므로

식 (4.18)를 이용 : $w_* = [(0.03 ms^{-1}K^{-1})(1000m)(1Kms^{-1})] \approx 3.1ms^{-1}$

ζ_* 를 얻기 위하여, 식 (4.17)를 이용 :

$$\zeta_* = \frac{1}{C}\frac{z}{z_i}\left(\frac{w_*}{u_*}\right)^B = 2\frac{50m}{1000m}\left(\frac{3.1ms^{-1}}{0.2ms^{-1}}\right)^{3/4} \approx 0.78$$

$\zeta_* = 0.78 < 1.0$ 이므로 식 (4.16a)를 통해 계산한다.

$$V(50m) = (5ms^{-1})(0.78^{1/2})^{1/4}\exp\left[\frac{1}{4}(1-0.78^{1/2})\right] \approx 5.45ms^{-1}$$

연습문제

1. 역전층의 강도가 각각 1℃, 5℃에 대하여, 지표면의 운동학적 열 플럭스가 0.2Kms^{-1}일 때의 유입 속도를 구하시오. 또한 6시간 경과 후의 혼합층 깊이를 각각 구하시오. (단, −0.02 ms^{-1}으로 침강함.)

2. 연직으로 일정한 온위를 가지며 유입 구간 내에서 온위도약이 있는 혼합층을 갖는 모형을 가정하자. 3K의 온위도약이 있으며 지표면 운동학적 열 플럭스가 0.7Kms^{-1}일 때 자유대기에서 혼합층으로의 유입속도를 구하시오.

3. 마찰속도가 각각 0.2ms^{-1}, 2ms^{-1}에 대하여, 해수면에서의 지표면 응력을 각각 구하시오.

4. 표준 고도가 10m일 때, 바람 속도 10ms^{-1}에 대하여, 도시에서의 마찰속도를 구하시오. (단, 도시에서의 거칠기 길이는 2.0m이다.)

5. 지상 1m에서의 바람 속도가 2ms^{-1}, 지상 10m에서의 바람 속도는 5ms^{-1}이다. 거칠기 길이를 구하시오.

6. 2012년 태풍 '산바'는 지면 높이 10m에서 최대 풍속 41ms^{-1}로 기록되었다. 정적으로 중립인 지표층에서 거칠기 길이가 0.005m일 때, 연직 바람 속도를 그리시오.

7. 맑은 날 10m에서의 바람 속도가 1ms^{-1}일 때, 마찰속도가 0.1ms^{-1}이며, 운동학적 표현의 지표면 열 플럭스는 -0.01Kms^{-1}일 때의 각각의 고도 20m에서 바람 속도를 구하시오. (단, $g/T_v = 0.0333ms^{-2}K^{-1}$)

제5장 난류운동

난류는 보통 소용돌이라고 불리는 유체 덩이의 불규칙한 운동으로, 거대한 우주에서 매우 작은 미규모 흐름에 이르기까지 존재한다. 지구가 속해 있는 태양계는 처음에는 난류상태의 거대한 기체 덩어리이었다. 해양의 소용돌이, 그리고 대기 상층의 청천난류와 오염물질의 확산 또한 난류 현상이다. 따라서 난류는 인간이 생겨난 이래 꾸준히 연구의 대상이 되어왔고, 아직도 고전 물리학의 미해결 문제로 남아 있다. 이 장에서는 난류의 특성과 통계적 기술 그리고 난류 운동에너지에 관한 내용이 기술되어 있다.

5.1 난류의 물리적 특성

유체의 흐름은 크게 **층류(laminar flow)**와 **난류(turbulent flow)**로 구분할 수 있다. 층류는 유체흐름이 원만하고 일정하며 그 주위 유체들에 의한 난류 혼합이 발생하지 않는 층의 흐름이다. 층류의 물질 교환은 분자확산에 의해서만 일어난다. 이에 반해 난류는 유체의 흐름이 매우 불규칙하며 무작위 변동을 보이는 운동으로 고려할 수 있다. 층류와 난류를 구분하는 기준으로 **레이놀즈수(Reynolds number)**가 이용된다. 레이놀즈수(Re)는 유체운동의 지배 방정식, 즉 나비어-스토크스(Navier-Stokes) 방정식에서 점성력에 대한 관성력의 비로 다음과 같이 정의 한다.

$$Re = \frac{관성력}{점성력} = \frac{\overline{u}D}{\nu_{kv}} \tag{5.1}$$

여기서 $\overline{u}$는 유체의 평균 속력, D는 계의 특성길이(characteristic length) 그리고 ν_{kv}은 유체의 동점성(kinematic viscosity)을 나타낸다. 원통 안을 흐르는 물의 Re를 적용하여 층류와 난류를 구분해 보면, $Re < 2500$: 층류, $2500 < Re < 4000$: 층류에서 난류로 천이, $Re > 4000$: 난류이다. 이 수치는 정확한 것은 아니며 연구 결과에 따라 그 범위가 조금씩 다르다. 지구대기에서는 Re > 1000인 경우 보통 난류가 발생하는 것으로 고려한다. 지표층(surface layer)의 두께를 $100m$, 풍속을 $5ms^{-1}$ 그리고 공기의 동점성을 $1.5 \times 10^{-5}m^2s^{-1}$으로 고려 할 경우에 레이놀즈수는 다음과 같다.

$$Re = \frac{5ms^{-1}100m}{1.5\times10^{-5}m^2s^{-1}} = 3.3\times10^7 \tag{5.2}$$

식 (5.2)의 결과를 보면 대기는 통상 난류상태 에 있는 것으로 생각할 수 있다. 난류는 다음과 같은 특성을 가지고 있다.

(1) 불규칙성(irregularity): 난류의 불규칙성 때문에 난류운동에 대해 결정론적인 접근(deterministic approach)이 불가능하다. 따라서 난류현상에 대해서는 정확한 예측이 불가능하며, 다만 통계적 접근이 이용된다.

(2) 빠른 혼합(rapid mixing): 크고 작은 규모의 맴돌이(eddy)에 의한 난류확산(turbulent diffusion)으로 난류에서는 운동량, 물질, 열의 혼합이 매우 빨리 일어난다.

(3) 속도와 와도의 3차원적 변동: 시, 공간에서 난류의 속도장은 3차원적이며, 규모가 다양하다. 따라서 와도 역시 3차원의 특성을 가진다.

(4) 소멸성(dissipativeness): 난류는 분자점성 때문에 그 운동 에너지가 열에너지로 전환된다. 따라서 에너지가 계속 공급되지 않으면 난류는 소멸한다.

(5) 운동규모의 다중성(multiplicity): 모든 난류는 레이놀즈수(Reynolds number)에 따라 다양한 크기의 맴돌이들을 갖는다. 그림 5.1은 레오나르도 다빈치의 난류 스케치이다. 그림에서 보면 다양한 크기의 맴돌이가 함께 묘사되어 있다.

(6) 연속체(continuum): 난류는 흐름 계(flow system)을 구성하고 있는 분자가 연속적으로 분포하고 있다고 본다. 따라서 유체의 성질(예: 속도, 압력)도 공간에서 연속적으로 변한다. 따라서 난류는 유체역학의 방정식의 지배를 받는다.

앞에서 기술한 내용 가운데서 유체의 회전성, 확산성 그리고 소산은 3차원 무작위 파동과 난류를 구분하는 특징이다. 파동은 거의 비회전, 비확산 그리고 비소멸성(nondissipative)이다.

그림 5.1 ▌ 레오나르도 다빈치의 난류 스케치.

5.2 난류의 통계적 기술

(1) 난류의 통계적 특성

난류의 시, 공간에 따른 변화는 매우 복잡해서 그 자세한 거동(behavior)을 예측 할 수없는 것처럼 보인다. 그러나 난류의 통계적 특성 가운데 몇 가지는 다시 구현 할 수 있다. 이런 이유에서 난류를 통계학적으로 기술하는 것이 유용하다. 대기 중에서 난류와 같은 변동성은 기온, 기압, 습도 등에서도 볼 수 있다. 유체의 흐름에 의해서 이동되는 어떤 성질을 χ라고 하고 다음과 같이 기술한다.

$$\chi = \chi(x, y, z, t) \tag{5.3}$$

변수 χ에 대한 시간 평균(temporal average)과 그림 5.2를 참고하면 다음과 같이 주어진다.

$$\overline{\chi} = \frac{1}{T}\int_{t_0}^{t_0+T} \chi dt = \frac{1}{T}\int_{t_0}^{t_0+T} (\overline{\chi} + \chi')dt \tag{5.4}$$

$$= \frac{1}{T}\int_{t_0}^{t_0+T} \overline{\chi}\, dt + \frac{1}{T}\int_{t_0}^{t_0+T} \chi' dt = \overline{\chi} \ + 0$$

여기서 χ'에 대한 시간 평균은 0이 된다.

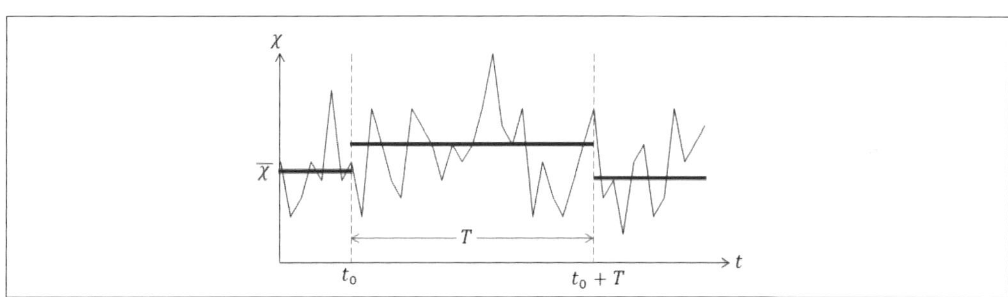

그림 5.2 ❙ 변수 χ의 시간에 따른 변화.

그림 5.2에 주어진 χ의 변동에 대해 $\overline{\chi}$는 평균구간 내에서 일정한 값이나 더 긴 시간에 대해서는 완만하게 변한다. 이 경우 시계열 데이터 간에 자기 상관성을 분석할 필요가 있다. 이러한 분석은 T의 크기를 결정하는 데 도움이 된다. 두 데이터 간의 시간 차가 τ인 경우 **자기상관 계수(autocorrelation coefficient)**는 다음과 같이 주어진다.

$$R(\tau) = \frac{\overline{\chi'(t)\chi'(t+\tau)}}{\overline{\chi'^2}} \tag{5.5}$$

여기서 분자는 자기공분산(auto covariance) 해당된다. 정의에 의해 $R(0)=1$이다. 두 데이터 간의 시간 차(τ)가 커질수록 자기상관 계수는 0에 접근하게 될 것이다. 한편 주어진 시각에 1차원 변수 χ에 구간 평균(spatial average)을 다음과 같이 정의한다.

$$\overline{\chi_s} = \frac{1}{X}\int_{x_0}^{x_0+X} \chi dx \tag{5.6}$$

실제로 구간 평균은 직선, 면적 또는 체적을 고려하여 그 값을 구할 수 있다. 그러나 구간 평균은 통상적으로 난류의 특성을 분석하는데 부적절하다. 그 이유는 난류가 관측하는 공간에 걸쳐 비균질할 수 있기 때문이다.

난류의 성질을 적용하여 분석하는데 $\overline{\chi}$의 변동과 관련하여 그 특성을 다음과 같이 기술한다.

1) 정상성(stationarity): 통계적 성질의 확률분포가 시간과 무관한 경우를 말하며, $\frac{\partial \overline{\chi}}{\partial t}=0$ 인 경우이다.
2) 동질성(homogeneity): 통계적 성질의 확률분포가 공간과 무관한 경우를 말하며, $\frac{\partial \overline{\chi}}{\partial x_i}=0$ 인 경우이다. 여기서 x_i는 임의의 공간좌표이다.
3) 등방성(isotropy): 통계적 성질의 확률분포가 좌표축의 회전과 무관한 경우이다. 공간과 무관한 경우를 말한다. 대부분의 난류는 비등방성이다. 난류에 대한 정상성, 동질성 그리고 등방성은 이론적인 측면에서 흔히 고려되는 가정이다. 실제로 지구유체에서는 이와 같은 가정을 만족하는 경우는 매우 드물다.

(2) 레이놀즈 분해

주어진 위치에서 난류의 성질을 측정 시 변수의 순간 값을 평균과 변동(fluctuation) 부분으로 분해하는 것을 **레이놀즈 분해(Reynolds decomposition)**이라고 한다. 예를 들면 다음과 같다.

$$u(t) = \overline{u} + u'(t),\ v(t) = \overline{v} + v'(t),\ \ w(t) = \overline{w} + w'(t) \tag{5.7}$$

$$\theta(t) = \overline{\theta} + \theta'(t) \tag{5.8}$$

여기 윗줄(−)은 평균을, 그리고 프라임(′)은 변동을 의미한다. u, v, w는 바람의 속도 성분이고, θ는 온위이다. 평균의 정의에 의해 다음 식을 얻을 수 있다.

$$\overline{\chi'} = 0,\ \overline{\overline{w}\chi'} = \overline{w}\,\overline{\chi'} = 0 \tag{5.9}$$

표 5.1은 종속변수 변수$u(t)$와 $v(t)$의 평균과 변동에 대한 평균규칙(averaging rule)이다.

표 5.1 ▍두 개의 변수 $u(t)$와 $v(t)$의 평균과 변동에 대한 평균규칙.

변수결합	평균규칙	변수결합	평균규칙
상수	$\overline{C}=C$(상수)	변수의 시간 미분	$\overline{\left(\frac{du}{dt}\right)}=\frac{d\overline{u}}{dt}$
(상수)×(변수)	$\overline{(Cu)}=C\overline{u}$	변수 평균의 편미분	$\overline{\left(\frac{\partial u}{\partial t}\right)}=\frac{\partial \overline{u}}{\partial t}$
변수의 평균	$\overline{(\overline{v})}=\overline{v}$	변동의 편미분	$\overline{\left(\frac{\partial u'}{\partial t}\right)}=\frac{\partial \overline{u'}}{\partial t}$
(변수의 평균)×(변수)	$\overline{(\overline{u}v)}=\overline{u}\,\overline{v}$	{(변수의 평균)×(변동)}의 편미분	$\overline{u\left(\frac{\partial v'}{\partial t}\right)}=\overline{u}\frac{\partial \overline{v'}}{\partial t}$
두 변수의 합	$\overline{(u+v)}=\overline{u}+\overline{v}$	변동의 분산의 편미분	$\overline{\left(\frac{\partial (u')^2}{\partial t}\right)}=\frac{\partial \overline{(u')^2}}{\partial t}$

대기 경계층에 적용되는 비압축성 유체의 연속 방정식에 레이놀즈 분해를 적용하면 다음과 같이 주어진다.

$$\sum_{i=1}^{3}\frac{\partial u_i}{\partial x_i}=\frac{\partial u_i}{\partial x_i}=\frac{\partial \overline{u_i}}{\partial x_i}+\frac{\partial u'_i}{\partial x_i}=0 \tag{5.10}$$

여기서 중복지수 i는 $i=1\sim 3$ 까지 항을 합하는 것을 의미한다. 식 (5.10)을 다시 시간 평균을 취하면 그 결과는 다음과 같다.

$$\overline{\frac{\partial \overline{u_i}}{\partial x_i}}=\frac{\partial \overline{u_i}}{\partial x_i}=0 \tag{5.11}$$

$$\overline{\frac{\partial u'_i}{\partial x_i}}=\frac{\partial \overline{u'_i}}{\partial x_i}=0 \tag{5.12}$$

식 (5.11)과 (5.12)는 비압축성 연속방정식이 평균류와 변동의 연속방정식 모두에 적용됨을 보여준다.

(3) 통계학적 모수

▍분산과 적률

난류변동성의 크기는 통계적인 난류의 성질 즉 변수의 분산(variance)으로 나타낼 수 있다.

$$\sigma_\chi^2=\frac{1}{T}\int_{t_0}^{t_0+T}(\chi-\overline{\chi})^2dt=\frac{1}{T}\int_{t_0}^{t_0+T}\chi'^2dt \tag{5.13}$$

식 (5.13)을 $\sigma_\chi^2 = \overline{\chi'^2}$ 으로 표시하는 경우도 있다. 속도의 각 성분의 변동에 대한 표준편차로 다음과 같이 정의한다.

$$\sigma_u^2 = \overline{u'^2},\ \sigma_v^2 = \overline{v'^2},\ \sigma_w^2 = \overline{w'^2} \tag{5.14}$$

여기서 속도의 세 방향에 대해 분산이 동일한 경우 난류는 등방성(isotropic)이라고 한다.

$$\sigma_u{}^2 = \sigma_v{}^2 = \sigma_w{}^2 \tag{5.15}$$

실제로 대기 중에서 등방성 난류는 기대하기 어렵다.

예제 5.1

다음의 수평 풍속 자료를 이용하여, 평균 바람 속도와 표준 편차를 구하고, 연직바람의 표준편차가 $1ms^{-1}$일 때 등방성 여부를 구하시오.

t(min)	$u(ms^{-1})$	t(min)	$u(ms^{-1})$
10	12	60	12
20	13	70	11
30	12	80	11
40	11	90	11
50	13	100	10

풀이

u의 평균과 표준편차를 구하고 등방성 조건을 적용한다.

$$\overline{u} = \frac{1}{n}\sum_{i=1}^{n} u_i = \frac{1}{10}(116) = 11.6ms^{-1}$$

$$\sigma_u^2 = \frac{1}{n}\sum_{i=1}^{n}(u_i - u)^2$$

$$= \frac{1}{10}(0.4^2 + 1.4^2 + 0.4^2 + (-0.6)^2 + (1.4)^2 + 0.4^2 + (-0.6)^2 + (-0.6)^2 + (-0.6)^2 + (-1.6)^2)$$

$$= 0.84m^2s^{-2}$$

$$\sigma_u = \sqrt{0.84m^2s^{-2}} = 0.92ms^{-1}$$

연직 편차가 $1ms^{-1}$이므로, $\sigma_u < \sigma_w$으로 '비등방성'이다.

난류 속도(turbulent velocity)의 크기, $V_{tur}{}'$는 다음과 같이 정의한다.

$$V_{tur}{}' = \left[\overline{(u')^2} + \overline{(v')^2} + \overline{(w')^2}\right]^{1/2} \tag{5.16}$$

난류의 상대강도는 난류속도를 평균 바람벡터의 크기로 정규화(normalization)한 것으로 다음과 같이 주어진다.

$$I_{tur} = \frac{\left[\overline{(u')^2} + \overline{(v')^2} + \overline{(w')^2}\right]^{1/2}}{\left[(\overline{u})^2 + (\overline{v})^2 + (\overline{w})^2\right]^{1/2}} \tag{5.17}$$

분산을 포괄하는 더 큰 의미의 적률(moment)은 다음과 같이 정의한다. 예를 변수 u_i에 대한 n차 적률은 다음과 같이 정의한다.

$$\overline{(u_i{}')^n} = \frac{1}{T}\int_{t_0}^{t_0+T} (u_i{}')^n \, dt \tag{5.18}$$

평균치에 대한 이와 같은 적률을 중심적률(central moment)라고 한다. 여기서 n이 짝수인 적률은 분포의 폭을 나타내며, n이 홀수인 적률은 분포에 대한 대칭의 정도를 분석하는 데 이용된다. 그 중 왜도(skewness)는 분포곡선의 비 정도를 나타내는 척도이며, 첨도(kurtosis)는 분포의 첨예(peakedness)정도를 보여준다. 왜도(S_{kew})는 3차 적률로 다음과 같이 정의한다.

$$S_{kew} = \overline{\chi'^3} / \left(\overline{\chi'^2}\right)^{3/2} \tag{5.19}$$

양의 왜도($S_{kew} > 0$)이면 χ의 분포곡선에서 $\chi - \overline{\chi} > 0$인 부분이 $\chi - \overline{\chi} < 0$인 부분보다 좀 더 긴 분포 곡선의 꼬리를 갖는다. 첨도는 χ'의 4차 적률로 다음과 같이 정의한다.

$$K_{urto} = \overline{\chi'^4} / \left(\overline{\chi'^2}\right)^2 \tag{5.20}$$

정규분포의 경우 $K_{urto} = 3$이며 중첨(mesokurtic)이라고 한다. $K_{urto} > 3$인 경우를 급첨(leptokurtic) 그리고 $K_{urto} < 3$인 경우를 완첨(platykurtic)이라고 한다.

공분산과 상관관계

공분산(covariance)은 두 변수 간의 공통적인 관계의 정도를 나타내므로 대기과학에서 매우 유용하게 이용된다. 예를 들면 두 변수 θ와 w에 대한 공분산은 다음과 같이 주어진다.

$$covar(\theta, w) = \overline{\theta' w'} = \frac{1}{T}\int_{t_0}^{t_0+T} \theta' w' \, dt \tag{5.21}$$

연직 속도와 온위의 두 변동에 대한 상관계수($R_{\theta,w}$)는 다음과 같이 주어진다.

$$R_{w,\theta} \equiv \frac{\overline{w'\theta'}}{\sigma_w \sigma_\theta} \tag{5.22}$$

상관 계수는 두 변수의 표준편차의 곱으로 정규화시킨 공분산으로 정의된다. 여기서, $-1 \leq R_{w,\theta} \leq 1$이다. $R_{w,\theta} > 0$ 이면 두 변수가 동시에 증가하거나 또는 감소하는 상관을 보이며, $R_{w,\theta} < 0$ 이면 서로 반대의 상관을 보이고, 0은 상관이 없다는 것을 의미한다.

5.3 난류 플럭스

대기 경계층에서 난류에 의한 연직 방향으로의 수증기, 현열 그리고 운동량 수송은 매우 중요하다. 이들 물리량의 난류플럭스를 유도하기 전에 먼저 운동학적 플럭스(kinematic flux)를 살펴보자. 플럭스에 관한 정의는 물리적 상황에 따라 다르긴 하지만 일반적인 정의는 어떤 물리량이 단위시간에 단위면적을 통과하는 양으로 정의한다. 예를 들면 연직 방향의 운동학적 현열 플럭스(H_{ksen})는

$$H_{ksen} = \overline{(\rho c_p \theta_v) w} \tag{5.23}$$

으로 주어진다. 여기서 ρ는 공기의 밀도, c_p는 공기의 정압비열 그리고 θ_v는 공기의 가온위이다. ( )속에 있는 물리량은 단위체적이 가지고 있는 열에너지에 해당한다. 따라서 H_{ksen}의 단위는 $J\ m^{-2} s^{-1}$이다.

운동학적 현열 플럭스에 대한 평균류와 변동의 기여를 분석하기 위하여 식 (5.23)에서 공기 밀도를 일정하다고 고려하고, 레이놀즈 평균을 하면 다음과 같이 주어진다.

$$\overline{\theta_v w} = \overline{(\overline{\theta_v} + \theta_v{}')(\overline{w} + w')} = \overline{\theta_v}\,\overline{w} + \overline{\theta_v{}' w'} \tag{5.24}$$

여기서 우변의 첫째항을 평균 플럭스(mean flux) 그리고 둘째 항을 난류 플럭스 또는 맴돌이 플럭스(eddy flux)라고 한다. 맴돌이 플럭스는 두 변수의 공분산으로 다음과 같이 구한다.

$$covar(w, \theta_v) = \overline{w'\theta_v{}'} = \frac{1}{N}\sum_{k=1}^{N}\left(w_k - \overline{w}\right)\left(\theta_k - \overline{\theta_v}\right) \tag{5.25}$$

공분산은 두 변수 간의 공통적인 변화량을 보여준다. 만약 두 변수 모두 증가하거나 또는 감

소하면, 공분산은 양의 부호를 가진다. 그러나 한 변수는 증가하지만, 다른 변수는 감소하는 경우에는 공분산은 음의 부호를 가진다. 만약 어떤 변수가 다른 변수와 아무런 관계가 없을 때, 공분산은 0이 된다. 실제로 난류는 완전히 무작위한 것은 아니므로 난류 플럭스가 발생한다. 따라서 $\overline{w'\theta'} \neq 0$ 이다. 이 경우에 대해 다음의 예를 살펴보자.

대기경계층 내의 기상변수들은 서로 물리적인 연관성(상관관계)이 있다. 예를 들어 그림 5.3(a)에 주어진 불안정한 대기경계층($\partial\overline{\theta}/\partial z < 0$)의 경우에 고도 z_1을 기준으로 열의 연직 이동을 살펴보자. 이 경우 평균 온위가 높은 곳에서 낮은 곳, 즉 위로 열이 이동한다. 따라서 $z < z_1$인 곳에서는 기준고도의 온위 값(θ_1)에 대한 편차가 $\theta' > 0$이며, 이 공기가 위로 이동하려면 $w' > 0$이어야 하며, 그 결과 $(w'\theta')_{up} > 0$이 된다. $z < z_1$인 곳에서 공기 덩이가 위로 상승하면 질량보존에 의해서 $z > z_1$인 곳에 있는 공기($\theta' < 0$)가 하강 하여야 한다. 이 공기가 하강하려면 $w' < 0$이어야 하며, 난류에 의한 열의 연직이동은 $(w'\theta')_{down} > 0$이 된다. 따라서 두 플럭스의 평균도 $\overline{w'\theta'} = \frac{1}{2}(w'\theta'_{up} + w'\theta'_{down}) > 0$이다. 즉, 낮 동안 두 변수의 상관 계수는 $R_{w,\theta} > 0$이다. 한편 그림 5.3(b)의 경우, 즉 안정한 대기($\partial\overline{\theta}/\partial z > 0$)에서는 평균 온위가 높은 위에서 아래로 열이 이동한다. 불안정한 경우와 같은 방법으로 안정한 대기에 대해 난류에 의한 열의 연직이동을 분석하면 기준고도를 중심으로 상승 하는 공기나 아래로 하강하는 공기나 모두 $w'\theta' < 0$이다.

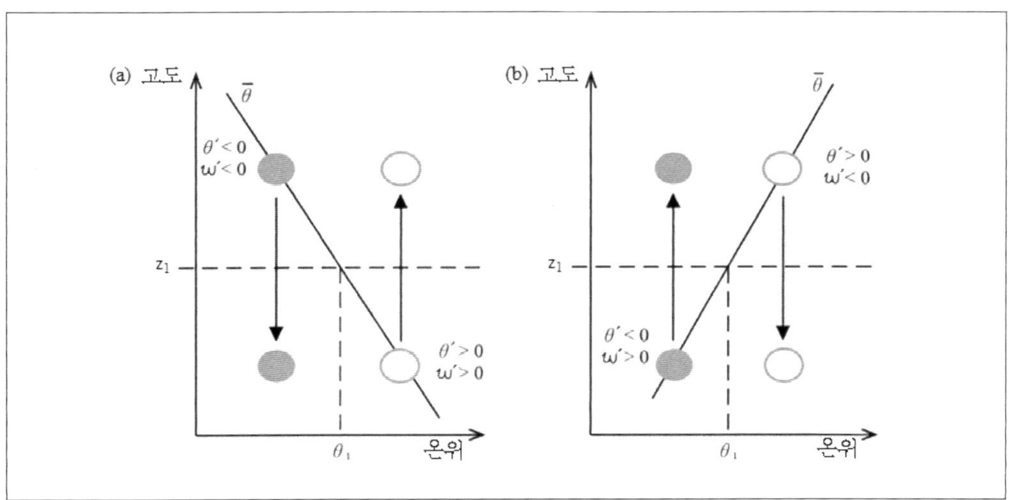

그림 5.3 ▌ (a) 불안정한 대기(낮)와 (b) 안정한 대기(밤)의 난류에 의한 열의 연직 이동.

5.4 경계층의 지배 방정식

대기경계층의 난류 운동 에너지 문제를 설명하기 위해서 상태 방정식, 운동량 방정식 그리고 열역학 에너지 보존 방정식이 고려된다.

(1) 상태 방정식

습윤공기에 대한 상태 방정식은 기압이 p, 밀도가 ρ그리고 가온도가 T_v인 경우 다음과 같이 주어진다.

$$p = \rho R_d T_v \tag{5.26}$$

여기서 R_d는 건조 공기에 대한 기체상수이다. 레이놀즈 평균을 취하기 위하여 $p = \overline{p} + p'$, $\rho = \overline{\rho} + \rho'$ 그리고 $T_v = \overline{T_v} + T_v'$를 식 (5.26)에 대입하고 정리하면 다음을 얻는다.

$$\frac{\overline{p}}{R_d} + \frac{p'}{R_d} = \overline{\rho}\,\overline{T_v} + \rho'\,\overline{T_v} + \overline{\rho}\,T_v' + \rho' T_v' \tag{5.27}$$

식 (5.27)을 레이놀즈 평균을 취하면 다음식이 얻어진다.

$$\frac{\overline{p}}{R_d} = \overline{\rho}\,\overline{T_v} \;\; + \overline{\rho' T_v'} \tag{5.28}$$

여기서 $\overline{\rho}\,\overline{T_v} \;\; \gg \overline{\rho' T_v'}$ 이므로 식 (5.28)을 다음과 같이 근사할 수 있다.

$$\frac{\overline{p}}{R_d} \simeq \overline{\rho}\,\overline{T_v} \quad \overline{p} \simeq \overline{\rho} R_d \overline{T_v} \tag{5.29}$$

식 (5.27)에서 식 (5.29)을 뺀 다음에 (5.29)로 나누어 주면 다음식이 얻어진다.

$$\frac{p'}{\overline{p}} = \frac{\rho'}{\overline{\rho}} + \frac{T_v'}{\overline{T_v}} + \frac{\rho' T_v'}{\overline{\rho}\,\overline{T_v}} \tag{5.30}$$

여기서 먼저 두 변수 변동의 곱으로 되어 있는 항을 무시한다.

$$\frac{p'}{\overline{p}} = \frac{\rho'}{\overline{\rho}} + \frac{T_v'}{\overline{T_v}} \tag{5.31}$$

식 (5.31)에서 압력 항과 가온도 항의 크기를 비교하면 $p'/\overline{p} = 0.1hPa/1000hPa = 10^{-4}$ 이다. 그리고 $T_v'/\overline{T_v} = 1K/300K = 3.33 \times 10^{-3}$이 된다. 따라서 $p'/\overline{p}$ 가 $T_v'/\overline{T_v}$ 보다 한 차

수 작으므로 식 (5.31)을 다음과 같이 근사할 수 있다.

$$\frac{\rho'}{\overline{\rho}} \simeq - \frac{T_v'}{\overline{T_v}} \simeq - \frac{\theta_v'}{\overline{\theta_v}} \tag{5.32}$$

식 (5.32)는 평균온도가 높은 공기는 그 밀도가 평균밀도보다 낮다는 것을 말해준다. 식 (5.32)는 대기 경계층의 난류운동을 다루는 데 매우 유용한 관계식이다.

(2) 부시네스크 근사

유체의 밀도가 $\rho = \overline{\rho} + \rho'$ 으로 주어질 때 $\overline{\rho} \gg \rho'$ 이므로 관성항과 연속 방정식에서는 밀도 변동을 무시하여 ρ 대신 $\overline{\rho}$ 로 대치한다. 그러나 ρ' 의 크기는 작지만 연직 운동과 관련된 부력항에서 ρ' 을 고려하는 것을 **부시네스크 근사(Boussinesque Approximation)** 라고 한다. 부시네스크 근사를 적용한 연직 운동방정식을 다음과 같이 유도할 수 있다.

$$\frac{dw}{dt} = -\frac{1}{\rho}\frac{\partial p}{\partial z} - g + \nu \nabla^2 w \tag{5.33}$$

여기서 ν는 공기의 동점성(kinematic viscosity)이다. 식 (5.33)에 $\rho = \overline{\rho} + \rho'(x,y,z,t)$, $p = \overline{p} + p'(x,y,z,t)$ 그리고 $w = \overline{w} + w'(x,y,z,t)$을 대입하면 다음 식이 구해진다.

$$(\overline{\rho} + \rho')\frac{d(\overline{w} + w')}{dt} = -\frac{\partial(\overline{p} + p')}{\partial z} - (\overline{\rho} + \rho')g + \mu \nabla^2 (\overline{w} + w') \tag{5.34}$$

여기서 $\mu(\equiv \rho\nu)$는 역학적 점성(dynamic viscosity)이다. 그리고 이 식을 $\overline{\rho}$로 나누어 준 다음 재정리하면 다음 식을 얻을 수 있다.

$$\left(1 + \frac{\rho'}{\overline{\rho}}\right)\frac{d(\overline{w} + w')}{dt} = -\frac{1}{\overline{\rho}}\frac{\partial p'}{\partial z} - \frac{\rho'}{\overline{\rho}}g + \nu \nabla^2 (\overline{w} + w') - \frac{1}{\overline{\rho}}\left[\frac{\partial \overline{p}}{\partial z} + \overline{\rho} g\right] \tag{5.35}$$

여기서 평균상태가 정역학 평형 상태라고 가정하면 $\partial\overline{p}/\partial z + \overline{\rho} g = 0$ 이다. 그리고 밀도 변동은 $\rho'/\overline{\rho} = 3.33 \times 10^{-3}$ 이다. 이 경우 좌변 항에서 $(1 + \rho'/\overline{\rho}) \simeq 1$ 로 근사하지만 $\rho' g/\overline{\rho}$ 항은 무시할 수 없다. 그 이유는 이 항의 크기가 다른 항과 비슷하기 때문이다. 따라서 식 (5.35)는 다음과 같이 기술 할 수 있다.

$$\frac{d(\overline{w} + w')}{dt} = -\frac{1}{\overline{\rho}}\frac{\partial p'}{\partial z} - \frac{\rho'}{\overline{\rho}}g + \nu \nabla^2 (\overline{w} + w') \tag{5.36}$$

이 방정식은 부시네스크 근사를 고려한 대기의 연직 운동방정식이다.

(3) 평균류에 대한 운동방정식

유체운동에 대한 나비어-스토크스 방정식은 다음과 같이 주어진다. 전향력은 난류를 생성하지 않으므로 운동방정식에서 생략하였다.

$$\frac{du}{dt} = -\frac{1}{\rho}\frac{\partial p}{\partial x} + \nu\nabla^2 u \tag{5.37a}$$

$$\frac{dv}{dt} = -\frac{1}{\rho}\frac{\partial p}{\partial y} + \nu\nabla^2 v \tag{5.37b}$$

$$\frac{dw}{dt} = -\frac{1}{\rho}\frac{\partial p}{\partial z} - g + \nu\nabla^2 w \tag{5.37c}$$

여기서 미분 연산자 d/dt 와 ∇^2은 다음과 같이 주어진다.

$$\frac{d}{dt} = \frac{\partial}{\partial t} + u\frac{\partial}{\partial x} + v\frac{\partial}{\partial y} + w\frac{\partial}{\partial z} \tag{5.38}$$

$$\nabla^2 = \partial^2/\partial x^2 + \partial^2/\partial y^2 + \partial^2/\partial z^2 \tag{5.39}$$

식 (5.37a)와 (5.37b) 그리고 (5.37c)에 부시네스크 근사를 고려한 방정식을 텐서 기호를 써서 다음과 같이 하나의 간단한 식으로 기술할 수 있다.

$$\frac{\partial u_i}{\partial t} + u_j\frac{\partial u_i}{\partial x_j} = -\frac{1}{\rho}\frac{\partial p}{\partial x_i} - \delta_{i3}\left[g - \frac{\theta_v'}{\overline{\theta_v}}g\right] + \nu\frac{\partial^2 u_i}{\partial x_j \partial x_j} \tag{5.40}$$

식 (5.40)에 $\rho = \overline{\rho} + \rho'$, $p = \overline{p} + p'$과 $u_i = \overline{u_i} + u_i'$ 을 대입하면 다음 식이 얻어진다.

$$\frac{\partial \overline{u_i}}{\partial t} + \frac{\partial u_i'}{\partial t} + (\overline{u_j} + u_j')\frac{\partial(\overline{u_i} + u_i')}{\partial x_j} = -\frac{1}{\overline{\rho}}\frac{\partial(\overline{p} + p')}{\partial x_i} - \delta_{i3}\left[g - \frac{\theta_v'}{\overline{\theta_v}}g\right] + \nu\frac{\partial^2(\overline{u_i} + u_i')}{\partial x_j \partial x_j} \tag{5.41}$$

식 (5.41)을 레이놀즈 평균을 하면 다음과 같이 주어진다.

$$\frac{\partial \overline{u_i}}{\partial t} + \overline{u_j}\frac{\partial \overline{u_i}}{\partial x_j} + \overline{u_j'\frac{\partial u_i'}{\partial x_j}} = -\frac{1}{\overline{\rho}}\frac{\partial \overline{p}}{\partial x_i} - \delta_{i3}g + \nu\frac{\partial^2 \overline{u_i}}{\partial x_j \partial x_j} \tag{5.42}$$

식 (5.42)의 좌측의 항 가운데서 3번째 항은 난류성분(u_j')에 u_i'의 운동량의 평균이류를 의미한다. 비압축성 유체의 연속방정식, $\overline{\partial u_j'/\partial x_j} = 0$ 을 고려하면 이 항은 다음과 같이 주어진다.

$$\overline{u_j'\frac{\partial u_i'}{\partial x_j}} = \frac{\partial \overline{u_i' u_j'}}{\partial x_j} \tag{5.43}$$

식 (5.43)을 식 (5.42)에 대입하고 정리하여 다음과 같이 기술 할 수 있다.

$$\frac{\partial \overline{u_i}}{\partial t} + \overline{u_j}\frac{\partial \overline{u_i}}{\partial x_j} = -\frac{1}{\overline{\rho}}\frac{\partial \overline{p}}{\partial x_i} - \delta_{i3}g + \nu\frac{\partial^2 \overline{u_i}}{\partial x_j^2} - \frac{\partial\left(\overline{u_i' u_j'}\right)}{\partial x_j} \tag{5.44}$$

$A \quad B \quad C \quad D \quad E \quad F$

(1) A 항: 평균 운동량(저장)의 국지변화(관성)

(2) B 항: 평균풍에 의한 평균 운동량의 이류

(3) C 항: 평균 기압경도력

(4) D 항: 연직 방향의 중력

(5) E 항: 평균운동에 작용하는 분자점성 응력(viscous stress)

(6) F 항: 평균운동에 작용하는 레이놀즈 응력 또는 난류운동량 플럭스의 발산

식 (5.44)에서 역학점성(dynamic viscosity), μ을 도입하면 평균 운동량 방정식이 좀 더 간단히 주어지면서 물리적 해석이 쉬워진다.

$$\frac{\partial \overline{u_i}}{\partial t} + \overline{u_j}\frac{\partial \overline{u_i}}{\partial x_j} = -\frac{1}{\overline{\rho}}\frac{\partial \overline{p}}{\partial x_i} - \delta_{i3}g + \frac{1}{\overline{\rho}}\frac{\partial}{\partial x_j}\left(\mu\frac{\partial \overline{u_i}}{\partial x_j} - \overline{\rho}\,\overline{u_i' u_j'}\right) \tag{5.45}$$

식 (5.45)는 **평균류의 운동방정식**을 나타낸다. 여기서 $\mu = \overline{\rho}\nu$이며, ( )속에 있는 각항은 모두 압력의 단위를 갖는다는 것을 알 수 있다. 그리고 평균운동에 미치는 총 응력은 점성응력(viscous stress)과 레이놀즈 응력(Reynolds stress)의 합으로 주어진다.

$$\tau_{tot,\,ij} = \mu\frac{\partial \overline{u_i}}{\partial x_j} - \overline{\rho}\,\overline{u_i' u_j'} \quad (i \neq j) \tag{5.46}$$

$$\tau_{ij}' = -\overline{\rho}\,\overline{u_i' u_j'} \tag{5.47}$$

여기서 응력 텐서(stress tensor) $\tau_{tot,\,ij}$는 x_j(면 벡터의 방향)로 정의된 면에 x_i-방향에서 힘이 가해진 것을 의미한다. τ_{ij}'는 레이놀즈 응력을 나타낸다. 지수 i와 j는 3개의 값을 가지며, 이중에서 $i=j$인 경우의 응력(예: τ_{11}')을 법선응력(normal stress)그리고 $i \neq j$인 경우의 응력을 접선응력이라고 한다. 레이놀즈 응력은 유체의 점성과는 무관하며, 유체의 변동에 의존하고 결과적으로 운동량의 난류 확산을 일으킨다.

레이놀즈 응력이 $\tau_{xz}' = -\overline{\rho}\,\overline{u'w'}$으로 주어지는 경우에 그림 5.4를 이용하여 난류에 의한 운동량의 이동을 살펴보자. 그림에서 바람의 평균 시어는 $\partial\overline{u}/\partial z > 0$이며, z_1은 운동량이 연직 이동을 고려하는 기준 고도이며, 평균 풍속은 $\overline{u}(z_1) = u_1$이다. 난류에 의한 운동량의 이동은

$\overline{u}$의 값이 u_1보다 큰 곳에서 작은 곳으로 일어난다. 따라서 $z > z_1$인 곳에서는 기준고도의 풍속 값(u_1)에 대한 편차가 $u' > 0$ 이므로 이 공기가 아래로 이동하려면 $w' < 0$이어야 한다. 그 결과 $u'w' < 0$이 된다. 그러면 $z < z_1$인 곳에서는 공기운동은 어떻게 될까?

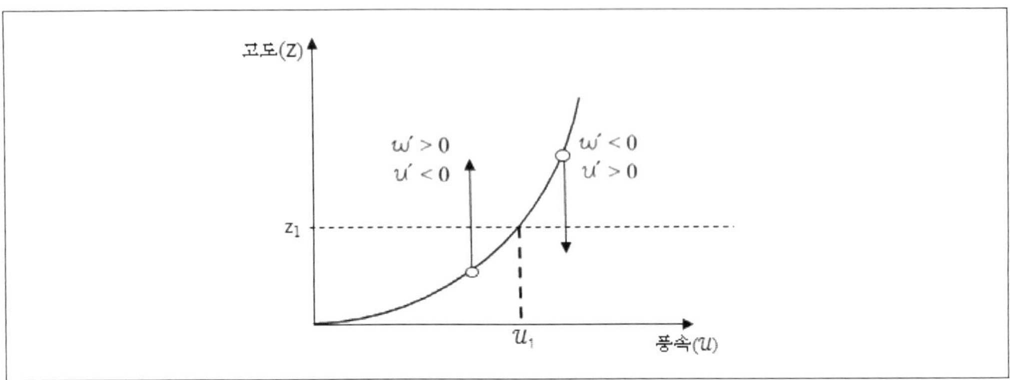

그림 5.4 ▌난류에 의한 운동량의 이동.

질량보존에 의해서 하강운동이 있으면 상승운동이 있어야한다. 따라서 $z < z_1$인 곳에서 $u' < 0$이므로 공기가 위로 이동하려면 $w' > 0$이 되어야 하고, $u'w' < 0$이 된다. 따라서 z_1을 중심으로 위와 아래로 동시에 난류에 의해 운동량의 연직 이동이 일어남을 알 수 있다. 따라서 $\tau_{xz}' > 0$ 이 되고 시간이 지남에 따라 난류혼합에 의해 연직 시어($\partial\overline{u}/\partial z$)가 감소한다.

(4) 난류 운동 에너지

난류 운동 에너지 방정식을 구하기 위하여 먼저 요란(u_i')에 대한 운동방정식을 구한다. 식 (5.41)에서 평균류의 운동방정식 (5.45)를 빼면 다음과 같이 나타낼 수 있다.

$$\frac{\partial u_i'}{\partial t}+\overline{u}_j\frac{\partial u_i'}{\partial x_j}+u_j'\frac{\partial \overline{u_i}}{\partial x_j}+u_j'\frac{\partial u_i'}{\partial x_j}=-\frac{1}{\overline{\rho}}\frac{\partial p'}{\partial x_i}+\delta_{i3}\left(\frac{\theta_v'}{\overline{\theta_v}}\right)g+\nu\frac{\partial^2 u_i'}{\partial x_j^2}+\frac{\partial\overline{(u_i'u_j')}}{\partial x_j} \tag{5.48}$$

식 (5.48)에 $2u_i'$를 곱한 다음에 $2u_i'(\partial u_i'/\partial x_j)=\partial u_i'^2/\partial x_j$을 적용한다. 그리고 레이놀즈 평균을 취하면 다음과 같이 주어진다.

$$\overline{\frac{\partial u_i'^2}{\partial t}}+\overline{\overline{u}_j\frac{\partial u_i'^2}{\partial x_j}}+\overline{2u_i'u_j'\frac{\partial \overline{u_i}}{\partial x_j}}+\overline{u_j'\frac{\partial u_i'^2}{\partial x_j}}=-2\overline{\frac{u_i'}{\overline{\rho}}\frac{\partial p'}{\partial x_i}}+\overline{2u_i'\delta_{i3}g\left(\frac{\theta_v'}{\overline{\theta_v}}\right)} \tag{5.49}$$

$$+\overline{2\nu u_i'\frac{\partial^2 u_i'}{\partial x_j^2}}+\overline{2u_i'\frac{\partial\overline{(u_i'u_j')}}{\partial x_j}}$$

여기서 $\overline{(u_i'u_j')}$를 포함하고 있는 우변의 마지막 항에서 $\overline{u_i'}=0$이므로 이 항은 0이 된다.

$$\frac{\partial\overline{u_i'^2}}{\partial t}+\overline{u_j}\frac{\partial\overline{u_i'^2}}{\partial x_j}+2\overline{u_i'u_j'}\frac{\partial\overline{u_i}}{\partial x_j}+\overline{u_j'\frac{\partial u_i'^2}{\partial x_j}}=-2\overline{\frac{u_i'}{\overline{\rho}}\frac{\partial p'}{\partial x_i}}+\overline{2u_i'\delta_{i3}g\left(\frac{\theta_v'}{\overline{\theta_v}}\right)}+\overline{2\nu u_i'\frac{\partial^2 u_i'}{\partial x_j^2}} \tag{5.50}$$

난류의 연속방정식 $\partial u_j'/\partial x_j=0$에 $u_i'^2$을 곱하고 레이놀즈 평균을 하면, $\overline{u_i'^2\partial u_j'/\partial x_j}=0$이다. 이 식을 이용하면 식 (5.50)의 좌측 4번째 항은 다음과 같이 기술할 수 있다.

$$\overline{u_j'\frac{\partial u_i'^2}{\partial x_j}}+\overline{u_i'^2\frac{\partial u_j'}{\partial x_j}}=\frac{\overline{\partial(u_j'u_i'^2)}}{\partial x_j} \tag{5.51}$$

식 (5.51)을 식 (5.50)에 대입하면 다음 식을 얻는다.

$$\frac{\partial\overline{u_i'^2}}{\partial t}+\overline{u_j}\frac{\partial\overline{u_i'^2}}{\partial x_j}+2\overline{u_i'u_j'}\frac{\partial\overline{u_i}}{\partial x_j}+\frac{\partial\overline{(u_j'u_i'^2)}}{\partial x_j}=-2\overline{\frac{u_i'}{\overline{\rho}}\frac{\partial p'}{\partial x_i}}+\overline{2u_i'\delta_{i3}g\left(\frac{\theta_v'}{\overline{\theta_v}}\right)}+\overline{2\nu u_i'\frac{\partial^2 u_i'}{\partial x}} \tag{5.52}$$

식 (5.52)는 풍속의 분산($\overline{u_i'^2}$)에 대한 일반적인 **예단 방정식(prognostic equation)**이다.

대기 경계층에 식 (5.51)을 적용하면 좀 더 단순화시킬 수 있다. 이를 위해 ν를 포함하고 있는 항을 다음의 미분 전개식을 고려한다.

$$\nu\frac{\partial^2(\overline{u_i'^2})}{\partial x_j^2}=2\nu\overline{\left(\frac{\partial u_i'}{\partial x_j}\right)^2}+2\overline{\nu u_i'\left(\frac{\partial^2 u_i'}{\partial x_j^2}\right)} \tag{5.53}$$

식 (5.53)을 이용하면 ν를 포함하고 있는 소산(dissipation)항은 다음과 같이 주어진다.

$$\overline{2\nu u_i'\frac{\partial^2 u_i'}{\partial x_j^2}}=\nu\frac{\partial^2\overline{u_i'^2}}{\partial x_j^2}-2\nu\overline{\left(\frac{\partial u_i'}{\partial x_j}\right)^2} \tag{5.54}$$

식 (5.54)에서 우측의 첫째항은 속도분산의 분자확산을 나타낸다. 그리고 공간(x_j)에 대해서 2번 미분하고 있어서 분산의 곡률을 포함한다. 한편 둘째 항은 소용돌이 크기에 대한 속도변동의 차이를 나타낸다. 물리적으로 그 크기를 비교하면 대기경계층에서 다음과 같다(Stull, 1988).

$$\left|2\nu\frac{\partial^2\overline{u_i'^2}}{\partial x_j^2}\right|\ll\left|2\nu\overline{\left(\frac{\partial u'_i}{\partial x_j}\right)^2}\right| \tag{5.55}$$

따라서 점성소산(viscous dissipation)률, ϵ은 다음과 같이 근사할 수 있다.

$$\overline{2\nu u_i' \frac{\partial^2 u_i'}{\partial x_j^2}} \simeq -2\overline{\nu\left(\frac{\partial u_i'}{\partial x_j}\right)^2} = -2\epsilon \tag{5.56}$$

여기서 점성 소산률(ϵ)은 다음과 같이 정의한다.

$$\epsilon = \overline{\nu\left(\frac{\partial u_i'}{\partial x_j}\right)^2} \tag{5.57}$$

여기서 편미분 항이 항상 0보다 크므로 $\epsilon > 0$ 이다. 식 (5.52)에 식 (5.56)을 적용하고 방정식에 1/2을 곱한다. 그리고 식을 재정리하면 난류 운동 에너지(turbulent kinetic energy, TKE)의 방정식이 얻어진다.

$$\underset{A}{\frac{\partial \bar{e}}{\partial t}} + \underset{B}{\bar{u}_j \frac{\partial \bar{e}}{\partial x_j}} = \underset{C}{\delta_{i3}\overline{\left(\frac{u_i'\theta_v'}{\overline{\theta_v}}\right)}g} - \underset{D}{\overline{u_i'u_j'}\frac{\partial \bar{u}_i}{\partial x_j}} - \underset{E}{\frac{\partial \overline{(u_j'e)}}{\partial x_j}} - \underset{F}{\frac{1}{\bar{\rho}}\frac{\partial \overline{(u_i'p')}}{\partial x_i}} - \underset{G}{\epsilon} \tag{5.58}$$

식 (5.58)은 $e = TKE = \overline{u_i'^2}/2$에 대한 예단 방정식이며, 각 항의 물리적 의미는 다음과 같다.

(1) A 항: TKE 의 국지변화

(2) B 항: 평균 바람에 의한 TKE 의 이류

(3) C 항: 부력에 의한 난류 생성($\overline{u_i'\theta_v'} > 0$) 또는 소모($\overline{u_i'\theta_v'} < 0$). 예를 들면 대기가 안정한 $\partial\overline{\theta_v}/\partial z > 0$) 경우, $\overline{w'\theta_v'} < 0$ 는 난류를 소모 시키지만, 대기가 불안정한 ($\partial\overline{\theta_v}/\partial z < 0$) 경우, $\overline{w'\theta_v'} > 0$ 는 난류를 생성한다.

(4) D 항: 시어에 의한 TKE 생성(production) 또는 손실(loss). 운동량 플럭스($\overline{u_i'u_j'}$)는 일반적으로 평균 바람시어와 정반대의 부호를 갖는다. 따라서 $\overline{u_i'u_j'}(\partial\overline{u_i}/\partial x_j) < 0$ 인 경우 TKE가 증가한다.

(5) E 항: TKE의 난류 수송.

(6) F 항: 압력변동에 의한 TKE의 재분배.

(7) G항: TKE의 소산을 나타내며 TKE가 소산되어 최종 열에너지로 변환을 의미.

$\epsilon = \overline{\nu(\partial u_i'/\partial x_j)^2}$ 에서 작은 맴돌이에 대해서는 시어($\partial u_i'/\partial x_j$)가 크므로 ϵ이 크고, 큰 맴돌이에 대해서는 시어($\partial u_i'/\partial x_j$)가 작으므로 ϵ이 작다.

식 (5.58)에서 살펴보면 E항과 같이 난류는 난류 그 자신을 이류 또는 수송한다. 예를 들면 바람의 연직 시어에 의해 지표층에서 TKE가 형성되면, 난류운동은 TKE의 일부를 대기 경계층 상부로 이동시킨다. TKE의 방정식에서 한 가지 고려할 사항은 TKE가 남아 있는 한 항상 에너지 소산($\epsilon > 0$)이 일어난다. 이것은 난류에너지가 생성(부력과 바람시어) 또는 이동되어 오지 않을 경우 난류는 시간에 따라 감소하며 결국에는 소멸됨을 의미한다. 따라서 난류에너지는 보존되지 않는다. 식 (5.58)을 간단히 기술하면 난류 운동 에너지의 경향(tendency), 즉 시간에 따른 국지변화는 다음과 같이 주어진다.

$$\frac{\partial(TKE)}{\partial t} = A + S + B + Tr - \epsilon \tag{5.59}$$

여기서 A는 이류, S 는 시어 생성, B 는 부력 생성 또는 소모, T_r 은 난류운동과 기압변동에 의한 수송, 그리고 ϵ는 점성 소산률이다. 평균 바람은 난류 운동 에너지를 한 곳에서 다른 곳으로 이동시킨다. 차원분석(dimensional analysis)을 통해 TKE와 ϵ의 관계식을 구하면 다음과 같다.

$$\epsilon \simeq \frac{(TKE)^{3/2}}{L_\epsilon} \tag{5.60}$$

여기서 $L_\epsilon(\cong 50m)$는 소산길이 규모(dissipation length scale)이다(Stull, 2000). 식 (5.60)은 난류 에너지 소모율이 $TKE^{3/2}$에 비례하며 L_ϵ에 역비례함을 보여준다. 난류 운동 에너지 방정식에서 시어생성(SP)항에 대한 부력 생성(BP)항의 비를 **플럭스 리차드슨 수(Richardson number)**라고 한다. 식 (5.58)에서 수평방향으로 평균류의 균질성과 $\overline{w}=0$를 가정하면 플럭스 리차드슨 수(R_f)는 다음과 같이 주어진다.

$$R_f = \frac{-BP}{SP} = \frac{(\overline{w'\theta_v'})g/\overline{\theta_v}}{(\overline{u'w'})\partial\overline{u}/\partial z + (\overline{v'w'})\partial\overline{v}/\partial z} \tag{5.61}$$

여기서 $R_f < 1$인 경우 유체 흐름은 난류이고, $R_f > 1$이면 유체 흐름은 층류가 된다.

(5) 열역학 에너지의 보존

열역학 제1법칙은 에너지 보존법칙이다. 대기에서 공기 덩이의 온위(θ)의 시간에 따른 변화는 분자의 유입(inflow)과 유출(outflow)에 따른 열에너지의 이동, 순복사 에너지의 발산(R_n) 그리고 공기 덩이 내에 있는 수증기와 액체수(또는 고체수)의 상변화에 관련된 잠열의 흡수 또는 방출이다. 이 관계를 방정식으로 나타내면 다음과 같다.

$$\frac{\partial\theta}{\partial t}+\vec{V}\cdot\nabla\theta=\nu_\theta\nabla^2\theta-\frac{1}{\rho c_p}\nabla R_n-\frac{L_pE_{wv}}{\rho c_p} \tag{5.62}$$

여기서 $\vec{V}$는 대기 운동의 3차원 속도벡터, ν_θ는 분자에 의한 열확산도(thermal diffusivity), 그리고 c_p는 공기의 정압비열이다. R_n은 순복사 에너지, L_p는 상변화에 따른 잠열(Jkg^{-1}) 그리고 $E_{wv}(kg\,m^{-3}s^{-1})$는 공기 덩이 내에서 상변화와 관련된 수분으로, 예를 들면 단위시간에 단위체적당 수증기가 응결된 양을 의미한다. 식 (5.62)을 텐서 기호를 이용하여 기술하면 다음과 같이 주어진다.

$$\frac{\partial\theta}{\partial t}+u_j\frac{\partial\theta}{\partial x_j}=\nu_\theta\frac{\partial^2\theta}{\partial x_j\partial x_j}-\frac{1}{\rho c_p}\left(\frac{\partial R_{nj}}{\partial x_j}\right)-\frac{L_pE_{wv}}{\rho c_p} \tag{5.63}$$

식 (5.63)에 $\rho=\bar{\rho}+\rho'$, $\theta=\bar{\theta}+\theta'$ 그리고 $u_j=\overline{u_j}+u_j'$ 을 대입하고 레이놀즈 평균을 취하면 다음 식이 얻어진다.

$$\frac{\partial\bar{\theta}}{\partial t}+\overline{u_j}\frac{\partial\bar{\theta}}{\partial x_j}+\overline{u_j'\frac{\partial\theta'}{\partial x_j}}=\nu_\theta\frac{\partial^2\bar{\theta}}{\partial x_j\partial x_j}-\frac{1}{\bar{\rho}c_p}\left(\frac{\partial R_{nj}}{\partial x_j}\right)-\frac{L_pE_{wv}}{\bar{\rho}c_p} \tag{5.64}$$

식 (5.64)에서 $\frac{\partial u_j'}{\partial x_j}=0$을 이용하면 $\overline{u_j'\frac{\partial\theta'}{\partial x_j}}$ 을 다음과 같이 표현할 수 있다.

$$\overline{u_j'\frac{\partial\theta'}{\partial x_j}}+\overline{\theta'\frac{\partial u_j'}{\partial x_j}}=\overline{\frac{\partial(\theta' u_j')}{\partial x_j}} \tag{5.65}$$

식 (5.65)를 이용하면 식 (5.64)는 다음과 같이 주어진다.

$$\underset{A}{\frac{\partial\bar{\theta}}{\partial t}}+\underset{B}{\overline{u_j}\frac{\partial\bar{\theta}}{\partial x_j}}=\underset{C}{\nu_\theta\frac{\partial^2\bar{\theta}}{\partial x_j^2}}-\underset{D}{\frac{\partial\overline{u_j'\theta'}}{\partial x_j}}-\underset{E}{\frac{1}{\bar{\rho}c_p}\left(\frac{\partial R_{nj}}{\partial x_j}\right)}-\underset{F}{\frac{L_pE_{wv}}{\bar{\rho}c_p}} \tag{5.66}$$

식 (5.66)의 각 항에 대한 설명은 다음과 같다.

(1) A 항: 열의 평균 저장량($\rho c_p\bar{\theta}$)의 변화 또는 $\bar{\theta}$의 국지변화

(2) B 항: 평균풍에 의한 열의 이류

(3) C 항: $\rho c_p\nu_\theta(\partial\bar{\theta}\ /\partial x_j)$는 분자 전도에 의한 열 플럭스이다. 따라서 열 플럭스의 발산.

(4) D 항: 난류의 열 플럭스(turbulent heat flux)의 발산.

(5) E 항: 순 복사 발산에 의한 평균 열원 또는 평균 냉 열원

(6) F 항: 잠열 방출에 의한 평균 열원 또는 평균 냉 열원

식 (5.66)의 우측에서 열원을 제외한 두 개의 항을 다음과 같이 묶어서 기술할 수 있다.

$$\frac{\partial \overline{\theta}}{\partial t} + \overline{u_j}\frac{\partial \overline{\theta}}{\partial x_j} = \frac{\partial}{\partial x_j}\left(\nu_\theta \frac{\partial \overline{\theta}}{\partial x_j} - \overline{u_j{}'\theta'}\right) - \frac{1}{\overline{\rho} c_p}\left(\frac{\partial R_{nj}}{\partial x_j}\right) - \frac{L_p E_{wv}}{\overline{\rho} c_p} \tag{5.67}$$

여기서 x_j 방향의 총 열 플럭스(H_j)를 분자전도와 난류에 의한 두 개의 항의 합으로 다음과 같이 나타낼 수 있다.

$$H_{tot,\,j} = \overline{\rho} c_p \left(\nu_\theta \frac{\partial \overline{\theta}}{\partial x_j} - \overline{u_j{}'\theta'}\right) \tag{5.68}$$

식 (5.68)에서 우측의 두 번째 항은 난류의 열 플럭스 항으로 다음과 나타내고 있다.

$$\overline{u_j{}'\theta'} = -K_h \frac{\partial \overline{\theta}}{\partial x_j} \tag{5.69}$$

식 (5.69)는 근사식으로 항상 정확하게 일치하지 않지만 대안이 없어서 그대로 사용하고 있다. 여기서 K_h는 현열에 대한 맴돌이 확산도(eddy diffusivity)라고 하며 단위는 $m^2 s^{-1}$이다. 실제로 K_h를 이용하면 z방향으로 난류의 열 플럭스(H_{tur})는

$$H_{tur} = -\overline{\rho} c_p K_h \frac{\partial \overline{\theta}}{\partial z} \tag{5.70}$$

으로 주어진다. 이 식에 의하면 $\partial \overline{\theta}/\partial z < 0$ 인 경우에 열이 위로 이동한다.

5.5 난류 관측 특성들

이 절에서는 난류관측이 이루어진 미국 켄사스 초원지역에서의 CASES99 캠페인 중에서 얻은 자료를 이용하여 난류의 관측 특성을 살펴보자. 식 (5.47)에 의하면 난류에 의한 레이놀즈 응력은 $\tau_{ij}{}' = -\rho \overline{u_i{}'u_j{}'}$ 으로 주어진다. 이 식에서 어느 한 방향을 z−방향으로 고려하면 식 (5.69)와 같이 다음 식으로 주어진다.

$$\overline{u'w'} = -K_m \frac{\partial \overline{u_i}}{\partial z} \tag{5.71}$$

여기서 $K_m(m^2 s^{-1})$은 운동량에 대한 맴돌이 확산도이다. 식 (5.71)을 이용하면 식 (5.47)의 레이놀즈 응력은 다음과 같이 주어진다.

$$\tau_{xz}' = \rho K_m \frac{\partial \bar{u}}{\partial z} \tag{5.72}$$

대기 중에서 K_m의 전형적인 값은 $1 \sim 100 m^2 s^{-1}$으로 $\nu(\sim 10^{-5} m^2 s^{-1}$: 표준 상태에서 공기 분자의 동점성)보다 매우 크다. 따라서 대기 경계층에서 열, 운동량 그리고 수분의 연직이동은 주로 난류에 의해 이루어진다. 식 (5.71)에서 맴돌이 확산도(K_m)는 다음과 같이 정의된다.

$$K_m \equiv -\overline{w'u'}/(\partial \bar{u}/\partial z) \tag{5.73}$$

이 식에 의하면 K_m의 값은 난류 운동량 플럭스와 바람의 연직 시어에 의해 결정된다. 난류에 의한 열 플럭스와 운동량 플럭스를 각각 K_h와 K_m을 이용하여 계산하는 방법을 K-이론(K-theory)이라고 한다.

그림 5.5는 미국 캔사스주에 위치한 기상관측 타워이다. 그림 5.6은 여기서 관측된 자료를 이용하여 K_m의 값의 바람의 세기에 따른 변화를 분석하였다. 그림에서 보는 바와 같이 약풍, 중간풍, 강풍의 세 경우에 따라 K_m의 값이 다르게 나타난다. 특히 바람이 강풍인 경우는 시간에 따라 그 변동이 크다. 주로 야간이긴 하지만 강한 바람일수록 맴돌이 확산도의 값이 커지는 것을 볼 수 있다.

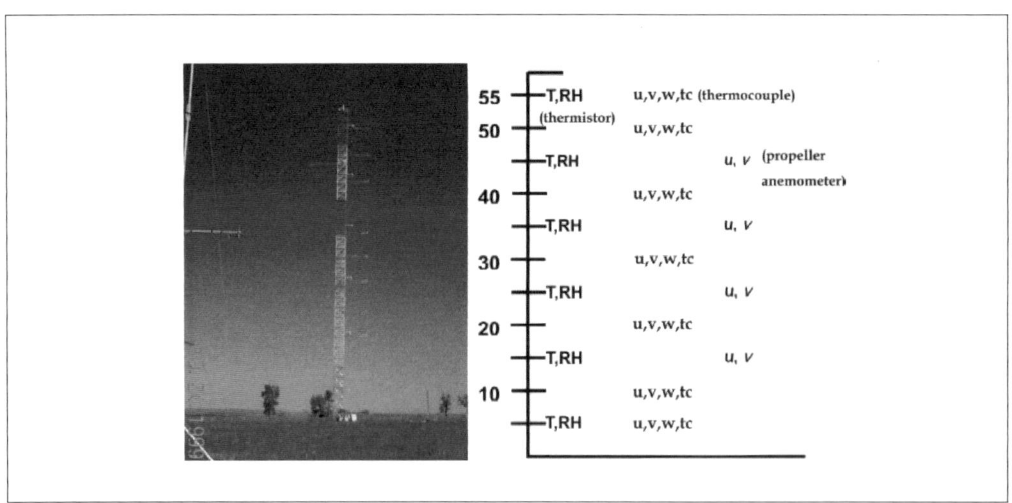

그림 5.5 ▌ 미국 켄자스주에 위치한 60m높이 관측 타워. 플럭스 관측은 7개의 대기층에서 수행됨 (Ha et al., 2007).

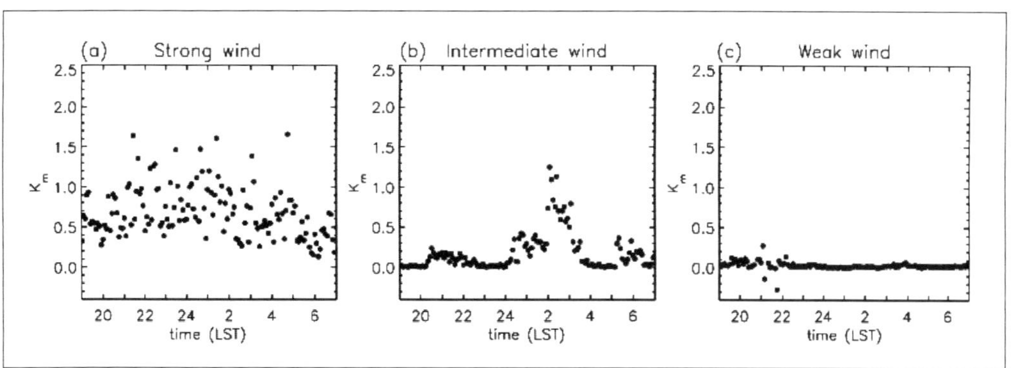

그림 5.6 ▌ 강풍, 중간풍, 약풍 시에 시간에 따른 맴돌이 확산도(K_m)의 변화 (Ha et al., 2009).

예제 5.2

주어진 자료를 참고하여 지상에서의 맴돌이 확산도(K_m)를 구하시오.

t(min)	$u_{지상}$	u_{10m}	$w_{지상}$
10	1.08	3.45	0.54
20	1.45	3.64	0.48
30	1.29	3.88	0.46
40	1.4	3.63	0.24
50	1.25	4.24	0.52
60	1.22	4.02	0.35

풀이

식 (5.73)의 각 항을 구하면

$$\frac{\partial \bar{u}}{\partial z} = \frac{\overline{u_{10m}} - \overline{u_{지상}}}{10-0(m)} = \frac{3.81-1.28(m/s)}{10(m)} = 0.253\,s^{-1}$$

$\overline{w'u'}$ 은 다음 표를 참고하여 구할 수 있다.

t(min)	$u'_{지상}$	$w'_{지상}$	$w'u'_{지상}$
10	−0.20	0.11	−0.022
20	0.17	0.05	0.0085
30	0.01	0.03	0.0003
40	0.12	−0.19	−0.0228
50	−0.03	0.09	−0.0027
60	−0.06	−0.08	0.0048

$\overline{w'u'} = -0.0057\,m^2s^{-2}$

따라서, $K_m = -\frac{\overline{w'u'}}{\partial\bar{u}/\partial z} = \frac{0.0057m^2s^{-2}}{0.253\,s^{-1}} = 0.0225m^2s^{-1}$

연습문제

1. 다음 자료를 이용하여 평균, u', v' 구하고 등방성을 분석하시오.

t(min)	u	v
10	3.1	2.3
20	3.4	2.4
30	3.6	2.6
40	3.7	2.4
50	3.5	2.7
60	3.7	3.2

2. 난류에 관한 가온도와 가온위의 관계식 $\frac{\overline{T_v'}}{T_v} = -\frac{\overline{\theta_v'}}{\theta_v}$ 을 유도하시오.

3. 난류의 소산과 관련된 식, $\frac{\partial^2 (\overline{u_i'^2})}{\partial x_j^2} = 2\overline{\left(\frac{\partial u'_i}{\partial x_j}\right)^2} + 2\overline{u'_i\left(\frac{\partial^2 u'_i}{\partial x_j^2}\right)}$ 으로 주어짐을 보이시오.

4. 차원분석을 통해 TKE와 ϵ의 관계식, $\epsilon \simeq (TKE)^{3/2}/L_\epsilon$ 을 유도하시오.

5. 전향력은 난류 운동 에너지를 생성하지 않는다. 이를 증명하시오.

6. 난류 운동 에너지 방정식에 주어진 항 중 $\overline{\partial(u'_i p')/\partial x_i} = 0$을 보이시오. 그리고 이 항의 물리적 의미를 설명하시오.

제6장 대기수분과 물수지

대기 중의 수분은 기상과 기후 변화의 중요한 요인이며 시공간에 따라 많은 변화를 보인다. 대기가 얼마나 습한지를 나타내는 변수는 가장 기본적으로 대기 중에 함유된 수증기량이다. 수증기 함량은 수증기압 또는 혼합비, 비습, 절대 습도, 상대습도, 기온 이슬점차, 그리고 습구온도 등에 의해 정량적으로 기술된다. 이 장에서는 대기의 습한 정도를 변수와 물수지에 대해서 기술되어 있다.

6.1 포화 수증기압

공기는 혼합기체이며 모든 기체는 전체 기압에 기여한다. 혼합기체에서 하나의 기체에 대한 압력을 **부분압력(partial pressure)**이라고 한다. 대기에서 수증기의 부분압력을 **수증기압(vapor pressure)**이라고 부른다. 수증기압(e)은 이상기체의 상태 방정식을 써서 나타내면 다음과 같다.

$$e = \rho_v R_v T \qquad (6.1)$$

여기서 ρ_v는 수증기의 밀도, R_v는 수증기의 기체상수, 수증기의 온도는 T이다. 식 (6.1)에 따르면 주어진 온도에 비례하여 수증기가 선형적으로 증가할 수 있는 것처럼 보인다. 그러나 밀폐된 공간에서 일정한 온도의 물과 수증기가 공존할 때 수증기의 량(또는 수증기압)이 임계값을 초과하면 빠르게 응결해서 액체가 되므로, 주어진 임계값을 초과할 수 없다. 응결 과정은 임계값에 근접하는 쪽으로 습도를 낮추어 평형 상태를 유지하도록 한다. 평형 상태에서의 습도를 **포화습도(saturation humidity)**라고 한다. 실제 대기에서 임계값은 1%를 초과하는 일이 거의 없다. 주어진 온도에서 수증기의 임계값을 포함한 공기는 **포화(saturation)**되어있다고 하고, 그 양보다 더 적게 포함 되어있는 공기는 **불포화(dry or unsaturation)**되었다고 한다. 순수한 물의 평평한 표면 위 평형 수증기압의 평형(포화)값은 e_s로 나타내며 불포화 공기는 $e < e_s$이다.

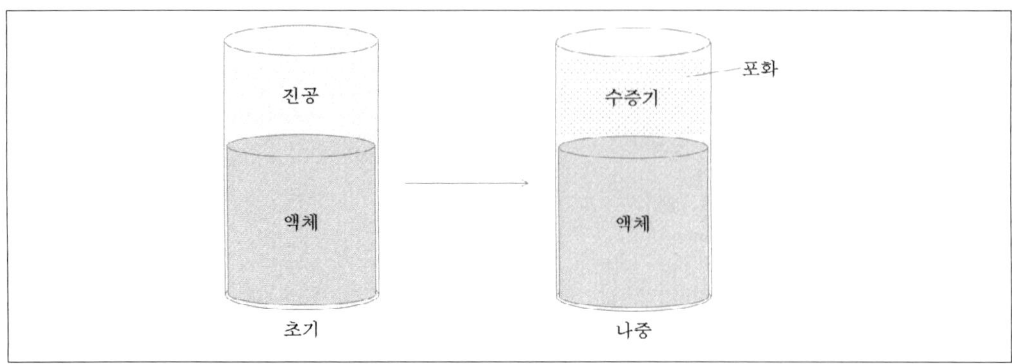

그림 6.1 ❙ 액체 상태의 물의 포화과정.

순수한 공기는 약간 **과포화**(supersaturation)될 수 있으며 이 경우 $e > e_s$이다. 구름의 상승 기류에서와 같이 수증기의 응결이 충분히 빨리 일어나지 않는 경우 일시적으로 과포화 상태가 된다. 온도와 포화수증기압 사이의 관계는 다음의 **클라시우스-클라이페론 방정식**(Clausius-Clapeyron equation)으로 나타낼 수 있다.

$$\frac{de_s}{e_s} \cong \frac{L_v}{R_v}\frac{dT}{T^2} \tag{6.2}$$

식 (6.2)는 포화 수증기압이 온도만의 함수임을 보여준다. 이 식에서 적분 범위를 정하고 적분을 하면 다음과 같이 주어진다.

$$\int_{e_0}^{e_s}\frac{de_s}{e_s} \cong \frac{L_v}{R_v}\int_{T_0}^{T}\frac{dT}{T^2} \tag{6.3}$$

여기서 e_{s0}는 T_0에서 포화수증기압이다. 식 (6.3)의 적분 결과는 다음과 같다.

$$\ln\left(\frac{e_s}{e_{s0}}\right) \cong -\frac{L_v}{R_v}\left[\frac{1}{T}-\frac{1}{T_0}\right] \tag{6.4}$$

식 (6.4)의 좌변 항을 지수 함수로 나타내고 정리하면 다음과 같다.

$$e_s = e_{s0}\exp\left[\frac{L_v}{R_v}\left(\frac{1}{T_0}-\frac{1}{T}\right)\right] \tag{6.5}$$

여기서 $e_{s0} = 6.11hPa$, $T_0 = 273K$이고, $R_v = 461J\ K^{-1}kg^{-1}$는 수증기의 기체상수이다.

구름은 액체상태의 작은 수적과 얼음 결정으로 구성되어 있기 때문에 물과 얼음에 대한 포화를 모두 고려해야 한다. 물 표면이 평면일 때, 식 (6.5)에서 $L/R_v = 5423K$로 주어진 $L = L_v = 2.5 \times 10^6 Jkg^{-1}$의 기화잠열을 사용한다. 얼음 표면이 평평한 경우, $L/R_v = 6139K$로 $L = L_d = 2.83 \times 10^6 Jkg^{-1}$의 **침적 잠열**(latent heat of deposition)을 사용한다.

예제 6.1

클라시우스-클라이페론 방정식을 이용하여 $T=18°C$ 에서 포화수증기압(e_s)을 구하시오.

풀이

식 (6.5)을 이용 :

$$e_s = (6.11hPa)\exp\left[(5423K)\left(\frac{1}{273K} - \frac{1}{291K}\right)\right]$$

$$= (6.11hPa)\exp(1.229) = 20.88\,hPa$$

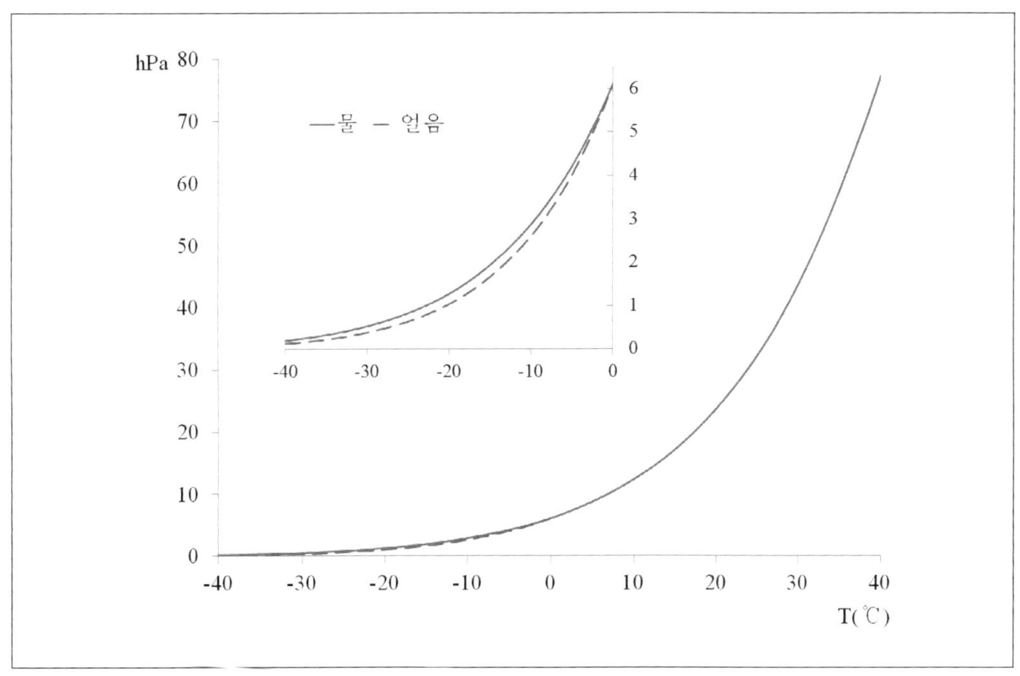

그림 6.2 ▎ 평면의 물과 얼음에 대한 온도에 따른 포화 수증기압 곡선.

그림 6.2는 **클라시우스-클라이페론 방정식**에 의한 것으로 포화 수증기압이 온도에 따라 지수함수적으로 증가함을 보여준다. 물은 보통 0℃ 에서 동결하지만, 얼지 않은 **과냉각(Supercooled)** 상태의 물은 0°C 에서 -40°C 사이에서 존재할 수 있다. 그림 6.2에서 보는 바와 같이 동일 온도에서 과냉각수에 대한 포화 수증기압은 얼음에 대한 포화 수증기압 보다 빙정과 과냉각 수적이 공존하는 혼합운에서 두 입자간의 포화 수증기압 차이로 과냉각 수적이 증발하고 빙정은 성장한다.

테텐의 공식(Teten's formula)은 온도와 잠열의 변화를 고려한 액체상태의 물에 대한 포화 수증기압의 실험적 경험식이다. 이 식은 응용기상학 분야에서 많이 활용된다.

$$e_s = e_{s0}\exp\left[\frac{b(T-T_0)}{T-T_1}\right] \tag{6.6}$$

여기서 $e_{s0}=6.11hPa$이고 $b=17.2694$, $T_0=273.16K$, $T_1=36.86K$이다.

표 6.1 ▎ 기온에 대한 포화수증기압과 실제 습도에 대한 이슬점온도. 주어진 수치는 순수한 물의 평행한 표면에 대한 것이며 r과 q는 해면기압($1013.15hPa$)에서의 값. e와 ρ_v는 해면기압에 대한 값이고 T는 온도, T_d는 이슬점 온도, e는 수증기압, r은 혼합비, q는 비습, ρ_v는 절대습도임. 아래에 기입한 s는 포화 값을 나타냄.

T	e_s	r_s	q_s	ρ_{vs}	T	e_s	r_s	q_s	ρ_{vs}
T_d	e	r	q	ρ_v	T_d	e	r	q	ρ_v
(℃)	(hPa)	(g/kg)	(g/kg)	(kg/m^3)	(℃)	(hPa)	(g/kg)	(g/kg)	(kg/m^3)
-20	1.27	0.78	0.78	0.00109	20	23.71	14.91	14.69	0.01755
-18	1.5	0.92	0.92	0.00128	22	26.88	16.95	16.67	0.01976
-16	1.77	1.09	1.09	0.00150	24	30.42	19.26	18.89	0.02222
-14	2.09	1.28	1.28	0.00175	26	34.37	21.85	21.38	0.02494
-12	2.45	1.51	1.51	0.00204	28	38.78	24.76	24.16	0.02794
-10	2.87	1.77	1.76	0.00237	30	43.67	28.02	27.26	0.03127
-8	3.35	2.07	2.06	0.00275	32	49.11	31.69	30.72	0.03493
-6	3.91	2.41	2.40	0.00318	34	55.14	35.81	34.57	0.03896
-4	4.55	2.80	2.80	0.00367	36	61.82	40.43	38.86	0.04340
-2	5.28	3.26	3.25	0.00422	38	69.21	45.61	43.62	0.04827
0	6.11	3.77	3.76	0.00485	40	77.36	51.43	48.91	0.05362
2	7.06	4.37	4.35	0.00557	42	86.36	57.97	54.79	0.05947
4	8.14	5.04	5.01	0.00637	44	96.27	65.32	61.31	0.06588
6	9.37	5.80	5.77	0.00728	46	107.17	73.59	68.54	0.07287
8	10.76	6.68	6.63	0.00830	48	119.14	82.91	76.56	0.08051
10	12.33	7.66	7.6	0.00945	50	132.28	93.42	85.44	0.08884
12	14.1	8.78	8.7	0.01073					
14	16.1	10.05	9.95	0.01217					
16	18.35	11.48	11.35	0.01377					
18	20.88	13.09	12.92	0.01556					

6.2 습도변수

습도는 여러 가지 형태로 정의하며 그 목적에 따라 기술 방법도 다르므로 이해 대한 충분한 이해가 필요하다.

(1) 혼합비

주어진 공간에서 건조 공기의 질량(m_d)에 대한 수증기 질량(m_v)의 비를 혼합비(mixing ratio)으로 정의하며, 건조 공기와 수증기 대한 상태 방정식을 적용하면 다음과 같이 주어진다.

$$r = \frac{m_v}{m_d} = \frac{\epsilon e}{p-e} \tag{6.7}$$

여기서 p는 건조 공기의 압력(p_d)과 수증기압(e)의 합이며, $\epsilon = R_d/R_v$=0.622는 습윤 공기의 기체상수(R_v)에 대한 건조 공기의 기체상수(R_d)의 비이다. 식 (6.7)은 혼합비가 건조 공기의 분압(p_d)에 대한 수증기의 분압(e)에 비례한다는 것을 보여준다. 간혹 혼합비의 표현을 r대신 w를 사용하기도 한다.

포화 혼합비(saturated mixing ratio, r_s)는 식 (6.7)에 e대신에 e_s를 대입하면 구해진다. 표 6.1은 해면상의 공기에 대한 혼합비의 값을 보여준다. 혼합비의 단위는 g/g(수증기(g)/건조 공기(g))이지만, 보통 1000을 분모 분자에 곱하여 g/kg으로 표현한다.

(2) 비습

주어진 공간에서 전체 공기의 질량(m_a)에 대한 수증기의 질량의 비를 **비습(specific humidity, q)**이라고 하며

$$q = \frac{m_v}{m_a} = \frac{\epsilon e}{p} \tag{6.8}$$

으로 주어진다. 여기서 비습의 단위는 g/g 또는 g/kg이다. **포화 비습(saturation specific humidity, q_s)**은 식 (6.8)에 e대신 e_s를 적용한다. 포화혼합비와 비습 둘 다 주위 기압에 의존하지만, 포화수증기압은 주위 기압에 의존하지 않는다. 따라서 표 6.1에서 수증기압의 값은 어떤 곳에서든 사용될 수 있는 절대적인 값인 반면, 다른 습도 변수는 해면기압과 밀도가 주어져야한다.

(3) 절대습도

대기에서 수증기의 공간밀도(ρ_v)는 **절대습도(absolute humidity)**라고 하며 $1m^3$ 당 수증기의 질량(g)으로 그 단위는 gm^{-3}이다. 절대습도가 수증기의 공간 밀도를 나타내므로 수증기에 대한 이상기체 방정식을 사용하여 수증기의 압력으로 나타낼 수 있다.

$$\rho_v = \frac{e}{R_v T} = \frac{e}{p}\epsilon\rho_d \qquad (6.9)$$

여기서 ρ_d는 건조 공기의 밀도이다. 이상기체방정식에 따르면, 건조 공기 밀도는 해면에서 다양한 고도, 압력, 온도에서 대략 $1.2kgm^{-3}$이다. 포화 상태에서 수증기의 밀도, 즉 포화 절대습도 ρ_{vs}의 값은 식 (6.9)에서 e 대신에 e_s를 사용하여 구한다.

예제 6.2

0°C, 500hPa에서 혼합비와 비습 그리고 절대습도의 포화 값을 구하시오.

풀이

표 6.1과 식 (6.7)을 이용 :

$$r_s = \frac{0.622 \times 6.11hPa}{500hPa - 6.11hPa} = 0.00770\,g/g = 7.70\,g/kg$$

식 (6.8)을 이용 : $q_s = \frac{0.622 \times 6.11hPa}{500hPa} = 0.00760\,g/g = 7.60\,g/kg$

식 (6.9)을 이용 : $\rho_{vs} = \frac{6.11hPa}{461JK^{-1}kg^{-1}} \times 273K = 0.00485\,kg\,m^{-3}$

(4) 상대습도

주어진 기온에서 포화수증기량에 대한 실제 수증기량의 비를 **상대습도(relative humidity, *RH*)**라고 한다. 다음과 같이 여러 가지 변수를 써서 나타낼 수 있다.

$$RH = \frac{e}{e_s} = \frac{q}{q_s} = \frac{\rho_v}{\rho_{vs}} \simeq \frac{r}{r_s} \qquad (6.10)$$

상대습도(*RH*)는 보통 식 (6.10)에서 얻어진 식에 100을 곱하여 %로 나타낸다. 상대습도는 온도에 상관없이 대기로 들어갈 수 있는 **순 증발(net evaporation)**의 가능성의 정도를 보여준다. 상대습도 100%에서는 대기가 이미 포화되었기 때문에 순 증발은 일어나지 않는다. 상대습도에 대한 온도에 따른 혼합비의 변화는 그림 6.3에서 보여준다.

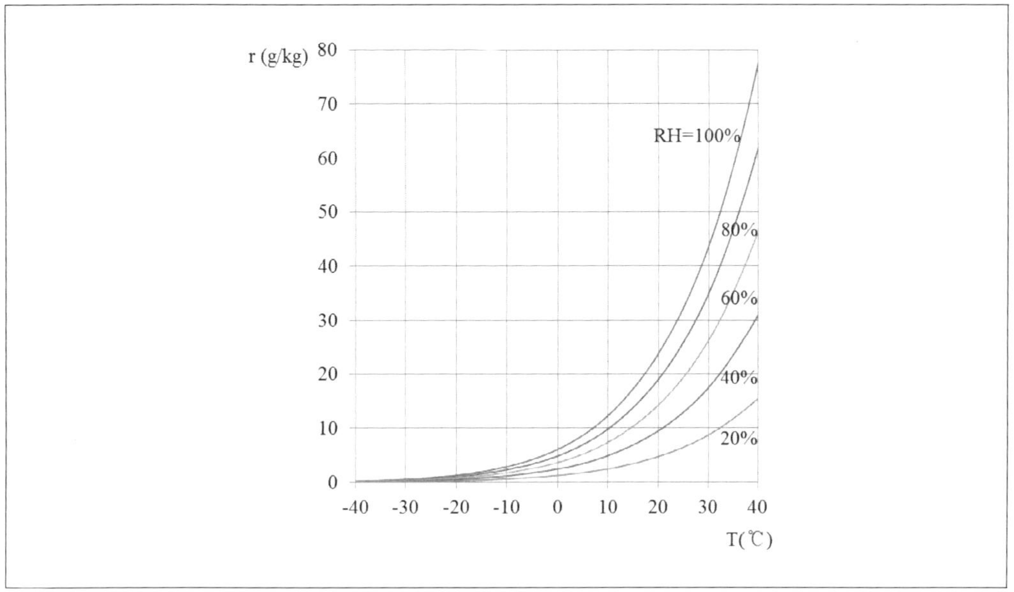

그림 6.3 ▎ 주어진 상대습도에 대해 온도에 따른 혼합비의 비.

(5) 이슬점 온도

일정한 기압에서 불포화 공기를 냉각하여 포화에 도달하였을 때 온도를 **이슬점 온도**(dew-point temperature, T_d) 혹은 **노점**이라고 부른다. 식 (6.5) 또는 표 6.1 에서 e_s의 위치에 e, T대신에 T_d를 적용하고 이를 구하면 다음 식을 얻는다.

$$T_d = \left[\frac{1}{T_0} - \frac{R_v}{L_v}\ln\left(\frac{e}{e_{s0}}\right)\right]^{-1} \tag{6.11}$$

여기서 $e_{s0} = 6.11hPa$, $T_0 = 273K$ 그리고 $R_v/L_v = 0.000184K^{-1}$이다. 식 (6.11)을 $T \le 0$℃ 이하인 경우에는 이슬 대신 서리가 형성될 수 있으므로 L_v 대신에 수증기가 얼음으로 상변화 할 때의 잠열, L_i를 적용하고 T_d 대신에 **서릿점 온도**(frost-point temperature, T_f)를 구한다.

습한 정도를 나타내는 척도로 **이슬점차**(dew-point depression) 또는 **기온-이슬점차**(temperature -dew-point spread)를 사용한다. 기온-이슬점차는 ($T - T_d$)으로 T_d는 공기

가 포화나 과포화인 경우를 제외하고는 기온보다 낮다. 공기가 포화 되었을 때는 $T = T_d$ 이다. 만약 공기가 초기에 이슬점 아래로 냉각되었다면, 이슬점 온도 강하가 공기 온도와 같아지려면 여분의 수분(과포화에 해당하는)이 침적하여 이슬, 서리 또는 안개나 구름을 형성하여야 한다. 이슬점은 측정하기 쉽고 가장 정확한 습도 값을 제공하므로 이를 이용하여 다른 습도 변수를 계산한다. **이슬점 습도계**(dew-point hygrometer)는 차가운 거울의 반사를 이용하여 습도를 측정한다. 거울의 온도가 이슬을 형성할 정도로 낮아지면, 빛은 거울 면에서 반사보다는 이슬에 의해 산란된다. **사진 탐지기**(photo detector)는 이 변화를 기록하고, 거울이 알맞게 노점을 유지 할 수 있도록 거울을 냉각시키는 전기 회로를 제어한다.

예제 6.3

사막에서 기온이 30°C, 1000hPa의 압력에서 상대습도 20% 에 대한 이슬점 온도를 구하시오.

풀이

표 6.1 이용 : 30°C에서 $e_s = 43.67hPa$
식 (6.11)을 이용 : $e = 0.2(43.67hPa) = 8.734hPa$
Td 를 풀기 위해 식 (6.13)을 이용 : $T_d = 5°C$

(6) 기온 이슬점차

기온과 이슬점 온도와의 차를 **기온 이슬점차**(dewpoint depression)라고 하며 대류운의 응결고도를 구하는 데 사용된다. 불포화된 공기가 단열적으로 강제 상승할 때 포화가 되는 고도를 **상승응결고도**(lifting condensation level, LCL) 또는 치올림 고도라고 한다. 따라서 대류운의 **기저**(cloud base)가 치올림 고도가 된다. 적운형 구름에 대한 LCL은 아래와 같이 주어진다.

$$H_{LCL}(m) = 125(T - T_d) \tag{6.12}$$

여기서 T와 T_d는 지면에서 기온과 이슬점온도이며, $(T - T_d)$를 **기온 이슬점차**(dewpoint depression)라고 한다. 상대습도가 낮을수록 기온 이슬점차가 크며, 따라서 상승응결고도도 더 높아진다. 식 (6.12)는 층상운 그 아래에 있는 지면에서 연직으로 상승한 공기에 의해 형성되지 않기 때문에 층운형(이류성) 구름에는 적용되지 않는다.

(7) 습구온도

관측을 통해서 수증기의 혼합비를 구하려면 **습구온도(wet-bulb temperature)**, **건구온도(dry-bulb temperature)**와 기압 관측이 필요하다. 습구 온도계의 **구부(bulb)**는 젖은 천으로 감싸고 있으므로 대기가 불포화인 경우에는 물이 증발하면서 구부 주위의 공기가 냉각된다. 따라서 습구온도계로 측정한 온도, 즉 습구온도(T_w)는 실제 온도인 건구 온도(T)보다 낮게 된다. 따라서 공기가 건조할수록 더 많은 증발이 일어나므로 **습구온도(wet-bulb temperature)**와 건구온도의 차이가 더 커진다. 한편 포화된 공기에 대해서는 순 증발이 없으므로 건구온도와 습구온도는 같다. 습도는 건구와 습구 온도의 차이($T-T_w$)를 **건습온도차(wet-bulb depression)**라고 하며, 이를 공기의 **건조도(dryness)**나 습도의 한 변수로 사용할 수 있다.

습구온도계로 온도를 바로 측정하기 위해서는 온도계 구부의 심지를 적시는 데 깨끗한 물이나 증류된 물을 사용한다. 습구는 구부에 바람이 불어가면서 통풍이 잘 되도록 하여야 한다. **통풍 건습계(aspirated psychrometer)**와 **휘돌이 건습계(sling psychrometer)**는 습구온도 측정 시 통풍이 잘 되도록 대기 중에서 온도계를 움직인다. 보통 건습계는 건구와 습구 온도계를 바로 곁에 함께 설치한다.

습구온도에 관한 식을 유도하기 위해 습구온도계의 구부를 둘러싸고 거즈에서 물의 증발하는 경우, 2가지 물리 과정이 일어난다. 하나는 물의 증발에 필요한 열이 주위 공기에서 공급과정이며, 다른 하나는 물의 증발로 수증기의 혼합비가 증가하여 포화 상태로 되는 과정이다. 습구 온도계 주위의 공기(건조 공기 + 수증기)를 하나의 계로 고려하자. 계의 물의 증발로 혼합비의 증가를 dw라고 하면 계가 공급된 열은 $-L_{wv}dw$이다. 건조 공기의 질량이 m_d이고 수증기의 질량이 m_v이면 공급된 열에 의한 계의 온도변화는 열역학 제1법칙을 적용하여 다음 식으로 나타낼 수 있다.

$$-L_v dm_v = c_{pd}\, m_d dT + c_{pv} m_v dT \tag{6.13}$$

여기서 c_{pd}는 건조 공기의 정압비열이며, c_{pv}는 수증기의 정압비열이다. 식 (6.13)의 양변을 m_d로 나누어 주면 다음 식을 얻는다.

$$-L_{wv} dw \simeq c_{pd}\, dT \tag{6.14}$$

식 (6.14)에서 수증기의 질량은 무시하였다. 식 (6.13)을 물의 증발 시 혼합비와 계의 온도 변화를 고려하여 적분하면 다음과 같다.

$$-\int_{w}^{w_s} L_{wv} dw = \int_{T}^{T_w} c_{pd}\ dT \tag{6.15}$$

여기서 w는 건구 온도(T)에서 혼합비, w_s는 구부를 둘러싸고 있는 헝겊에서 증발된 물이 공기로 들어간 후 구부 곁에 있는 수증기의 포화 혼합비를 나타낸다. 식 (6.15)의 적분 결과를 정리하면 습구온도(T_w)는

$$T_w = T - \frac{L_{wv}}{c_p}[w_s(T_w) - w(T)] \tag{6.16}$$

으로 나타낼 수 있다. 식 (6.16)에서 $w_s > w$이므로 불포화 공기의 경우 습구온도는 항상 주위 공기의 온도보다 낮다. 습구온도를 좀 더 정확히 정의하면 단열, 등압상태에서 물의 증발에 의해 불포화공기가 포화에 이르렀을 때의 공기의 온도가 습구온도이다. 따라서 상대습도가 0%보다 크고 100% 미만인 경우에는 그림 6.4를 참고하면 $T_d < T_w < T$임을 알 수 있다. 습구온도는 대기가 건조할수록, 즉 수증기의 혼합비(w_i)가 작을수록 낮아진다. **빙구온도(ice-bulb temperature, T_{ic})**도 습구온도와 같이 동일한 방법으로 유도할 수 있다. 만약 습구나 건구 온도와 주위의 압력 p를 측정하거나 알고 있다면, 포화 혼합비는 다음 식을 이용하여 구할 수 있다(Stull, 2000).

$$w_s = \frac{\epsilon}{bp}\left[\exp\left(\frac{-cT_w}{T_w + \alpha}\right) - 1\right]^{-1} \tag{6.17}$$

$$w = w_s - \beta(T - T_w) \tag{6.18}$$

여기서 온도의 단위는 ℃이며, $\epsilon = 0.622$, $b = 0.163hPa^{-1}$, $c = 17.67$, $\alpha = 243.5$℃, $\beta = 4.0224 \times 10^{-4}(g/g)/$℃ 이다. w을 알기 때문에, 다른 습도변수를 쉽게 구할 수 있다. 식 (6.17)과 (6.18)은 **테텐의 공식(Teten's formula)**을 기초로 한다. 한편 T_w를 T_d에서 구하는 것은 어렵지만, **노르만드의 규칙(Normand's Rule)**을 이용하면 가능하다(그림 6.4). 이 규칙을 이용하면 기압, 기온, 노점온도가 주어진 경우 단열도를 이용하여 습구온도를 다음고과 같이 결정 할 수 있다. 먼저 (1) 주어진 기압고도에서 기온(T)과 노점온도(T_d)를 표시한다. (2) T_d를 통과하는 포화 혼합비선과 T를 지나는 건조단열선이 만나는 점을 상승응결고도(Lifting Condensation Level, LCL)로 결정한다. (3) 그림 6.4와 같이 치올림 고도를 지나는 습윤 단열선을 따라 원래 기압고도까지 내려왔을 때 만나는 온도고선의 값이 구하는 습구온도이다.

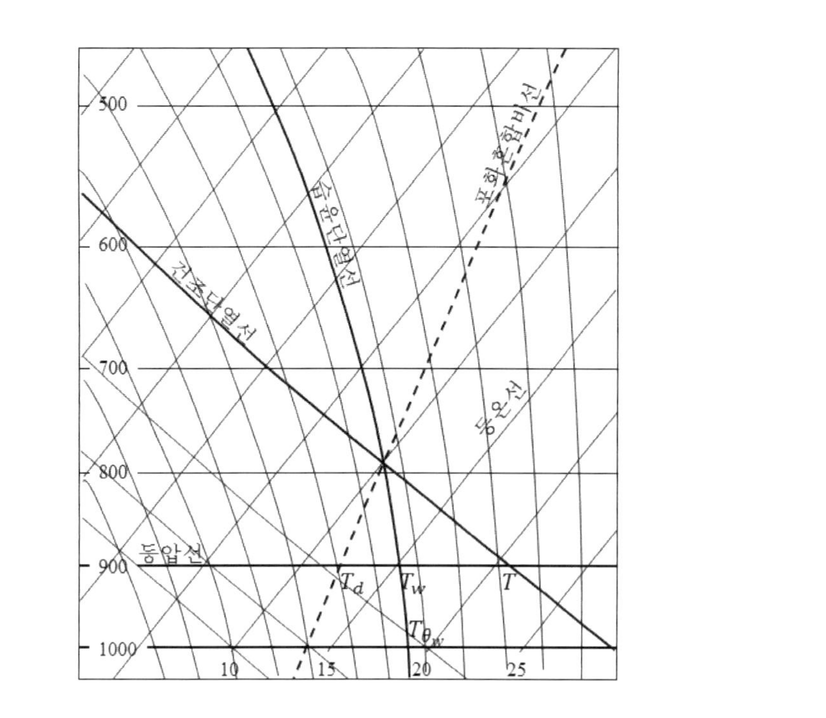

그림 6.4 ❙ 노르만드의 규칙에 의한 습구온도 결정.

예제 6.4

$1000hPa$의 기압에서, 건습도계의 건구와 습구 온도가 각각 20℃와 14℃일 때 수증기의 혼합비를 구하시오.

풀이

식 (6.17)과 식 (6.18)를 이용하여 다음과 같이 구한다.

$$w_s = \frac{0.622\,g/g}{(0.163\,hPa^{-1})(1000hPa)\exp\left(\frac{-17.67\ (14℃)}{14℃+243.5℃}\right)-1} = 10.13\,g/kg$$

$$w = (0.01013\,g/g) - [4.0224\times10^{-4}(g/g)/℃](20-14℃) = 7.72\ g/kg$$

6.3 총 수분 혼합비

총 수분 혼합비(total-water mixing ratio)는 단위질량의 건조 공기 물의 상(수증기, 액체, 얼음)의 질량 비율이다.

$$r_t = r + r_l + r_i \tag{6.19}$$

여기서 r_t는 총 수분 혼합비이고, r은 수증기의 혼합비이고, r_l는 **액체수의 혼합비(liquid-water mixing ratio)**, r_i는 **얼음의 혼합비(ice mixing ratio)**이다. 액체수 혼합비는 구름 덩이의 주어진 체적에 대한 **건조 공기의 질량(m_d)**에 대한 **액체수의 질량(m_l)**의 비로 다음과 같이 정의한다.

$$r_l = \frac{m_l}{m_d} = \frac{LWC}{\rho_d} \tag{6.20}$$

여기서 LWC는 **액체수 함량(liquid water content)**로 단위체적에 대한 액체수의 질량을 나타낸다. LWC를 무시할 수 있는 강수에 대해서 식 (6.19)는 다음과 같이 근사할 수 있다.

$$\text{불포화 공기} : r_t = r \tag{6.21}$$

$$\text{포화공기} : r_t = r + r_l + r_i \tag{6.22}$$

여기서 수증기 혼합비는 액체 또는 얼음이 존재할 때, r_s의 포화 값과 같다고 가정한다. 포화공기는 구름 낀 대기를 의미하고, 불포화된 공기는 구름이 없는 대기를 의미한다. 총 수분 혼합비가 보존되는 경우, 즉 식 (6.22)에서 포화 상태에서 모든 상의 물의 합이 일정하려면 온도가 감소함에 따라 수증기는 감소하는 대신 액체 수 또는 고체 수가 증가하여야 한다. 대기의 총 수분함량이 포화(평형) 값을 능가할 때, 구름 또는 안개가 형성된다.

예제 6.5

해면상에서 온도 10°C 의 포화된 공기는 $3g/kg$ 의 액체 물을 포함한다. 총 수분 혼합비를 구하시오.

풀이

표 6-1을 사용하여 식을 풀거나 열역학선도를 사용해야한다.
T = 10°C 에서, $r_s = 7.66 g/kg$이다.
식 (6.22)를 이용 : $r_t = r + r_l + r_i = 7.66 + 3 + 0 = 10.66\ g/kg$

6.4 수분의 보존과 물수지

(1) 수분의 보존

만약 관측자가 공기 덩이와 함께 이동하면서 공기 덩이의 포함한 총 수분 혼합비의 변화를 측정하는 경우를 고려하자. 이동 과정에서 공기 덩이와 주위와 난류 혼합이 없다고 가정하면, 라그랑지 물수지는 다음과 같다.

$$\frac{dr_t}{dt} = S_w \tag{6.23}$$

여기서 S_w는 물의 순 공급원이다. 이 공급원은 가까운 액체 물로부터 증발이 될 수도 있고, 공기 덩이에서 강수로써 빠져나오는 물의 손실이 될 수로 있으며 이 경우 S_w는 음의 값을 갖는다. 만약 공급 또는 손실이 없다면, 총 수분 함량의 변화는 없다. 상변화는 총 물이 일정하게 유지되도록 서로 보상한다. 그러므로 순 공급원이 없는 경우에는 다음과 같이 쓸 수 있다.

$$(r + r_i + r_l)_{ti} = (r + r_i + r_l)_{tf} \tag{6.24}$$

첨자 ti와 tf는 각각 처음 상태와 나중 상태의 표시이다. 얼음이 없는 경우, 이 식은 다음과 같이 된다.

$$(r + r_l)_{ti} = (r + r_l)_{tf} = const. \tag{6.25}$$

위 두 식은 수분의 보존을 나타내므로 식 (6.25)를 미분으로 나타내면 다음과 같다.

$$dr = -dr_l \tag{6.26}$$

열역학선도에서 물의 총량의 보존은 혼합비의 값이 일정한 등치선을 따라 상승하거나 하강하는 것에 해당된다. 따라서 보존되는 것은 이슬점온도가 아니라, 물의 혼합비나 비습이다.

(2) 등습도선

열역학선도를 이용하여 공기 덩이의 **상태(states)**와 **과정(processes)**을 분석할 수 있다. 공기의 상태는 온도, 압력, 건조 공기의 밀도, 수증기의 함량(습도)로 주어진다. 대기 중에서 공기 덩이가 거치는 두 과정은 **불포화(dry or unsaturation)**와 **포화(saturation)**상태의 단열적인 연직 운동이다. 단열 상승과정에서 공기 덩이의 온도뿐만 아니라 노점온도도 바뀐다. 식 (6.11)에 식 (6.7)을 대입하면 다음의 노점온도와 기압, 포화 혼합비와의 관계식을 얻는다.

$$T_d(K) = \left[\frac{1}{T_0} - \frac{R_v}{L_v}\ln\left\{\frac{rP}{e_{s0}(r+\epsilon)}\right\}\right]^{-1} \tag{6.27}$$

여기서 $e_{s0} = 6.11hPa$, $T_0 = 273K$, $\epsilon = 0.622$이며 $R_v/L = 0.0001844K^{-1}$이다. 주의할 것은 $r(g/g)$는 혼합비를 나타내지만, 노점온도에서 혼합비는 포화 혼합비에 해당된다. 주어진 값 r, 즉 **등습도선(isohumes)**에 대하여, 식 (6.27)를 이용하면 열역학 선도에 그림 6.4와 같이 T_d와 p의 곡선을 표시할 수 있다. 예를 들면 온도가 0℃, 기압이 $400hPa$인 공기는 혼합비가 $10g/kg$이면, 이때의 이슬점이 온도는 0°C이다. 그리고 기압이 $800hPa$에서 실제 혼합비가 $20g/kg$공기의 이슬점 온도는 20℃ 이다.

예제 6.6

$800hPa$의 기압과 $1g/kg$의 혼합비를 가지는 공기의 이슬점을 계산하시오.

풀이

식 (6.27)을 이용 :

$$T_d = \left[\frac{1}{273K} - (0.000184K^{-1})\ln\left\{\frac{(0.001g/g)(800hPa)}{6.11hPa(0.001+0.622g/g)}\right\}\right]^{-1}$$

$$= 253.12K \approx -20℃$$

6.5 물수지

(1) 대기의 물수지

대기 중에 있는 물의 양은 육상이나 해상에 있는 물에 비하면 매우 작은 양이지만 기상과 기후에 커다란 영향을 미친다. 주어진 지역에서 대기의 **물수지(water budget)**분석은 오일러 방법을 많이 사용한다. 여기서는 뇌우와 같은 위험기상을 예측하는데 중요한 모수로 사용되는 가강수량을 이용하여 살펴보자.

가강수량(W)은 단위면적의 지표에서 대기정상까지 공기기둥 내에 있는 수증기가 일시에 응결하여 비가 내렸을 때의 다음과 같이 강수량으로 정의한다.

$$W = \int_0^\infty \rho_v dz = \int_0^\infty \rho_a q dz \tag{6.28}$$

여기서 W의 단위는 kgm^{-2}(또는 mm)로 나타낸다. ρ_v는 수증기의 밀도, q는 비습이다. 가강수량의 국지적 변화는 그림 6.5을 참고하면 수증기의 **생성원(source)**과 **소멸원(sink)**을 고려하여 다음과 같이 나타낼 수 있다.

$$\frac{\partial W}{\partial t} = \sum(S_{ow} - S_{iw}) \tag{6.29}$$

S_{ow}는 수증기의 생성원, S_{iw}는 수증기의 소멸원이다. 예를 들면 수증기의 생성원은 지표에서 물의 증발, 대기 중에 떠 있는 또는 낙하 중에 있는 수적이나 강수 입자의 증발 그리고 공기기둥으로 수증기의 수렴이다. 수증기의 소멸원으로는 수증기의 응결에 의한 강수와 공기기둥으로 수증기의 발산이다. 따라서 식 (6.29)의 좌변을 다음과 같이 3개의 항의 합으로 나타낼 수 있다.

$$\frac{\partial W}{\partial t} = E - P + \left(\frac{\partial W}{\partial t}\right)_{conv} \tag{6.30}$$

여기서 E는 주어진 공기기둥에서 단위면적당 물의 증발량(kgm^{-2}), W은 주어진 공기기둥에서 단위면적당 강수량(kgm^{-2})이다.

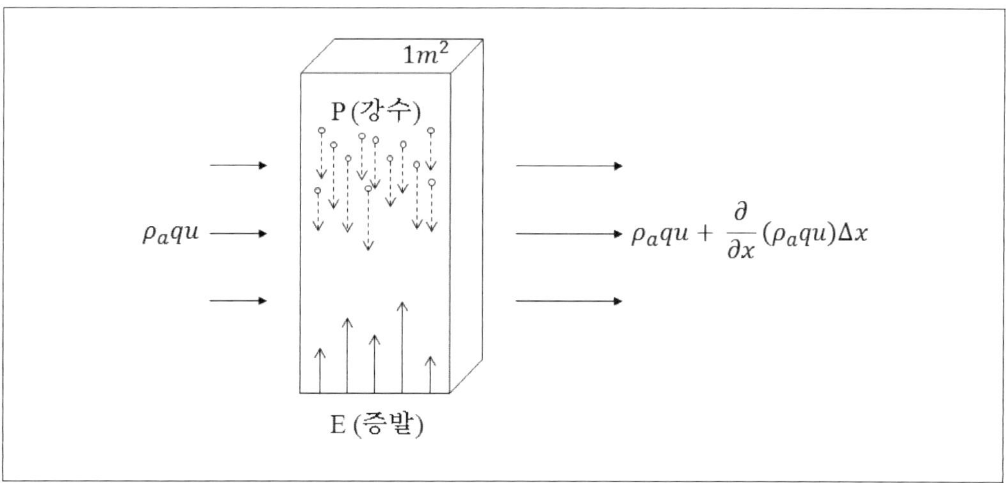

그림 6.5 ❙ 수증기의 생성원, 소멸원과 수렴발산.

식 (6.30)에서 $(\frac{\partial W}{\partial t})_{conv}$는 주어진 공기기둥으로의 수증기 속의 수평 수렴 또는 발산에 의한 가강수량의 증가율로서 다음과 같이 주어진다.

$$\left(\frac{\partial W}{\partial t}\right)_{conv} = -\int_0^\infty \nabla_h \cdot \left(\rho_a q \vec{V}\right) dz \tag{6.31}$$

여기서 $\vec{V} = u\hat{i} + v\hat{j}$, $\nabla_h = \hat{i}\frac{\partial}{\partial x} + \hat{j}\frac{\partial}{\partial y}$ 이다. 그리고 $\nabla_h \cdot \left(\rho_a q \vec{V}\right) > 0$ 은 수증기 속의 수평발산 그리고 $\nabla_h \cdot \left(\rho_a q \vec{V}\right) < 0$ 인 경우는 수증기 속의 수평수렴을 나타낸다. 식 (6.31)을 식 (6.30)에 대입하면 다음 식을 얻는다.

$$\left(\frac{\partial W}{\partial t}\right) = E - P - \int_0^\infty \nabla_h \cdot \left(\rho_a q \vec{V}\right) dz \tag{6.32}$$

식 (6.30)를 고쳐 쓰면 강수율(P)은 다음과 같이 주어진다.

$$P = E - \left(\frac{\partial W}{\partial t}\right) - \int_0^\infty \nabla_h \cdot \left(\rho_a q \vec{V}\right) dz \tag{6.32}$$

식 (6.32)에서 지표에서 증발률이 거의 일정하다고 보면 강수율은 가강수량의 감소율과 수증기의 수평 수렴에 의해 결정됨을 알 수 있다.

(2) 지표의 물수지

물수지(water budget)는 한 지역에서 물의 유입과 유출과의 관계를 나타낸다. 물수지에 대한 일반적인 방정식은 다음과 같다.

$$P = Q + E + \Delta S \tag{6.33}$$

또는

$$\Delta S = P - Q - E \tag{6.34}$$

여기서 P는 강수량, E는 **증발산(evatranspiration)**, Q는 유수(runoff), ΔS는 토양에서 물의 저장량의 변화를 나타낸다. 이 방정식은 계의 물의 보존을 나타내는 식이다. 식 (6.33)의 의미는 강수로 계에 들어가는 물은 유수로, 증발로 그리고 나머지는 토양에 저장된다. 물수지는 계의 물 저장에 커다란 영향을 미친다. 예를 들면 장마철에는 강수가 증발산을 크게 능가하여 남는 물이 토양을 채우고도 남아서 유수로 강으로 유입되어 강의 수위가 크게 올라간다. 한편 가뭄이 매우 심한 계절에는 증발산이 강수량을 크게 능가하여 토양 수분이 저장량이 거의 고갈 상태에 이르기도 한다.

지구 전체로 보면 해양은 지구가 가지고 있는 물의 97.5%, 유지는 2.4%, 그리고 대기는 0.001%보다 작다. 이 비율로 보면 대기는 매우 적은 양의 물을 함유하고 있지만 일기에 매우 중요한 역할을 하고 있다. 지구의 연 강수량은 대기가 포함하고 있는 물의 30배 이상 된다. 이것은 물이 지구와 대기 사이를 매우 빠른 속도로 순환하고 있음을 보여준다. 무엇이 전 지구적인 평균 증발률과 강수량을 결정하는지에 대한 문제는 기후학적 관점에 매우 중요한 문제이다.

▌상당 강수강도(liquid water equivalent)

상당 강수강도는 모든 고체 강수가 녹았을 때 나타나는 물의 깊이이다. 예를 들어, 원통의 용기에 축적된 눈 $10cm$가 녹았을 때, 물의 $1cm$ 깊이에 상당한다.

▌강우강도(precipitation rate)

강우강도(P_r)은 단위 시간당 상당 액체수의 깊이로 그 단위는 $mm/hour$ 또는 m/s이다. 이것은 가상 우량계에서 물의 깊이가 어떻게 빠르게 변화하는지를 말해준다.

예제 6.7

대기 중에서 고도 $9km$까지 발달 한 뇌우를 고려하고, 구름의 최하부의 $1km$ 층을 조사하시오. 뇌우의 $1km$ 고도에서 강수강도는 $0.9cm/h$이다. 깊이 $1km$ 층의 바닥에서 강수강도는 $1 cm/h$이다. 이 층에서 총 수분 변화율을 구하시오(이류와 난류는 없다고 가정하고, 대류권에서 평균대기 밀도는 $1kg/m^3$인 것을 가정하시오.).

풀이

식 (6.31)를 이용 :

$$\frac{\Delta r_T}{\Delta t} = (\rho_L/\rho_d)(\mathrm{Pr}_{top} - \mathrm{Pr}_{bot})/(z_{top} - t_{bot})$$

$$= \frac{\left(1.025 \times 10^6 g_{water} m^{-3}\right)}{\left(1 kg_{air} m^{-3}\right)} \frac{[(2.5 - 2.78) \times 10^{-5} m s^{-1}]}{1000m} \approx -0.00287\,(g/kg)/s$$

마치 우량계가 대기의 임의의 고도에서 설치되어 있는 것과 같이, 강수율은 고도의 함수이다. 공기에서 낙하할 때, 강수 중 일부는 증발 또는 응결하면서 강수율이 증가한다. 만약 바닥에서 떨어지는 강수보다 부피의 꼭대기에서 강수가 더 많다면, 부피 내에서 전체 물이 더 증가해야 한다. 지구의 표면에서 강수율은 정의에 의해 **강우강도(rainfall rate, RR)**와 같다.

표면 수분 플럭스

잠열 플럭스는 물 플럭스와 관계가 있다. 따라서 열과 물수지는 연결되어 있으므로, 표면 잠열 플럭스를 안다면, 그것을 수분 플럭스로 변화하는데 아래 식들을 사용할 수 있다. 수증기의 연직 플럭스 $\mathfrak{I}_{water}(kg_{water}m^{-2}s^{-1})$는 잠열 플럭스 $\mathfrak{I}_E(W/m^2)$와 다음과 같은 관계가 있다.

$$\mathfrak{I}_{water} = \frac{\mathfrak{I}_E}{L_v} \tag{6.35}$$

$$\mathfrak{I}_{water} = \rho_{air}\frac{C_p}{L_v}F_E = \rho_{air}\gamma F_E \tag{6.36}$$

여기서 증발 잠열은 $L_v = 2.5\times10^6 Jkg^{-1}, \gamma = C_p/L_v = 0.4(g_{water}/kg_{air})K^{-1}$이다. 이것은 **건습계 상수(psychrometric constant)**이고, 운동 잠열 플럭스 F_E는 Kms^{-1}의 단위를 사용한다. 수분 플럭스를 시간당 물의 깊이의 변화인 **증발률(evaporation, Evap)**로 표현하면 다음과 같다.

$$Evap = \frac{\mathfrak{I}_{water}}{\rho_{liq}} = \frac{\mathfrak{I}_E}{\rho_{liq}L_v} = a\,\mathfrak{I}_E \tag{6.37}$$

$$Evap = \frac{\rho_{air}}{\rho_{liq}}F_{water} = \frac{\rho_{air}}{\rho_{liq}}\gamma F_E \tag{6.38}$$

여기서 $a = 3.90\times10^{-10}(m^3W^{-1}s^{-1})$이다.

6.6 대기에서 수증기의 체류 시간

지구 전체 대기로 보면 수증기가 계속 지표와 대기에서 유입되는 반면에 강수로서 대기에서 빠져나간다. 따라서 수증기는 어떤 일정 시간 동안에만 대기 중에 머물게 되는데 이를 수증기의 **체류 시간(residence time)**이라고 한다. Horel과 Geisler(1997)는 다음과 같이 수증기의 체류 시간을 추정 하고 있다. 수증기의 체류 시간은 대기가 수증기를 수용할 수 있는 총량이 일정하며, 수증기의 유입과 강수로 인한 유출이 평형 상태에 있을 때에는 체류 시간(τ_{res})은 다음과 같이 주어진다.

$$\tau_{res} = \frac{P_{tw}}{\dot{m}_{pr}} \tag{6.39}$$

여기서 P_{tw}은 지구 대기에 있는 수증기가 순간적인 응결 시의 가강수량이며, $\dot{m}_{pr}$은 일 년 동안 전 지구상에 내리는 강수량을 나타낸다. 대기에 있는 수증기가 일시에 응결 시 가강수량은 $2.54cm$이다. 이 수치에 지구 표면의 전 면적($5.1 \times 10^{14}m^2$)을 곱하면

$$P_{tw} = 0.0254m \times 5.1 \times 10^{14}m^2 = 1.3 \times 10^{12}m^3 \tag{6.40}$$

을 얻는다. 전 지상에 내리는 $1m^2$에 대한 연 강수량을 약 $0.972m/m^2yr$로 고려하면 $\dot{m}_{pr}$은 다음과 같다.

$$\dot{m}_{pr} = 0.972m \times 5.1 \times 10^{14}m^2 = 496 \times 10^{12}m^3 \tag{6.41}$$

식 (6.40)과 식 (6.41)에서 얻어진 결과를 적용하면 수증기의 체류 시간은

$$\tau_{res} = \frac{13 \times 10^{12}m^3}{496 \times 10^{12}m^3yr} = 0.026yr = 9.5\,days \tag{6.42}$$

으로 주어진다. 이 계산에 의하면 물의 순환과정에서 대기에 수증기가 체류하는 평균시간은 약 10일이다. 대기의 평균 풍속을 $10ms^{-1}$으로 고려할 경우 수증기가 이동될 수 있는 수평거리 (L_{ad})는

$$L_{ad} = 10ms^{-1} \times 10days \times 86400s/day = 8640km \tag{6.43}$$

이다. 이 거리는 지구 둘레의 약 22%로서 수증기가 체류 시간 동안 지구 둘레를 한 바퀴를 이동할 수 없음을 의미한다. 따라서 수증기의 대 규모 공급원인 해양에서 수증기가 대기로 유입되어도 지구 대기에 고루 분포할 수 없으며, 그 결과 지상에 균일한 수증기의 혼합비나 강수를 기대 할 수 없다. 이산화탄소의 체류 시간은 대략 5년으로, 수증기에 비해 매우 긴 이산화탄소의 체류 시간은 이산화탄소로 하여금 지구 대기에 고루 분포하므로 이산화탄소의 농도는 어느 곳에서나 거의 일정하다.

연습문제

1. $p = 1000hPa$에서 가장 큰 r 값을 가지는 것을 구하시오.

   a. $T = -10$°C (RH=100%)

   b. $T = +5$°C (RH=50%)

   c. $T = -10$°C (RH=20%)

   d. $T = +20$°C (RH=50%)

2. 지표면에서 다음 상태에 공기에 대한 LCL 높이를 구하시오.

	T(°C)	T_d(°C)
a	30	10
b	10	10
c	0	−5
d	30	0

3. 해면기압에서 $r = 15g/kg$이고 $T = 30$°C인 불포화된 공기 덩이가 있다. 만약 $r_L = 2g/kg$으로 포화된 높이에서 상승한다면, 새로운 r의 값은 얼마인가? 온도는 얼마인가?

4. $100m$ 고도에서는 $5mm/h$의 강수율 이지만 지표면에서는 $4mm/h$로 도달한다. 강수 변화도는 $100m$의 두께 층 내의 총 혼합비를 어떻게 변화시키는가?

5. $p = 1000hPa$의 초기 20°C일 때 습윤 단열적으로 상승한다면, $p = 700hPa$에서 포화된 공기 덩이의 최종 온도는 얼마인가?

제7장 대기의 안정도

대기 안정도는 정역학적인 안정도와 유체 동역학적인 안정도로 구분할 수 있다. 대기의 정역학적인 안정도 분석은 여러 가지 방법에 의해 이루어지고 있으며, 오염물질의 확산과 수송 그리고 위험기상의 진단과 예보 등에 이용되고 있다. 한편 대기의 동역학적인 안정도는 대기의 파상운동의 불안정을 분석하는 데 이용된다. 이 장에서는 대기 흐름의 안정도, 대기의 정적안정도 그리고 대기의 파동의 안정도에 관한 기본적인 내용이 기술되어 있다.

7.1 대기의 불안정의 구분

대기 중에는 크게 두 가지 유형의 운동이 존재한다. 하나는 작은 규모의 공기 덩이에서 커다란 기층의 수평 또는 연직 이동에 해당하는 **이류(advection)** 또는 **대류(convection)**와 작은 규모의 부력파(중력파)에서 지구 규모에 이르는 파동이다. 이 두 가지 요인 즉 대류와 파동에 의해 대기는 불안정한 상태가 된다. 대기의 불안정도는 크게 두 가지 방법으로 분석한다. 하나는 **공기 덩이법(parcel method)**이고 다른 하나는 시간에 따른 파동의 불안정(wave instability)을 분석하는 것이다. 공기 덩이법은 공기 덩이를 수평 또는 연직으로 변위시킨 다음에 공기 덩이에 복원력(restoring force)이 작용하여 원래 위치로 돌아오면 안정, 그렇지 않고 원래 위치에서 점점 멀어지면 불안정으로 고려한다. 파동의 불안정은 파동 방정식에서 구한 해를 이용하여 시간에 따라 진폭이 증가하면 불안정 파동(unstable wave), 이와 반대로 시간에 따라 진폭이 감소하면 안정 파동(stable wave)으로 고려한다.

표 7.1에서 정역학적(또는 정적) 불안정은 대기가 정지한 상태에서 공기 덩이의 연직변위에 따른 불안정도이다. 시어 불안정은 바람의 연직 시어가 존재할 때 공기 덩이의 변위를 함께 고려한 불안정이다. 관성불안정은 **코리올리 인자(Coriolis factor or Coriolis parameter)**와 바람의 수평 시어를 공기 덩이의 변위와 함께 고려한 불안정도이다. 공기 덩이가 **경사대류(slantwise convection)**를 할 때 나타날 수 있는 대칭 불안정은 경압 대기에서 지균풍의 수평시어가 반드시 존재하여야 한다. 순압불안정과 경압불안정은 종관규모의 파동과 연관되어 나타나는 불안정

이다. 순압불안정은 바람의 연직 시어가 없는 순압대기에서 바람의 수평시어에 기인한 파동의 불안정이며, 경압 불안정은 경압대기에서 바람의 연직 시어가 존재 할 때 나타날 수 있는 파동의 불안정이다.

표 7.1 ▍ 대기 불안정도의 유형.

공기 덩이 불안정(parcel instability)	파동 불안정(wave instability)
정역학적 불안정(static instability) 시어 불안정(shear instability) 관성불안정(inertial instability) 대칭 불안정(symmetric instability)	순압 불안정(barotropic instability) 경압 불안정(baroclinic instability)

7.2 대기의 정역학적 불안정

(1) 국지적 안정도

국지적 안정도(local stability)는 대기 중의 어떤 공기 덩이를 연직 방향으로 조금 이동시킨 후 그대로 두었을 때 공기 덩이의 운동에 따라 결정된다. 공기 덩이가 연직 변위로 인해 점차 원래 위치에서 멀어지는 경우 대기는 정적 불안정이라고 한다. 이에 반하여 공기 덩이가 **복원력(restoring force)**으로 인해 하강하여 원위치로 되돌아오면 안정, 그렇지 않고 변위된 위치에 정지하고 있으면 중립이라고 한다.

중력장에서 유체 내에 물체가 있을 때 유체와 물체의 밀도 차이에 의해서 물체에 작용하는 중력 방향과 반대 방향으로 미치는 힘을 부력이라고 한다. 기체의 경우 밀도 차이를 온도의 차이로 나타낼 수 있다. 대기 중에서 공기 덩이에 미치는 부력(F_B)은 공기 덩이의 온도(T_p)와 주위 공기의 온도(T_e)의 차에 비례하며 다음과 같이 주어진다.

$$F_B = g\left(\frac{T_p - T_e}{T_e}\right) \tag{7.1}$$

여기서 g는 지구 중력가속도 그리고 $(T_p - T_e)/T_e$를 **부력인자(buoyancy factor)**라고 한다.

식 (7.1)을 정적안정도 분석에 적용하기 위해 주어진 고도에서 불포화 공기 덩이가 평형 상태에 있으며 그 온도는 $T_0 = T_{p0} = T_{e0}$라고 가정한다. 이 경우 공기 덩이를 고도 z만큼 위로 변위시켰을 때 공기 덩이의 온도와 주위 공기의 온도는 다음과 같이 주어진다.

$$T_p(z) = T_{p0} - \gamma_d z \tag{7.2}$$

$$T_e(z) = T_{e0} - \gamma z \tag{7.3}$$

γ_d와 γ는 각각 건조단열감률과 기온감률이다. F_B의 크기에 따라 불안정 ($F_B > 0$), 안정 ($F_B < 0$), 중립($F_B = 0$)이 된다. 식 (7.2)와 (7.3)을 (7.1)에 대입하면 다음과 같이 안정도가 정해진다.

$$\begin{aligned} &\gamma > \gamma_d : \text{불안정} \\ &\gamma < \gamma_d : \text{안정} \\ &\gamma = \gamma_d : \text{중립} \end{aligned} \tag{7.4}$$

포화 공기 덩이의 안정도는 건조 공기와 마찬가지로 (i) 기온감률(γ)과 습윤단열감률(γ_s)을 서로 비교하거나 (ii) 고도에 따른 포화상당온위의 변화($\partial\theta_{es}/\partial z$)를 이용하여 분석할 수 있다. 기온감률과 습윤단열감률과의 비교에 의한 포화공기의 안정도는 다음과 같이 주어진다.

$$\begin{aligned} &\gamma < \gamma_s : \text{안정} \\ &\gamma > \gamma_s : \text{불안정} \\ &\gamma = \gamma_s : \text{중립} \end{aligned} \tag{7.5}$$

한편 식 (7.4)와 (7.5)를 함께 고려하면 중립을 제외한 나머지 대기상태는 다음과 같이 나타낼 수 있다.

$$\begin{aligned} &\gamma > \gamma_d : \text{절대불안정} \\ &\gamma_s < \gamma < \gamma_d : \text{조건부 불안정} \\ &\gamma < \gamma_s : \text{절대안정} \end{aligned} \tag{7.6}$$

(2) 온위의 연직 변화

온위의 연직 변화를 이용한 대기의 정역학적 안정도 분석은 매우 유용하면서도 단순하다. 그 이유는 단열과정에서 온위가 보존되기 때문이다. 온위는

$$\theta = T\left(\frac{p_0}{p}\right)^{R_d/c_{pd}} \tag{7.7}$$

으로 주어진다. 공기 덩이의 온위를 θ_p 그리고 주위 공기의 온위를 θ라고 하면 단열 상승하는 단위질량의 불포화 공기에 미치는 부력은

$$F_B = g\left(\frac{\theta_p - \theta}{\theta}\right) \tag{7.8}$$

으로 주어진다. 공기 덩이가 상승하기 전 주어진 고도에서 $\theta = \theta_p = \theta_0$라고 가정한다. 공기 덩이가 미소한 거리 z만큼 상승했을 경우 공기 덩이의 온위는 같지만 주위 공기의 온위는 다음과 같이 주어진다.

$$\theta(z) = \theta_0 + \frac{\partial\theta}{\partial z}z \tag{7.9}$$

식 (7.9)를 식 (7.8)에 대입하면 다음 식을 얻는다.

$$F_B = -\frac{g}{\theta}\frac{\partial\theta}{\partial z}z \tag{7.10}$$

여기서 $F_B > 0$는 불안정, $F_B < 0$는 안정 그리고 $F_B = 0$는 중립에 해당되므로 $\frac{\partial\theta}{\partial z}$에 의한 안정도 기준은 다음과 같다.

$$\begin{aligned} &\text{안정} : \frac{\partial\theta}{\partial z} > 0\ ,\ \gamma_d > \gamma \\ &\text{불안정} : \frac{\partial\theta}{\partial z} < 0\ ,\ \gamma_d < \gamma \\ &\text{중립} : \frac{\partial\theta}{\partial z} = 0\ ,\ \gamma_d = \gamma \end{aligned} \tag{7.11}$$

식 (7.11)의 장점은 고도에 따른 온위 변화만으로 대기의 정적안정도 분석이 가능한 점이다.

(3) 브런트-바이샬라 진동수

안정한 대기에서 공기 덩이를 연직 변위시키면 공기 덩이는 평형점을 중심으로 상, 하로 진동하며, 그 진동수를 부력 진동수 또는 **브런트-바이샬라 진동수(Brunt-Väisälä frequency)** 라고 한다. 브런트-바이샬라 진동수는 대기의 중력파(부력파)의 진동수를 나타낸다. 식 (7.10)에서 F_B는 단위질량의 공기 덩이에 미치는 부력, 즉 연직 가속도이다. 따라서 식 (7.10)을 다음과 같이 나타낼 수 있다.

$$\frac{d^2z}{dt^2} = -\frac{g}{\theta}\frac{\partial\theta}{\partial z}z \tag{7.12}$$

여기서 브런트-바이샬라 진동수($rad\,s^{-1}$)를 다음과 같이 나타낸다.

$$N^2 \equiv \frac{g}{\theta}\frac{\partial\theta}{\partial z} \tag{7.13}$$

식 (7.13)을 식 (7.12)에 적용하면 다음과 같이 주어진다.

$$\frac{d^2z}{dt^2} + N^2z = 0 \tag{7.14}$$

식 (7.14) 의 미분방정식의 해를 N^2의 값에 따라 다음과 같이 구분한다.

$$(\text{i})\ 안정:\ N^2 > 0;\quad z = A_1e^{iNt} + B_1e^{-iNt} \tag{7.15}$$

위와 같이 주어지며 공기 덩이는 시간에 따라 평형점을 중심으로 진동한다.

$$(\text{ii})\ 불안정:\ N^2 < 0;\quad z = A_1e^{|N|t} + B_1e^{-|N|t} \tag{7.16}$$

$$(\text{iii})\ 중립:\ N^2 = 0 \tag{7.17}$$

식 (7.16)에서 만일 $t \to \infty$ 이면, $z \to \infty$ 가 된다. 따라서 공기 덩이가 원래의 위치에서 멀어지는 불안정 상태를 나타낸다. 대류권에서 N의 전형적인 값은 대략 $1.2\times10^{-2}\mathrm{rad\,s^{-1}}$이다. 실제로 N^2에 의한 대기의 정적안정도 판단은 $\partial\theta/\partial z$에 의한 것과 같다.

예제 7.1

대기의 등온층의 온도가 300K일 때 변위된 공기 덩이의 진동 주기를 구하시오.

풀이

건조 공기를 가정할 때,

$$P_{BV} = \frac{2\pi}{\sqrt{\frac{g}{T}\left(\frac{\Delta T}{\Delta z} + \gamma_d\right)}}$$

$$P_{BV} = \frac{2\pi}{\sqrt{\frac{(9.8\,ms^{-2})}{300K}(0 + 0.0098K/m)}} = 351\,s$$

(4) 비국지적 안정도

국지적 안정도(local stability)는 라디오존데 관측에서 얻어진 고도에 따른 온도변화만을 고려하여 기층의 안정도를 정하는 방법이다. 그림 7.1은 숲이 있는 곳에서 대기경계층에 혼합층(mixed layer)이 발달했을 때 **가온위(virtual potential temperature)**의 연직 분포(θ_v)이다. 그림 7.1에서 (i) 국지적 정적안정도는 $\partial\theta_v/\partial z > 0$, $\partial\theta_v/\partial z < 0$, $\partial\theta_v/\partial z = 0$에 따라 각 기층의 안정도를 정한 것이다. (ii) **비국지적 정적안정도(nonlocal static stability)**는 θ_v의 연직 분포와 부력을 가진 대류성 공기 덩이(convective parcel)의 연직 운동을 함께 고려한 것이다. 대기흐름은 비국지적 안정도에 따라 층류와 난류로 구분한다.

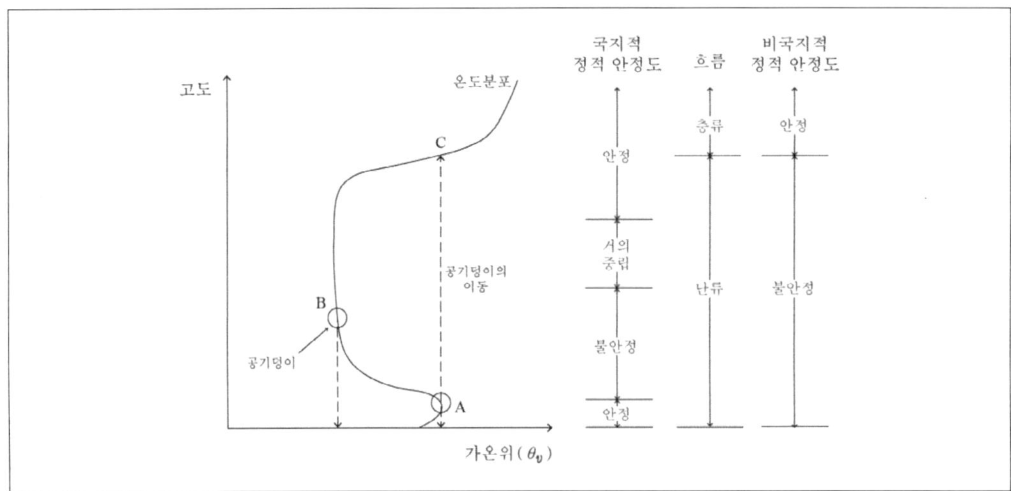

그림 7.1 ▍ **국지적 안정도와 비국지적 안정도에 의한 기층의 안정도 분석 (Stull, 1991).**

비국지적 정적안정도 분석에서 대류성 공기 덩이의 연직 운동을 분석하기 위해서는 먼저 θ_v의 연직 분포에서 θ_v의 값이 가장 큰 고도(A)와 작은 고도(B)를 정한다. 그리고 이점들을 중심으로 공기 덩이의 대류 가능성을 주위 공기의 가온도(그림에서 실선)와 비교하면서 분석하고, 공기 덩이의 가온도와 주위 가온도가 동일한 고도를 결정한다. 그림 7.1에서 A에 있는 공기를 상승시키면 C에 도달할 때까지 주위 공기보다 가온위가 높아 자유 대류(free convection)가 일어난다. 한편 B에 있는 공기를 하강시키면 주위 공기보다 낮으므로 지면까지 하강한다. 결과적으로 지면에서 고도 C까지 대류가 일어난다고 할 수 있다. 따라서 지면에서 고도 C까지는 불안정이며, C보다 높은 고도에서 $\partial\theta_v/\partial z > 0$으로 안정으로 분류가 된다. 그림 7.1에 주어진 θ_v의 연직 분포에서 국지적 정적안정도와 비국지적 정적안정도 분석 결과를 보면 큰 차이가 있음을 알 수 있다. 열 이동의 관점에서 보면 $\partial\theta_v/\partial z \simeq 0$인 혼합층에서 대기가 거의 중립이므로 대류에 의한 열 이동을 기대할 수 없지만 비국지적 정적안정도 분석에서는 지표에서 고도 C까지 대류에 의한 열 이동이 일어나고 있다. 그림 7.2는 주어진 θ_v의 연직 분포에 비국지적 정적안정도 분석 방법을 적용하여 대기의 안정층과 불안정 층을 구분한 모식도이다. 그림 7.2에서 θ_v의 최댓값은 A, 그리고 최솟값은 B에 위치하고 있으며, 이 두 위치에 있는 공기 덩이의 연직 운동을 분석하여 안정층과 불안정 층을 결정한다.

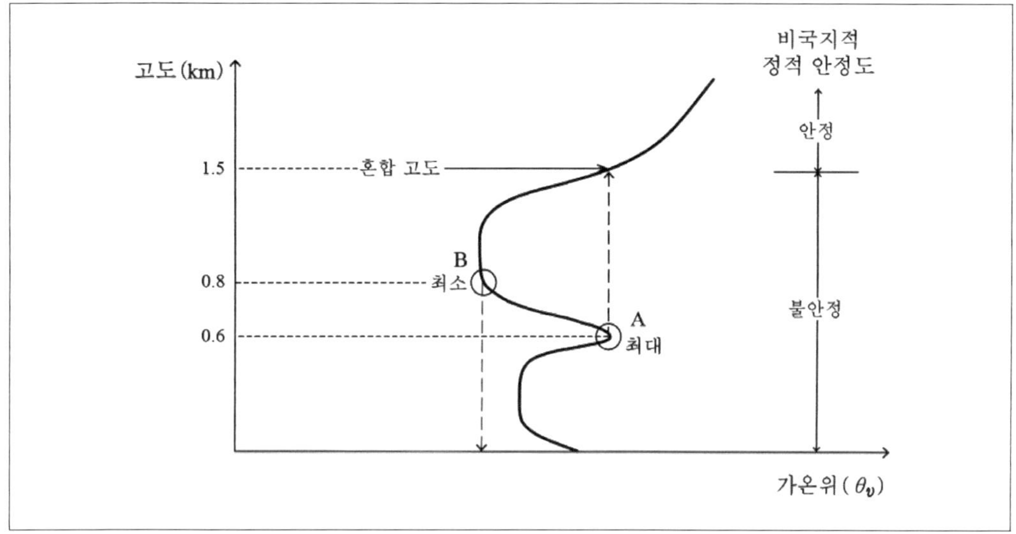

그림 7.2 ❙ 비국지적 정적안정도 분석의 모식도.

7.3 대기 흐름의 불안정

정적안정도(static stability)는 오직 기층 안정도를 평가하는데 부력만 고려하고, 평균 바람은 무시한다. 역학적 안정도 (dynamic stability)는 바람시어와 부력을 함께 고려한다.

(1) 층류와 난류

유체의 흐름은 크게 층류와 난류로 나눌 수 있다. **층류(laminar flow)**는 유체 흐름이 완만하여 유체가 평행한 층을 이루어 흐르며, 주위 층을 상·하로 가로질러 유체 성질의 혼합이나 이동이 일어나지 않는 특징을 가진다. 대기 중에서 층류는 일반적으로 중립이나 불안정한 대기에서는 발생하지 않고, 다만 얼음이나 눈과 같이 매끄러운 표면에 접한 약 $1mm$ 정도의 매우 얇은 층에 국한되어 발생한다. 그러나 야간에 정적으로 강한 경계층이 형성되어 난류가 충분히 억제되는 경우에는 수십 미터 두께의 층류를 형성할 수 있다.

난류(turbulence 또는 turbulent flow)는 유체 흐름에서 매우 불규칙하고 무작위 변동(random variation)을 보이는 것을 말한다. 따라서 그 운동 성분을 예측할 수 없어 통계적으로 다룬다. 난류의 특징은 불규칙성, 3차원적 회전성(와도), 효율적인 난류 확산에 의한 혼합, 운동 규모의 다양성(multiplicity) 그리고 난류 운동 에너지의 소모성이다. 여기서 회전성, 확산성, 난류 운동 에너지의 소모성은 3차원 무작위 파동(wave motion)과 난류를 구분하는 중요한 특징이다. 어떤 유체 흐름이 층류인지 또는 난류인지를 구분하는 중요한 무차원(dimensionless) 모수는 **레이놀즈수(Reynolds number, R_e)**이며 다음과 같이 정의한다.

$$R_e = \frac{UL}{\nu} \tag{7.18}$$

여기서 U는 유체의 수평 속도, L은 관의 직경 또는 기층의 두께 그리고 ν는 유체의 운동학적 점성(kinematic viscosity)이다. 유체역학에서 레이놀즈수(Reynolds number)는 나비어-스토크스 방정식 (Navier-Stokes equation)에서 점성력(viscous force)에 대한 관성력(inertial force)의 비이며, 주어진 유체 흐름의 조건에서 이 두 종류의 상대적인 힘의 크기를 정량적으로 나타낸다. 따라서 점성력보다 관성력이 매우 우세할 때 난류가 발생한다. 실험에 의하면 원형 파이프와 같이 유체가 통과하는 주위의 경계가 뚜렷한 경우에는 $R_e < 2500$: 층류, $2500 < R_e < 4000$: 층류에서 난류로 천이, $R_e > 4000$: 난류이다. 이 수치는 엄밀한 것은 아니며 연구 결과에 따라 $R_e < 2300$ 이면 층류로 고려한다.

대기경계층에서 공기의 운동학적 점성계수 $\nu = 1.5 \times 10^{-5} m^2 s^{-1}$, $U = 5ms^{-1}$, $L = 100m$로 고려하면 $R_e = 3 \times 10^7$이다. 실제로 대기경계층에서 $R_e = 10^6 \sim 10^9$이다. 대기경계층에서 레이놀즈수가 매우 크므로 대기 운동을 이해하려면 난류를 고려해야 한다.

대기 흐름의 행동 양상은 어떤 간단한 기준 또는 특징에 의존한다. 이 기준들은 무차원의 수(dimensionless number)로 나타낼 수 있다. 무차원의 수는 규모와 상관이 없기 때문에 해양과 대기역학에 매우 매력적이다. 그 이유는 레이놀즈수와 같이 실험실에서 적용되는 기준이 바로 대기에도 적용될 수 있는 장점이 있기 때문이다. 다음에 설명하는 **리차드슨 수(Richardson number)** 역시 대기에서 쇄파(wave breaking) 현상을 설명하는 데 매우 유용하다. 파쇄는 파의 진폭이 어떤 임계수준에 도달했을 때 일어나며, 이로 인해 파의 표면의 접힘(folding) 또는 전도(turnover)가 일어나며 파의 상당 부분의 에너지가 난류 운동 에너지로 바뀐다.

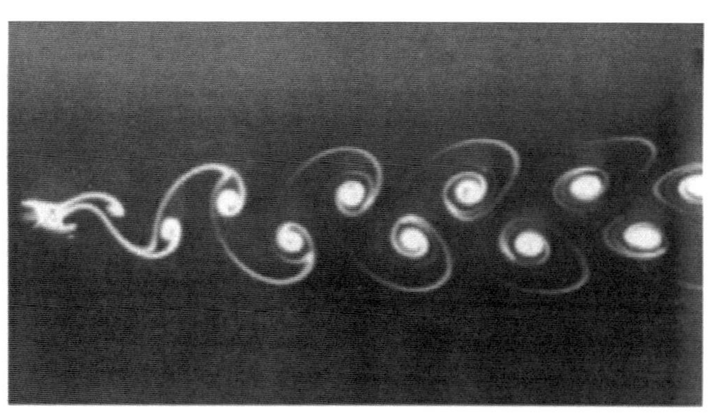

그림 7.3 ❙ **층류가 원통을 통과하면서 형성된 카르만 소용돌이 (Van dyke, 1982).**

그림 7.3은 유속이 일정한 유체가 원통을 통과하면서 형성된 카르만 소용돌이(Karman vortex)의 사진이다. 이 경우 $R_e = 150$이며 유체가 통과하는 후면(wake)에 맴돌이(eddy)가 두 줄로 교대로 형성되어 있다. 그림 7.4는 바람이 제주도 한라산을 통과 시에 형성된 카르만 소용돌이를 보여준다. 이 소용돌이는 한라산에서 점점 멀어지면서 대기의 점성에 의해 그 에너지가 소모되어 규칙적인 패턴이 사라진다.

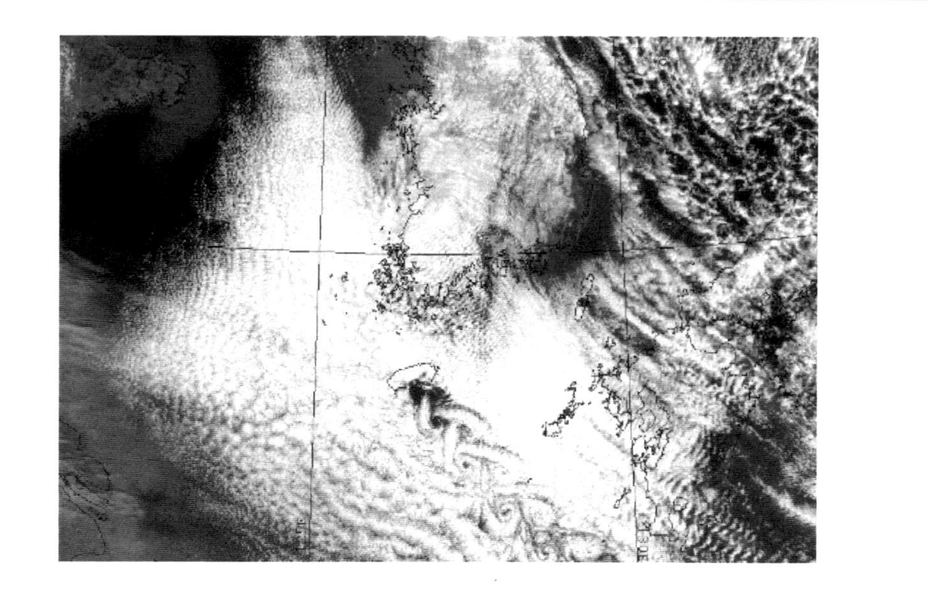

그림 7.4 ❙ **제주도 남동쪽에 형성된 카르만 소용돌이 (2015.2.18., 기상청).**

(2) 시어불안정

대기가 불안정한 경우에는 대류에 의해서 **열기포(thermals)**가 발달하고, 때로는 적운이 형성되며 연직 혼합(vertical mixing)이 일어난다. 안정한 대기에서 바람의 연직 시어가 존재할 때 발생 가능한 불안정을 시어 불안정(shear instability)이라고 한다. 대기경계층 바로 위에서 발생하는 난류 또는 제트 기류 근처에 발생하는 **청천난류(clear air turbulence, CAT)**는 시어 불안정으로 인하여 발생한다. 시어 불안정은 리차드슨 수(Ri)를 이용하여 분석할 수 있다.

$$Ri = \frac{N^2}{[\Delta V/\Delta z]^2} \tag{7.19}$$

여기서 N는 브런트-바이샬라 진동수이며, 바람의 연직 시어 dV/dz는 다음과 같이 주어진다.

$$\frac{\Delta V}{\Delta z} = \left[\frac{(\Delta u)^2 + (\Delta v)^2}{(\Delta z)^2}\right]^{1/2} \tag{7.20}$$

여기서 V는 바람 벡터의 크기이며 $V = (u^2 + v^2)^{1/2}$으로 주어진다.

리차드슨 수(Ri)는 대기를 불안정하게 하는 바람의 연직 시어의 영향과 대기를 안정화하려는 부력효과 사이의 크기를 비교하는 척도이다. 비점성 흐름(inviscid flow)의 경우 시어 불안정은 다음과 같은 경우에 발달한다.

$$Ri < Ri_c (= \frac{1}{4}) \tag{7.21}$$

여기서 Ri_c는 기준이 되는 임계(critical) 리차드슨 수이다. Ri값이 큰 경우에는, 변위된 공기덩이가 변위를 증폭하는 데 필요한 운동 에너지를 얻을 수 있을 만큼 바람의 연직 시어가 충분히 크지 않다. 한편 Ri값이 작은 경우는 바람의 연직 시어가 크고 대기가 약한 안정한 성층(stable stratification) 상태로 공기 덩이가 중력(복원력)에 거슬러서 큰일을 하지 않아도 변위가 증폭되어 대기가 불안정한 상태가 된다. 그리고 이 불안정이 난류로 발전할 수 있다. 켈빈-헬름홀츠 파(Kelvin - Helmholtz wave)는 대기경계층 부근에서 관측되는 현상으로 바람의 연직 시어가 클 때 발생한다.

(3) 관성불안정

관성불안정(inertial instability)은 지균 균형 상태에서 운동하고 있는 공기 덩이를 그 운동에 직교 방향으로 변위시켰을 경우 평형 위치에서 점점 멀어지는 것을 말한다. 관성불안정을 분석하기 위하여 $y=0$에서 지균풍을 다음과 같이 가정한다.

$$u_g = -\frac{1}{\rho f}\frac{\partial p}{\partial y}, \quad v_g = 0 \tag{7.22}$$

여기서 f는 코리올리 인자, ρ는 공기밀도, p는 기압을 나타낸다. 지균풍의 x-성분은 $u_g = u_g(y)$이다. 균형 상태에서 공기 덩이를 $y=0$에서 y만큼 변위시켰을 경우 공기 덩이는 균형 상태에서 벗어났으므로 운동방정식은 다음과 같이 주어진다.

$$\frac{du}{dt} = fv = f\dot{y} \tag{7.23}$$

$$\frac{dv}{dt} = -\frac{1}{\rho}\frac{\partial p}{\partial y} - fu = f(u_g - u) \tag{7.24}$$

공기 덩이가 정상상태 $y=0$에서 $y=y$인 지점으로 이동하였으므로 식 (7.23)을 적분하면 다음과 같다.

$$\int_{u_g(0)}^{u(y)} du = f\int_0^y dy \tag{7.25}$$

적분에서 f-평면 근사를 하면 다음과 같다.

$$u(y) = u_g(0) + fy \tag{7.26}$$

한편 공기 덩이가 이동한 지점 y에서 지균풍은 다음과 같이 근사할 수 있다.

$$u_g(y) = u_g(0) + \frac{\partial u_g}{\partial y}y \tag{7.27}$$

식 (7.26)과 (7.27)을 (7.24)에 대입하고 정리하면 다음 방정식을 얻는다.

$$\frac{d^2y}{dt^2} + \left[f\left(f - \frac{\partial u_g}{\partial y}\right)\right]y = 0 \tag{7.28}$$

이 식은 다음과 같이 단진동에 대한 미분방정식으로 나타낼 수 있다.

$$\frac{d^2y}{dt^2} + \omega_i^2 y = 0 \tag{7.29}$$

여기서 $\omega_i^2 = f(f - \partial u_g/\partial y)$이다. 북반구에서 공기 덩이의 동서운동, 식 (7.29)에 대한 안정도의 기준은 다음과 같다.

$$\text{안정} : \left(f - \frac{\partial u_g}{\partial y}\right) > 0$$

$$\text{중립} : \left(f - \frac{\partial u_g}{\partial y}\right) = 0 \tag{7.30}$$

$$\text{불안정} : \left(f - \frac{\partial u_g}{\partial y}\right) < 0$$

식 (7.30)에서 지균풍의 상대와도 $\zeta_g = -\partial u_g/\partial y$ 이므로 다음과 같이 절대와도를 나타낸다.

$$\eta_a = \left(f - \frac{\partial u_g}{\partial y}\right) \tag{7.31}$$

여기서 η_a는 지균풍에 대한 절대와도이다. 따라서 $\eta_a > 0$이면 안정, $\eta_a < 0$이면 불안정이다. 한편 절대 운동량을 $M = fy - u_g$ 으로 나타낼 수 있으며 안정의 경우

$$f\frac{\partial M}{\partial y} = f\left(f - \frac{\partial u_g}{\partial y}\right) > 0 \tag{7.32}$$

위 식과 같이 주어진다. 절대 운동량의 장점은 $f(\partial M/\partial y)$만으로 그 값이 양 또는 음인지에 따라 관성안정도를 결정할 수 있다는 점이다.

(4) 경사대류와 대칭 불안정

공기 덩이가 연직 방향의 변위와 수평 방향의 변위에 대해서 모두 안정이지만 **경사변위**(slantwise displacement) 또는 **경사대류**(slantwise convection)에 대해서는 불안정인 경우가 있다. 이를 **경사 불안정**(slantwise instability) 또는 **대칭 불안정**(symmetric instability)이라고 한다.

▍경사대류

경사대류에 대해서는 많은 문헌이 있다. 여기서는 비교적 간단한 경우를 고려하여 그림 7.5를 이용하여 경사대류에 대해 설명한다(Rogers and Yau, 1989). 그림 7.5에서와같이 등온위면($\theta = const.$)이 북쪽으로 기울어져 $\partial\theta/\partial y < 0$, $\partial\theta/\partial z > 0$이고 동시에 $f\partial M/\partial y > 0$인 경우를 고려하자. 첫 번째 경우는 대기가 정적안정이므로 공기 덩이의 연직 운동은 기대할 수 없다. 두 번째 경우는 관성 안정인 상태이다. 따라서 공기 덩이가 수평 또는 연직으로 이동할 때 모두 정적으로 안정이다. 그러나 주위와 평형 상태에 있는 $A(T,p)$에 위치한 공기 덩이를 고려하자. 이 공기 덩이는 주위와 온도, 온위, 기압과 속도가 같다. 이 공기 덩이가 경사 경로 s를 따라 B로 이동하는 경우를 고려하자. 이동하는 과정에서 수증기의 응결은 일어나지 않는다고 가정할 경우 온위는 보존되며 B에서 공기 덩이의 온도는 다음과 같다.

$$T_{Bp} = T + \left(\frac{dT}{dp}\right)dp = T + \frac{kT}{p}\left(\frac{\partial p}{\partial y}\delta y + \frac{\partial p}{\partial z}\delta z\right) \tag{7.33}$$

여기서 $\dfrac{dT}{dp} = \dfrac{kT}{p}$는 온위방정식 (7.7)에서 온위가 보존될 경우의 미분 결과이며, $p = p(y,z)$이므로 식 (7.33)에서 괄호 안의 항은 p의 전미분에 해당한다.

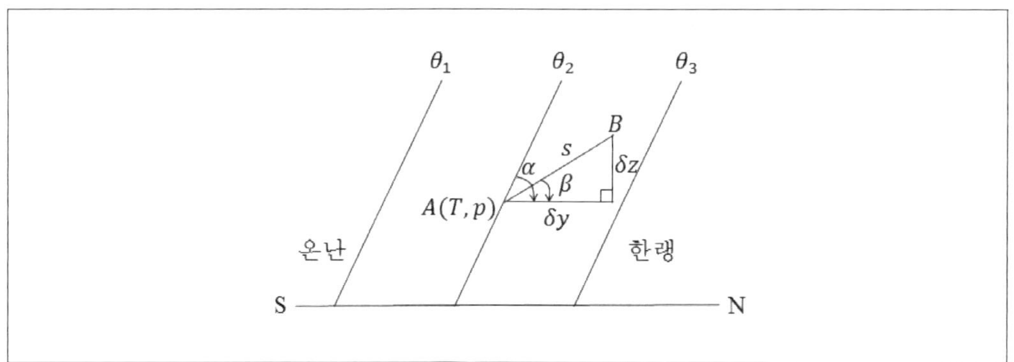

그림 7.5 ▍ 경사변위에 대한 공기 덩이의 안정도 판단.

한편 B에서 주위 공기 덩이의 온도는 다음과 같다.

$$T_{Ba} = T + \nabla_h T \cdot \overrightarrow{ds} = T + \left(\frac{\partial T}{\partial y}\delta y + \frac{\partial T}{\partial z}\delta z\right) \tag{7.34}$$

여기서 $\nabla_h = \hat{j}\dfrac{\partial}{\partial y} + \hat{k}\dfrac{\partial}{\partial z}$이며, $\overrightarrow{ds} = \hat{j}dy + \hat{k}dz$이다. 식 (7.34)는 $\dfrac{\partial T}{\partial y}$와 $\dfrac{\partial T}{\partial z}$를 온위방정식을 미분하여 나타내면 다음과 같이 주어진다.

$$T_{Ba} = T + \left(\frac{T}{\theta}\frac{\partial\theta}{\partial y} + \frac{kT}{p}\frac{\partial p}{\partial y}\right)\delta y + \left(\frac{T}{\theta}\frac{\partial\theta}{\partial z} + \frac{kT}{p}\frac{\partial p}{\partial z}\right)\delta z \tag{7.35}$$

여기서 주위 공기의 온도에 대한 공기 덩이의 온도 차, $T_{Bp} - T_{Ba}$에 의한 부력(F_B)은 다음과 같다.

$$F_B = \left(\frac{T_{Bp} - T_{Ba}}{T_{Ba}}\right)g = -\frac{T}{T_{Ba}}\left(\frac{1}{\theta}\frac{\partial\theta}{\partial y}\delta y + \frac{1}{\theta}\frac{\partial\theta}{\partial z}\delta z\right)g \tag{7.36}$$

여기서 $T/T_{Ba} \approx 1$ 로 근사하면 다음 식을 얻는다.

$$F_B \simeq -\left(\frac{1}{\theta}\frac{\partial\theta}{\partial y}dy + \frac{1}{\theta}\frac{\partial\theta}{\partial z}dz\right)g \tag{7.37}$$

여기서 $\frac{\partial\theta}{\partial y} = 0, \frac{\partial\theta}{\partial z} < 0$이면 $F_B > 0$이 된다.

한편 공기 덩이가 경사 경로 s를 따라 A에서 B로 이동하면 새로운 환경에서는 공기 덩이가 전향력과 수평 기압경도력으로 인해 복원력을 받게 된다. A에서 B로 이동하면 운동방정식, $\frac{dv}{dt} = -\frac{1}{\rho}\frac{\partial p}{\partial y} - fu$에서 수평 기압경도력과 전향력의 변화를 고려해야 한다. 수평 기압경도력의 변화는 다음과 같다.

$$\triangle(PGF) \simeq -\frac{\partial}{\partial y}\left(-\frac{1}{\rho}\frac{\partial p}{\partial y}\right)\delta y + \frac{\partial}{\partial z}\left(-\frac{1}{\rho}\frac{\partial p}{\partial z}\right)\delta z \tag{7.38}$$

식 (7.38)을 지균풍 방정식을 이용하여 나타내면 다음과 같다.

$$\triangle(PGF) \simeq f\frac{\partial u_g}{\partial y}\delta y + f\frac{\partial u_g}{\partial z}\delta z \tag{7.39}$$

공기 덩이가 A에서 B로 이동하는 데 걸린 시간이 δt라면 x-방향에서 전향력으로 인한 u의 변화는 식 (7.23) $du/dt = fv$을 이용하여 구하면 다음과 같다.

$$\delta u = fv\delta t = f\delta y \tag{7.40}$$

따라서 공기 덩이에 미치는 전향력의 증가는 식 (7.41)이다.

$$\triangle(CF) = f\delta u = f^2\delta y \tag{7.41}$$

여기서 $\triangle(PGF)$와 $\triangle(CF)$의 차이에 기인한 순 수평복원력(F_H)은 다음과 같다.

$$F_H = f\left[\frac{\partial u_g}{\partial z}\delta z - \left(f - \frac{\partial u_g}{\partial y}\right)\delta y\right] \tag{7.42}$$

식 (7.43)은 공기 덩이의 경사변위(δs)에 대한 운동방정식이다.

$$\frac{d^2(\delta s)}{dt^2} = F_B \sin\beta + F_H \cos\beta \tag{7.43}$$

식 (7.37)과 (7.42)를 적용하면 식 (7.43)은 다음과 같다.

$$\frac{d^2(\delta s)}{dt^2} = -g\left(\frac{1}{\theta}\frac{\partial\theta}{\partial z}\delta z + \frac{1}{\theta}\frac{\partial\theta}{\partial y}\delta y\right)\sin\beta + f\left[\frac{\partial u_g}{\partial z}\delta z - \left(f - \frac{\partial u_g}{\partial y}\right)\delta y\right]\cos\beta \tag{7.44}$$

여기서 $\delta y = 0$ 그리고 $\beta = 90^\circ$ 이면 공기 덩이의 연직 변위에 대한 운동방정식이 된다.

❙ 대칭 불안정

대칭 불안정도는 공기 덩이가 평형점에서 **경사변위(slantwise displacement)**를 할 경우 그 상태가 불안정해져 평형점에서 계속 멀어지는 것을 말한다. 여기서는 경사변위 중 가장 간단한 경우로 공기 덩이가 등온위면을 따라 이동하는 경우를 고려한다. 등온위면 상에서는 θ의 값이 일정하므로 식 (7.44)에서 부력항 (F_B)은 영이 된다. 따라서 이 경우 공기 덩이에 대한 운동방정식은 다음과 같다.

$$\frac{d^2(\delta s)}{dt^2} = f\left[\frac{\partial u_g}{\partial z}\delta z - \left(f - \frac{\partial u_g}{\partial y}\right)\delta y\right]\cos\beta \tag{7.45}$$

이 식을 정리하면 다음과 같다.

$$\frac{d^2(\delta s)}{dt^2} = f\delta y cos\beta\frac{\partial u_g}{\partial z}\left[\frac{\delta z}{\delta y} - \frac{(f - \partial u_g/\partial y)}{\partial u_g/\partial z}\right] \tag{7.46}$$

여기서 주어진 방정식을 간단히 하기 위해 $\delta s = \delta y\cos\beta$, 그리고 $\dfrac{\partial u_g}{\partial z} > 0$라고 두면 식 (7.47)과 같은 단진동을 기술하는 미분방정식으로 나타낼 수 있다.

$$\frac{d^2(\delta s)}{dt^2} + \omega_s^2\delta s = 0 \tag{7.47}$$

절대와도, η_a을 도입하면 ω_s^2은 다음과 같이 주어진다.

$$\omega_s^2 = f\frac{\partial u_g}{\partial z}\left[\frac{(f - \partial u_g/\partial y)}{\partial u_g/\partial z} - \left(\frac{\delta z}{\delta y}\right)_\theta\right] = f\frac{\partial u_g}{\partial z}\left[\frac{\eta_a}{\partial u_g/\partial z} - \left(\frac{\delta z}{\delta y}\right)_\theta\right] \tag{7.48}$$

여기서 $\eta_a/(\partial u_g/\partial z)$은 수평 절대와도에 대한 연직 절대와도의 비로 해석할 수 있다. 그림 7.5를 참고하면 $\theta=\theta(y,z)$이고 $d\theta=\left(\frac{\partial\theta}{\partial y}\right)_z\delta y+\left(\frac{\partial\theta}{\partial z}\right)_y\delta z$이므로 $\delta z/\delta y$는 등온위면의 기울기를 나타낸다. 등온위면에 대해서 $d\theta=0$이고 기울기는 다음과 같이 주어진다.

$$\left(\frac{\delta z}{\delta y}\right)_\theta=-\left(\frac{\partial\theta}{\partial y}\right)_z\Big/\left(\frac{\partial\theta}{\partial z}\right)_y \tag{7.49}$$

식 (7.47)과 (7.49)에 의하면 대칭 불안정도에 대한 안정도의 기준은 다음과 같다.

$$\begin{aligned}&\text{안정}:\left(\frac{\delta z}{\delta y}\right)_\eta>\left(\frac{\delta z}{\delta y}\right)_\theta\\&\text{중립}:\left(\frac{\delta z}{\delta y}\right)_\eta=\left(\frac{\delta z}{\delta y}\right)_\theta\\&\text{불안정}:\left(\frac{\delta z}{\delta y}\right)_\eta<\left(\frac{\delta z}{\delta y}\right)_\theta\end{aligned} \tag{7.50}$$

여기서 $(\delta z/\delta y)_\eta$은 수평 절대 상대와도에 대한 연직 절대와도의 기울기를 나타낸다. 기술한 대칭 불안정도 분석은 대칭 불안정과 관련된 물리 과정을 단순화하여 설명하였다. 대칭 불안 정도는 중위도 전선성 저기압(frontal cyclone)과 관련된 강수의 중규모 띠구조(band structure)의 발달과 관련되어 있다(Bennetts and Sharp, 1982; Seltzer et al., 1985).

7.4 파동의 안정도 분석

주기적 변동을 보이는 물리적 변수 ψ가 파속 c로 일차원 공간에서 전파 시 파동방정식은 다음과 같이 나타낼 수 있다.

$$\frac{\partial \psi}{\partial t} + c\frac{\partial \psi}{\partial x} = 0 \tag{7.51}$$

식 (7.51)을 t로 편미분하고 그 결과에 $\frac{\partial \psi}{\partial t} = -c\frac{\partial \psi}{\partial x}$을 적용하면 다음 식을 얻는다.

$$\frac{\partial^2 \psi}{\partial t^2} - c^2\frac{\partial^2 \psi}{\partial x^2} = 0; \quad \frac{\partial^2 \psi}{\partial t^2} = c^2\frac{\partial^2 \psi}{\partial x^2} \tag{7.52}$$

식 (7.51)와 (7.52)는 파동을 기술하는 기본 미분방정식이다. 특히 식 (7.52)는 줄(string)에서 파동과 전자기파의 맥스웰(Maxwell) 방정식의 기본 유형이다. 파동방정식을 만족하는 해(solution), 즉 파동함수를 일반적으로 다음과 같이 복소수로 표시한다.

$$\psi(x,t) = \widehat{\psi_0}\exp[ik(x-ct)] = \widehat{\psi_0}\exp[i(kx-\omega t)] \tag{7.53}$$

여기서 $i = \sqrt{-1}$ 이다. 파의 안정도를 고려하기 위해서 c를 복소수의 실수부분과 허수부분 나누어 $c = c_r + ic_i$와 같이 기술한다. 이를 식 (7.53)에 대입하면 다음 식을 얻는다.

$$\psi(x,t) = \widehat{\psi_0}\exp(kc_i t)\exp[ik(x-c_r t)] \tag{7.54}$$

식 (7.54)는 진폭이 시간의 함수이고 일정한 속도 c_r로 진행하는 파동을 나타낸다. 시간의 함수인 진폭, $\hat{\psi}(t)$은 식 (7.54)에서 다음과 같다.

$$\hat{\psi}(t) = \widehat{\psi_0}\exp(kc_i t) \tag{7.55}$$

여기서 c_i의 부호에 따라 다음과 같이 파의 안정도가 결정된다.

$$\begin{aligned} &c_i > 0 : \text{불안정} \\ &c_i = 0 : \text{중립} \\ &c_i < 0 : \text{안정} \end{aligned} \tag{7.56}$$

불안정파의 경우는 파의 진폭이 시간에 따라 증가하는 반면에 안정파의 진폭은 시간에 따라 감쇄한다.

7.5 순압 불안정

기상학에서 대기의 불안정은 대기의 파동전파와 관련이 있다. **순압 불안정(barotropic instability)**은 종관 규모에서 바람의 연직 시어가 없는 순압대기에서 바람의 수평 시어와 관련된 파동이 가지는 불안정이다. 순압 불안정의 경우 $\nabla_h T = 0$이다.

대기가 순압 상태인 경우 기본 파동방정식은 다음의 절대와도 보존 방정식이다.

$$\frac{d(\zeta+f)}{dt}=\left(\frac{\partial}{\partial t}+u\frac{\partial}{\partial x}+v\frac{\partial}{\partial y}\right)(\zeta+f)=0 \tag{7.57}$$

동서류의 섭동 시 상대와도와 동서류의 섭동(′)을 고려하여 다음과 같이 나타낸다.

$$\zeta=\bar{\zeta}+\zeta',\ \ u=\bar{u}(y)+u',\ \ v=v' \tag{7.58}$$

식 (7.58)을 식 (7.57)에 대입하고 선형화하면 다음 식을 얻는다.

$$\left(\frac{\partial}{\partial t}+\bar{u}\frac{\partial}{\partial x}\right)\zeta'+v'\frac{\partial}{\partial y}(\bar{\zeta}+f)=0 \tag{7.59}$$

여기서 $\zeta'=(\partial v'/\partial x-\partial u'/\partial y)$이다. 식 (7.59)는 실제로 두 개의 종속변수 u'과 v'을 가지고 있다. 두 개의 종속변수를 하나의 변수로 나타내기 위해 유선함수 ψ를 다음과 같이 도입한다.

$$u'=-\frac{\partial\psi}{\partial y},\ \ v'=\frac{\partial\psi}{\partial x} \tag{7.60}$$

식 (7.60)을 식 (7.59)에 대입하면 다음 방정식을 얻는다.

$$\left(\frac{\partial}{\partial t}+\bar{u}\frac{\partial}{\partial x}\right)\nabla^2\psi+\frac{\partial\psi}{\partial x}\frac{\partial}{\partial y}(\bar{\zeta}+f)=0 \tag{7.61}$$

식 (7.61)에 대한 파동방정식의 해는 다음과 같이 기술할 수 있다.

$$\psi=Re\{\psi_0(y)\exp[ik(x-ct)]\} \tag{7.62}$$

여기서 c는 파의 위상속도이며 $c=c_r+ic_i$이다. 만약 $c_i>0$이면 파동의 진폭은

$$\hat{\psi}(t)\equiv\psi_0\exp(kc_it) \tag{7.63}$$

으로 주어지며, 파동이 시간에 따라 증가하여 불안정하게 된다. 어떤 경우에 파동이 불안정한지를 구체적으로 분석하기 위하여 식 (7.62)를 식 (7.61)에 대입하면 다음 식을 얻는다.

$$(\bar{u}-c)\left(\frac{d^2\psi_0}{dy^2}-k^2\psi_0\right)+\psi_0\frac{\partial}{\partial y}(\bar{\zeta}+f)=0 \tag{7.64}$$

경계조건을 주기 위해서 파동이 남북방향으로 $y=0$에서 $\psi(0)=0$ 그리고 $y=y_0$에서 $\psi(y_0)=0$으로 국한되어 있는 경우를 고려한다. 그리고 ψ_0는 일반적으로 복소수이므로 $\psi_0=\psi_r+i\psi_i$으로 고려한다. 그리고 식 (7.64)에 ψ_0의 공액 복소수 $\psi_0{}^*$를 곱해주고 $(\bar{u}-c)$로 나누어 준 다음 y에 대한 적분을 하고 허수부분만 고려하면 다음 식을 얻는다.

$$\int_0^{y_0}\left(\psi_i\frac{d^2\psi_r}{dy^2}-\psi_r\frac{d^2\psi_i}{dy^2}\right)dy=c_i\int_0^{y_0}\frac{|\psi_0|^2}{|\bar{u}-c|^2}\frac{\partial}{\partial y}(\bar{\zeta}+f)dy \tag{7.65}$$

식 (7.65)의 좌측 항의 적분 결과는 다음과 같다.

$$LHS=\frac{d}{dy}\left(\psi_i\frac{d\psi_r}{dy}-\psi_r\frac{d\psi_i}{dy}\right)=0 \tag{7.66}$$

여기서 $y=0$과 $y=y_0$에서 $\psi_i=\psi_r=0$이기 때문에 적분 결과는 0이 된다. 따라서 식 (7.65)의 우측항의 적분 결과도 0이 되어야 한다. 우측의 적분 항에서 $c_i>0$이므로 구간 $0<y<y_0$의 어느 한 점에서 $\frac{\partial}{\partial y}(\bar{\zeta}+f)$의 부호가 바뀌어야 한다. 그림 7.6에서 $\frac{\partial}{\partial y}(\bar{\zeta}+f)$의 부호가 바뀌는 영역을 확인할 수 있다. 이것은 파동의 불안정을 위한 하나의 필요조건이며 레일리(Rayleigh)에 의해 처음 연구되었으므로 이를 **레일리 기준(Rayleigh criterion)**이라고 한다. 만일 β-평면 근사를 고려할 경우는

$$\frac{\partial}{\partial y}(\bar{\zeta}+f)=\beta-\frac{\partial^2\bar{u}}{\partial y^2} \tag{7.67}$$

가 된다. 따라서 $(\beta-\partial^2\bar{u}/\partial y^2)$가 구간 $0<y<y_0$의 어느 한 점에서 그 부호가 바뀌어야 한다.

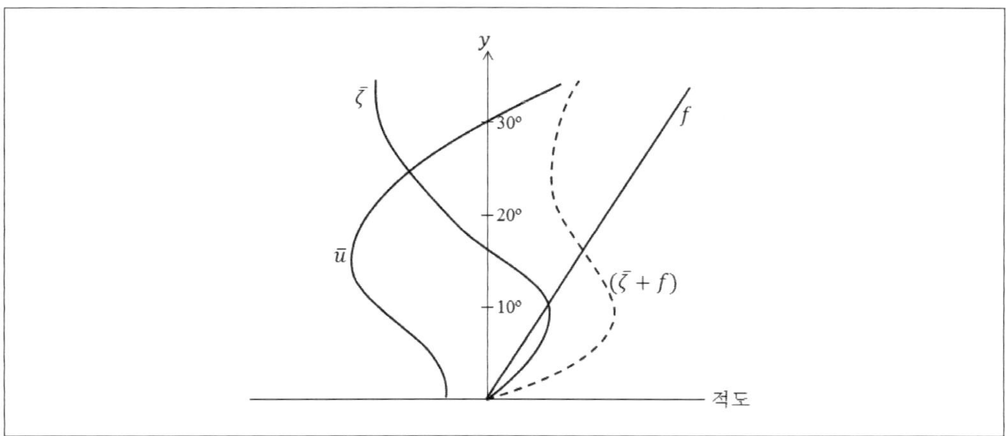

그림 7.6 ▍순압 불안정 (Charney, 1973).

7.6 경압 불안정

종관 규모의 경압 대기에서는 바람의 연직 시어가 존재하며, 연직 시어와 관련된 파동 불안정이 **경압 불안정(baroclinic instability)**이다. 대기에서 경압 불안정은 남북으로 온도 경도가 어떤 임계값을 능가하거나 또는 바람의 연직 시어가 허용범위를 넘는 경우 나타나는 불안정이며, 이 과정에서 남북의 큰 온도경도가 해소되며, 대기의 혼합이 일어난다. 경압 불안정은 바람의 연직 시어를 위해 **온도풍 균형(thermal wind balance)**에 필요한 온도 경도와 연관된 위치에너지를 운동 에너지로 전환하면서 성장한다. Eady(1949)는 경압파의 불안정을 매우 간단한 조건을 고려하여 설명하였다. 여기서는 그의 방법에 따라 경압파의 불안정을 기술하였다. 동서류의 평균류는 온도풍 관계식을 만족하며, 고도 $z=0$에서 $z=H$에 국한되어 있으며, 유속은 고도에 따라 선형으로 증가한다. 그리고 f-평면 근사를 가정한다. 종관규모 운동의 경우 와도 방정식은 다음과 같이 근사할 수 있다.

$$\frac{d_h}{dt}(\zeta+f) = -(\zeta+f)\left(\frac{\partial u}{\partial x}+\frac{\partial v}{\partial y}\right) \tag{7.68}$$

여기서 $\frac{d_h}{dt}=\frac{\partial}{\partial t}+u\frac{\partial}{\partial x}+v\frac{\partial}{\partial y}$이다. 식 (7.68)에 비압축성 유체의 연속방정식을 적용하면

$$\frac{d_h}{dt}(\zeta+f) = (\zeta+f)\frac{\partial w}{\partial z} \tag{7.69}$$

으로 주어진다. 섭동상태의 경우 상대와도는 $\zeta=\bar{\zeta}+\zeta'$, 그리고 풍속 $u=\bar{u}(z)+u'$, $v=v'$, $w=w'$ 그리고 $\rho=\bar{\rho}(z)+\rho'$을 가정한다. 이 식들을 식 (7.69)에 대입하고 선형화하면 비선형항은 무시되므로

$$\left(\frac{\partial}{\partial t}+\bar{u}\frac{\partial}{\partial x}\right)\zeta'+v'\frac{\partial f}{\partial y}-f\frac{\partial w'}{\partial z}=0 \tag{7.70}$$

으로 주어진다. 여기서 종관 규모에서 지균 균형 상태인 경우 $\zeta \ll f$이므로 $\zeta\frac{\partial w'}{\partial z}$은 무시되었다. 식 (7.70)에서 f-평면을 고려하면 $\partial f/\partial y=0$이므로 다음과 같이 주어진다.

$$\left(\frac{\partial}{\partial t}+\bar{u}\frac{\partial}{\partial x}\right)\zeta'-f\frac{\partial w'}{\partial z}=0 \tag{7.71}$$

미분방정식 (7.71)에서 두 개의 종속변수가 있다. 이를 하나의 변수로 나타내기 위해 섭동이 대규모이고 느린 경우 바람에 지균풍 근사를 고려한다.

$$u' = -\frac{1}{\rho_0 f}\frac{\partial p'}{\partial y} = -\frac{\partial \psi'}{\partial y}, \quad v' = \frac{1}{\rho_0 f}\frac{\partial p'}{\partial x} = \frac{\partial \psi'}{\partial x} \tag{7.72}$$

여기서 ψ'는 유선 함수이다. 식 (7.72)을 이용하여 섭동 와도 방정식을 기술하면 다음과 같다.

$$\zeta' = \frac{1}{\rho_0 f}\nabla_h^2 p' = \nabla_h^2 \psi \tag{7.73}$$

식 (7.71)에서 w'을 p'으로 나타내기 위해 밀도 방정식 $\frac{d\rho}{dt} = 0$을 다음과 같이 나타낸다.

$$\frac{\partial}{\partial t}(\bar{\rho} + \rho') + (\bar{u} + u')\frac{\partial}{\partial x}(\bar{\rho} + \rho') + v'\frac{\partial}{\partial x}(\bar{\rho} + \rho') + w'\frac{\partial}{\partial z}(\bar{\rho} + \rho') = 0 \tag{7.74}$$

이 식을 선형화하면 다음과 같이 주어진다.

$$\frac{\partial}{\partial t}\rho' + \bar{u}\frac{\partial \rho'}{\partial x} + v'\frac{\partial \bar{\rho}}{\partial y} + w'\frac{\partial \bar{\rho}}{\partial z} = 0 \tag{7.75}$$

여기서 브런트-바이샬라 진동수 $N(z)$를 도입하면 식 (7.75)는 다음과 같이 주어진다.

$$\frac{\partial}{\partial t}\rho' + \bar{u}\frac{\partial \rho'}{\partial x} + v'\frac{\partial \bar{\rho}}{\partial y} - \frac{\rho_0}{g}N^2 w' = 0 \tag{7.76}$$

여기서 $N^2 = -g\rho_0^{-1}(\partial\bar{\rho}/\partial z)$이며, ρ_0는 기준 밀도이다. 식 (7.71)을 간단히 하기 위해서 정역학 방정식의 섭동형을 고려하자.

$$\frac{\partial p'}{\partial z} = -\rho' g; \quad \rho' = -\frac{1}{g}\frac{\partial p'}{\partial z} \tag{7.77}$$

그리고 평균류의 지균풍 방정식과 정역학 방정식을 이용하면 다음의 온도풍 관계식을 얻을 수 있다.

$$\frac{\partial \bar{u}}{\partial z} = \frac{g}{f\rho_0}\frac{\partial \bar{\rho}}{\partial y} \tag{7.78}$$

식 (7.77)과 (7.78)을 식 (7.76)에 적용하면 w'에 관한 다음 식이 얻어진다.

$$w' = -\frac{1}{\rho_0 N^2}\left[\left(\frac{\partial}{\partial t} + \bar{u}\frac{\partial}{\partial x}\right)\frac{\partial p'}{\partial z} - f\rho_0\frac{\partial \bar{u}}{\partial z}\frac{\partial \psi}{\partial x}\right] \tag{7.79}$$

식 (7.79)에서 $p' = \rho_0 f\psi$을 적용하면 다음 식을 얻는다.

$$w' = -\frac{f}{N^2}\left[\left(\frac{\partial}{\partial t} + \bar{u}\frac{\partial}{\partial x}\right)\frac{\partial \psi}{\partial z} - \frac{\partial \bar{u}}{\partial z}\frac{\partial \psi}{\partial x}\right] \tag{7.80}$$

식 (7.73)과 (7.80)을 식 (7.71)에 대입하고 $\partial \bar{u}/\partial z = \Lambda$로 일정하다고 가정하면 다음 식과 같다.

$$\left(\frac{\partial}{\partial t}+\bar{u}\frac{\partial}{\partial x}\right)\left[\nabla_h^2\psi+\frac{f^2}{N^2}\frac{\partial^2\psi}{\partial z^2}\right]=0 \tag{7.81}$$

이 방정식은 동서류에 대한 **준지균 섭동(quasi-geostrophic perturbation)**을 지배하는 방정식을 나타낸 것이다.

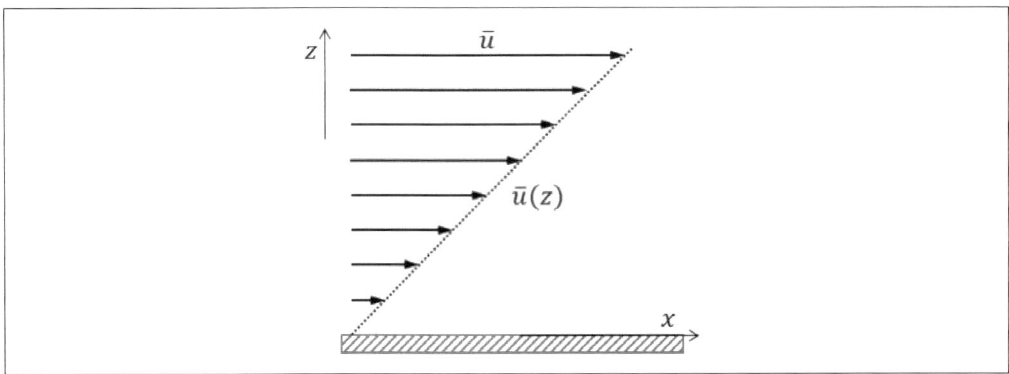

그림 7.7 **| 경압 불안정시 기본 동서류의 연직분포.**

연직 속도 $w'(z)$에 대한 경계조건, $w'(0)=0$ 와 $w'(H)=0$을 적용하면 열역학 방정식 (7.80)은 다음과 같이 주어진다.

$$\left(\frac{\partial}{\partial t}+\bar{u}\frac{\partial}{\partial x}\right)\frac{\partial\psi}{\partial z}-\frac{\partial\bar{u}}{\partial z}\frac{\partial\psi}{\partial x}=0 \tag{7.82}$$

식 (7.81)의 해로 다음과 같은 형태의 해와 바람의 연직 분포 $\bar{u}(z)$를 고려한다.

$$\psi = Re\left[\hat{\psi}(z)\exp\left[i(kx+ly-\omega t)\right]\right] \tag{7.83}$$

$$\bar{u}=u_0 z/H=\Lambda z \tag{7.84}$$

여기서 k와 l은 각각 $x-$방향과 $y-$방향의 파수이다. 그리고 ω는 각진동수이며 파의 위상 속도는 $c=\omega/k$ 로 주어진다. 식 (7.83)을 식 (7.81)에 대입하면 다음 식을 얻는다.

$$(\bar{u}-c)\left[(k^2+l^2)\hat{\psi}-\frac{f^2}{N^2}\frac{\partial^2\hat{\psi}}{\partial z^2}\right]=0 \tag{7.85}$$

이 미분방정식이 성립하려면 좌변에서 $(\bar{u}-c)=0$ 또는 큰 괄호 안에 있는 항이 0이 되어야 한다. 그런데 $(\bar{u}-c)=0$인 경우 $\bar{u}$가 실수이므로 파의 위상 속도 c는 실수가 되어 파는 중립 상태가 된다. 따라서 불안정 조건을 구하려면 괄호 안에 있는 항이 다음과 같이 0이 되어야 한다.

$$\frac{\partial^2 \hat{\psi}}{\partial z^2} - \alpha^2 \hat{\psi} = 0 \tag{7.86}$$

여기서 $\alpha^2 = N^2(k^2 + l^2)/f^2$이다. 식 (7.83)의 해를 식(7.82)에 적용하면 다음과 같다.

$$(\Lambda z - c)\frac{d\hat{\psi}}{dz} - \Lambda \hat{\psi} = 0 \tag{7.87}$$

지표($z=0$) 대류권계면($z=H$)에서 경계조건을 $w'=0$으로 둔다. 식(7.87)의 해를 다음과 같이 고려한다.

$$\hat{\psi} = A\sinh(\alpha z) + B\cosh(\alpha z) \tag{7.88}$$

식 (7.88)을 식 (7.87)에 대입하여 경계조건을 적용하면 다음 2개의 방정식이 나온다.

$$-\alpha c A - B\Lambda = 0 \tag{7.89}$$

$$\alpha(\Lambda H - c)(A cosh \alpha H + B sinh \alpha H) - \Lambda(A sinh \alpha H + B cosh\, \alpha H) = 0 \tag{7.90}$$

계수 A, B에 대한 방정식 (7.89)와 (7.90)에서 비자명해(nontrivial solution)가 존재하기 위한 조건은 방정식 계에 대한 행렬식이 0이 될 때이다. 즉 행렬식으로 표시하면

$$\begin{bmatrix} x_1 & x_2 \\ x_3 & x_4 \end{bmatrix} \begin{bmatrix} A \\ B \end{bmatrix} = \begin{bmatrix} 0 \\ 0 \end{bmatrix} \tag{7.91}$$

여기서 x_1과 x_2는 $z=0$에 대한 각각 A, B의 계수이며, x_3과 x_4는 $z=H$에 대한 각각 A, B의 계수이다. 식 (7.91)에 주어진 행렬식을 0으로 두고 풀고 정리한 후에 $\sinh(\alpha H)$로 나누어 주고 재정리하면 다음과 같다.

$$c^2 - \Lambda H c + \left[\frac{\Lambda^2 H}{\alpha}\coth(\alpha H) - \frac{\Lambda^2}{\alpha^2}\right] = 0 \tag{7.92}$$

위상속도 c에 대한 2차 방정식이므로 그 해를 구하면 다음과 같다.

$$c = \frac{\Lambda H}{2} \pm \frac{\Lambda H}{2}\left[1 - \frac{4}{\alpha H}\coth(\alpha H) + \frac{4}{\alpha^2 H^2}\right]^{1/2} \tag{7.93}$$

c는 파의 위상속도이며 $c = c_r + ic_i$이다. c_i의 값이 음 또는 양인가에 따라 파동의 안정도가 결정된다.

(1) 파동이 불안정할 조건 : $c_i > 0$

식 (7.93)에서 허수가 존재할 수 있는 조건은 다음과 같다.

$$1-\frac{4}{\alpha H}\coth(\alpha H) + \frac{4}{\alpha^2 H^2} < 0 \tag{7.94}$$

(2) 파동이 중립인 조건 : $c_i = 0$

파동의 불안정에 대한 임계값을 구하기 위해 식 (7.93)에서 괄호 속의 항이 0이 되는 α의 임계값 α_c를 다음과 같이 구한다.

$$1-\frac{4}{\alpha_c H}\left[\tanh(\alpha_c H)\right]^{-1} + \frac{4}{\alpha_c^2 H^2} = 0 \tag{7.95}$$

여기서 항등식 $\tanh(\alpha_c H) = 2\tanh(\alpha_c H/2)/\left[1+\tanh^2(\alpha_c H/2)\right]$ 를 이용하여 식 (7.94)를 인수분해하면 다음 식을 얻는다.

$$\left[\frac{\alpha_c H}{2} - \tanh(\alpha_c H/2)\right]\left[\frac{\alpha_c H}{2} - \coth(\alpha_c H/2)\right] = 0 \tag{7.96}$$

$\alpha_c H/2$의 모든 값에 대해서 $\tanh(\alpha_c H/2) < \alpha_c H/2$이므로 식 (7.96)이 음의 값을 가질 조건은

$$\frac{\alpha_c H}{2} < \coth\left(\frac{\alpha_c H}{2}\right) \tag{7.97}$$

인 경우이다. 여기서 $\alpha_c H/2 = \coth(\alpha_c H/2)$에서 α_c를 구하면 $\alpha_c H \simeq 2.4$, 즉 $\alpha_c = 2.4/H$로 주어진다. 여기서 경압파가 불안정할 조건은 $\alpha < \alpha_c$ 또는 $\alpha^2 < \alpha_c^2$이며 다음과 같이 주어진다.

$$(k^2 + l^2) < \left(\alpha_c^2 f^2 N^2\right) \tag{7.98}$$

$$(k^2 + l^2) < \frac{\alpha_c^2 f^2}{N^2} \simeq \frac{5.76}{L_R^2} \tag{7.99}$$

여기서 $L_R \equiv NH/f \simeq 1000km$로 로스비의 변형반경(Rossby radius of deformation)으로 연속적으로 성층화(stratification)된 유체에 대한 것이다. 동서 및 남북방향의 파수가 동일한 ($k = l$)에 대한 최대성장의 파장($\lambda_{\max}$)은 다음과 같이 구해진다.

$$2k^2 = \alpha_m H/L_R^2 \tag{7.100}$$

$$\lambda_{\max} = \frac{2\pi}{k} = 2\sqrt{2}\,\pi L_R/(H\alpha_m) = 5500km \tag{7.101}$$

여기서 α_m은 파의 성장률이 최대일 때 α의 값이다.

연습문제

1. 종관 규모의 기상현상을 기술하는 특성 값(characteristic value)을 이용하여 레이놀즈 수를 구하시오.

2. 기본류에 대한 지균풍 방정식과 정역학 방정식을 이용하여 다음의 온도풍 관계식 $\frac{\partial \bar{u}}{\partial z} = \frac{g}{f\rho_0}\frac{\partial \bar{\rho}}{\partial y}$ 을 유도하시오.

3. 식 (7.89)와 (7.90)을 이용하여 식 (7.92)를 유도하시오.

제8장 구름의 형성과 발달

구름은 수적이나 얼음 입자로 구성되어 있고 모양이 다양하며 대기 경계층과정, 대기역학 및 열역학 과정, 복사과정, 수문과정, 대기물리과정(전기, 광학) 등 대부분 분야와 관련이 있다. 안개는 지면과 접하고 있는 구름으로 우리의 일상생활 및 산업에 많은 영향을 준다. 이 장에서는 구름과 안개의 형성, 성장 그리고 소멸에 대해 살펴보자.

8.1 포화과정

불포화 공기 덩이는 세 가지 과정 즉, 냉각, 수증기 첨가, 습도와 온도가 다른 공기 덩이의 혼합에 의하여 포화에 이를 수 있다.

(1) 냉각과 수증기량의 증가

냉각(cooling)에 의한 구름 형성은 그림 8.1에서 A에 있는 불포화 공기를 등압 상태에서 공기 덩이의 온도(T)를 이슬점 온도(T_d)인 B까지 온도를 낮추어 주어 포화가 되게 하는 것이다. 이 경우 공기 덩이를 포화시키는 데 필요한 온도변화인 기온 **이슬점 차(dew point depression)**는 다음과 같다.

$$\Delta T = T - T_d \tag{8.1}$$

실제로 대기 중에서 공기 덩이의 냉각과정은 단열상승과 복사냉각을 고려할 수 있다. 주간에 대류가 활발한 경우나 수평 수렴으로 대기가 상승하는 경우에는 단열 상승이 구름 형성에 중요한 역할을 한다. 복사냉각은 주로 맑은 날 야간에 지표에서 매우 활발하며 습도가 높은 경우 복사안개가 형성될 수 있다.

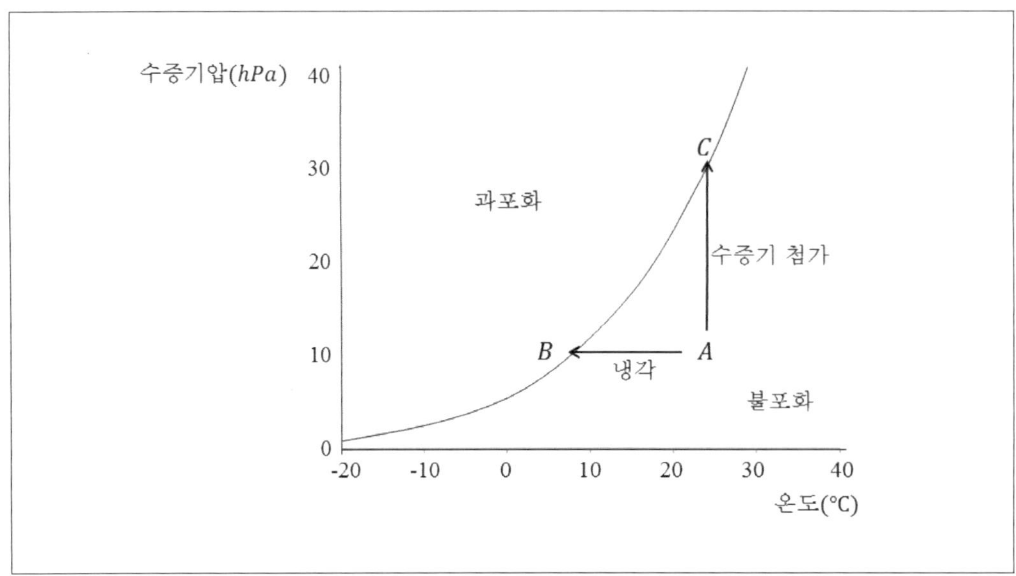

그림 8.1 ┃ 불포화 공기 덩이의 포화 과정. 냉각과 수증기의 첨가.

수증기 첨가에 의한 포화는 그림 8.1에서 A에 있는 불포화 공기에 동일한 온도의 수증기를 첨가하여 포화 상태(C)로 만들어 주는 것이다. 온도(T)에서 불포화 공기 덩이의 혼합비가 r이고 포화 혼합비가 r_s인 경우 포화에 이르기 위해 첨가해야 할 수증기량은 다음과 같다.

$$\Delta r = r_s - r \tag{8.2}$$

여기서 Δr의 단위는 g/kg으로 단위 질량의 건조 공기에 대해 첨가해야 할 수증기 질량이다.

예제 8.1

해수면에 기압이 $1000hPa$, 기온은 20℃이며 혼합비는 5g/kg이다. 공기가 얼마나 냉각되어야 포화에 이를 수 있는지 구하시오. 또, 수증기의 혼합비가 얼마나 증가하여야 포화에 이를 수 있는지 구하시오.

풀이

단열도를 이용하여 계산한다.

$T = 20$℃ 일 때, $r_s = 14.9g/kg$이며 r=5g/kg 일 때, $T_d = 4°C$을 얻을 수 있다.

따라서 $\Delta T = 20 - 4 = 16$℃, $\Delta r = 14.9 - 5 = 9.9g/kg$이다.

(2) 혼합

두 공기 덩이의 혼합 후 열역학 상태는 그림 8.2에서 두 점을 연결한 직선상의 한 점으로 주어진다. 혼합에 의한 구름 형성은 그림 8.2에서 보는 바와 같이 두 점A, B에 있는 공기가 혼합한 후 수증기압이 과포화되는 경우에만 일어난다. 그림 8.2에서 두 점A, B'에 있는 불포화 공기 덩이가 혼합하는 경우에는 구름이 형성되지 않는다. 혼합에 의한 구름의 예로서 상공에 나타나는 비행운과 추운 겨울날 입김을 예로 들 수 있다. 두 공기 덩이의 질량을 각각 m_A와 m_B라고 하면 혼합된 공기의 질량은 다음과 같다.

$$m_X = m_A + m_B \tag{8.3}$$

혼합된 공기 온도와 수증기압은 원래의 공기 덩이들의 질량을 가중 평균한 것으로 다음과 같이 주어진다.

$$T_X = \frac{m_A T_A + m_B T_B}{m_A + m_B} \tag{8.4}$$

$$e_X = \frac{m_A e_A + m_B e_B}{m_A + m_B} \tag{8.5}$$

식 (8.5)에서의 수증기압 대신에 비습 또는 혼합비가 사용할 수 있으며 식 (8.3) ~ (8.5)에서 공기 덩이의 실제 질량을 사용하는 대신에 혼합된 공기의 상대적인 비를 사용할 수 있다.

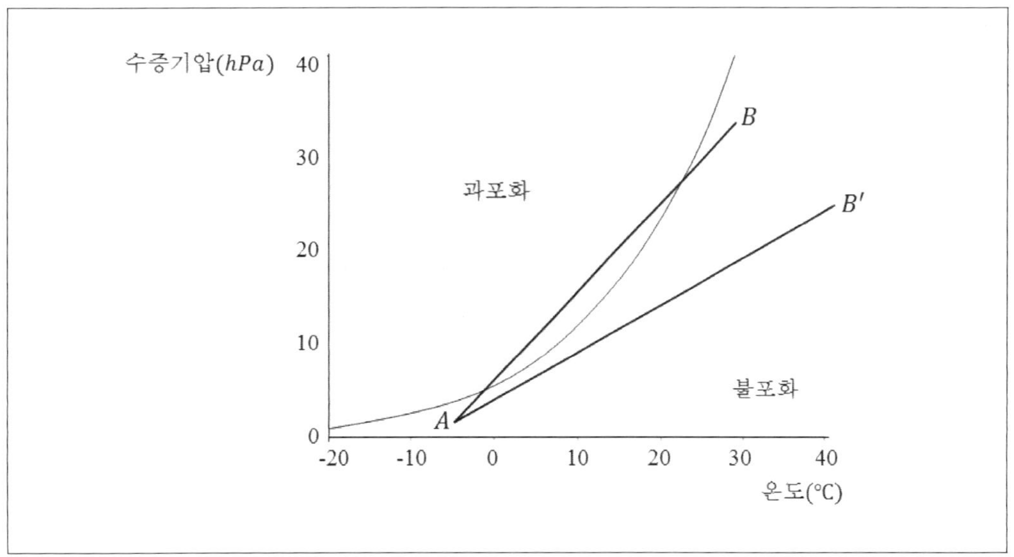

그림 8.2 ▌ **불포화 공기 덩이 A와 B의 혼합 시에 과포화된 공기의 위치.**

예제 8.2

온도가 20℃이고 수증기압이 16hPa인 공기 덩이와 기온은 -4℃이고 수증기압이 2hPa인 공기가 혼합한다고 가정하자. 각각의 공기 덩이의 질량이 1kg라면 혼합 후 구름 또는 안개 형성이 가능할지 구하시오.

풀이

식 (8.3) 이용 : $m_X = 1 + 1 = 2kg$

식 (8.4) 이용 : $T_X = \dfrac{1kg \times 20℃ + 1kg \times (-4℃)}{2kg} = 8℃$

$$e_X = \frac{1kg \times 16hPa + 1kg \times 2hPa}{2kg} = 9hPa$$

기온 $T_X = 8℃$ 에서 수증기압 $e_X = 7hPa$이며, 혼합된 공기의 수증기압은 혼합된 기온의 포화수증기압보다 2hPa만큼 높다. 따라서 혼합된 공기의 수증기압이 포화수증기압보다 높기 때문에 혼합된 공기는 과포화되어 구름이나 안개가 발생한다.

8.2 구름의 연직 발달

구름의 연직 발달 정도는 대기의 안정도와 부력의 영향을 받는다. 안정한 대기에서는 대류가 억제되어 주로 층운형 구름이 발달하고, 불안정한 대기에서는 활발한 대류로 적운형 구름이 발달한다. 포화공기의 연직 상승의 정도는 주로 대류가용에너지에 의해 결정된다.

(1) 대류 가용 에너지

공기 덩이의 부력은 공기 덩이의 가온도와 주위 공기의 가온도의 차이에 비례하며 다음과 같이 주어진다.

$$a_z = \frac{dw}{dt} = \left(\frac{T_{vp} - T_{ve}}{T_{ve}}\right) g \tag{8.6}$$

여기서 a_z는 공기 덩이의 연직 방향의 가속도를 나타낸다. 연직 속도 w와 관계된 가속도 항을

$$\frac{dw}{dt} = \frac{dw}{dz}\left(\frac{dz}{dt}\right) = w\frac{dw}{dz} \tag{8.7}$$

같이 나타낼 수 있다. 식 (8.7)을 (8.6)에 적용한 후 적분하면

$$\int w dw = \int \left(\frac{T_{vp} - T_{ve}}{T_{ve}} \right) g dz \tag{8.8}$$

을 얻는다. $dp = -\rho g dz$와 $p = \rho R_d T_{ve}$를 식 (8.8)의 우변에 적용하고, 자유대류고도에서 평형고도까지 적분을 취하면 다음 식을 얻는다.

$$\frac{1}{2}w_e^2 - \frac{1}{2}w_f^2 = -R_d \int_{P_f}^{P_e} (T_{vp} - T_{ve})\, d(\ln p) \tag{8.9}$$

여기서 w_f와 p_f는 자유대류고도에서 공기 덩이의 상승속도와 기압을 나타내며 w_e와 p_e는 평형고도에서 상승속도와 압력을 표시한다. 식 (8.9)에서 좌변은 양의 부력에 의한 연직 방향으로의 공기 덩이의 운동 에너지의 변화를 나타내며 우변은 공기 덩이의 운동 에너지의 변화를 일으키기 위해 한 일로서 **대류가용에너지(convective available potential energy, CAPE)**이다. 자유 대류고도에서의 속도를 $w_f = 0$으로 두고 평형 고도에서 속도를 w로 표시하면 (8.9)는

$$CAPE \equiv R_d \int_{P_e}^{P_f} (T_{vp} - T_{ve})\, d(\ln p) = \frac{1}{2}w^2 \tag{8.10}$$

으로 주어진다. 평형고도에서 연직 속도가 최대이므로

$$w_{\max} = (2\mathrm{CAPE})^{\frac{1}{2}} \tag{8.11}$$

같이 다음과 같이 나타낼 수 있다.

그림 8.3에서 공기 덩이의 자유대류가 일어나는 대류응결고도(CCL)나 자유대류고도(LFC)에서 평형고도(EL)까지 공기 덩이가 포화 상태로 단열 상승할 경우 부력에 의해 공기 덩이에 주어지는 에너지를 대류가용에너지라고 한다. 조건부 불안정의 경우 그림 8.3에서 +로 표시된 양의 부력을 나타내는 부분이며, −로 표시된 부분은 공기 덩이를 지표에서 자유대류고도(LFC)까지 위단열적으로 치올리는데 소용되는 에너지를 나타내며 이를 **대류억제(convective inhibition, CIN)**이라고 한다. CIN이 클수록 자유 대류 발달이 어렵다. 그림에서 실선은 기온곡선, 그리고 점선은 노점온도 곡선이다. 그림에서 EL은 구름 덩이의 온도와 주위온도가 같아 부력이 0이 되는 **평형고도(equilibrium level)**이며, ab곡선은 건조단열선, bc곡선은 습윤 단열선을 나타낸다.

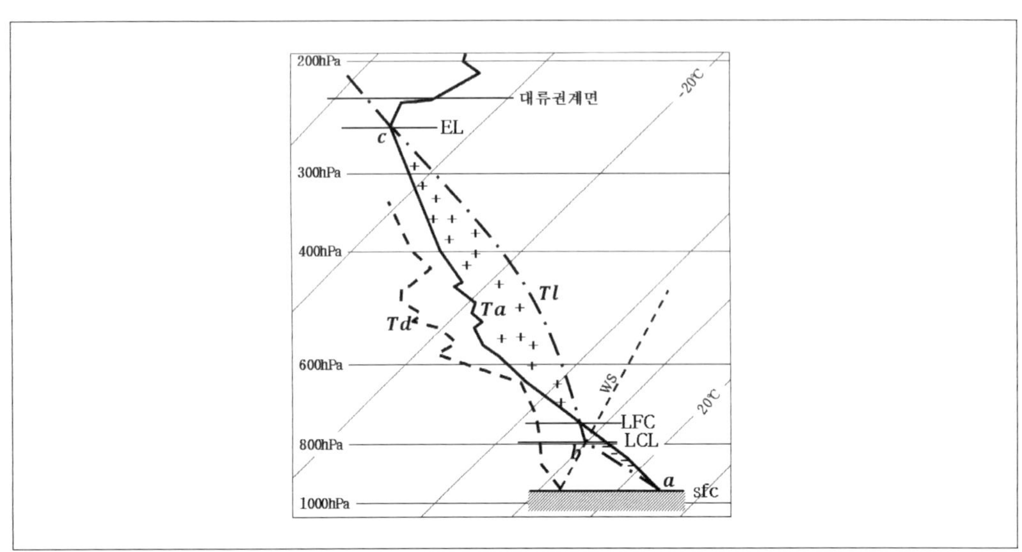

그림 8.3 ❙ 대류 가용 에너지(+)와 대류 억제에너지(−).

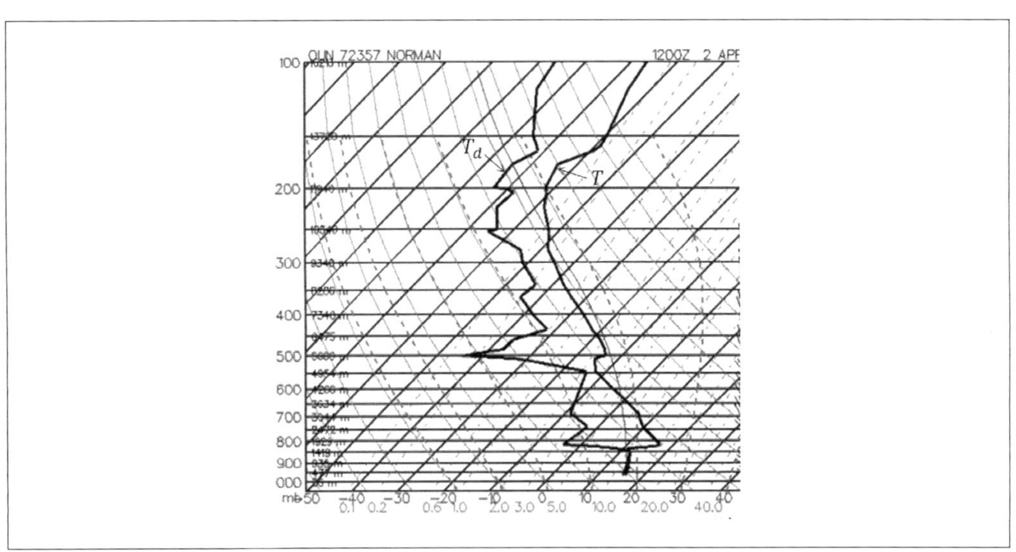

그림 8.4 ❙ 하층대기가 포화되었을 경우의 대류억제.

그림 8.4는 하층대기가 포화 된 경우의 그림 8.3과 다른 형태의 CIN을 보이는 예이다. 그림 8.4에서 지면에서 850hPa고도까지는 대기가 거의 포화 되어 있으며 안개가 형성되어 있는 것으로 추측할 수 있다. 850hPa~820hPa에는 매우 강한 역전층이 형성되어 있으며 이 경우에 CIN은 폐곡선 abc의 면적에 해당하며, CAPE는 습윤 단열선(적색 곡선)과 기온곡선 cd사이의 면적이다. 지면의 가열에 의해 공기 덩이가 CIN을 극복할 경우 뇌운이 발달할 수 있는 대기 상태이다.

(2) 능동적 구름발달 - 적운형

적운형 구름은 정적으로 불안정한 대기에서 생성된다. 이런 구름은 부력이 연직 성장을 강화하므로 역학적으로 매우 **능동적(active)**이다. 일단 구름이 생성되기 시작하면 계속해서 성장하고 어느 정도까지 독립적으로 발달한다. 이러한 구름은 면의 솜털 같은 퍼프, 꽃양배추, 솟아오른 성의 작은 탑처럼 보이며 모루(anvil)가 덮인 뇌우와 같이 매우 심한 불안정일 때는 커다란 버섯처럼 보인다. 이러한 구름은 지상으로부터의 높이와 지름이 거의 비슷하다.

한랭전선과 평행하거나 그 뒤에 있는 구름은 전형적인 적운형 구름이다. 적운형 구름의 종류에는 **층적운(stratocumulus)**, **넓적적운(cumulus humilis)**, **중간적운(cumulus mediocris)**, **웅대적운(cumulus congestus)**, **적란운(cumulonimbus**, 뇌우)이 있다. **구름의 정상(cloud top)**은 열역학선도에서 부력이 있는 구름 덩이가 대기의 상태 곡선과 교차하는 곳이며 이곳에서 구름은 양의 부력을 잃는다(그림 8.5).

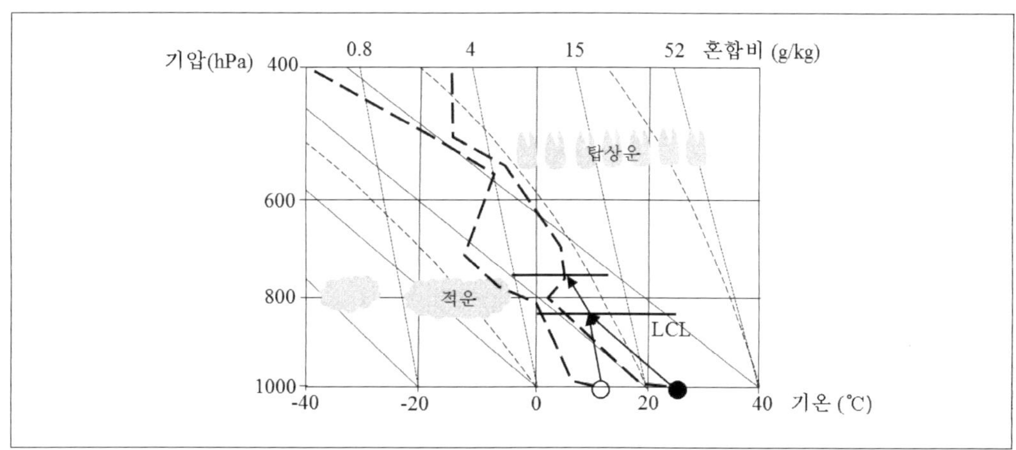

그림 8.5 ▌ 넓운과 탑상운의 특징적인 연직 온도분포.

대부분의 능동적 적운형 구름은 지상으로부터 대류성 상승기류 내에서 생성된다. 이는 외부에서 가해지는 불안정화가 계속되지 않는 한, 불안정한 공기는 난류를 통해 스스로 안정화되려는 경향이 있기 때문이다. 지표는 태양 에너지에 의해 가열되기 때문에 계속 불안정화가 생기는 가장 통상적인 위치이다. 그러나 **탑상운(castellanus)**으로 알려진 형태의 구름은 불안정한 공기층의 상승으로 생성될 수 있다. 이러한 층들은 **차등 이류(differential advection)**로 강제된다. 즉, 다른 고도에서 다른 방향으로부터 다른 기온의 공기가 불어오면서 강제된다. 탑상운의 생성을 위해 차등 이류는 차가운 공기 아래에 따뜻한 공기층을 이류시켜 정적으로 불안정하게 한다. 탑상운은 구름의 높이에 비하여 지름이 작으므로 성의 탑처럼 보이는 특징이 있다(그림 8.5).

(3) 수동적 발달 – 층운형

층운형(Stratiform) 구름은 정적으로 안정된 대기에서 생성된다. 대기 상태가 연직 상승을 억제하는 점에서 역학적으로 **수동적**(passive)이다. 어떤 외부 과정이 부력을 극복하여 공기를 치올릴 때만 층운형 구름이 존재한다. 넓은 지역을 시트나 담요로 덮은 것처럼 보이는 층층이 쌓여 있는 구름이 있다(그림 8.6). 온난전선을 따라 있는 구름은 **권운**(cirrus), **권층운**(cirrostratus), **권적운**(cirrocumulus), **고층운**(altostratus), **고적운**(altocumulus), **층운**(stratus), **난층운**(nimbostratus)을 포함하는 전형적인 층운형 구름이다.

위에서 나열한 층운형 구름 전부가 대기 하층과 대류활동으로 연결된 것은 아니다. 그러한 구름은 수백에서 수천 킬로미터 떨어진 곳의 수증기원으로부터 완만하게 기울어진 온난전선 위로 습한 공기의 이류에 의해 생성된다. 만약 남풍이 공기 덩이를 북쪽으로 이동시키려는 경향이 있다면 해당 온위선을 따라 북쪽으로 이동하여 더 차가운 지표 공기 위로 올라갈 것이다. 이때, 등온위선을 따른 완만한 상승으로 충분히 냉각되어 응결이 일어난다.

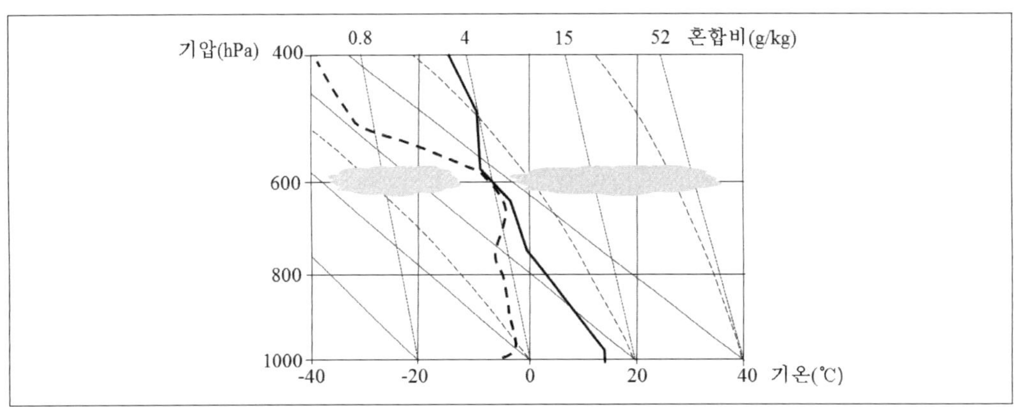

그림 8.6 ▌ **층운형 구름의 특징적인 연직 온도분포.**

권층운과 고층운은 특히 겉모양이 매끈한 모습을 하고 있으며 그것은 그 구름의 안에서 난류 활동이 적거나 없음을 암시한다. 권적운과 고적운은 덩어리진 표면 모양을 보여주지만, 그 크기는 작다. 이러한 작은 크기의 덩어리들로부터 우리는 이러한 덩어리를 만드는 난류 맴돌이(eddy)가 얇은 구름층 안에서 국지적으로 생성되었으며 지표로부터의 상승기류와 연관이 없음을 유추할 수 있다. 덩어리 모양에도 불구하고 권적운과 고적운은 주로 이류에 의해 생성되며 층의 형태를 가진 수동적 구름이다.

층운은 두껍고 매끈하며 낮은 고도의 구름층을 보이지만 이러한 구름의 형태는 구름 아래의 지표와 난류 활동으로 연결되어 있지 않다. 난층운은 이슬비 또는 비가 생성되고 내리기에 충분한 두꺼운 두께를 가진다.

역학적으로 수동적인 다른 구름은 산 정상에 씌워진 **모자구름(cap cloud)**과 산의 풍하 측에 생성된 **렌즈구름(lenticular cloud)**이다. 이런 구름은 수평 바람이 비탈진 지형과 산에 부딪혔을 때 강제 상승에 의해 형성된다.

(4) 층적운

층적운은 능동적이나 수동적 구름과는 차이가 있다. 수동적 구름과는 달리 층적운은 지표 근처에서의 공기 상승에 의한 상승류에 의해 생성될 수 있다. 능동적 구름과는 달리 상승류는 흔히 부력에 의한 것이 아니라 바람 시어(wind shear)로 인해 생성된 난류에 의해 만들어진다. 난류에서의 더 큰 맴돌이 순환은 공기 덩이를 지표에서 상승응결고도(LCL)까지 상승시켜 구름을 생성할 수 있다. 층운과는 달리, 층적운은 아래에 있는 지표와 난류로 연결되어 있다.

실제 대기에서는 층적운 아래의 상승류에 기여하는 부력과 난류가 함께 존재한다. 또한, 구름의 상부에서 나오는 적외선이 구름의 상부를 냉각시켜 위에서 아래로 침강하는 **열기포(thermals)**를 만든다. 이에 따른 난류순환은 층적운 정상의 덩어리 모양을 만들 수 있다. 구름층은 구름 마루(cloud deck)라고 불린다.

(5) 지형 강제력에 의한 구름발달

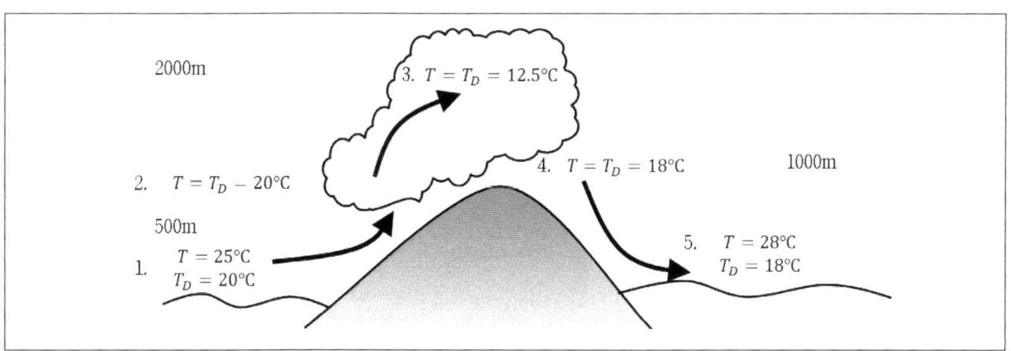

그림 8.7 ▌ **지형 강제력에 의한 푄현상.**

해수면 부근에 존재하는 공기가 기온의 경우 $-10℃\,km^{-1}$의 건조단열적인 감소를 하게 되면, $500m$까지 단열 상승하였을 때, 노점온도의 변화는 없지만, 기온의 감소로 인하여 기온과 노점온도가 같게 되는 포화 상태에 이르게 된다. 이때 지형의 영향을 받아 대기가 서풍의 영향을 받아 산을 오르게 되며, $-5℃ km^{-1}$의 습윤 단열적인 감률로 감소하게 된다. 2000m까지 오르면 기온과 노점온도는 12.5℃가 되고 7.5℃ 감소한 만큼의 수증기는 비, 안개등의 형태로 응결한다. 그리고 수증기가 충분히 제거된 상태에서 산을 따라 내려가며 1km지점이 되었을 때 $6.5℃ km^{-1}$의 환경 기온 감률만큼 증가하여, 18℃가 되고, 이후 수증기는 완전히 탈락하며, 지표면까지 건조단열적인 기온변화를 통해 건조 공기는 28℃ 노점온도는 18℃가 된다. 이로 인해 산의 서쪽에 있던 공기가 산을 넘으며 더 건조해지고 따뜻해지는 현상이 생기는데 이를 푄 현상, 혹은 높새바람이라고 부른다.

8.3 안개의 특성과 유형

안개는 지면과 접하고 있는 구름으로 시정(visibility)이 1km 미만인 경우를 말하며, 공기덩이의 냉각, 수증기 증가, 혼합에 의해서 생성된다. 안개는 식물이 성장에 필요한 수분과 토양수분의 보존, 태양광의 차단으로 기온변화, 시정을 악화시켜 육상과 해상 교통 장애와 항공기의 이착륙에 커다란 영향을 준다. 또, 농업과 기타 산업에도 직, 간접으로 영향을 미친다.

안개는 기온에 따라 0℃ 이상에서 형성되는 온난안개(warm fog)와 0℃ 미만에서 형성되는 한랭안개(cold fog)로 구분할 수 있다. 형성기구(mechanism)에 따라 복사안개(radiation fog), 활승안개(Upslope fog), 이류안개(advection fog), 강수안개(precipitation fog), 전선안개(frontal fog) 그리고 증기안개(Steam fog) 등으로 구분한다. 또는 입자의 상(phase)에 따라 물안개(water fog), 과냉각 안개(supercooled fog)와 얼음안개(ice fog)로 구분할 수 있다.

(1) 물리적 특성과 시정

❙ 안개의 특성

안개는 구름의 한 종류이므로 이와 관련하여 몇 가지 특성을 기술하면 다음과 같다. 안개 입자의 직경은 50μm미만으로 평균 직경은 10~20μm이다. 안개 형성 시 상대습도는 지리적 위치에 따라 다르며 상대습도가 낮은 경우 81%에서 상대습도가 100%를 능가하는 예도 있다. 안개의 수명(lifetime)은 전형적으로 2~6시간 정도이다. 안개에서 공기의 평균 연직 상승속도는 상당히 작다. 만일 100m두께(D)의 안개에 대해 연직 속도(w)가 $0.01 ms^{-1}$인 경우 안개의 기저에서 저상을 통과하는 데 걸리는 시간은

$$T_p = \frac{D}{w} = \frac{100m}{0.01ms^{-1}} = 10^4 s \approx 3h \tag{8.12}$$

이다. 이 시간 규모는 안개에서 강수 생성을 위해 구름의 미세물리과정이 사용할 수 있는 충분한 시간이다. 그러나 안개의 경우 매우 깊고 습한 해양성 안개를 제외하고는 일반적으로 안개의 **액체수량(liquid water content)**이 $0.05 \sim 0.2gm^{-3}$으로 작기 때문에 강수는 기대할 수 없다.

안개에서 공기가 단열 상승할 경우 공기 덩이의 냉각률(γ_{cr})은 습윤 단열 감률(γ_s)과 연직 속도의 곱으로 다음과 같이 주어진다.

$$\gamma_{cr} = \gamma_s \frac{dz}{dt} = w\gamma_s \tag{8.13}$$

이 식을 적용하면 연직 속도(w)가 $0.01ms^{-1}$인 경우 안개의 공기 덩이의 단열상승 냉각률은

$$\gamma_{cr} = \frac{5℃}{1000m} \times 0.01ms^{-1} = 5 \times 10^{-5}℃ s^{-1} \approx 0.2℃ h^{-1} \tag{8.14}$$

이다. 안개의 정상에서 장파 복사의 발산에 의한 냉각률은 $1-4℃ h^{-1}$이다. 따라서 안개는 복사냉각의 지배를 받는다고 할 수 있다.

▌시정

시정은 안개를 구성하고 있는 입자의 수 농도(number concentration)와 액체수함량(LWC)에 의해 결정된다. Gulpete 등(2002)에 의하면 온난안개의 경우 시정(Vis)을 액체수 함량과 입자의 수 농도(N_d)의 함수로 다음과 같이 기술하고 있다.

$$Vis(km) = \frac{1.002}{(LWC \times N_d)^{0.6473}} \tag{8:15}$$

여기서 최대로 취할 수 있는 LWC와 N_d의 값은 $0.5gm^{-3}$과 $400cm^{-3}$이며, 최저로 취할 수 있는 LWC와 N_d의 값은 $0.005gm^{-3}$과 $1cm^{-3}$이다. 모델에서는 해양 안개의 경우 $N_d = 100cm^{-3}$이고 대륙 안개의 경우 $N_d = 200cm^{-3}$이다. 그림 8.8은 시정과 수적의 수농도(N_d)와의 관계를 나타낸 것이다. 그림에서 V_{96}는 FSSP(Forward Scattering Spectrometer Probe, FSSP_96) V_{124}는 FSSP-124에 의해 측정한 데이터이다. V_{96}의 측정 범위는 수적의 크기 2.1 - 48.4μm이고, V_{124}는 측정 범위가 4.6 - 88.7μm이다. 그림 8.7에서 실선의 곡선은 다음 식으로 주어진다.

$$Vis(km) = 44.989 N_d^{-11592} \tag{8.16}$$

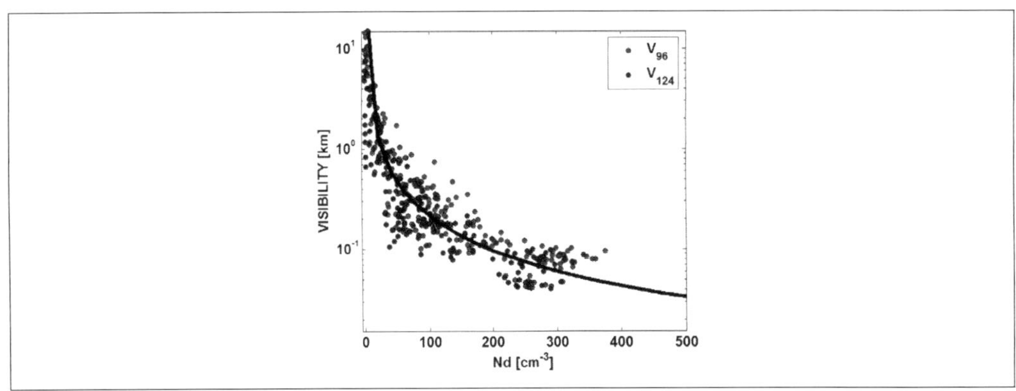

그림 8.8 ▌ 측정 입자의 수농도와 안개의 시정 (Gulpete et al., 2002).

한랭안개(cold fog)는 시정(Vis)을 고체수 함량($Ice\ Water\ Content$: IWC)과 입자의 수농도(N_i)의 함수로 다음과 같이 기술하고 있다.

$$Vis(km) = \frac{1}{(IWC \times N_i)^{0.52}} \tag{8.17}$$

한랭안개(cold fog)의 경우 시정(Vis)은 IWC와 N_i 뿐만아니라 얼음 입자의 모양에도 영향을 미친다. 따라서 한랭안개의 정확한 시정 예측은 얼음 입자의 모양에 관한 정보가 필요하다.

(2) 안개의 유형

▌ 이류안개

이류안개(advection fog)는 차가운 지표면 위로 습윤공기가 이류 하여 그 온도가 이슬점 이하로 냉각되어 생기는 안개이다. 흔히 볼 수 있는 찬 해수면 위로 습윤공기가 이류 하여 형성되는 해무(sea fog)이다. 이류안개에서 중요한 것은 어떤 지점에서 습윤공기가 찬 지표면으로 이류 시 안개 형성에 필요한 이류거리와 시간을 예측하는 것이다. 매우 단순한 물리 과정을 적용하여 이를 구해보자(Stull, 2000). 안개가 없는 눈으로 덮인 지표나 찬 호수와 같은 차가운 지표 위를 두께가 z_i인 혼합층이 일정한 속도 V로 이류 한다고 가정하자. 이 경우 난류 플럭스의 발산만을 고려한 오일러 열수지방정식에서 공기의 온위(θ)변화는 다음 식으로 주어진다.

$$\frac{\partial \theta}{\partial t} = -\frac{\partial F_{z\ turb}(\theta)}{\partial z} \tag{8.18}$$

여기서 θ는 지표에서 $10m$ 고도에서 공기의 온위이다. $F_{z\,turb}$가 z에 따라 선형적이면 식 (8.18)은 다음과 같이 주어진다.

$$\frac{\partial \theta}{\partial t} = -\frac{F_{z\ turb\ zi}(\theta) - F_{z\ turb\ sfc}(\theta)}{z_i - 0} \tag{8.19}$$

만약 안개층의 상부에서 공기 유입(entrainment)이 작다면 $F_{z\ turb\ zi}(\theta) \simeq 0$ 이다. 따라서 식 (8.19)는 다음과 같이 주어진다.

$$\frac{\partial \theta}{\partial t} = \frac{F_{z\ turb\ sfc}(\theta)}{z_i} \equiv \frac{F_H}{z_i} \tag{8.20}$$

한편 지표 난류 열플럭스, F_H는 다음과 같이 주어진다.

$$F_H = C_H V(\theta_{sfc} - \theta) \tag{8.21}$$

여기서 C_H는 총체 열전달 계수(bulk heat transfer coefficient), θ_{sfc}는 지면의 표면 온도(skin temperature), 그리고 V와 θ는 각각 지표에서 $10m$ 고도에서 평균 풍속과 공기의 온위이다. 식 (8.21)을 이용하면 식 (8.20)은 다음과 같다.

$$\frac{\partial \theta}{\partial t} = \frac{C_H V(\theta_{sfc} - \theta)}{z_i} \tag{8.22}$$

만약 풍속이 고도에 따라 대략 일정하다면, 이류하는 대기층에 설정한 좌표계에서 오일러 부피(Eulerian volume)는 속도 V로 이동한다고 할 수 있다. 이 경우 공기의 온위변화는 다음과 같이 기술 할 수 있다.

$$\frac{\partial \theta}{\partial t} = \frac{\partial \theta}{\partial x}\frac{\partial x}{\partial t} \equiv V\frac{\partial \theta}{\partial x} \tag{8.23}$$

식 (8.23)을 식 (8.22)의 좌변에 대입하면 다음과 같다.

$$\frac{\partial \theta}{\partial x} = \frac{C_H(\theta_{sfc} - \theta)}{z_i} \tag{8.24}$$

여기서 $s \equiv \theta - \theta_{sfc}$ 두면 $\partial s = \partial \theta$ 이 된다. 이 식들을 이용하여 식 (8.24)를 적분하면

$$\int_{s' = s_0}^{s} \frac{ds'}{s'} = -\frac{C_H}{z_i}\int_{x' = 0}^{x} dx' \tag{8.25}$$

으로 주어진다. 여기서 s'과 x'은 가변수(dummy variable)이다. 적분 결과를 지수함수로 나타내면 다음과 같다.

$$\frac{s}{s_0} = \exp\left(-\frac{C_H}{z_i}x\right) \tag{8.26}$$

식 (8.26)을 s에 대하여 다시 정리하면 다음과 같이 주어진다.

$$\theta - \theta_{sfc} = (\theta - \theta_{sfc})_0 \exp\left(-\frac{C_H}{z_i}x\right) \tag{8.27}$$

여기서 θ_{sfc}가 일정하다고 가정하면 다음과 같이 기술할 수 있다.

$$\theta = \theta_{sfc} + (\theta_0 - \theta_{sfc}) \exp\left(-\frac{C_H}{z_i}x\right) \tag{8.28}$$

여기서 θ_0는 이류공기의 초기 온위이다. 식 (8.28)은 이류거리 x에 따른 θ의 변화를 보여준다. 여기서는 바람에 의해 대기경계층이 잘 혼합될만한 충분한 난류가 있다고 가정한다.

이류안개는 기온이 이슬점 온도(T_d)까지 하강할 때 형성된다. 지상 $10m$에서는 $\theta \cong T$이다. 그러므로 $\theta \cong T = T_d$라 두고, 식 (8.28)을 x에 대해서 풀면 호수 위에서 안개가 처음 형성되는 거리는 다음과 같다.

$$x = \frac{z_i}{C_H} \times \ln\left(\frac{T_0 - T_{sfc}}{T_d - T_{sfc}}\right) \tag{8.29}$$

여기서 최초 이류안개가 형성되는 시간은 $t_{\text{form fog}} = x/V$으로 주어진다. 바로 앞에 주어진 2개의 식에 의하면 기온의 변화나 안개가 생성되는 이류거리는 풍속에 직접 의존하고 있지 않다. 이류안개는 일단 형성되면 안개 상부에서 복사냉각이 일어난다. 이러한 냉각은 안개의 밀도를 상승시키고 안개를 더 오랜 시간 동안 지속시켜 복사안개로 전환될 수 있게 만든다. 이런 점에서 이류안개 소멸 원인은 복사안개 소멸의 원인과 같다. 한편 전선이 통과하거나 풍향의 변화는 이류안개를 소멸시킬 수 있으며 처음의 안개 낀 공기를 덜 차갑고 건조한 공기로 바꾼다.

예제 8.3

초기의 기온이 5℃, 두께가 $200m$ 인 공기가 표면 온도 -3℃인 언 호수 위로 이동하고 있다. 만약 초기 이슬점 기온이 -1℃라면 안개가 처음 형성되기 위해서는 얼마의 거리 $x(km)$를 이동해야 하는가? (단, 빙판의 열전달 계수는 0.002이다.)

풀이

식 (8.29)을 이용 : $x = \frac{z_i}{C_H} \times \ln\left(\frac{T_0 - T_{sfc}}{T_d - T_{sfc}}\right)$

$$x = \frac{200m}{0.002} \times \ln\left(\frac{5℃ - (-3℃)}{-1℃ - (-3℃)}\right) \approx 138.6\ km$$

(2) 복사안개

바람이 없거나 약한 경우, 지표에서 약 $100m$ 고도까지 기층이 습한 경우 **복사안개**가 형성될 가능성이 크다. 야간에 복사냉각으로 발달한 안정 경계층에서 지표 온도 T_s가 이슬점 온도 T_d 이하로 하강하면 복사안개가 생성될 수 있다(그림 8.9). 안개의 깊이는 고도에 따른 야간의 기온 곡선이 초기 이슬점 온도와 만나는 지점의 높이로 추정한다. 야간에 복사냉각의 시작 시점과 안개 생성의 시작 시점의 시간차(t_0)는 Stull(2000)에 의하면 다음과 같이 주어진다.

$$t_0 = \frac{a^2 V^{3/2}(T_{RL} - T_d)^2}{(-F_H)^2} \tag{8.30}$$

여기서 a는 $0.15m^{1/4}s^{1/4}$이며, T_{RL}과 V는 각각 잔류층의 온도와 풍속이며 F_H는 평균 지표 운동학적 열 플럭스이다. T_{RL}은 그림 8.9와 같이 외삽하여 결정한다. 풍속이 크거나 공기가 건조할수록 안개의 생성을 늦춘다.

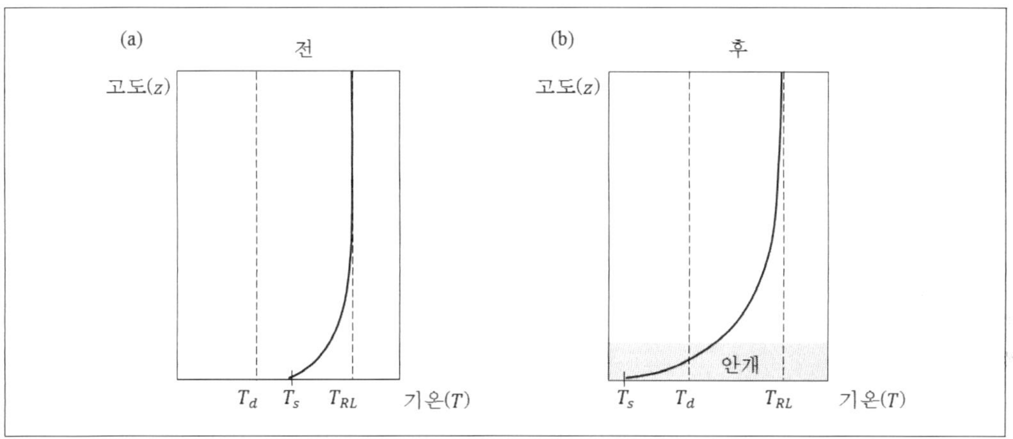

그림 8.9 ▎ **야간 안정경계층의 변화에 따른 복사안개 형성: (a) 안개형성 전, (b) 안개형성 후.**

안개가 일단 형성된 후 그 깊이의 변화는 다음의 식으로 주어진다.

$$z = a\, V^{3/4} t^{1/2} \ln\left[\left(\frac{t}{t_0}\right)^{1/2}\right] \tag{8.31}$$

여기서 t_0는 식 (8.30)으로부터 구한 시작시각이다. 위의 식은 $t > t_0$일 때 유효하다. 바람이 없는 경우에는 복사무의 깊이는 얇다. 한편 풍속이 $V \le 2.5ms^{-1}$인 경우에는 바람이 난류 혼합을 유도하여 안개층이 더 두꺼워진다. 그러나 풍속이 $2.5ms^{-1}$ 이상 되면 지표 부근의 안개를 분산시켜 소산되면서 층운을 형성할 가능성이 크다.

예제 8.4

잔류층의 온도가 20℃이고 이슬점 온도가 10℃일 때, 풍속은 $2ms^{-1}$라고 가정하자. 만약 야간의 지표 열 플럭스가 -0.02℃ms^{-1}로 일정하다면, 복사안개의 생성 시작 시각(t_0)과 6시간 후 안개의 깊이 변화(z)를 구하시오.

풀이

식 (8.30)을 이용 :

$$t_0 = \frac{(0.15m^{1/4}s^{1/4})^2 \times (2ms^{-1})^{3/2} \times (20-10℃)^2}{(0.02\,℃ms^{-1})^2} \approx 15909s \approx 4.4h$$

$$z = (0.15m^{1/4}s^{1/4}) \times (2ms^{-1})^{3/4} \times (21600s)^{1/2} \times \ln\left(\frac{6h}{4.4h}\right)^{1/2} \approx 5.75m$$

안개 형성 초기에는 그림 8.10과 같이 기온이 고도에 따라 완만하게 증가하기 때문에 안개의 밀도는 고도에 따라 완만하게 감소한다. 이와 같은 안개를 **성층안개(stratified fog)**라고 한다. 한편 안개층의 **광학두께(optical thickness)**와 밀도가 증가함에 따라 지표에서 적외선 복사가 빠져나갈 수 없을 정도가 된다. 이 경우 지표의 직접적인 적외선 복사에 의해 지표의 냉각이 더 이상 일어날 수 없게 된다. 그 대신에 최대 복사냉각이 일어나는 고도는 지표에서 안개의 위쪽으로 이동한다. 야간에 안개 내부의 공기 냉각은 찬 열기포(thermals)의 형태로 공기의 하강을 일으킨다. 이때, 대류순환이 일어나면서 난류적으로 안개를 혼합시킨다. 안개는 난류혼합에 의해 액체수 온위(liquid water potential temperature) θ_l과 총 액체수 혼합비(수증기와 액체수 혼합비의 합, r_t)가 고도에 따라 일정한 잘 혼합된 안개로 바뀐다. 이 경우 안개에서 기온의 연직 분포는 그림 8.10(b)와 같다.

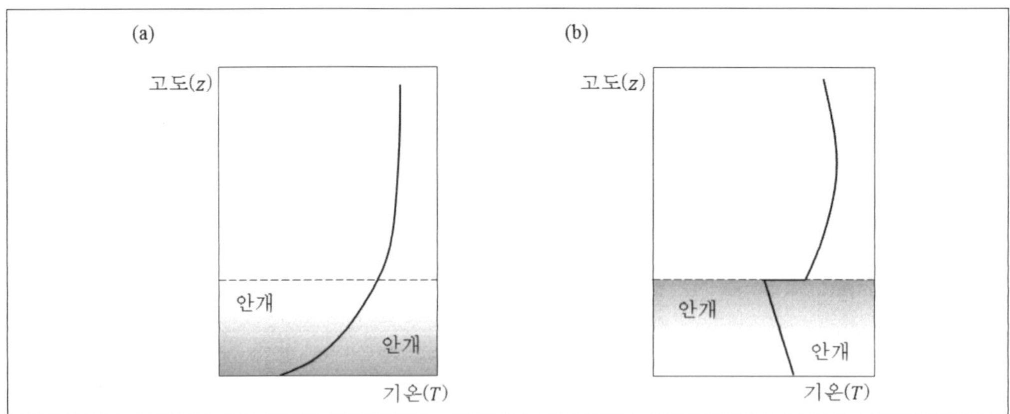

그림 8.10 ▌ (a) 성층안개는 지상에서 밀도가 더 높고 온도가 더 낮다.
(b) 잘 혼합된 안개는 적외선 복사냉각으로 인해 상부에서 안개밀도가 더 높고 온도가 더 낮다.

(3) 기타 안개

복사안개(radiation fog)는 야간에 지표의 복사냉각으로 전도에 의해 지면과 접하고 있는 공기의 냉각에 의해 생성되는 반면에 **활승안개(upslope fog)**는 바람이 경사진 지형을 만나서 강제 상승하는 공기의 단열냉각으로 생성된다. 따라서 산에서 활승안개가 발생하기 위해서는 응결고도(LCL)까지 강제 상승되어야 한다. 한편 **이류안개(advection fog)**는 차가운 지면에서 전도에 의한 공기의 냉각에 의해 생성된다.

수증기 첨가에 의한 안개로는 **강수안개(precipitation fog)** 또는 **전선안개(frontal fog)**를 예로 들 수 있다. 이 안개들은 차가운 대기 중에서 낙하하는 온난우(warm rain)의 증발에 의해 대기 중에 수증기가 더해져 습도의 증가로 형성된다. **증기안개(Steam fog)**는 차가운 공기가 이른 겨울 얼지 않은 호수와 같은 따뜻하고 습한 표면을 통과할 때 생성된다. 호수는 전도를 통해 호수 면에 가까운 공기 온도를 높이고 물을 증발시켜 공기의 수증기량을 증가시킨다. 그러나 지표 근처의 수증기를 함유한 얇은 따뜻한 공기층은 포화되지 않는다. 난류가 이 공기층을 지표보다 더 위에 있는 차가운 공기와 혼합시키면 혼합된 공기는 포화되어 안개가 생성되며 이것을 **증기안개(steam fog)**라고 부른다.

(4) 해양성 안개

해양성 안개의 경우 크게 증기안개와 이류안개가 있다. 이 중 증기안개는 한반도에서 주로 늦가을, 겨울에 잘 발생하며 극지방 쪽에서 차갑고 건조한 바람이 불어 내려오게 되는데, 이때 해수면의 온도가 비교적 따뜻하면, 따뜻한 해수면에서 증발한 수증기들이 포화 수증기압이 낮은 차갑고 건조한 공기와 만나서 쉽게 응결되어 발생하는 안개이다. 증기안개는 열역학적으로 불안정하여, 대류성 난류가 발생하고 이 난류에 의해 안개가 지속하지 못하고 짧은 시간에 소산된다. 이와 반대 개념으로 이류안개의 경우 늦봄, 초여름에 잘 발생하며, 열대에서 유입된 따뜻하고 습한 공기가 아직 따뜻해지지 않은 차가운 해수면과 만나면서, 냉각되어 포화수증기압이 작아진다. 이미 대기 중에 있던 수증기는 안개의 형태로 응결하는데, 이러한 안개를 이류안개라고 부른다.

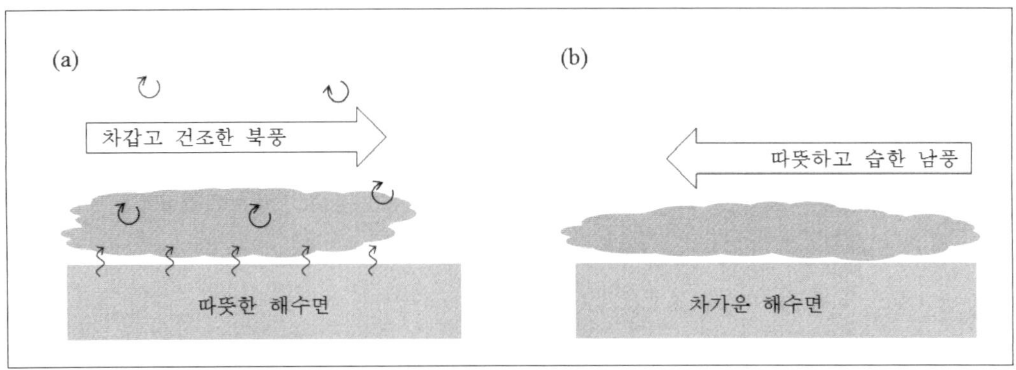

그림 8.11 ‖ (a) 해양에서의 증기안개와 (b) 해양에서의 이류안개.

8.4 구름과 안개의 소산

구름은 상대습도 100% 대기에서 수적과 빙정으로 구성되었다. 따라서 구름을 소산시키는 방법을 세 가지로 고려할 수 있다. 첫째는 구름의 온도상승, 둘째는 상대습도 100% 미만의 외부 공기와의 혼합, 셋째는 구름을 포함한 기층의 침강(sinking)이다. 첫 번째 구름의 직접적인 온도상승은 주간에 일어난다. 낮에 구름이 태양복사를 흡수하고 지면의 장파 복사를 흡수하는 경우 대기경계층의 내부나 경계층 상부에 인접한 구름은 소멸할 수 있다. 두 번째 경우는 구름 외부에 있는 불포화 공기가 구름 내부로 유입되어 혼합과정에서 수적의 증발로 인해 구름이 부분적으로 소멸할 수 있다. 실제로 구름주위가 매우 건조한 경우는 상대습도의 차로 인해, 구름의 가장자리가 점차 침식되어 희미해지면서 경계가 뚜렷하지 않다. 구름 외부에 있는 공기가 구름 내부로 유입되는 이유는 구름 내부가 그 외부보다 난류가 강하기 때문이다. 셋째 경우는 고기압 지역에서 지표 부근에서 대기의 발산으로 대기가 침강하는 경우이다. 이외에도 구름이 지면이 습한 지역에서 건조한 지역으로 이동하면 구름이 소산한다. 이 경우에는 건조한 지면으로 인해 지면에서 구름으로 유입되는 공기가 구름을 유지하는데 충분한 수분을 공급하지 못하기 때문이다. 예를 들면 대도시에서 멀리 떨어진 지역에서 형성된 구름이 대도시로 이동하면서 소멸하는 것은 지면의 수분 공급의 차이로 설명할 수 있다.

짙은 안개(dense fog)는 많은 재해를 일으킬 수 있으므로 안개의 형성, 지속시간, 강도와 더불어 소산(dissipation)의 정확한 예측은 매우 중요하다. 낮 동안 일사에 의한 가열과 적외선 냉각은 함께 일어나지만, 가열이 냉각을 능가한다. 그 결과 안개의 밀도는 낮아지고 두께는 얇아지고 상승하며 태양복사에 의한 승온으로 안개가 전적으로 소산된다. 이때 안개가 소산되는

데 걸리는 시간은 안개의 알베도와 밀접한 관계가 있다. 엷은 안개(thin fog)의 알베도(A)는 0.3~0.5인 반면에 광학적으로 두껍고 잘 혼합된 안개의 알베도(A)는 0.6 ~ 0.9이다. 따라서 엷은 안개는 태양복사의 흡수에 의한 승온으로 안개가 전적으로 소산된다. 반면 짙은 안개의 경우 약한 햇빛은 안개에 반사되지 않고 안개 자체에 흡수된다. 그러나 적외선 냉각이 지속하여 태양열에 의한 승온 효과를 상쇄시키므로 안개가 쉽게 소산되지 않는다.

안개의 소산 가능성을 추정하는 하나의 정량적인 방법은 안개가 생성되기 시작한 시간(t0) 이후로 누적 냉각(accumulated cooling)과 누적 승온(accumulated warming)의 합을 계산하여 분석하는 것이다. 그림 8.12와 같은 간단한 모형을 이용하여 관계식을 유도 해보자.

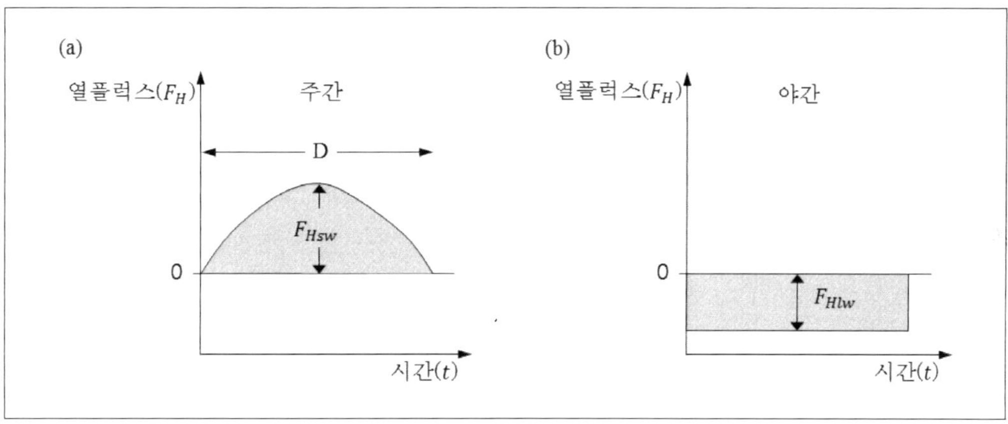

그림 8.12 ▎ 주간의 단파와 야간의 장파에 의한 열 플럭스의 모식도.

그림 8.12에서 맑은 날 주간에는 태양의 고도가 sin 함수와 같은 형태로 변하므로 지표에서 태양복사의 열 플럭스도 이에 따라 변한다. t_{sr}를 일출 시각, D는 일조시간(낮의 길이) 그리고 $H_{m\ sw}$은 최대 태양복사플럭스로 고려한다. 이 경우 단위면적에 대해 일출 이후에 안개층이 흡수한 누적가열($Q_{sw\ acc}$)은 다음과 같이 주어진다.

$$Q_{sw\ acc} = (1-A)\frac{H_{m\ sw}\,D}{\pi}\left[1-\cos\left(\frac{\pi(t-t_{sr})}{D}\right)\right] \tag{8.32}$$

여기서 A는 안개의 알베도이고, $Q_{sw\,acc}$의 단위는 Jm^{-2}이다. 한편 맑은 날 일몰 후에는 지표의 장파복사로 인해 지표와 인접한 대기층이 냉각된다. 그 결과 온도 역전층이 형성되며, 이로 인해 대기에서 거의 일정한 장파복사가 찬 지면으로 향한다. 안개가 최초로 생성되는 시각을 t_0라고 하면 지표의 단위면적에 대한 누적 냉각($Q_{lw\ acc}$)은 다음과 같이 주어진다.

$$Q_{lw\ acc} = H_{lw}(t-t_0) \tag{8.32}$$

여기서 야간에는 $H_{lw} < 0$이므로 $Q_{lw\,acc} < 0$이다. $Q_{lw\,acc}$의 단위는 Jm^{-2}이다. 주간과 야간에 누적된 열의 총합(Q_{acc})은 다음과 같이 주어진다.

$$Q_{acc} = H_{lw}(t - t_0) + (1 - A)\frac{H_{m\,sw}\,D}{\pi}\left[1 - \cos\left(\frac{\pi(t - t_{sr})}{D}\right)\right] \tag{8.33}$$

우변의 첫째항은 안개가 처음에 생성되는 시점(t_0)인 야간 이외에도 그 이후에 이어지는 낮 시간에도 $t > t_0$일 때는 모두 포함되어야 한다. 이러한 접근법은 밤 동안의 적외선 냉각률 H_{lw}이 낮 동안에도 지속되는 적외선 냉각에 좋은 근사라는 것을 가정한다. 두 번째 항은 $t > t_{sr}$일 때만 포함되어야 한다. 이류와 같은 다른 요소들은 무시하고 초기의 안개는 없다고 가정하면, Q_{acc}가 양수가 될 때 안개는 소산된다.

안개의 바로 꼭대기에서 적외선 냉각이 일어나는 동안 태양열에 의한 승온은 안개층의 바로 상부에서 좀 더 깊은 층에 걸쳐 일어난다. 이러한 상부 냉각 아래에서의 승온은 안개를 정적으로 불안정하게 만들며 안개의 상부에서 차가운 열기포가 하강하는 대류를 만든다. 이러한 상부의 차가운 공기의 하강은 비록 안개 전 영역에 걸쳐 평균적으로 순가열(net heating) 일지라도 안개를 계속해서 혼합시킨다. 그러므로 복사에 의해 승온이나 냉각된 공기는 대류에 의해 안개층에 연직으로 재분배되고 혼합된다. 이러한 가열은 안개 하부의 수증기를 증발시켜서 마치 안개가 상승하는 것으로 보이게 한다. 때때로 낮 동안의 가열은 안개를 모두 소산시키기에 충분치 않다. 다시 밤이 오고 복사냉각과 태양가열이 균형을 이루지 않게 되면 높은 고도의 안개 하부는 낮아지게 되며 다시 지상으로 내려오게 된다.

자연과정에 의한 안개 소멸은 주로 안개층의 태양복사 흡수와 난류에 의한 대기의 연직 혼합에 의해서 이루어진다. 아침에 일사에 의한 지표의 가열에 따른 안개 소산은 먼저 가장자리부터 이루어진다. 그림 8.13(a)에서 보는 바와 같이 그 자체보다 그 주위가 먼저 가열되기 때문이다. 그림 8.13(b)은 위성에서 1시간 간격으로 관측한 두 개의 가시영상이다. 좌측 영상에서 화살표는 안개의 경계를 표시한다. 한 시간 뒤에 관측한 우측의 가시영상을 보면 안개가 중심보다는 가장자리에서 안쪽으로 소산되고 있음을 알 수 있다. 안개가 소산하는 데 걸리는 시간은 안개층의 두께와 안개의 농도에 따라 다르다.

그림 8.13 ▌ 아침에 일사에 의한 지표의 가열에 따른 안개 소산을 보이는 위성의 가시영상. (a) 초기 영상, (b) 1시간 후의 영상.

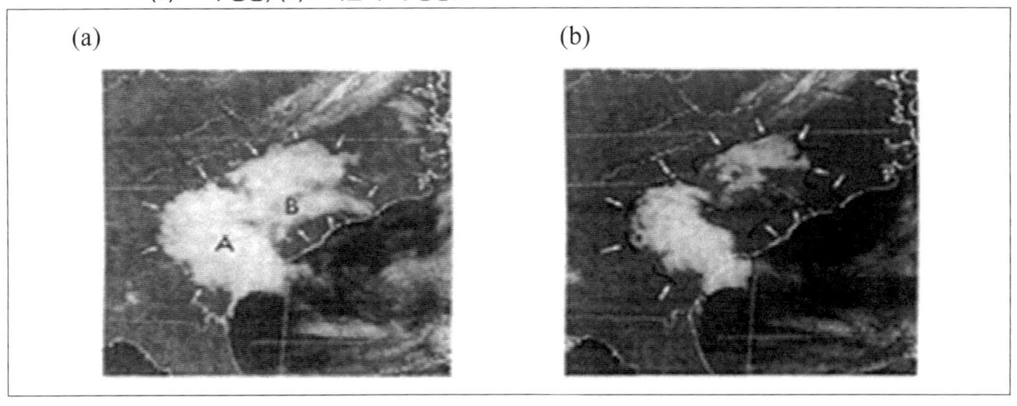

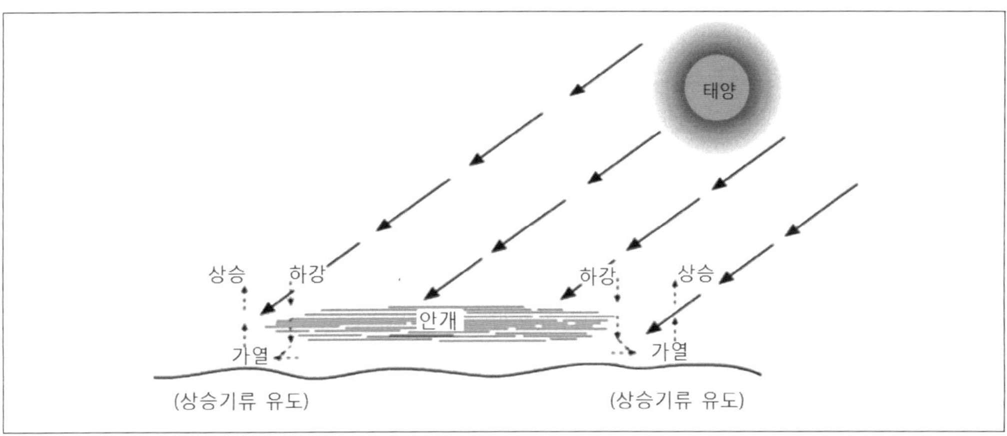

그림 8.14 ▌ 안개층의 가열에 의한 안개 소산 방법.

안개의 인공 소산은 물리적으로 크게 3가지로 구분할 수 있다. 첫째는 안개층의 가열에 의한 안개 입자의 증발, 둘째는 안개층의 상대습도를 크게 낮추어 안개를 증발시키는 것 그리고 셋째는 인공 씨뿌리기(artificial seeding)을 통해 안개 입자를 강수하는 방법이다. 첫 번째 방법은 단위체적에 있는 안개 입자에 의한 액체수 양을 증발시키는 데 필요한 열에너지를 계산하여 안개층을 가열한다(그림 8.14 참조). 두 번째 방법은 기온이 0℃ 이상인 온난안개(warm fog)의 경우, 특히 두께가 얇은 안개에 대해서는 헬리콥터를 이용하여 안개층 위에 있는 불포화 공기와 안개가 기계적으로 혼합시켜 안개 입자를 증발시킨다. 안개 입자가 과냉각 상태일 때 액체질소(liquid nitrogen), 드라이아이스 그리고 요오드화은(silver iodide)을 사용한다. 이들 입자를 항공기를 이용하여 안개층에 살포하면 안개 입자의 수가 증가하여 입자 간의 충돌을 촉진시켜 강수 입자가 형성되고, 이들 입자가 낙하하면서 안개가 제거된다.

연습문제

1. 지표($p = 1000hPa$) 가까이에 있는 공기층의 초기 온도는 20℃이고 초기 상대습도는 68%이다. (1) 복사안개 또는 이류안개가 생성되기 위해서는 이 공기층의 온도가 얼마나 내려가야 하는가? (2) 활승안개가 생성되기 위해서는 이 공기층이 어느 고도까지 상승하여야 하는가? (3) 전선안개가 생성되기 위해서는 $1kg$의 건조대기에 얼마만큼의 비가 증발하여야 하는가?

2. 공기 덩이 A의 기온은 30℃이며 수증기압은 $34hPa$이이다. 공기 덩이 B의 기온은 −4℃이며 수증기압은 $2hPa$이라고 가정하자. 각각의 공기 덩이의 질량이 $1kg$이라면 혼합된 공기는 기압 $1000hPa$에서의 포화 가능 여부를 구하시오. 또, 혼합된 공기 온도와 수증기압을 구하시오.

제9장 수적의 형성과 강수발달

구름의 강수 발달과정은 구름 입자의 형성과 형성된 입자가 강수 입자로 성장하는 크게 두 단계의 과정으로 이루어진다. 강수는 크게 비와 눈의 형태로 나눌 수 있으며, 서로 다른 미세물리 과정에 의해 형성된다. 이 장에서는 구름 입자의 형성과 강수발달에 대해 논의한다.

9.1 강수형성 과정의 개요

구름 입자가 성장하여 강수 입자가 되는 것을 **강수형성(precipitation formation)**이라고 한다. 강수 형성과정은 **온난운(warm cloud)**과 **한랭운(cold cloud)**으로 구분할 수 있다. 온난운은 구름 정상부의 온도가 0℃ 이상인 구름으로 그 전체가 수적만으로 구성되어 있으며, 우적 형성 과정의 모식도가 그림 9.1에 주어져 있다. 구름 응결핵을 포함한 상승기류가 포화되면서 비균질 핵생성에 의해 매우 작은 수적이 형성된다. 이 수적은 과포화 상태의 상승기류에서 수증기의 응결 때문에 계속 성장한다. 한편 이론적으로 수적의 응결 성장률(dr/dt)은 수적의 반경(r)에 반비례한다. 따라서 수적들의 성장이 계속 진행될수록 수적들의 크기가 비슷할 것으로 예상할 수 있다. 그러나 실제 구름 관측에서는 작은 수적들과 큰 수적들이 함께 관측되며, 수적의 크기 스펙트럼의 폭이 확장(broadening)되는 것으로 확인되었다. 수적의 크기 스펙트럼의 폭이 확장은 구름 외부에 있는 불포화 공기가 구름 내부로 유입(entrainment)된 후에 일어나는 구름 미세물리과정으로 설명하고 있다. 수석의 반경이 $20\mu m$ 이상이 되면 수적 간의 충돌・병합에 의해 수적이 성장하면서 강우 입자가 형성된다.

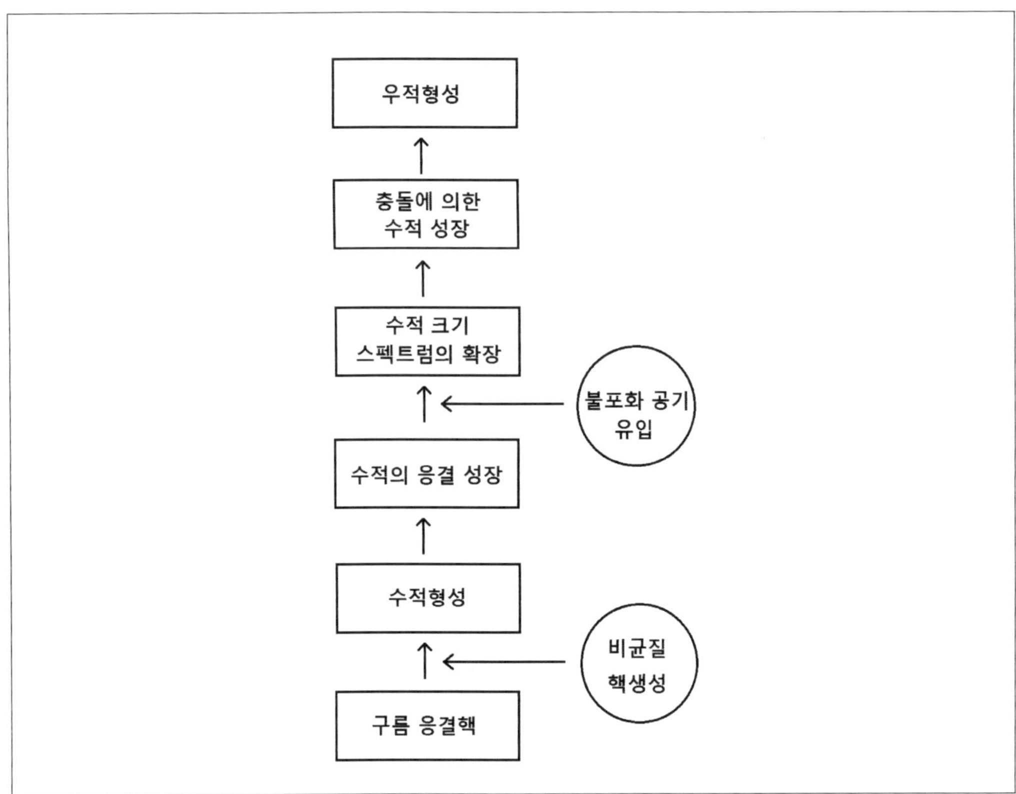

그림 9.1 ▌ 온난운의 강우 형성과정.

한랭운의 강수 형성과정은 온난운의 경우보다 좀 더 복잡하다. 그림 9.2에서 0℃ 고도 이하에서 수적과 빙정핵을 포함한 구름 덩이(cloudy parcel)가 0℃ 고도를 넘으면서 빙정핵이 **이질핵생성(heterogeneous nucleation)**에 의해 매우 작은 빙정을 형성하면서 빙정과 과냉각 수적이 공존한다. 빙정들은 과포화 상태의 상승기류에서 수적과 함께 성장하지만 동일한 과포화 조건에서는 수적보다 빙정이 더 빨리 성장한다. 그 이유는 동일한 온도에서 수적에 대해 포화라면, 빙정에 대해서는 과포화가 되기 때문이다. 빙정이 어느 정도 커지면 과냉각 수적의 함량에 따라 빙정의 성장과정이 달라질 것으로 예상된다. 소량의 과냉각수가 있는 곳에서는 빙정과정(ice crystal process)에 의해 수적은 증발하고 빙정은 성장하여, 결국에는 구름이 주로 빙정으로 구성된다. 한편 다량의 과냉각 수적이 있는 경우에는 수적의 동결에 의해 얼음입자가 형성된다. 그림 9.2에서 빙정핵의 핵생성과정에 의한 빙정형성과 수적의 동결에 의한 빙정 형성만으로 강설을 기대할 수 없다. 그 이유는 강수를 동반한 한랭운에서 관측된 빙정의 수밀도는 빙정핵에서 형성된 일차빙정(primary ice)의 수밀도의 $10^3 \sim 10^4$나 되며, 이를 빙정증식(ice multiplication)으로 설명하고 있다.

빙정증식은 빙정핵이나 과냉각수적의 동결에 의하지 않고 다른 원인에 의해 빙정의 수가 증가하는 것을 의미하며, 이와 같이 형성된 빙정을 이차빙정(secondary ice)라고 한다. 빙정증식 과정으로 다음의 4가지 과정: (i) 빙정의 증발 시에 빙정파편 형성, (ii) 빙정간의 충돌로 인해 빙정의 파편 형성(예: 나뭇가지 모양), (iii) 빙정의 결착(riming)현상이 일어나는 동안 생긴 매우 작은 얼음의 파편형성, 즉 Hallett-Mossop 과정, 그리고 (iv) 과냉각수적의 동결 시에 형성되는 얼음의 파편형성을 고려하고 있다. 빙정증식이 일어난 후에 과냉각수적이 많은 경우 빙정과 과냉각 수적이 충돌 · 결착으로 인해 빙정이 성장하여 싸락눈(graupel)이 된다. 한편 과냉각수적의 수가 작은 경우에는 구름이 주로 빙정으로 구성되며, 빙정 간의 충돌 · 부착에 의해 눈송이(snow flake)가 형성된다.

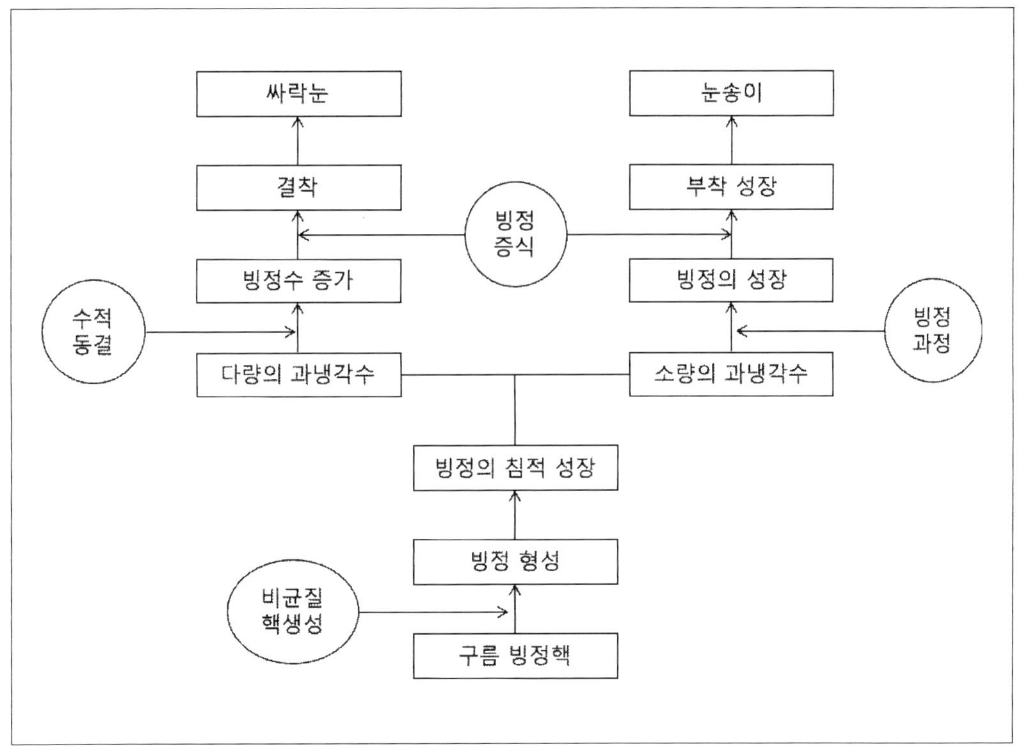

그림 9.2 ▌ **한랭운의 강설 형성과정.**

9.2 수적의 형성과 응결성장

(1) 수적 형성

수증기를 포함한 공기가 상승기류에 의해 응결고도 위로 올라가면 수증기가 응결핵에 응결하여 수적을 형성하는 과정을 핵생성이라고 한다. 핵생성은 **균질 핵생성(homogeneous nucleation)**과 **비균질 핵생성(heterogeneous nucleation)**으로 구분한다. 균질 핵생성은 또한 **자발 핵생성(spontaneous nucleation)**이라고도 한다. 균질 핵생성은 응결핵이 없이 수증기 분자들 간의 무작위 충돌에 의해 작은 수적을 형성하는 것으로 상대습도가 500% 이상인 경우에 가능하며, 구름 생성실(cloud chamber)에서 재현할 수 있다. 비균질 핵생성 과정은 상대습도 100% 정도에서 대기 중에 있는 응결핵을 중심으로 수증기가 응결하여 수적을 형성하는 과정이다. 응결핵에 의한 비균질 핵생성의 물리 과정을 이해하기 위해 먼저 균질 핵생성 과정을 살펴보자. 균질 핵생성 이론에 의하면 순수한 물로 구성된 수적의 경우 수적이 안정적으로 성장할 수 있는 임계반경(r_c)은 다음과 같이 주어진다.

$$r_c = \frac{2\sigma}{\rho_l R_v T \ln S} \tag{9.1}$$

여기서 ρ_l은 물의 밀도, σ는 물의 표면장력, T는 수증기의 온도, R_v는 수증기에 대한 기체상수이다. 그리고 $S = e_s(r)/e_{s\infty}$로서 포화비(saturation ratio)로서 평면의 물에 대한 포화 수증기압($e_{s\infty}$)을 나타낸다. 식 (9.1)을 **켈빈의 방정식(Kelvin's equation)**이라고 한다. 식 (9.1)은 물리적으로 $S > 1$인 경우에 성립한다. 식 (9.1)을 다음과 같이 나타낼 수 있다.

$$e_s(r) = e_{s\infty} \exp\left(\frac{2\sigma}{\rho_l R_v r T}\right) \tag{9.2}$$

식 (9.2)에서 보는 바와 같이 수적의 반경이 작을수록 수적 표면에 대한 포화 수증기압 또는 평형 수증기압이 더욱 커진다. 그 이유를 그림 9.3에서 살펴보자.

그림 9.3(a)와 (b)에서 중심에 있는 검은 원형의 분자에 주위분자가 미치는 인력을 고려해 본다. 물 표면이 평면(a)인 경우에는 검은 원형의 분자를 중심으로 그 바로 아래, 좌·우와 전·후 그리고 측면에 있는 분자들로부터 인력을 받는다. 그러나 물 표면이 곡면(b)인 경우에는 검은 원형의 분자에 인력을 미치는 분자 수가 (a)보다 상대적으로 적다. 따라서 평면의 물 표면에 있는 분자보다는 곡면상에 있는 물 분자가 상대적으로 이탈하기 쉽다. 그리고 이로 인해 곡면의 물 표면에는 수증기의 밀도가 더 커지고, 따라서 포화 수증기압이 더 높아진다.

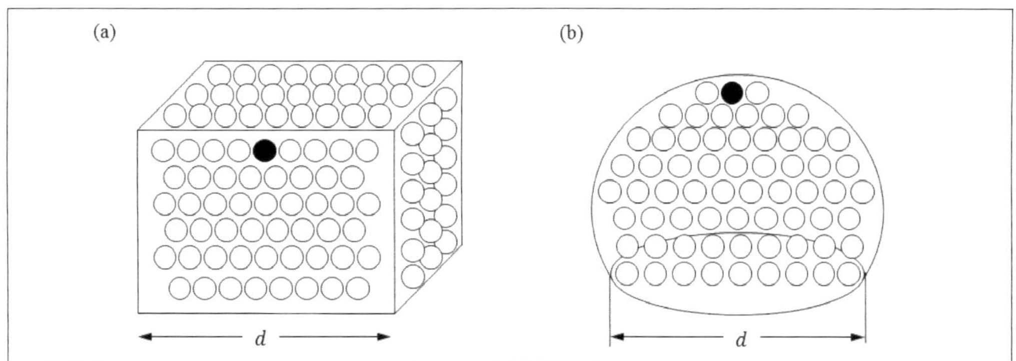

그림 9.3 ▌ 평면과 구면에 있는 분자에 미치는 분자인력의 비교. d는 원의 지름을 의미한다.

이제 응결핵에 의한 비균질 핵생성 과정을 살펴보자. 이 과정에서 응결핵은 다음 두 가지 역할을 한다. 첫째는 수증기의 과포화 상태에서 응결핵은 수증기 분자가 쉽게 응결할 수 있는 표면을 제공한다. 그리고 두 번째로 응결핵의 역할은 대부분의 응결핵은 **흡습성(hygroscopic)**이므로 상대습도 100% 이하에서도 수증기의 응결을 가능하게 하여 수적을 형성한다. 예를 들면 대기 중에 있는 해염(sea salt) 입자가 응결핵으로 작용할 경우에는 수적이 형성되는 과정에서 해염이 녹는다. 이 경우 수증기의 응결에 의해 생성된 물은 용매(solvent) 역할을 하여 **용질(solute)**에 해당하는 해염을 녹이면서 작은 **수용액 방울(solution droplet)**을 형성한다. 수용액 방울에서 물의 증발이 일어나는 표면은 물 분자와 용질 분자로 구성되어 순수한 물로 되어 있을 때 보다 그 표면에서 물분자의 이탈률이 낮아진다. 그 결과 평면의 용액에서 포화수증기압(e')은 평면의 물에서 포화수증기압($e_{s\,\infty}$)보다 낮아지며 이를 **라울의 법칙(Raoult's law)**이라고 한다. 이 법칙에 의하면 용액이 n_0몰의 물과 n몰의 비휘발성 용질로 구성되어 있을 경우 용액평면에서 포화수증기압(e')은

$$\frac{e'}{e_{s\,\infty}} = \frac{n_0}{n_0 + n} \tag{9.3}$$

와 같이 주어진다. 용액이 농도가 매우 낮은 경우 즉, $n \ll n_0$인 용액의 경우에는 (9.3)은

$$\frac{e'}{e_{s\,\infty}} \fallingdotseq 1 - \frac{n}{n_0} \tag{9.4}$$

으로 근사할 수 있다.

한편 고체 상태의 용질이 물에 녹았을 때는 두 가지 형태로 분해된다. 첫 번째 경우는 설탕과 같이 용해는 되지만 더 이상 분해되지 않고 설탕 분자 그대로 존재하는 경우이다. 두 번째 경우는 소금과 같이 물에 용해되면서 Na^+ 이온과 Cl^- 이온으로 분해되는 경우이다. 소금이 물에 용해되면서 Na^+ 이온과 Cl^- 이온으로 분해되는 까닭은 물 분자들과 Na^+ 또는 Cl^- 이온 사이에

작용하는 인력이 Na^+ 이온과 Cl^- 이온 사이에 작용하는 인력보다 더 크기 때문이다. 따라서 물 분자 주위의 이온에 의한 인력은 물 분자가 용액에서 이탈할 기회를 감소시킴으로써 용질이 이온화가 되지 않은 경우보다 포화수증기압이 더 낮아진다. 용액에서 용질이 이온화에 따른 포화수증기압의 감소 효과를 고려한 것이 **반트호프 인자(van't Hoff factor)**이며 i로 표시한다. 희석된 $NaCl$ 용액의 경우 $i \approx 2$이다. 용질의 질량이 m, 그 분자량이 M_s인 경우 유효한 이온의 수는 $n = iN_0 m_s / M_s$ 으로 주어진다. 그리고 질량이 m인 물의 분자 수는 $n_0 = N_0 m / M_w$ 이다. 주어진 n과 n_0를 식 (9.3)에 대입하고, 물의 질량 $m = 4\pi r^3 \rho_l / 3$을 적용하면 다음과 같이 주어진다.

$$\frac{e_{ss(r)}}{e_{s\,\infty}} = 1 - \frac{b}{r^3} \tag{9.5}$$

여기서 $b = \dfrac{3iM_w m_s}{4\pi \rho_l M_s}$ 이다. 식 (9.5)는 용질의 질량(m_s)이 일정할 경우 평형 수증기압은 $1/r^3$에 의존함을 보여준다. 따라서 응결에 의해 용액 방울의 반경이 증가할수록 $1/r^3$은 0에 접근하므로 용질로 인한 포화수증기압 강하(depression) 효과는 많이 감소한다. 수적에 용질이 녹아있을 경우 표면의 곡률과 용액의 수적 표면상에서의 포화 수증기압에 미치는 효과는

$$\frac{e_{ss}(r)}{e_{s\,\infty}} = \exp\left(\frac{a}{r}\right)\left(1 - \frac{b}{r^3}\right) \tag{9.6}$$

와 같이 나타낼 수 있다. $e_{ss}(r)$는 용액 방울 표면에서의 포화수증기압이고, $a = 2\sigma / (\rho_l R_v T)$ 이다. 식 (9.6)에서 $a/r \ll 1$이므로

$$\frac{e_{ss}(r)}{e_{s\,\infty}} \cong \left(1 + \frac{a}{r}\right)\left(1 - \frac{b}{r^3}\right) \tag{9.7}$$

와 같이 근사할 수 있다. (9.7)에서 $1/r^4$과 관련된 항을 무시하면

$$\frac{e_{ss}(r)}{e_{s\infty}} = 1 + \frac{a}{r} - \frac{b}{r^3} \tag{9.8}$$

을 얻는다. 식 (9.8)을 **쾰러 곡선(Köhler Curve)**의 방정식이라고 하며, 주어진 용질의 질량과 온도에서 용액 방울의 표면에서의 포화수증기압은 수적의 크기에 의존함을 보여준다. 식 (9.8)에서 a/r는 곡률항(curvature term)이며, 평면의 물과 비교해서 곡면을 가진 물에서 포화 수증기압의 증가 효과를 나타낸다. b/r^3항은 용액항(solution term)으로 물에 용질이 용해

되어있을 경우 이로 인한 포화수증기압의 감소를 나타낸다. 응결핵이 활성화 시에 구름 물방울의 임계반경(r^*)과 이때의 임계 포화비(S^*)는 식 (9.10)에 의한 곡선의 최고점에서 반경과 포화비($S = e_{ss}(r)/e_{s\infty}$)이므로

$$r_* = \sqrt{\frac{3b}{a}} \tag{9.9}$$

$$S^* = 1 + \sqrt{\frac{4a^3}{27a}} \tag{9.10}$$

로 주어진다. 표 9.1은 $NaCl$로 이루어진 응결핵의 질량에 따른 반경과 과포화도를 나타낸 것이다. 응결핵의 질량이 증가할수록 임계반경(r^*)이 더욱 많이 증가함을 보여준다.

표 9.1 ▎ 응결핵의 질량에 따른 임계반경과 과포화도 (Rogers and Yau, 1989).

해리된 염분($NaCl$) 질량(g)	용액 방울의 반경 $r_s(\mu m)$	r^*	$(S-1)$(%)
10–16	0.0223	0.19	0.42
10–15	0.0479	0.61	0.13
10–14	0.103	1.9	0.042
10–13	0.223	6.1	0.013
10–12	0.479	19	0.0042

그림 9.4는 질량이 $10^{-16}g$ 황산암모늄, $[(NH_4)_2SO_4]$ 으로 이루어진 용질이 응결핵으로 작용하여 매우 작은 수용액 방울을 형성한 후 수증기의 응결에 의한 성장단계에서 반경의 증가에 따른 곡률효과와 용액효과를 보여준다. 그림에서 점선 A는 순수한 물로 이루어진 수적의 성장 시에 성장곡선에 대한 포화비의 변화이다. 점선 A반경이 증가에 따라 포화비가 점점 1에 접근하고 있다. 그리고 점선 B는 수용액 방울이 성장 시에 포화비의 변화를 보여준다. 그림에서 보는 바와 같이 반경이 증가함에 따라 용액의 농도 감소로 포화비가 점점 1에 접근하고 있다. 그림 9.4에서 실선 C는 쾰러 곡선으로 그림에 주어진 곡률효과(A)와 용액효과(B)가 합해졌을 때의 실제 수용액 방울의 성장곡선이다. 그림에서 보는 바와 같이 용액 방울의 반경이 작은 때에는 용액효과가 곡률효과보다 훨씬 탁월하여 상대습도 100% 미만에서도 평형(포화) 상태에 있다. 그러나 반경이 대략 $0.07\mu m$로 증가하면서 용액효과는 거의 무시되고, 곡률효과가 영향을 미친다. 그림에 의하면 곡률효과는 용액의 반경이 $0.07\mu m$에서 거의 $10\mu m$로 성장할 때까지 영향을 미친다. 용액 방울의 성장곡선 C에서 임계 포화비(S^*)에 해당되는 임계반경 (r^*)은 구름 물방울의 성장에서 매우 중요한 의미가 있다. 그 까닭은 응결핵을 중심으로 형

성된 수적이 성장하여 그 크기가 r^* 를 능가하는 것을 응결핵의 활성화(activation)라고 한다. 응결핵에 의해 형성된 수적 가운데서 반경이 $r < r^*$인 수적들을 연무입자(haze particle)라고 하며, 수적의 반경이 $r > r^*$ 인 수적들을 구름 수적(cloud droplet)이라고 한다.

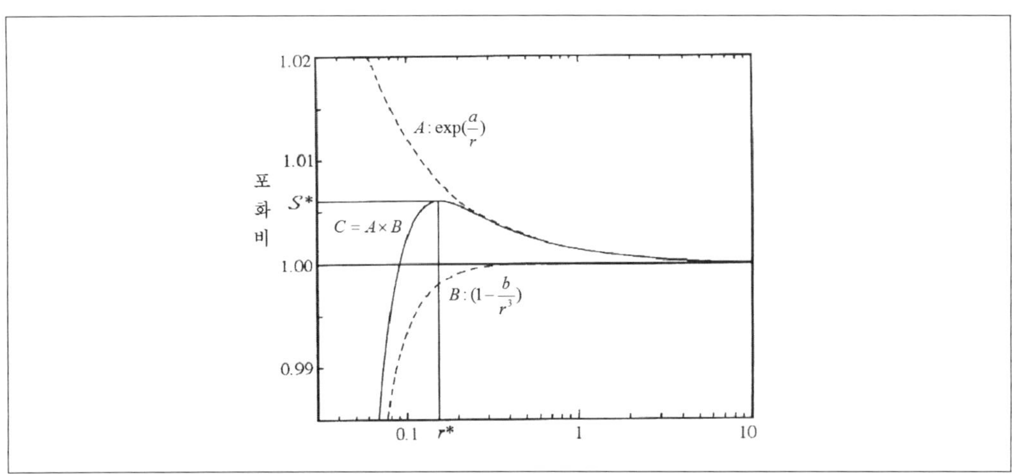

그림 9.4 ▌ 쾰러 곡선(Kohler Curve).

대기의 에어로솔 가운데서 구름이 도달할 수 있는 과포화도 1% (상대습도 101%) 정도에서 활성화되는 에어로솔을 구름응결핵(Cloud Condensation Nuclei, CCN)이라고 한다. 에어로솔 중 반경이 $0.1\mu m \le r \le 1.0\mu m$ 인 흡습성 대핵(large nuclei)이 주로 응결핵으로 작용한다. 단위체적에 있는 에어로솔 중 활성화되어 구름 수적을 형성하는 에어러솔의 수를 활성화 스펙트럼(activity spectrum)이라고 한다. 많은 연구 결과에 의하면 구름 응결핵의 활성화 스펙트럼은 과포화도에 따라 증가하며 다음과 같이 주어진다.

$$N_{CCN} = CS^k \tag{9.11}$$

여기서 N_{CCN}은 주어진 과포화도($S\%$)에서 단위체적당 응결핵의 수를 나타낸다. 그리고 C와 k는 기단의 특성에 의존하는 상수로서 다음과 같다. 지표 부근의 해양에서는 $C = 30 - 300cm^{-3}$, $k = 0.3 - 1.0$이며, 육지에서는 $C = 300 - 3000cm^{-3}$, $k = 0.2 - 2.0$의 값을 갖는다. 실제 관측에 의하면 동일 지점의 경우에도 접근하는 기단의 종류에 따라 CCN의 농도가 달라진다. 특히 대기오염이 심할 때와 가뭄일 때는 CCN의 농도가 많이 증가한다.

표 9.1 ▎구름과 안개의 상승속도와 과포화도 (Seinfeld and Pandis, 1997).

운 형	상승속도 $m s^{-1}$	과포화도(%)
대륙적운	$\sim 1 - 17$	$0.25 - 0.70$
해양적운	$\sim 1 - 2.5$	$0.3 - 0.8$
층상운	$\sim 0 - 1$	~ 0.05
안개	~ 0.01	~ 0.1

예제 9.1

과포화 비율이 0.5%인 대륙성 공기에서 활성화된 응결핵들의 수밀도를 구하시오. 또, 얼마나 많은 공기가 각 수적을 둘러싸고 있는지, 각 수적 사이의 거리를 구하시오.
단 $C = 6 \times 10^8 m^{-3}$으로 고려한다.

풀이

(a) 식 (9.11)을 이용: $N_{CCN} = (6 \times 10^8 m^{-3})(0.5)^{0.5} = 4.24 \times 10^8\ m^{-3}$

(b) $V = 1/N_{CCN} = 2.36\ (mm)^3$

(c) 수적 간의 거리: $x = V^{1/3} = 1.33\, mm$

9.3 응결에 의한 구름 입자의 성장

(1) 수적의 응결성장

수증기의 확산에 의한 수적 성장은 두 가지 물리 과정을 동반한다. 수적 표면에서 수증기가 응결하면서 방출된 잠열로 인하여 수적의 온도상승과 이로 인해 주위보다 온도가 높은 수적에서 주위로 열이 전도된다. 수증기의 확산에 의한 수적의 성장 방정식을 유도하기 위하여 반경이 r인 하나의 고립된 작은 수적을 그림 9.5와 같이 고려한다. 이 경우 수증기의 응결에 의한 질량(m)증가, 즉 수적 성장 방정식은 다음과 같이 주어진다.

$$\frac{dm}{dt} = 4\pi r D(\rho_\infty - \rho_r) \tag{9.12}$$

여기서 ρ_∞는 수적 주위에 수증기의 밀도, ρ_r는 수적 표면에서 수증기의 밀도 그리고 D는 수증기의 확산계수이고 그 단위는 $m^2 s^{-1}$이다. 식 (9.12)에서 $\rho_\infty > \rho_r$인 경우 응결이 일어나서 수적의 질량이 증가하고, 그 반대인 $\rho_\infty < \rho_r$인 경우에는 수적이 증발하여 질량이 감소한다.

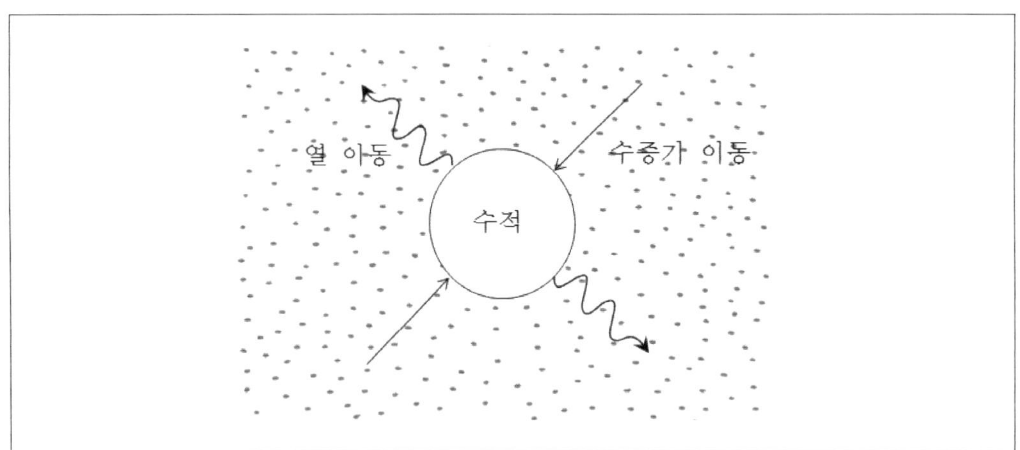

그림 9.5 ▌ 수적 주위의 과포화에 의한 확산성장.

식 (9.12)에서 ρ_r는 식 (9.8)에 상태 방정식을 적용하여 다음과 같이 구한다.

$$\rho_r = \frac{e_{ss}(r)}{R_v T_r} = \left(1 + \frac{a}{r} - \frac{b}{r^3}\right)\frac{e_{s\infty}(T_r)}{R_v T_r} \tag{9.13}$$

여기서 T_r은 수적의 온도이고, $e_{s\infty}(T_r)$은 온도 T_r에서 평면의 물에 대한 포화 수증기압이다.

수증기의 응결에 의해 수적이 성장 시 방출된 잠열은 수적의 온도를 높여주어 수적과 접촉하는 공기분자에 의한, 즉 **분자전도(molecular conduction)**에 의해 열이 온도가 낮은 주위 공기로 전달된다. 여기서 복사와 대류에 의한 열 이동을 무시하면, 수적 표면에서 열 이동은 열전도 방정식을 이용하여 열확산 방정식은 다음과 같이 주어진다.

$$L_v \frac{dm}{dt} = 4\pi r K_a (T_r - T_\infty) \tag{9.14}$$

여기서 $L_v dm$는 dm의 수증기가 응결 시에 방출된 잠열이며, T_∞는 수적 주위의 공기 온도 그리고 K_a는 공기의 열전도도이며, 수적과 주위의 온도 차는 $(T_r - T_\infty) \le 1$℃ 이다. 수증기의 응결에 의한 수적 성장 방정식은 다음과 같이 주어진다.

$$r\frac{dr}{dt} = \frac{(S-1) - \dfrac{a}{r} + \dfrac{b}{r^3}}{\dfrac{L_v^2}{R_v T_\infty^2 K_a} + \dfrac{R_v T_\infty}{D e_s(T)}} \tag{9.15}$$

이 식은 용액효과와 곡률효과를 포함하고 있어서 수적 형성 초기의 성장률을 계산하는 데 유용하다. 식 (9.15)에 의하면 수적의 성장률은 수증기의 과포화 정도, 수적에 용해된 용질의 질량, 수적의 곡률, 주위에서 수적 표면으로 수증기의 확산 그리고 수적 표면에서 응결 잠열의 전도에 의해서 결정된다. 구름 입자의 반경이 $10\mu m$ 이상 되면 용질효과와 곡률효과를 수적 성장에서 무시할 수 있다. 식 (9.15)에서 오른쪽의 분모를 c로 표시하면 다음과 같다.

$$r\frac{dr}{dt} = \frac{S-1}{c} \tag{9.16}$$

식 (9.16)은 과포화 상태($S>1$) 에서 수적이 성장하고, $S<1$인 불포화 상태에서는 수적의 증발에 의해 크기가 감소함을 보여준다. 식 (9.16)에 의하면 (i) 수적의 응결 성장률 (dr/dt)은 r에 반비례하므로 초기에 서로 크기가 다른 응결핵에서 수적이 형성되어서 크기가 달라도 시간이 지나면서 수적의 크기가 비슷해진다. 그 결과 수적 스펙트럼의 폭이 시간이 지날수록 좁아진다. (ii) 또한 수적이 커질수록 성장률이 감소하기 때문에 구름의 생존 기간 (lifetime)에 응결성장만으로 수적의 반경 $30\mu m$ 이상 성장하는 것은 불가능하다. 따라서 수적이 빗방울로 성장하는 데는 다른 성장 기구가 필요하다. 한편 주어진 온도와 일정한 과포화 상태에서는

$$r(t) = \left(r_0^2 + 2ct\right)^{1/2} \tag{9.17}$$

으로 주어진다. 즉 수적의 반경은 $r \propto \sqrt{t}$ 임을 보여준다.

9.4 충돌에 의한 수적 성장

(1) 수적의 충돌성장 조건

강우 입자의 직경은 이슬비(drizzle)의 크기인 100㎛에서 큰 강우 입자의 경우는 5000㎛(5㎜)에 이르며 이보다 큰 $8mm$를 약간 넘는 것도 관측되기도 한다. 수증기의 응결에 의한 수적 성장 이론에 의하면 직경이 $1.5\mu m$인 응결핵이 직경 $100\mu m$의 빗방울로 성장하는 데는 4×10^4초(약 11시간) 이상 걸린다. 그러나 실제 관측에 의하면 구름이 형성된 후 20~30분 후에 강수가 관측되는 경우도 있다. 따라서 수증기의 응결성장만으로 우적 형성을 설명할 수 없다. 또한, 수증기의 응결에 의한 수적 성장이론에 의하면 수적의 성장률(dr/dt)은 반경(r)에 반비례한다. 그 결과 수적들은 시간이 지남에 따라 그 크기가 증가하지만, 성장 후의 크기는 거의 같아진다. 즉 수적 크기 스펙트럼 폭이 시간에 따라 감소한다. 그 결과 수적의 낙하속도가 거의 같아 낙하속도의 차이에 의한 수적 간의 충돌 확률이 매우 낮아 우적을 형성할 가능성이 작다.

온난운에서 우적이 형성되려면 적어도 반지름이 $20\mu m$ 이상 되는 수적이 먼저 형성되어야 한다. 구름관측에 의하면 수적의 크기 스펙트럼(droplet size spectrum)의 폭은 그림 9.6과 같이 고도에 따라 증가하며 충돌성장이 가능하다. 온난운 형성 시 수적의 초기 스펙트럼은 응결과정에서 핵생성에 수반된 응결핵의 크기와 그 수에 의해서 결정된다. 따라서 주어진 대기의 과포화 상태에서 수적의 초기 스펙트럼은 실제로 응결핵의 크기 분포를 따르게 된다. 그림 9.6에서 고도 $0.2km$의 수적 스펙트럼이 이에 해당한다. 그림에서 보는 바와 같이 수적의 수밀도는 고도에 따라 감소하지만, 스펙트럼의 폭과 평균 반경은 고도에 따라 증가하고 있다. 이와 같은 특징을 단열 상승하는 포화공기에서 수적의 성장이론으로 설명할 수 없다. 온난운의 강우발달은 초기에 생성된 수적 크기 확장스펙트럼의 확장(broadening)을 요구한다. 지난 근 40년 동안의 구름관측과 이론적 연구에 의하면 확장스펙트럼의 확장을 불포화공기의 유입(entrainment)과 난류에 의한 효과로 설명하고 있다(Houze,2014).

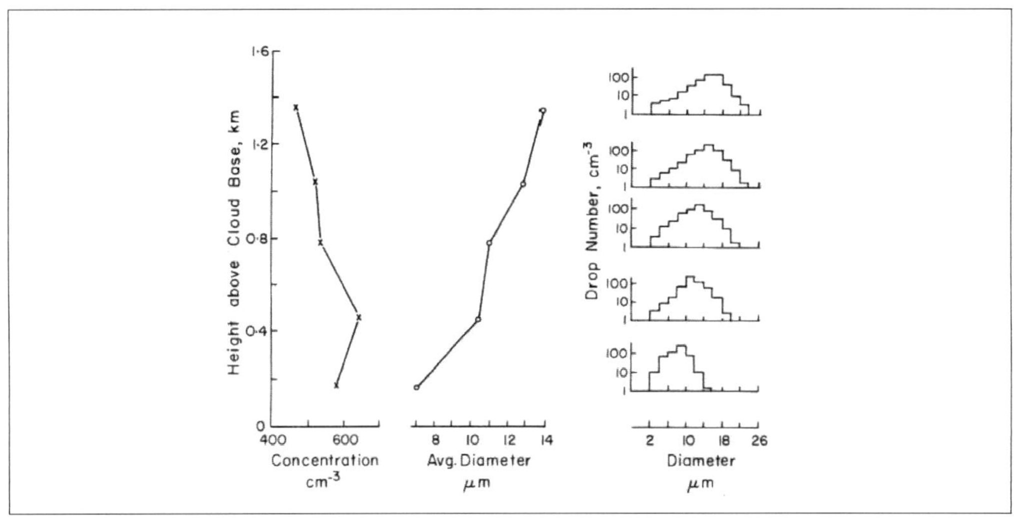

그림 9.6 ▎ 고도에 따른 수적 스펙트럼의 특성 변화 (Rogers and Yau, 1989).

수적 간 충돌의 주원인은 수적들의 크기에 따른 **낙하속도(fall velocity)**의 차이이다. 낙하속도(w_f)는 공기에 대한 상대속도로 다음과 같이 주어진다.

$$w_f = w_a + w_t \tag{9.18}$$

여기서 w_a는 지면에 대한 대기의 연직 속도로 $w_a > 0$이면 상승기류, $w_a < 0$이면 하강기류를 나타낸다. 표 9.2는 수적의 크기에 따른 수적의 종단 속도 관계식으로 작은 수적의 경우 낮은 레이놀즈 영역에는 $w_t \propto r^2$, 중간 레이놀즈 영역에서는 $w_t \propto r$, 높은 레이놀즈 영역에서는 $w_t \propto \sqrt{r}$ 이다.

표 9.2 ❙ 수적의 종단 낙하속도.

수적의 크기	종단 낙하속도	상 수
$0 < r < 30\mu m$	$w_t = (\frac{2\rho_l g r^2}{9\eta}) = k_1 r^2$	$k_1 = 1.19 \times 10^6 (cm^{-1}s^{-1})$
$40\mu m < r < 0.6mm$	$w_t = k_2 r$	$k_2 = 8 \times 10^3 s^{-1}$
$0.6mm < r < 2mm$	$w_t = k_3 r^{\frac{1}{2}}$	$k_3 = 2.2 \times 10^3 (\frac{\rho_0}{\rho})^{\frac{1}{2}} cm^{1/2}s^{-1}$ ($\rho_0 = 1.20\,kg\,m^{-3}$:지표 공기밀도)

(2) 수적의 충돌성장 방정식

온난운에서 반지름이 $20\mu m$ 이상 되는 수적과 이보다 작은 수적이 공존하게 되면 낙하속도의 차이로 그림 9.7(a)와 같이 충돌과 병합이 일어나면서 수적이 성장한다. 큰 수적과 작은 수적이 대기 중에서 낙하하는 경우 큰 수적이 작은 수적보다 낙하속도가 크므로 큰 수적이 그 운동 경로 상에 있는 작은 수적을 따라잡으면서 충돌・병합하게 된다.

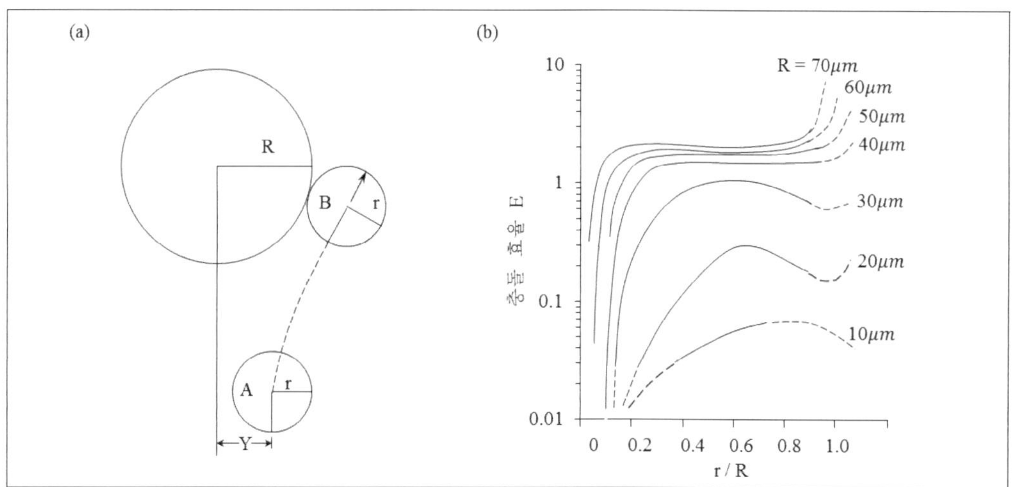

그림 9.7 ❙ (a) 큰 수적주위에 대한 작은 수적의 운동궤적과 (b) 충돌효율 (Klett and Davis, 1973).

두 수적이 충돌 시에 충돌・병합(collision−coalescence)은 **충돌효율(collision efficiency)**과 **병합효율(coalescence efficiency)**에 의존한다. 충돌 효율(E_{cs})은 그림 9.7(a)에 주어진 수적의 기하학적인 충돌 단면적, $\pi(R+r)^2$에 대한 실제 충돌단면적 πY^2의 비(rate)로 다음과 같이 주어진다.

$$E_{cs} = \frac{\pi Y^2}{\pi(R+r)^2} \tag{9.19}$$

식 (9.19)에서 Y는 두 수적이 충돌이 겨우 일어날 수 있는 스침궤적(grazing trajectory)상의 두 수적의 중심 간의 거리를 나타내며, 이를 최대 충돌모수(max. impact parameter)라고 한다. 그림 9.7(b)는 포집자 수적(R)과 피포집 수적, 즉 작은 수적(r)에 대한 충돌효율을 보여준다. 충돌 효율은 작은 포집 수적(collector drop)에 대해서는 $E_{cs} < 1$이지만, 큰 포집자 수적에 대해서는 $E_{cs} > 1$이다. 그 이유는 큰 포집 수적의 경우 운동 중 수적의 후면에서 작은 수적이 포획되는 후류 포획(wake capture)이 일어나기 때문이다. 병합효율 E_{co}은 큰 수적(반경 : R)에 충돌한 피포집 수적(반경 : r)중에서 병합이 일어난 피포집 수적의 비율을 나타낸다. 충돌 효율 (E_{cs})과 병합효율(E_{co})의 곱을 **포착효율(collection efficiency)**라고 한다. 반경 R이고 낙하속도가 $w(R)$인 큰 수적이 반경 (r)인 작은 수적으로 이루어진 구름층을 통과 시에 큰 수적의 성장률은 다음과 같이 주어진다.

$$\frac{dR}{dt} = \frac{\pi}{3}\int_0^R \left(\frac{R+r}{R}\right)^2 [w(R)-w(r)]n(r)r^3 E_c(R,r)dr \tag{9.20}$$

여기서 $w(r)$이 작은 수적의 낙하속도, $n(r)$은 반경이 $r \sim r+dr$인 수적의 수 농도, E_c는 포착효율을 나타낸다. 식 (9.20)에서 적분의 상한을 R로 정한 것은 크기가 동일한 수적의 경우 포착효율이 0이 되기 때문이다. 식 (9.20)에서 작은 수적의 포집 수적에 비해 매우 작을 때에는 $R+r \approx R$, $w(r) \approx 0$ 로 근사하고 식 (9.20)을 다음과 같이 표현할 수 있다.

$$\frac{dR}{dt} = \frac{1}{4\rho_w} M_w w(R) E_{cm} \tag{9.21}$$

여기서 M_w는 구름의 **액체수 함량(liquid water content)**으로 $M_w = (4\pi\rho_l/3)\int_0^\infty r^3 n(r)dr$으로 주어진다. 그리고 E_{cm}은 포착효율의 평균값이다. 식 (9.20)에 의하면 큰 수적의 성장률(dR/dt)은 큰 수적의 낙하속도와 작은 수적의 낙하속도의 차에 비례하며 다음과 같이 개념적으로 나타낼 수 있다.

$$\frac{dR}{dt} \propto A[w(R)-w(r)] \tag{9.22}$$

여기서 A는 큰 수적과 작은 수적의 충돌 단면적으로 $A = \pi(R+r)^2$이다. 구름에서 빗방울이 효과적으로 단시간 이내에 형성되려면 작은 수적에서 큰 수적에 이르는 수적 크기 분포의 폭이 넓어야 한다. 그 까닭은 표 9.2에서 보는 바와 같이 수적의 낙하속도는 그 크기에 따라 달라지므로 수적의 크기 분포의 폭이 넓을수록 단시간 내에 우적의 형성이 가능하기 때문이다. 열대에서 해양성 온난운은 생긴 지 30분 이내에 강수가 시작되는 경우가 있는데, 그 원인은 수적의 크기 분포가 대륙성 구름보다 해양성 구름에서 다양하기 때문인 것으로 해석된다.

9.5 빙정 형성과 결정 모양

(1) 빙정의 형성

포화 상태의 수증기나 과냉각 상태의 물로부터 빙정이 생성되는 것을 빙정의 핵생성이라고 한다. 빙정의 핵생성 역시 수적의 핵생성과 마찬가지로 **균질 핵생성(homogeneous nucleation)**과 **비균질 핵생성(heterogeneous nucleation)**으로 구분한다. 빙정의 균질 핵생성은 빙정핵 또는 응결핵을 포함하지 않은 순수한 과냉각 수적의 동결이나 온도가 0°C 이하인 수증기가 과포화 상태에서 빙정핵 없이 수증기 분자들 간의 충돌 시 결합이 일어나 작은 빙정을 형성할 때 일어난다. 이 작은 빙정을 다면체(polyhedron)로 고려할 경우 반경이 r인 구의 체적과 면적에 상수 각각 α_i와 β_i를 곱한 값으로 그 체적을 $\alpha_i 4\pi r^3/3$ 그리고 면적을 $\beta_i 4\pi r^2$와 같이 나타낼 수 있다. 두 상수의 값이 1에 근접하면 그 모양은 구형에 가까워진다. Kelvin의 공식을 유도한 방법을 적용하면, 균질 핵생성에 의한 빙정의 임계반경(r_{ci})은 다음과 같이 주어진다(Houze, 1993).

$$r_{ci} = \frac{\beta_i \sigma_{il}}{\alpha_i n_i k_B T \ln(e_s/e_{si})} \tag{9.23}$$

여기서 σ_{il}은 과냉각 수와 얼음의 경계의 표면장력 즉 표면 에너지, n_i는 얼음의 단위체적내의 분자 수, k_B는 볼츠만 상수, 그리고 e_s와 e_{si}는 각각 평면의 과냉각 수와 얼음에 대한 포화 수증기압이다. 식 (9.23)에서 살펴보면 σ_{il}, e_s와 e_{si}는 모두 온도의 함수이다. 따라서 얼음 입자의 임계반경은 온도의 함수이다. 비균질 핵생성은 온도가 −40°C 이상에서 빙정핵(ice nuclei 또는 ice forming nuclei)의 도움으로 상대습도 100% 정도에서 일어난다.

이론과 실험연구에 의하면, 순수한 과냉각 수적의 동결에 의한 빙정 현상은 크기에 따라 다르기는 하지만, 대략 −35℃~ −40℃에서 일어난다. 이 임계 온도 범위는 자연 상태의 구름 정상부의 범위에 속하며, 구름 정상의 온도는 −80℃ 정도까지 될 수 있다. 따라서 구름 온도가 0℃에서 −40℃ 범위에서 과냉각 수적이 존재할 수 있지만, −40℃ 이하가 되면 균질핵 생성에 의한 과냉각 수적의 동결로 빙정이 형성된다. 이와 같은 결론은 온도가 −40℃ 이하의 구름은 그 전체가 빙정으로 되어 있다는 사실과 일치한다. 이와 같은 구름의 상태를 빙결화(glaciation)라고 한다. 한 편 기온이 0℃ 이하의 과포화 상태에서 균질 핵생성, 즉 수증기 분자들 간의 무작위 충돌(random collision)에 의해 빙정이 형성될 수 있다. 이 경우 빙정의 임계반경은 온도와 습도에 크게 의존한다. 이론적 계산에 의하면 분자 간의 충돌・응집(aggregation)에 의해 빙정이 형성되려면 −65℃ 이하에서 수증기의 과포화는 ~1,000%이어야 한다. 실제로 이와 같은 조건은 대기 중에서 존재하지 않는다. 따라서 수증기 분자의 응집에 의한 빙정 형성은 자연 상태의 구름에서는 일어나지 않는다.

대기 중에 있는 자연 상태에서 빙정 형성 시 비균질 핵생성에 도움을 주는 에어로솔 입자를 빙정핵(ice nuclei)이라고 한다. 빙정핵은 응결핵과 달리 물에 잘 용해되지 않는 성질을 가지고 있다. 주로 미세한 점토 입자이며, 무기물, 유기물 그리고 썩고 있는 식물 잎에 있는 박테리아, 산불에 의한 검댕(soot)이 빙정핵 역할을 한다. 대기 중에 빙정핵의 수는 응결핵의 수에 비해 매우 작다. 대기 중에 있는 자연 상태에서 빙정핵이나 균질 핵생성 또는 과냉각 수적의 동결에 의해 형성된 빙정을 1차 빙정(primary ice)이라고 한다. 대기의 온도가 0℃ 이하이고 과포화 상태에서 활성화되는 빙정의 수는 Fletcher의 실험식(1962)에 의하면

$$N_{ice} = A \ \exp(\beta \Delta T) \tag{9.24}$$

으로 주어진다. 여기서 N_{ice}는 과냉각상태에서 대기의 $1l$ 당 형성되는 빙정의 수를 나타내며, 여기서 실험 상수는 $A = 10^{-5}(l^{-1})$, $\beta = 0.6^\circ C^{-1}$ 이다. 식 (9.24)에서 $\Delta T (= T_0 - T)$는 과냉각(supercooling) 온도를 나타낸다. 대기가 과포화 상태에서 기온이 −20℃, 즉 $\Delta T = 20$℃ 에서 활성화되는 빙정핵의 수는 체적 1리터 1개 $(1 l^{-1})$로서 이를 1차 빙정의 수로 고려할 수 있다.

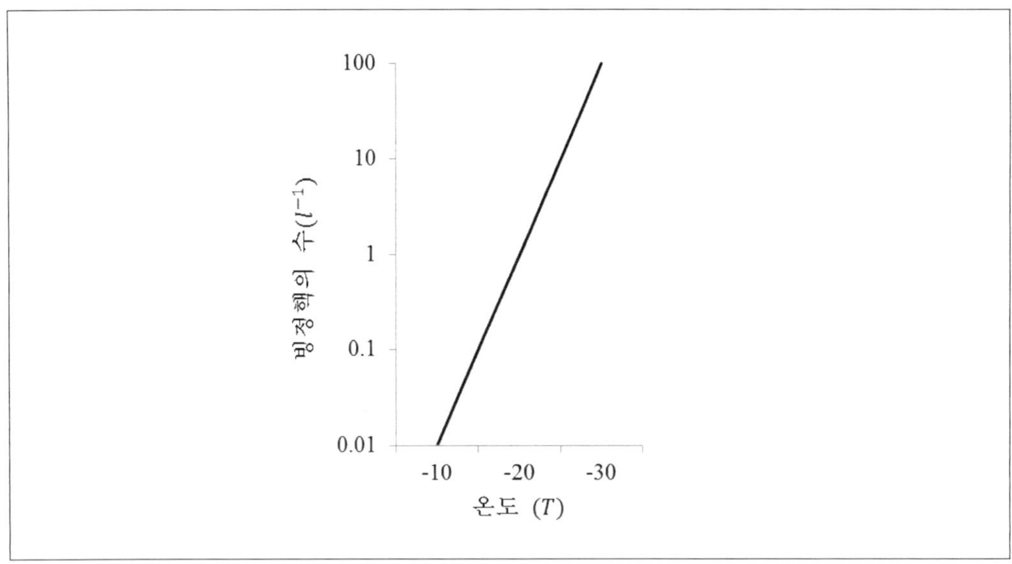

그림 9.8 ❙ 자연 상태에서 빙정핵의 수밀도 (Fletcher, 1962).

(2) 빙정의 모양

얼음의 육각형 격자 구조 때문에 빙정은 온도와 과포화에 따라 다양한 정육각형 모양으로 성장하는데, 이것을 **결정습성(crystal habit)**이라 한다(그림 9.9). 프랑스의 철학자이며 수학자인 린네 데카르트(René Descartes)가 눈의 결정 구조를 상세하게 기록한 이후 이에 대해 많은 연구가 이루어졌다. 미국의 농부 윌슨 벤틀리(Wilson Betley)는 1885년 최초의 눈 결정 사진을 찍는 데 성공했으며 무려 5,000점이 넘는 눈송이 사진을 남겼다. 처음으로 눈 결정에 관한 실험 연구를 한 사람은 일본의 물리학자 나카야(Nakaya, 1954)이다. 그는 자연에서 다양한 눈 결정이 온도와 습도가 다른 조건에서 형성됨을 보였다. 그림 9.9는 나카야의 실험결과를 더욱 발전시킨 Kobayashi(1961)에 의한 눈 결정의 유형 분류이다. 그림에서 수증기 포화 곡선은 과냉각 수적을 포함하고 있는 구름에서 추정되는 포화 상태를 나타낸다. 따라서 이 곡선의 윗부분은 과냉각수적에 대해서 과포화가 된다. 그리고 그 아랫부분은 과냉각수적에 대해서 불포화 상태이지만 얼음에 대해서 과포화가 되는 영역이다. 그림 9.9를 살펴보면 눈 결정의 기본 유형을 결정하는 1차 요인은 온도이고, 기본 유형에 구조의 복잡성을 일으키는 요인은 과포화임을 알 수 있다. 그림 9.9에서 과포화도가 눈의 결정 모양에 미치는 영향을 살펴보면 주어진 온도 범위에서 얼음에 대해 과포화일 때는 결정 모양이 단순하다. 그러나 과냉각수에 대해서 과포화인 상태에서는 결정 모양이 좀 더 복잡해진다. 예를 들면 −10℃ ~ −20℃ 의 온도 영역에서 과포화도가 증가함에 따라 크기가 작은 고체 평판(solid plate)에서 얇은 평판(thin plate), 분할 평판(sectored plate), 그리고 수지상(dendrite) 평판이 된다. 빙정의 가장 기본적인 형태는 육각기둥(hexagonal prism)이다. 육각기둥의 형태는 두 개의 상·하의 6각인 기저면(basal)과 여섯 개의 기둥(prism) 면을 가진다. 육각기둥 면은 성장 시 c/a의 값이 1보다 크고 작음에 따라 평판 모양(Plates)이나 기둥모양(Columns)으로 성장할 수 있으며, 어느 면이 더 빨리 왕성하게 성장하느냐에 따라 그 세부 형태가 결정된다. 일반적으로, 빙정이 아주 작을 경우에는 육각기둥(hexagonal prism) 형태를 가지며, 점점 성장함에 따라 좀 더 복잡한 형태로 다양하게 변화하게 된다.

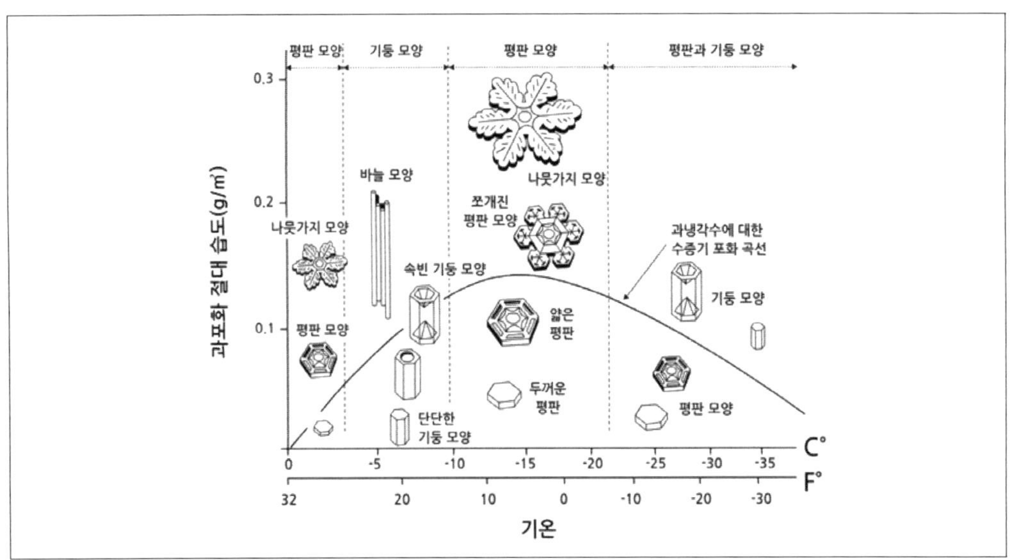

그림 9.9 ▌ 눈 결정의 분류 (Kobayashi, 1961).

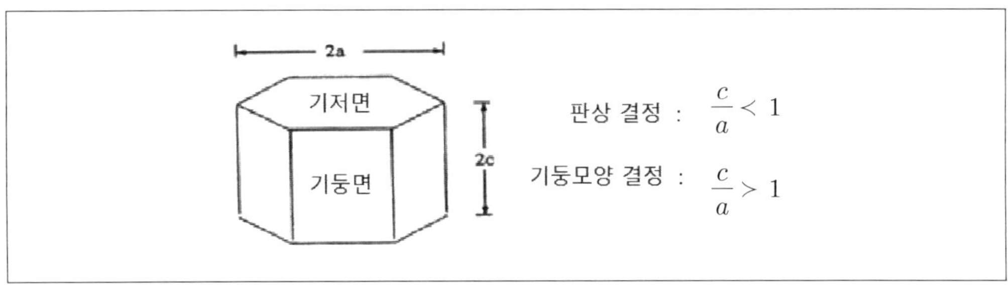

그림 9.10 ▌ 기둥 모양의 빙정의 측면과 기저면의 길이 (Nelson and Knight, 1997).

(3) 빙정의 침적성장

빙정의 모양은 수적보다 훨씬 더 복잡한 구조를 가지고 있다. 따라서 수증기의 침적(deposition)에 의한 빙정의 성장 방정식은 수적의 응결성장방정식보다 더 복잡하다. 그 이유는 수적은 구형이지만 빙정의 모양은 그림 9.9에서 보는 바와 같이 그 모양이 다양하고 또 섬세하기 때문이다. 그러나 빙정의 성장 방정식은 수적의 성장 방정식, 식 (9.14)에서 r대신 빙정의 유형에 따른 전기용량 C_{ice}를 고려하면 거의 같은 형태로 식 (9.25)와 같이 나타낼 수 있다.

$$\frac{dm}{dt} = 4\pi C_{ice} D(\rho_\infty - \rho_c) \tag{9.25}$$

식 (9.25)에서 ρ_c는 빙정 표면에서 수증기 밀도를 나타낸다. 식 (9.25)에서 C_{ice}를 전기용량이라고 하는 이유는 이 식이 정전기의 유사성과 관련하여 유도되었기 때문이다. 식 (9.25)에서 구형의 빙정에 대해서는 $C_{ice} = r$, 판상의 결정의 경우 $C_{ice} = 2\pi r$, 편평타원체 (장반경: a, 이심률: ϵ)의 경우 $C_{ice} = a\epsilon/\arcsin\epsilon$ 으로 주어진다. 실제 빙정은 구, 원판 또는 타원체(spheroid)보다 훨씬 복잡한 구조를 가진다. 나뭇가지 모양 결정(dendrite)과 판상결정(plate)은 흔히 볼 수 있는 결정으로 동일한 면적을 갖는 원판으로, 그리고 바늘 모양 결정(needle)은 장구(prolate spheroid)로 근사할 수 있다. 실제로 빙정 주위의 수증기 장은 빙정의 모양에 따라 왜곡된다. 그리고 빙정의 구조는 수증기가 빙정에 접근 시에 빙정의 어디에 어떠한 형태로 침적하는지를 결정한다. 빙정의 구조가 이와 같이 수증기의 침적에 영향을 미치지만 빙정주위에서 빙정 표면으로 이동하는 수증기의 전체 질량 속은 같다.

빙정 표면에서 수증기의 침적 시에 수증기가 얼음으로 바뀌면서 승화잠열이 방출된다. 이 열은 빙정의 온도(T_c)를 주위 공기온도(T)보다 높여주어 결과적으로 열이 빙정에서 주위 공기로 전도에 의해 전달된다. 빙정에서 주위 공기로 전달되는 열의 양은 다음 식으로 주어진다.

$$\frac{dQ}{dt} = 4\pi C_{ice} K_a (T_c - T) \tag{9.26}$$

한편 잠열 방출량은 단위질량의 수증기가 침적 시 방출된 잠열(L_s)과 질량 증가의 곱으로 $dQ = L_s dm$ 와 같다. 따라서 식 (9.25)을 이용하면 잠열 방출률(dQ/dt)은

$$L_s \frac{dm}{dt} = 4\pi C_{ice} D L_s (\rho_\infty - \rho_c) \tag{9.27}$$

으로 주어진다. 수증기의 침적에 의한 빙정성장에서 빙정의 표면 온도(T_c)는 매우 중요하다. 그 까닭은 T_c가 빙정 표면에서 수증기의 밀도를 결정하기 때문이다. 이로 인해서 수증기의 질량 속(mass flux)과 잠열 방출량이 결정되기 때문이다. 빙정의 침적 성장 방정식은 빙정의 성장 시에 일어나는 수증기의 확산과 열 이동을 함께 포함하여 고려한 것이다. 일반적인 빙정의 침적 성장 방정식은 다음과 같이 주어진다.

$$\frac{dm}{dt} = \frac{4\pi c C_{ice}(S_i - 1) f_v}{\left[\left(\frac{L_s}{R_v T} - 1 \right) \frac{L_s}{K_a T} + \frac{R_v T}{e_i(T) D} \right]} \tag{9.28}$$

여기서 $S_i (= e/e_i)$는 얼음에 대한 포화비, f_v는 통풍계수(ventilation coefficient), L_s는 승화잠열이다. 통풍계수는 얼음 입자의 모양과 크기에 따라 다르며, 대기에서 낙하할 때 중요하다.

9.6 충돌에 의한 빙정 성장

(1) 얼음 입자의 종단 낙하속도

얼음 입자(빙정, 눈, 우박 포함)의 종단 속도는 그림 9.11에서 보는 바와 같이 그 범위가 넓다. 관측에 의하면 얼음 입자의 낙하속도는 빙정의 유형, 크기, 결착(riming)과 부착(aggregation)의 정도에 따라 다르다. 따라서 빙정의 종단속도 방정식은 수적과 같이 비교적 단순한 형태로 주어지지 않고 좀 복잡한 형태를 가진다. 그림 9.11(a)는 −7℃ 에 관측한 빙정의 낙하속도이다. 왼쪽에서부터 고체기둥(solid column), 공동(hollow)의 있는 면을 가진 두꺼운 판상(thick plate), 단순한 판상, 포개진 평판(sector plate), 넓은 가지가 있는 판상(broad−branch plate), 나뭇가지 모양(dendrite) 그리고 별모양 결정(stellar crystal)이다. 그림에서 보는 바와 같이 크기에 따라 낙하속도가 가장 크게 변하는 것은 고체기둥이며, 속도가 가장 적게 변하는 것은 별모양 결정이다. 그림 9.11(b)는 관측 자료를 기초로 빙정의 최대크기에 따른 낙하 속도를 나타낸 것이다.

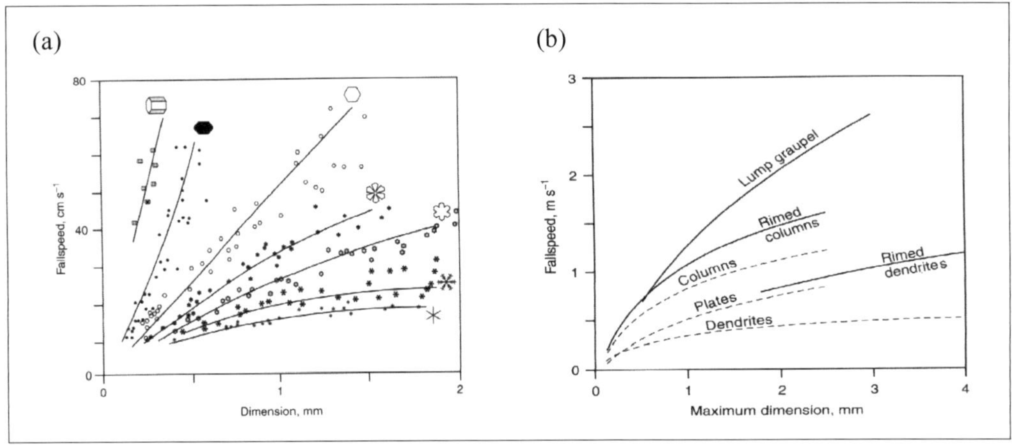

그림 9.11 ▌ 눈결정의 모양에 따른 종단속도 (a: Kajikawa, 1972; b: Mitchell, 1966).

질량이 m인 얼음 입자가 대기 중에서 낙하할 때의 대기가 빙정에 미치는 저항력(F_{drag})은 다음과 같이 주어진다.

$$F_{drag} = \frac{1}{2}\rho_a w^2 A_m C_D \tag{9.29}$$

여기서 w는 빙정의 낙하속도, A_m은 공기 흐름에 직각인 빙정의 단면적 그리고 C_D는 저항계수이다. 빙정의 종단속도(w_t)는 저항력과 중력(mg)이 균형을 이룰 때의 속도라고 하면 다음과 같이 주어진다.

$$w_t = \left(\frac{2mg}{\rho_a A_m C_D} \right)^{1/2} \tag{9.30}$$

여기서 각 얼음 입자의 유형에 따른 종단 속도를 구하려면, 그에 해당되는 m과 A_m에 입자의 최대 크기(D)와의 관계식, $m(D) = \alpha D^\beta$과 $A_m(D) = \gamma D^\sigma$ 을 식 (9.30)에 고려해야 한다. 빙정의 각 형태에 대한 모수 α, β, γ 그리고 σ의 값은 Mitchell(1996)의 논문에 기술되어 있다. 예를 들면 미결착 평면 나뭇가지 모양(unrimed plane dendrite)의 빙정의 종단속도($w_{t\,den}$)는 다음과 같이 근사 할 수 있다.

$$w_{t\,den} = 64.8 D^{0.257} \tag{9.31}$$

여기서 $w_{t\,den}$의 단위는 cms^{-1}이고 D의 단위는 cm이다. 그리고 우박의 낙하속도($w_{t\,hail}$)는 cgs 단위로 다음과 같이 근사할 수 있다.

$$w_{t\,hail} = 1184 D_e^{0.57} \tag{9.32}$$

여기서 D_e는 우박의 상당구형(equivalent spherical) 직경이다.

(2) 빙정 증식과 싸락눈의 형성

온난운의 단위체적 속에 있는 수적의 수는 구름 응결핵의 수농도와 대체로 같다. 따라서 한랭운의 경우에도 빙정의 수농도가 빙정핵의 수농도와 대체로 동일할 것으로 기대할 수 있다. 그러나 놀랍게도 실제 관측에 의하면 어떤 구름에서는 단위체적에 대한 빙정의 수가 빙정핵의 수의 $10^4 \sim 10^5$배 되는 경우가 있다. 이 현상을 빙정 증식(ice multiplication; ice enhancement)이라고 한다. Hobbs와 Rango(1990)에 의하면 구름 정상부의 온도가 −10℃인 보다 높은 경우에 10분 이내에 빙정의 수가 $0.01l^{-1}$에서 $100l^{-1}$로 증가함을 밝힌 바 있다. 짧은 시간 동안에 일어나는 빙정의 수의 증가에 대한 설명으로 구름의 빙정 증식을 고려하고 있다. 빙성 증식은 빙정핵이나 과냉각 수적의 동결에 의하지 않고 다른 원인에 의해서 빙정의 수가 증가하는 것을 의미하며, 이와 같이 형성된 빙정을 이차빙정(secondary ice)이라고 한다. 현재 빙정 증식 과정으로 다음의 3가지 과정 : (i) 빙정이 융해 고도 위・아래로 이동하는 경우, 빙정의 작은 가지의 중간 부분이 녹아 부러지면서 생긴 이차빙정(fracturing), (ii) 섬세한 구조를 가진 빙정들(예: 나뭇가지 모양, 별모양 빙정)이 충돌로 인해 빙정의 일부가 떨어져 나와 이차빙정이 생성되는 기계적 파편형성(mechanical fragmentation), 그리고 (iii) 빙정의 결착(riming)현상이 일어나는 동안 생긴 얼음파편(ice splinter)의 형성, 즉 Hallett-Mossop과정을 고려하고 있다.

Hallett-Mossop 과정에 의한 빙정 파편(splinter)의 형성 조건은 다음과 같다. ① 대기 온도가 −3℃ ~ −8℃ 의 범위에서 ② 직경이 13μm 이하와 25μm 이상인 수적이 공존하며 ③ 직경이 적어도 0.5mm 이상 되는 싸락눈이 존재하여야 한다. 이 경우, 기온 −5℃에서 하나의 싸락눈에 250개의 수적($D \geq 25\mu m$)이 부착될 경우 하나의 빙정 파편이 형성된다.

결착(riming)은 빙정이 구름 속에서 낙하 시 과냉각 수적과 충돌한 후에 과냉각 수적이 빙정 위에서 얼어버리는 현상을 말한다. 결착은 빙정을 급속히 성장시키며, 이로 인해 낙하속도가 증가하여 결착효율을 더욱 증가시킨다. 결착에 의한 얼음 입자의 성장은 다음 방정식으로 나타낼 수 있다.

$$\frac{dM_i}{dt} = A_c E_R M_w (w_c - w_d) \tag{9.33}$$

여기서 M_i는 얼음 입자의 질량, A_c는 결착 시에 빙정의 유효단면적, E_R은 결착효율(riming efficiency), M_w는 과냉각수의 액체수 함량 그리고 w_c와 w_d 는 각각 빙정과 수적의 낙하 속도를 나타낸다. 실제로 빙정과 수적의 충돌효율은 빙정의 모양과 크기 그리고 수적의 크기에 따라 다르다.

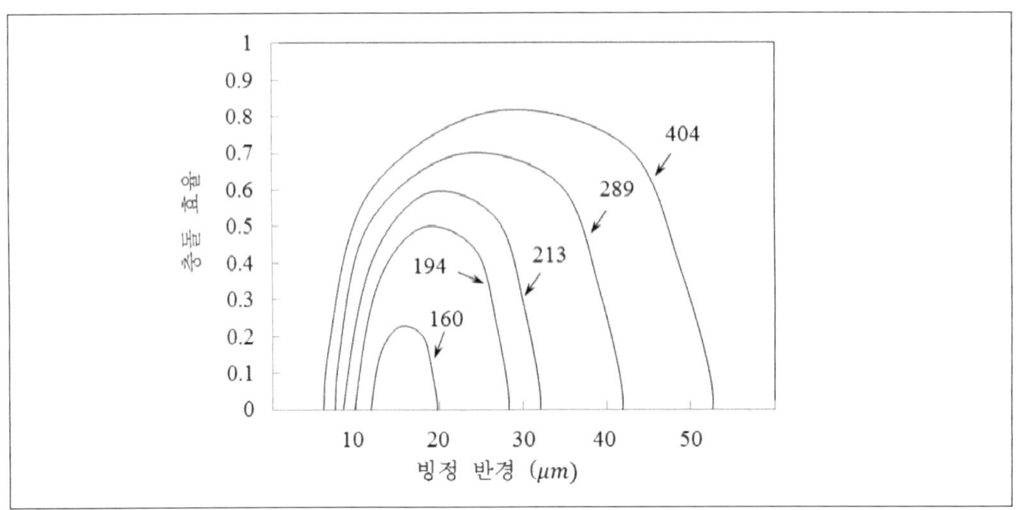

그림 9.12 ▌얇은 판상빙정과의 수적의 충돌효율 (Pitter and Pruppacher, 1974).

그림 9.12는 수적의 크기에 따른 얇은 판상(thin plate)의 빙정과의 채집효율(collection efficiency)을 보여준다. 그림 안에 있는 숫자는 판상 빙정의 크기이며 그 단위는 μm 이다. 그림 9.12는 판상빙정의 크기가 증가할수록 채집되는 수적의 직경 범위와 채집 효율도 증가함을 보여준다. 예를 들면 크기가 194μm 인 판상빙정은 반경 10~30μm 의 수적을 채집하며, 이 판상빙정이 반경 ~20μm 이하의 수적에 대한 채집 효율은 0.5이다. 이는 크기가 160μm 인 판상빙정에 비해 채집효율이 2.5배나 된다. 따라서 판상 빙정의 크기가 클수록 그 성장속도가 크게 증가하여 단 시간 내에 큰 얼음 입자로 성장할 수 있다.

(3) 빙정과정과 눈송이의 형성

일반적으로 0℃ 고도 이상의 구름층에서 과냉각수적과 빙정이 공존하며, 이와 같은 구름을 혼합운(mixed cloud)이라고 한다. 이 경우 수증기는 포화 수증기압이 높은 과냉각 수적에서 수증기압이 낮은 빙정으로 이동하게 된다. 이 과정을 **베르게론(Bergeron)과정**, 또는 **빙정과정(ice-crystal process)**이라고 한다. 빙정과정에서 과냉각 수적은 계속 증발하여 크기가 계속 작아지는 반면에 빙정은 수증기의 침적으로 계속 성장한다. 이 과정이 계속되면 과냉각 수적은 거의 없어지고 빙정만 남게 된다. 이 빙정이 낙하할 만큼 충분히 커지면 두 빙정의 낙하 속도의 차이에 의해 빙정이 충돌, 병합하여 큰 빙정을 형성한다. 병합에 의한 빙정의 성장 방정식은 두 빙정 간의 낙하 속도의 차(Δw)에 비례하며 다음과 같이 주어진다.

$$\frac{dM_i}{dt} = AE_a M_s \Delta w \tag{9.35}$$

여기서 M_i는 빙정의 질량, A는 빙정의 충돌 유효 단면적, E_a는 병합효율 그리고 M_s는 단위체적에 있는 얼음 입자에 의한 고체수 함량(solid water content)을 나타낸다. 그림 9.13은 병합 시에 빙정의 최대크기(max dimension)와 기온과의 관계를 보여준다. 그림에서 o는 지상 관측 자료 그리고 X는 항공기 관측 자료를 표시한다. 그림에서 기온 $0°C$ 부근에서 빙정들의 병합효율(aggregation efficiency)이 가장 높다. 이것은 $0°C$에서 빙정의 융해가 시작 되면서 병합효율이 높아진 것으로 해석된다. 한편 −20℃ 이하에서는 빙정의 병합이 일어나지 않고 있다. −10℃ ∼−16℃ 에서 병합효율이 두 번째로 높다. 이 영역은 나뭇가지모양 빙정(dendrite)이 형성되는 영역으로 이들 결정이 충돌 시 얽히어 병합효율이 높은 것으로 해석된다.

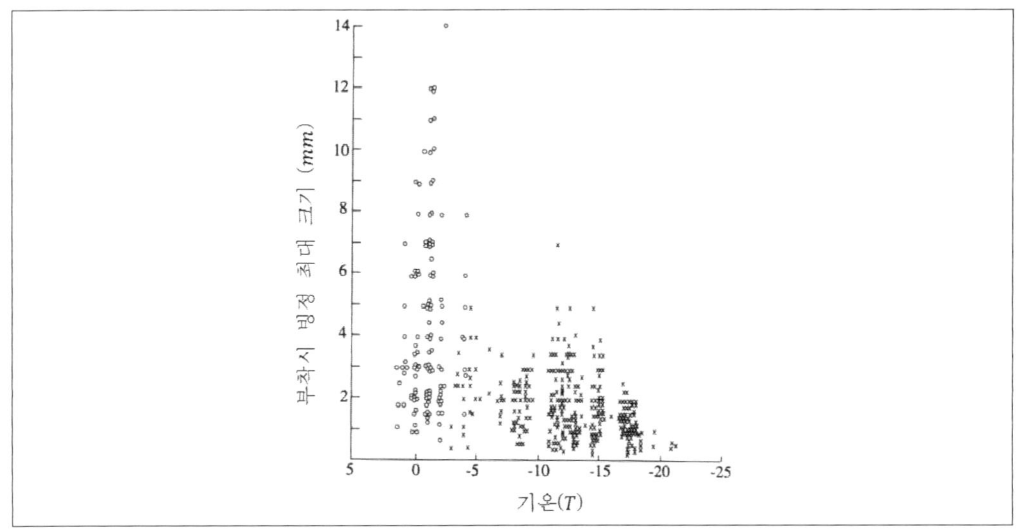

그림 9.13 ▌ **병합 시 빙정의 최대 크기와 기온과의 관계** (Hobbs etal. 1974).

연습문제

1. 20℃에서 황산암모늄을 $10^{-16}g$을 포함하고 있는 수적이 있다. 수적의 반경이 $0.2\mu m$일 때 수적에 대한 평형 포화비를 구하시오. 단, 황산암모늄에 대한 반트호프 인자 $i=3$이고 분자량은 132.13으로 고려한다. 20℃에서 물의 표면 장력은 $\sigma = 72 \times 10^{-3} J/m$로 고려한다.

2. 직경 $2cm$의 우박이 뇌우에 떠 있으려면 상승 기류의 속도는 얼마나 되어야 하는가?

3. 전형적인 구름 수적의 크기는 직경이 $2\mu m$이다. 이 수적이 구름 속에서 성장하는데 필요한 상승기류의 속도를 계산하시오. 이 구름 입자는 상승기류의 속도 $1cms^{-1}$인 안개에서 성장할 수 있는가?

제10장 대기의 운동과 에너지

대기의 운동을 일으키는 근본적인 에너지는 태양에너지이지만 대기 운동의 크기와 방향을 결정하는 것은 공기 덩이에 미치는 실제 힘과 전향력과 같은 겉보기 힘이다. 대기역학(atmospheric dynamics)은 위에 언급한 힘과 대기의 운동과의 관계를 다룬다.

10.1 대기 운동의 기술

(1) 비관성계에서 뉴턴의 운동법칙

뉴턴의 제2법칙에 의하여 질량이 m인 물체의 가속도($\vec{a}$)는 그 물체에 작용하는 각 힘($\vec{f_i}$)의 합에 의해서 결정되며 다음과 같이 기술된다.

$$m\vec{a} = \sum_i \vec{f_i} \tag{10.1}$$

식 (10.1)은 단위 질량에 작용하는 힘의 합으로 가속도를 써서 다음과 같이 표현한다.

$$\frac{d\vec{V}}{dt} = \vec{a} = \sum_i \vec{F_i} \tag{10.2}$$

여기서 속도벡터 $\vec{V}$는 $\vec{V} = u\hat{i} + v\hat{j} + w\hat{k}$이다. 식 (10.2)를 대기에 적용할 경우 $\vec{F_i} = \vec{f_i}/m$는 단위체적의 공기 덩이에 작용하는 힘으로 중력, 기압경도력, 그리고 마찰력이 고려된다.

지구에 있는 관측자가 대기의 운동을 기술하는 데에는 고정된 좌표계를 사용하는 것이 편리하다. 그러나 물체의 운동을 기술하는데 이용되는 뉴턴의 제2법칙은 관성계(inertial system)에만 적용된다. 따라서 지구와 같이 회전운동을 하는 비관성에 있는 관측자가 뉴턴의 제2법칙을 이용하여 대기의 운동을 기술하려면 비관성계의 효과를 식 (10.2)에 포함하여야 한다. 이 문제를 좀 더 구체적으로 다루기 위해 그림 10.1과 같이 그 원점이 o인 관성계(고정좌표계) 그리고 원점이 o^*인 비관성계에 직교 좌표계를 설정하고 한 좌표계가 다른 좌표계에 대해 상대 가속운동을 하는 경우를 고려하자.

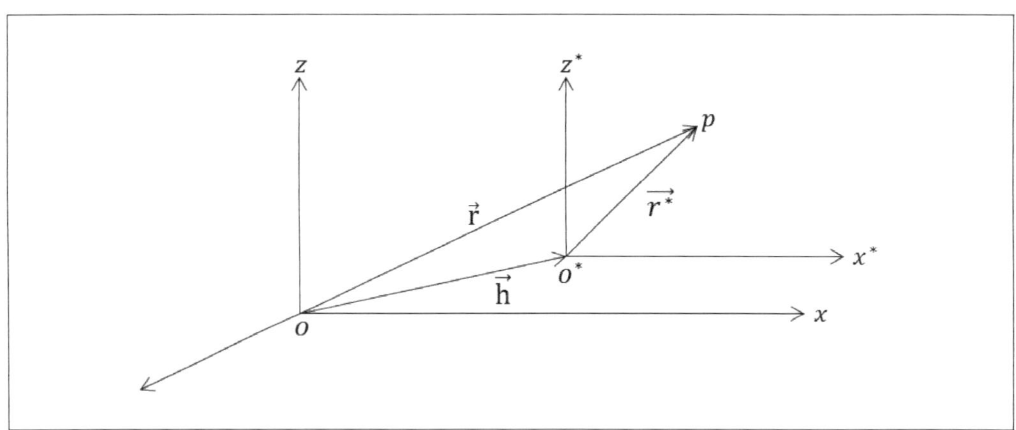

그림 10.1 ▌좌표계의 상대운동과 물체의 운동.

그림에서 보는 바와 같이 o^*와 o사이의 변위는 $\vec{h}$이다. 두 원점에서 운동 중인 물체의 위치 p점까지의 변위는 각각 $\vec{r}$과 $\overrightarrow{r^*}$이며 두 변위 사이의 관계는

$$\vec{r} = \overrightarrow{r^*} + \vec{h} \tag{10.3}$$

으로 주어진다. 원점 o^*가 원점 o에 대해서 상대운동을 하는 경우 두 좌표계에서 관측한 p점에 있는 물체의 속도에 대한 관계식은 다음과 같이 주어진다.

$$\vec{V} = \frac{d\vec{r}}{dt} = \frac{d\overrightarrow{r^*}}{dt} + \frac{d\vec{h}}{dt} = \overrightarrow{V^*} + \overrightarrow{V_h} \tag{10.4}$$

여기서 $\vec{V}$는 원점 o인 고정좌표계에서의 입자속도이고, $\overrightarrow{V^*}$는 원점 o^*인 비관성계의 물체의 속도이다. 그리고 $\overrightarrow{V_h}$는 원점 o에 대한 원점 o^*의 이동속도이다. 동일한 방식으로 두 원점에서 측정한 물체의 가속도 간의 관계식은 다음과 같다.

$$\vec{a} = \frac{d^2\vec{r}}{dt^2} = \frac{d^2\overrightarrow{r^*}}{dt^2} + \frac{d^2\vec{h}}{dt^2} = \overrightarrow{a^*} + \overrightarrow{a_h} \tag{10.5}$$

식 (10.5)를 다음과 같이 고쳐 쓸 수 있다.

$$\overrightarrow{a^*} = \vec{a} - \overrightarrow{a_h} \tag{10.6}$$

여기서 비관성계에서 측정한 물체의 가속도 $\overrightarrow{a^*}$는 관성계에서 측정한 물체의 가속도 $\vec{a}$에서 관성계에 대한 비관성계의 가속도 $\overrightarrow{a_h}$를 빼준 것과 같음을 알 수 있다. $\overrightarrow{a_h}$는 한 좌표계가 다른 좌표계에 대해 상대 가속운동에 의한 것이며, 실제 힘이 아니므로 이를 단위질량에 대한 가상력을 **외견력**(apparent force) 또는 **겉보기 힘**(apparent force)이라고 한다.

(2) 절대운동과 상대운동

고정좌표계(관성계)와 회전 좌표계에서 물체 운동의 관계식을 그림 10.2를 이용하여 좀 더 자세히 분석해 보자. 그림 10.2에서 좌표축 $C(x,y,z)$와 $C'(x',y',z')$은 각각 고정좌표계와 회전좌표계를 나타내며, 회전좌표계(C')의 각 축은 회전축 OR을 중심으로 각속도, $\vec{\Omega}$로 회전 하고 있다. 그림 10.2를 이용하여 지구의 회전으로 인해 식 (10.6)의 $\vec{a_h}$에 어떤 겉보기 힘이 나타나는지 살펴보자. 그림 10.2에 주어진 두 좌표계와 원점을 같이하고 있는 임의의 벡터 $\vec{A}$를 고려하면 고정 좌표계에서는 다음과 같이 주어진다.

$$\vec{A} = A_x\hat{i} + A_y\hat{j} + A_z\hat{k} \tag{10.7}$$

여기서 단위벡터($\hat{i},\hat{j},\hat{k}$)는 고정 직교 좌표계의 단위벡터이다. 한편 회전 좌표계에서는 동일한 벡터가 다음과 같이 기술된다.

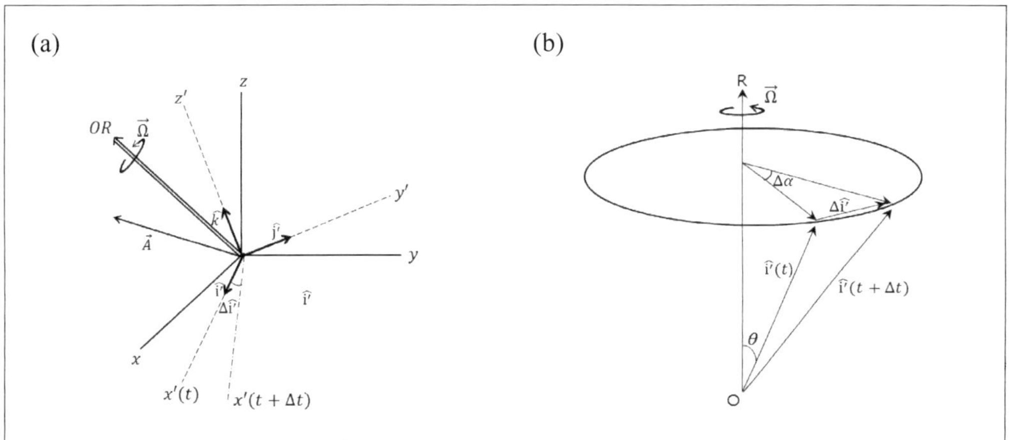

그림 10.2 ▍ **고정좌표계(C)와 각속도Ω로 회전하는 좌표계(C').**

$$\vec{A'} = A'_x\hat{i'} + A'_y\hat{j'} + A'_z\hat{k'} \tag{10.8}$$

여기서 단위벡터($\hat{i'},\hat{j'},\hat{k'}$)는 회전 좌표계의 단위벡터를 나타낸다. 벡터 $\vec{A}$와 $\vec{A}'$은 동일한 벡터이므로

$$\vec{A} = \vec{A'} \tag{10.9}$$

이다. 이 벡터의 시간 미분을 두 좌표계에서 구하면 다음과 같다.

$$\left(\frac{d_a\vec{A}}{dt}\right) = \frac{d_aA_x}{dt}\hat{i} + \frac{d_aA_y}{dt}\hat{j} + \frac{d_aA_z}{dt}\hat{k} \tag{10.10}$$

$$= \frac{dA_x'}{dt}\hat{i'} + \frac{dA_y'}{dt}\hat{j'} + \frac{dA_z'}{dt}\hat{k} + A_x'\frac{d\hat{i'}}{dt} + A_y'\frac{d\hat{j'}}{dt} + A_Z'\frac{d\hat{k'}}{dt}$$

여기서 $\frac{d_a\vec{A}}{dt}$ 는 관성계에서 $\vec{A}$의 전도함수(total derivative)이다. 우측 항은 벡터 각 성분의 크기 변화 항들과 좌표축의 회전에 기인한 단위벡터의 변화 항들로 구성되어 있다. 식 (10.10)에서 $\frac{dA_x'}{dt}\hat{i'} + \frac{dA_y'}{dt}\hat{j'} + \frac{dA_z'}{dt}\hat{k'} \equiv \left(\frac{d\vec{A}}{dt}\right)_{rot}$ 으로 나타낼 수 있다. 즉 벡터 $\vec{A}$를 회전 좌표계에서 본 미분으로 나타낼 수 있다.

$$\frac{d_a\vec{A}}{dt} = \left(\frac{d\vec{A}}{dt}\right)_{rot} + A_x\frac{d\hat{i'}}{dt} + A_y\frac{d\hat{j'}}{dt} + A_z\frac{d\hat{k'}}{dt} \tag{10.11}$$

여기서 아래 첨자 rot은 회전좌표계를 의미한다. 식 (10.11)에서 시간에 따른 각 단위벡터의 변화는 그림 10.2(b)을 이용하여 다음과 같이 구한다. 좌표계의 회전으로 $\hat{i'}$은 시간 $(t+\Delta t)$후에 $\hat{i'}(t+\Delta t)$, 즉 $(\hat{i'}+\Delta\hat{i'})$로 관측된다. 그림 10.2(b)에서 θ는 $\hat{i'}$와 OR($\vec{\Omega}$의 방향) 사이의 각이다. 그리고 $\Delta\alpha$는 Δt동안에 $\hat{i'}$가 회전한 각으로 $\Delta\alpha = \Omega\Delta t$이다. 그림 10.2(b)에서 $|\Delta\hat{i'}| = |\hat{i}\sin\theta|\Delta\alpha$로 주어진다. 따라서 $\Delta\hat{i'} = \hat{i'}(t+\Delta t) - \hat{i'}(t) = (\vec{\Omega}\times\hat{i'})\Delta t$이므로

$$\left(\frac{d\hat{i'}}{dt}\right)_a = \lim_{\Delta t\to 0}\frac{\Delta\hat{i'}}{\Delta t} = \vec{\Omega}\times\hat{i'} \tag{10.12}$$

동일한 방법을 단위벡터 $\hat{j}'$와 $\hat{k}'$에 적용하면 다음 관계식을 얻는다.

$$\left(\frac{d\hat{i'}}{dt}\right)_a = \vec{\Omega}\times\hat{i'},\quad \left(\frac{d\hat{j}}{dt}\right)_a = \vec{\Omega}\times\hat{j'},\quad \left(\frac{d\hat{k}}{dt}\right)_a = \vec{\Omega}\times\hat{k'} \tag{10.13}$$

이 결과를 식 (10.11)에 대입하고 $\vec{A} = \vec{A'}$를 적용하면 다음 관계식을 얻는다.

$$\frac{d_a\vec{A}}{dt} = \left(\frac{d\vec{A}}{dt}\right)_{rot} + \vec{\Omega}\times\vec{A} \tag{10.14}$$

식 (10.14)를 지구에 적용하기 위해 그림 10.3에서 z'축이 $\vec{\Omega}$로 회전하는 경우를 고려한다. 이 경우 $\vec{A}$를 지구 위의 공기 덩이의 위치벡터, $\vec{r}$로 바꾸어 주면 다음 관계식이 얻어진다.

$$\frac{d_a\vec{r}}{dt} = \frac{d\vec{r}}{dt} + \vec{\Omega}\times\vec{r} \tag{10.15}$$

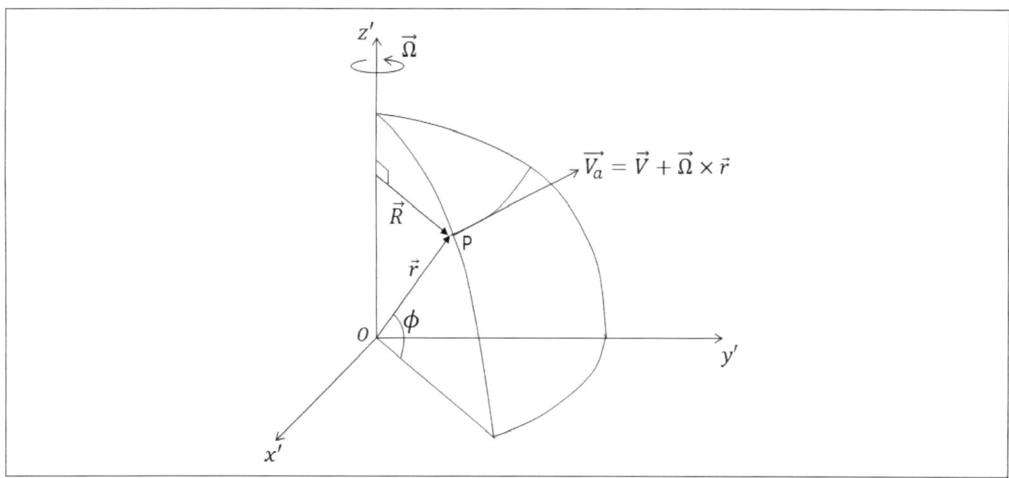

그림 10.3 ‖ **절대 좌표계에서 본 입자의 속도.**

또는 다음과 같이 나타낼 수 있다.

$$\overrightarrow{V_a} = \vec{V} + \vec{\Omega} \times \vec{r} \tag{10.16}$$

식 (10.15)에서 $\overrightarrow{V_a}$는 고정좌표계에서 속도, 그리고 $\vec{V}$는 회전 좌표계에서 속도이다. 그리고 $\vec{\Omega} \times \vec{r}$의 방향은 $\vec{\Omega}$와 $\vec{r}$을 포함하고 있는 면에 직각으로 오른손 나사의 진행 방향이다. 식 (10.16)에서 미분 연산자만을 고려 할 경우 다음과 같이 나타낼 수 있다.

$$\frac{d_a}{dt} = \frac{d}{dt} + \vec{\Omega} \tag{10.17}$$

식 (10.17)을 $\overrightarrow{V_a}$에 적용하면 다음 식을 얻는다.

$$\frac{d_a \overrightarrow{V_a}}{dt} = \frac{d \overrightarrow{V_a}}{dt} + \vec{\Omega} \times \overrightarrow{V_a} \tag{10.18}$$

식 (10.16)을 식 (10.18)에 대입하면 다음과 같이 주어진다.

$$\begin{aligned} \frac{d_a \overrightarrow{V_a}}{dt} &= \frac{d}{dt}(\vec{V} + \vec{\Omega} \times \vec{r}) + \vec{\Omega} \times (\vec{V} + \vec{\Omega} \times \vec{r}) \\ &= \frac{d\vec{V}}{dt} + 2\vec{\Omega} \times \vec{V} + \vec{\Omega} \times (\vec{\Omega} \times \vec{r}) \end{aligned} \tag{10.19}$$

그림 10.3에서 $\vec{r}$를 다음과 같이 표시할 수 있다.

$$\vec{r} = r\cos\phi\hat{R} + r\sin\phi\hat{\Omega} \tag{10.20}$$

여기서 ϕ는 위도에 해당하며, $\hat{R}$은 $\vec{R}$의 단위벡터이고, $\hat{\Omega}$는 $\vec{\Omega}$의 단위벡터이다. 식 (10.20)을 $\vec{\Omega}\times(\vec{\Omega}\times\vec{r})$에 대입하고 $\vec{A}\times(\vec{B}\times\vec{C})=\vec{B}(\vec{A}\bullet\vec{C})-\vec{C}(\vec{A}\bullet\vec{B})$를 적용하면 다음 식을 얻는다.

$$\vec{\Omega}\times(\vec{\Omega}\times\vec{r})=\vec{\Omega}\times\{\vec{\Omega}\times(rcos\phi\hat{R}+rsin\phi\hat{\Omega})\} = -\vec{R}\Omega^2 \quad (10.21)$$

여기서 $-\vec{R}\Omega^2$을 구심가속도라고 한다. 식 (10.21)을 이용하면 식 (10.19)는 다음과 같이 간단히 표현할 수 있다.

$$\frac{d_a\vec{V_a}}{dt}=\frac{d\vec{V}}{dt}+2\vec{\Omega}\times\vec{V}-\vec{R}\Omega^2 \quad (10.22)$$

관성계에서 단위질량의 공기 덩이에 작용하는 힘, $d_a\vec{V_a}/dt$은 기압경도력, 중력과 마찰력의 합의 합력에 의해서 결정되므로 다음과 같이 나타낼 수 있다.

$$\frac{d_a\vec{V_a}}{dt}=\vec{F_p}+\vec{F_g}+\vec{F_r} \quad (10.23)$$

여기서 $\vec{F_p}$는 기압경도력, $\vec{F_g}$는 중력 그리고 $\vec{F_r}$은 마찰력을 나타낸다. 식 (10.23)를 (10.22)에 대입하고 회전 좌표계에서 운동방정식으로 바꾸어주면 다음과 같이 주어진다.

$$\frac{d\vec{V}}{dt}=\vec{F_p}-2\vec{\Omega}\times\vec{V}+\vec{F_g}+\vec{R}\Omega^2+\vec{F_r} \quad (10.24)$$

식 (10.24)에서 $2\vec{\Omega}\times\vec{V}$ 와 $\vec{R}\Omega^2$ 의 부호가 (10.23)에서와 달리 바뀐 것은 공기 덩이의 운동을 기술하는 좌표계가 고정좌표계에서 회전좌표계로 바뀌었기 때문이다. 여기서 $\vec{R}\Omega^2$을 구심력과 방향이 반대인 **원심력(centrifugal force)**이라고 하며, 전향력, $-2\vec{\Omega}\times\vec{V}$과 함께 언급한 겉보기 힘 혹은 외견력이다.

(3) 고정좌표계에서 작용하는 힘

▌기압경도력

기압경도력은 대기의 압력이 공간 변화에 기인한 힘이다. 공기 덩이의 단위질량에 대한 기압경도력을 유도하기 위해서 그림 10.4와 같이 체적이 $\delta\tau(=\delta x\delta y\delta z)$, 질량이 m, 밀도가 ρ 인 공기 덩이를 고려한다. 그림 10.4에서 체적의 왼쪽 면적($\delta y\delta z$)에 직각으로 작용하는 압력을 p라고 하면 δx만큼 떨어진 오른쪽($\delta y\delta z$)면에 작용하는 압력은 $p+(\partial p/\partial x)\delta x$로 주어진다. 이 경우에 단위질량의 공기 덩이에 작용하는 x-방향의 기압경도력은 양면에 작용하는 힘의 합으로 그 방향을 고려하면

$$\overrightarrow{F_{px}} = \frac{1}{m}\left[p\delta y\delta z - (p + \frac{\partial p}{\partial x}\delta x)\delta y\delta z\right] = -\frac{1}{\rho}\frac{\partial p}{\partial x} \tag{10.25}$$

으로 주어진다. 여기서 $\rho = \delta\tau/m$이다. 동일한 방법으로 y-방향과 z-방향에 대해서 다음 식을 얻는다.

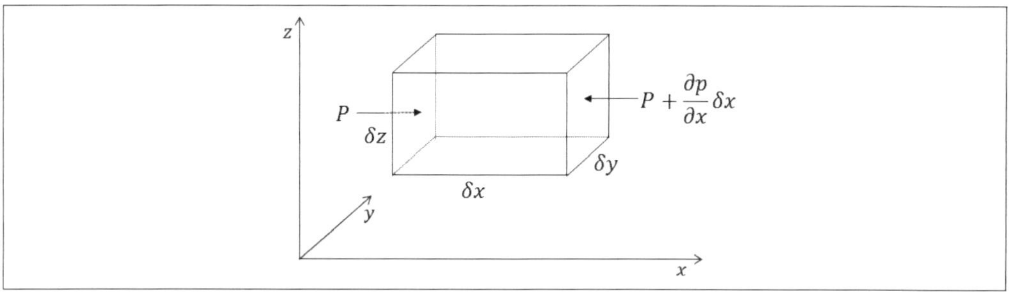

그림 10.4 ▌ 수평 기압 차에 의한 힘.

$$\overrightarrow{F_{py}} = -\frac{1}{\rho}\frac{\partial p}{\partial y}, \quad \overrightarrow{F_{pz}} = -\frac{1}{\rho}\frac{\partial p}{\partial z} \tag{10.26}$$

따라서 공기 덩이에 미치는 총 기압경도력은 다음과 같이 주어진다.

$$\overrightarrow{F_p} = -\frac{1}{\rho}\left(\frac{\partial p}{\partial x}\hat{i} + \frac{\partial p}{\partial y}\hat{j} + \frac{\partial p}{\partial z}\hat{k}\right) \tag{10.27}$$

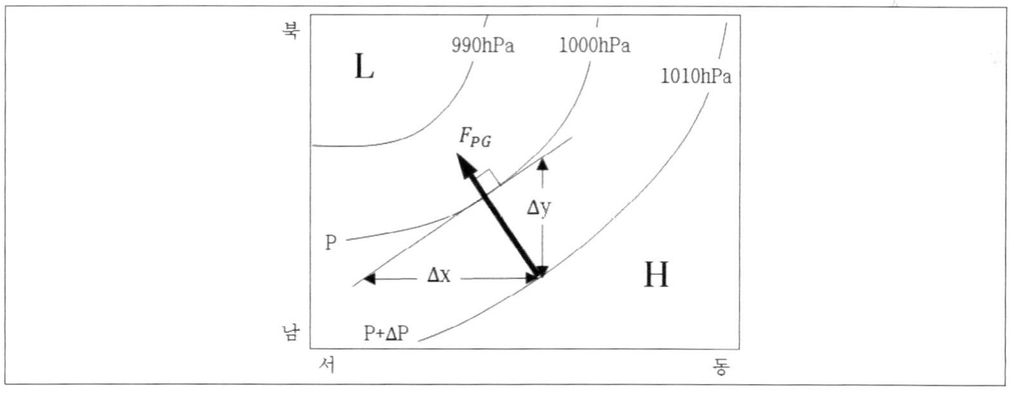

그림 10.5 ▌ 지상일기도에서 등압선과 기압경도력의 방향.

음의 부호는 기압경도력이 압력이 높은 곳에서 낮은 곳으로 작용함을 의미한다. 그림 10.5에서 기압경도력(굵은 선)은 고기압에서 저기압 방향으로 등압선(중간선)에 직각으로 작용한다. 그림에서 H와 L은 각각 고기압과 저기압의 중심을 나타낸다.

중력

중력은 지구가 회전 하지 않는다고 가정 했을 때 지구에 의한 인력으로 단위 질량의 물체가 받는 중력가속도($\overrightarrow{g^*}$)로 표시하며 다음과 같이 주어진다.

$$\overrightarrow{g^*} = -\frac{GM_e}{r^2}\hat{r} \tag{10.28}$$

여기서 G는 만유인력 상수이며 M_e는 지구 질량, r은 지구 중심에서 반지름 방향으로 거리를 나타내며 $\hat{r}$은 반지름 방향의 단위벡터이다. 실제로 지구는 자전하고 있으므로 우리가 사용하는 중력은 지구 자전을 고려한 **유효중력(effective gravity)**이며 회전좌표계에서 논의된다.

점성과 유체의 내부 저항

유체점성과 **응력** : 점성력의 정의와 관련된 기본개념을 그림 10.6을 이용하여 살펴보자. 비압축성 유체가 그림 10.6과 같이 h만큼 떨어진 두 개의 평행판 사이에 채워져 있다. 아랫면이 고정된 상태에서 윗면을 u_0의 속도로 밀면 그림 10.6과 같이 유속이 $z=0$에서 선형으로 증가한다고 가정한다. 분자 점성(molecular viscosity)은 유체의 변형(deformation)에 대한 내부 저항의 척도를 나타내는 분자의 성질로 정의할 수 있다. 실제로 모든 유체는 점성을 가지고 있다. 유체가 그림 10.6(a)와 같이 어떤 고체 표면 위를 흐를 때 그 표면과 접촉하고 있는 유체 분자는 그 표면에 들러붙어 정지 상태에 있게 되어 그 표본에 대한 속도가 0이다. 이를 미끄럼 없는 경계조건(no-slip boundary condition)이라고 한다. 이 경계조건은 밀도가 큰 차이가 있는 물과 공기와 같은 두 유체의 경계면에 대해서도 적용할 수 있다.

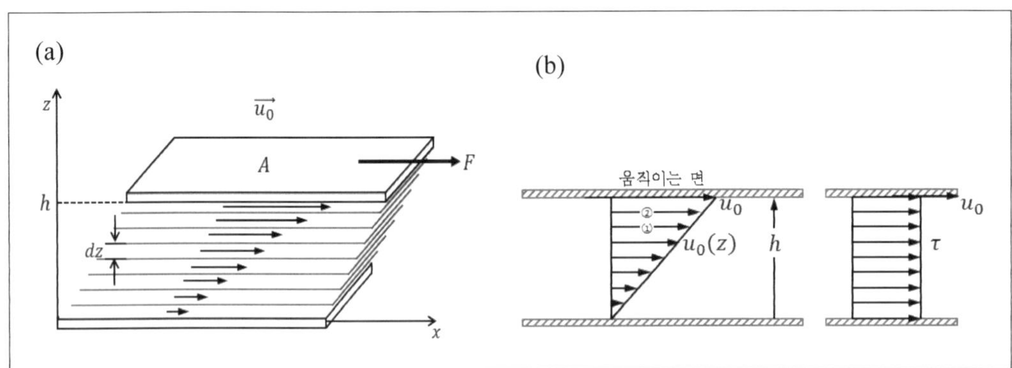

그림 10.6 ▎ 유체 흐름의 연직 시어에 의한 층 밀림 응력.

$$F_v = \mu A \frac{\partial u}{\partial z} \qquad (10.29)$$

여기서 μ는 역학점성(dynamic viscosity), A는 평면판의 면적, $\partial u/\partial z$는 유속의 연직 시어를 나타낸다. 식 (10.29)를 이용하면 역학 점성계수는 다음과 같이 정의할 수 있다.

$$\mu = \frac{F_v/A}{\partial u/\partial z} \qquad (10.30)$$

공기의 역학점성은 온도에 따라 증가하며 10℃ 에서 $1.768 \times 10^{-5}(N \cdot sm^{-2})$이다.

식 (10.30)의 양변을 A로 나누어주고 힘의 방향과 면 벡터의 방향을 고려하여 다음의 층밀림 응력(shearing stress)을 정의한다.

$$\tau_{zx} \equiv \frac{\overrightarrow{F_x}}{\overrightarrow{A_z}} = \mu \frac{\partial u}{\partial z} \qquad (10.31)$$

아래 첨차 x는 면에 힘이 가해진 방향 그리고 z는 면에 직각인 외향 법선(normal) 방향을 나타낸다. τ_{zx}를 접선응력(tangential stress)라고도 한다. 일반적으로 접선 또는 층밀림 응력($\overrightarrow{\tau_{ji}}$)은 단위면적의 면에 힘이 가해진 방향($i$)과 면 벡터의 외향법선(outward normal)의 방향(j)을 고려하여 다음과 같이 정의한다.

$$\overrightarrow{\tau_{ji}} = \lim_{A \to 0} \frac{\overrightarrow{F_i}}{\overrightarrow{A_j}} \qquad (10.32)$$

여기서 i, j는 각각 3개의 방향을 나타내므로 $\overrightarrow{\tau_{ji}}$는 9개의 성분을 가지며, $\overrightarrow{\tau_{ji}}$를 응력 텐서(tensor)라고 하며, 응력 벡터라고도 한다. 이 중에서 지수가 동일한 $\overrightarrow{\tau_{xx}}$, $\overrightarrow{\tau_{yy}}$, $\overrightarrow{\tau_{zz}}$를 법선응력(normal stress)라고 한다. 유체가 정지 상태에 있을 경우 법선응력은 정역학적 압력에 해당된다. 식 (10.32)에 의하면 x방향으로 작용하는 총 점성력은 그림 10.7을 참고하면 다음과 같이 주어진다.

$$F_{rx} = \tau_{xx}A_x + \tau_{yx}A_y + \tau_{zx}A_z \qquad (10.33)$$

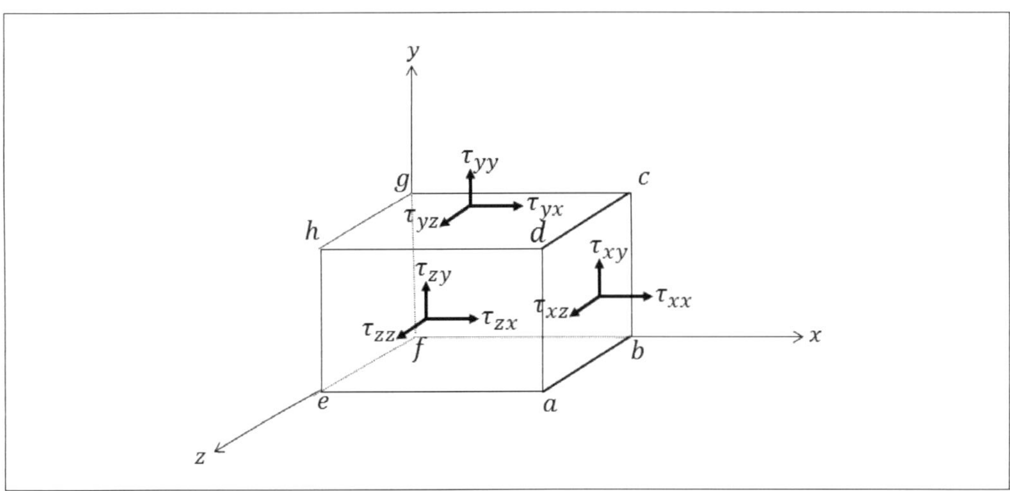

그림 10.7 ▌ 운동 상태의 유체덩이에 작용하는 응력.

순점성력 : 그림 10.8과 같이 각 면에 주어진 응력이 분포할 때 유체 덩이에 작용하는 순점성력(net viscous force)을 유도해보자. 이를 위해 그림에서 거리변화에 따른 시어응력 τ_{yx}, τ_{zx}, 법선응력 τ_{xx}의 변화를 고려한다. 법선응력의 경우 거리에 따른 x-축에 직각인 면 $abcd$와 면 $efgh$에 작용하는 힘의 차이는 다음과 같이 주어진다.

$$\left[\tau_{xx}+\left(\frac{\partial \tau_{xx}}{\partial x}\right)\delta x\right]\delta y\delta z-\tau_{xx}\delta y\delta z=\frac{\partial \tau_{xx}}{\partial x}\delta x\delta y\delta z \tag{10.34}$$

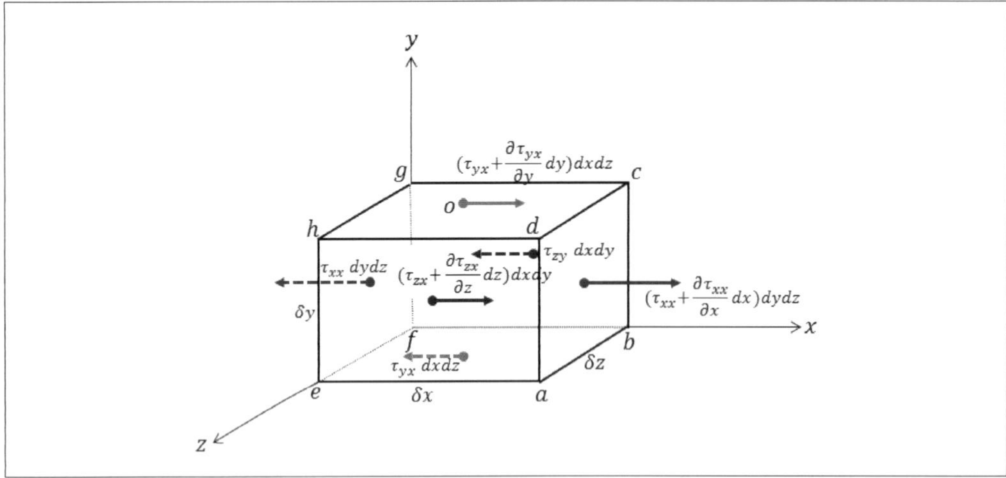

그림 10.8 ▌ 유체 덩이에 x방향으로 작용하는 순(알짜) 응력.

그림 10.8에서 위, 아랫면에 작용하는 시어 응력의 차이와 양 측면에 작용하는 시어 응력의 차이는 각각

$$\left[\tau_{yx}+\left(\frac{\partial \tau_{yx}}{\partial y}\right)\delta y\right]\delta x\delta z-\tau_{yx}\delta x\delta z=\frac{\partial \tau_{yx}}{\partial y}\delta x\delta y\delta z \tag{10.35}$$

$$\left[\tau_{zx}+\left(\frac{\partial \tau_{zx}}{\partial z}\right)\delta z\right]\delta y\delta z-\tau_{zx}\delta y\delta z=\frac{\partial \tau_{zx}}{\partial z}\delta x\delta y\delta z \tag{10.36}$$

으로 주어진다. 따라서 x-방향으로 작용하는 점성력의 각성분의 합은 다음과 같다.

$$F_{Rx}=\left(\frac{\partial \tau_{xx}}{\partial x}+\frac{\partial \tau_{yx}}{\partial y}+\frac{\partial \tau_{zx}}{\partial z}\right)\delta x\delta y\delta z \tag{10.37}$$

식 (10.36)을 유체덩이의 질량 $\rho\delta x\delta y\delta z$로 나누어 주면 단위질량에 작용하는 마찰력은 다음과 같다.

$$F_{rx}=\nu\left(\frac{\partial^2 u}{\partial x^2}+\frac{\partial^2 u}{\partial y^2}+\frac{\partial^2 u}{\partial z^2}\right) \tag{10.38}$$

여기서 ν는 운동학적 점성계수(kinematic viscosity) 혹은 동점성계수이며, $\nu=\frac{\mu}{\rho}$이다. 동일한 방법으로 마찰력의 y, z성분을 다음과 같이 나타낼 수 있다.

$$F_{ry}=\nu\left(\frac{\partial^2 v}{\partial x^2}+\frac{\partial^2 v}{\partial y^2}+\frac{\partial^2 v}{\partial z^2}\right) \tag{10.39}$$

$$F_{rz}=\nu\left(\frac{\partial^2 w}{\partial x^2}+\frac{\partial^2 w}{\partial y^2}+\frac{\partial^2 w}{\partial z^2}\right) \tag{10.40}$$

해면고도에서 $\nu=1.46\times10^{-5}m^2s^{-1}$이다. 고도 $100km$이하의 대기에서는 ν가 작으므로 무시할 수 있다. 그러나 지표에서 수 cm인 얇은 층에서는 바람의 연직 시어가 크므로 이를 고려해야 한다.

대기경계층에서 점성력 : 대기경계층에서 마찰력의 원인은 분자점성(molecular viscosity)이 아니고 난류에 의한 맴돌이(eddy)점성이다. 난류는 바람시어(wind shear)에 따라 주로 발생하며, 이로 인한 난류항력(turbulent drag force), 즉 마찰력은 풍속에 따라 증가하고 항상 풍향과 반대방향으로 작용하며, 그림 10.9과 같이 풍속을 감소시키며 대기 경계층에서만 작용한다. 대기 경계층의 z높이를 z_i라고 할 때 단위질량에 대한 난류항력의 수평 성분은 다음과 같다(Stull, 2000).

$$\overrightarrow{F_{TD}}=\ -w_T\frac{u}{z_i}\hat{i}\ -w_T\frac{v}{z_i}\hat{j} \tag{10.41}$$

여기서 w_T는 난류 수송속도(transport velocity)이다. 대기 안정도가 거의 중립에서 바람이 부는 동안에, 난류는 바람시어(wind shear)에 의해 주로 발생된다. 난류가 지표에서 위쪽으로 마찰정보를 전달하는 수송속도는 다음과 같이 주어진다.

$$w_T = C_D V \tag{10.42}$$

여기서 풍속 V은 항상 양의 값이고 C_D는 무차원 항력계수(drag coefficient)이다. 마찰이 없는 표면에서 C_D는 2×10^{-3}, 거칠거나 숲인 표면에서는 2×10^{-2}의 값을 가진다.

한편 미풍이고 강한 지표면 가열(낮 시간)이 있는 정적으로 불안정한 상태에서 부력을 가진 열기포(thermals)는 위로 마찰 정보(frictional information)를 전달한다.

$$w_T = B_D w_B \tag{10.43}$$

여기서 w_B는 부력 속도 규모(buoyancy velocity scale)로 항상 양의 값을 가지며, $B_D(=1.83\times10^{-3})$는 w_B에 대한 무차원 항력 계수이다.

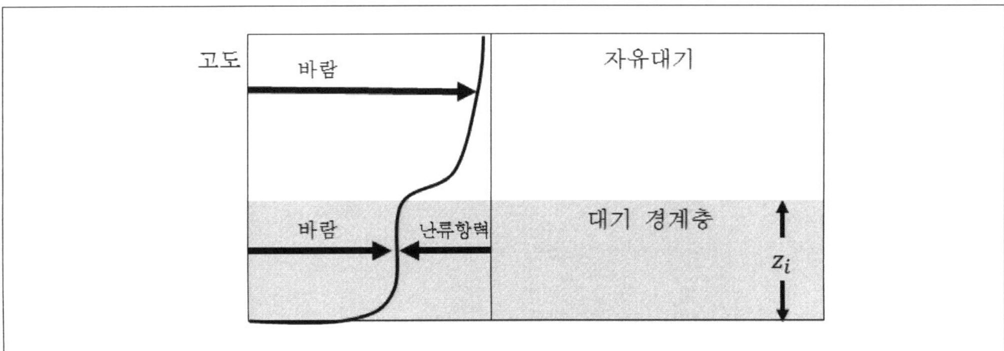

그림 10.9 ❙ 대기 경계층과 자유대기에서 바람과 난류항력.

예제 10.1

두께가 $1km$인 경계층에서 $u=10ms^{-1}$, $v=0ms^{-1}$의 바람이 불 때, 다음 조건에서 공기의 단위 질량당 항력은 얼마인가?

(a) 정적으로 중립적인 마찰이 없는 표면

(b) $w_B=45ms^{-1}$이고 정적이고 불안정한 상태

풀이

(a) 식 (10.41)과 (10.42)를 결합

$$\frac{F_x}{m} = -C_D V\frac{u}{z_i} = -(0.002)\frac{(10ms^{-1})^2}{1000m} \approx -2\times10^{-4}ms^{-2}$$

(b) 식 (10.41)와 (10.43)을 결합하여

$$\frac{F_x}{m} = -B_D w_B\frac{u}{z_i} \equiv -(0.00183)(45ms^{-1})\frac{(10ms^{-1})}{1000m} \approx -8.24\times10^{-4}ms^{-2}$$

(4) 회전좌표계에서 겉보기 힘

회전좌표계에서 공기 덩이의 운동을 근본적으로 이해하려면 식 (10.23)에 주어진 지구가 회전할 때 나타나는 겉보기 힘 혹은 외견력인 전향력 즉 코리올리 힘, 원심력, 지구 자전이 지구 중력에 미치는 효과를 더 자세히 분석하여야 한다.

▍전향력

전향력은 물체가 운동하는 경우에만 작용한다. 단위질량의 공기 덩이에 작용하는 전향력은 $\overrightarrow{F_{co}} = -2\overrightarrow{\Omega} \times \overrightarrow{V}$이다. 전향력의 각 성분을 그림 10.10에 주어진 국지적 직교좌표계를 이용하여 기술하면 다음과 같다.

$$\overrightarrow{F_{co}} = -2\overrightarrow{\Omega} \times \overrightarrow{V} = -2\Omega \begin{vmatrix} \hat{i} & \hat{j} & \hat{k} \\ 0 & \cos\phi & \sin\phi \\ u & v & w \end{vmatrix} \qquad (10.44)$$

식 (10.44)을 각 성분별로 나타내면 다음과 같이 주어진다.

$$F_{cox} = 2v\Omega\sin\phi - 2w\Omega\cos\phi,\ F_{coy} = -2u\Omega\sin\phi\ ,\ F_{coz} = 2u\Omega\cos\phi \qquad (10.45)$$

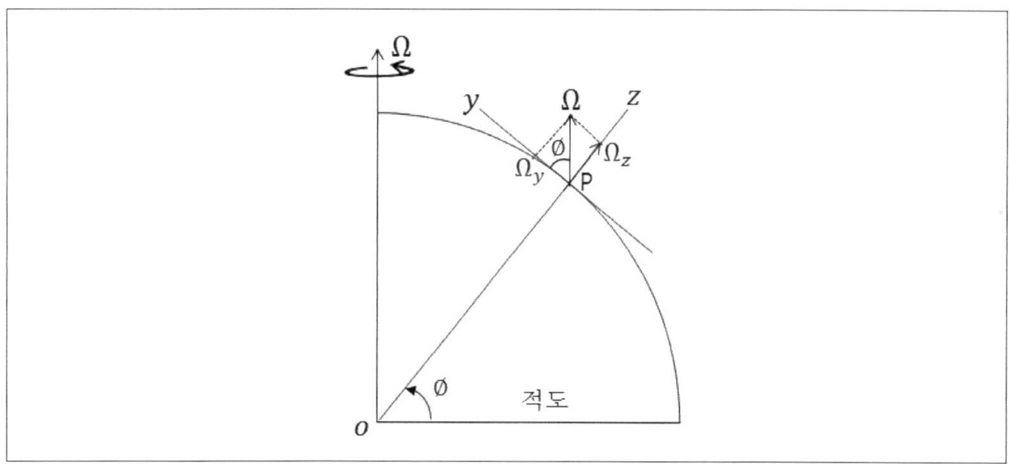

그림 10.10 ▍**국지적 직교 좌표계에서 회전각속도의 성분.**

▍원심력

원심력(centrifugal force)은 구심력과 크기는 같지만 방향이 반대인 힘이다. 구심력은 실제 힘이지만 원심력은 비관성계인 회전좌표계에 있는 관측자 또는 물체가 받는 겉보기 힘

(apparent force)이다. 예를 들면 일정속도로 달리던 자동차가 급선회(비관성계)하는 경우를 고려하자. 이때 차 안에 있던 물체나 승객은 급회전 때문에 자동차에 가한 힘(구심력)과 반대 방향으로 힘이 작용한 것처럼 움직이게 된다. 이 가상적인 힘을 원심력이라고 한다. 여기서 자동차가 급회전 시 물체가 바깥으로 쏠리는 것은 물체가 관성에 의해 그 운동을 순간적으로 지속 하려는 성질 때문에 나타난 현상이다. 따라서 원심력은 비관성계에 있는 관측자가 느끼는 가상적인 힘으로 다음과 같이 주어진다.

$$\overrightarrow{F_{ce}} = \vec{R}\Omega^2 \tag{10.46}$$

❙ 유효 중력

유효 중력(effective gravity), $\vec{g}$은 지구 중력에 지구 자전에 의한 원심력 효과를 고려한 것이다. 그림 10.11에서 보는 바와 같이 유효 중력은 중력과 원심력의 벡터 합으로 주어진다.

$$\vec{g} = \overrightarrow{g^*} + \vec{R}\Omega^2 \tag{10.47}$$

중력과 유효 중력의 차이점은 중력은 그림에서 보는 바와 같이 지구 중심을 향하지만 유효 중력의 방향은 중심에서 약간 벗어나 있다. 유효 중력은 원심력이 최대가 되는 적도에서 가장 작고 원심력이 0인 극에서 가장 크다. 그러나 그 값의 변화 범위는 수 %에 지나지 않지만 대기과학에서 g는 일반적으로 유효 중력을 나타낸다.

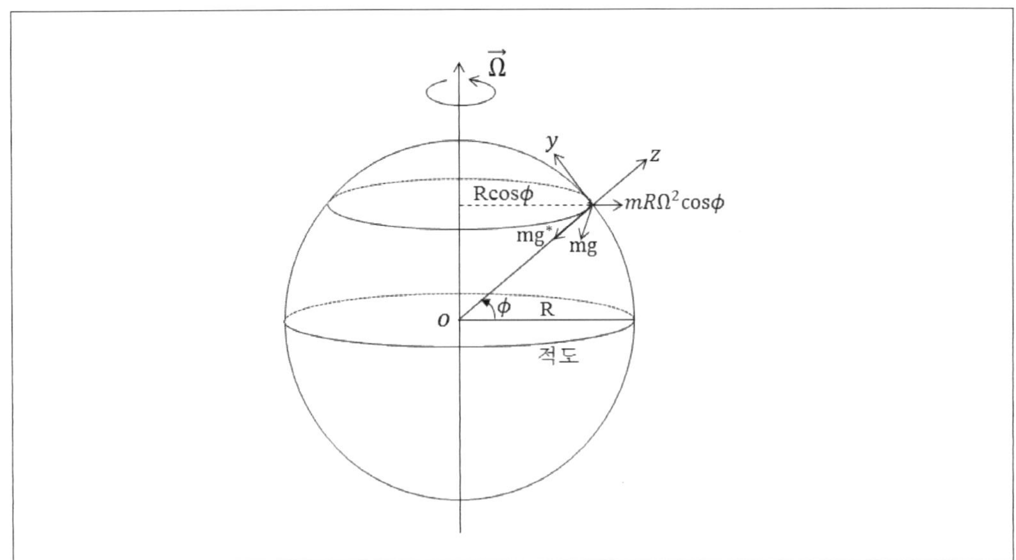

그림 10.11 ❙ 지구 자전을 고려한 유효 중력의 방향.

회전좌표계의 운동방정식

지구의 곡률효과를 무시할 경우 대기의 운동방정식은 다음과 같이 기술 할 수 있다.

$$\frac{d\vec{V}}{dt} = -\frac{1}{\rho}\nabla p - 2\vec{\Omega}\times\vec{V} + \vec{g} + \vec{F_r} \tag{10.48}$$

식 (10.48)을 세 가지 성분으로 구분하여 표시하면 다음과 같이 주어진다.

$$\frac{du}{dt} = -\frac{1}{\rho}\frac{\partial p}{\partial x} + 2v\Omega\sin\phi - 2w\Omega\cos\phi + F_{rx} \tag{10.49}$$

$$\frac{dv}{dt} = -\frac{1}{\rho}\frac{\partial p}{\partial y} - 2u\Omega\sin\phi + F_{ry} \tag{10.50}$$

$$\frac{dw}{dt} = -\frac{1}{\rho}\frac{\partial p}{\partial z} - g + 2u\Omega\cos\phi + F_{rz} \tag{10.51}$$

앞에 주어진 3개의 방정식을 이용하여 구면인 지표에서 대기의 흐름을 나타내려면 구면 좌표계를 사용하여야 한다.

10.2 유체운동의 기술

공기 덩이의 가속도는 라그랑지언 가속도와 오일러리언 가속도로 구분할 수 있다. 이를 좀 더 구체적으로 보기 위해 $\vec{V} = \vec{V}(x, y, z, t)$인 경우에 가속도는 3장을 참고하면 다음과 같이 기술할 수 있다.

$$\frac{d\vec{V}}{dt} = \frac{\partial\vec{V}}{\partial t} + \vec{V}\cdot\nabla\vec{V} \tag{10.52}$$

여기서 $\frac{d\vec{V}}{dt}$를 라그랑지 가속도, $\frac{\partial\vec{V}}{\partial t}$를 오일러 가속도 그리고 $(\vec{V}\cdot\nabla)\vec{V}$를 속도의 이류(advection)항이라고 한다.

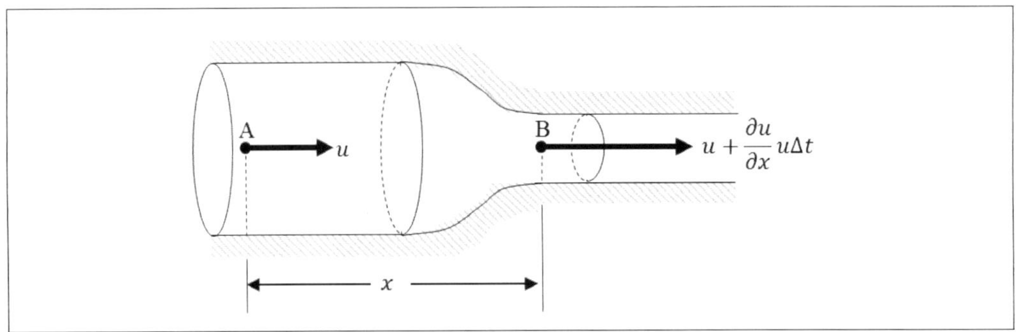

그림 10.12 ▎ 국지적 직교 좌표계에서 속도의 이류.

식 (10.52)의 물리적 의미를 좀 더 이해하기 위하여 3성분을 전개하면 다음과 같다.

$$\frac{du}{dt}=\frac{\partial u}{\partial t}+u\frac{\partial u}{\partial x}+v\frac{\partial u}{\partial y}+w\frac{\partial u}{\partial z} \tag{10.53a}$$

$$\frac{dv}{dt}=\frac{\partial v}{\partial t}+u\frac{\partial v}{\partial x}+v\frac{\partial v}{\partial y}+w\frac{\partial v}{\partial z} \tag{10.53b}$$

$$\frac{dw}{dt}=\frac{\partial w}{\partial t}+u\frac{\partial w}{\partial x}+v\frac{\partial w}{\partial y}+w\frac{\partial w}{\partial z} \tag{10.53c}$$

식 (10.53)은 유체의 가속도는 두 가속도의 합으로 다음과 같이 기술할 수 있다.

가속도= 국지(local)가속도 + 장(field)가속도

여기서 예를 들면 du/dt는 관측자가 비 관성계에 있을 때 x-방향에서 공기 덩이에 작용하는 실제 힘과 가상력의 합력 (F_{Rx})에 의한 가속도이다. 따라서

$$\frac{du}{dt}=F_{Rx},\ \frac{\Delta u}{\Delta t}=F_{Rx} \tag{10.54}$$

으로 나타낼 수 있다. 한편 $\Delta u/\Delta t=\{u(t+\Delta t)-u(t)\}/\Delta t$를 이용하면 식 (10.54)는 시간에 따른 공기 덩이의 위치변화를 예보하는 식으로 다음과 같이 나타낼 수 있다.

$$u(t+\Delta t)=u(t)+\left(\frac{\partial u}{\partial t}\right)\Delta t \tag{10.55}$$

미래에 어떤 주어진 시각에 바람을 예측, $\vec{V}(t+\Delta t,\vec{r}+\Delta\vec{r})$ 을 구하기 위해서는 $\vec{V}(t,\vec{r})$와 공기 덩이에 작용하는 힘이 주어져야 하며 이것을 **초기치 문제(initial value problem)**라고 한다. 식 (10.53a)에 $\frac{\partial u}{\partial t}$는 주어진 위치에서 시간에 따른 u의 변화를 나타낸다. 식 (10.53a)의 우변에서 $\frac{\partial u}{\partial t}$를 제외한 나머지 세 개의 항을 단위질량에 이류 힘(advective force) 또는 이류

가속도(advective acceleration)라고 하며 x-성분은 다음과 같이 주어진다.

$$a_{x\ adv} = -\left(u\frac{\partial u}{\partial x}+v\frac{\partial u}{\partial y}+w\frac{\partial u}{\partial z}\right) \tag{10.56}$$

여기서 음의 부호는 편미분 항이 음인 경우, 즉 속력의 경도(gradient)가 음인 경우 이류 힘은 양이 된다. 예를 들면 $u>0$이고 $\frac{\partial u}{\partial x}<0$이면 이류 힘은 $+x$ 방향으로 작용한다. 식 (10.56)에서 w항을 제외한 나머지 2개의 항을 수평이류의 x성분이라고 한다.

이류에 의한 라그랑지 가속도를 구체적으로 이해하기 위해서 식 (10.53a)의 du/dt에 관한 식을 고려한다. 정상류인 경우 $\frac{\partial u}{\partial t}=0$ 그리고 $v=w=0$라고 가정한다. 그림 10.12에서 A지점($x=0$)에서 유속은 u이다. 그러나 B지점에서는 유체가 폭이 좁은 곳으로 흘러가면서 이동하는 유체덩이의 유속이 증가로 그 속도는 $u+\frac{\partial u}{\partial x}\delta x$가 된다. 여기서 $\delta x=u\delta t$이므로 유체덩이가 A에서 B로 이동하는 동안 속도의 증가, 즉 라그랑지언 가속도는 다음과 같다.

$$\frac{du}{dt}=\lim_{\delta t\to 0}\left[\left\{u+\frac{\partial u}{\partial x}(u\delta t)\right\}-u\right]/\delta t = u\frac{\partial u}{\partial x} \tag{10.57}$$

여기서 du/dt는 순전히 이류에 의한 유속증가를 나타낸다.

예제 10.2

수치예보 자료에서 대전에서 바람성분 (u,v)는 (5, 5)ms^{-1}이고, 북쪽으로 250km 떨어져 있는 곳에서 바람성분이 (u,v)가 (8, 3)ms^{-1}이다. 이 때, 단위 질량당 이류로 생기는 힘을 구하시오.

풀이

경도의 정의와 식 (10.53a)와 (10.53b)를 사용하여

$$\frac{\Delta u}{\Delta y}=\frac{8ms^{-1}-5ms^{-1}}{250000m}=1.2\times10^{-5}s^{-1},$$

$$\frac{\Delta v}{\Delta y}=\frac{3ms^{-1}-5ms^{-1}}{250000m}=-0.8\times10^{-5}s^{-1}$$

$\bar{u}=\frac{8ms^{-1}+5ms^{-1}}{2}=6.5ms^{-1}$이고 $\bar{v}=\frac{3ms^{-1}+5ms^{-1}}{2}=4ms^{-1}$ 이므로

$$F_{Adx}/m=-(6.5ms^{-1})0-(4ms^{-1})(1.2\times10^{-5}s^{-1})=-4.8\times10^{-5}ms^{-2}$$

$$F_{Ady}/m=-(6.5ms^{-1})0-(4ms^{-1})(-0.8\times10^{-5}s^{-1})=3.2\times10^{-5}ms^{-2}$$

10.3 운동방정식의 근사

대기의 운동방정식을 근사하는 첫 번째 이유는 운동 규모에 따라 방정식에 대한 물리적 이해가 더 쉬워지며, 둘째는 이러한 근사는 대기흐름을 이해하는데 수반되는 방정식을 단순화시키기 때문이다. 한편 정확한 계산을 요구하는 수치예보에서는 일반적으로 운동방정식을 근사하지 않는다.

(1) 기상 현상의 규모

운동방정식을 근사하기 위하여 해야 할 첫 번째 일은 많은 관측치와 이론을 바탕으로 방정식에 있는 각 항들의 전형적인 값을 찾아내는 것이다. 그리고 각 항의 크기를 비교하여 근사방정식을 도출하는 것이다. 이러한 작업을 규모분석(scaling)이라고 한다. 대기 운동의 시간 규모는 수초에서 수일까지이고 공간규모는 수 cm에서 수천km나 된다. 그러나 기상현상에서 공간규모와 시간규모는 독립이 아니며 서로 관련성을 갖는다. 예를 들면 토네이도는 매우 작은 수평규모(직경 ~ 백 미터)와 수명이 수 시간도 되지 않은 짧은 시간규모를 갖는다. 일반적으로 공간규모가 작으면 그에 따라 시간규모도 작다. 대기 운동에 대한 대표적인 특성 값을 표 10.1에서 보이고 있다.

일상생활에서 일기변화와 밀접한 기상현상의 규모는 종관규모(예: 전선, 고・저기압)와 중규모 현상(예 : 뇌우)이다. 이 두 가지 규모를 구분하는데 이용되는 모수는 **로스비수(Rossby number)**이다.

표 10.1 ▌ 대기 운동 규모의 예.

대기 운동 유형	수평 규모	시간 규모
뇌　　우	10km	~1시간
토네이도	100m	수 분
종관 규모	1,000km	수 일
적　　운	1km	수십 분
행성파(장파)	10,000km	수 주 ~ 달

로스비수는 다음과 같이 운동방정식의 전향력 항에 대한 관성 항(가속도)의 상대적 크기를 비교한 것으로 다음과 같이 정의한다.

$$Ro = \frac{|d\vec{V}/dt|}{|f\hat{k}\times\vec{V}|} \sim \frac{V/T}{fV} \sim \frac{V}{fL} \tag{10.58}$$

여기서 V는 수평 바람의 크기, L은 기상현상의 수평규모이며 T는 이류 시간규모(advective time scale)로 $T = L/V$이다. 종관규모나 이보다 큰 행성규모의 기상현상에 대해서는 $Ro \ll 1$이며, 중규모 현상에 대해서는 $Ro \geq 1$이다. 이는 중규모 현상에서는 관성력이 지구 자전으로 인한 전향력보다 더 큰 것을 의미한다. 운동방정식의 각 항에 대한 규모 분석에서 그 크기를 살펴보자.

▌종관규모 근사

대기현상에는 표 10.1에서 보는 바와 같이 여러 가지 현상이 있지만, 일기도 상에서 수평규모를 확인할 수 있는 종관규모 현상에 대해서 규모 분석을 위해 표 10.2에 대표적인 특성 값을 보였다.

표 10.2 ▌종관규모 현상에 대표적인 특성.

규 모	부 호	크 기
수평속도(u,v)	U	$10ms^{-1}$
연직 속도(w)	W	$10^{-2}ms^{-1}$
수평길이(x,y)	L	$10^{6}m$
연직규모(z)	H	$10^{4}m$
이류시간규모(t)	L/U	$10^{5}s$
수평기압변화(p)	Δp	$10^{3}Pa$
연직기압변화(p)	Δp	$10^{5}Pa$

표 10.3 ▌종관규모에 대한 정량적인 특성규모 값.

	가속도	기압경도력	전향력		중력
x-성분	du/dt	$-\frac{1}{\rho}\frac{\partial p}{\partial x}$	$2\Omega v sin\phi$	$-2\Omega w cos\phi$	
y-성분	dv/dt	$-\frac{1}{\rho}\frac{\partial p}{\partial y}$	$-2\Omega u sin\phi$		
규모	U^2/L	$\Delta p/\rho L$	ΩU	ΩW	
크기(ms^{-2})	10^{-4}	10^{-3}	10^{-3}	10^{-6}	
z-성분	dw/dt	$-\frac{1}{\rho}\frac{\partial p}{\partial z}$	$2\Omega u cos\phi$		$-g$
크기	10^{-7}	10	10^{-3}		10

운동방정식 (10.53a) ~ (10.53c)에 $\Omega = 7.292 \times 10^{-5}\mathrm{s}^{-1}$ 그리고 $\rho = 1kgm^{-3}$을 적용하여 주어진 각 항의 크기를 비교하면 표 10.3과 같이 주어진다. 표 10.3을 이용하여 로스비수(Ro)를 구하면 다음 값을 얻는다.

$$Ro = \frac{|d\vec{V}/dt|}{|f\hat{k}\times\vec{V}|} \simeq \frac{10^{-4}}{10^{-3}} = 0.1 \tag{10.59}$$

여기서 $Ro < 1$으로 종관규모의 특성을 보여준다. 표 10.3에는 정량적으로 구체적인 특성규모 값을 제시할 수 있는 항만 고려하였으며 마찰력은 포함되어 있지 않다. 표 10.3에서 수평방향으로 작용하는 각 힘의 규모를 비교하면 수평기압경도력과 전향력이 규모가 같고 나머지 항들은 이보다 한 차수 작다. 또 연직 방향으로 작용하는 힘의 크기를 비교해 보면 연직기압경도력과 중력의 규모가 같고 나머지 항들은 이 두 항에 비해 매우 작다. 따라서 종관규모에 대한 대기의 운동방정식은 다음과 같다.

$$\frac{du}{dt} = -\frac{1}{\rho}\frac{\partial p}{\partial x} + fv + F_{rx} \tag{10.60}$$

$$\frac{dv}{dt} = -\frac{1}{\rho}\frac{\partial p}{\partial y} - fu + F_{ry} \tag{10.61}$$

$$0 = -\frac{1}{\rho}\frac{\partial p}{\partial z} - g \tag{10.62}$$

여기서 f는 코리올리 인자(Coriolis factor)로 $f = 2\Omega\sin\phi$이다. 종관규모의 운동방정식에서 식 (10.62)는 $-\frac{1}{\rho}\frac{\partial p}{\partial z} = g$와 같이 정역학방정식으로 나타낼 수 있다. 따라서 종관규모에 대한 대기 운동은 정역학평형으로 근사하고 있음을 알 수 있다.

10.4 힘의 균형에 따른 각종 바람

바람이 가속될 때 코리올리 힘이나 마찰력과 같이 풍속에 의존하는 힘들이 변한다. 이 힘들은 되먹임과정(feedback process)이 있으므로 식 (10.53)에 의해 가속도를 변화시킨다. 이 되먹임현상은 힘들이 균형을 이룰 때까지 계속된다. 힘들이 균형을 이루는 시점에서는 순 힘도 없고 가속도 없다. 즉 $\partial\vec{V}/\partial t = 0$인 상태를 **정상상태(steady state)**라고 한다. 정상상태에서 바람은 시간에 따라 변하지 않지만 풍속은 0은 아니며, 다만 가속도가 0이다. 정상상태에서 자유대기와 대기 경계층의 몇 가지 특별한 바람에 대해 기술한다.

(1) 자유대기 바람

대기경계층 상부는 대기난류에 의한 마찰력을 무시할 수 있는 부분으로 여기서는 지균풍과 경도풍이 기술된다.

▎지균풍

지균풍은 지표마찰력을 무시할 수 있는 자유대기에서 로스비수가 $R_o \to 0$ 인 경우에 기압경도력과 코리올리 힘이 균형을 이루는 정상상태에서의 이론적인 바람이다. 수평방정식에서 가속도항을 무시하며 이를 지균 근사라고 한다. 지균풍 방정식은 다음과 같이 주어진다.

$$\overrightarrow{V_g} = \frac{1}{\rho f} \hat{k} \times \nabla p \tag{10.63}$$

여기서 $\overrightarrow{V_g}$ 는 지균풍이며 성분별로 표시하면 다음과 같다.

$$u_g = -\frac{1}{\rho f}\frac{\partial p}{\partial y},\ v_g = \frac{1}{\rho f}\frac{\partial p}{\partial x} \tag{10.64}$$

적도에서 멀리 떨어진 지역의 경계층 상부에서 등압선이 직선인 곳에서 실제 바람은 거의 지균풍이다. 북반구에서 이 바람은 일기도에서 저기압을 왼쪽에 두고 등압선이나 지오포텐셜 고도선에 평행하게 분다.

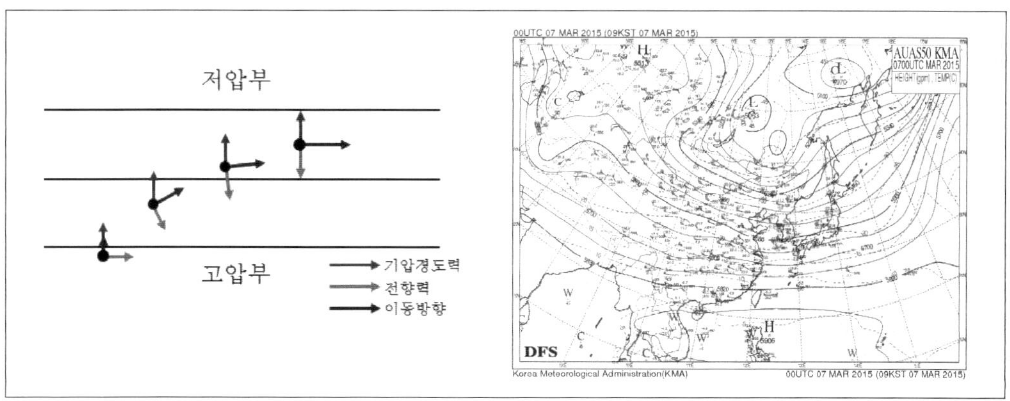

그림 10.13 ▎지균풍의 발달.

▎경도풍

상층에서 고, 저기압 주위의 등압선(등고선)이 원형인 경우에 부는 가상적인 바람은 경도풍이다. 그림 10.14는 자유대기 상층에서 경도풍이 지균풍과 다른 점은 경도풍은 공기입자가 등속원운동을 하므로 구심력을 고려하여야 한다. 저기압 중심과 고기압 중심에 대한 경도풍과 관련된 힘의 균형을 보여준다. 경도풍방정식은 힘의 균형을 고려할 경우 다음과 같이 나타낼 수 있다.

$$\frac{V_G^2}{r} = F_p - F_c \tag{10.65}$$

여기서 V_G는 경도풍속이며 F_p는 기압경도력의 크기 F_c는 전향력의 크기이다. 그리고 저기압 흐름($F_p > F_c$)에 대해서는 곡률반경이 $r > 0$, 고기압성 흐름($F_p < F_c$)에 대해서는 곡률반경을 $r < 0$으로 고려한다. 한편 $r \to \infty$이면 식 (10.65)은 지균풍방정식이 된다. 식 (10.65)에서 기압 경도력과 전향력을 구체적으로 표현하면

$$\frac{V_G^2}{r} = -\frac{1}{\rho}\frac{\partial p}{\partial r} - f V_G \tag{10.66}$$

를 얻는다. 여기서 $r \to \infty$ 인 경우 $F_p = f V_g$이므로 이를 식 (10.66)에 대입하면 다음 식을 얻는다.

$$\frac{V_G^2}{r} = f V_g - f V_G \tag{10.67}$$

식 (10.67)은 V_G에 대한 2차방정식이다. 여기서 물리적 해석을 쉽게 하기 위하여 양변을 V_G^2으로 나누어준 후 $1/V_G$에 대한 2차방정식의 가운데서 +부호를 택하면 다음의 해를 얻는다.

$$V_G = \frac{2V_g}{1 + \sqrt{1 + 4V_g/fr}} \tag{10.68}$$

여기서 2차방정식의 양의 부호를 택한 이유는 $r \to \infty$ 인 경우 $V_G = V_g$가 되도록 하기 위한 것이다. 식 (10.68)에 의하면 $r > 0$인 경우 즉 저기압성 흐름에서는 경도풍의 풍속이 지균풍속 보다 작으며 이를 **아지균풍(subgeostrophic wind)**이라고 한다. 그림 10.14에서 지균풍과 경도풍이 비교되어 있다. 저기압성 흐름에서 바람이 아지균적인 이유는 원운동을 하는데 필요한 구심가속도를 내기 위해서는 전향력보다 기압경도력이 커야 하기 때문이다. 바꾸어 말하면 지균풍에서의 전향력보다 저기압 경도풍에서 전향력이 더 작아야 저기압 흐름이 발달할 수 있다. 한편 고기압성 흐름의 경우 식 (10.68)에서 $r < 0$이므로 $V_G > V_g$가 되며 이를 **초지균풍(super geostrophic wind)**이라고 한다.

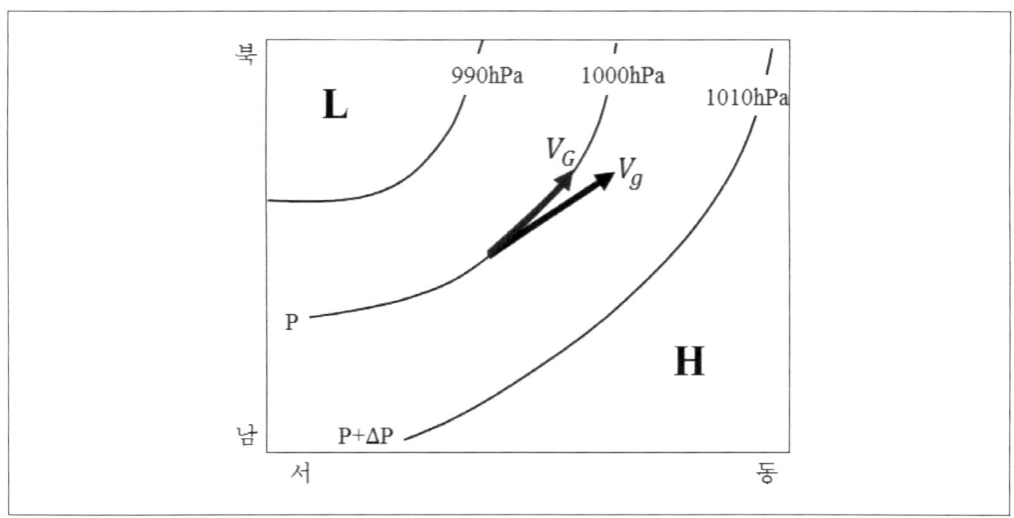

그림 10.14 ❙ 지균풍(V_g)과 북반구 저기압중심 주변에서 부는 경도풍(V_G).

(2) 대기 경계층의 바람

대기경계층에서 바람은 자유대기에서 바람에서 고려하지 않은 난류항력에 의한 마찰력을 포함한다. 등압선의 모양과 운동규모에 따라서 기압경도력, 전향력, 구심력, 난류항력에 의한 마찰력 간의 균형을 고려한다.

❙ 등압선이 직선인 경우

경계층 내의 난류점성에 기인한 저항으로 인해 풍속은 지균풍속보다 작고, 바람의 방향은 그림 10.15와 같이 저기압 쪽으로 약간 기울게 된다. 등압면을 따라서 직선으로 부는 바람에 대해 정상상태의 운동방정식은 다음과 같다.

$$0 = -\frac{1}{\rho}\frac{\partial p}{\partial x} + fv - w_T\frac{u}{z_i} \quad (10.69)$$

$$0 = -\frac{1}{\rho}\frac{\partial p}{\partial y} - fu - w_T\frac{v}{z_i} \quad (10.70)$$

여기서 w_T는 난류 수송속도이다. 대기 경계층에서 $U_{BL} \equiv u$ 와 $V_{BL} \equiv v$ 그리고 기압경도력 항을 지균풍으로 대치하고 이 식을 풀면 다음과 같다.

$$U_{BL} = u_g - \frac{w_T V_{BL}}{f z_i} \tag{10.71}$$

$$V_{BL} = v_g + \frac{w_T U_{BL}}{f z_i} \tag{10.72}$$

여기서 경계층에서 풍속은 $\left|\overrightarrow{M_{BL}}\right| = \left(U_{BL}^2 + V_{BL}^2\right)^{1/2}$으로 주어진다. 만약 경계층이 정적으로 중립이고 바람 시어가 강하면 근사적 해는 다음과 같이 주어질 수 있다(Stull, 2000).

$$U_{BL} \approx (1 - 0.35a U_g) U_g - (1 - 0.5a V_g) a V_g G \tag{10.73}$$

$$V_{BL} \approx (1 - 0.5a U_g) a G U_g + (1 - 0.35a V_g) V_g \tag{10.74}$$

여기서 $G = \sqrt{u_g^2 + v_g^2}$로 지균 풍속일 때, $aG < 1$에 대해서 $a = C_D / f z_i$이다. $\sqrt{u_{BL}^2 + v_{BL}^2} \equiv M_{BL}$로 그림 10.15에서의 경계층 바람이다.

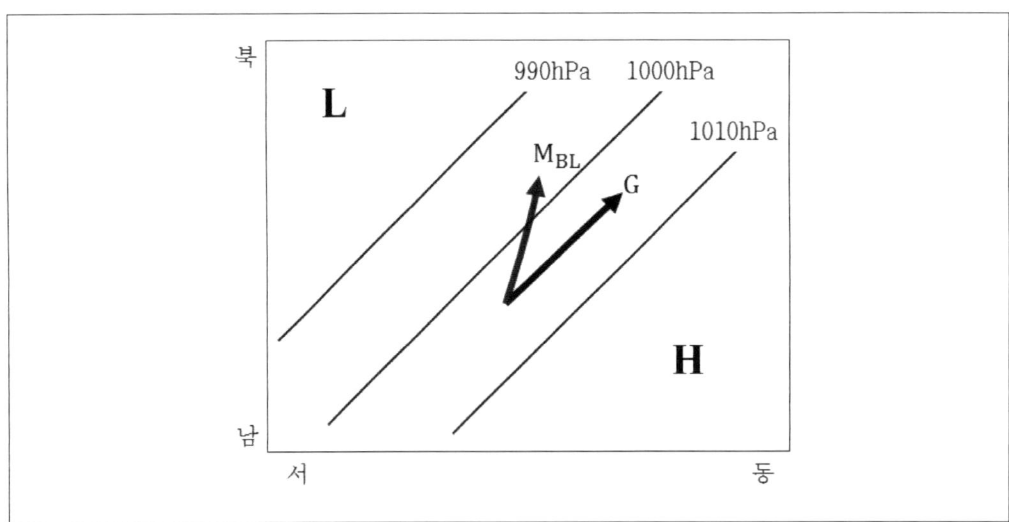

그림 10.15 ▎ 경계층 바람(M_{BL})과 지균풍(G).

한편 가벼운 바람이 부는 정적으로 불안정한 경계층의 풍속은 다음과 같이 나타낼 수 있다.

$$U_{BL} = c_2 [U_g - c_1 V_g] \tag{10.75}$$

$$V_{BL} = c_2 [V_g + c_1 U_g] \tag{10.76}$$

여기서 $c_1 = B_D w_B / (f z_i)$이고, $c_2 = 1/(1 + c_1^2)$이다.

예제 10.3

경계층내의 바람을 구하라. 또한, 등압선을 얼마나 벗어나는지도 구하여라. (단, $u_g = 10ms^{-1}$, $v_g = 0$, $z_i = 1km$, $C_D = 0.002$, $f = 10^{-4}s^{-1}$이며 정적으로 중립적인 경계층이다.)

풀이

식 (10.73)와 (10.74)를 이용하며 $G = (u_g^2 + v_g^2)^{1/2} = 10ms^{-1}$이다.

$$a = \frac{0.002}{(10^{-4}s^{-1})(1000m)} = 0.02\,sm^{-1}$$

$$aG = (0.02\,sm^{-1})(10\,ms^{-1}) = 0.2 < 1$$

$$U_{BL} \approx [1 - 0.35(0.02sm^{-1})(10\,ms^{-1})](10m\,s^{-1}) = 9.3\,ms^{-1}$$

$$V_{BL} \approx [1 - 0.5(0.02\,sm^{-1})(10\,ms^{-1})](0.02s\,m^{-1})(10\,ms^{-1}) \cdot (10\,ms^{-1}) = 1.8\,ms^{-1}$$

$$M_{BL} = \sqrt{{U_{BL}}^2 + {V_{BL}}^2} = \sqrt{9.3^2 + 1.8^2} = 9.47\,ms^{-1}$$

경계층 바람과 지균풍 사이의 각도 : $\alpha = \tan^{-1}(V_{BL}/U_{BL}) = \tan^{-1}(1.8/9.3) = 11^\circ$

등압선이 원형인 경우

고기압과 저기압의 위, 아래로 굽은 등압면 하부의 경계층 내에서는 공기 덩이에 기압경도력과 코리올리힘, 마찰력이 작용한다. 이 힘들의 불균형은 공기를 저기압에서 나선형으로 중심으로 향하게 하고, 고기압에선 바깥으로 나오게 만든다. 그림 10.16은 북반구에서 등압면과 관련된 경계층 내의 경도풍에 대한 모식도이며, M_{BLG}는 경도풍속이다. 바람벡터가 등압선과 경각을 유지하므로 경도풍을 접선과 동경(radial)성분으로 나누어 기술 할 수 있다.

$$0 = -\frac{1}{\rho}\frac{\partial p}{\partial x} + fV_G - w_T\frac{U_G}{z_i} + \frac{V_G^2}{r} \tag{10.77}$$

$$0 = -\frac{1}{\rho}\frac{\partial p}{\partial y} - fU_G - w_T\frac{V_G}{z_i} - \frac{U_G^2}{r} \tag{10.78}$$

여기서 $\dfrac{V_G^2}{r}$과 $\dfrac{U_G^2}{r}$은 원심력을 나타내는 항이다.

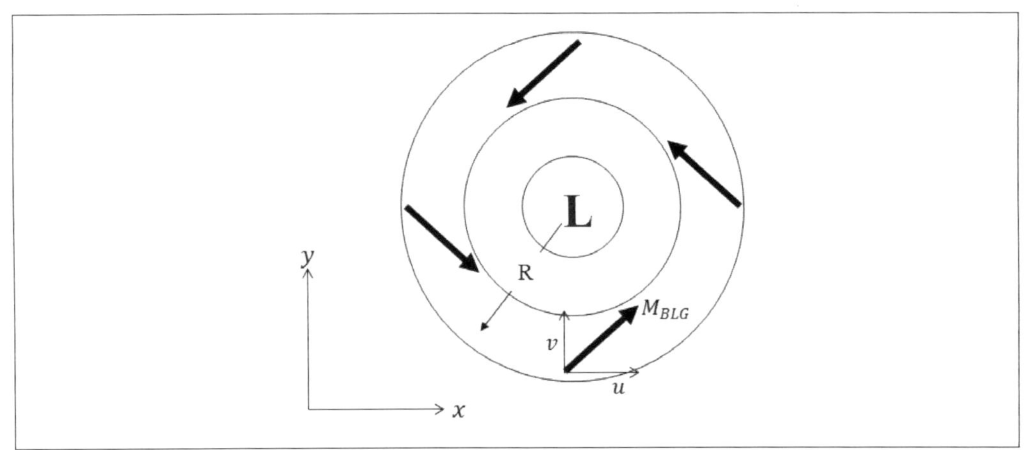

그림 10.16 ▌ 대기 경계층에서 경도풍의 접선(U)과 방사(radial)(V)성분(북반구).

대기 경계층 내 경도풍은 점성 때문에 자유대기의 경도풍보다 약하고, 북반구에서 저기압일 때 반시계 방향으로 그리고 고기압일 때 시계 방향으로 회전한다. 난류 점성 항은 고기압과 저기압에서 다르다. 저기압 주변에서 바람은 강하고 하늘은 종종 구름으로 뒤덮이기도 한다. 그런 이유로 난류 수송속도는 정적중립(statically neutral) 모수화로 다음과 같이 가장 잘 표현된다.

$$w_T = C_D\sqrt{U^2 + V^2} \tag{10.79}$$

위 식은 식 (10.77)과 (10.78)에 더 많은 비선형성을 추가시킨다. 고기압에서, 바람은 약하고, 하늘은 맑으며, 수송 속도는 낮 동안에 정적 불안정하므로 다음과 같이 모수화한다.

$$w_T = B_D w_B \tag{10.80}$$

여기서 w_B는 식 (10.79)와 같이 풍속의 함수가 아니다.

(3) 선형풍

토네이도, 용오름, 태풍의 눈 벽 근처와 같이 극심한 소용돌이도에 의하여 강한 바람이 원을 그리며 회전하며 부는 바람을 **선형풍(cyclostrophic wind)**이라고 한다. 선형풍에서는 원심력과 기압경도력이 우세하게 작용한다. 전향력과 지표에 의한 마찰이 여전히 존재하지만, 다른 항에 비해 상대적으로 매우 작기 때문에 무시된다. 정상 상태 바람에 대한 운동방정식은 다음과 같이 주어진다.

$$0 = -\frac{1}{\rho}\frac{\Delta P}{\Delta x} + s\frac{V|V|}{r} \tag{10.81a}$$

$$0 = -\frac{1}{\rho}\frac{\Delta P}{\Delta y} - s\frac{U|U|}{r} \quad (10.81b)$$

식 (10.81)에서 북반구 저기압인 경우 $s=1$이며, 고기압인 경우 $s=-1$이다. 강력한 저기압 주위를 회전하는 이러한 흐름이 원기둥 모습이기 때문에, 원통 좌표계의 형태로 쓰고 풀어내는 것이 더욱 간편하다.

$$M_{CS} = M_{\tan} = \sqrt{\frac{R}{\rho}\frac{\Delta P}{\Delta r}} \quad (10.82)$$

여기서 r은 회전의 중심에서 방사거리(radial distance)이고, M_{CS}는 선형풍의 풍속 그리고 소용돌이(vortex)주위의 접선속도는 $M_{\tan}$이며 M_{CS}와 같다.

선형풍은 절대 고기압의 중심 주변에서 발생하지 않는데, 그 이유는 경도풍에서 논의한 바와 같이 강한 음의 기압경도($\Delta p/\Delta r < 0$)가 있는 곳에서 선형풍을 발생시키는 것은 불가능하기 때문이다. 저기압의 주변에서 선형풍은 북반구의 경우 반시계 방향의 회전을 하고, 남반구의 경우는 시계 방향의 회전을 한다. 그 규모는 일반적으로 용오름과 허리케인이 $50ms^{-1}$, 토네이도가 $100ms^{-1}$크기이다.

10.5 연속방정식

유체의 연속 방정식은 유체 질량의 보존에 관한 것으로 유체역학의 중요한 기본 방정식의 하나이다. 연속방정식은 압축성 유체와 비압축성 유체로 구분하여 기술 할 수 있다.

(1) 압축성 유체의 연속방정식

주어진 위치에 있는 미소 체적의 유체밀도 변화는 질량속(= 유체의 밀도× 유체의 속도)의 수렴으로 기술할 수 있다. 유체의 밀도를 ρ, 그 속도를 $\vec{V}$라고 하면 주어진 위치에 있는 미소 체적의 유체밀도 변화 ($\frac{\partial \rho}{\partial t}$)는 다음과 같이 질량속의 발산과 관련이 있다.

$$\frac{\partial \rho}{\partial t} = -\nabla \cdot (\rho \vec{V}) \quad (10.83)$$

식 (10.83)의 x−방향의 발산은 그림 10.17을 이용하면 $\frac{\partial}{\partial x}(\rho u)$로 주어지며, y, z방향에 대해서도 유사한 식을 얻을 수 있다. 식 (10.83)의 질량속의 발산 항을 전개하면 다음과 같다.

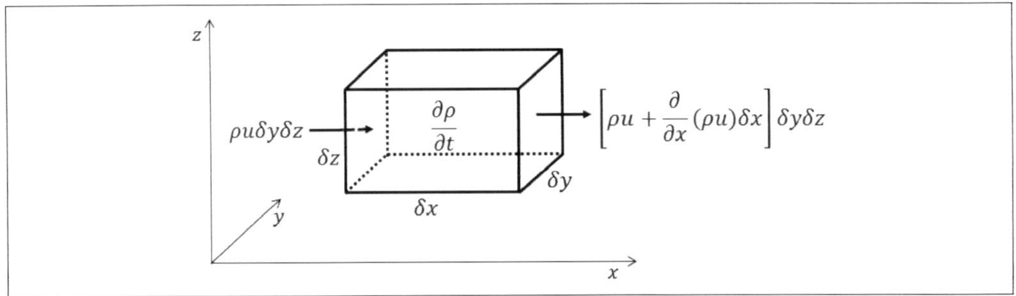

그림 10.17 ❙ **국지적 직교 좌표계에서 질량속의 변화와 체적 내 유체밀도의 변화.**

$$\frac{\partial \rho}{\partial t} = -\rho(\nabla \cdot \vec{V}) - (\vec{V} \cdot \nabla)\rho \qquad (10.84)$$

으로 주어진다. 라그랑지 미분과 오일러 미분의 관계를 이용하여 식 (10.84)을 재정리하면 다음과 같다.

$$\frac{1}{\rho}\frac{d\rho}{dt} + (\nabla \cdot \vec{V}) = 0 \qquad (10.85)$$

식 (10.85)는 다음과 같이 새로 쓸 수 있다.

$$\frac{d\ln(\rho)}{dt} = -\left(\frac{\partial u}{\partial x} + \frac{\partial v}{\partial y} + \frac{\partial w}{\partial z}\right) \qquad (10.86)$$

예제 10.4

토네이도가 차고를 강타하기 직전, 공기의 밀도는 $1kgm^{-3}$이다. 문을 갑자기 열어서, 서쪽에서 $100ms^{-1}$의 바람이 차고로 들어 왔지만, 동쪽으로는 아무것도 나가지 않았다. 또한, 차고는 부서지지 않아서 모든 방향의 벽과 지붕은 바람의 피해를 받지 않았다. 서쪽의 열린 문으로부터 차고의 동쪽 끝까지의 길이는 8m이다. 1초 동안 차고의 공기 밀도변화를 구하시오.

풀이

식 (10.82)이용, V=W=0

$$\frac{\Delta \rho}{\Delta t} = -\rho \frac{U_{x2} - U_{x1}}{x_2 - x_1} = -\left(1\frac{kg}{m^3}\right)\frac{(0-100)\,ms^{-1}}{(8-0)m}$$

$$\frac{\Delta \rho}{\Delta t} = +12.5\,kgm^{-3}s^{-1}$$

(2) 비압축성 유체의 연속 방정식

어떠한 주어진 고도에서 격렬한 기상 상태가 아닐 때 밀도는 온도와 습도에 관계없이 거의 변하지 않는다. 그러므로 우리는 체적의 안과 밖으로 일어나는 흐름에 비해 체적 내에서 질량 변화를 무시할 수 있다. 운동 상태에 있는 공기 덩이의 밀도가 변하지 않을 때 공기를 비압축성이라 하며 연속 방정식 (10.85)에서 $\frac{d\rho}{dt}=0$인 경우이다. 이 경우에 연속 방정식은

$$\nabla \cdot \vec{V}=0 \tag{10.87}$$

또는

$$\frac{\partial u}{\partial x}+\frac{\partial v}{\partial y}+\frac{\partial w}{\partial z}=0 \tag{10.88}$$

으로 주어진다. 비압축성 유체에 관한 이 근사는 강한 뇌우의 상승기류와 토네이도가 있을 때 적합하지 않다. 식 (10.88)을 다음과 같이 나타낼 수 있다.

$$-\left(\frac{\partial u}{\partial x}+\frac{\partial v}{\partial y}\right)=\frac{\partial w}{\partial z} \tag{10.89}$$

여기서 수평수렴 즉 $(\partial u/\partial x+\partial v/\partial y)<0$ 이면 $\frac{\partial w}{\partial z}>0$, 즉 연직 발산이 되어 주어진 체적으로 들어온 것만큼 위로 나간다. 이 항의 합은 0이 되므로 대기질량이 보존됨을 알 수 있다.

10.6 에너지 방정식

이 절에서는 대기의 운동방정식과 열역학 제1법칙을 이용하여 에너지 방정식을 유도한다. 대기의 운동방정식은 다음과 같이 주어진다.

$$\frac{d\vec{V}}{dt}=-\frac{1}{\rho}\nabla p-2\vec{\Omega}\times\vec{V}+\vec{g}+\vec{F_r} \tag{10.90}$$

식 (10.90)에 $\vec{V}$의 스칼라 곱을 하면 $(2\vec{\Omega}\times\vec{V})\cdot\vec{V}=0$이므로 다음 식을 얻는다.

$$\frac{d}{dt}\left(\frac{\vec{V}\cdot\vec{V}}{2}\right)=-\frac{1}{\rho}\vec{V}\cdot\nabla p-wg+\vec{V}\cdot\vec{F_r} \tag{10.91}$$

또는

$$\frac{d}{dt}\left(\frac{V^2}{2}+gz\right) = -\frac{1}{\rho}\vec{V}\cdot\nabla p+\vec{V}\cdot\vec{F_r} \tag{10.92}$$

여기서 gz는 중력에 기인한 단위질량의 공기 덩이의 위치 에너지, $\vec{V}\cdot\vec{F_r}$은 마찰력이 단위질량의 공기 덩이에 한 일이다.

한편 대기에 대한 열역학 제1법칙은 에너지 보존법칙으로 다음과 같이 기술할 수 있다.

$$\frac{dq}{dt} = c_v\frac{dT}{dt}+p\frac{d\alpha}{dt} \tag{10.93}$$

여기서 단위질량의 공기 덩이에 가해진 열에너지, c_v는 공기의 정적비열, α공기의 비체적(specific volume)을 나타낸다. 식 (10.92)와 (10.93)을 더하면 다음 식을 얻는다.

$$\frac{d}{dt}\left(\frac{V^2}{2}+gz+c_vT\right) = \frac{dq}{dt}-p\frac{d\alpha}{dt}-\alpha\vec{V}\cdot\nabla p+\vec{V}\cdot\vec{F_r} \tag{10.94}$$

여기서 압력 이류항은 $\vec{V}\cdot\nabla p=\frac{dp}{dt}-\frac{\partial p}{\partial t}$이므로 이를 식 (10.94)에 적용하면

$$\frac{d}{dt}\left(\frac{V^2}{2}+gz+c_vT+p\alpha\right) = \frac{dq}{dt}+\alpha\frac{\partial p}{\partial t}+\vec{V}\cdot\vec{F_r} \tag{10.95}$$

을 얻는다. 여기서 상태 방정식 $p\alpha = RT$를 적용한 후에 $c_p = c_v + R$을 이용하면 식 (10.95)는

$$\frac{d}{dt}\left(\frac{V^2}{2}+gz+c_pT\right) = \frac{dq}{dt}+\alpha\frac{\partial p}{\partial t}+\vec{V}\cdot\vec{F_r} \tag{10.96}$$

으로 기술할 수 있다. 여기서 c_pT는 단위질량의 공기에 대한 엔탈피(enthalpy)이다. 공기가 건조단열과정($dq/dt=0$), 정상상태 ($\partial p/\partial t=0$), 마찰이 없는 경우($\vec{F_r}=0$)는 식 (10.96)이 다음과 같이 정리된다. 다음의 식 (10.97)을 베르누이 방정식 (Bernoulli's equation)이라고 한다.

$$\frac{d}{dt}\left(\frac{V^2}{2}+gz+c_pT\right)= 0 \tag{10.97}$$

식 (10.97)은 운동에너지, 위치에너지 그리고 엔탈피의 합은 마찰이 없는 단열적인 정상류(steady flow)에 대해 일정함을 보여준다.

연습문제

1. 체중인 50kg인 사람이 $10ms^{-1}$으로 상승하고 있는 엘리베이터에 타고 있다. 엘리베이터 바닥이 받는 무게는 얼마인가? (중력가속도는 $10ms^{-2}$으로 고려한다.)

2. 저기압 중심으로부터 반경 $500km$ 떨어진 곳에 경계층 바람이 $2ms^{-1}$의 원형 등압선을 횡단해 안쪽으로 들어오는 성분을 가지고 있다. 경계층의 두께가 $1km$일 때, 경계층 최상부에서의 평균 연직 속도를 구하시오.

3. 정적으로 불안정한 경계층에 대해, 부력이 있는 $60ms^{-1}$의 속도가 주어졌을 때, $u = 5ms^{-1}$이고, $v = 1ms^{-1}$에서의 단위질량 당 난류 마찰력을 구하시오.

4. 저기압 근처의 지균풍이 $10ms^{-1}$이고, $f = 10^{-4}s^{-1}$이라면, 곡률반경 $500km$에서 경도풍 풍속을 구하시오.

5. 지균풍과 경도풍과의 관계식 $\frac{V_G^2}{r} = fV_g - fV_G$에서 $V_G = \frac{2V_g}{1+\sqrt{1+4V_g/fr}}$ 을 유도하시오.

제11장 대기의 순환과 와도

대기의 운동을 일으키는 근본적인 에너지는 태양 에너지이지만 지역에 따른 태양의 고도변화 그리고 대기와 지표의 반사율과 흡수율의 차이로 그 에너지가 지상에 균등하게 분배되지 않는다. 이 경우 에너지가 높은 곳에서 낮은 곳으로의 에너지 수송은 대기 순환과 파동에 의해서 이루어진다.

11.1 순환과 물리적 해석

(1) 일차순환과 이차순환

순환(circulation)의 일반적인 정의는 한 바퀴 돌아서 제자리에 돌아오는 것 또는 이와 같은 과정을 되풀이하는 것을 말한다. 대기 중에는 각종 규모의 수평순환과 연직순환이 끊임 없이 일어나고 있으며 순환을 일으키는 주 에너지원은 태양복사 에너지이다. 순환은 일종의 구조화된 유체의 흐름이며, 이 과정에서 질량, 에너지 그리고 운동량이 이동된다. 순환에 관련된 세포를 순환세포라고 한다.

순환은 일반적으로 큰 규모의 순환 위에 작은 규모의 순환이 중첩되어 일어나거나 또는 큰 규모의 순환의 영향으로 시·공간 규모가 더 작으면서 약한 순환이 생성될 수 있다. 이 때 큰 규모의 순환을 **일차순환(primary circulation)** 그리고 일차순환에 연계하여 일어나는 순환을 **이차순환(secondary circulation)**이라고 한다. 예를 들면 지구 대기대순환에서 해들리 순환은 일차순환에 해당하며, 페렐세포(Ferrel cell)와 극세포(polar cell)에 의한 순환은 이차순환이다. 태풍의 경우 태풍 중심을 향하는 기압경도력, 전향력 그리고 원심력이 함께 균형(즉 경도풍 균형)을 이룬 상태에서 저기압성의 강한 흐름이 일차순환에 해당한다. 한편 지표부근의 하층 대기에서는 지표의 마찰로 인해 풍속이 감소하여 전향력과 원심력은 감소 하지만 기압경도력은 변화가 없으므로 공기 덩이는 태풍 중심을 향해 나선형 경로(spiral path)를 따라 이동한다. 여기서 마찰의 영향으로 경도풍 균형이 어긋나면서 공기 덩이가 태풍 중심으로 향하는 것은 태풍의 이차순환의 한 부분이다.

(2) 순환과 솔레노이드

대기과학에서 순환(circulation)은 보통 2가지 의미로 사용된다. 하나는 주어진 면적이나 체적에서 체계적인 또는 조직화된 운동을 순환이라고 한다. 예를 들면 대기 대순환, 종관규모의 순환, 그리고 중규모 순환 등을 말한다. 다른 하나는 유체의 회전하는 정도를 나타내는 거시적인 척도로서, 유체가 폐곡선(closed curve)을 따라 이동 시 유체의 속도와 변위의 스칼라 적으로 다음과 같이 정의한다.

$$C = \oint \vec{V} \cdot \vec{dl} = \oint V cos\theta dl \qquad (11.1)$$

여기서 C는 순환, $\vec{V}$는 그림 11.1에 주어진 바와 같이 유체의 속도장의 한 지점에서 유체입자의 속도이고, $\vec{dl}$은 폐곡선에서 입자의 미소 변위벡터 그리고 θ는 $\vec{V}$와 $\vec{dl}$사이의 각을 나타낸다. 식 (11.1)에서 적분은 반시계 방향(저기압성 회전)으로 한다. 유체의 3차원 흐름 장에서 속도는 $\vec{V} = u\hat{i} + v\hat{j} + w\hat{k}$ 그리고 $\vec{dl} = \hat{i}dx + \hat{j}dy + \hat{k}dz$로 주어지므로 순환은

$$C = \oint udx + vdy + wdz = \oint \vec{V} \cdot \vec{dl} \qquad (11.2)$$

으로 주어진다. 여기서 u, v 그리고 w는 폐곡선 상에서 각각 x, y그리고 z방향의 접선속도의 각 성분을 나타낸다.

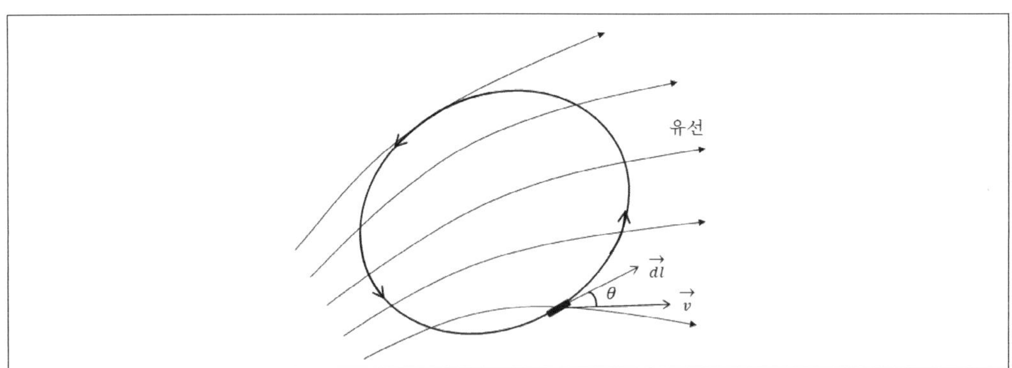

그림 11.1 ▌ 유체의 흐름장에서 폐곡선상의 순환.

식 (11.1)을 시간에 대해서 미분하면 순환의 시간 변화율, 즉 순환의 가속도를 구하기 위해서 그림 11.2를 고려한다. 그림에서 주어진 임의의 시간 t_0에서 위치 C_1에 있는 폐곡선을 고려한다. 이 폐곡선이 $t_0 + \delta t$에 위치 C_2로 이동한 경우를 고려한다. 이동하는 과정에서 폐곡선의 길이, 모양 그리고 순환이 바뀔 수 있다. 다음의 수식들은 C_2에서 순환의 가속도가 C_1의 폐곡

선 상의 가속도의 순간 순환과 어떻게 관련되어 있는지를 살펴보기 위한 것이다.

시간에 따른 순환의 변화를 구하기 위해 식 (11.2)를 시간 t로 미분하면 다음과 같이 주어진다.

$$\frac{dC}{dt} = \oint \frac{d\vec{V}}{dt} \cdot \vec{dl} + \oint \vec{V} \cdot \frac{d}{dt}(\vec{dl}) = \oint \frac{d\vec{V}}{dt} \cdot \vec{dl} + \oint \vec{V} \cdot d\vec{V} \tag{11.3}$$

여기서 $\frac{\vec{dl}}{dt} = \vec{V}$ 이며, $\oint \vec{V} \cdot d\vec{V} = \oint d\left(\frac{1}{2}\vec{V} \cdot \vec{V}\right) = 0$ 이 된다. 따라서 식 (11.3)은

$$\frac{dC}{dt} = \oint \frac{d\vec{V}}{dt} \cdot \vec{dl} \tag{11.4}$$

으로 주어진다. 식 (11.4)는 이동하는 물리적인 폐곡선의 순환 가속도는 가속도의 순간적인 순환과 같음을 보여준다.

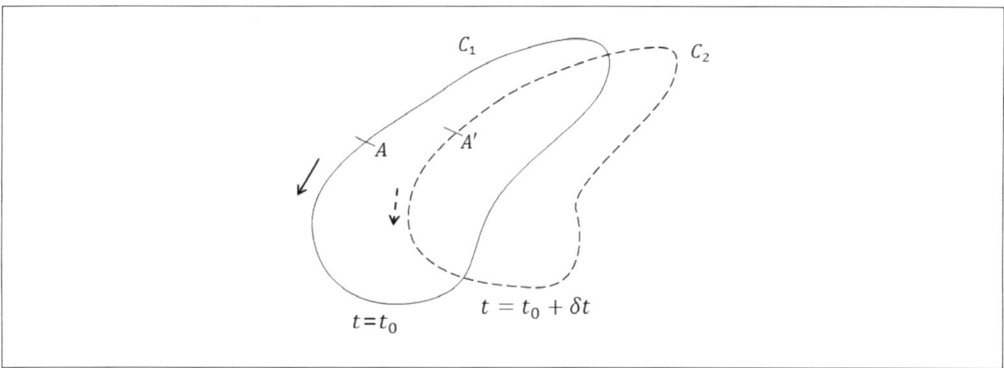

그림 11.2 ▍ 폐곡선의 시간에 따른 이동.

대기흐름에서 순환 그 자체도 중요하지만 때로는 순환의 시간변화, 즉 순환가속도가 더 중요한 의미를 갖는다. 그 이유는 순환의 시간 변화는 우리가 느끼는 일기변화의 원인이 되는 고, 저기압의 강화(intensification)와 관련되어있기 때문이다. 시간에 따른 순환의 변화를 그림 11.3에 주어진 등압선과 등밀도선의 연직 단면도에서 고려해 보자. 그림에서 두 개의 성질이 서로 다른 등치선이 서로 교차하고 있다. 이러한 대기를 **경압대기(baroclinic atmosphere)**라 하며, 중・고위도의 대기가 이에 해당된다. 그리고 두 개의 등압선과 두 개의 등밀도선이 교차하면서 형성된 폐곡선으로 둘러싸인 각각의 **순환세포(circulation cell)**를 솔레노이드라고 한다.

그림 11.3에서 지표가 가열된 곳에서 위 부분의 등압선(p_4)은 대기의 팽창으로 위로 올라가 있는 반면에 냉각된 곳에서는 등압선이 위축되어 아래로 내려와 있다. 따라서 기층의 상부에서는 C에서 D로 수평 기압경도력이 작용한다. 한편 지표에서 등압선의 수평분포를 보면 A에서 기압이 B에서 보다 높으므로 수평 기압경도력이 A에서 B로 작용한다. 한편 C와 D 지점에서 주

위 공기와의 밀도 차에 의한 공기의 연직 운동을 살펴보자. C지점에 있는 공기 덩이는 동일 고도에 있는 주위 공기보다 밀도가 낮으므로 양의 부력을 가지며 이로 인해 공기 덩이는 상승운동을 한다. 이에 비해 D지점에 있는 공기 덩이는 동일 고도에 있는 주위 공기보다 밀도가 높다. 따라서 공기 덩이는 음의 부력을 가지며, 이로 인해 하강운동을 한다. 그 결과 A 지역에서는 대기가 침강이 일어나고, 동시에 B지역으로 수평운동을 한다. 그리고 B 지역에서는 대기가 상승하며 기층의 상부에서는 C에서 D로 수평이동이 이루어져 하나의 완전한 연직순환을 형성한다. 이와 동일한 순환이 순환세포(a-b-c-d)에서도 일어난다. 그림 11.3의 대기의 연직순환은 다음과 같이 주어진다.

$$C = \oint (vdy + wdz) \tag{11.5}$$

식 (11.5)를 시간에 대해 미분하면 다음 식을 얻는다.

$$\frac{dC}{dt} = \oint \left(\frac{dv}{dt} dy + \frac{dw}{dt} dz \right) \tag{11.6}$$

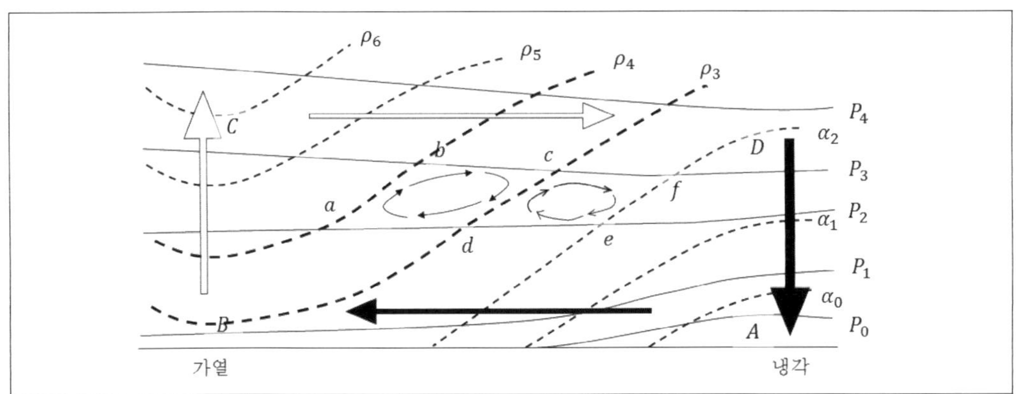

그림 11.3 ▌ 대기의 연직순환과 솔레노이드.

식 (11.3)의 물리적 해석을 위해 마찰력과 전향력을 무시한 대기 운동을 다음과 같이 고려한다.

$$\frac{dv}{dt} = -\frac{1}{\rho}\frac{\partial p}{\partial y}, \quad \frac{dw}{dt} = -\frac{1}{\rho}\frac{\partial p}{\partial z} - g \tag{11.7}$$

식 (11.7)을 식 (11.6)에 대입하면 다음 식을 얻는다.

$$\frac{dC}{dt} = -\oint \alpha \left(\frac{\partial p}{\partial y} dy + \frac{\partial p}{\partial z} dz \right) - \oint gdz \tag{11.8}$$

여기서 $\alpha (= \frac{1}{\rho})$는 비체적이다. 식 (11.8)에 $dp = \frac{\partial p}{\partial y} dy + \frac{\partial p}{\partial z} dz$와 $\oint gdz = 0$을 이용하

면 다음과 같이 주어진다.

$$\frac{dC}{dt} = \frac{d}{dt}\oint \vec{V} \cdot \vec{dl} = -\oint \alpha dp \tag{11.9}$$

여기서 $\frac{dC}{dt}$는 유체회전의 라그랑지의 변화율 (Lagrangian rate), 즉 순환의 가속도를 나타낸다. 식 (11.9)에 건조 공기의 상태 방정식, $p\alpha = R_d T$를 적용하면 다음 식으로 주어진다.

$$\frac{dC}{dt} = -R_d \oint T d(\ln p) \tag{11.10}$$

식 (11.10)을 그림 11.4에 주어진 해풍의 모형에 적용하여 순환의 가속도를 계산 해보자. 그림에서 실선은 등압선 그리고 점선은 공기밀도의 등치선을 나타낸다.

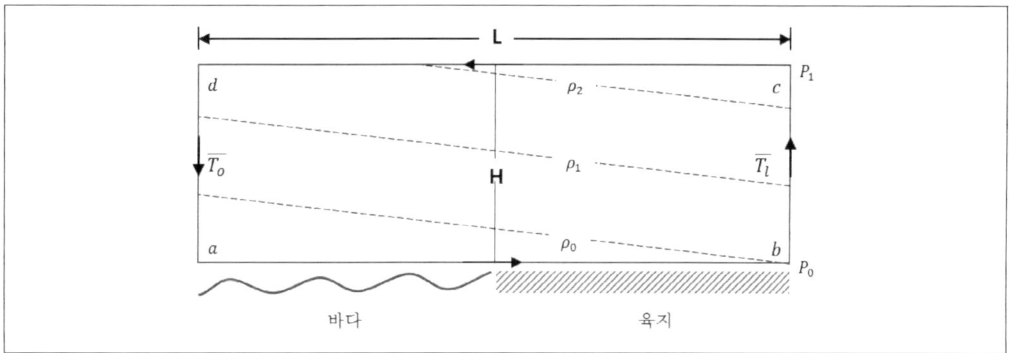

그림 11.4 ▍ 해풍의 모형에 대한 순환정리의 적용.

식 (11.10)을 그림 11.4에 적용하여 경로 적분을 하면 ab와 cd구간에서는 압력변화가 없으므로 적분 값은 0이 된다. 따라서 적분 결과는 다음과 같이 주어진다.

$$\frac{dC}{dt} = 0 - R_d \int_{p_0}^{p_1} \overline{T_l} \frac{dp}{p} - 0 - R_d \int_{p_1}^{p_0} \overline{T_o} \frac{dp}{p} = R_d \ln\left(\frac{p_0}{p_1}\right)\left(\overline{T_l} - \overline{T_o}\right) \tag{11.11}$$

한편 적분경로 상에서 수평방향과 연직방향에서 대기의 평균 이동속도를 $\langle u \rangle = \langle w \rangle = \langle V \rangle$로 고려한다. 이 경우 가속도의 크기를 $d\langle V \rangle / dt$라고 하여 순환 가속도의 적분은 반시계 방향으로 하면 다음 식으로 주어진다.

$$\frac{dC}{dt} = \frac{d}{dt}\oint \vec{V} \cdot \vec{dl} = \oint \frac{d\langle \vec{V} \rangle}{dt} \cdot \vec{dl} = \oint \frac{d\langle V \rangle}{dt} \cos\theta dl = \frac{d\langle V \rangle}{dt} 2(H+L) \tag{11.12}$$

여기서 각 구간에서 $\vec{dl}$의 방향(반시계 방향)과 속도벡터의 방향이 동일하므로 $\theta = 0^\circ$ 이다. 식 (11.11)과 (11.12)를 결합하면 다음 식을 얻는다.

$$\frac{d\langle V\rangle}{dt}=\frac{R_d\ln(p_0/p_1)}{2(H+L)}(\overline{T_l}-\overline{T_0}) \tag{11.13}$$

만일 $p_0=1000\,hPa$, $p_1=900\,hPa$, $\overline{T_l}-\overline{T_0}=5℃$ 그리고 $L=20km$, $H=1km$인 경우 식 (11.13)에 의하면 약 $d\langle V\rangle/dt\simeq 3.5\times 10^{-3}ms^{-2}$이다. 마찰력을 무시하면 풍속은 시간에 따라 증가한다. 그러나 실제로 풍속의 증가에 따라 마찰력이 증가하고 온도이류는 바다와 육지간의 온도 차를 감소시킨다. 그 결과 해풍은 거의 일정한 속도를 유지한다.

(3) 순환정리

순환정리에는 **켈빈(Kelvin)의 순환정리**와 **비야크네스(Bjerkness)의 순환정리**가 있다. 먼저, 켈빈의 순환정리를 살펴보자. 관성계에서 마찰력을 무시한 유체운동방정식은 다음과 같다.

$$\frac{dV}{dt}=-\frac{1}{\rho}\nabla p+\nabla\Phi \tag{11.14}$$

여기서 Φ는 지오퍼텐셜(geopotential)이며 $\Phi=gz$이다. 식 (11.14)에 $d\vec{V}/dt$를 적용하여 순환의 가속도를 구하기 위해서 임의의 폐곡선에 대해 적분을 다음과 같이 취한다.

$$\frac{d}{dt}\oint\vec{V}\cdot\vec{dl}=\oint\frac{d\vec{V}}{dt}\cdot\vec{dl}=-\oint\frac{1}{\rho}\nabla p\cdot\vec{dl}+\oint\nabla\Phi\cdot\vec{dl} \tag{11.15}$$

$\nabla p\cdot\vec{dl}=dp$이고 $\oint\nabla\Phi\cdot\vec{dl}=\oint d\Phi=0$ 이므로 식 (11.15)는 다음과 같이 주어진다.

$$\frac{dC}{dt}=\frac{d}{dt}\oint\vec{V_a}\cdot\vec{dl}=-\oint\frac{dp}{\rho} \tag{11.16}$$

식 (11.16)의 우변의 압력 적분 항을 **솔레노이드 항(solenoid term)**이라고 한다. 일반적으로 솔레노이드 항은 0이 아니다. 그러나 $\rho=\rho(p)$인 유체의 밀도가 압력만의 함수인 경우에는 유체의 등압선과 등밀도선이 어느 곳에서나 나란하여 솔레노이드가 형성되지 않는다. 이러한 물리적 조건을 **순압성(barotropy)**이라고 하며, 이와 같은 대기를 **순압대기(barotropic atmosphere)**라고 한다. 순압대기에서는 식 (11.16)의 솔레노이드 항이 0이 되어 순환이 보존되며, 이것을 켈빈(Kelvin)의 정리라고 한다.

비야크네스의 순환정리는 회전하는 지구에 대한 유체의 상대 순환의 시간 변화율을 구하기 위해 유도한 정리이다. 지구의 자전 각속도를 $\vec{\Omega}$, 자전하는 지구에 대한 공기 덩이의 상대속도를 $\vec{V_r}$, 그리고 관성계에서 관측한 속도를 $\vec{V_a}$라고 하면

$$\overrightarrow{V_a} = \overrightarrow{V_r} + \overrightarrow{\Omega} \times \vec{r} \tag{11.17}$$

로 주어진다. 여기서 위치 벡터 $\vec{r}$은 그림 11.5와 같이 원점을 지구 중심에 두고 있으며, $\overrightarrow{\Omega} = \Omega \hat{k}$이다. 식 (11.17)를 식 (11.1)에 적용하고 순환을 구하면

$$C_a = \oint \overrightarrow{V_r} \cdot \overrightarrow{dl} + \oint (\overrightarrow{\Omega} \times \vec{r}) \cdot \overrightarrow{dl} \tag{11.18}$$

식 (11.18)은 다음과 같이 상대순환(C_r)과 지구 자전에 의한 순환의 합으로 나타낼 수 있다.

$$C_a = C_r + \oint (\overrightarrow{\Omega} \times \vec{r}) \cdot \overrightarrow{dl} \tag{11.19}$$

여기서 우측항의 벡터 곱에 스토크스 정리를 적용하면 다음과 같이 주어진다.

$$\oint (\overrightarrow{\Omega} \times \vec{r}) \cdot \overrightarrow{dl} = \iint_A \nabla \times (\overrightarrow{\Omega} \times \vec{r}) \cdot \hat{n} dA \tag{11.20}$$

벡터 항등식을 적용하면 우측항의 $\nabla \times (\overrightarrow{\Omega} \times \vec{r})$은 다음과 같이 주어진다.

$$\nabla \times (\overrightarrow{\Omega} \times \vec{r}) = \nabla \times (\overrightarrow{\Omega} \times \overrightarrow{R}) = \overrightarrow{\Omega} \nabla \cdot \overrightarrow{R} = 2\overrightarrow{\Omega} \tag{11.21}$$

식 (11.18)을 식 (11.17)에 대입하고 그림 11.5를 참고하면 다음과 같이 주어진다.

$$\oint (\overrightarrow{\Omega} \times \vec{r}) \cdot \overrightarrow{dl} = \iint_A 2\overrightarrow{\Omega} \cdot \hat{n} dA = 2\Omega A_e \tag{11.22}$$

여기서 면적 dA_e는 지표면에서 면적 dA를 적도면에 투영한 면적이다. 식 (11.21)과 식 (11.22)를 결합한 후 t로 미분하면 다음 식을 얻는다.

$$\frac{dC_r}{dt} = \frac{dC_a}{dt} - 2\Omega \frac{dA_e}{dt} \tag{11.23}$$

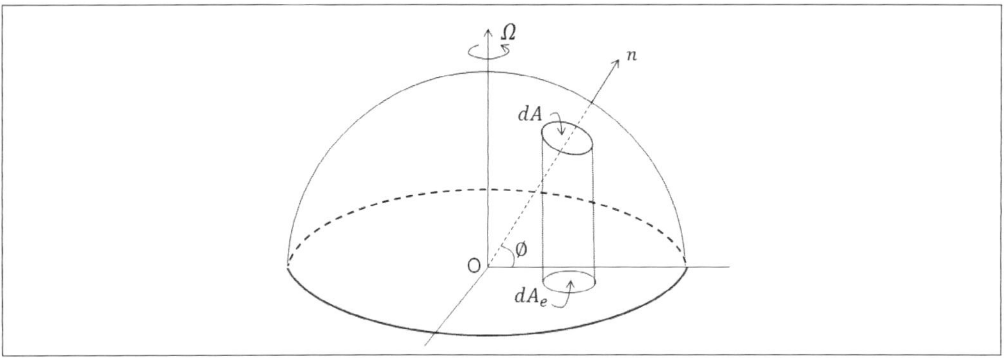

그림 11.5 ▌ 면적 A는 폐곡선 내의 면적이며, A_e는 A를 적도면에 투영한 면적임.

11.2 순환과 와도

순환의 물리적 의미를 살펴보기 위해 그림 11.6에 주어진 직사각형의 폐곡선 상의 순환을 구해 보자. 그림에서 화살표는 주어진 위치에서 유체속도의 방향이며, 적분은 식 (11.2)를 이용하여 반시계 방향으로 폐곡선을 따라 행한다. 그림 11.1에서 $\overrightarrow{dl}$의 방향(반시계 방향)과 속도벡터의 방향이 정반대인 경우는 $\cos 180^\circ$ 이므로 음의 부호를 고려하여 각 구간별로 순환을 다음과 같이 구한다.

$$C = u\Delta x + \left(v + \frac{\partial v}{\partial x}\Delta x\right)\Delta y - \left(u + \frac{\partial u}{\partial y}\Delta y\right)\Delta x - v\Delta y \tag{11.24}$$

식 (11.24)를 정리하면 다음과 같이 주어진다.

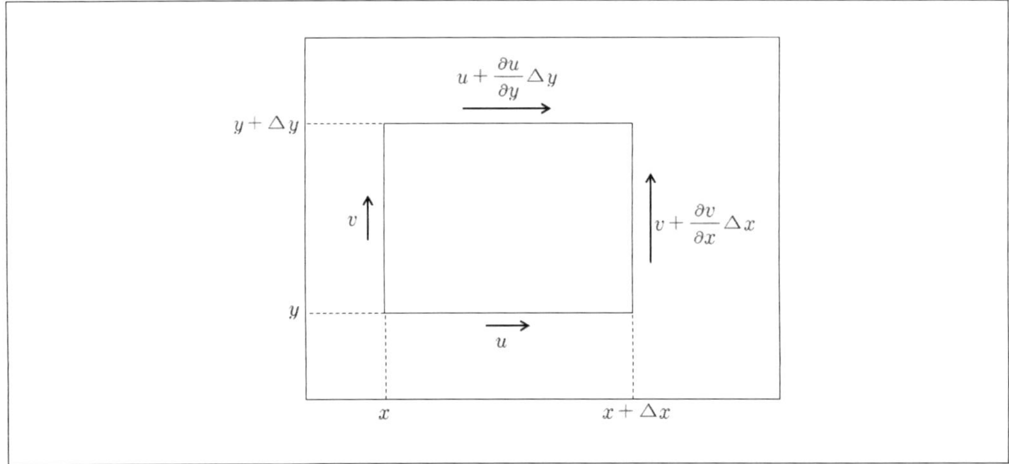

그림 11.6 ▎ **직사각형의 폐곡선에 대한 유체 순환.**

$$C = \frac{\partial v}{\partial x}\Delta x\Delta y - \frac{\partial u}{\partial y}\Delta x\Delta y = (\nabla \times \overrightarrow{V}) \cdot \hat{k}A \tag{11.25}$$

여기서 $\overrightarrow{V} = u\hat{i} + v\hat{j} + w\hat{k}$, 폐곡선의 면적은 $A = \Delta x\Delta y$이고 $\hat{k}$는 면적벡터의 방향으로 면적 A에 외향 직교(outward normal) 방향이다. 식 (11.25)에서 $\nabla \times \overrightarrow{V}$는 3차원 와도 벡터를 나타낸다. 여기서 와도 벡터의 연직 성분, 즉 xy평면에 대한 와도를 ζ라고 하면

$$\zeta = \frac{C}{A} = (\nabla \times \overrightarrow{V}) \cdot \hat{k} = \frac{\partial v}{\partial x} - \frac{\partial u}{\partial y} \tag{11.26}$$

으로 주어진다. 식 (11.26)은 두 개의 수평시어(horizontal shear)항으로 구성되어 있다. 시어는 유체의 운동방향에 대해 직각인 방향에서 거리에 따른 속도의 크기변화로 정의할 수 있으며

그 단위는 s^{-1}이다. 그러므로 xz 평면에 대한 와도 η와 yz 평면에 대한 와도 ξ는 각각

$$\eta = (\nabla \times \vec{V}) \cdot \hat{j} = \frac{\partial u}{\partial z} - \frac{\partial w}{\partial x} \tag{11.27}$$

$$\xi = (\nabla \times \vec{V}) \cdot \hat{i} = \frac{\partial w}{\partial y} - \frac{\partial v}{\partial z} \tag{11.28}$$

으로 주어진다. 유체가 북반구에서 반시계 방향의 회전, 즉 저기압성 회전을 할 경우 양(positive)의 와도 값을 갖는 것으로 정의한다. 고기압성 회전을 할 경우 음(negative) 값을 갖는 것으로 정의한다.

와도, $\nabla \times \vec{V}$는 단위면적에 대한 순환으로 정의할 수 있으며, 유체 회전의 척도로서 그 단위는 s^{-1}이다. 와도의 연직성분ζ는 지표에 대한 유체의 회전을 나타내므로 이를 **상대와도(relative vorticity)**라고 한다. 식 (11.26)에서 $\partial v/\partial x$와 $\partial u/\partial y$는 수평시어를 나타낸다. 즉 시어가 존재할 때 유체에서 회전이 나타난다.

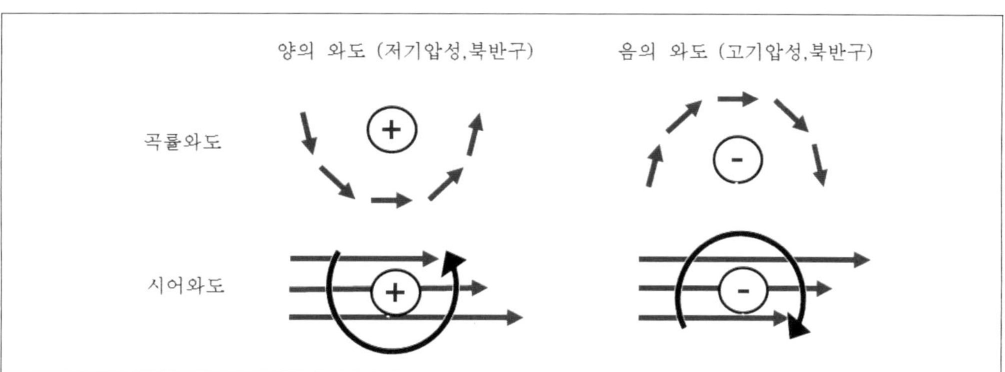

그림 11.7 **I 곡률와도와 시어와도(북반구).**

와도와 순환과의 관계는 다음의 **스토크스 정리(Stokes's theorem)**로 나타낼 수 있다.

$$\int (\nabla \times \vec{V}) \cdot \vec{dA} = \oint \vec{V} \cdot \vec{dl} \tag{11.29}$$

여기서 $\vec{dA}$는 3차원 면적벡터로 $\vec{dA} = dA_x \hat{i} + dA_y \hat{j} + dA_z \hat{k}$으로 주어지며, $dA_x = \Delta y \Delta z$로 dA를 $\hat{i}$ 면에 투영했을 때 면적을 나타낸다. 스토크스 정리는 유체순환의 특성을 규정하는 물리량인 순환과 와도를 각각 면적분과 선적분(line integral)을 통해 관련짓고 있다.

일기도 상에서 대기의 흐름은 직선인 경우 보다는 곡선인 경우가 많다. 특히 열대보다는 중, 고위도 지역에서 곡선운동의 빈도가 높다. 이 경우 대기의 운동과정에서 속도가 거의 일정해도 유체 흐름의 경로가 곡선인 경우에는 와도를 갖는다. 그림 11.8과 같이 저기압을 중심으로 원

형의 등압선을 따라 원운동을 하는 유체 흐름을 고려하면 폐곡선의 경로 $a-b-c-d-a$상에서 순환을 구할 수 있다. 극좌표를 고려할 경우 유속과 동경 벡터(radius vector)는 직교한다. 동경 벡터의 방향을 반경이 증가하는 방향으로 고려하면 순환은 다음과 같이 주어진다.

예제 11.1

벡터장이 $V=3y\hat{i}-x\hat{j}+z\hat{k}$로 주어졌을 때 구의 반구, $x^2+y^2+z^2=r_0^2, z\geq 0$에 대하여 스토크스의 정리를 증명하시오.

풀이

$\int(\nabla\times\vec{V})\cdot\overrightarrow{dA}=\oint\vec{V}\cdot\overrightarrow{dl}$에서

좌변의 $\nabla\times\vec{V}=-4\hat{k}$ 이고 구면좌표계에서 $\overrightarrow{dA}=r^2\sin\theta d\theta d\phi\,\hat{r}$이다.

$$\int(\nabla\times\vec{V})\cdot\overrightarrow{dA}=\int_0^{2\pi}d\phi\int_0^{\frac{\pi}{2}}(-4r^2\sin\theta)d\theta\hat{r}\cdot\hat{k}$$

$$=-4r^2\int_0^{2\pi}d\phi\int_0^{\frac{\pi}{2}}\sin\theta d\theta=-4r^2(2\pi)[-\cos\theta]_0^{\pi/2}=-8\pi r^2$$

$$\oint\vec{V}\cdot\overrightarrow{dl}=\oint(4y\hat{i}-y\hat{j}+z\hat{k})\cdot(dx\hat{i}+dy\hat{j}+dz\hat{k})=\oint(4ydx-xdy)$$

여기서 $x=rcos\phi,\ y=rsin\phi$이므로

$$\oint\vec{V}\cdot\overrightarrow{dl}=\oint(4ydx-xdy)=-4r^2\int_0^{2\pi}(\cos^2\phi+\sin^2\phi)d\phi=-8\pi r^2$$

즉 면적분과 선적분의 값은 동일하여 스토크스의 정리가 증명된다.

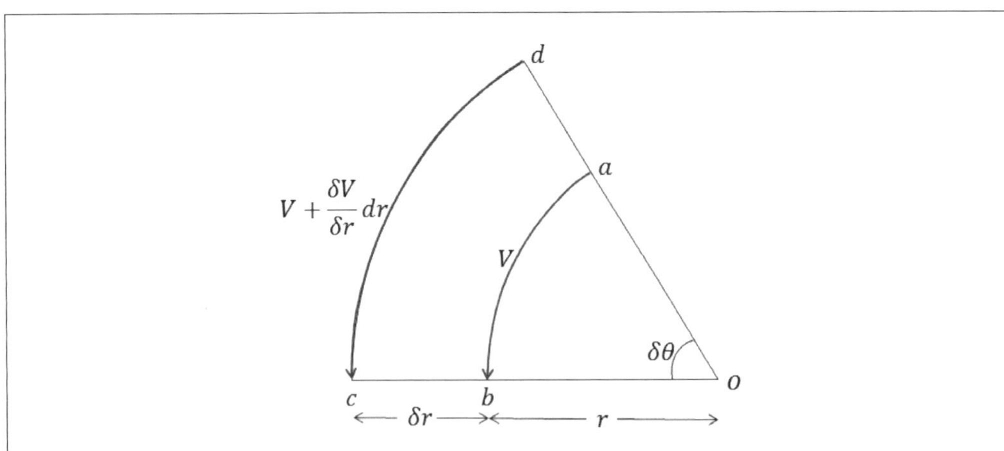

그림 11.8 ▍유체의 곡선운동에 따른 와도.

예제 11.2

반지름이 r인 원판이 각속도 ω로 반시계 방향으로 회전하고 있다. 이 원판의 와도를 구하시오.

풀이

식 (11.1) $C=\oint \vec{V}\bullet\vec{dl}=\oint V\cos\theta dl$을 이용한다.

회전판의 속도는 $V=r\omega$이고 $\vec{dl}$과 $\vec{V}$는 원판 둘레의 각 지점에서 나란하므로 $\theta=0^\circ$이고 $dl=rd\theta$이다.

따라서 순환은

$C=\oint \vec{V}\bullet\vec{dl}=V\oint_0^{2\pi} rd\theta=2\pi rV$으로 주어진다.

와도는 단위면적에 대한 순환이므로

$\zeta=C/A=2\pi rV/\pi r^2=2V/r=2\omega$으로 주어진다.

$$C=V(-rd\theta)+0+(V+\frac{\partial V}{\partial r}dr)(r+dr)d\theta+0 \tag{11.30}$$

식 (11.30)를 정리하면 다음 식을 얻는다.

$$C=Vdrd\theta+r\frac{\partial V}{\partial r}drd\theta+\frac{\partial V}{\partial r}dr^2d\theta \tag{11.31}$$

식 (11.31)에서 $(dr)^2$은 너무 작으므로 이를 포함하는 항을 무시할 수 있다. 폐곡선 안의 면적 $A=r\delta r\delta\theta$이므로 와도는

$$\zeta=\frac{C}{A}=\frac{Vdrd\theta}{r\delta r\delta\theta}+\frac{r(\partial V/\partial r)drd\theta}{r\delta r\delta\theta}=\frac{V}{r}+\frac{\partial V}{\partial r} \tag{11.32}$$

으로 주어진다. 여기서 $\frac{V}{r}$는 와도에 기여하는 곡률 항이고 $\frac{\partial V}{\partial r}$은 시어 항을 나타낸다. 여기서 한 가지 유의할 점은 와도 ζ를 자연 좌표계를 이용하여 구할 경우 식 (11.32)에서 $\frac{\partial V}{\partial r}$가 $-\frac{\partial V}{\partial r}$로 된다. 그 이유는 자연좌표계에서는 극좌표에서와 달리 동경벡터의 방향이 항상 중심을 향하므로 극좌표에서 dr은 자연 좌표계에서 $-dr$이 되기 때문이다.

11.3 절대와도

상대와도는 지표에 대한 유체 흐름의 속도 장에서 시어가 존재할 때 나타나는 와도이다. 예제 11.2에서 각속도 ω로 회전하는 원판의 와도는 2ω임을 보였다. 지구는 자전축을 중심으로 각속도 Ω로 회전하고 있으므로 지구 또한 회전 원판과 같이 와도를 갖는다. 지구 자체의 와도를 **지구와도(Earth's vorticity)** 또는 **행성와도**라고 한다. 지구의 자전 각속도는 위도(ϕ)에 따르며, 주어진 위도에서 각속도는 $\Omega_\phi = \Omega\sin\phi$로 주어진다. 지구와도($f$)는

$$f = 2\Omega\sin\phi \tag{11.33}$$

으로 주어지며, **코리올리 인자(Coriolis factor)**와 동일한 값을 갖는다. 지구와도 f의 값은 북반구에서는 양 그리고 남반구에서는 음의 값을 갖는다. 상대와도의 연직 성분과 지구와도의 합을 **절대와도(absolute vorticity)**라고 하며 다음과 같이 정의한다.

$$\eta_a = \zeta + f = \left(\frac{\partial v}{\partial x} - \frac{\partial u}{\partial y}\right) + f \tag{11.34}$$

여기서 η_a는 절대와도이다. 절대와도는 행성규모와 종관규모의 대기 운동을 이해하는데 매우 중요하다. 와도의 곡률 항과 시어 항(shear term)을 이용하면 식 (11.34)는 다음과 같이 주어진다.

$$\eta_a = \left(\frac{V}{r} + \frac{\partial V}{\partial r}\right) + f \tag{11.35}$$

식 (11.35)은 대기가 곡선 경로를 따라 운동할 때 적용된다.

절대와도는 대기가 운동 시에 시간에 관계없이 일정한 값을 유지하는 성질이 있으며, 이를 **절대와도의 보존**이라고 하며, 다음과 같이 표현한다.

$$\eta_a = \zeta + f = const. \tag{11.36}$$

식 (11.36)을 시간으로 미분하면 다음 식을 얻는다.

$$\frac{d}{dt}(f + \zeta) = \frac{df}{dt} + \frac{d\zeta}{dt} = 0 \tag{11.37}$$

대기가 지구 상에서 이동할 경우 위도변화에 따라 f의 값이 변하므로 df/dt의 값도 변한다. 상대와도의 시간변화와의 관계는 다음 식으로 주어진다.

$$\frac{d\zeta}{dt} = -\frac{df}{d\phi}\frac{d\phi}{dt} = -\frac{df}{dy}\frac{dy}{dt} = -v\frac{df}{dy} \tag{11.38}$$

여기서 dy는 경도선 상에서 미소 거리이고 $\frac{df}{dy} > 0$이다. 식 (11.38)에 의하면 북풍($v < 0$)에 의해서 대기가 남쪽으로 이동하는 경우에는 상대와도가 증가하여 저기압성 회전이 강화된다. 이와 반대로 남풍($v > 0$)에 의해서 대기가 북쪽으로 이동하는 경우에는 상대와도가 감소하여 저기압성 회전이 약화되거나 고기압성 회전이 강화된다.

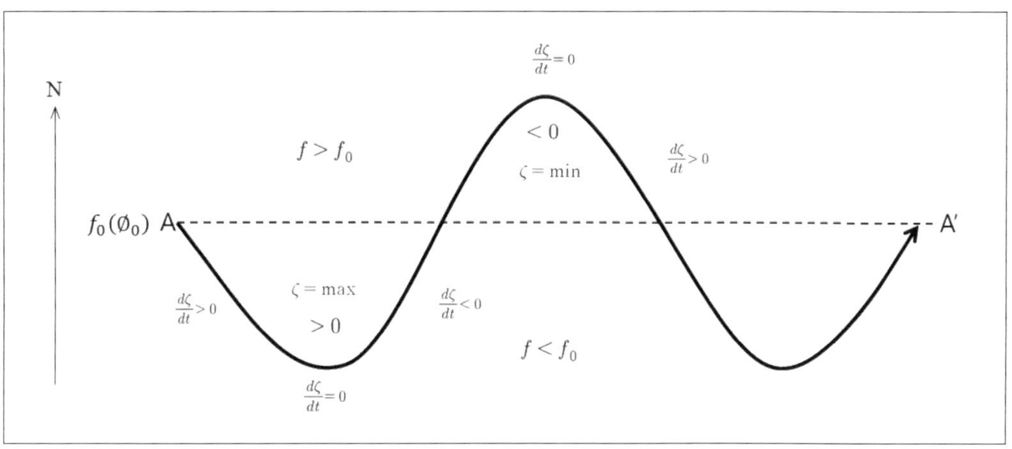

그림 11.9 ▎ **절대와도 보존과 대기의 운동경로에 따른 상대와도의 변화.**

그림 11.9는 공기가 편서풍을 따라 동쪽으로 사인곡선을 따라 이동할 때의 상대와도의 변화를 살펴볼 수 있다. 그림에서 A지점은 위도가 ϕ_0인 지점으로 곡률이 없다. 이 점은 상대와도 $\zeta = 0$이고 $f = f_0(\phi_0)$이다. 이 점에서 곡선을 따라 대기가 남쪽으로 이동할 경우 f의 감소로 ζ가 증가하며 이로 인해 대기의 운동은 저기압성으로 반시계 방향의 경로를 따라 남쪽으로 이동한다. 상대와도가 최대인 지점에 도달하면 저기압성 회전을 유지하면서 북쪽으로 이동한다. 북쪽으로 이동하는 과정에서 f가 증가하므로 그림에서 보는 바와 같이 ζ는 감소한다. 계속 북상하는 대기는 상대와도가 $\zeta = 0$인 곳을 통과하면서 $f > f_0$ 가 되어 상대와도는 $\zeta < 0$이 되어 고기압성 회전을 하면서 계속 북상한다. 이어서 대기가 상대와도가 최소가 되는 곳까지 도달하면 고기압성 회전으로 공기 덩이는 남쪽을 향해 이동한다. 대기의 이와 같은 진동을 **로스비파(rossby wave)** 또는 **행성파(planetary wave)**라고 한다. 그림 11.10에 주어진 종관일기도(500hPa)는 상층 편서풍 흐름에서 상대와도와 지구와도의 변화 구역을 보여준다. 좌측 상단은 상대와도가 음(고기압성 흐름)인 구역이며, 그림 11.9와 그림 11.10을 비교하면 음의 상대와도가 최대인 지점에서는 지구와도는 최대이고, $df/dt = 0$ 이다. 고기압성 흐름 구역에서 대기가 남쪽으로 이동하면서 지구와도는 감소하지만, 저기압의 영향으로 양의 상대와도가 점차 증가한다. 만주 위쪽에 위치한 저기압 골에서 양의 상대와도가 최대인 곳에서 지구와도는 최소이

며, 상대와도가 최대인 점에서 $df/dt=0$ 이다. 상대와도가 양인 구역을 통과하면서 지구와도는 증가하는 반면, 상대와도는 증가하며, 이는 절대와도의 보존으로 설명할 수 있다. 그림 11.10에서 보는 바와 같이 지구와도가 크게 감소하는 구역에서는 북풍계열의 바람이 탁월하고, 이와 반대로 지구와도가 크게 증가하는 곳에서는 남풍계열의 바람이 탁월함을 추측할 수 있다.

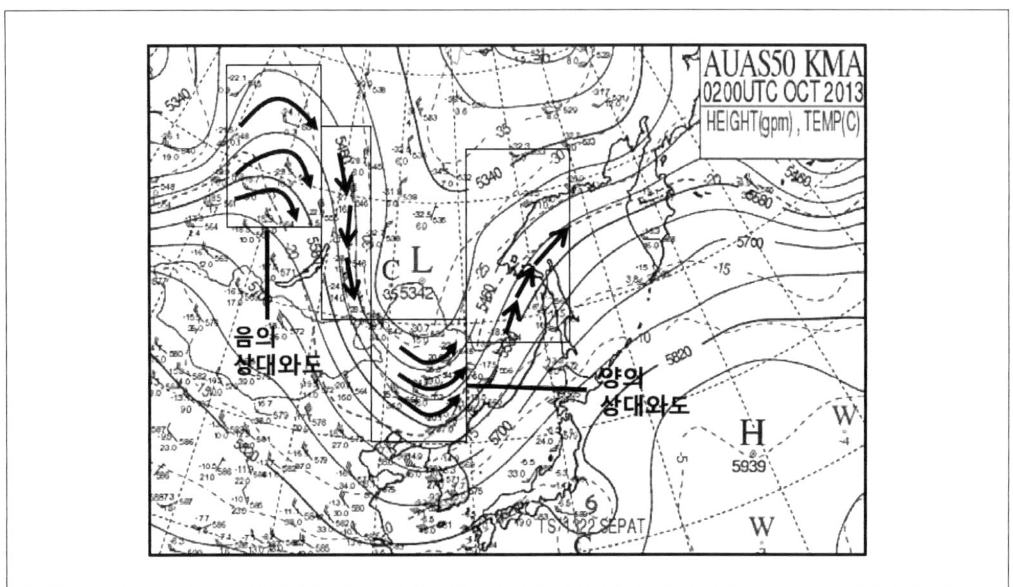

그림 11.10 ▎ 상층대기 흐름에서 절대와도의 증가와 감소지역 (2013.10.2.00UTC).

11.4 와도의 생성과 강화

와도의 생성과 강화는 일기의 변화를 이해하고 예측하는데 매우 중요하다. 그 이유는 대부분의 경우 위험기상은 대기의 저기압성 순환의 강화에 기인하기 때문이다. 앞에서 기술한 절대와도의 시간변화는 대기의 발산, **와도 관**(vortex tube)의 **기울기**(tilting) 또는 **비틀림 항**(twisting), **솔레노이드**의 형성으로 설명 할 수 있다. 구체적으로 이를 살펴보기 위해 마찰력을 무시한 대기의 수평운동방정식을 다음과 같이 고려한다.

$$\frac{\partial u}{\partial t}+u\frac{\partial u}{\partial x}+v\frac{\partial u}{\partial y}+w\frac{\partial u}{\partial z}-fv=-\frac{1}{\rho}\frac{\partial p}{\partial x} \tag{11.39}$$

$$\frac{\partial v}{\partial t}+u\frac{\partial v}{\partial x}+v\frac{\partial v}{\partial y}+w\frac{\partial v}{\partial z}+fu=-\frac{1}{\rho}\frac{\partial p}{\partial y} \tag{11.40}$$

여기서 $\frac{\partial}{\partial x}(11.40) - \frac{\partial}{\partial y}(11.39)$을 구한다. 그리고 와도의 연직 성분 $\zeta = \left(\frac{\partial v}{\partial x} - \frac{\partial u}{\partial y}\right)$를 이용하여 식을 정리하면 다음과 같이 주어진다.

$$\frac{\partial \zeta}{\partial t} + u\frac{\partial \zeta}{\partial x} + v\frac{\partial \zeta}{\partial y} + w\frac{\partial \zeta}{\partial z} + (\zeta + f)\left(\frac{\partial u}{\partial x} + \frac{\partial v}{\partial y}\right) \tag{11.41}$$

$$+\left(\frac{\partial w}{\partial x}\frac{\partial v}{\partial z} - \frac{\partial w}{\partial y}\frac{\partial u}{\partial z}\right) + u\frac{\partial f}{dx} + v\frac{\partial f}{\partial y} = \frac{1}{\rho^2}\left(\frac{\partial \rho}{\partial x}\frac{\partial p}{\partial y} - \frac{\partial \rho}{\partial y}\frac{\partial p}{\partial x}\right)$$

여기서 $\frac{d\zeta}{dt} = \frac{\partial \zeta}{\partial t} + u\frac{\partial \zeta}{\partial x} + v\frac{\partial \zeta}{\partial y} + w\frac{\partial \zeta}{\partial z}$이며, $f = f(y)$이므로 $\frac{df}{dt} = \frac{\partial f}{\partial t} + u\frac{\partial f}{\partial x} + v\frac{\partial f}{\partial y} + w\frac{\partial f}{\partial z}$으로 나타낼 수 있다. 이 두 관계식을 이용하여 식 (11.37)를 다음과 같이 기술한다.

$$\frac{d(\zeta + f)}{dt} = -(\zeta + f)\left(\frac{\partial u}{\partial x} + \frac{\partial v}{\partial y}\right) - \left(\frac{\partial w}{\partial x}\frac{\partial v}{\partial z} - \frac{\partial w}{\partial y}\frac{\partial u}{\partial z}\right) + \frac{1}{\rho^2}\left(\frac{\partial \rho}{\partial x}\frac{\partial p}{\partial y} - \frac{\partial \rho}{\partial y}\frac{\partial p}{\partial x}\right) \tag{11.42}$$

식 (11.42)를 **와도방정식**이라고 한다. 이 방정식은 절대와도의 변화율이 발산, 와도관의 기울기항 그리고 솔레노이드에 의해 결정됨을 보여준다. 차례로 이 3개의 항에 대해서 살펴보자. 식 (11.42)의 우변의 첫 번째 항은 발산 항이다. 유체의 수평 발산만을 고려할 경우 와도방정식은 다음과 같이 주어진다.

$$\frac{d(\zeta + f)}{dt} = -(\zeta + f)\left(\frac{\partial u}{\partial x} + \frac{\partial v}{\partial y}\right) \tag{11.43}$$

식 (11.43)에서 유체가 수평발산 시에는 $(\partial u/\partial x + \partial v/\partial y) > 0$이므로 와도는 감소한다. 그림 11.11는 수평 발산의 부호에 따라 와도가 변화되는 것을 보이고 있다. 이것은 마치 회전하고 있는 질점이 각운동량을 보존하면서 회전할 때 반경이 증가하면 각속도가 감소하는 것에 비유할 수 있다. 한편 수렴 시에는 $(\partial u/\partial x + \partial v/\partial y) < 0$이므로 와도는 시간에 따라 증가한다. 이 관계는 중위도서 매우 중요한 의미를 갖는다. 그 이유는 중위도에서 지상 저기압의 중심은 수렴의 중심이며 이로 인해 저기압성 와도가 생성되기 때문이다.

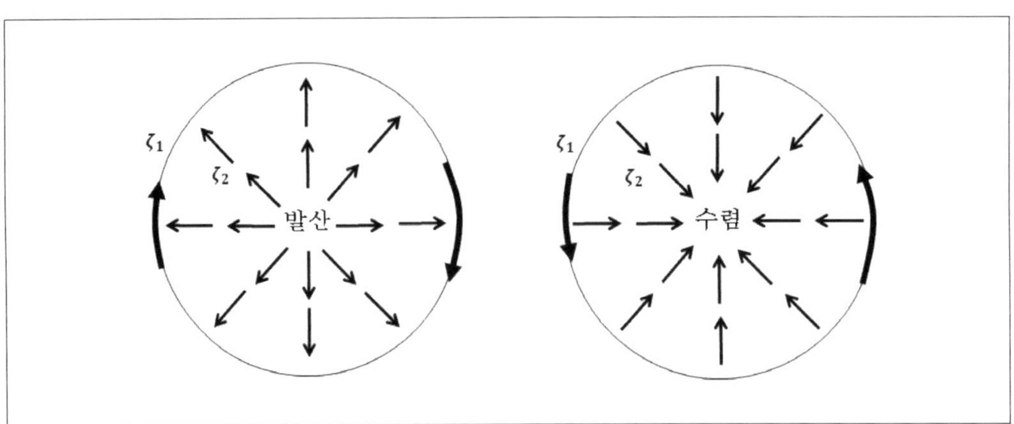

그림 11.11 ▌ **수평 발산과 수평 수렴에 의한 와도 변화.**

식 (11.42)의 우변의 두 번째 항은 기울기 또는 비틀림이라고도 한다. 유체의 수평 발산과 솔레노이드 효과를 무시할 경우 와도방정식은 다음과 같이 주어진다.

$$\frac{d(\zeta+f)}{dt} = -\left(\frac{\partial w}{\partial x}\frac{\partial v}{\partial z} - \frac{\partial w}{\partial y}\frac{\partial u}{\partial z}\right) = \hat{k} \bullet \left(\frac{\partial \vec{V}}{\partial z} \times \nabla_h w\right) \tag{11.44}$$

여기서 $\frac{\partial \vec{V}}{\partial z}$는 실제로 수평풍의 연직 시어($\frac{\partial u}{\partial z}$, $\frac{\partial v}{\partial z}$)에 해당한다. $\nabla_h w$는 연직 속도의 수평경도로 식 (11.44)에서는 $\left(\frac{\partial w}{\partial x}, \frac{\partial w}{\partial y}\right)$이다. 복잡함을 피하기 위해 주어진 식에서 ζ와 $\frac{\partial w}{\partial x}\frac{\partial v}{\partial z}$ 만을 고려하자. 그림 11.12(a)에서 연직 시어, $\frac{\partial v}{\partial z}$으로 인해 그림에서 yz면상에서 회전이 일어나며 하나의 와도관이 형성된다. 이때 와도관의 와도벡터는 x방향을 가리킨다. 그러나 시간이 경과함에 따라 와도관의 x_1부분은 대기의 하강운동으로 인해 아래로 내려가는 반면에 x_2에서는 대기의 상승운동으로 와도관이 위로 들려진다. 그 결과 나중에는 그림 11.12(b)와 같이 와도관이 바로 서게 되고 이로 인해 와도벡터의 방향도 z방향을 가리킨다. 비틀림 효과는 전선의 형성과 **거대세포 뇌우(super-cell thunderstorm)**에서 **중규모저기압(mesocyclone)**의 형성에 매우 중요한 영향을 끼친다. 그 이유는 바람의 강한 연직 시어와 대기의 연직 운동의 강한 수평시어($\frac{\partial w}{\partial x}$, $\frac{\partial w}{\partial y}$)가 전선형성과 중규모 저기압(mesocyclone) 형성에 중요한 역할을 하기 때문이다.

식 (11.42)의 우변의 세 번째 항, 솔레노이드 효과에 의한 와도방정식은 다음과 같이 주어진다.

$$\frac{d(\zeta+f)}{dt} = \frac{1}{\rho^2}\left(\frac{\partial \rho}{\partial x}\frac{\partial p}{\partial y} - \frac{\partial \rho}{\partial y}\frac{\partial p}{\partial x}\right) = \hat{k} \bullet \left[\frac{1}{\rho}\right]\left(-\frac{1}{\rho}\nabla p \times \nabla \rho\right) \tag{11.45}$$

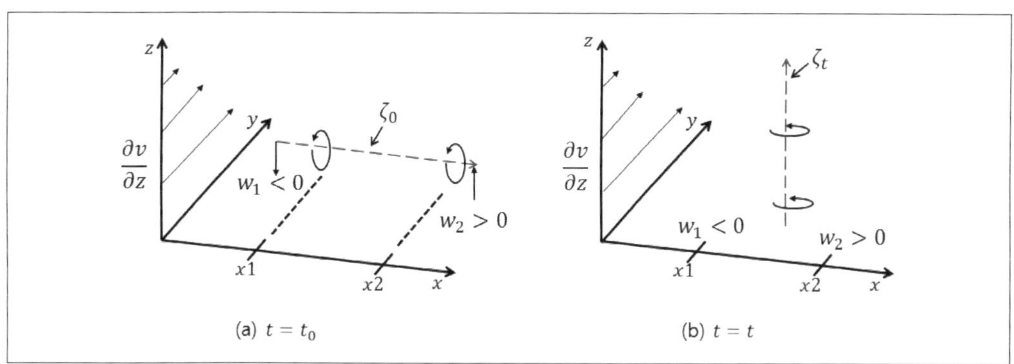

그림 11.12 ▎ **와도변화에 의한 경사효과.**

솔레노이드 효과는 대기의 경압성에 의한 것으로 수평방향으로 기압경도력이 작용할 때 나타나는 효과이다. 밀도경도와 기압경도와의 관계를 살펴보기 위해서 식 (11.42)에서 만을 고려하자.

$$\frac{d(\zeta+f)}{dt} = -\frac{1}{\rho^2}\left(\frac{\partial \rho}{\partial y}\frac{\partial p}{\partial x}\right) \tag{11.46}$$

이 경우 그림 11.13에서 보는 바와 같이 기압경도의 방향과 밀도경도의 방향이 서로 직각을 이룬다. 일반적으로 등압선과 등밀도선이 서로 교차하는 경우에만 대기가 **경압성(baroclinity)**을 가지며 솔레노이드가 형성된다.

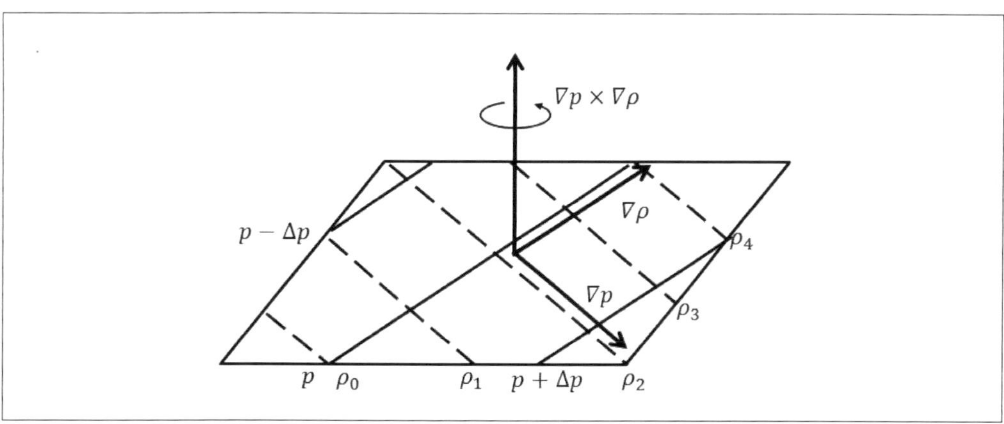

그림 11.13 ▎ **솔레노이드에 의한 와도형성.**

11.5 종관규모의 와도방정식

종관계에서는 종관규모의 특성 규모에 따라 와도방정식이 근사식으로 표현된다. 길이규모 $L = 10^3 km$, 시간규모 $\tau = 10^5 s$, 속도규모 $V = 10 ms^{-1}$의 규모분석에 의하면 종관규모의 경우 식 (11.42)의 와도방정식에서 우측항의 기울기 항과 솔레노이드 항은 발산 항에 비해서 상당히 작다. 따라서 종관규모의 운동에서는 식 (11.42)를 다음과 같이 근사할 수 있다.

$$\frac{d_h(\zeta + f)}{dt} \simeq -(\zeta + f)\left(\frac{\partial u}{\partial x} + \frac{\partial v}{\partial y}\right) \tag{11.47}$$

여기서 $d_h/dt = \partial/\partial t + u\partial/\partial x + v\partial/\partial y$이다. 식 (11.47)은 종관 규모에서 수평운동에 따른 절대와도(소용돌이도)의 변화는 수평 수렴 또는 발산에 기인함을 보여준다. 비압축성 유체의 연속 방정식 $\nabla \cdot \vec{V} = 0$을 이용하면 식 (11.47)은 다음과 같이 기술할 수 있다.

$$\frac{d_h(\zeta + f)}{dt} \simeq (\zeta + f)\frac{\partial w}{\partial z} \tag{11.48}$$

한편, 수평발산과 면적과의 관계식은 다음과 같이 주어진다.

$$\frac{1}{A}\frac{dA}{dt} = \frac{\partial u}{\partial x} + \frac{\partial v}{\partial y} \tag{11.49}$$

유체의 체적이 보존될 경우 $V_a = AH = const.$ 이므로 이 식을 시간에 대해서 미분하면

$$\frac{1}{A}\frac{dA}{dt} = -\frac{1}{H}\frac{dH}{dt} \tag{11.50}$$

을 얻는다. 식 (11.49)와 (11.50)을 대입하면 다음 식을 얻는다.

$$\frac{d}{dt}\left(\frac{\zeta + f}{H}\right) = 0 \tag{11.51}$$

여기서 $(\zeta + f)/H$를 **천수 잠재와도(shallow water potential vorticity)**라고 한다. 식 (11.51)은 **천수 잠재와도의 보존**을 나타낸다.

연습문제

1. 유체의 운동방정식이 $\frac{dV_a}{dt} = -\frac{1}{\rho}\nabla p + \nabla \Phi$으로 주어질 때 $\frac{dC_a}{dt} = -\oint \frac{dp}{\rho}$임을 보이시오.

2. 벡터 항등식을 이용하여 $\nabla \times (\vec{\Omega} \times \vec{r}) = \nabla \times (\vec{\Omega} \times \vec{R}) = \vec{\Omega}\nabla \cdot \vec{R} = 2\vec{\Omega}$을 증명하시오.

제12장 국지풍

동일한 위도지만 지역의 지리적 특성이나 지형에 따라 특이한 형태의 바람이 나타날 수 있다. 종관 규모에서 고기압(즉, 맑은 날씨)인 지역에서 바람은 온도 차에 의해 국지적으로 생긴다. 이러한 종관적인 바람이 부는 동안에 산이나 해양의 영향으로 바뀔 수 있다. 국지풍은 지역 특성을 고려한 일기예보뿐만 아니라 각종 산업, 건축, 에너지 활용 측면에서 매우 중요하다.

12.1 바람의 시·공간 규모

(1) 바람의 종류

바람은 풍속과 풍향으로 기술할 수 있는 물리량으로 시, 공간 규모와 지속기간에 따라 크게 전구 규모 바람(glabal wind), 몬순(monsoon), 국지풍(local wind)으로 구분할 수 있다. 전구 규모 바람은 지구 표면의 차등가열로부터 지상에 형성되는 전구 규모의 고, 저기압의 기압배치로 인하여 형성되는 바람이며, 전향력의 영향을 받는다. 북반구를 예로 들면 북동 무역풍, 편서풍 그리고 극동풍이 이에 속한다. 몬순은 계절풍으로 기압장의 계절 변화로 인해 나타나는 바람이다. 몬순은 대륙과 해양의 태양복사에 의한 차등가열로 인해 나타나는 지역규모(regional sale)의 바람이다. 지구 규모보다는 작지만 국지규모보다는 훨씬 큰 규모의 바람이 몬순이다. 그림 12.1(a)에 의하면 겨울철에는 시베리아 지역에 한랭 고기압 그리고 알류샨 열도(Aleutian Islands) 부근에 알류샨 저기압이 거의 북위 50도 부근에 위치하고 있다. 그리고 여름철에는 시베리아 지역에 저기압, 그리고 북태평양에는 고기압이 형성 되어 있다. 계절에 따라 주어진 지역에서 고, 저기압의 변화는 이 지역의 풍계에 직접적인 영향을 미친다.

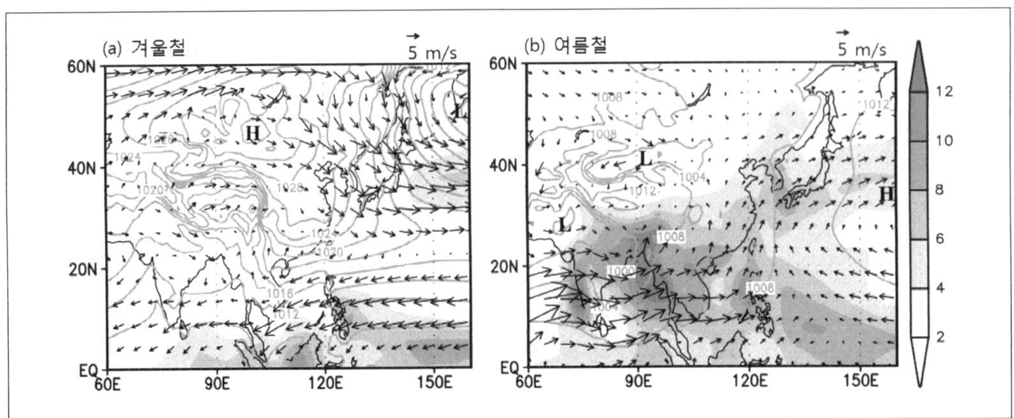

그림 12.1 ▌ 아시아 지역의 (a)겨울철(12–2월)과 (b)여름철(6–8월) 몬순의 평균장. 1979~2014년 동안의 해면기압(실선, 단위: hPa)과 850hPa 바람(화살표, 단위: m/s)는 ERA-INTERIM, 강수(음영, 단위: mm/day)는 GPCP 자료 이용.

국지풍(local wind)은 지형, 바다나 큰 호수 같은 수역(water body)의 영향으로 비교적 작은 규모의 시, 공간에 걸쳐 나타나는 바람이다. 예를 들면 산곡풍, 해륙풍, 푄(fohn)과 보라(bora)등이 국지풍에 속한다. 일기예보를 할 때, 몇 시간 내에 풍속과 풍향이 급변할 수 있기 때문에 국지적으로 세분해야 할 경우 국지풍은 반드시 고려해야 할 바람이다.

(2) 국지순환의 규모

지구 대기 중에는 시, 공간에 걸쳐 다양한 규모의 운동이 존재한다. 따라서 기상현상을 바르게 이해하고 체계적으로 기술하려면 대기 운동을 그 규모에 따라 분류하는 것이 바람직하다. 대기에서 일어나고 있는 기상현상을 수평 규모(L_H)와 생존기간(lifetime)에 따라 표 12.1과 같이 분류하고 있다. 대부분 현상의 시간 규모(τ_s)는 근사적으로 수평 규모에 비례한다.

$$\tau_s \approx aL_H \tag{12.1}$$

여기서 $a \simeq 1sm^{-1}$이다. 예를 들면 지름 $1m$인 미세규모 난류는 1초 동안 지속되고, 지름 1 km인 대기 경계층 열기포는 15분의 순환수명을 가진다. 수평규모가 $10km$ 인 뇌우의 수명은 두 시간 정도이며, $1000km$ 크기의 저기압의 생존 기간은 1주일 정도이다. 표 12.1에서 가장 많이 인용되고 있는 분류 체계는 Orlanski(1975)에 의한 것으로 기상 현상을 크게 대규모(macro), 중규모(meso) 그리고 미규모(micro)로 분류하고 있다. 이 분류체계에 의하면 국지풍은 중규모-β에 속하며 수평규모는 20~200km이고 시간규모는 수 시간~1일이다.

표 12.1 ▌ 대기 순환의 규모(Thunis and Bornstein, 1996).

거리	시간	Stull	Pielke	Orlanski	Thunis · Bornstein	대기현상
10000km	1달	Macro	Synoptic	Macro-α	Macro-α	해들리 순환, 로스비파
				Macro-β	Macro-β	종관-저기압
2000km	1주			Mejo-α	Macro-γ	전선, 열대 저기압
200km	1일	Meso	Meso	Mejo-β	Mejo-β	하층 제트, 산곡풍, 해륙풍
20km	1시간			Mejo-γ	Mejo-γ	폭풍우, 청천 난류
2km		Micro		Micro-α	Mejo-b	적운, 토네이도
200m	30분		Micro	Micro-β	Micro-β	플룸, Dust-devils
20m	1분	Micro-b		Micro-γ	Micro-γ	난류, 음파
2m	1초				Micro-b	

국지풍은 작은 지역에 걸쳐 부는 바람으로 종관규모의 기압분포에 의한 바람과 구별되는 바람이다. 국지풍의 수평규모는 통상적으로 대략 50~60km에서 200~300km이며, 시간규모는 대략 5~6시간에서 24시간이다. 국지풍은 크게 3가지로 나눌 수 있다. 첫 번째는 지표면의 차등가열(differential heating)에 의한 것으로 해륙풍, 산곡풍 그리고 활강풍이 이에 속한다. 두 번째는 종관규모의 바람과 지형의 상호작용에 의해 형성되는 바람으로 장벽 제트, 푄, 이스트랄, 보라 등이 있다. 세 번째는 뇌우나 중규모 대류계 발달 시에 나타나는 갑작스러운 돌풍(gust)이다. 국지풍으로 인해 많은 재해가 발생하므로 국지예보에서 바람의 지역적 특성을 고려한 예보가 반드시 필요하다.

12.2 해륙풍의 발달과정

해풍(sea breeze)은 봄과 여름, 가을에 해안이나 해안 부근의 지역에서 맑은 날 바다에서 육지를 향해 부는 바람이다. 해풍의 원인은 지표의 차등가열이지만 지역에 따라 다르다. 일출 후 몇 시간이 지나 육지가 태양 복사에 의해 가열될 때, 해풍이 불기 시작한다. 해륙풍의 발달에 대해서는 3가지 다른 관점이 있다. 먼저, 해풍 발달에 대한 고전적인 설명인 **상향이론(upwards theory)**이다. 이 이론에 의하면 육지와 해양의 차등가열로 육지에서 바다로 수평기압 경도의 발달로 그림 12.2와 같이 육지의 상공에서 바다로 바람이 불기 시작한다. 이 바람을 **귀환류(return current)**라고 한다. 귀환류는 해풍이 형성되기 전에 발달할 수 있다. 나머지 두 가지 이론 중 하나는 해풍이 지표부근 하층에서 시작된다는 것과 그리고 해풍과 귀환류가 거의 동시에 발달한다는 개념 모델이다.

그림 12.2는 상향이론(upwards theory)에 의한 해풍이 발달하는 과정을 나타낸 모식도이다. 처음에 육지와 접한 대기층이 해양과 접한 대기층보다 먼저 가열되면서 기층이 팽창한다. 이때 수평온도 경도는 대략 1℃/20km이다. 이 경우 정역학 방정식 연직 방향의 기압감소율을 다음과 같이 나타낼 수 있다.

$$\left(-\frac{\partial p}{\partial z}\right) = \rho g \tag{12.2}$$

지표가 가열되면서 공기밀도는 육지보다 해상에서 더 높다. 따라서 식 (12.2)에 의하면 육지보다 해상에서 연직 기압감률이 더 크다. 그 결과 동일 고도에서 기압을 비교하면 육지(B) 기압이 해상(C)보다 높다. 따라서 수평 기압경도력이 육지에서 해상으로 작용한다. 그 결과 기압이 높은 B에서 C로 공기가 이동한다. C에서 공기의 수렴은 압력을 증가 시키고, 공기가 D로 침강한다. 이로 인해 D의 기압이 증가하며 D에서 A로 수평 기압경도가 존재하게 된다. 기압이 상대적으로 높은 D에서 A로 공기가 흐르면서 해풍이 시작되며 동시에 상층 B에서 발산으로 기압의 감소하여 정역학 평형이 깨어지면서 A에서 B로 공기 흐름을 유도한다. 따라서 A-B-C-D-A로 연결되는 하나의 완전한 연직 **순환세포(circulation cell)**가 형성된다. 해풍의 평균 풍속은 다음과 같이 정의할 수 있다.

$$U_{sb} = \frac{1}{Z_{sb}}\int_0^{Z_{sb}} U(z)dz \tag{12.3}$$

여기서 Z_{sb}는 해륙풍의 깊이이다.

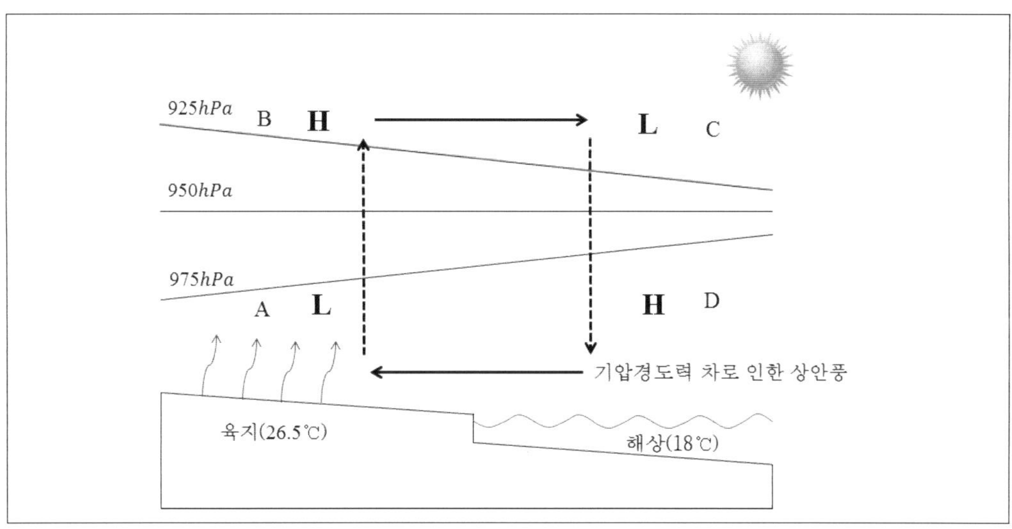

그림 12.2 **| 해풍의 발달과정.**

해풍의 순환세포는 계속 발달함에 따라 육지와 해양으로 확장되며, 약 $1km$ 해풍의 순환세포의 수평규모는 대략 $100km$ 정도이고(Finkele et al., 1995), 깊이는 혼합층(mixed layer)의 두께에 해당하는 $1 \sim 2km$ 이다 (Reible et al., 1993). 그림 12.3은 강릉에서 해풍 발달 시 윈드 프로파일러(wind profiler)로 관측한 풍향의 연직분포이다. 그림에서 수평축의 Ω_{sb}는 기준 고도의 바람과 임의고도(z)의 풍향 간의 직교성(orthogonality)을 분석한 모수로서 다음과 같이 정의한다.

$$\Omega_{sb} = \frac{\overrightarrow{V(z)} \cdot \overrightarrow{V_r}}{|\overrightarrow{V(z)}||\overrightarrow{V_r}|} \tag{12.4}$$

여기서 $\overrightarrow{V(z)}$는 임의 고도의 바람벡터이고 $\overrightarrow{V_r}$은 기준 고도($500m$)의 바람벡터이다. 기준 고도의 풍향과 임의 고도의 풍향이 동일한 경우는 $\Omega_{sb} = 1$, 기준 고도의 풍향과 90° 를 이루는 경우는 $\Omega_{sb} = 0$이며 기준 고도의 풍향과 정반대인 경우는 $\Omega_{sb} = -1$이다. 그림 12.3에서 살펴보면 지표 부근에서 고도 약 $1km$ 까지는 기준 고도의 풍향과 거의 일치하고 있다. 따라서 이 경우 해풍의 깊이(depth)는 약 $1km$ 이다. 고도 약 $1km$ 에서 약 $1.5km$ 에서는 풍향이 서서히 천이가 일어나고 있다. $1.5km$ 에서 $2.1km$ (약 $600m$ 의 두께)에서 풍향은 해풍과 정반대이다. 고도 $2.1km$ 이상에서 풍향은 해풍과 반대이지만 정반대 방향은 아니다. 그림 12.3은 해풍 또는 국지풍의 연직구조를 분석하는데 윈드 프로파일러 자료가 매우 유효함을 보여준다. 특히 해풍의 깊이는 수치모델에서 해륙풍 크기조정(scaling)을 결정하는 데 중요하다. 해풍의 풍속은 통상적으로 오후에 최대가 되며 내륙으로 $50km$ 정도 혹은 그 이상까지 침투하는 경우가 있다. 이 경우에 그림 12.4와 같이 육지에서 대규모 바람이 해풍과 만나 수렴하면서 해풍의 선단부(leading edge)에 **해풍전선**(sea breeze front, SBF)이 형성되며, 상승기류가 발달하면서 구름이 형성된다. 이때 해풍전선을 중심으로 양쪽의 온도 차이가 크게 난다. 해풍전선이 어떤 지점을 통과할 때 그 지점의 기온은 내려가고 습도는 증가하며 풍향이 바뀐다. 해풍전선이 형성된 곳에서는 한랭전선에서와 같이 해상의 밀도가 큰 공기가 육지의 밀도가 작은 공기를 치올려 해풍전선을 따라 구름 띠를 형성한다. 때로는 이 구름 띠로 인해 오후에 뇌운의 발달하기도 한다. 해풍전선의 발달은 기상 레이더와 기상위성관측을 통해서 확인할 수 있다. 해풍전선 상에 발달한 구름은 오후 2시를 지나면 태양복사에 의한 대기경계층의 가열이 약화되어 **열기포(thermals)**가 약해져서 적운형 구름이 점차 사라진다.

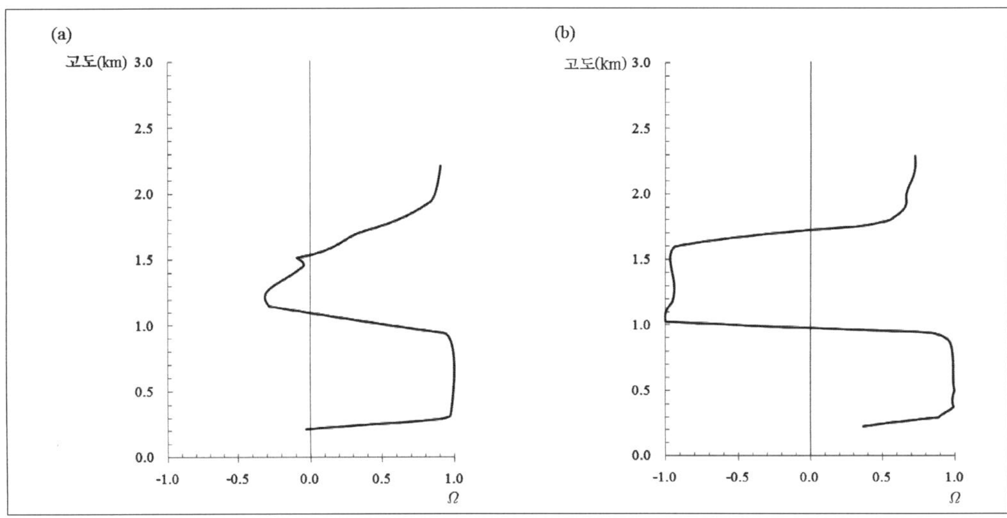

그림 12.3 ▌ 해풍의 풍향전환과 귀환류 (Han, 2006).

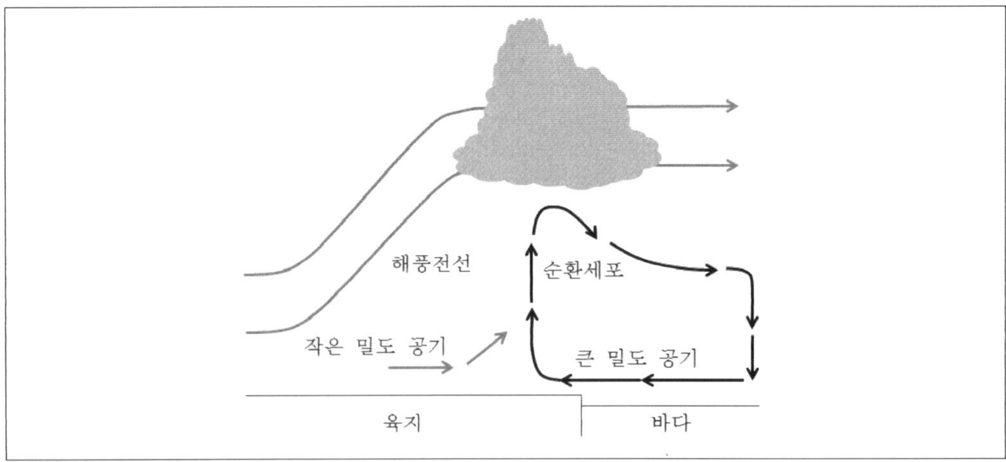

그림 12.4 ▌ 해풍전선과 구름 형성.

그림 12.5는 시간에 따른 해풍과 육풍의 세기를 보여준다. 그림에서 보는 바와 같이 육지에서 대기 경계층의 가열이 최대인 오후 2시~3시에 해풍의 풍속이 최대가 된다. 해풍의 방향은 종관규모의 바람이 약한 경우에는 시간에 따라 시계 방향으로 **순전(veering)**한다.

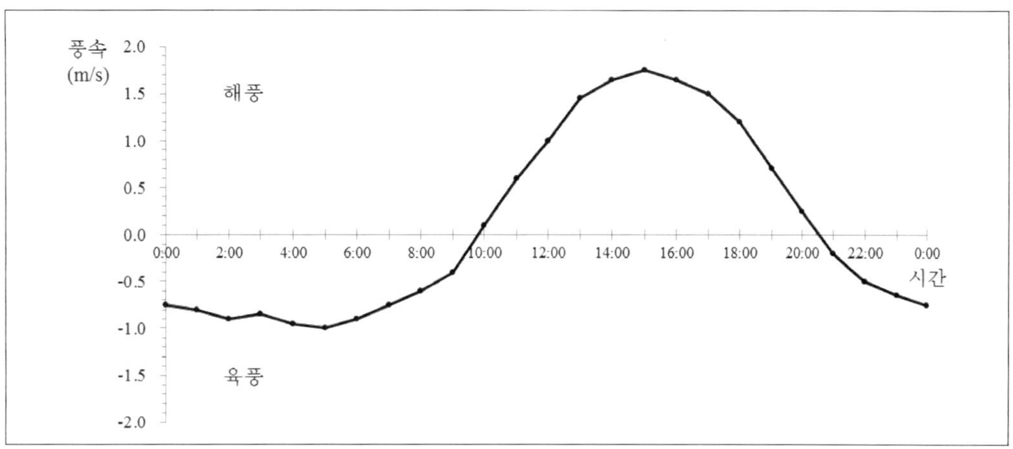

그림 12.5 ▌ 시간에 따른 해풍과 육풍의 발달과 세기 (Pokhrel and Lee, 2011).

해안 지방에서 낮에는 해풍이 불지만 야간에는 해양보다 육지의 빠른 복사냉각으로 인해 육지의 지표에 고기압, 해양에 저기압이 형성되어 육지에서 해양으로 바람이 부는 육풍이 분다. 육풍은 해풍과 마찬가지로 지표의 차등가열에 의해 발생하지만 해풍과 몇 가지 다른 특징을 가진다. 첫째는 육풍의 세기는 해풍보다 약하다. 그 이유는 지표면의 가열에 의한 차이 때문이 아니다. 주간의 가열과 야간의 냉각이 거의 같아서 해풍과 육풍의 강도 또한 거의 같을 가능성이 크다. 그러나 육풍의 세기가 해풍보다 약한 이유는 야간의 지표 냉각으로 대기의 상승 운동이 억제되며, 그 결과 **육풍순환(land breeze circulation)**이 약해지기 때문이다. 둘째는 야간의 복사 냉각에 의한 대기의 온도 변화가 비교적 지표와 접한 얇은 대기층에서 일어나므로 육풍순환이 일어나는 대기층의 두께도 해풍의 경우보다 더 얇다. 셋째는 건물, 지형 그리고 지상에 있는 식물의 저항으로 인해서 바다로 불어가는 육풍이 약해질 수 있다.

12.3 해풍순환의 단순모형

해풍의 발달을 설명하고 예측하는 데 다양한 중규모 모델이 이용된다. 제 11장에서 해풍의 순환에 관해 기술 했지만 여기서는 육상과 해상 대기의 평균 온도 차이에 기인한 해풍 발달 시 형성된 순환 세포 모델을 좀 더 자세히 기술한다. 이 모델은 해풍 순환의 평균 속력을 구하는

데 이용된다. 마찰력은 풍속에 비례하며 기본 방정식에서 전향력은 무시하였다. 순환이 일어나는 평면을 $x-z$ 평면으로 고려 할 경우 운동방정식은 다음과 같이 주어진다.

$$\frac{du}{dt} = -\frac{1}{\rho}\frac{\partial p}{\partial x} - ku \tag{12.5a}$$

$$\frac{dw}{dt} = -\frac{1}{\rho}\frac{\partial p}{\partial z} - kw - g \tag{12.5b}$$

여기서 t는 시간, u와 w는 각각 x와 z방향의 풍속이며 ρ는 공기밀도이다. p는 기압, g는 중력가속도, k는 마찰계수이다. 일반적으로 $k = 2\times 10^{-5}s^{-1}$이다. 여기서 주어진 식들을 이용하여 순환($C$)의 변화율을 구하면

$$\frac{dC}{dt} = \oint\left(\frac{du}{dt}dx + \frac{dw}{dt}dz\right) = -\oint\frac{dp}{\rho} - \oint gdz - kC \tag{12.6}$$

여기서 C 는 다음과 같이 주어진다.

$$C = \oint(udx + wdz) = L\overline{V} \tag{12.7}$$

여기서 L은 순환경로의 길이 즉, 전체 적분 경로이며, $\overline{V}$는 적분 경로 상에서 공기흐름의 평균 속력이다. 식 (12.6)의 우측 항에서 g를 포함한 항의 적분 값은 0이 된다. 식 (12.6)에 건조공기의 상태 방정식, $p\alpha = R_d T$를 적용하면 다음 식으로 주어진다.

$$\frac{dC}{dt} = -R_d\oint Td(\ln p) - kC \tag{12.8}$$

식 (12.8)을 경로 적분하면 그 결과는 다음과 같이 주어진다.

$$\frac{dC}{dt} = R_d\ln\left(\frac{p_0}{p_1}\right)(\overline{T_l} - \overline{T_o}) - kC \tag{12.9}$$

식 (12.7)을 식 (12.8)에 적용하면 다음 식을 얻는다.

$$\frac{d\overline{V}}{dt} + k\overline{V} = \frac{R_d}{L}\ln\left(\frac{p_0}{p_1}\right)(\overline{T_l} - \overline{T_o}) = M(\overline{T_l} - \overline{T_o}) \tag{12.10}$$

여기서 주어진 적분 경로에 대해 p_0와 p_1은 상수이므로 $M = R_d/L\ln(p_0/p_1)$ 로 상수로 고려한다.

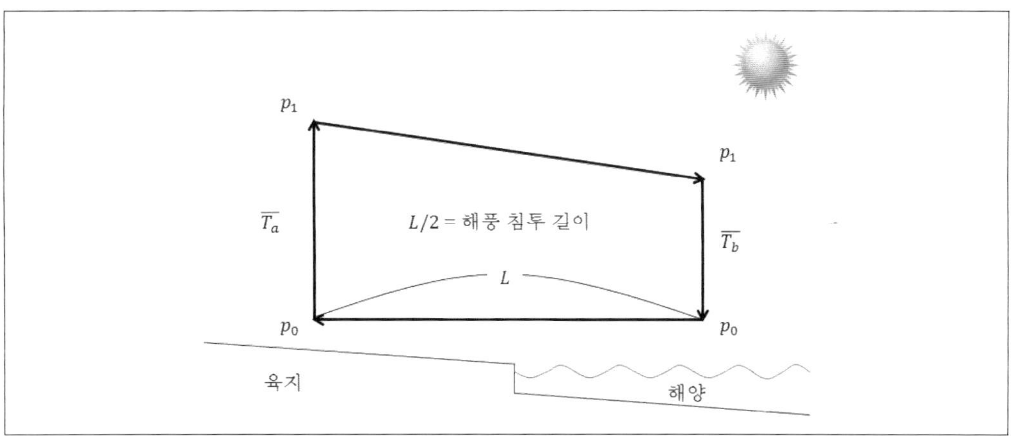

그림 12.6 ▌ 해륙풍 발달의 모식도. 침투 거리는 L/2.

식 (12.10)에서 $\left(\overline{T_l}-\overline{T_o}\right)$을 시간의 주기 함수로 고려할 수 있다(Hsu, 1988).

$$M\left(\overline{T_l}-\overline{T_o}\right)=A cos\omega t \tag{12.11}$$

여기서 A는 상수이고 $\omega(=7.29\times10^{-5}s^{-1})$는 지구 자전 각속도이다. 식 (12.11)에 의하면 $t=0$일 때 $\left(\overline{T_l}-\overline{T_o}\right)$의 값은 최대가 된다. 식 (12.11)을 식 (12.10)에 대입하고 적분을 하면 미분방정식의 해는 다음과 같이 주어진다.

$$\overline{V}\ =Ce^{-kt}+A\left(k^2+\omega^2\right)^{-1}+(\omega\,\sin\omega t+k cos\omega t) \tag{12.12}$$

식 (12.12)에서 해양과 육지 사이의 기온 차가 0인 경우 즉 $A=0$인 경우에는 $\overline{V}=0$이기 때문에 $C=0$이다. $\left(\overline{T_l}-\overline{T_o}\right)$가 최대인 경우 $\overline{V}$와 L은 각각 다음과 같이 주어진다.

$$\overline{V}\ =\frac{R_d}{L}\ln\frac{p_0}{p_1}\left(\overline{T_l}-\overline{T_o}\right)k\left(k^2+\omega^2\right)^{-1} \tag{12.13}$$

식 (12.13)에 L=200km, $p_0=1000hPa$, $p_1=700hPa$, $\overline{T_l}-\overline{T_o}=5$℃ 인 경우 $\overline{V}=0$으로 주어진다.

12.4 활승바람과 활강바람

(1) 열기포의 연직 운동

평탄한 지표면과 달리 경사면은 위로 올라갈수록 공기밀도가 감소한다. 지면과 접하고 있는 경사면의 지표층(surface layer)은 대기 경계층 상부의 대기와 비교하면 낮에는 현저히 높고 밤에는 장파복사로 인해 낮다. 공기밀도는 절대온도에 반비례하므로 고온의 공기는 밀도가 작고 저온의 공기는 밀도가 크다. 그 결과 태양을 향하고 있는 사면은 낮에는 양의 부력을 받아 공기가 사면을 따라 상승하면서 **활승바람(anabatic wind; up-slope wind)**을 형성하고 밤에는 중력에 복사 냉각으로 공기가 침강하면서 **활강바람(katabatic wind; downslope wind)**을 형성한다. 활강바람은 **산바람(mountain wind)**보다 훨씬 강하다.

활승바람(그림 12.9)과 활강바람(그림 12.10)의 주요한 원인은 사면에 있는 공기 덩이와 그 주위 공기와의 밀도 차이(또는 온도 차이)에 기인한 부력이다. 부력과 관련하여 **줄기흐름(plume)** 내에 있는 공기의 연직 운동을 살펴보자. 일반적으로 대기 경계층에서 공기 덩이의 연직 운동방정식은 다음과 같이 주어진다(Stull, 2000).

$$\frac{dw}{dt} = \frac{\partial w}{\partial t} + \left(u\frac{dw}{dx} + v\frac{dw}{dy}\right) - \frac{T_{vp} - T_{ve}}{T_{ve}} g \mp C_w \frac{w^2}{z_i} \qquad (12.14)$$

여기서 T_{vp}와 T_{ve}는 공기 덩이와 주위 공기의 가온도이다. 그리고 z_i는 혼합층(경계층) 깊이를 나타내며, C_w는 연직 항력 계수(vertical drag coefficient)이며 보통 $C_w \cong 5$이다. 식 (12.14)에서 부력 항이 양인 경우는 난류저항 항의 부호가 음이 되며, 부력 항이 음이면 난류저항은 $+C_w w^2/z_i$ 이다. 그 이유는 부력의 방향과 난류저항의 방향은 항상 반대이기 때문이다. 식 (12.14)에서 $\frac{dw}{dt} = 0$으로 가정하면 줄기흐름내의 주어진 위치에서 연직 속도(w)는 다음과 같이 주어진다.

$$\frac{\partial w}{\partial t} = -\left(u\frac{dw}{dx} + v\frac{dw}{dy}\right) + \frac{T_{vp} - T_{ve}}{T_{ve}} g \pm C_w \frac{w^2}{z_i} \qquad (12.15)$$

정상상태($\partial w/\partial t = 0$)에서는 줄기흐름의 연직 속도가 일정하며 다음과 같이 주어진다.

$$w = \sqrt{\frac{g z_i}{C_w} \frac{(T_{vp} - T_{ve})}{\overline{T}_{ve}}} \qquad (12.16)$$

식 (12.16)은 z_i가 클수록 그리고 부력이 클수록 상승기류의 속도는 더 커진다.

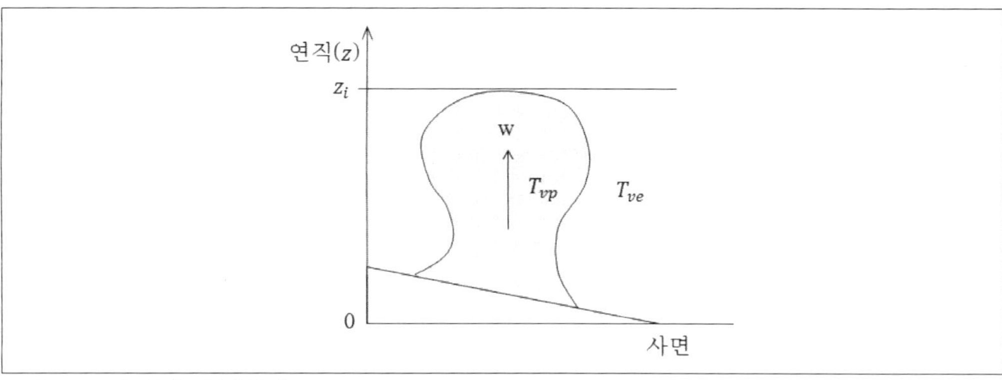

그림 12.7 ▎줄기 흐름의 특징.

예제 12.1

관측자 위치에서 서쪽으로 2km 떨어진 곳에 $5ms^{-1}$ 의 서풍이 불고 있으며 상승기류는 $8ms^{-1}$이다. 관측자가 있는 곳에서 대기의 연직 속도가 $2ms^{-1}$이지만 공기는 25℃로 주위보다 3℃ 더 높다고 가정한다, 관측자가 위치한 곳에서 공기 덩이의 초기 연직가속도는 얼마인가? (단, 건조 공기로 가정하며 $T_v = T$이고 항력은 0이다.)

풀이

식 (12.15)에서 난류저항을 무시할 수 있다고 가정하고 다음과 같이 계산한다.

$$\frac{\Delta w}{\Delta t} = -u\frac{\Delta w}{\Delta x} + \frac{T_p - T_e}{\overline{T_e}}g$$

$$= -(5ms^{-1}) \times (2-8)ms^{-1}/2000m + (3/298) \times (9.8ms^{-2})$$

$$= 0.015 + 0.099 = 0.114ms^{-2}$$

(2) 활강력

대기 경계층에서 수평기압경도력, 전향력 그리고 저항력을 고려하면 운동방정식 (10.69)와 (10.70)에서 시간변화를 고려하면 다음과 같이 주어진다.

$$\frac{du}{dt} = -\frac{1}{\rho}\frac{\partial p}{\partial x} + fv - C_D V\frac{u}{h} \tag{12.17}$$

$$\frac{dv}{dt} = -\frac{1}{\rho}\frac{\partial p}{\partial y} - fu - C_D V\frac{v}{h} \tag{12.18}$$

여기서 C_D는 무차원의 항력계수(drag coefficient)이고 V는 풍속이다. 그림 12.8을 이용하여 경사면 상에서 바람의 형성을 이해하기 위해 활강풍에 대한 운동방정식을 구해보자. 그림에서 수평면과 사면이 이루는 각도를 α라고 하고, 사면상의 점 o를 원점으로 사면에 직각인 x축과 z축을 설정한다.

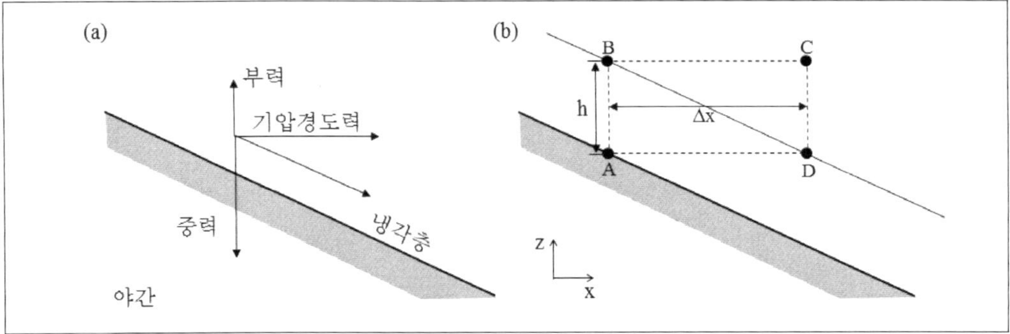

그림 12.8 ▎ 경사면상의 지표층에서 수평 기압경도력.

그림 12.8 (b)에서 경계층의 두께를 h, 공기밀도를 $\rho(T)$, 지표층 위의 대기밀도를 $\rho+\Delta\rho$라고 한다. 이 경우 정역학 방정식을 적용하면 고도 A와 B에서 기압 차는 다음과 같이 구해진다.

$$p_A = p_B + \int_{z_A}^{z_B} \rho_b g dz = p_B + \rho_b g (z_B - z_A) \tag{12.19}$$

여기서 ρ_b는 아래 기층의 공기밀도이다. 동일한 방법으로 고도 C와 D의 기압 차를 구하면 다음과 같다.

$$p_C = p_D + \int_{z_C}^{z_D} \rho_t g dz = p_D + \rho_t g (z_D - z_C) \tag{12.20}$$

여기서 ρ_t는 위 기층의 공기밀도이다. 그림 12.8에서 C와 A사이에 수평 기압경도력은 다음과 같이 근사할 수 있다.

$$-\frac{1}{\rho}\frac{\Delta p}{\Delta x} \approx -\frac{1}{\bar{\rho}}\frac{p_C - p_A}{\Delta x} \tag{12.21}$$

식 (12.19)와 (12.20)을 식 (12.21)에 적용하면 다음과 같이 나타낼 수 있다.

$$-\frac{1}{\rho}\frac{\Delta p}{\Delta x} \approx -\frac{1}{\bar{\rho}}\left(\frac{p_D - p_B}{\Delta x} + \frac{(\rho_t - \rho_b) g h}{\Delta x}\right) \tag{12.22}$$

여기서 $\bar{\rho}$는 두 기층의 평균밀도이다. 식 (12.22)에서 우변의 첫째항은 위 기층의 수평 기압경도력이며 다음과 같이 기술 할 수 있다.

$$-\frac{1}{\bar{\rho}}\frac{p_C - p_A}{\Delta x} \simeq -\left(\frac{1}{\rho}\frac{\Delta p}{\Delta x}\right)_t \tag{12.23}$$

이 식은 경계층 주위 공기의 수평 기압경도력을 나타낸다. 식 (12.23)을 식 (12.22)에 적용하면

$$-\frac{1}{\rho}\frac{\Delta p}{\Delta x} \approx -\left(\frac{1}{\bar{\rho}}\frac{\partial p}{\partial x}\right)_t + \frac{(\rho_t - \rho_b)g}{\bar{\rho}}\frac{\partial z}{\partial x} \tag{12.24}$$

으로 주어진다. 여기서 $\frac{h}{\Delta x} = -\frac{\partial z}{\partial x} = -\tan\alpha$ 이며 경사면의 기울기이다. 식 (12.24)에서 밀도의 차를 다음과 같이 근사할 수 있다.

$$\frac{(\rho_t - \rho_b)}{\bar{\rho}} = -\frac{\theta_{vt} - \theta_{vb}}{\overline{\theta_v}} = -\frac{\Delta\theta_v}{\overline{\theta_v}} \tag{12.25}$$

여기서 $\overline{\theta_v}$는 두 기층의 평균 가온위이며, $\Delta\theta_v$는 역전층의 강도이다. 식 (12.25)를 식 (12.24)에 대입하면 다음과 같이 주어진다.

$$-\frac{1}{\rho}\frac{\Delta p}{\Delta x} \approx -\left(\frac{1}{\bar{\rho}}\frac{\partial p}{\partial x}\right)_t - g\frac{\Delta\theta_v}{\overline{\theta_v}}\frac{\partial z}{\partial x} \tag{12.26}$$

여기서 우변의 두 번째 항을 **활강력(katabatic force)**라고 한다. 이 힘은 경사면에 있는 공기를 경사면을 따라 하강시킨다. 활강력을 F_{kata}라고 하면 다음과 같이 주어진다.

$$F_{kata} = -g\frac{\Delta\theta_v}{\overline{\theta_v}}\frac{\partial z}{\partial x} = g\frac{\Delta\theta_v}{\overline{\theta_v}}\tan\alpha \tag{12.27}$$

y-방향의 수평 기압경도력은 경사면이 $+x$방향을 향하므로 다음과 같이 주어진다.

$$-\frac{1}{\rho}\frac{\partial p}{\partial y} = -\left(\frac{1}{\rho}\frac{\partial p}{\partial y}\right)_t \tag{12.28}$$

식 (12.27)과 (12.28)을 식 (12.17)과 (12.18)에 적용하면 활강풍 방정식은 다음과 같이 주어진다.

$$\frac{du}{dt} = -\left(\frac{1}{\rho}\frac{\partial p}{\partial x}\right)_t + g\frac{\Delta\theta_v}{\overline{\theta_v}}\tan\alpha + fv - C_D V\frac{u}{h} \tag{12.29}$$

$$\frac{dv}{dt} = -\left(\frac{1}{\rho}\frac{\partial p}{\partial y}\right)_t \frac{1}{\rho} - fu - C_D V\frac{v}{h} \tag{12.30}$$

주위 수평 기압경도력을 무시하면 활강풍은 활강력, 전향력 그리고 마찰력의 균형을 이룰 때 부는 바람이라고 할 수 있다. 한편 활강풍의 경우 지면을 향해 공기가 하강하므로 이때 주어진 위치에서 하강속도는 식 (12.15)에서 이류항을 무시하면 다음과 같이 주어진다.

$$\frac{\partial w}{\partial t} = -\frac{T_{vp} - T_{ve}}{T_{ve}} g - C_w \frac{w^2}{h} \tag{12.31}$$

난류 항력(turbulent drag)은 다른 주위 공기에 대해 연직으로 움직이는 공기에 대한 저항이다. 연직 운동이 없는 공기는 주위 공기에 대해 상대적으로 항력이 없다.

(3) 활승바람의 형성

낮에 태양빛이 산의 경사면을 가열할 때 산 표면에서 가열된 주위 공기는 연직상승하기 보다는 경사면을 가로지르면서 상승하면서 **활승바람(anabatic wind)**을 형성한다. 따라서 활승바람은 **계곡 횡단 순환(cross-valley circulation)**의 상승하는 부분이라고 할 수 있다. 사면을 따라 상승한 공기가 산의 정상에 도달하여 그림 12.9와 같이 연직으로 더욱 상승하여 때로는 적운을 형성하기도 하고, 또는 인접한 경사면에서 불어오는 상승기류와 합쳐진다. 이때 산의 정상 바로 위에 존재하는 적운을 **활승구름(anabatic cloud)**이라고 한다.

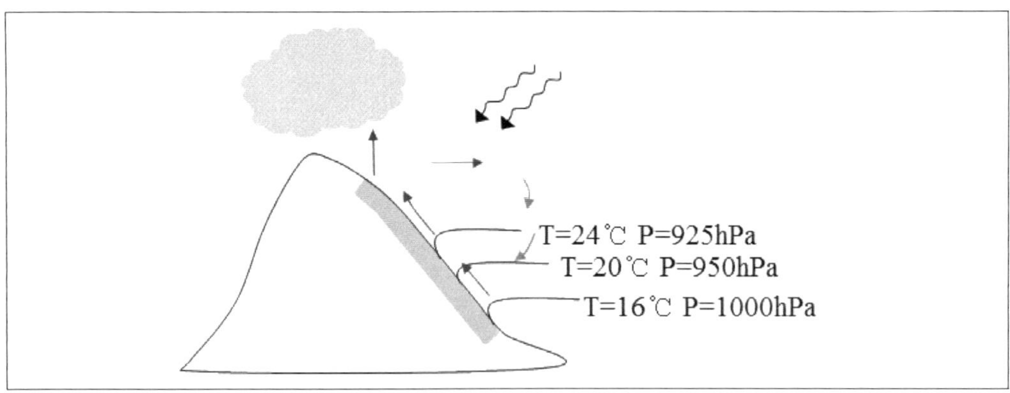

그림 12.9 ▌ 활승바람.

그림 12.9의 특정 고도에서 왼쪽에서 오른쪽으로 이동할 때, 온위는 일정하게 유지하지만 산비탈에 가까워지게 되면 높아지며, 이 부분이 따뜻한 활승공기를 뜻한다. 이때, 산비탈로 접근할수록 기압이 낮아진다. 따라서 따뜻한 공기가 경사면에서 상승 시에 기압이 약간 더 낮은 기압 쪽으로 이동한다. 이는 기압경도력 때문에 생기는 현상으로 기압경도력은 산으로 향하는 수평 성분을 가지며 이로 인해 따뜻한 공기가 산을 따라 상승하게 된다.

(4) 활강바람의 형성

차가운 공기는 따뜻한 공기보다 더 무겁기 때문에 경사면 아래로 흘러 활강바람이 된다(그림 12.10). 여기서 x축은 경사면을 따라 아래쪽으로 향하는 선이고, α는 경사각이고 h는 차가운 공기의 두께이며 u_s는 활강바람의 속력이다.

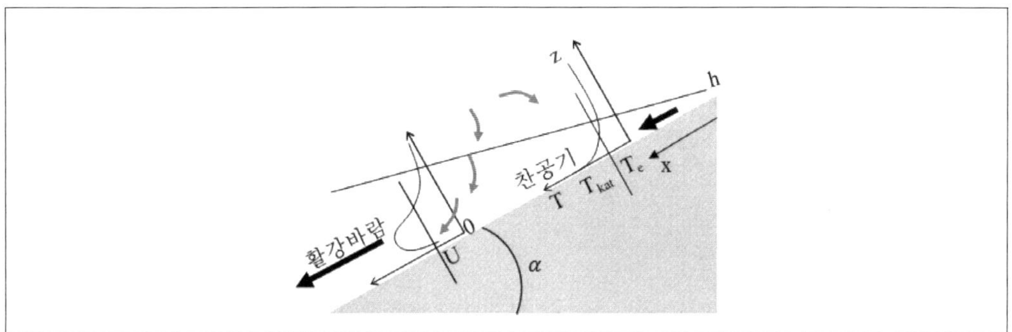

그림 12.10 ▌ **활강바람.**

활강바람이 불 때 경사면에서 공기의 운동방정식은 식 (12.29)에 의해 다음과 같다.

$$\frac{du}{dt} = \frac{\partial u}{\partial t} + u\frac{\partial u}{\partial x} + v\frac{\partial u}{\partial y} = g\frac{\Delta T_v}{T_{ve}}\sin(\alpha) + f_c v - C_D\frac{u^2}{h} \tag{12.32}$$

식 (12.32)에서 $du/dt = 0$이고 전향력과 이류효과를 무시할 경우 다음과 같이 주어진다.

$$\frac{\partial u}{\partial t} = g\frac{\Delta T_v}{T_{ve}}\sin(\alpha) - C_D\frac{u^2}{h} \tag{12.33}$$

여기서 $u = w\sin\alpha$를 이용하면 좌변 항을 다음과 같이 나타낼 수 있다.

$$\frac{\partial u}{\partial t} = u\frac{\partial u}{\partial x} = \sin\alpha \cdot \frac{\partial w}{\partial t} \tag{12.34}$$

식 (12.34)을 $x = 0$에서 x까지 적분하면 다음과 같다.

$$\int_{u=0}^{u} u\,du = \int_0^x \left(\frac{\partial w}{\partial t}\sin\alpha\right)dx \tag{12.35}$$

위 식을 재정리하면 다음과 같다. 즉 바람은 내리막의 거리(x)가 증가함에 따라 가속됨을 보여준다.

$$u = \left[g\frac{\Delta T_v}{T_{ve}} \cdot x \cdot \sin\alpha\right]^{1/2} \tag{12.36}$$

그러나 결국 저항력과 부력이 평형을 취하며 식 (12.32)는 다음과 같이 주어진다.

$$g\frac{\Delta T_v}{T_{ve}}\sin(\alpha) = \frac{C_D u_{eq}^2}{h} \tag{12.37}$$

또는 다음과 같이 나타낼 수 있다.

$$u_{eq} = \left[g\frac{\Delta T_v}{T_{ve}}\frac{h}{C_D}\sin(\alpha)\right]^{1/2} \tag{12.38}$$

식 (12.38)은 평형 상태에서 사면의 경사각이 일정한 경우 활강풍의 풍속은 대기 경계층의 두께와 음의 부력에 비례함을 보여준다.

예제 12.2

경사각이 10° 경사면에 인접한 공기는 가온도가 10℃ 인 주위 공기보다 깊이 $20m$ 에 걸쳐 평균 10℃ 낮다. 평형 u_{eq}를 구하시오. (단, $g = 9.8ms^{-2}$, $C_D = 0.005$ 이다.)

풀이

식 (12.38)를 이용하여 최종 평형 값을 구한다.

$$U_{eq} = \left[\frac{(9.8ms^{-2})\times(10℃)}{283K}\times\frac{(20m)}{0.005}\times\sin(10°)\right]^{1/2}$$

$$= 15.5ms^{-1}$$

12.5 보라와 푄

(1) 보라

보라(bora)는 매우 차가운 지역에서 발원하여 바람이 정적으로 안정한 대기에서 산의 경사면을 불어 내릴 때 단열 승온 되어도 산기슭이나 해안 지방의 본래 기온보다 낮아 상대적으로 매우 추운 날씨를 가져오는 바람이다. 만약 풍상 측에서 빠르게 움직이는 차가운 바람이 산등성이보다 더 두껍다면 산의 경사면을 불어 내릴 때 단열 승온 되어도 산기슭이나 그 아래에서 온도가 본래 기온보다 낮아 상대적으로 매우 추운 날씨를 가져오는 바람이다(그림 12.11). 이러한 현상을 **보라(Bora)**라고 한다. 바람은 산과 그 위 역전층 사이에서 수축하여 먼저 가속되고 기압은 **벤추리 효**

과(Venturi effect)에 따라 감소한다. 더 낮은 기압은 정역학균형을 어긋나게 하여 차가운 공기를 하층으로 끌어당기며 비탈을 따라 형성되는 빠른 바람의 원인이 된다.

상층의 따뜻한 공기도 이와 같은 기압의 감소로 인해 아래로 끌어 당겨진다. 부력에 거슬러 이 따뜻한 공기를 하강시키려면 일을 해야 하기 때문에 베르누이 방정식에 따라 바람이 하강할 때 보라가 약간 감속하는 것을 알 수 있다. 일단 바람이 풍하 측 골짜기 바닥에 도달할 때 바람은 여전히 파괴적이며 산의 풍상 측의 바람보다 더 빠르지만 산등성이 꼭대기의 바람보다는 느리다.

활강바람과 보라는 둘 다 경사면을 따라 하강하지만 물리적으로 중요한 차이가 있다. 활강바람은 국지적인 열적 구조로 인해 발생하며 갠 날씨나 미풍이 부는 고기압 지역과 같이 약한 종관적인 영향이 있는 동안에 일어난다. 보라는 저기압지역과 강한 수평기압경도가 있는 상태에서 풍상 측의 강한 바람의 관성에 의해 발생한다. 비록 둘 다 차가운 내리막 바람(downslope wind)이지만 역학적 원인은 서로 다르다.

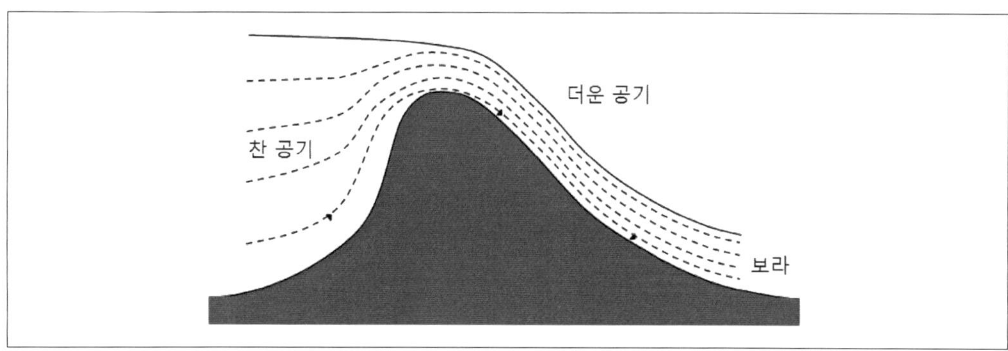

그림 12.11 ┃ 보라의 형성. 점선은 유선이고 두꺼운 선은 온도역전임.

(2) 푄

겨울철에 대기가 정적으로 안정하고 건조한 상태에서 강한 바람이 산맥을 향해 부는 경우를 생각해보자. 산등성이 꼭대기로 부는 바람은 차가운 공기의 두께와 정적 안정도의 강도에 영향을 받는다. 그림 12.12(a)와 같이 만약 산의 높이 H가 풍상 측의 차가운 공기의 두께 z_i보다 더 높다고 하면 차가운 공기는 산에 막혀서 산을 넘어갈 수가 없다. 이 경우에 위에 강한 따뜻한 바람은 그림 12.12(b)와 같이 산의 정상을 넘어 단열 하강하면서 가열되어 풍하 측에서 온도가 더 높아진다. 이와 같이 풍하 측에 형성되는 따뜻하고 건조한 바람을 알프스에서 **푄(Foehn)**이라고 하고 로키 산맥에서는 **치누크(Chinook)**라고 한다. 이때 산의 풍하 측에 있는 공기는 온도는 높지만 혼합비는 풍상 측의 혼합비와 같다.

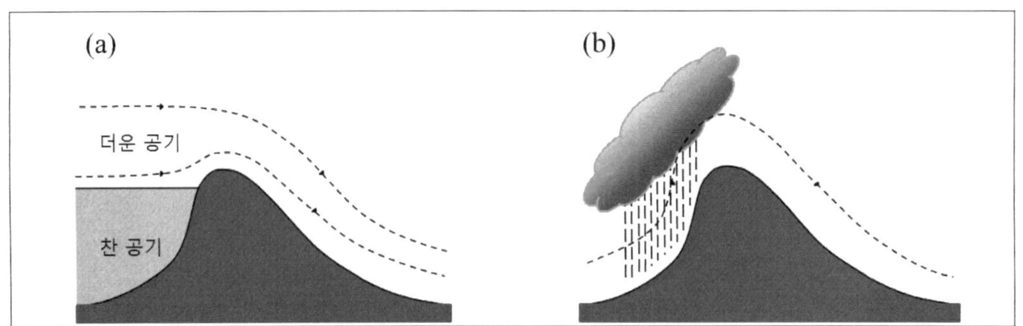

그림 12.12 ❙ 푄의 형성: 풍상 측의 대기가 (a) 건조한 경우와 (b) 습한 경우.

그림 12.12(b)에서 평탄한 지면에 있는 습한 공기가 산을 넘어가기 전을 생각해보자. 이 공기 덩이가 풍상 측 경사면을 따라 상승하기 시작할 때 치올림 고도(LCL)에 도달할 때까지 혼합비는 보존되며 건조 단열적으로 냉각된다. 구름 내부에서는 습윤 단열적으로 공기 덩이가 상승하면서 수적이 형성되고, 계속 성장하여 강수로 떨어진다고 가정하자. 그리고 산 정상에 있는 구름이 삼을 넘는 경우 단열압축에 의해 공기의 온도가 상승한다. 이 경우 산의 풍하 측에서 공기의 온도는 높지만 혼합비는 풍상 측보다 낮다. 그 이유는 산을 넘는 과정에서 강수로 인해 대기 중의 수분이 감소했기 때문이다.

12.6 산악파

(1) 산악파의 특징

대기가 안정한 상태에서 공기가 산이나 산맥을 통과할 때 풍하 측에 형성되는 파로서 풍하측(lee wave)라고도 한다. 공기가 습한 경우에는 파동의 마루에 구름이 형성되며, 이를 산악파 구름(mountain wave cloud)라고 한다. 정적 상태의 공기가 언덕이나 산 위로 속력 V으로 불 때 브런트-바이살라진동수(N_{BV})로 진동한다. 고유 파장 λ는 다음과 같다.

$$\lambda = \frac{2\pi V}{N_{BV}} \tag{12.39}$$

바람이 더 강해지거나 정적 안정도가 감소하면 고유 파장은 더 길어진다. 이러한 파동들을 **산악파(mountain wave)**, 중력파, 부력파, **풍하파(lee wave)**라고 한다. 이 파동들은 재해성 바람과 구름들의 원인이 될 수 있다. 마찰과 난류는 시간에 따라 진동을 약화시킨다(그림 12.13). 이로 인해 나타나는 공기의 경도는 감쇠파의 양상을 보여준다.

$$z = z_i \exp\left(\frac{-x}{b\lambda}\right)\cos\left(\frac{2\pi x}{\lambda}\right) \tag{12.40}$$

여기서 z는 파동이 시작되는 평형고도부터 공기의 높이이고 z_1은 초기의 파동 진폭(산의 높이에 기반을 둔), x는 산마루의 하강기류 거리, b는 감쇠율이다. 파동 진폭은 b 파장의 하강기류 거리에서 $1e^{-1}$로 감소한다 (즉, b는 e-감쇠거리이다).

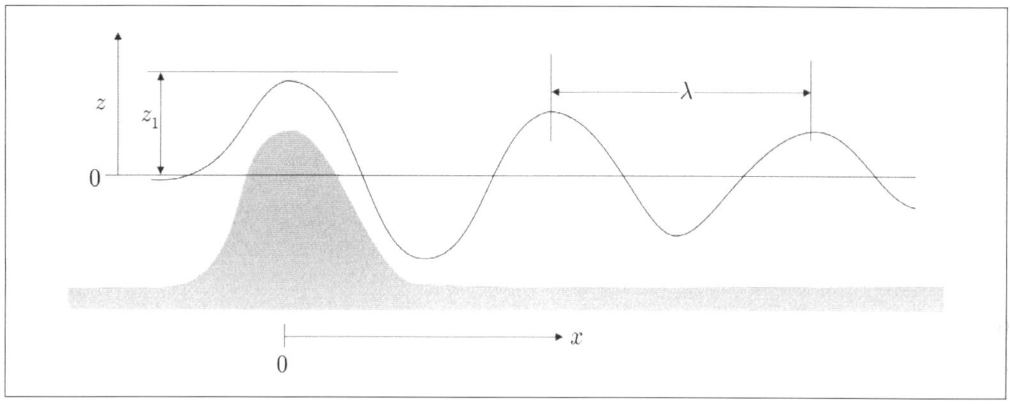

그림 12.13 ▌ **산악파의 특징.**

산악파의 상승 기류 부분에 있는 공기는 단열적으로 냉각된다. 만약 상대습도가 충분히 높으면 그림 12.14와 같은 **렌즈구름(lenticular cloud)**이 형성 될 수 있다. 산 위로 바람이 불기 전에 출발 고도에서 공기의 온도와 이슬점 온도를 알면 상승응결고도(LCL)를 식 (5.8)을 이용하여 계산할 수 있으며 구름의 높이를 추정할 수 있다.

그림 12.14 ▌ **렌즈구름(기상청).**

예제 12.3

언덕 위로 속력 $30ms^{-1}$로 부는 바람이 있다. 초기의 파동진폭이 500m이며 다음 주어진 조건에서 N_{BV}과 λ를 계산하시오. (단, $T = 283K$, $\Delta t / \Delta z = -0.65℃/100m$ 이다.)

풀이

먼저 브런트-바이살라 진동수를 아래의 식으로 구한다.

$N_{BV} = \sqrt{\frac{g}{T}(\frac{\Delta t}{\Delta z} + \Gamma_d)}$ 를 이용한다.

$$N_{BV} = \left[\frac{9.8 ms^{-2}}{283K}(-0.0065 + 0.0098)\right]^{1/2} = 0.0107 s^{-1}$$

식 (12.39)을 이용하여 $\lambda = \frac{2\pi (30ms^{-1})}{0.0107 s^{-1}} = 17.61km$

(2) 산악파와 프루드수

공기는 산을 넘을 때 풍상 측에 있는 공기가 모두 산을 넘기도 하지만 때로는 그중 일부가 산의 둘레로 흐를 수 있다(그림 12.15(a)). 이때 산정상 위로 흐르는 공기가 작으므로 더 얇은 파동이 된다. **프루드수(Froude number, *Fr*)**는 산을 넘는 파동의 물리적 특성의 차이점을 보여주는 모수이며 다음과 같이 주어진다.

$$Fr = \frac{\lambda}{2W_m} = \pi \frac{V}{N_{BV} W_m} \tag{12.41}$$

여기서 W_m는 산의 폭이며, λ는 산악파의 고유 파장이며, 파의 전파속도가 풍속(V)과 동일하다고 가정하고 있다. 강한 정적안정도 또는 약한 바람에서 $Fr \ll 1$이다. 공기의 고유파장이 산의 폭보다 매우 짧다면 산 위로 그림 12.15(a)와 같이 아주 소량의 공기가 흐르고 작은 파동이 발생한다. 그림 12.13에서와 같이 만약 H가 산의 높이라면 $z_1 < H$이다. 이 경우에 대부분의 공기는 산 앞에서 막히어 양쪽 주위로 흐르게 된다. 고유 파장이 산의 폭의 거의 두 배인 보통의 안정도에 곳에서는 $Fr \cong 1$이다. 이 경우 매우 극심한 파동을 형성하기 때문에 공기는 지형에 따라 퍼진다(그림 12.15(b)). 이 파동은 렌즈구름을 생성할 가능성이 가장 크고 격렬한 난류의 발생으로 항공기에 위협을 가한다. 파동의 진폭이 산의 높이와 거의 동일($z_1 \cong H$)한 경우에는 가끔 회전 순환(rotor circulation)과 두루마리 구름(rotor cloud)이 파동의 마루 아래의 지면 근처에서 형성되기도 한다(그림 12.15(b)).

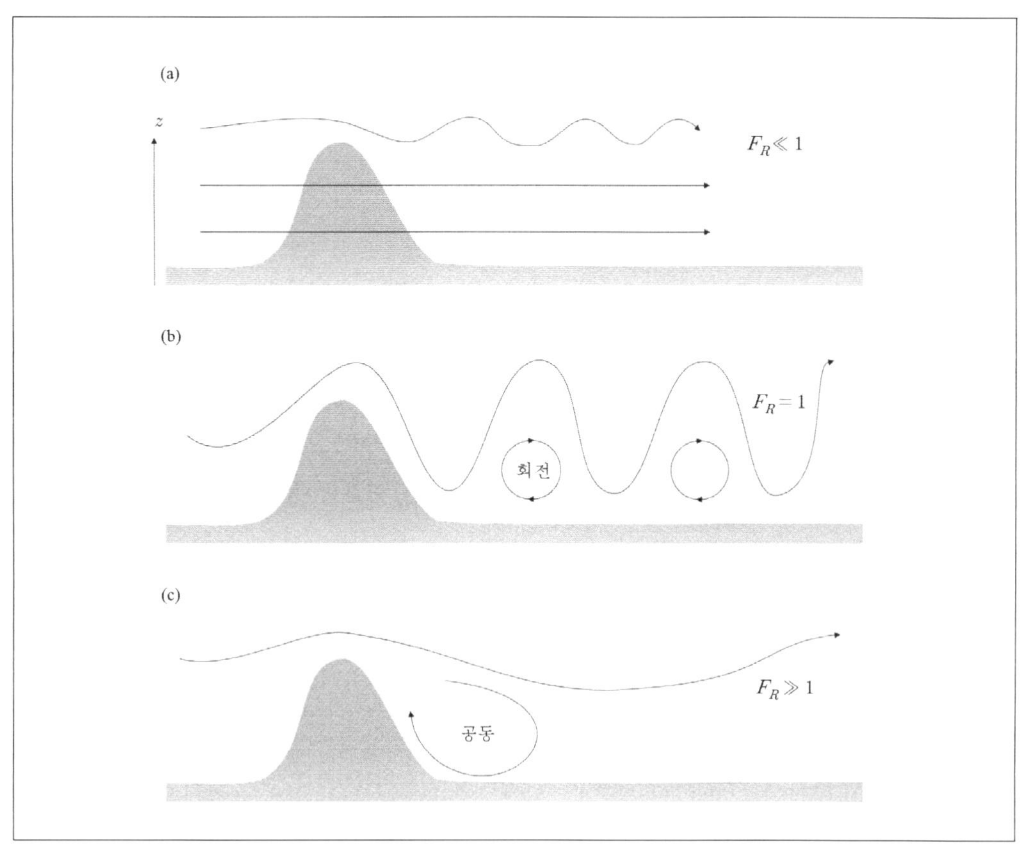

그림 12.15 ▍ 산을 넘는 대기에 대한 프루드수(Fr)의 영향.

정적안정도가 약하고 바람이 강할 때 고유 파장은 언덕의 높이보다 훨씬 커서 $Fr \gg 1$이다. 파동의 진폭은 약해 $z_1 < H$ 이다. 이러한 상황에서 난류 후류(turbulent wake)는 종종 산의 풍하 측에서 형성되고 가끔 지면 근처의 흐름이 역전된 공동(cavity)이 형성된다(그림 12.15(c)). 공동은 회전 순환이 마치 자전거 체인의 기어를 돌리는 것처럼 바람에 의해 만들어진다.

연습문제

1. (1) 두께가 $1km$인 경계층 내에 열기포 $T_{vp}-T_{ve}=2$℃ 일 때 (2) 대류권에서 두께가 $11km$인 뇌우에서 $T_{vp}-T_{ve}=5$℃ 일 때 정상상태의 상승속도는 각각 얼마인가? (단, $g/T_{ve}=0.0333ms^{-2}K^{-1}$이다.)

2. 고유 파장이 $10km$이고 산의 폭이 $20km$일 때 산을 통과하는 파동의 유형을 기술하시오.

3. 관측자의 위치에서 서쪽으로 $2km$ 떨어진 곳에 존재하며 $4ms^{-1}$ 상승기류가 있다. 그곳에 서풍이 $4ms^{-1}$로 불고 있다. 관측자가 위치한 곳에서 연직 속도는 $0ms^{-1}$이며, 공기는 25℃로 주위보다 3℃ 더 높다. 이 때, 관측자가 위치한 곳에서 공기 덩이의 초기 연직가속도를 추정하시오.

제13장 지구 규모 순환

지구에서 복사 강제력은 지속적이므로 끊임없이 바람과 해류를 만들어 내는데 이를 **대기대 순환**(general circulation) 또는 **지구 규모 순환**(global circulation)이라고 한다. 이 순환은 지속적인 불안정에 비해 조금 뒤쳐지기 때문에 극보다 적도가 약간 더 따뜻한 상태로 남게 된다. 대기가 가지는 수평적인 온도 경도가 있는 곳을 **경압적**(baroclinic)이라고 하며 중위도에서의 제트기류가 생기는 곳이기도 하다. 경압 불안정은 제트 기류를 구불구불하게 만들고 중위도 기상과 관련되어 있는 폭풍이라 부르는 스톰 시스템과 대기 종관 파동을 야기한다.

13.1 차등가열로 인한 순환

열대지역에서는 흡수된 태양복사가 적외선으로 방출하는 양을 초과하여 열이 축적되며 순 복사가열이 일어나고 극지방에서는 반대로 순 복사냉각이 일어난다. 극과 적도 사이의 이러한 **차등복사가열**(radiative differential heating)은 대기/해양 시스템의 불균형을 만든다. 대기에서는 이러한 불균형을 원상태로 되돌리도록 반응하는데 이를 르샤틀리에(Le Chatelier)의 법칙이라 하며, 따뜻한 열대 공기는 부력에 의해 상승하여 극으로 흐르고 차가운 극 공기는 가라앉아 적도로 흘러간다(그림 13.1).

(1) 평균 자오면 순환

지구 규모 순환에서 위도선에 나란히 부는 동-서 바람을 **동서류**(zonal flow)라 부르고, 경도선에 직교하는 **자오선**(meridian)에 나란한 남-북 바람은 **자오면류**(meridional flow) 혹은 남북류라고 한다. **중위도**(midlatitude)는 약 위도 30도와 60도 사이의 지역이다. **아열대**(subtropical)는 대략 위도 30도에 있고, **아한대**(subpolar)는 위도 60도에 있으며, 둘 다 부분적으로 중위도와 겹친다. **열대**(tropic)는 적도까지 펼쳐져 있으며 **한대**(polar)는 거의 지구의 극에 있다. **온대(extratropical)**라는 용어는 적도 외라는 의미이며, 거의 북위 30도와 남위 30도에서 양 반구로 극까지를 포함하여 이르는 용어이다. 종종 온대(extratropical)는 중위도로 사용되기도 한다. 예를 들면, extratropical cyclone은 중위도 저기압으로 불리며 보통 '저' 혹은 'L'로 일기도 상에 표시된다. tropical cyclone은 열대저기압으로 허리케인과 태풍을 비롯해 열대 지역에서 생긴 저기압이다.

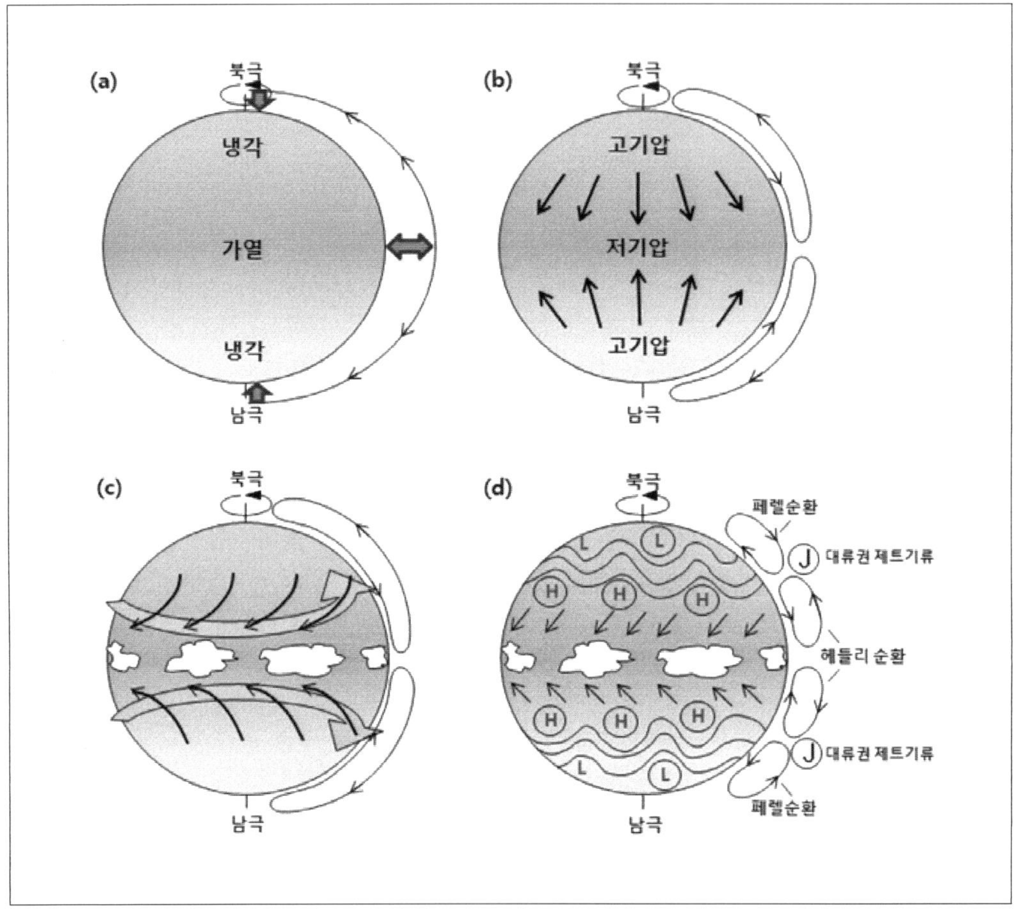

그림 13.1 ▌ (a) 적도와 극 사이의 차등 복사 가열. (b) 기압경도력에 의한 흐름 생성 및 질량의 재분배와 보상순환. (c) 지구 자전의 효과. (d) 대기대순환의 개념 모형도(Wallace and Hobbs, 2006).

앞의 11장은 왜 적도와 극 사이에 하나의 큰 해들리 세포보다는 세 개로 나뉜 순환의 위도대가 있는지 설명하기 위한 기초를 다졌다. 즉, 열대(0°에서 30°)와 극(60°에서 90°)에서는 **직접적인** 연직 순환 세포를, 중위도(30°에서 60°)에서는 **간접적인** 세포를 갖는다. 직접순환은 저위도에서 공기가 상승하고 고위도에서 가라앉는, **해들리 세포**에서와 같이 순환하는 것을 뜻한다.

(2) 자오면 온도 경도

입사 복사와 방출 복사 간의 불균형은 지구 규모 순환을 유도하며, 방출되는 적외선 복사는 지구의 온도에 의존한다. 지구 규모 순환은 전 지구를 걸쳐 나타나는 온도 차이를 완전히 없앨 수 없기 때문에 남-북 온도 경도가 나타나게 된다. 해수면 온도를 먼저 알아보자. 해수면 온도(sea surface temperature, SST)는 극보다 적도 SST가 따뜻하다. 이를 동서평균까지 하면 그림 13.2(a)를 보면 두 반구를 비교하여 북반구가 남반구보다 약간 더 춥지만 해수면에서의 자오면 온도의 이상적인 변동은 다음과 같이 나타낼 수 있다. 그림 13.2(b)는 남북 SST 온도 경도를 나타낸 그림이다. 남북 기온 경도가 상층($100hPa$)이 하층에 비하여 훨씬 작다는 것을 알 수 있다. 남북 온도 경도의 크기는 고도에 따라 다르며, 성층권에서 부호가 바뀐다. 즉 성층권에서는 열대 지역에서 차갑고 극 지역에서 더 따뜻하다.

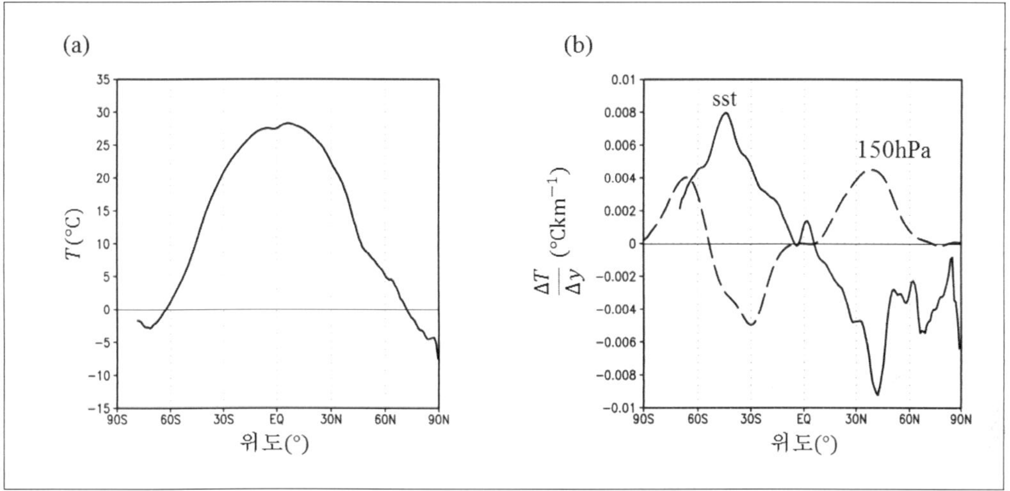

그림 13.2 ▎ **연평균과 동서 평균. (a) 해수면에서 온도, (b) 해수면 온도와 150hPa에서 남북 기온 경도. (ERA- INTERIM 1985~2014년 30년 평균.)**

(3) 복사 강제력

동서로 평균 방출 복사 플럭스 E_{out} 을 다음과 같이 나타낼 수 있다.

$$E_{out} \approx \epsilon\sigma T_{sfc}^4 \qquad (13.1)$$

여기서 슈테판-볼츠만 상수는 $\sigma = 5.67 \times 10^{-8} Wm^{-2}K^{-4}$이고, 지표면 위 고도로부터의 방출을 보상하는 유효 방출량 $\epsilon \cong 0.7$이라 간주할 수 있다.

동서 평균된 입사 복사 E_{in} 은 다음과 같이 나타낼 수 있다.

$$|E_{in}| \approx |E_1|\cos(\phi) \le 310\ Wm^{-2} \quad (13.2)$$

대기의 연직 기둥당 순 복사 플럭스는 간단하게 아래와 같이 나타낸다.

$$E_{net} = |E_{in}| - E_{out} \quad (13.3)$$

여기서, 각 위도대의 원주에 의한 복사 플럭스 $2\pi R_{earth}\cos(\phi)$를 곱하여 위도별로 정확한 복사 에너지 값을 제공하면 다음의 식과 같이 나타낼 수 있다.

$$E_{\phi} = 2\pi R_{earth}\cos(\phi)E \quad (13.4)$$

(4) 열 수송

복사 불균형은 대기와 해양 순환을 통해 보상되어야만 한다. 북극에서 시작하여, 어느 임의의 위도 ϕ에 대한 모든 복사($-D_{\phi}$)를 더하면, $\triangle y$가 위도 폭일 때, 복사 보상에 필요한 총 대기와 해양의 북향 수송 T_r 을 얻는다.

$$T_r = \sum_{\phi=90^{\circ}}^{\phi} (-D_{\phi})\triangle y \quad (13.5)$$

바람은 이러한 열의 일부를 수송하며 이 바람은 다음에 설명되는 수평 온도 경도에 의해 생성된다. 대기와 해양에 의한 열 수송을 위도 $\phi(°)$에 대한 그래프는 제1장 대기과학의 기초에서 그림 1.3에 나타난다. 그림 1.3는 동서 평균한 대기와 해양의 열 수송량 그래프를 나타낸 것으로 1PW = 1petawatt = 10^{15}W이며, 북위 30°에서 유체 순환에 의한 북향 수송은 거의 5PW인 반면에 북위 60°에서는 약 2.5PW이다. 하지만, 중위도에서 나가는 것보다 중위도로 흘러들어가는 에너지가 더 많고, 이는 순 가열을 야기하여 복사냉각을 보상한다.

13.2 온도풍 관계

정역학 방정식을 이용하면 차가운 공기에서보다 따듯한 공기의 지면에서 기압 간 층후가 더 크다는 것을 알 수 있다. 지균풍 관계가 있고 정역학 균형이 만족된다면 온도풍 관계를 만족한다.

종관적으로 중력가속도 g가 $9.8ms^{-2}$이고, T_v는 가온도(공기가 건조하다면 실제 온도와 거의 비슷하며 K로 나타냄), f는 코리올리 인자일 때, 수평 온도 경도와 지균풍(u_g, v_g)의 연직 경도는 **온도풍 관계**라고 불린다.

$$\frac{\partial u_g}{\partial z} = -\frac{g}{T_v f}\frac{\partial T_v}{\partial y}, \quad \frac{\partial u_g}{\partial p} = \frac{R}{fp}\frac{\partial T_v}{\partial y} \tag{13.6a}$$

$$\frac{\partial v_g}{\partial z} = \frac{g}{T_v f}\frac{\partial T_v}{\partial x}, \quad \frac{\partial v_g}{\partial p} = -\frac{R}{fp}\frac{\partial T_v}{\partial x} \tag{13.6b}$$

예제 13.1

건조한 공기의 온도가 동쪽으로 100km의 거리를 이동하면서 5℃에서 10℃로 증가한다. $f = 10^{-4}s^{-1}$일 때, 지균풍의 각 성분별 온도풍 관계를 구하여라. (건조 공기일 때, $T_v = T$ 이다.)

풀이

온도풍 관계를 이용하면 동쪽으로만 기온 경도가 있기 때문에 다음 식이 성립된다.

식 (13.6a)를 이용 : $\frac{\Delta u_g}{\Delta z} \approx \frac{-(9.8ms^{-2})}{(283K)(10^{-4}s^{-1})}(0℃/km) = 0$

그러므로 u_g 는 높이에 따라 일정하다.

식 (13.6b)를 이용 : $\frac{\Delta v_g}{\Delta z} \approx \frac{(9.8ms^{-2})}{(283K)(10^{-4}s^{-1})}\frac{(5℃)}{(100km)} = 17.31\ (ms^{-1})\,km^{-1}$

북향하는 지균풍은 고도에 따라 1km 당 17.31m/s 증가한다.

(1) 층후

두 개의 서로 다른 기압면 사이의 두께를 **층후(thickness)**라고 하며 정역학 방정식으로부터 층후는 두 층 내의 평균 가온도에 의해 결정된다. 그림 13.3a에서 서로 다른 두 개의 기압면을 고려해 보자. 서쪽보다 동쪽에서 공기가 더 따뜻하므로 층후는 동쪽에서 더 큰 값을 갖는다.

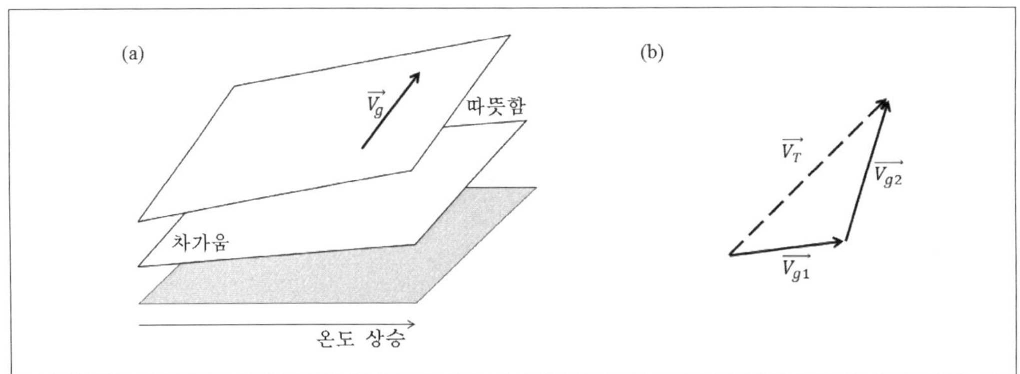

그림 13.3 ▎세 개의 평면은 기압이 일정한 면(등압면)이다. 수평 온도 경도는 기압면을 기울게 하고 지균풍이 고도에 따라 증가하도록 한다. 서쪽의 차가운 공기위에서는 기압면 간의 층후가 낮으며, 동쪽의 따뜻한 공기 위에서는 층후가 높다. 온도풍은 상층지균풍($\overrightarrow{V_{g2}}$)과 하층지균풍($\overrightarrow{V_{g1}}$)간의 벡터차이이다.

층후도는 기상예보에 유용하게 사용되는데, 층후가 낮은 지역은 온도가 낮은 지역과 일치하고, 반대의 경우 또한 같다. 이는 대류권의 하층에서의 평균 온도에 대한 좋은 지표가 되고 기단과 전선을 확인하는 데에 유용하다.

층후 TH는 z_{p2}와 z_{p1}이 p_2와 p_1 등압면의 고도일 때, 다음과 같이 정의된다.

$$TH = z_{P1} - z_{P2} \tag{13.7}$$

(2) 온도풍

온도풍 관계는 층후를 정의할 때 사용되었던 것과 같이 등압면에 묶인 같은 공기층에 대해 적용될 수 있다.

$$u_T \equiv u_{g2} - u_{g1} = -\frac{g}{f}\frac{\Delta\Phi}{\Delta y} \tag{13.8a}$$

$$v_T \equiv v_{g2} - v_{g1} = +\frac{g}{f}\frac{\Delta\Phi}{\Delta x} \tag{13.8b}$$

이때, 기호 u_{g_1}, v_{g_1}와 u_{g_2}, v_{g_2}는 p_1와 p_2 기압면에서의 지균풍을 나타내고, g는 중력가속도, f는 코리올리 인자다. 그림 13.3b에서 상층과 하층의 바람벡터 차이는 온도풍을 나타난다.

북반구에서는 오른쪽에 따뜻한 공기를 두고 온도풍이 층후선에 평행하게 나타난다. 층후선이 조밀하면 그 지역은 수평 온도 경도가 더 높기 때문에 온도풍이 더 강하다.

층후도에 나타낸 온도풍은 등압선 또는 등고선에 대한 지균풍과 유사해서 그 움직임을 더 기억하기 쉽게 만든다. 하지만 지균풍과 같은 실제 바람은 가능한 반면, 온도풍과 같은 실제 바람은 없다. 온도풍은 단지 두 개의 다른 고도나 압력에서 지균풍 간의 벡터 차이일 뿐이다.

예제 13.2

1000 - 700hPa층의 층후가 어떤 한 지점에서 $\Phi_1 = 2.8km$이고 동쪽으로 1000km 떨어진 지점에서는 $\Phi_2 = 3km$라고 가정하자. 주어진 $f = 10^{-4}s^{-1}$을 이용하여 온도풍 벡터의 요소들 u_T와 v_T을 구하라.

풀이

식 (13.8a)를 이용 : $u_T = 0ms^{-1}$

식 (13.8b)를 이용: $v_T = \dfrac{g}{f}\dfrac{\Delta\Phi}{\Delta x} = \dfrac{(9.8ms^{-2})}{(10^{-4}s^{-1})}\dfrac{(3.0-2.8)km}{(1000km)} = 19.6\ ms^{-1}$

13.3 제트류

(1) 경압성

경압성(남북 온도 경도)은 대류권 꼭대기 근처에서 온도풍 관계를 통해 동서풍을 야기한다. 그림 13.4(a)는 전형적인 등온선 패턴을 보여준다. 지면 가까이에 있는 공기는 적도 근처에서 더 따뜻하고, 극에서 더 차가우며 북쪽으로 갈수록 온도가 급격히 감소하는 중위도에는 전선대가 있다. 이러한 남북 온도 경도는 대류권 전체에 존재한다.

온도장을 살펴보면 대류권계면의 높이는 적도보다 극에서 더 낮다. 대류권계면 부근에서는 적도보다 극에서 더 낮은 고도에서 고도에 따라 온도가 증가하기 시작한다. 이것은 적도 위에서 더 차갑고 극 위에서 더 따뜻한 성층권의 온도 역전을 야기한다(그림 13.4(a)). **기압장**은 온도장과 관련이 있으며 이는 온도풍 방정식을 생각하면 된다. 대류권에서는 더 차가운 극 공기보다 더 따뜻한 적도 공기에서 기압면 간의 층후가 더 크다. 대류권계면에 가까워질수록 등압면이 중위도에서 더 기울어지게 만든다. 대류권계면 위에서는 남북 온도 경도가 역전되기 때문에 기울기는 감소한다(그림 13.4(b)).

가장 크게 기울어진 지역은 가장 빠른 지균풍을 야기하는 가장 강한 남북 기압 경도를 가진다(그림 13.4(b)). **제트류**라고 알려진 서풍의 최댓값은 중위도 대류권계면에서 나타난다. 제트 **핵**(core)이라고 알려진 제트류의 중심은 대류권계면에서의 파쇄나 접힘 현상이 있는 곳에서 발생하며 보통 강한 바람이 전선대에서 발생한다.

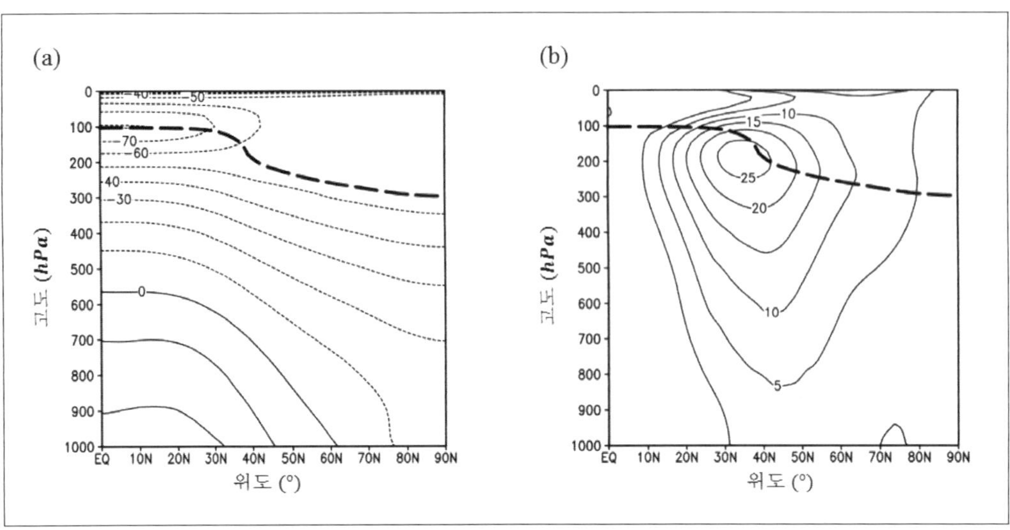

그림 13.4 ▎ 북반구 대기의 연직 단면. (a) 등온선, (b) 등풍속선이며 굵은 점선은 대류권계면이다. (ERA- INTERIM 1979~2014년 연 평균.)

(2) 각 운동량

제트류에 영향을 주는 또 다른 요인은 각 운동량의 보존이다. 적도와 같이 어떤 초기 위도에서 움직이지 않는 초기 공기를 고려하자. 즉, 지구가 축에 대해 회전하고 있듯 공기는 지구의 표면과 함께 동쪽으로 이동한다. 만약 공기에 가해지는 힘이 없다면, 공기는 근원 위도 ϕ_s에서부터 도착 위도 ϕ_d까지 북쪽으로 이동함으로써 동쪽으로 이동하는 **각 운동량**을 지키려고 한다.

$$M_{abs} = u_s R_e \cos(\phi_s) + \Omega R_e^2 \cos^2(\phi_s) = (\Omega R_e \cos(\phi_d) + u_d) R_e \cos(\phi_d) \quad (13.9)$$

m은 공기의 질량이고, u_s는 근원 위도에서 지구의 접선속도, u_d는 근원 위도에서부터 도착 위도에 도착한 후 공기의 접선속도이다. 위도 ϕ에서 지구 축으로부터 표면까지의 반경은 $R_\phi = R_e \cos(\phi)$이고 R_ϕ는 근원 또는 도착 반경(R_s or R_d)를 나타내며, 지구 반경 $R_e = 6357km$이다.

위도 ϕ에서의 접선속도는 $u_\phi = \Omega R_\phi = \Omega R_e \cos(\phi)$이고, 회전율은 $\Omega = 0.729 \times 10^{-4} s^{-1}$이다. 공기 덩이가 근원에서 도착 위도까지 움직일 때, 지구에 대해 상대적인 속도 u'는

$$u' \approx \Omega R_e \left[\frac{\cos^2\phi_s}{\cos\phi_d} - \cos\phi_d \right] \quad (13.10)$$

이러한 방법으로 예측된 $100-300ms^{-1}$ 정도의 제트류 바람은 지구에서 일상적으로 관측되지 않는다. 실제 대기에서는 기압경도력과 코리올리, 난류 항력 등이 공기에 가해지므로 각운동량은 보존되지 않는다. 이는 그림 13.1의 적도-극 순환 패턴을 통해서도 확인할 수 있다. 실제 연직 순환 패턴은 남북 약 30°로 확장하는데 이는 **해들리 세포**라고 한다.

위도 30°에서 열은 극으로 계속 수송되지만, 이 수송은 직접적인 연직 순환보다도 오히려 제트류의 굽이치는 형태(**행성파**)에 의한 것이다. 행성파는 이 장의 중간에서 **소용돌이도**를 이용하여 설명된다.

예제 13.3

난류가 없는 자유 대기에서 적도에서 북쪽으로 움직이는 공기 덩이에 대해 35°N (ϕ_d)에서의 상대속도 u'를 구하라.

풀이

식 (13.10)을 이용 :

$$u' \approx (7.29\times 10^{-5}s^{-1})(6.357\times 10^{6}m)\left[\frac{1}{\cos(35^\circ)}-\cos(35^\circ)\right]=186.1\,ms^{-1}$$

13.4 소용돌이도

(1) 상대 소용돌이도

상대 소용돌이도 ζ_r은 상대적으로 지구 표면에 상대적인 연직 축에 대한 유체 회전의 정도이다. 이는 반시계 방향이 양의 값으로 정의된다. 소용돌이도 크기의 단위는 s^{-1}이다.

$$\zeta_r = \frac{\Delta v}{\Delta x} - \frac{\Delta u}{\Delta y} \tag{13.11}$$

(u, v)가 바람 속도의 (동향, 북향) 요소이고, 물리적 해석은 그림 13.5에 간단히 나타내었다. 만약 유체가 일직선인 관을 따라 통과하지만 시어(층밀림, 전단)를 가질 때, 유체에 의해 회전하는 것처럼 보이게 되므로 이 또한 소용돌이도를 가지게 된다.

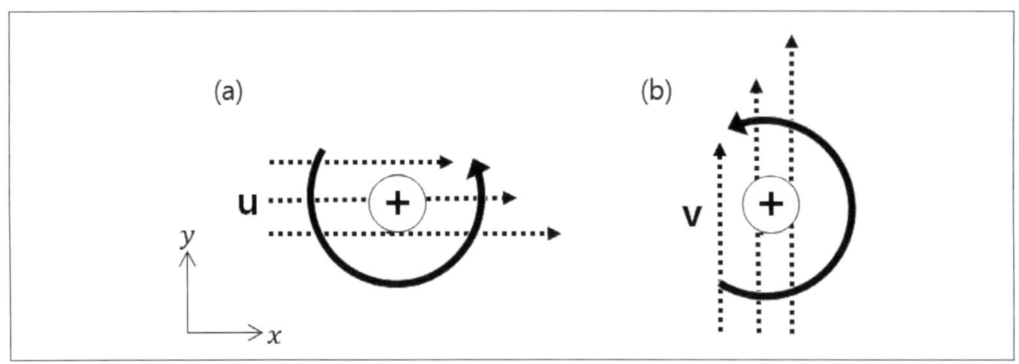

그림 13.5 ❙ 반시계 방향의 상대 소용돌이도. (a) $\frac{\Delta u}{\Delta y} < 0$, (b) $\frac{\Delta v}{\Delta x} > 0$.

(2) 절대 소용돌이도

고정된 별들에 대해 측정할 때, 총 소용돌이도는 상대 소용돌이에 지구의 회전을 포함시켜야 한다. 이 합은 절대 소용돌이도 ζ_a 라고 불린다.

$$\zeta_a = \zeta_r + f \tag{13.12}$$

코리올리 인자 $f = 2\Omega \sin(\phi)$는 행성 소용돌이도의 척도이고, $2\Omega = 1.458 \times 10^{-4} s^{-1}$이다.

(3) 위치 소용돌이도

위치 소용돌이도 ζ_p는 절대 소용돌이를 회전하는 공기기둥의 깊이 Δz로 나눈 값으로 정의된다.

$$\zeta_p = \frac{\zeta_r + f}{\Delta z} = \text{일정} \tag{13.13}$$

이는 $m^{-1}s^{-1}$단위를 가진다. 난류 항력과 가열(잠열, 복사열 등)이 없을 때, **위치 소용돌이도는 보존된다.**

예제 13.4

북위 35°에서 상대소용돌이도 $2\times10^{-5}s^{-1}$를 갖는 공기 덩이가 지표로 부터 Δz가 $2km$인 산맥을 타고 올라간다. 이 때, 위치 소용돌이도 ζ_p는 얼마인가?

풀이

식 (13.13)를 이용 : $\zeta_p = \dfrac{(2\times10^{-5}s^{-1})+(1.458\times10^{-4}s^{-1})\sin(35^\circ)}{2000m}$
$= 5.18\times10^{-8}m^{-1}s^{-1}$

식 (13.11)과 식 (13.13)을 이용해 나타내면

$$(\frac{\Delta v}{\Delta x} - \frac{\Delta u}{\Delta y}) + f = \zeta_p \Delta z \tag{13.14}$$

ζ_p는 흐름의 초기 환경에 좌우되는 상수이다. 마지막 항은 만약 회전하는 공기의 기둥이 연직으로 늘려지면 상대 소용돌이도가 증가해야 하거나 행성 소용돌이도가 더 큰 북쪽으로 더 이동해야 한다고 설명한다.

(4) 등온위 위치 소용돌이도

ζ_p는 등온위면에서 측정된 위치 소용돌이도이고 ρ는 공기 밀도일 때, 등온위 위치 소용돌이도(isentropic potential vorticity, IPV)는 다음과 같이 정의될 수 있다.

$$\zeta_{IPV} = \zeta_p \frac{\Delta\theta}{\rho} = \text{일정} \tag{13.15a}$$

이 식은 다음과 같이 나타낼 수 있다.

$$\zeta_{IPV} = \frac{\zeta_r + f}{\rho}\left(\frac{\Delta\theta}{\Delta z}\right) \tag{13.15b}$$

즉, 공기가 덜 조밀하고 정적 안정도 $\Delta\theta/\Delta z$가 더 큰 지역에 더 큰 IPV가 존재한다. 이러한 이유로 IPV는 대류권에서보다 성층권에서 값이 더 크다. 그러나 대류권으로 유입하는 성층권 공기는 난류 혼합에 의해 밀도가 낮아지므로 잠시 동안 IPV는 1.5 PVU보다 크다.

IPV는 위치 소용돌이도 단위(potential vorticity units, PVU)로 측정되고, $1PVU = 10^{-6}Km^2s^{-1}kg^{-1}$이라고 정의된다. 일반적으로 대류권의 공기는 $\zeta_{IPV} < 1.5\ PVU$인 반면,

성층권에서는 더 크다.

등온위면을 따라 단열적으로 마찰 없이 움직이는 공기에 대해 **등온위 위치 소용돌이도는 보존된다.** 따라서 등온위 위치 소용돌이도는 공기를 추적하는 데 유용하다.

예제 13.5

예제 13.4와 같은 조건에서, 공기의 밀도가 $\rho = 1.2kg/m^3$이고 $\Delta\theta/\Delta z = 3K/km$임을 이용하여, 등온위 위치 소용돌이도를 구하라.

풀이

식 (13.15b)를 이용 : $\zeta_{IPV} = \frac{(1.036 \times 10^{-4}s^{-1})}{(1.2kg\,m^{-3})}(3K\,km^{-1})$

$$= 2.59 \times 10^{-7}\,Km^2s^{-1}kg^{-1} = 0.259PVU$$

13.5 중위도 종관 에디

제트류는 북극과 남극 주변에서 완벽한 원을 만들기 위해 지구 주변의 동서방향의 흐름에 평행하게 움직이지 않는다. 대기에서 불안정은 지구를 감싸면서 남쪽과 북쪽으로 구불구불한 파동 패턴을 만든다. 이러한 파동은 **행성파**라고 불리며, 거의 $3000km$에서 $4000km$ 정도의 파장을 가진다. 지구를 둘러싸는 파동의 수는 **동서 파수**라고 하며, 범위가 3에서 13 정도를 가질 수 있지만 전형적으로 7이나 8의 값을 가진다.

y가 어떤 특정 위도에서의 북쪽 거리이고, A는 남북 진폭, λ가 동서 파수인 곳에서, 사인파인 행성파를 이상화하면 다음과 같이 나타난다.

$$y = Asin(\frac{2\pi x}{\lambda}) \tag{13.16}$$

북극의 거대한 반시계 방향(서에서 동으로) 순환에서 제트류 바람은 등고선을 따라간다. 온도 차이가 온도풍 관계에 의해 제트류 바람을 생성하므로 차가운 극 공기와 따뜻한 열대 공기 사이에서 제트류가 경계를 정한다.

상대적으로 기압이 낮거나 고도가 낮은 지역은 **기압골**이라 불린다. **기압골 축**이라하는 골의 중심은 쇄선으로 나타내진다. 골 주변에서 바람은 저기압처럼 움직이고(북반구에서 반시계 방향), 이런 이유로 골과 저기압 중심(저)은 비슷하다. 상대적으로 기압이 높거나 고도가 높은 **기압마루**는 기압골들 사이에 있다. **기압마루 축**은 지그재그 선으로 표시한다. 공기는 기압마루 주변에서 고기압처럼 움직이고(북반구에서 시계 방향), 이러한 이유로 기압마루와 고기압 중심(고)은 비슷하다.

(1) 순압 불안정과 로스비 파

중위도에서 서에서 동으로 부는 제트류를 상상해보자. 산을 타고 부는 바람과 같은 작은 요란(disturbance)은 제트를 점점 북쪽으로 움직이도록 하고, 위치 소용돌이도의 보존은 제트가 남북으로 구불구불하게 한다. 제트 흐름의 이런 구불거림을 **로스비파** 또는 **행성파**라고 한다. 이 과정을 이해하기 위해, 그림 13.6에 그려진 지점 1에서처럼 먼저 중위도의 동서 흐름을 상상해 보라. 일직선으로 곧은 동서풍은 상대 소용돌이도는 없지만(시어나 곡률이 없음) 흐름의 위도와 관련된 식 (13.14)의 행성 소용돌이도 항은 있다. 대류권같이 깊이 Δz가 고정된 유체인 특별한 경우에 대해서 위치 소용돌이도의 보존을 간단하게 나타내면

$$\left[\frac{V}{R}+f\right]_{t=0} = \left[\frac{V}{R}+f\right]_{t=t} \tag{13.17}$$

이다. 여기서 우리는 상대 소용돌이도 대신에 곡률항에 초점을 맞췄다.

만약 지점 2에서 이러한 흐름이 약간 북쪽으로 움직이도록 동요된다면, 공기는 코리올리 인자와 행성 소용돌이도가 더 큰 고위도로 움직인다. 그러므로 음의 시어나 곡률(음의 반경 R)은 위치 소용돌이도를 일정하게 유지하기 위해 증가한 행성 시어를 보상하는 바람을 만들어야 한다. 따라서 제트는 지점 3에서 남동쪽을 가리킬 때까지 시계 방향(**고기압성**)으로 돈다.

제트가 초기 위도인 지점 4를 향해 남쪽으로 진행함에 따라 곡률은 작아지지만(상대 소용돌이도 감소), 여전히 남동쪽을 가리킨다. 제트는 행성 소용돌이도가 작은 지역인 초기 위도의 남쪽인 지점 5로 계속 이동한다. 위치 소용돌이도를 보존하기 위해, 제트는 **저기압성**(반시계 방향) 곡률을 발달시키고 북동 방향으로 되돌아간다. 그러므로 초기에 지점 1에서의 안정한(동서) 흐름이 파동이 되고 이는 **불안정**해진다고 한다.

이러한 로스비파는 **순압 불안정**이라 불리는 불안정을 만들기 위해 위도에 따른 코리올리 인자의 변동을 필요로 한다. 인자 $\beta \equiv \dfrac{\Delta f}{\Delta y}$는 위도에 따른 코리올리 인자의 변화율이다.

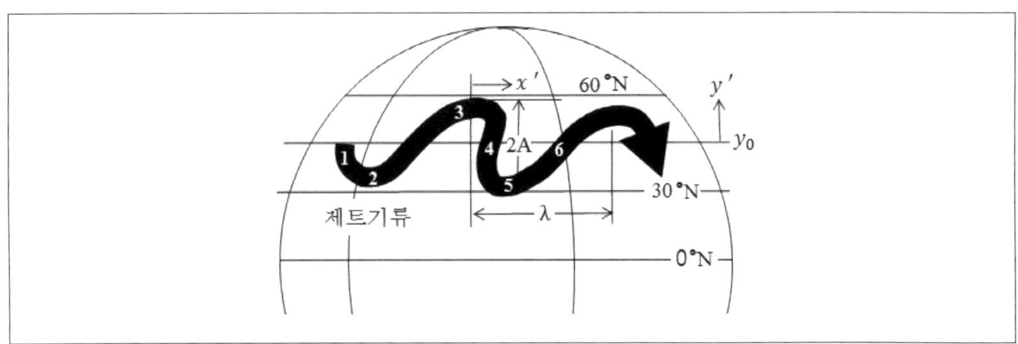

그림 13.6 ▍ 지점 1은 동서풍이고, 지점 2에서 요란이 생기면 로스비파라고 불리는 남북으로 구불구불한 제트가 발달할 것이다 (Stull, 2000).

$$\beta \equiv \frac{\Delta f}{\Delta y} = \frac{2\Omega}{R_{earth}}\cos\phi \tag{13.18}$$

평균 지구 반경이 $R_{earth} = 6357km$ 이다. 그러므로 $\frac{2\Omega}{R_{earth}} = 2.29 \times 10^{-11} m^{-1} s^{-1}$ 이고 β는 $(1.5 \sim 2) \times 10^{-11} m^{-1} s^{-1}$의 크기를 가진다.

β는 f에 대한 정의로부터 β를 유도할 수 있다. $f = 2\Omega\sin\phi$를 북쪽 방향에 대해 미분을 취하자.

$$\beta \equiv \frac{\partial f}{\partial y} = \frac{\partial f}{\partial \phi}\frac{\partial \phi}{\partial y} = \frac{\partial(2\Omega\sin\phi)}{\partial \phi}\frac{\partial \phi}{\partial y} = 2\Omega\cos\phi\frac{\partial \phi}{\partial y} \tag{13.19a}$$

여기서 $\frac{\partial \phi}{\partial y}$는 북쪽으로 이동한 거리에 대한 위도의 변화다.

지구의 극에서 극까지 일주하기 위한 위도의 총 변화는 2π라디안이고, 지구의 원주는 $R = 6356.766km$ 이 지구 반경일 때 $2\pi R$이다.

$$\frac{\partial \phi}{\partial y} = \frac{2\pi}{2\pi R} = \frac{1}{R} \tag{13.19b}$$

식 (13.19b)을 (13.19a)에 결합하면 f에 대한 정의로부터 β가 유도됨을 확인할 수 있다.

$$\beta = \frac{2\Omega}{R_{earth}}\cos\phi \tag{13.20}$$

예제 13.6

북위 35°에서 서에서 동으로 부는 제트류가 있다고 가정하자. 산을 타고 부는 이 제트류가 북쪽으로 이동하고 있을 때, 위도 35°에서 코리올리 인자의 변화율을 구하라.

풀이

식 (13.18)을 사용:

$$\beta = \frac{1.458\times10^{-4}s^{-1}}{6378000m}\cos(35^\circ) = 1.87\times10^{-11}\, m^{-1}s^{-1}$$

(2) 경압 불안정과 행성파

그림 13.7은 성질이 다른 두 개의 유체층으로 이루어진 남북으로 경사진 대기를 모식화한 것이다.

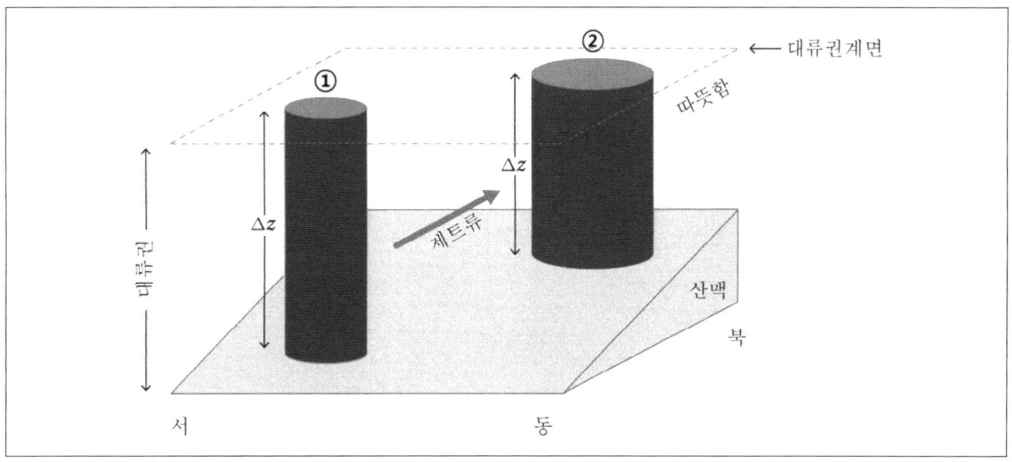

그림 13.7 ▌ 짙은 기둥은 제트의 절대 소용돌이도를 나타내며 같다. 화살표는 제트의 이동방향을 나타낸다.

그림 13.7의 지점 ①은 상대 소용돌이도는 없다고 가정하고, 해당하는 위도와 관련된 행성 소용돌이도를 갖는 절대 소용돌이도를 가진 공기를 나타낸다. 만약 이러한 제트류가 산과 같은 외부의 영향에 의해 북쪽으로 이동된다면, 제트류는 산맥을 타고 위로 올라간다. 성층권은 대류권의 뚜껑같이 정적으로 안정하다. 따라서 공기가 산맥이 있는 북쪽으로 이동함으로써 Δz은 줄어든다. 이러한 상황에서, 위치 소용돌이도 식은 다음과 같이 쓰일 수 있다.

$$\left[\frac{f+(V/R)}{\Delta z}\right]_{①} = \left[\frac{f+(V/R)}{\Delta z}\right]_{②} \qquad (13.21)$$

지점 ②의 기둥 두께는 처음 지점 ①보다 더 작고, 이러한 이유로 절대 소용돌이도 대한 깊이의 비율을 일정하게 유지하기 위해 지점 ②에서의 절대 소용돌이도는 지점 ①보다 작아야한다. 여기서 행성 소용돌이도는 일정하므로 위치 소용돌이도를 보존하기 위해서는 상대 소용돌이도가 감소해야 한다. 즉, 상대 소용돌이도가 초기 값 0 이하로 감소하므로, 제트류의 경로는 지점 ②에서 시계 방향으로 휘어진다.

제트류가 남쪽을 지나가서 저기압성 상대 소용돌이도를 발달시키고 다시 북쪽으로 돌아간다. 파동 흐름으로 들어오는 동서 흐름의 결과적인 와해는 **경압 불안정**이라 말한다. β와 Δz 두 가지가 진동을 야기하기 때문에 짧은 파장을 제외하고 대부분의 파동은 그림 13.7과 비슷한 형태이다. 연속된 성층화를 고려하면, 브런트-바이살라 진동수와 남북 온도 경도를 그림 13.7보다 더 나은 물리적 표현으로 사용할 수 있다. 경압파의 남북 위치는 결국 다음과 같다.

$$y' \approx Acos(\pi \frac{z}{z_T}) \left[2\pi \left(\frac{x' - ct}{\lambda} \right) \right] \tag{13.22}$$

이때, 대류권의 두께가 $z_T \cong 11km$ 이고, A가 남북 진폭이다. 고도 z를 포함하는 그 외의 코사인은 지면에서 대류권의 중간까지 먼저 고도에 따라 감소하고, 대류권의 꼭대기를 향해서는 다시 반대 부호로 증가하는 것을 뜻한다. 즉, 대류권계면 근처의 행성파는 지표와 비교했을 때 위상은 180° 차이가 난다.

분산 관계는 다음과 같다.

$$c_o = \frac{-\beta}{\pi^2 \left[\frac{4}{\lambda^2} + \frac{1}{\lambda_R^2} \right]} \tag{13.23}$$

여기서

$$c = u_o + c_o \tag{13.24}$$

다시, 고유한 위상 속도 c_0는 파동이 지면에 대해 동쪽으로 움직이도록 하는 배경 제트 속도 u_0보다 크기가 작고 음의 값이다.

'내부' **로스비 변형 반경** λ_R은 다음과 같이 정의된다.

$$\lambda_R = \frac{N_{BV} z_T}{f} \tag{13.25}$$

이 식에서 f는 코리올리 인자, N_{BV}는 브런트-바이살라 진동수이다. 반경은 부력과 관성력과 관련이 있다. 이는 대략 $1300km$ 정도이다.

순압 파동에 대해 말하자면, 순압 파동은 중첩 내에 존재할 수 있는 파장의 범위를 가진다. 하지만 어떤 파장은 다른 것보다 빨리 자라고 흐름장에서 가장 두드러지는 경향이 있다. 경압파에 대해서는 이러한 두드러지는 파장이 약 $3000km$에서 $4000km$이고 다음과 같이 주어진다.

$$\lambda \approx 2.38\lambda_R \tag{13.26}$$

기압경도력과 코리올리 인자가 주된 대기의 한 지역에서 대기는 스스로 지균 균형 안에 있기 위해 조절하는 경향이 있는데, 이를 **지균 조절**이라고 한다.

바람장과 기압장 중 하나에서 요란이나 변동이 강요될 때, 다른 장은 새로운 지균 균형에 이르기 위해 조절한다. 이러한 조절은 요란 주변에서 가장 강하고 거리가 멀어질수록 점점 약해진다. 요란이 거의 없다고 느껴지는 것을 넘어 1/e 감소 거리는 **로스비 변형 반경** λ_R이라고 한다. 예를 들면 한 지점에서 초기 지균 값 위에서 바람이 강제로 증가하면 강요된 바람과 새로운 지균 균형에 이를 때까지 기압장을 바꾸면서, 이러한 바람은 수평적으로 공기 질량을 재분배할 것이다. 그러므로 **바람장은 질량장을 조절한다.**

한편, 만약 공기 질량이 한 특정한 지역 위에 더해지면 조정된 기압 경도가 요란으로부터 밖으로 나가는 공기에 영향을 가할 것이다. 밖으로 나가는 길에 새로운 지균풍 장을 이룰 때까지 코리올리 힘은 바람을 오른쪽(북반구)으로 회전시킨다. 그러므로 **질량장은 바람장을 조절한다.**

실제 대기에서는 두 가지 장 모두 새로운 지균 균형을 향해 조절한다. 대규모 요란에 대해서는($\lambda > \lambda_R$), 조절의 대부분이 바람장에 있다. 소규모 요란에 대해서는($\lambda < \lambda_R$), 조절의 대부분은 온도장이나 기압장에 있다. 남북 이동 y'만 경압흐름에서 웨이브를 가지는 특징이 있는 것은 아니다. 프라임($'$)이 평균 배경 상태로부터의 편차를 의미할 때, 섭동 속도 u', v', w'와 기압 p', 온위 θ', 연직 이동 η' 또한 웨이브가 있다.

(3) 열 수송

북쪽으로 향하는 수송이 $v > 0$이고 동쪽으로 향하는 수송이 $u > 0$이라고 하자. 제트류가 구불구불한 행성-파동 경로를 따라 불면서, 따뜻한 공기를 들어 올려 북쪽으로 이동시키며 차가운 공기는 남쪽으로 이동시킨다. 이때, 평균 남북 운동 열속(열 플럭스)은 이 수송들의 숫자 N으로 나눈 이류 수송의 합으로 다음과 같이 나타낸다. $F_{ywaves} = \dfrac{1}{N}\sum(v'T') > 0$의 값이다. 그러므로 남북으로 구불구불한 제트류는 연직적인 순환 세포를 필요로 하지 않고, 북향 열속을 야기한다.

가장 큰 플럭스는 파동이 가장 극심한 $v-$ 성분을 가지는 곳과 또한, 남북 온도 경도가 가장 큰 곳에서 발생하기 쉽다. 이러한 두 가지 과정들은 중위도에 중심이 있는 대규모 열속(F_{ywaves})을 생성하기 위해 함께 작용한다.

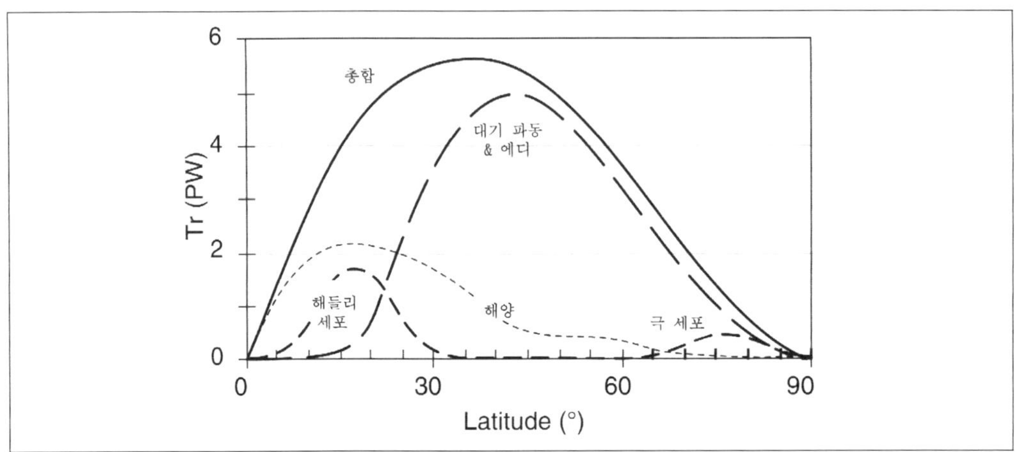

그림 13.8 ▌ 북반구에서 열의 북향 수송. (1PW=10^{15}W). 각 위도에서 대기, 해양, 대기파동과 에디에 의한 열의 북향수송을 나타냄 (Stull, 2000).

지구/대기/해양계의 관측들은 다양한 순환들이 전체 순환에 어떻게 기여하는지 제시한다(그림 13.8). 이전에 차등가열이 복사 불균형을 보상하기 위한, 다양한 유체 순환에 의한 수송의 합을 그림 13.8에서 '총합'으로 나타냈다. 행성파 순환은 **페렐 세포**라는 간접 순환이 있는 중위도에서 지배적이다. 연직 직접적인 순환은 중위도 외의 지역에서 지배적이다. 대기뿐만 아니라 해양 또한 주요한 역할을 한다.

(4) 운동량 수송

위도 45°로 움직일 때 각운동량 보존 때문에 열대의 공기가 더 빠르고, 극의 공기가 더 느리다는 것을 기억하자. 극과 열대 지방은 구불구불한 제트류에 의해 이용될 수 있는 다양한 운동량의 저장소를 제공한다.

북쪽으로 움직이는 파동의 일부는 빠른 동서 운동량 공기를 북쪽으로 움직이고, 남쪽으로 움직이는 느린 동서 운동량을 남쪽으로 이동시킨다. 동서 운동량의 순 남북 수송 $u'v'$는 양이고, 중위도 중심에서 가장 크다.

적도에서의 원주가 가장 크지만, 위도선의 큰 원주 때문에 극 운동량보다 열대 운동량의 저장소는 극 운동량보다 훨씬 크다. 따라서 열대 운동량은 중위도 공기에 더 많은 영향을 끼칠 수 있다. 이러한 불균등한 영향을 고려하기 위해, 가중 요소 $a = \dfrac{\cos\phi_s}{\cos\phi_d}$는 각 운동량 수식에 포함될 수 있다.

$$au' \approx \Omega R_e \left[\frac{\cos^2\phi_s}{\cos\phi_d} - \cos\phi_d \right] \frac{\cos\phi_s}{\cos\phi_d} \tag{13.27}$$

동서 속도는 약 45°위도에 대해 비대칭이다. 즉, 60°위도에서부터 속도는 음의 값을 갖지만 위도 30°에서는 양의 속도를 갖는다. 그러므로 운동량 수송이 어디에서나 양의 값이더라도 북쪽으로 갈수록 속도는 감소한다. 따라서 동서 운동량의 남북 경도 MG는 북반구 중위도에서 음의 값을 가진다.

$$MG = \Delta \overline{u'v'} \,/\, \Delta y < 0 \tag{13.28}$$

정량적으로 각 운동량의 바람 크기에 대한 논의는 이전에 논의되었던 것만큼 너무 크지만 운동량 수송의 정성적인 묘사는 유효하다.

13.6 삼 세포 대기 대순환

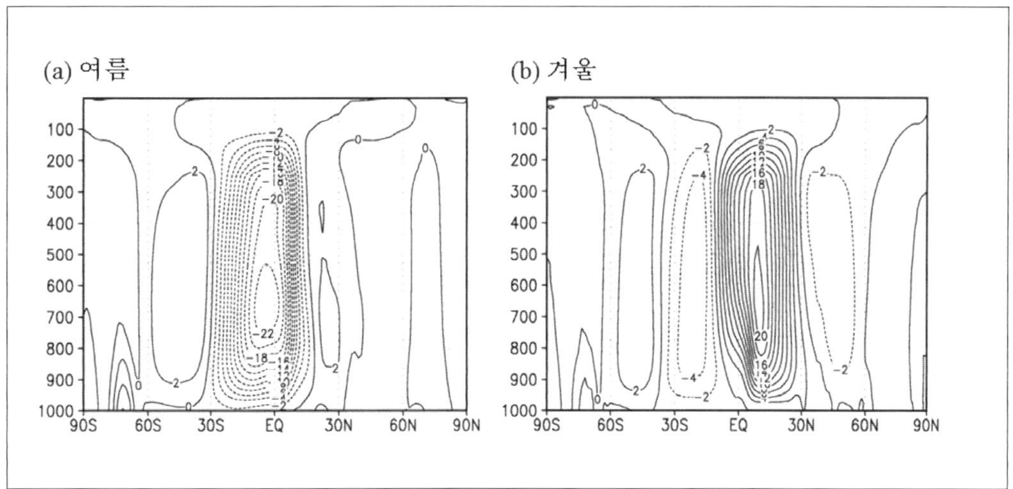

그림 13.9 ‖ (a) 6–8월 여름과 (b) 12–2월 겨울의 동서평균한 대기의 연직 순환 (ERA–INTERIM 1979~2014년 월 평균 자료 이용).

연직 세포 순환의 측정은 다음과 같다.

$$CC = \frac{f^2}{N_{BV}^2}\frac{\Delta v}{\Delta z} - \frac{\Delta w}{\Delta y} \tag{13.29}$$

CC는 그림 13.9에 나타낸 것과 같이 북반구에서 직접 세포에 대해 양의 값을 가진다. 직접 세포에서 연직 속도는 감소하고 심지어 북쪽으로 갈수록 $\frac{\Delta w}{\Delta y}$를 음의 값으로 만들면서 부호도 변한다. 또한 북향하는 속도는 직접 세포에 대해 $\frac{\Delta v}{\Delta z}$를 양의 값으로 만들면서 고도에 따라 증가한다. 이러한 항들은 모두 직접 순환에서 CC가 양이 되도록 한다. 유사하게 CC는 간접 세포에서 음의 값을 가진다.

이동에 대한 식들은 식 (13.30)과 같이 축약된 식에 쓰이는 세포 순환 CC에 대한 식을 산출하기 위해 결합될 수 있다. 가열된 지표와 관련이 있는 부력은 운동량 수송뿐만 아니라 연직 순환을 야기할 수 있다. 하지만 만약에 가열 차이의 일부가 행성파에 의해 수송된다면, 직접 순환을 야기할 수 있는 열이 줄어들 것이다.

차등복사가열 E_{net}과 운동량 경도 MG, 열속 곡률 $Curv(F_{ywaves})dp$에 대한 이전의 논의들을 기초로 하여, 각 항의 순환에 대한 기여는 식 아래에 열거되어 있다. $\frac{\Delta MG}{\Delta z}$의 부호는 MG의 부호와 같고, 북향 운동량 수송은 지면에서 가장 약하고 제트류 바람이 고도에 따라 증가하므로 수송도 고도에 따라 증가한다고 가정한다.

$$CC \propto -\frac{\Delta E_{net}}{\Delta y} + Curv(F_{y\ wave}) + \frac{\Delta MG}{\Delta z} \tag{13.30}$$

극에서의 연직 세포의 순환은 우변의 모든 항에서 양의 값을 가지므로 $CC_{polar} > 0$이며, 중위도의 연직 세포 순환에서는 차등복사가열은 양의 값을 갖지만 운동량 경도와 열속 곡률의 순환에 대한 기여는 음의 값을 가지므로 $CC_{midlat} < 0$이다. 열대에서는 극에서의 연직세포 순환과 마찬가지로 우변의 모든 항이 양의 값을 가지므로 $CC_{tropics} > 0$이다. 그러므로 중위도의 수평 행성파는 연직 순환을 뒤집을 정도로 영향이 크다.

13.7 평균류와 수송

우리는 대기대순환을 나타낼 때의 주요 성분으로 시간 평균과 동서 평균된 평균 자오면 순환을 다루게 되며 시간 평균된 순환은 고정(정체)순환으로 볼 수 있고, 동서 평균된 순환은 자오면 순환으로 볼 수 있다.

(1) 시간 평균과 고정 순환

이제 대기 변수 A에서 시간 평균을 제거한 것을 다음과 같이 A'이라 정의하면

$$A'(x, y, p, t) = A - \overline{A} \tag{13.31}$$

이다. 이 식에서 A'은 (x, y, p, t)의 함수이다. A'는 편차(deviation)이며 위 식의 양변에 시간 평균을 취할 수 있다. 시간 평균 순환에 대한 편차로 **일시적 시간 에디**(transient eddy) 혹은 A'를 **일시파**(transient wave)라 부르며, 시간 평균된 양은 **고정 순환** 혹은 **정체 순환**(stationary circulation)이라고 한다.

대기의 순환은 대기에서의 수송현상을 유도한다. 수송을 나타내는 것에는 **플럭스**의 양으로 표현되는 것이 많다. 플럭스의 형태는 어떤 스칼라 양 A와 수송되는 양을 나타내는 B의 곱의 모습이다.

AB: A − 스칼라 양, T, q, p, u, v

B − 수송량, u, v, w

예를 들면 수증기 수송에 대한 플럭스는 qu, qv, qw로 나타내며 동서 운동량 수송에 대하여는 uu, uv, uw으로 표현된다.

수송에 대한 시간 평균과 일시파의 특성을 알기 위하여 다음과 같이 A, B의 두 변수의 곱을 표현하여 보자.

$$\begin{aligned}\overline{AB} &= \overline{(\overline{A} + A')(\overline{B} + B')} \\ &= \overline{\overline{A}\,\overline{B}} + \overline{\overline{A}B'} + \overline{A'\overline{B}} + \overline{A'B'}\end{aligned} \tag{13.32}$$

앞서 일시파의 시간 평균에 대한 정의를 이용하면 A에 대한 일시파의 시간 평균과 B에 대한 일시파의 시간 평균이 모두 0임을 알 수 있다. 따라서 위 식의 오른쪽 둘째 항과 셋째 항은 '0'이 된다. 즉,

$$\overline{AB} = \overline{A}\,\overline{B} + \overline{A'B'} \tag{13.33}$$

이다. 이 식의 의미는 수송을 나타내는 두 양의 곱에 대한 시간 평균은 두 양의 각각의 시간 평균의 곱과 두 양의 일시파 곱의 시간 평균의 합으로 표현된다는 사실을 알려준다. 오른쪽 둘째 항은 일시파에 의한 수송을 의미한다. 이 항은 두 양의 공분산이며 공분산은 상관계수의 함수이기도 하여 이 항을 2차 통계를 나타내고 있어 '**난류통계항**'이라 부르기도 한다.

종관규모 운동은 대기대순환에서 하나의 에디 운동으로 여겨지며 종관규모 운동이 에디 수송을 담당하는데, 종관규모 운동에 의한 난류(에디) 수송을 나타내는 항이 바로 이 난류통계항

이 된다. 예를 들어 **지균난류**(geostrophic turbulence)가 종관 규모 난류로 취급되어 대기 대순환의 평균 순환에 기여하게 되는데 이를 난류통계항으로 이해할 수 있다. 또 다른 표현으로는 평균류와 교란(에디)의 상호작용으로 나타내기도 한다. 난류통계항으로 표현된 플럭스 형태(수송)의 항은 여러분이 이류형태를 가진 운동량방정식이나 열역학 방정식 등으로부터 연속방정식의 도움을 받아 유도해 낼 수 있으며, 평균류와 난류통계항의 상호작용을 나타내는 방정식도 유도해 낼 수 있다.

(2) 동서평균과 자오면 순환

시간 평균과 유사하게 다음과 같이 동서방향에 대하여 평균을 취할 수 있다. 시간 평균을 $\overline{A}$로 표현하고, 동서평균을 $[A]$로 표현한다.

$$[A] \equiv \frac{1}{2\pi}\oint A(\lambda, \phi, p, t)d\lambda \tag{13.34}$$

이제 대기 변수 A에서 동서 평균된 양 $[A]$을 제거한 것을 다음과 같이 정의하며 A^*를 동서평균에 대한 에디로 **공간 에디**(spatial eddy) 혹은 동서 에디(zonal eddy), **동서 아노말리**(zonal anomaly)라 부른다.

$$A^* = A - [A] \tag{13.35}$$

위 식에 다음과 같이 **동서 아노말리**를 동서평균하게 되면 '0'이라는 사실을 알게 된다.

$$[A^*] = [A] - [[A]] = 0 \tag{13.36}$$

두 양의 곱에 대한 동서평균을 하면 다음과 같다.

$$[AB] = [A][B] + [A^*B^*] \tag{13.37}$$

오른쪽 첫째항은 각각의 변수의 동서평균의 곱으로 동서평균 순환으로 자오면 순환을 의미하며, 둘째 항은 동서 에디의 곱으로 이루어진 에디 순환 항이 된다.

(3) 시간 평균과 동서 평균된 평균자오면 순환

어떤 양의 수송으로 표현되는 AB는 시간 평균과 동서 평균되어 표현된다. 시간 평균과 동서평균을 동시에 취하기 위하여 각각 시간과 공간에 대하여 평균을 취할 때 동서평균을 먼저 취하는 경우와 시간 평균을 먼저 취하는 경우로 나누어 생각해보자.

❙ 공간 - 시간 평균

우선 동서평균을 먼저 취하는 경우인데, 구체적으로 운동량남북수송을 표현해 보자. 동서운동량 u와 남북수송을 나타내는 v는 다음과 같이 각각 동서평균과 공간 에디로 구성되어 있다.

$$u \equiv [u] + u^{*}, \quad v \equiv [v] + v^{*} \tag{13.38}$$

이제 이 두 양의 곱은 다음과 같다.

$$uv \equiv [u][v] + u^{*}v^{*} + u^{*}[v] + v^{*}[u] \tag{13.39}$$

동서평균을 취하면

$$[uv] \equiv [u][v] + [u^{*}v^{*}] \tag{13.40}$$

우리는 동서 평균된 위 식을 시간 평균을 취하려고 한다. 그런데 동서평균의 경우에 시간 평균 성분과 일시적 파의 성분을 다 가지고 있으므로 오른쪽 첫째항의 각각의 동서평균은 다음과 같이 두 성분들의 합으로 간주될 수 있다.

$$[u] = \overline{[u]} + [u]', \quad [v] = \overline{[v]} + [v]' \tag{13.41}$$

이제 동서 평균된 수송 항은 $[uv] \equiv [u][v] + [u^{*}v^{*}]$에서 시간 평균을 취하여보자.

$$\overline{[uv]} = \overline{[u][v]} + \overline{[u^{*}v^{*}]} \tag{13.42}$$

오른쪽 첫째항은 위에서 두 항으로 표현됨을 보인 것을 도입하면

$$\overline{[uv]} = \underbrace{\overline{[u]}\,\overline{[v]}}_{(a)} + \underbrace{\overline{[u]'[v]'}}_{(b)} + \underbrace{\overline{[u^{*}v^{*}]}}_{(c)} \tag{13.43}$$

이 식은 동서운동량의 남북수송의 동서 평균을 시간 평균한 것이다. 이 식의 오른쪽 항들은 기여 항들인데 (a)는 **고정 셀 수송**(standing cell transport)이며 해들리 순환이나 페렐순환의 세포 순환이며 시간에 대하여 평균된 것을 의미한다. (b)는 **일시 셀 수송**(transient cell transport)이며, (c)는 **공간 에디 수송**(space eddy transport) 항이다. 중위도에서 에디 수송은 중요한 수송항이 된다. (b)와 (c)의 기여항에는 에디의 곱이 있는데 이들을 공분산이라 부르며 이 공분산의 의미는 다음과 같다. (b)항과 (c)항은 각각 다음의 시간 상관관계와 관련된 공분산과 공간 상관관계와 관련된 공분산을 나타낸다.

시간 상관관계 : $\overline{[u]'[v]'} = \gamma_{[u][v]}\sigma_{[u]}\sigma_{[v]}$

공간 상관관계 : $\overline{[u^{*}v^{*}]} = \gamma_{uv}\sigma_{u}\sigma_{v}$

❙ 시간 – 공간평균

이제 시간 평균을 먼저 취하고 동서 평균하는 경우에 대하여 설명을 하고자 한다. 이 때 u, v는 각각 시간 평균 항과 일시 에디로 구성된다고 가정하고 시작해보자.

$$u \equiv \overline{u} + u', \quad v \equiv \overline{v} + v' \tag{13.44}$$

u, v의 곱을 시간 평균을 취하게 되면

$$\overline{uv} = \overline{u}\,\overline{v} + \overline{u'v'} \tag{13.45}$$

이다. 이 식을 동서평균을 취하게 되면 앞서 유도한 식과 유사하게 오른쪽 첫째항은 시간 평균된 항들의 동서평균이 된다.

$$[\overline{uv}] = [\overline{u}\,\overline{v}] + [\overline{u'v'}] \tag{13.46}$$

여기서 오른쪽 첫 항의 각 변수는

$$\overline{u} = \overline{[u]} + \overline{u^*}, \quad \overline{v} = \overline{[v]} + \overline{v^*} \tag{13.47}$$

시간 평균된 항을 곱한 뒤 동서평균 취하면

$$\left[\overline{u}\,\overline{v}\right] = \overline{[u]}\,\overline{[v]} + \left[\overline{u^*}\,\overline{v^*}\right] \tag{13.48}$$

이 되고, 전체 시간 평균과 공간 평균된 평균자오면 순환은 다음과 같이 세 항의 기여항을 갖게 된다.

$$\left[\overline{uv}\right] = \overline{[u]}\,\overline{[v]} + \underbrace{\left[\overline{u^*}\,\overline{v^*}\right]}_{(d)} + \underbrace{\left[\overline{u'v'}\right]}_{(e)} \tag{13.49}$$

이 식은 시간 – 공간 평균된 평균자오면 순환이며, 오른쪽 첫째항은 앞서 유도한 공간평균–시간 평균된 것과 같이 '고정 셀 순환'으로 해들리 순환 등을 의미한다. (d)는 **고정 에디 수송**(standing eddy transport)으로 아열대 고기압이나 알류산저기압처럼 한자리에 지속적으로 나타나는 동서방향의 에디 수송의 기여항이다. (e)는 **일시 에디 수송**(transient eddy transport)으로 이동성 고기압이나 저기압같이 시간적으로 변하며 이동하는 기압계에 의한 기여항이다. 각각의 기여항들도 마찬가지로 각각의 공분산으로 표현되며 에디 공분산의 기여는 중위도에서 매우 크다(그림 13.10).

공간 상관관계 : $\left[\overline{u}^*\overline{v}^*\right] = \gamma_{\overline{u}\,\overline{v}}\ \sigma_{\overline{u}}\sigma_{\overline{v}}$

시간 상관관계 : $\left[\overline{u'v'}\right] = \gamma_{uv}\ \sigma_u\sigma_v$

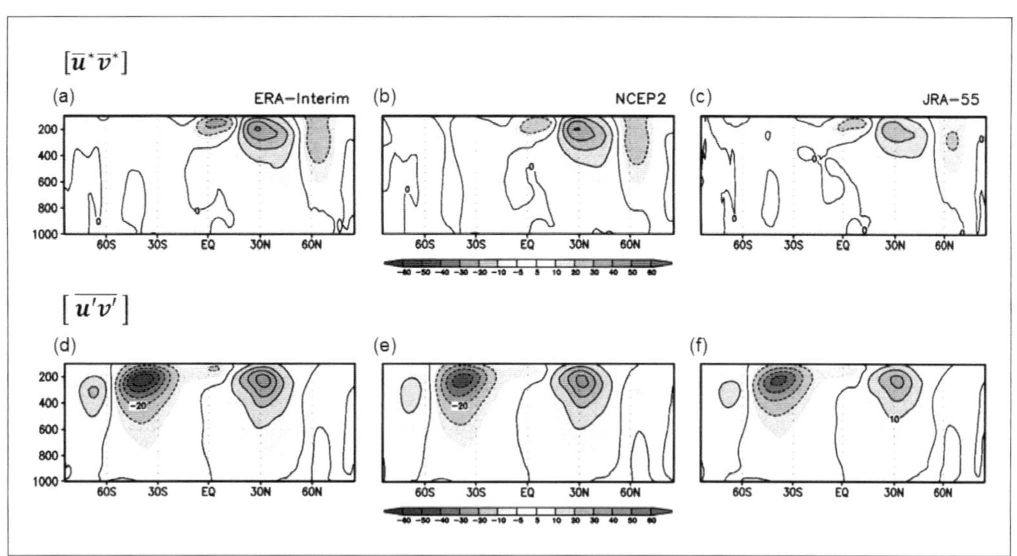

그림 13.10 ▌ 1979~2013년의 12-2월 겨울철 ERA-INTERIM(좌), NCEP2(중간), JRA-55(우) 재분석 자료를 이용한 (a~c) 공간 상관관계와 (b) 시간 상관관계에 의한 운동량 수송(Moon and Ha, 2016).

에디 공분산의 기여는 각 재분석 자료에 따라 결과가 다르게 나타나며, 운동량 수송을 예로 들면 그림 13.10과 같다. 공간 상관관계 및 시간 상관관계에 의한 운동량 수송의 경우 ERA-INTERIM, NCEP2 그리고 JRA-55순으로 강하게 나타났다. 재분석 자료마다 강도의 차이는 있지만 중위도에서의 에디 공분산의 기여도가 큼을 확인할 수 있다.

연습문제

1. 북위 35°에서 1000−850hPa층의 층후가 아래의 주어진 $\Delta\Phi$값만큼 북쪽으로 가면서 감소한다. 온도풍 벡터 요소(u_T, v_T)를 구하여라.

   a. 50km　　b. 100km　　c. 150km　　d. 200km

2. 평균 온도는 10℃ 이고, 동쪽을 향해 500km의 거리를 이동할 때 온도는 10℃ 감소한다. 아래와 같이 지표면으로부터의 고도가 주어졌을 때, 지균풍을 구하여라.
   (단, $f = 10^{-4}s^{-1}$이다.)

   a. 1km　　b. 2km　　c. 4km　　d. 8km

3. 각 운동량이 보존된다고 할 때, 적도에서 출발한 공기 덩어리가 북위 45°에 도착하였다. 이 공기 덩어리는 지구에 대한 상대적 속도는 얼마인가?

4. $10ms^{-1}$의 동풍이 북쪽으로 100km를 이동하면서 속도가 $5ms^{-1}$로 감소하였다. 이 바람의 상대 소용돌이도를 계산하여라.

5. 북위 45°에서 정지해있던 유체가 북위 60°까지 움직였다. 북위 60°에서의 상대 소용돌이도를 구하여라.

6. 북위 30°에서 상대 소용돌이도가 없는 공기기둥이 지표면으로부터 대류권계면까지 늘어났다고 가정을 하자. 대류권계면의 높이가 11km이고, 지표면에서 5km 높이의 산을 넘는다고 할 때, 산의 정상에서 이 공기기둥의 상대 소용돌이도를 구하여라.

7. 다음 중 아열대 고기압대, 알류샨저기압 등 한자리에 머무는 에디에 의한 수송을 나타내는 항을 가장 잘 설명해주는 것을 고르고 이유를 설명하여라.

   ① $[\overline{u'v'}] = \gamma_{uv}\ \sigma_u\sigma_v$　　② $[\bar{u}^*\bar{v}^*] = \gamma_{\bar{u}\bar{v}}\ \sigma_{\bar{u}}\sigma_{\bar{v}}$

   ③ $\overline{[u]'[v]'}$　　④ $\overline{[u][v]}$

제14장 기단과 전선

지상일기도는 고기압과 저기압 중심, 기단 및 전선과 같은 종관적인 특징들을 보여주며, 그 특징들은 열역학·역학·연속성의 법칙에 따라서 발달한다. 고기압 중심, 또는 **고기압**은 종종 차가운 온도나 낮은 습도와 같이 잘 정의된 특징의 **기단**을 포함한다. 다른 기단이 이동하고 상호작용을 할 때, 서로 간에 경계를 **전선(front)**이라고 한다. 전선은 1차 세계대전의 전선과의 유사성에 의해 이름 지어진 것으로 주로 저기압의 중심과 연관되어 있다.

14.1 저기압 발생

전선은 주로 저기압 중심들, 또는 **저기압(low, L)**과 연관된다. 전선들은 북반구에서 저기압이 움직이고 발달하는 동안 저기압 중심 주변에서 반시계 방향으로 회전한다. 전선들은 구름, 저기압 및 강수의 초점이 되며, 기압골과 **건조선(dry line)**은 전선의 일부 특성을 갖기도 한다.

그림 14.1은 파동성 저기압의 형성과정을 도식화하여 보여준다. 그림 14.1(a)와 같이 대기가 존재한다고 가정하자. 어떤 이유로 인해 따뜻한 공기가 북쪽으로 이동하고, 차가운 공기가 남쪽으로 이동하게 되었을 때 (그림 14.1(b)), 상층 발산으로 인해 공기가 빠져나가는 양이 지표 수렴으로 인해 들어오는 양보다 더 많으면, 지표 기압은 떨어지고 저기압이 형성된다 (그림 14.1(c)). 따뜻한 공기와 차가운 공기가 계속해서 각각 북쪽과 남쪽으로 이동하면, 기압이 감소하게 되면서 저기압은 깊어지고 강도가 강해질 것이다(그림 14.1(d)). 그림 14.1(d)는 저기압의 성장을 나타낸다. '쉼표' 모양의 구름이 형성되면 저기압의 파동이 강해지는데, 이러한 구름의 특유한 모양은 기상위성 사진을 이용해 해양에서 폭풍을 발견하는 데 사용되기도 한다.

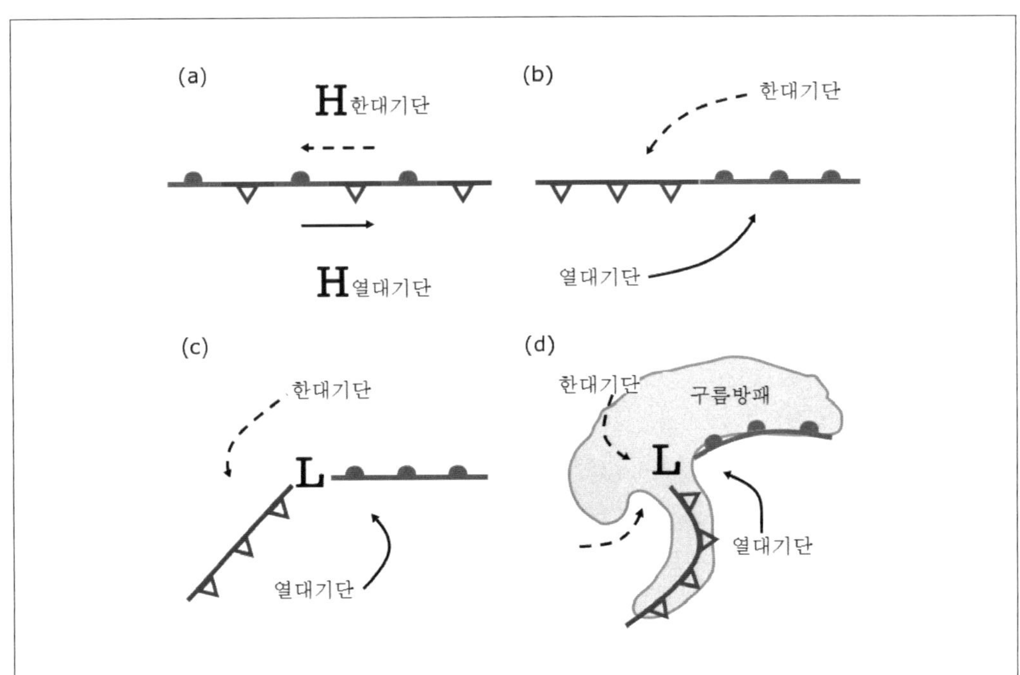

그림 14.1 ▌ 파동성 저기압의 형성과정.

14.2 고기압

(1) 특성

고기압 중심, 또는 **고기압**(high, H)은 대개 대류권 중간에서 하향운동을 하는데 이를 **침강**(subsidence)이라 하며, 지표면 근처에서 대기의 수평퍼짐, 즉 **발산**(divergence)을 가진다. 고기압은 지구 순환이 하향운동을 하는 위도 30°와 90°에서 두드러진다. 일시적인 지표 고기압 또한 중위도에서 형성되고, 제트류 고기압 능의 동쪽은 중위도 날씨 변동성의 중요한 부분이다.

침강은 구름의 발달을 방해하고, 일반적으로 맑은 날씨를 야기한다. 바람은 일반적으로 고기압에서 가볍게 분다. 그 이유는 고기압 중심 근처에서 기압경도가 약하기 때문이다.

지표면 근처에서 발산하는 공기는 약한 기압경도 때문에 나선모양으로 나간다. 전향력 때문에 북반구 고기압 중심 주변에서는 침강하면서 시계 방향으로 회전하게 하고, 남반구에서는 반대로 회전하게 한다. 이러한 이유로 고기압 중심은 **고기압**(anticyclone)이라고 불린다.

상부대류권으로부터 건조한 공기의 하향이류는 경계층 위를 건조한 상태로 만든다. 침강은 또한 대류권 내의 높은 곳으로부터 따뜻한 온위를 이류시킨다. 이는 경계층을 덮는 온도역전을 강화시키고, 오염물질을 가두며 지표 부근의 시정을 감소시킨다.

침강하는 공기는 덮여있는 안정층을 밀어낼 수 없으므로 경계층 안으로 자유대기가 직접 들어가지는 못한다. 대신, 경계층의 꼭대기가 침강에 의해 밀려내려갈 때, 전체 경계층은 더 얇아진다. 낮 시간의 지표 부근 대류 혼합층과 같이 경계층이 난류인 경우, 자유대기 공기의 유입으로 이 현상은 부분적으로 상쇄된다. 그리고 유입률은 경계층에서의 침강이 아닌 에디 난류 운동에 의해 조절된다.

(2) 연직 구조

지상 고기압과 상부대류권 고기압 사이의 위치 차이는 경도풍과 두께의 개념을 이용하여 설명할 수 있다.

제트류는 순압과 경압 불안정에 의해 저기압의 골과 고기압의 능을 만들면서 남과 북으로 구불구불한 형태를 갖는다. 기압 경도가 동일하다고 가정하면 **경도풍(gradient wind)**은 능 주변에서는 빠르게, 골 주변에서는 천천히 분다. 능의 동쪽 지역과 골의 서쪽 지역은 서쪽으로부터 빠르게 이동해 오는 대기가 존재하나, 동쪽으로 천천히 이동한다. 그러므로 대류권 꼭대기에서 공기의 수평 수렴은 전체 대류권 기둥의 공기밀도를 증가시켜 상층 능의 동쪽에 지상 고기압을 만든다.

지상 고기압 서쪽의 고기압성 침강 순환은 적도로부터 극을 향해 따뜻한 공기를 이류 시킨다. 지상 고기압 서쪽의 가열은 등압면 사이의 간격, **두께(thickness)를 증가시키며** 이는 측고공식에 의해 설명될 수 있다. 그러므로 대류권 꼭대기 부근의 등압면은 지상 고기압의 서쪽에서 올라온 것이며, 그 고기압 고도는 상층고기압과 일치한다. 다시 말해서, 상층 능은 지상 고기압의 서쪽에 위치한다. 따라서 고기압 지역은 고도가 증가함에 따라 서쪽으로 기울어져 있다. 저기압의 발달 지역 또한 중위도에서 고도가 증가함에 따라 서쪽으로 기울어져 있다. 그러므로 전체 기압 패턴은 고도가 증가하면서 서쪽으로 향하는 일관된 위상 변이를 가진다.

14.3 기단

기단은 비슷한 성질의 공기 덩이가 일정 지표 영역에 장기간 정체되어있는 광범위한 공기의 중심부이며 주로 고기압들이다(그림 14.2). 대표적인 예로는 해상에서 높은 비습으로 인해 형성되는 '북태평양 기단'과 차가운 온도에 의해 발달하는 '오호츠크해 기단'이 있다.

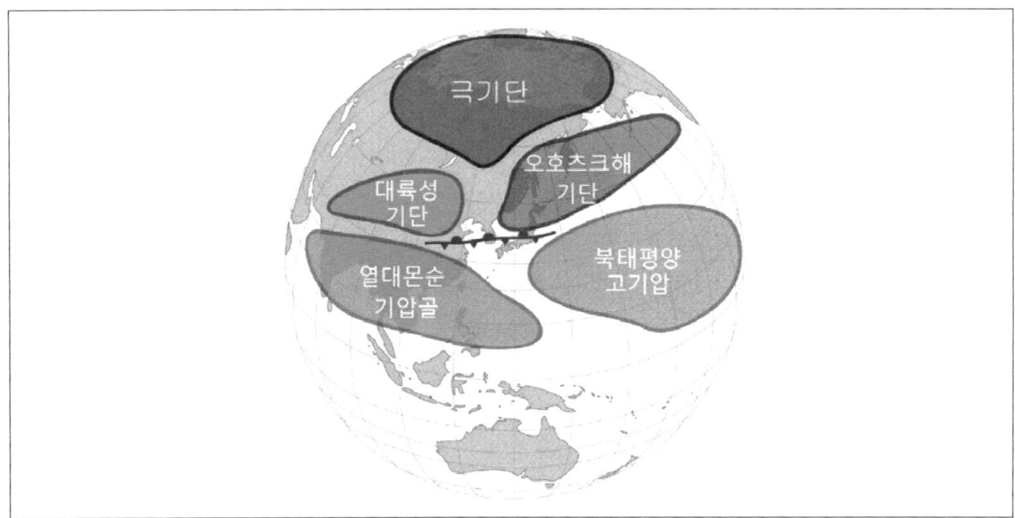

그림 14.2 ▌ 장마 시기 기단의 배치 (서경환 등 2011).

약한 바람은 지상 고기압을 오래 머무르게 하므로 기단의 형성에 기여하며, 전구순환의 반영구고기압은 위도 30°에 따뜻한 기단과 위도 90°에 차가운 기단의 형성에 영향을 미친다.

그림 14.3에서 보는 바와 같이 해양성 열대기단과 대륙성 한대 기단이 만나는 경계를 **한대 전선(polar front)이라고** 한다. 베르겐 기상학파는 **한대전선이론(polar front theory)**을 발표하였는데, 이는 한대 전선을 '극지를 둘러싸는 연속적인 전선'으로 이상화한 것이다. 중위도 저기압 형성에 대한 원인 중 하나는 반대 방향의 온난 전선과 한랭 전선으로 이루어진 정체 전선에서 시작한다. 저기압 시스템과 같이 비틀려있는 파동은 전선 파동이나 초기 저기압을 형성한다.

기단은 일반적으로 온위와 비습에 의해서 분류되며, 기단 내에서 이들 분포가 비교적 균질하다. 기단은 시정, 냄새, 꽃가루 농도, 방사능, 구름응결핵의 활동, 구름양, 정적 안정 및 난류에 의해 그 특징을 나타낸다.

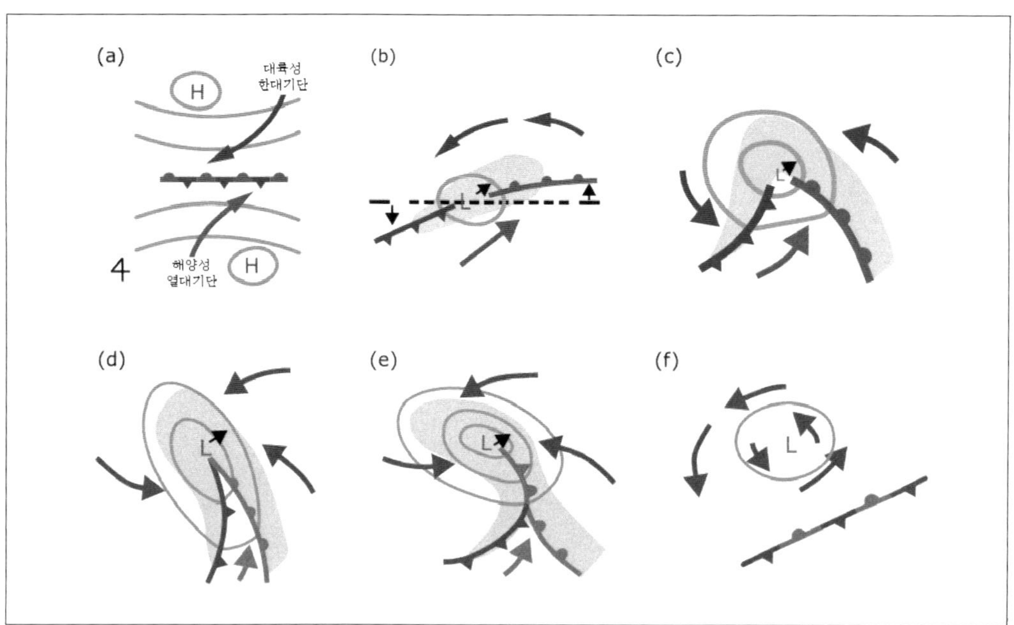

그림 14.3 ▍ **한대 전선 이론. (a) 바람 시어, (b) 전선 형성, (c) 한랭전선 및 온난전선의 발달, (d) 빠른 한랭전선의 온난전선으로의 접근, (e) 폐색 및 (f) 소멸과정.**

(1) 발생

기단은 지상고기압 지역 내의 경계층에서 형성된다. 고기압 중심은 약한 바람이 불기 때문에 상당히 긴 시간 동안 지표 위에 머문다. 지표 위에 머무는 동안 복사, 전도 및 지상과 공기 사이의 난류 수송을 포함하는 과정들이 기단을 변화시킨다.

▍ 온난기단

정적 불안정은 열대 해양과 같은 따뜻한 표면 위의 공기를 대류 혼합층(ML)으로 구성되는 난류기단으로 만든다. 난류는 지표의 온위(θ_{sfc})와 기단의 온위(θ_{ML}) 사이의 온위 차 ΔΘ에 의해 만들어진다.

$$\Delta\theta = \theta_{sfc} - \theta_{ML} \tag{14.1}$$

지표에서 약한 바람이 불 때 대기 내부로의 열 플럭스는 기단을 따뜻하게 한다. 혼합층 꼭대기 내부로의 공기 유입속도가 측면에서 공기의 수평 **발산(divergence)**과 균형을 이룰 때 평형 두 께(equilibrium depth) z_i에 도달한다. 유입 속도는 기단 위의 온위 경도 ($\gamma = \Delta\theta/\Delta z$)에 의해서 조절된다. 즉, 상층의 약한 안정도가 공기의 유입속도를 더욱 크게 만드는 것을 의미한다. 이러한 관계를 열 수지 내에 적용하여 기단의 승온 속도와 두께(z_i)를 구할 수 있다.

$$\Delta\theta \approx \Delta\theta_o \exp(-t/\tau) \tag{14.2}$$

$$z_i \approx \frac{\Delta\theta}{\tau}\frac{1}{\beta\gamma} \tag{14.3}$$

여기서 $\beta = \Delta U/\Delta x + \Delta V/\Delta y$으로 수평 발산이며, $\Delta\theta_0$는 해양-대기 온도 차이의 초기 값이며, θ_{sfc}는 일정하다고 가정한다. **e-감쇠시간(e-folding time, τ)**는 공적으로 다음과 같이 주어진다(Stull, 2000).

$$\tau \approx c\left(\frac{\theta_{ML\ avg}}{g\beta\gamma}\right)^{1/3} \tag{14.4}$$

여기서 무차원의 c는 140으로 주어지며, θ_{MLavg}는 혼합층의 평균온위이다(켈빈 단위이고, 일정하다고 가정). τ는 **해양성 열대**기단으로 인식되기 위해 표면 위에 얼마나 오래 머물러야 하는가에 대한 척도이다.

한랭전선이 따뜻한 표면에 머무르게 되면, 난류 혼합층 내부에서 빠르게 따뜻해져 기단의 온도는 점점 해수면 온도와 비슷해진다.

예제 14.1

초기 혼합층의 온위가 10℃인 공기가 20℃의 해수면 위에서 멈춘다. 발산은 $10^{-6}s^{-1}$이고, 온위경도는 $5Kkm^{-1}$라고 가정한다. 이때 기단의 온위와 두께의 발달을 나타내고 e-감쇠시간을 구하시오. (단, $\theta_{MLavg} = 15℃ = 288K$).

풀이

식 (14.4)를 사용 :

$$\tau \approx 140 \times \left(\frac{288K}{(9.8ms^{-2})(0.000001s^{-1})(0.005Km^{-1})}\right)^{1/3}$$

$\approx$ 2.92일

예제 14.1

풀이

식 (14.1)부터 (14.3)을 사용 :

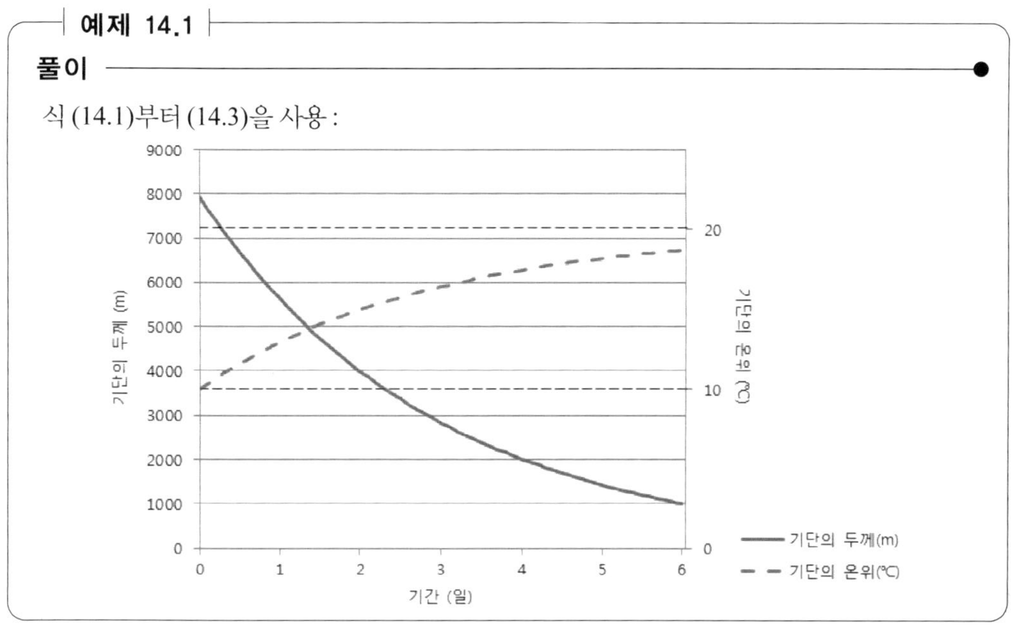

❙ 한랭기단

공기가 북극 얼음과 같이 차가운 표면 위로 이동할 때, 지면과의 난류 수송과 전도에 의해 공기의 바닥이 먼저 차가워진다. 경계층의 정적 안정도가 높아짐에 따라 난류 강도가 감소하고, 전도 냉각 가능성이 감소한다. 그러나 대기 중에서 대기의 직접 복사 냉각은 약 2℃ $/day$의 온도 변화 (혼합층 두께를 평균 $1km$)로 일어난다. 이슬점 아래로 공기가 냉각되면 작은 물방울 구름이 형성된다. 구름 꼭대기의 복사 냉각은 얼음 구름으로 변화시키고, 공기의 더 깊은 층이 냉각되면서 구름 꼭대기가 높아진다.

구름 내부의 얼음 결정은 그 수가 너무 작고 서로 멀리 떨어져 있어서 간혹 구름이 없는 것처럼 보이는 상태에서 얼음결정(ice-crystal) 강수가 발생한다. 이것은 어떤 장관을 이루는 **무리(halos)**와 **다이아몬드 먼지(diamond dust)**로 알려진 빛나는 얼음 결정을 포함한 다른 광학 현상을 만들 수 있다.

대륙성 한대(continental-polar) 기단이 형성되는 1~2주 동안, 얼음 결정의 대부분은 $1km$ 두께의 얇은 구름에서 내린다. 또한 고기압 내부의 침강은 흐린 기단의 두께를 감소시키며 가열하여 부분적으로 복사 냉각의 일부를 상쇄한다. 이 기단은 결과적으로 보통 $3 \sim 4km$ 두께의 공기가 등온층을 이루며 약 −30℃ 로 냉각되어 진다. 최종 기단의 온도는 주로 −30~−50℃의 범위이고 표면에 가까울수록 온도가 낮다.

북극 표면은 그린란드를 제외하고는 비교적 평평한 바다 얼음(sea ice)으로 구성되어 있는 반면에, 남극 지역은 산악, 얼음으로 이루어진 고원, 상당한 표면 지형을 가지고 있다. 따라서 남극에서는 복사냉각에 의해 형성된 차가운 공기가 **활강바람(katabatic wind)**으로 지형의 내리막을 따라 불어 내려간다. 내륙에서 통상적으로 $10ms^{-1}$의 지속적인 바람과 좀 더 급한 경사면을 따라서는 $50ms^{-1}$의 바람이 분다.

지표의 기울기를 $\Delta z/\Delta x$라 할 때, 단위질량당 부력을 **준수평경사력(quasi-horizontal slope force)**으로 변형시키면 다음 식과 같다.

$$\frac{F_{xS}}{m} = \frac{g\Delta\theta}{T_e}\frac{\Delta z}{\Delta x} \tag{14.5(a)}$$

$$\frac{F_{yS}}{m} = \frac{g\Delta\theta}{T_e}\frac{\Delta z}{\Delta y} \tag{14.5(b)}$$

여기서 $\Delta\theta$는 경사면을 타는 차가운 공기와 그 위의 주변 공기의 온위 차이며, T_e는 주변 공기의 절대 온도이다. 식 (14.5)는 기울기($\Delta z/\Delta x$)의 크기가 작을 때 잘 맞는다. 그 이유는 α가 지형의 경사각일 때 $\Delta z/\Delta x \cong \sin(\alpha)$이기 때문이다.

남극 지역의 활강 풍속은 얼음 표면에 대한 난류 항력, 종관 기상 시스템에 연관된 주변 기압 경도력, 전향력, 그리고 그 위에 정지 상태의 공기와 경사면을 따라 활강하는 공기의 혼합으로 야기된 난류항력에 의존한다. 전향력도 큰 규모의 대륙이기 때문에 무시할 수 없다. 예를 들어, 공기가 내륙에서 대륙의 주변으로 이동하기 위해서는 평균 배기 속도 $5ms^{-1}$로 2일 이상의 이동 기간이 필요하다. 이 기간은 코리올리 인자의 역수의 시간 규모와 같은 차수이다.

예제 14.2

주변 대기 온도가 0℃ 이고, −15℃ 의 온도를 가지는 활강바람이 작용하는 단위면적당 경사력을 구하여라. 단, 기울기는 $\Delta z/\Delta x = 0.2$로 가정한다.

풀이

식 (14.5)를 사용:

$$\frac{F_{xS}}{m} = 0.2\,\frac{(9.8ms^{-2})(15K)}{273K} \approx 0.108ms^{-2}$$

활강바람은 그 발생지역에서 차가운 공기를 제거하며 상층의 따뜻한 공기와 함께 차가운 공기의 난류혼합을 일으킨다. 이렇게 혼합된 차가운 공기는 빠르게 남극 대륙의 바깥 가장자리를 향해 퍼져나간다.

전구순환 중 극 주위를 돌면서 부는 바람을 **극소용돌이(polar vortex)**라고 한다. 남극에서 활강공기의 주변으로 배기는 대류권 두께를 감소시키며, 이는 잠재와도 보존에 따라 극소용돌이의 지속성과 강도를 강화한다.

(2) 기단변질

기단은 원래 위치에서부터 이동함에 따라 기단 아래의 새로운 지표에 의해 변화한다. 예를 들어, 한대 기단은 더 따뜻하고 식생이 존재하는 땅을 지나 적도 쪽으로 이동할 때, 더 따뜻해지고 수분을 얻을 것이다. 따라서 한대 기단은 점점 원래의 특성을 잃는다.

표면에서의 열과 수분의 이동은 기단의 온도와 습도 그리고 통과 중인 지표의 기온과 습도에 의해 결정된다. 만약 간단히 바람에 의한 난류가 잘 혼합된 기단의 거의 일정한 두께(z_i)를 만들었다고 가정하면, 이동거리 Δx에 따른 기단의 온위 변화 θ_{ML}는 다음과 같다.

$$\frac{\Delta \theta_{ML}}{\Delta x} \approx \frac{C_H\,(\theta_{sfc} - \theta_{ML})}{z_i} \tag{14.6}$$

여기서 $C_H \cong 0.01$는 열에 대한 벌크 이동 계수이다.

만약 표면 온도가 수평적으로 균일하다면, 식 (14.6)을 이용하여 원래 위치로부터 거리 x만큼 이동한 기단의 온도를 구할 수 있다.

$$\theta_{ML} = \theta_{sfc} - (\theta_{sfc} - \theta_{ML\,o})\,\exp\left(-\frac{C_H\,x}{z_i}\right) \tag{14.7}$$

여기서 θ_{MLo}는 위치 $x=0$에서의 초기 기단의 온위이다. 만약 기단이 산맥 위로 올라가는 경우에는 수증기의 응결로 공기가 건조해지고 방출된 잠열로 공기의 온도가 올라간다.

14.4 종관 일기도

종관 일기도는 날씨의 일시적인 상태를 보여준다. 그림 14.4는 지표 기상관측에 의한 지상 종관 일기도의 예이다.

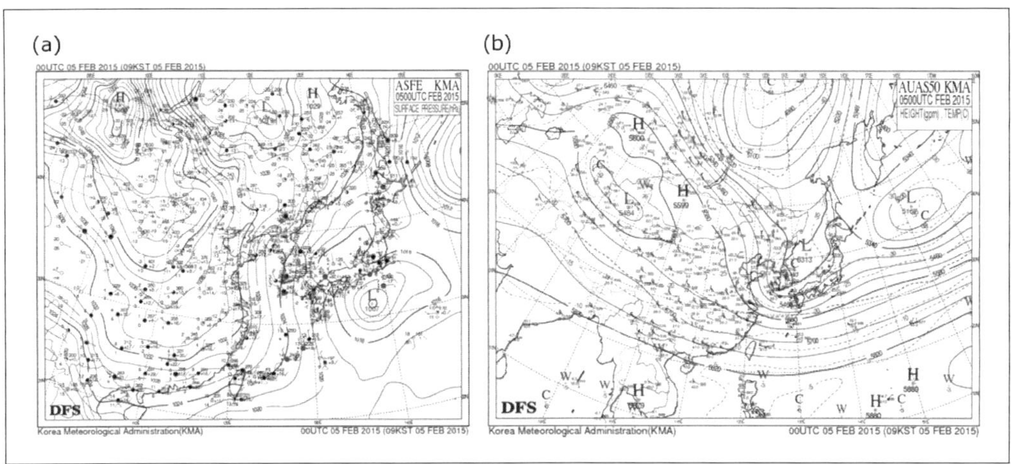

그림 14.4 ▎ 종관 일기도의 예. 겨울철 시베리아 고기압이 세력을 한반도 방향으로 확장하고 있는 사례의 (a) 지상일기도와 (b) 상층일기도(기상청자료).

(1) 기상관측

국가 간의 협력체로 구성된 **세계 기상 기구**(World Meteorological Organization, WMO)는 세계 기상관측 활동들을 조직화하고 관측 표준을 정한다. 기상관측은 **종관적으로**(synoptically) 수행하며 전 세계에서 동시에 행해진다. 국제적 합의에 의해 표준 시간은 **협정 세계시**(UTC; Coordinated Universal Time)이다.

수동 종관 지상과 상층대기 관측 (기상 풍선을 사용하는)의 대부분 00UTC에 얻어지고, 대다수의 관측이 매일 12UTC에 이뤄진다. 몇몇 나라들은 상층대기 관측을 06UTC와 18UTC에 행하기도 한다.

상층대기 관측에 사용되는 **기상 풍선**(**측풍기구**, PIBALs=Pilot Balloons)을 비양하여 바람을 수동으로 추적할 수 있고, **무선수송기인 라디오존데**(RAOBs=Radiosonde Observations), **레윈존데**(rawinsondes)를 이용하여 온도, 습도 및 기압을 관측할 수 있을 뿐만 아니라, **전 지구 위치 파악 시스템**(Global Positioning Observations, GPS)과 같은 다양한 위치정보를 사용하여 상층대기 관측을 할 수 있다. 또한, 많은 국가에서 수동 지상 기상관측이 매시간 진행되며 공항의 기상관측은 METARS로 불리는 형태로 코드화 되어있다. 수동 관측은 종관지상관측으로 기상청 주요 지점 (http://www.kma.go.kr)들이 있다. 자동 기상관측 시스템은 수동 관측보다 더 높은 빈도로 지속적인 관측이 이루어진다. 대표적인 **자동 지상 기상관측소(Automated Weather Observing System, AWS)**가 있다.

기상위성은 원격 탐사를 이용하여 상층대기의 자료를 자동으로 제공한다. 우리나라의 경우 기상청 **국가위성센터에서 천리안위성(Communication, Ocean, and Meteorological Satellite, COMS)**으로 일기분석과 예보에 필요한 정보를 얻고 있다. 향후 2018년에는 후속 정지궤도 기상위성인 GK-2A (Geo KOMPSAT-2A)를 통하여 기존의 COMS위성보다 공간해상도가 향상되고 채널수가 증가되어 위성 산출물이 증가함에 따라 더욱 정밀하고 다양한 관측이 가능할 것으로 전망된다. 자세한 것은 국가위성센터 홈페이지(http://nmsc.kma.go.kr)에서 알아볼 수 있다.

정지궤도 위성은 또한 구름의 움직임과 수증기 패턴을 추적하여 대류권 바람을 추산할 수 있다. 해양 위의 지상 바람은 해수면에서 산란된 마이크로파를 측정함으로써 인공위성으로부터 추산된다. 대류권의 강수는 대류권으로부터 방출되는 마이크로파나 적외선 복사의 총량을 이용해 기상위성으로부터 추산된다.

WMO는 모든 참가국이 실시간으로 자료를 공유하기 위해 **세계 통신 시스템(Global Telecommunication System, GTS)**을 감독한다. 뛰어난 일부 국가의 컴퓨터가 관측 데이터를 자동으로 모으고, 보통 **자료질 검사(Quality Control, QC)**라 하여 데이터의 오류 등을 확인하고 체계화하고, 막대한 기상 데이터 자료를 저장한다.

이렇게 저장된 모든 자료는 **종관 기상일기도(synoptic weather map)**로 분석된다. 종관 기상 일기도는 매 순간을 모아 놓은 자료들이지만, 'synoptic (같은 관점의 여러 현상을 고려하여 종합한)'은 문자 그대로 동시 관측을 의미한다. 이러한 종관일기도에서 보여 지는 기상의 유형은 **종관규모(synoptic-scale)** 기상으로 알려졌다. 종관규모의 기상은 1000km 이상의 수평규모와 1일(약 100,000초)이상의 시간 규모의 기상현상을 의미한다.

(2) 일기도 분석

일기도에는 날씨를 설명하는 많은 물리변수의 수치들이 입력되어 있다. 주로 어떤 값의 차이를 보여주기 위하여 **등치선(isopleths)**을 그린다. 지상일기도에는 등압선(기압 등치선), 등온선(기온 등치선)을 그리며, 상층일기도에서는 등고선(고도 등치선)과 등온선을 그린다. 바람은 벡터로 기상 규약에 따라 표기한다.

일기도에는 저기압, 고기압 및 전선과 같은 특징을 표시하며 대부분의 일기도는 컴퓨터에 의해 분석된다. 온도를 예로 들어 일기도 분석 방법에 대해 살펴보도록 하자. **등온선(isotherms)** 뿐만 아니라 **등압선(isobars)**과 **등습도선(isohumes)**도 아래의 절차를 거친다.

등온선의 일기도 분석의 방법은 아래와 같다.

첫 번째, 종관 온도 관측은 기상관측소에서 측정한 관측값이 내삽을 거친 후 각 격자에 채워진다. 이러한 격자무늬의 번호는 자료의 **'장(field)'**으로 불리고, 하나의 예로 온도에 대해서는 **온도장(temperature field)**이다. 컴퓨터 집합체 안에 저장된 이산 온도장(discrete temperature field)은 실제 대기의 계속 변하는 온도장을 근사적으로 나타내는데 이를 **분석(analysis)**이라고 한다.

등온선은 같은 온도의 지점을 연결해서 그리고 다음과 같은 규칙을 따른다.

(1) 등온선은 일정한 간격으로 그린다.

(2) 등치선 작성 시 격자점 값이 없는 곳은 관측치를 이용하여 내삽한다.

(3) 등온선은 절대 다른 등온선과 교차하지 않는다.

(4) 등온선은 일기도의 중간에서 절대 끝나지 않는다.

(5) 등온선은 일기도의 가장자리 또는 등온선이 끝나는 것에 따라 그 값을 기입한다.

(6) 등온선은 전선이나 제트류를 제외하고는 구부러지지 않는다.

전선대는 여러 개의 등온선이 밀집된 지역으로 정의된다. 전선의 기호는 전선이 움직이는 방향을 향해 전선의 측면에 그린다. 반원은 온난한 공기가 발달할 때, 삼각형은 차가운 공기가 발달할 때 사용된다.

14.5 지상 전선

지상 전선은 지구 표면의 기단 사이 경계에 표시하며, 일반적으로 다음의 속성을 가진다.

(1) 강한 수평 온도 경도

(2) 강한 수평 수분 경도

(3) 강한 수평 바람 경도

(4) 강한 수평 바람의 연직 시어

(5) 기압의 상대적인 최솟값

(6) 강한 소용돌이도

(7) 구름과 강수
(8) 강한 정적 안정도
(9) 일기도에서의 등치선의 구부러짐

전선은 일반적으로 발달하는 기단의 온도에 의해 이름이 붙여진다. 온난전선과 한랭전선이 대표적인 예이다. 어떤 기상 특성은 전선이 갖는 속성들의 부분 집합을 보이지만, 전선으로 불리지는 않는다. 예를 들어, 저기압을 연결한 **골(trough)**, 높은 소용돌이도, 구름, 가능한 강수, 풍향 급변 및 합류의 선이다. 그러나 이러한 기상특성은 전선의 특성인 강한 수평 온도 경도와 수분 경도를 가지고 있지는 않다. 완전한 전선이 아닌 기단의 경계에 대한 다른 예로는 **건조선(dry line)**이 있다.

(1) 전선의 수평 구조

▌한랭 전선

차가운 공기가 그 앞의 더운 공기 쪽으로 쐐기 모양으로 밀어 들어갈 때 형성되는 전선을 한랭전선이라고 한다(그림 14.5(a)). 한반도에 걸친 한랭전선의 앞쪽의 바람은 전형적으로 남풍의 성분을 가지고, 하루 중 밤에 강한 하층 제트류(low level jet)를 형성할 수 있다. 온난다습하며 연무가 낀 공기는 남쪽에서부터 이류해 온다.

때때로 뇌우의 **스콜선(squall line)**은 따뜻한 공기에서 전선보다 앞에서 형성된다. 스콜선은 바람 시어와 전선 주변의 이류현상에 의해 발생될 수 있다. 가끔 스콜선은 한랭전선 상에 초기에 형성된 지우일 수도 있으나, 한랭전선보다 더 빠르게 진행한다.

한랭전선을 따라서 뇌우와 산발적인 소나기를 동반한 높이 치솟은 적운형 구름의 좁은 밴드가 존재한다. 전선을 따라 발생하는 바람은 강하고 돌풍이 불며, 기압은 상대적인 최솟값에 도달한다. 뇌우의 모루구름은 지상전선 앞에 수백 km로 퍼지기도 한다. 한랭전선 뒤쪽에서 풍향이 북동으로 바뀌면 더 차가운 공기가 이류 해 온다. 이때 대기는 탁월한 시정과 낮 동안의 맑고 푸른 하늘을 가진다. 만약 충분한 수분이 존재한다면, 드문드문 적운이나 연결이 잘 안된 층적운이 한랭기단 내에 생길 수 있다.

그 기단이 따뜻한 땅 위에서 이류해 온 차가운 공기로 구성되어 있을 때, 이것은 정적으로 불안정하고 대류활동이 강하며 매우 난류가 매우 심하다. 그러나 그 기단의 꼭대기에는 전선 역전을 따라 대류의 뚜껑처럼 작용하는 매우 강한 안정층이 있다.

❙ 온난 전선

온난 전선은 따뜻한 공기가 차가운 공기를 타고 올라갈 때 생기는 전선을 말한다(그림 14.5(b)). 중위도 대륙의 동안에서 전선 앞의 남동풍은 해양으로부터 차갑고 습윤한 공기를 가져온다. 층운형 구름의 대규모의 **덱(deck)**은 지상 전선의 앞쪽에 수백 킬로미터로 발생할 수 있고, 그 구름 방패의 선두 가장자리의 권층운에서는 종종 무리, 무리해, 그리고 다른 광학 현상을 볼 수 있다. 온난 전선대를 따라서 낮은 구름과 안개가 생길 수 있다. 온난전선은 한랭전선에 비해 기울기가 작아서 수평적으로 더 넓은 구역에서 비를 내리며, 수증기를 적게 포함하고 있어 전선면에서 전반적으로 약한 강수를 보인다.

온난전선 뒤에서 바람이 좀 더 남풍으로 바뀌면서 따뜻하고 습하면 연무가 낀 공기가 이류해 온다. 지표에 의한 공기의 가열이 강하지 않더라도 형성된 구름과 대류는 온난 기단 근처의 약한 정적 안정도의 영향으로 상대적으로 높은 고도까지 올라간다. 온난전선을 타고 오르는 공기는 안정하기 때문에 구름이 층운형이며 연속적으로 높은 구름이 발달하여 난층운, 고층운, 권층운, 권운 순서대로 발생한다. 따라서 전선의 이동에 따라 구름이 순서대로 나타나기 때문에 구름의 관찰을 통하여 온난전선이 언제 다가올지 예측할 수 있다.

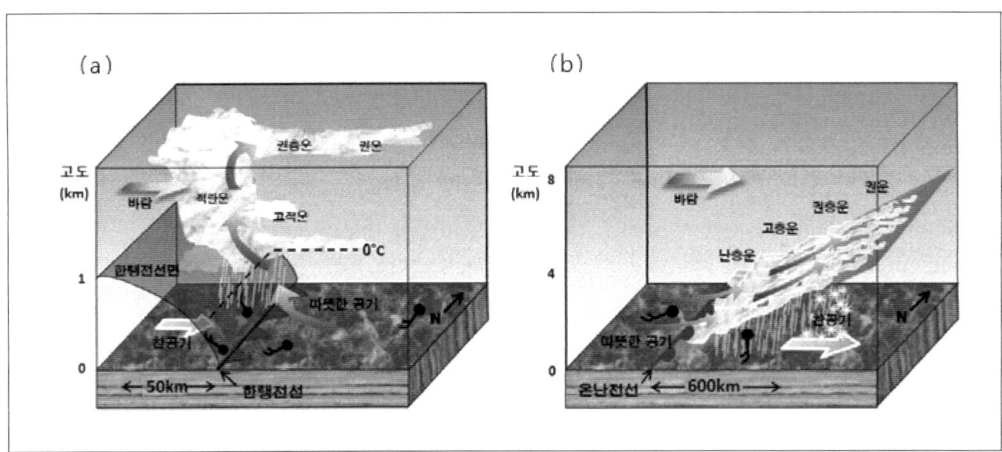

그림 14.5 ❙ (a) 한랭 전선의 연직 구조와 (b) 온난 전선의 연직 구조.

14.6 전선 발생

전선은 전선대를 가로지르는 온도의 큰 변화에 의해 확인된다. 수평 온도 경도(전선을 가로지르는 거리에 따른 온도 변화)는 전선 강도의 특성 중 하나이다. 일반적으로 온도 대신 온위가 사용된다. 그 이유는 온위는 대기의 연직 운동에 의한 온도 변화 문제를 단순화할 수 있기 때문이다.

온위 경도가 증가하는 경향을 가진 물리 과정은 **전선발생적(frontogenetic)**이라고 부르며, 문자 그대로 전선의 발생 및 강화를 일으킨다. 이러한 과정은 운동학·열역학·역학 세 종류로 분류된다.

(1) 운동학

운동학(kinematics)은 운동 또는 이류를 의미한다. 이 종류의 과정은 온위 경도를 만들지 않으나 존재하는 경도를 강하게 혹은 약하게 할 수 있다.

이전 단원에서 복사 가열은 적도와 극 사이에서 남북 온도 경도를 만든다. 또한 순환은 제트기류로 하여금 뱀처럼 구불구불하게 움직이게 만들며, 이로 인해 기압골과 능을 따라 일시적인 동서 방향의 온도경도가 형성된다. 표준대기는 대류권에서 또한 온위의 연직 경도를 가진다. 그러므로 온도 경도가 존재한다는 가정은 타당하고, 운동학적 전선발생 동안 강해질 것이다. 운동학의 전선발생은 x, y, z의 방향으로 일정한 경도를 가지는 초기 온위장이 있어야 한다. 그 온위 경도는 다음의 식을 가진다.

$$\frac{\Delta\theta}{\Delta x} > 0\ , \quad \frac{\Delta\theta}{\Delta y} < 0\ , \quad \frac{\Delta\theta}{\Delta z} > 0 \tag{14.11}$$

다시 말해, 온위는 동쪽을 향해 증가하고, 북쪽을 향해 감소하며, 위를 향해 증가한다.

우리는 남북으로 놓인 한랭 전선을 만드는 경향이 있는 이류의 각 성분을 알아보자. 전선의 온위 경도로 전선의 강도(frontal strength, FS)를 정의하면 다음과 같다.

$$FS \equiv \frac{\Delta\theta}{\Delta x} \tag{14.12}$$

이류로 인한 시간에 따른 전선강도의 변화는 운동학적 전선발생 방정식에 의해 주어진다.

$$\frac{\Delta(FS)}{\Delta t} = -\left(\frac{\Delta\theta}{\Delta x}\right)\left(\frac{\Delta U}{\Delta x}\right) - \left(\frac{\Delta\theta}{\Delta y}\right)\left(\frac{\Delta V}{\Delta x}\right) - \left(\frac{\Delta\theta}{\Delta z}\right)\left(\frac{\Delta W}{\Delta x}\right) \tag{14.13}$$

식 (14.13)의 좌변은 전선의 강도변화를 의미하며, 우변의 항은 각각 합류항, 시어항 및 기울어짐항을 의미한다. 서쪽으로부터 접근하는 강한 서풍 U가 있으나 동쪽에 약한 서풍이 발생한다고 가정하자(그림 14.6). 서쪽으로부터 온 공기는 동쪽에서 따라잡아 **합류(confluence)**가 생긴다. 그림에서 $\Delta U/\Delta x < 0$이고 $\Delta\theta/\Delta x > 0$이므로 식 (14.13)에서 이류항은 양이 되며 $(\Delta(FS)/\Delta t > 0)$, 따라서 전선이 강화된다.

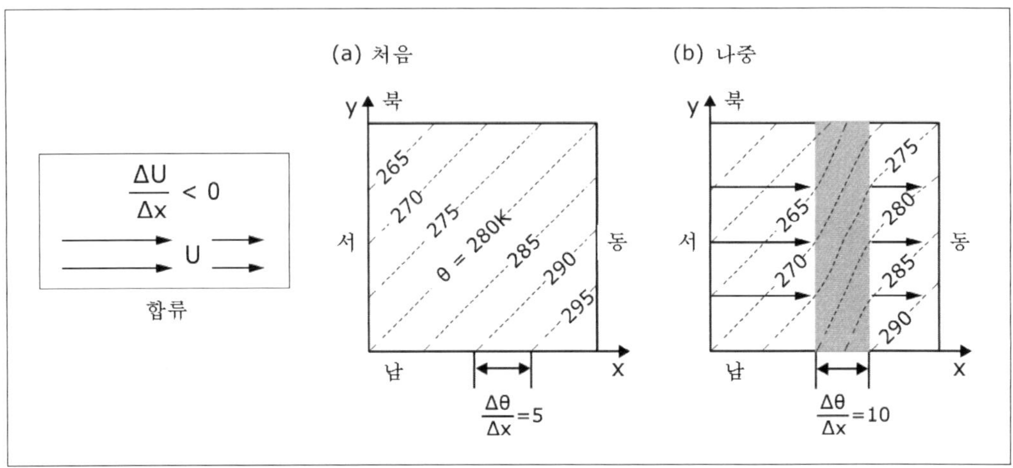

그림 14.6 **합류가 전선을 강하게 하는 경우.**

두 번째 전선 형성 역학은 시어이다. 북쪽으로 부는 바람이 서쪽보다 동쪽 영역에서 강하다고 가정하자(그림 14.7). 그것은 바람의 수평 시어를 형성한다. 동쪽의 등온위선이 서쪽의 등온위선보다 북쪽으로 강하게 이류시킬 때, 온위 경도는 가운데에서 강해지고 전선대가 형성된다. 시어가 양 $(\Delta V/\Delta x > 0)$이며 북쪽을 향하는 온도경도는 음$(\Delta\theta/\Delta y < 0)$이다. 그러므로 시어 항이 강한 음의 값을 가질 때 두 항의 곱이 양이므로 전선의 강도 변화는 증가한다.

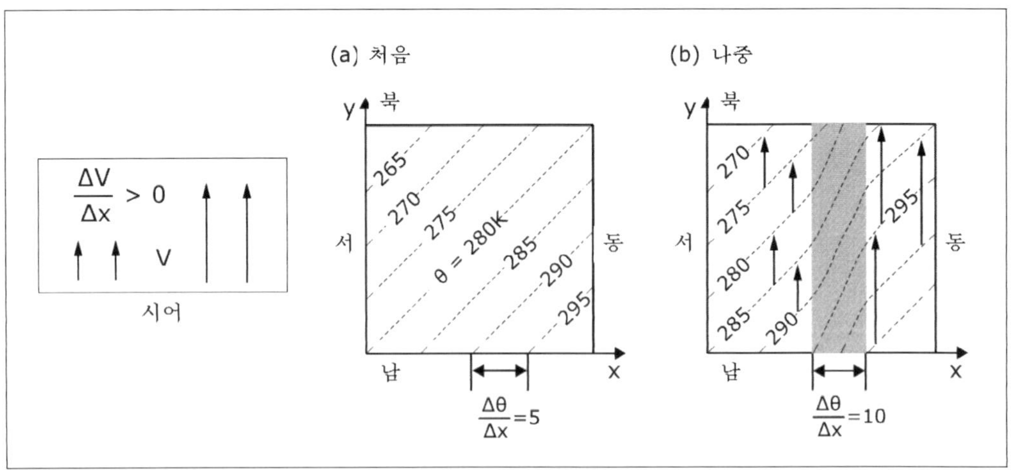

그림 14.7 **시어가 전선을 강하게 하는 경우.**

세 번째 역학은 기울어짐이다. 대기역학에서는 **기울기항(tilting term)이**라고 한다. 만약 상승기류가 영역의 따뜻한 면보다 차가운 면에 더 강하다면, 연직 온위 경도는 수평하게 기울어질 것이다. 그 결과 전선대가 강해진다(그림 14.8).

이 경우, 상승기류 속도의 수평 경도는 음이고($\Delta W/\Delta x < 0$), 연직 온위 경도는 양이 된다 ($\Delta\theta/\Delta z > 0$).

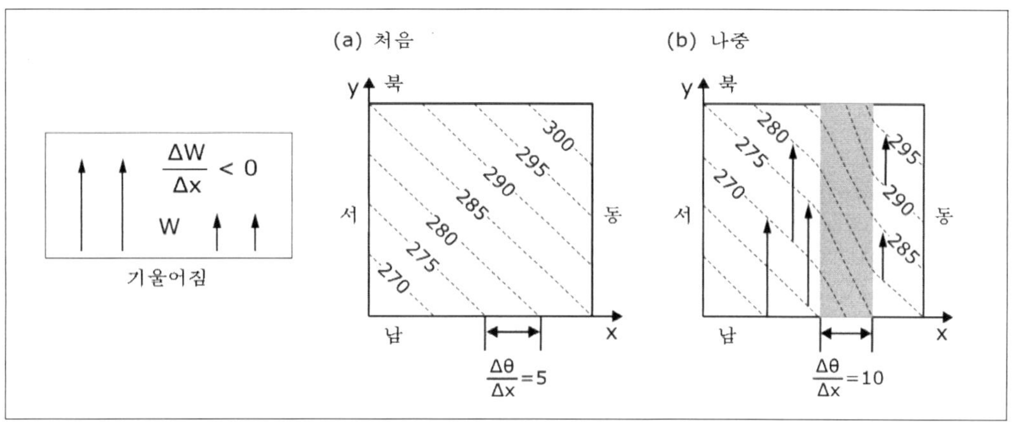

그림 14.8 ▎ **수평에 대한 연직 온도 경도의 기울기항(tilting term)이 전선대를 강하게 하는 경우.**

기울기 항이 음의 값을 가질수록 전선의 강도는 강해진다. 위의 예는 전선의 강화를 보여주지만, **대부분 실제 전선에 대한 기울기항은 전선 강도를 약해지게 한다.** 지표에서는 상층보다 연직 운동이 더 크기 때문에 **전선소멸(frontolysis)**은 지표 근처에서는 가장 약한 반면, 상층 전선에서는 기울기항이 중요한 역할을 한다.

예제 14.3

$\Delta\theta/\Delta x = 0.01℃\, km^{-1}$, $\Delta\theta/\Delta y = -0.01℃\, km^{-1}$, $\Delta\theta/\Delta z = 3℃\, km^{-1}$인 초기 환경이 주어질 때, 전선의 발생속도가 $4\times10^{-4}℃\, s^{-1}km^{-1}$이다. 이 때, $\Delta U/\Delta x = -0.05 ms^{-1}km^{-1}$, $\Delta V/\Delta x = 0.05 ms^{-1}km^{-1}$라고 하면, 상승속도의 수평 경도를 구하여라.

풀이

식 (14.13)을 이용:

$$\frac{\Delta(FS)}{\Delta t} = 4\times10^{-4}℃\, s^{-1}km^{-1}$$

$$= -\left(0.01\frac{℃}{km}\right)\left(-0.05\frac{m\,s^{-1}}{km}\right) - \left(-0.01\frac{℃}{km}\right)\left(0.05\frac{m\,s^{-1}}{km}\right) - \left(3.3\frac{℃}{km}\right)\left(\frac{\Delta W}{\Delta x}\right)$$

$$\frac{\Delta W}{\Delta x} = 2\times10^{-4} ms^{-1}km^{-1}$$

(2) 전선에서의 열역학

(1)의 운동학의 예는 바람이 부는 동안 온위가 보존되는 **단열(adiabatic)** 이류를 보여준다. 그러나 **비단열(diabatic)** 열역학 과정은 각각의 면에 다른 속도로 공기를 가열하거나 냉각할 수 있다. 비단열 과정에는 복사 가열/냉각, 지표로부터의 전도, 전선을 가로지르는 난류혼합, 그리고 구름 안의 물의 상태 변화로 인한 잠열 방출/흡수를 포함한다. **비단열 승온 속도(diabatic warming rate, DW)**를 정의하면 다음과 같다.

$$DW = \frac{\Delta\theta}{\Delta t} \tag{14.14}$$

비단열 가열이 전선의 차가운 면보다 따뜻한 면에서 더 많이 일어난다면 전선은 강해질 것이다.

$$\frac{\Delta(FS)}{\Delta t} = \frac{\Delta(DW)}{\Delta x} \tag{14.15}$$

대부분의 실제 전선에서 따뜻하고 차가운 면 사이의 **난류 혼합(turbulent mixing)**은 전선을 약하게 하여 **전선소멸(frontolysis)**을 초래한다. 또, 지표로부터의 **전도**는 전선소멸의 원인제공을 한다. 예를 들어, 한랭 전선 뒤의 찬 공기가 일반적으로 더 따뜻한 표면 위로 불어가면서 가열되면, 전선을 가로지르는 온도 차가 감소한다. 마찬가지로 온난 전선 뒤의 따뜻한 공기는 일반적으로 더 차가운 표면으로 이류하면 온도 차가 감소한다.

따뜻한 기단 혹은 차가운 기단 위에 있는 따뜻한 공기는 두 경우 모두에서 종종 위로 올라가는 힘을 받는다. 이렇게 상승한 공기는 **응결(condensation)**하여 구름을 형성한다. 층운의 꼭대기로부터의 **복사(radiative)** 냉각은 전선의 따뜻한 면의 온도를 낮추어 온난전선을 발생시킨다. 이전의 한랭 전선 층적운 꼭대기로부터의 복사 냉각은 이미 차가운 공기를 냉각하여 전선이 강해진다.

(3) 전선에서의 역학

운동학과 열역학만을 이용하여 전선발생에서 관측되는 것을 설명하기에 불충분하다. 운동학만을 고려한 전선발생은 하루 동안 전선의 강도가 2배 또는 3배가 되는 반면, 관측은 하루 동안 15개의 요인에 의해 전선의 강도가 강해질 수 있다. 즉, 전선에서의 역학이 중요하며, 역학은 전선을 빠르게 강화시킬 수 있다.

전선을 강화시키는 로스피바와 같은 외부력이 작용한다고 가정하자. 그림 14.9(a)와 같이 온도경도가 증가할 뿐만 아니라, 기압경도력도 증가한다. 기압경도력의 증가는 지균풍의 크기를 변화시킨다. 그러나 초기 풍속은 본래 지균풍속과 같은 규모로 느려진다.

실제 바람은 기압 경도와 전향력 사이의 균형을 이루는 새로운 지균값을 향해 조절되는 동안, 일시적으로 지균풍 방향으로부터 멀어진다. 이러한 지균적이지 않은 바람을 **비지균(ageostrophic)** 바람이라 한다.

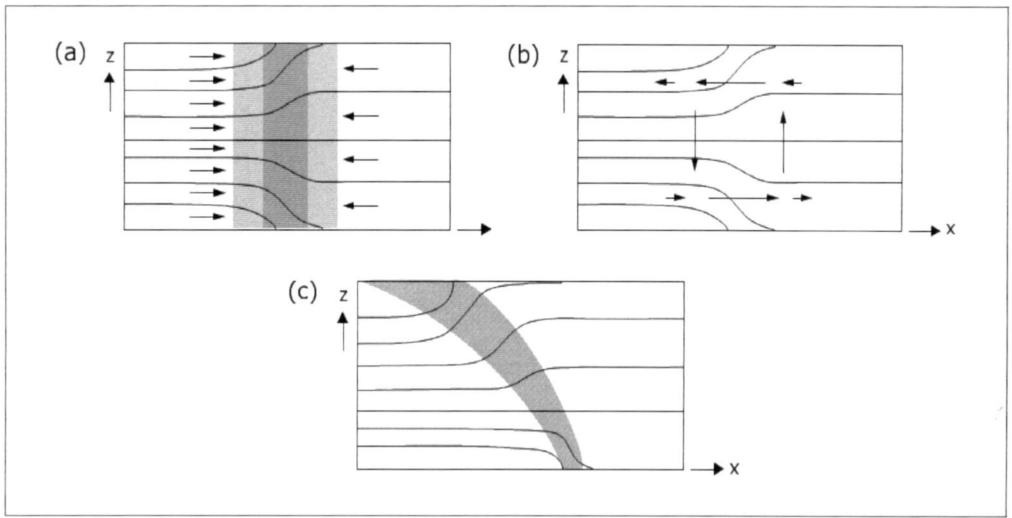

그림 14.9 ▌ 전선 역학 강도의 연직 단면도. (a) 수렴에 의한 전선의 변화, (b) Sawyer-Eliassen 순환, (c) 전선 강도 변화 후 평형 상태. 음영부분이 전선대를 나타내며 실선은 등압선을, 화살표는 비지균풍을 나타낸다(Stull, 2000).

질량이 보존되므로, 바람의 수평 수렴과 발산은 연직 순환을 만든다. 그 결과는 일시적으로 전선을 가로지르는 **횡단순환**으로 나타난다. (그림 14.9(b)). 이러한 순환을 Sawyer-Eliassen **순환**으로 불린다. 순환 상승기류의 일부는 대류를 만들 수 있고, 강수를 일으킬 수 있다.

Sawyer-Eliassen **순환을 이루는** 바람은 지균풍과 동일한 새로운 평형값에 도달한다. 마지막 단계에서는 비지균풍과 횡단순환이 없다. 앞의 일시적인 단계 동안 비지균 전선 횡단 순환은 지표 근처에서 여분의 합류를 만든다. 역학적으로 유도된 합류는 원래의 운동학적 합류에 더해져서 지상 전선을 강화한다. 가로지르는 순환 또한 그 전선을 기울게 한다(그림 14.9(c)).

크고 지속적인 지균풍은 지균 평형을 향한 조절 때문에 전선에 평행하게 분다. 그리고 약한, 일시적인 전선 횡단이 중첩될 수 있다(그림 14.9(b)). 비지균풍과 전선 횡단 순환은 뒤에서 다루게 될 상부 대류권 전선에서 중요하다.

14.7 폐색전선

폐색전선(occluded front)은 한랭 전선이 온난 전선을 따라잡을 때 형성되는 전선으로, 한랭 전선 뒤에서 전진하는 차가운 공기와 온난 전선의 앞에서 후퇴하는 차가운 공기 사이의 온도 차에 의해 발생한다. 폐색전선과 같이 세 개 혹은 더 많은 기단이 합쳐질 때, 하나 또는 그 이상의 전선이 더 차가운 기단의 꼭대기 위로 올라갈 수 있다. 이는 지표와 닿지 않는 하부 또는 중부 대류권 전선을 만든다. 지표에서의 온도와 풍향의 급격한 변화로 나타나지 않을 수도 있지만, 이러한 **상층 전선**(fronts aloft)은 지표에서 관측되는 구름과 강수를 촉발시킬 수 있다.

폐색전선은 중위도 저기압 부근에 주로 자리한다. 저기압이 폐색될 때, 한랭 전선이 온난 전선을 따라잡고, 지표에서 따뜻한 공기를 상승시킨다. 차가운 공기가 저기압을 둘러싸면서, 온도 경도(전선)가 사라지므로 기압 경도는 약해지고, 저기압은 천천히 소멸한다.

전선 폐색은 그림 14.10에서 한랭 전선형 폐색과 온난 전선형 폐색으로 구분되며, 그림에서 연직단면도는 각각 AB와 CD에 대한 것이다. 한랭 전선형 폐색(그림 14.10(a))의 경우 매우 차가운 공기가 빨리 동진하면서 앞선 전선을 따라잡고, 더 차가운 공기가 아래로 깔리면서 따뜻한 공기를 위로 올린다. 지상의 관측자는 다가오는 전선에서 층운형 구름을 볼 것이고, 일반적으로 접근하는 온난 전선을 감지할 수 있다. 그러나 지상 온난 전선 대신에, 지상 폐색전선이 지나가고 한랭 전선처럼 지표 온도가 감소한다. 온난 전선형 폐색(그림 14.10(b))에서도 시원한 공기가 빨리 동진하면서 따뜻한 공기를 차가운 공기 위로 올린다.

지상의 관측자는 다가오는 전선의 층운형 구름을 인지할 수 있는데, 이는 소나기와 뇌우를 동반한다. 그 후, 지상 폐색전선이 지나가고 지상 온도가 따뜻해진다. 상층 찬 공기의 선두 가장자리는 상층 한랭 전선을 나타낸다.

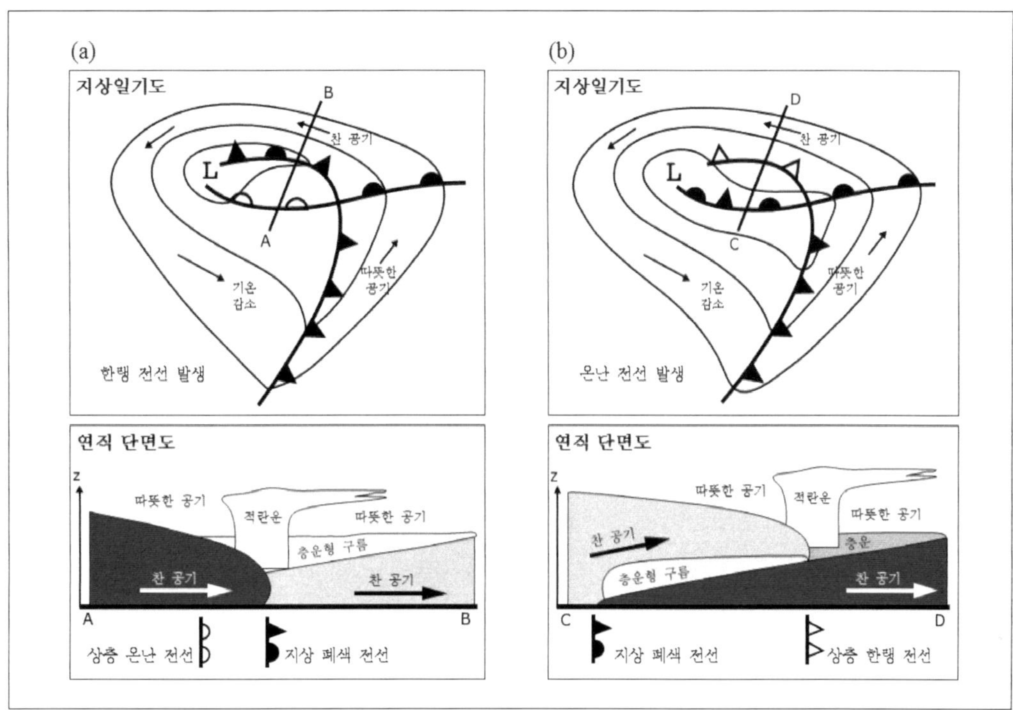

그림 14.10 ▌ (a) 한랭 전선형 폐색과 (b) 온난 전선형 폐색.
아래 그림은 위 그림에서의 (a) A–B, (b) C–D단면을 그린 것이다.

14.8 정체 전선

정체 전선(stationary front)은 한랭기단과 온난기단의 세력이 비슷할 때 형성된다. 정체 전선은 움직이지 않고 정체 상태에 있는 것이 특징이다. 경사면은 차가운 공기 위로 기울어져 있으며, 우리나라의 경우 장마전선이 정체 전선의 대표적인 예이다.

장마전선은 여름 몬순 순환이 있을 때, 해양성 온대 기단인 북태평양 고기압과 해양성 한대 기단인 오호츠크해 고기압에 의하여 형성되는 강한 정체 전선이다. 북태평양 고기압의 확장과 장마전선이 북상해오는 시기에 따라 장마가 빨리 오기도 하고 늦게 오기도 한다. 장마전선은 대체로 남부지방을 시작으로 6월 하순부터 7월 중순까지 머무르며 우리나라에 많은 비가 내린다.

장마전선을 구성하는 순환과 제트기류를 사용하여 장마 강도의 강약을 표현하기 위한 개념 모형을 세울 수 있다. 그림 14.11에서 중요하게 다루어지는 요소들은 북태평양고기압의 강도와 상층제트, 하층제트, 아열대 지역에서의 풍부한 수증기 수송이 장마전선을 강하게 형성하는데 기여한다.

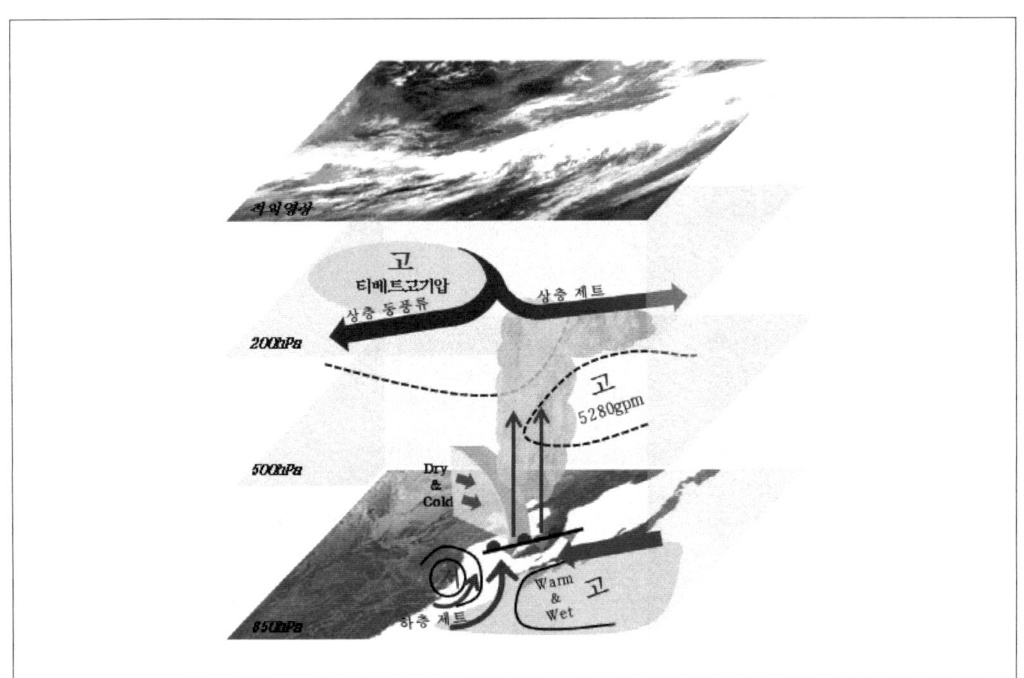

그림 14.11 ▎ **장마 개념모델.**

장마의 종관 및 중규모적 특징과 장마전선 상에서 발달하는 강수계를 보면 상당히 다중적 규모의 구조를 가진다. 장마기간 중에 특징적으로 나타나는 종관 규모의 구조로 상층 제트가 한반도 상공을 지나고 있고, 850*hPa* 하층 제트류가 북태평양 고기압의 가장자리를 돌면서 습윤한 공기를 한반도 쪽으로 이류 시키고 있다(그림 14.12(a)). 따라서 장마전선 상에서 생성된 강수대는 상층 제트류의 남쪽, 하층 제트류의 북쪽에 위치하게 된다. 또한 장마전선면 역시 남북으로 기울어져 있는 연직 구조를 가진다. 장마전선대에서 발생하는 강수계는 다중구조를 가진다. 장마 강수계의 다중구조로 상층의 한대 제트와 아열대 제트가 만나는 한반도 지역의 서쪽에서 남북 두 개의 단파가 결합하여 아종관규모 저기압을 발생시키며(그림 14.12(b)), 이 저기압과 연관되어 발생하는 아종관규모 구름계(그림에서 S로 표시됨)가 발달한다. 이러한 아종관규모 저기압은 2 ~ 3일 간격으로 발생하고 2000 ~ 3000 km의 파장을 가진다. 아종관규모 저기압에서 남서쪽으로 뻗은 장마전선대에서 2 ~ 3개 의 메조-α 규모 구름계가 발달한다. 이들 메조-α 규모 구름들과 아종관규모 구름을 통틀어서 구름계 가족(cloud system family)이 되며 종관규모의 크기를 형성한다(그림 14.12(b)). 하나의 메조-α 구름 의 규모는 약 1,000km 이며, 콤마 모양을 나타낸다(그림 14.12(c)). 이 메조-α 규모 구름 안에 2~3개의 메조-β 규모(100km) 구름이 존재한다. 또한 메조-β 규모 구름 내부에도 더 작은 여러 개의 메조-γ 구름이 발생한다. 이 메조-γ 구름은 구름계가족이 이동하는 풍상 측에서 생성 발달 되고, 풍하 측에서 소멸한다. 강한 강수는 메조-α 구름 내의 메조-β 또는 메조-γ 강수계에서 발생한다. 이 구름 시스템의 이동의 반대방향인 풍하 측에서는 층운형 강수가 나타난다. 따라서 장마전선상에서 발달하는 강수계는 다양한 규모에 의한 강수 현상을 가지게 된다.

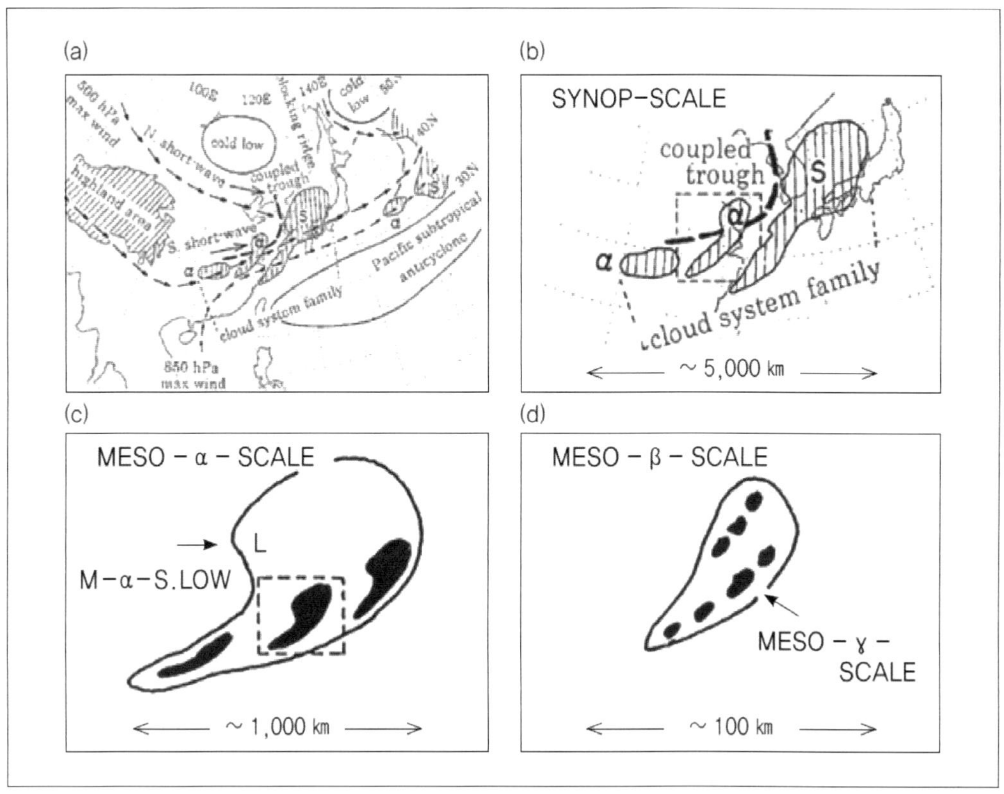

그림 14.12 ▎ 장마전선에서 발달하는 강수계의 다중규모 구조에 대한 모식도. (a) 장마전선과 연관된 대규모 순환 및 아종관규모(subsynoptic scale) 강수계(S) 및 메조-α 규모 강수계. 한반도의 서쪽에서 시작하는 3개의 화살표는 북쪽에서부터 각각 500, 850 hPa의 최대풍 축을 나타냄, (b) 장마전선상의 구름계가족(cloud system family)의 종관규모 특성, (c) 구름계 내의 메조-α 규모 구름의 특성, (d) 메조-β 규모 구름 내 메조-γ 규모 구름의 특성(Ninomiya and Shibagaki 2007).

연습문제

1. 평균된 초기 혼합층 공기의 온도가 12℃ 이고, 발산은 $10^{-6}s^{-1}$ 이며 혼합층 위로의 온위 온도경도(Kkm^{-1})가 다음과 같이 주어질 때, 온난 기단 형성을 위한 e-감쇠시간을 구하여라.
   (a) 2 (b) 4 (c) 6 (d) 8

2. 연습문제 1번 (d)의 공기가 온도 24℃ 인 해수면 위로 이동할 경우의 시간에 대한 기단의 두께와 온도를 계산하고 그려라.

3. 고위도에 위치한 초기 온도가 영하 20℃ 인 기단이 지표가 10℃ 인 지역으로 남하하고 있다. 이때, 기단의 두께가 각각 다음과 같이 주어질 때, 기단의 이동거리에 대한 온위변화율을 구하여라. (열에 의한 벌크 수송 상수 $C_H \cong 0.01$ 이다.)
   (a) $0.5km$ (b) $1.0km$ (c) $1.5km$

4. 표면 온도가 수평적으로 같다고 가정하자. 초기 온도가 영하 10℃ 인 기단이 지표가 10℃ 인 지역으로 남하하고 있다. 이 기단의 두께가 $1km$ 이고 기단이 다음과 같은 거리로 각각 주어질 때, 각 거리만큼 이동한 기단의 온도를 구하라. (열에 의한 벌크 수송 상수 $C_H \cong 0.01$ 이다.)
   (a)$1.0km$ (b)$2.0km$ (c)$5.0km$

5. 동서방향 온위 경도와 남북 온위 경도가 각각 0.5℃km^{-1}, 0.1℃km^{-1}이고 연직 온위 경도가 5℃km^{-1}인 초기 환경이 있다. 이때, $\Delta U/\Delta x = -0.5ms^{-1}km^{-1}$, $\Delta V/\Delta x = 0.5ms^{-1}km^{-1}$라고 하면, $\Delta W/\Delta x = 0.1ms^{-1}km^{-1}$를 가정하여, 전선의 발생 속도를 구하여라.

6. 폐색전선에 대하여 설명하고, 한랭 전선형 폐색과 온난 전선형 폐색의 특징을 말하여라.

제15장 저기압

저기압(cyclones)은 **상승류(upward vertical velocity)**와 북반구에서 반시계 방향으로 회전하는 **저기압성(cyclonically)**을 동반하는 **낮은 해면기압(low sea-level pressure)**의 종관역이다. 상승류는 구름과 강수 형성을 유도하며 뇌우를 만들어 내기도 한다. 저기압은 수천 평방킬로미터에 걸쳐 홍수, 눈보라, 강풍 등의 피해를 준다. 이동성 저기압 시스템은 중위도에서 3일에서 7일의 주기로 서쪽에서부터 이동해 온다. 이외에도 태풍이라 불리는 열대저기압은 일반적인 저기압에 비해 닫힌 저기압시스템으로 강풍과 폭우 등 큰 피해를 동반한다. 우리의 일상생활에서 대부분 악기상은 저기압과 함께 하기 때문에 이번 장을 통해 저기압에 대한 이해를 돕고자 한다.

15.1 저기압 발생

다음 그림 15.1은 2010년 1월 4일 중부지방에서 폭설이 발생하였을 때의 지상 일기도이다.

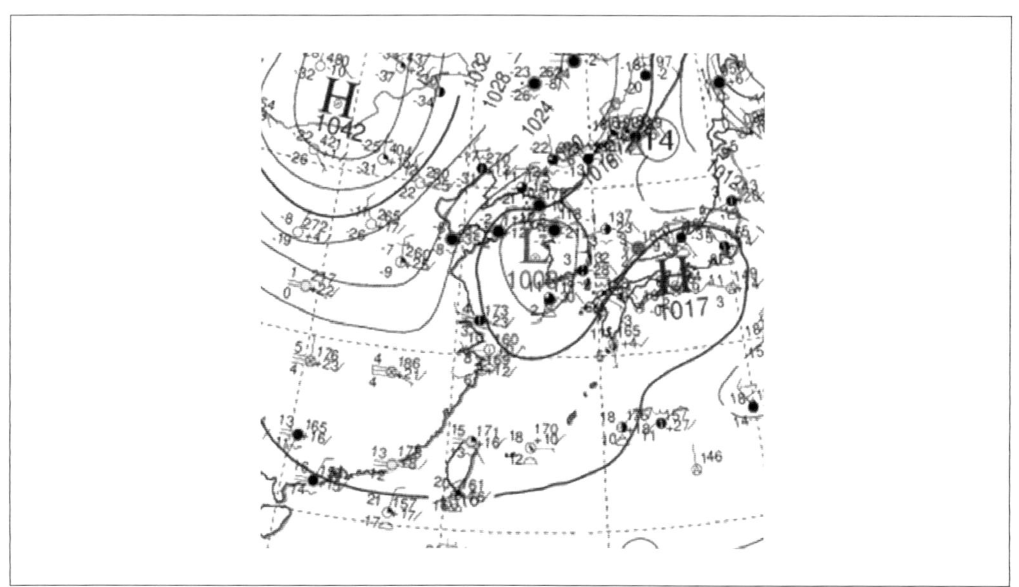

그림 15.1 ▌ 2010년 1월 4일 09KST KMA(기상청) 지상 일기도 한반도 지역 부분.

저기압의 강화는 다음을 이용하여 정의할 수 있다.

- 해면기압 감소
- 상승류 증가
- 소용돌이도 증가

이러한 특징들은 서로 연관되어 있다. 예를 들어 상승류는 지표기압을 감소시켜 그 자리로 공기가 불어 들어가며 이때 코리올리힘으로 인해 불어 들어가는 공기가 회전하게 된다. 이와 같은 역학과 열역학적인 측면들을 살펴봄으로써 저기압 활동에 대해 더 깊이 있는 이해를 할 수 있다. 먼저 산맥이 발생시키는 저기압 생성에 대하여 살펴본 후 각각의 측면들을 더 자세히 살펴보도록 하자.

다음의 조건들은 급속도로 발달하는 저기압 발생에 유리한 조건들을 나열한 것이다.

- 강한 경압성 : 강한 수평기온경도
- 강한 정적불안정 : 고도에 따른 기온의 급격한 감소
- 중위도 또는 고위도의 위치 : 극으로 갈수록 지구 소용돌이도 상승
- 수증기 유입 증가 : 구름의 응결로 발생한 잠열에 의한 에너지 증가와 정적 안정도 감소
- 큰 진폭의 제트류 : 지상 저기압의 서쪽의 기압골과 동쪽의 기압 능은 상승류를 강화시키는 수평발산을 높이 발달시킴
- 동쪽이 낮은 지형 : 산맥의 풍하 측에서 저기압 발생

매우 빠르게 발달하는 폭발성 저기압을 **폭탄 저기압(cyclone bomb)**이라고 부르며 그 과정을 **폭발저기압발생(explosive cyclogenesis)**이라고 부른다. 폭발성 저기압으로 분류되기 위해서는 하루 동안 중심기압이 시간당 $1hPa$의 비율로 감소해야 한다. 폭발저기압발생은 차가운 공기가 매우 따뜻한 해류의 북쪽 가장자리 위로 오게 될 때 주로 발생한다. 우리나라에서는 동해선풍이라 하며, 동해에서 폭발적으로 발달하는 저기압에 대한 연구가 많다. 이러한 지역에서는 해수면으로부터 강한 수증기 증발과 열수송이 위에서 나열한 급격한 저기압 발생의 호조건들을 강화시킨다. 폭발성 저기압은 높은 파고와 언 비를 내리게 하여 해상운전과 여행길에 위험이 되는 갑작스러운 거대한 겨울 폭풍우의 원인이 될 수 있다.

저기압 발생의 반대는 **저기압소멸(cyclolysis)**이다. 대부분의 온대 저기압은 일주일 동안 생성과 성장 그리고 소멸의 과정을 거친다. 그러나 하루보다 짧거나 2주일보다 더 긴 경우도 관측된다. 저기압은 서쪽에서 동쪽으로 이동하는 동안 형성과 발달과정을 거치는데, 이는 날씨 예측을 어렵게 만든다. 수치예보모델이 점점 이와 같은 복잡한 발달과정을 잘 모의함과 더불어 예보자는 자신들의 예보경험과 저기압 역학에 대한 지식을 활용하여 모델의 예측 결과를 개선해야 한다. 다음 장들에서 태풍과 뇌우에 대한 자세한 저기압 역학을 다루게 된다.

15.2 풍하 저기압 발생

로스비는 1939년에 절대 소용돌이도 보존으로 설명되는 그의 이름을 붙인 행성파인 로스비 파의 발달을 보였다. 로스비 파를 만들어 낼 수 있는 여러 방법 중 하나는 바람의 지형적 변형이다.

(1) 정체성 행성파

공기가 태백산맥과 같은 산맥을 가로질러 불 때 대기에서는 행성규모의 로스비 파가 발생된다 (그림 15.2(b)). 이 로스비 파는 지표에 대하여 정체되어 있다. 대기대순환의 관점에서는 순압파와 경압파의 모습을 보인다. 파의 진폭의 남북성분은 산맥의 동쪽에서 경계층 난류와 깊은 대류에 의하여 감쇠된다. 파의 마루에서 공기는 고기압성 회전으로 바뀐다. 그러므로 산맥의 서쪽 부근(그림 15.2(b)에서 C지역)에서는 일반적으로 고기압이 우세하다. 동쪽에 위치한 파의 골에서는 공기가 저기압성으로 회전한다. 일반적으로 산맥의 풍하 측(lee side)으로 저기압이 발달될 때 **풍하 저기압발생(lee cyclogenesis)**이라고 부른다.

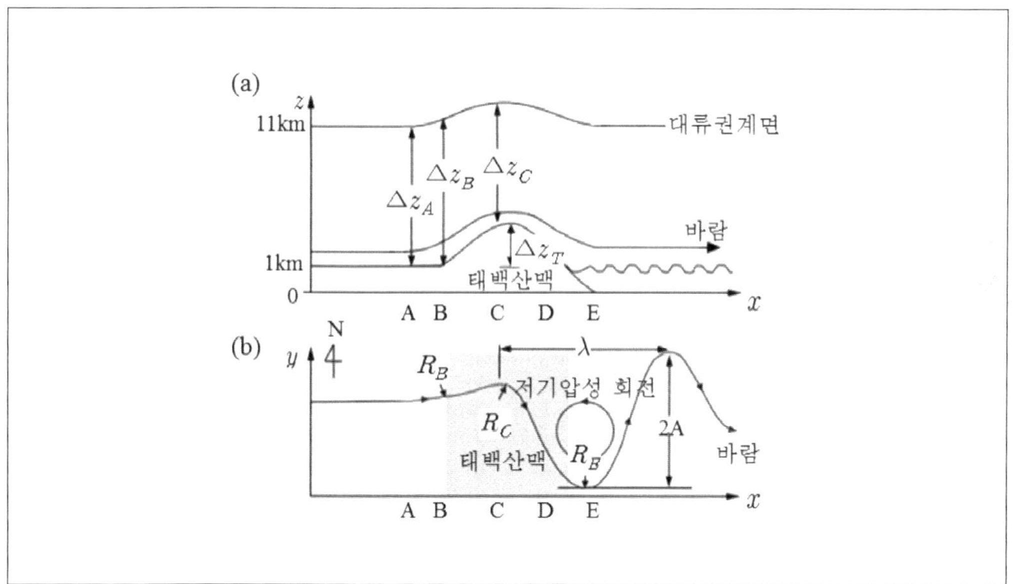

그림 15.2 ▎ 산맥의 풍하 측에서의 저기압 발생. $\Delta z_c < \Delta z_A < \Delta z_B$일 때, (a)연직단면도와 (b)흐름의 도식화.

이 파동의 파장 λ는 대략적으로 다음과 같다.

$$\lambda \approx 2\pi \left[\frac{M}{\beta} \right]^{1/2} \tag{15.1}$$

여기서 M은 평균풍속이다. 북쪽으로 갈수록 증가하는 코리올리 계수 f_c의 위도에 대한 증가율 β는 다음과 같다.

$$\frac{\Delta f_c}{\Delta y} \equiv \beta = \frac{2\Omega}{R_{earth}} \cos\phi \tag{15.2}$$

여기서 $\Omega = 7.292 \times 10^{-5} s^{-1}$이며 R_{earth}는 $6,370km$이다. 중위도에서 β는 대략 $1.5 \sim 2 \times 10^{-11} m^{-1} s^{-1}$이다. 남북 진폭 A는 대류권의 풍상 측 깊이인 Δz_A에 대한 산의 고도 Δz_T에 비례한다.

$$A \approx \frac{f_c}{\beta} \frac{\Delta z_T}{\Delta z_A} \tag{15.3}$$

마루와 골의 남북 거리는 $\Delta y = 2A$로 표현된다.

위 식들에서 파장은 산맥의 높이가 아닌 풍속에 의해 결정되며, 반대로 파장의 진폭은 풍속이 아닌 산맥의 높이로 결정된다는 것을 알 수 있다.

예제 15.1

위도 35°N 에 위치하는 높이 $1km$ 인 산에서 $10ms^{-1}$로 바람이 불 때의 행성파의 파장과 진폭을 구하시오. 산의 풍상 해면고도 측에서 대류권 높이를 $10km$로 가정하자.

풀이

식 (15.2)를 이용하여 위도 35°N에서의 β를 찾자.

$$\beta = (2.294 \times 10^{-11} m^{-1} s^{-1}) \cos(35°)$$
$$= 1.88 \times 10^{-11} m^{-1} s^{-1}$$

식 (15.1)을 이용 :

$$\lambda \approx 2\pi \left[\frac{10 ms^{-1}}{1.88 \times 10^{-11} m^{-1} s^{-1}} \right]^{1/2} \approx 4582.5 km$$

식 (15.3)를 이용 :

$$A = \frac{2\Omega \sin\phi}{1.88 \times 10^{-11} m^{-1} s^{-1}} \frac{1 \times 1000m}{10 \times 1000m} \approx 7.76 \times 10^5 m = 776km$$

(2) 잠재 소용돌이도의 보존

이러한 파장을 분석하는 또 다른 방법으로 잠재 소용돌이도의 보존을 이용한다. 간단하게 시어를 무시하고 풍속을 일정하게 M이라 두면 식 (11.35)는 다음과 같이 표현된다.

$$\zeta_p = \frac{\frac{M}{R} + f_c}{\Delta z} = \text{일정} \tag{15.4}$$

이 식은 잠재 소용돌이도의 보존을 보여준다.

그림 15.2b의 A점에서의 공기 즉, 태백산맥의 서쪽에서 동쪽으로 바람이 불며 초기의 곡률이 0($\frac{M}{R}=0$)임을 가정하자. 그러면 식 (15.4)는 다음과 같이 간단하게 표현된다.

$$\zeta_p = \frac{f_{cA}}{\Delta z_A} \tag{15.5}$$

공기가 산맥에 가까워질수록 지표에 가까운 공기는 산맥에 막혀 골에서 정체된다. 그러므로 이보다 높은 곳의 공기는 산맥에 도달할 때까지 정체된 공기 위로 상승하게 된다(그림 15.2(a)). 그러므로 이 영향 지역은 산맥의 서쪽에서부터 내부 로스비 변형반경과 같은 거리만큼 확장된다. 이 지역 안에서 공기기둥은 Δz_A에서부터 Δz_B까지 늘어나는데 이러한 과정이 저기압성 곡률의 원인이 된다(그림 15.2(a)의 지역 B).

공기가 산맥 위로 불 때는 앞의 두 가지 식이 산맥의 서쪽 부분(지역 C)에 고기압성 곡률반경을 주기 위해 합쳐진다.

$$R_C = \frac{-M}{f_{cA}(\Delta z_T / \Delta z_A)} \tag{15.6}$$

여기서 Δz_T는 주변 지역과의 상대적인 지형 높이이다(그림 15.2(a)).

공기가 남쪽으로 이동하면서 코리올리힘은 감소하고 그로 인해 고기압성 곡률반경이 증가한다. 결국 공기 흐름에서 회전성분은 사라지고 남동쪽으로 불게 된다(지역 D). 그보다 더 남쪽으로 가면서 산맥과 멀어지게 되어 공기기둥이 수직적으로 늘어나고 곡률은 저기압성이 된다. 곡률반경 R_E는 R_c와 규모 면에서는 비슷하지만 부호는 반대이다. 이러한 곳이 저기압 발달에 호조건을 가진 지역이다.

예제 15.2

위도 35°N에 위치하며 서쪽에서 회전성분 없이 $20ms^{-1}$의 일정한 속도로 불어오는 바람을 가정하자. 대류권의 높이는 $10km$ 이다. 바람이 주변 지형에 비해 $1km$ 높은 곳에 위치하는 산맥 위를 불고 있다. 잠재 소용돌이도와 산맥 위에서의 곡률반경을 구하시오(시어는 무시한다고 가정하자.)

풀이

먼저 코리올리 계수를 구한다.

$f_{cA} = 2\times 7.292\times 10^{-5}s^{-1}\ \sin(35^\circ) = 8.37\times 10^{-5}s^{-1}$

식 (15.5)을 이용:

$$\zeta_p = \frac{8.37\times 10^{-5}s^{-1}}{10\,km} = 8.37\times 10^{-9}\,m^{-1}s^{-1}$$

식 (15.6)을 이용하면 고기압성 곡률반경은 다음과 같다.

$$R_C = \frac{-(20ms^{-1})}{(8.37\times 10^{-5}s^{-1})(10^3m/10^4m)} \approx -2388\times 10^3m = -2388km$$

(3) 풍하 측에서의 적도방향 전파

그림 15.3은 산맥의 풍하 측에서 생성된 저기압을 나타낸다. 이 저기압은 기울어진 바닥 위에 위치한다(기울기 $\alpha = \Delta z/\Delta x$ 로 가정하자). 저기압 주변에서의 회전은 남쪽 면에서 하강류를, 북쪽에서는 상승류를 만들 것이다.

저기압에서의 회전은 공기기둥이 저기압의 남쪽 면을 따라 수직적으로 늘어나고 북쪽 면으로는 줄어들게 하는 원인이 된다. 저기압의 위치 소용돌이도 ζ_p의 경우, 수직으로의 늘어짐이 남쪽 면에서 상대 소용돌이도의 강화를 가져온다. 북쪽 면에서는 반대의 부호로 비슷한 변화가 일어난다. 이것은 저기압이 산맥의 동쪽 경사면을 따라 남쪽으로 이동하는 원인이 된다.

다른 방법으로는 산맥의 경사면을 따라 하강하면서 공기기둥의 바닥(남쪽 면)에서 발생하는 단열 가열이 있다. 기둥의 상부에서는 공기가 하강하지 않기 때문에 온도의 상승이 없다. 이렇게 연직 적으로 다르게 가열되는 것이 대류권의 정적안정도를 줄인다. 즉, $\Delta\theta/\Delta z$의 정적안정도 감소는 등온위 위치 소용돌이도 $\zeta_{IPV}\left(=\frac{\zeta_r + f_c}{\rho}\left(\frac{\Delta\theta}{\Delta z}\right)\right)$를 보존하기 위하여 상대 소용돌이도의 증가를 동반한다. 그러므로 저기압의 남쪽 면에서 소용돌이도는 강화되며 북쪽 면에서 감소한다. 저기압은 산맥의 동쪽 경사면을 따라 남쪽으로 이동한다.

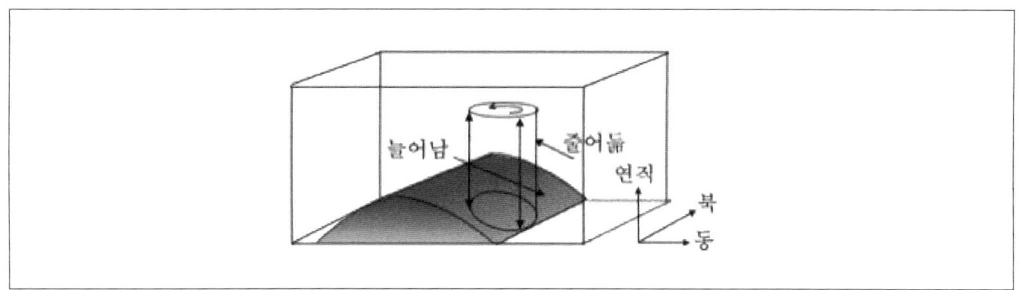

그림 15.3 ‖ 산맥 동쪽 경사면에서의 저기압.

15.3 저기압 선회증가

경사와 풍하효과가 없더라도, 경압 불안정은 저기압을 발생시킬 수 있다. 낮은 고도에서의 소용돌이도 증가는 저기압 강도를 측정하는 방법의 하나이다.

(1) 소용돌이도 경향

상대 소용돌이도의 예측 방정식은 다음과 같다.

$$\underbrace{\frac{\Delta\zeta_r}{\Delta t}}_{\text{선회증가율(경향항)}} = \underbrace{-U\frac{\Delta\zeta_r}{\Delta x} - V\frac{\Delta\zeta_r}{\Delta y}}_{\text{수평이류항}} \underbrace{-V\frac{\Delta f_c}{\Delta y}}_{\text{베타효과항}} \underbrace{+f_c\frac{\Delta W}{\Delta z}}_{\text{신장(발산항)}} \underbrace{-W\frac{\Delta\zeta_r}{\Delta z}}_{\text{연직이류항}} \underbrace{+\zeta_r\frac{\Delta W}{\Delta z}}_{\text{신장(발산항)}}$$

$$\underbrace{+\frac{\Delta U}{\Delta z}\frac{\Delta W}{\Delta y} - \frac{\Delta V}{\Delta z}\frac{\Delta W}{\Delta x}}_{\text{기울기항}} \underbrace{-C_D\frac{M}{z_i}\zeta_r}_{\text{난류항력항}} \tag{15.7}$$

그림 15.4는 여러 항의 물리적인 해석을 보여준다. 좌변의 항은 소용돌이도 증가를 나타내기 때문에 저기압의 **선회증가율(spin-up rate)**을 보여준다. 이 항은 소용돌이도가 시간에 따라 어떻게 변화해 갈 것인지를 보여주기 때문에 **경향항(tendency term)**이라고도 불린다. 이것의 양의 값은 저기압의 강화를 나타낸다.

신장항(stretching term) 혹은 늘림항은 그림 15.4(a)에서 보여주는 것과 같이, 키 작은 소용돌이도 기둥은 하층에 비해 상층의 상승이 더 빠르면 수직으로 늘어나게 된다. 이 상승에서의 차이는 $\Delta W/\Delta z$로 주어진다. 기둥이 연직으로 상승하게 되면 질량 보존법칙을 만족시키기 위해 수평적으로 수렴이 발생하고 기둥의 반경을 줄이게 한다. 이러한 수렴/발산 효과로 인하여 이 항은

발산항(**divergence term**)이라고도 불린다.

이류는 다른 지역에서부터 불어오는 바람에 의해 이동된 다른 소용돌이도가 그 지역의 소용돌이도를 변화시키는 것이다. **양의 소용돌이도 이류**(**positive vorticity advection**)는 더 큰 소용돌이도가 그 지역으로 불어올 때 발생한다. 반대는 **음의 소용돌이도 이류**(**negative vorticity advection**)이다. 그림 15.4(b)에서는 수평 방향만을 나타냈지만, 이류는 수평, 수직 방향 모두 발생할 수 있다.

기울기항(**tilting term**)은 수평 소용돌이도가 어떻게 연직 소용돌이도로 기울어질 수 있는지를 보여준다. 예를 들어 그림 15.4(c)는 지표 근처에서의 수평 바람의 연직 시어와 연관된 소용돌이도가 있음을 보여준다. 만약 이 기둥이 북쪽으로 갈수록 증가하는 연직 속도에 의해 기울어진다면 연직 소용돌이도 기둥은 연직으로 세워질 것이며 이것이 연직 소용돌이도에 영향을 미치게 된다.

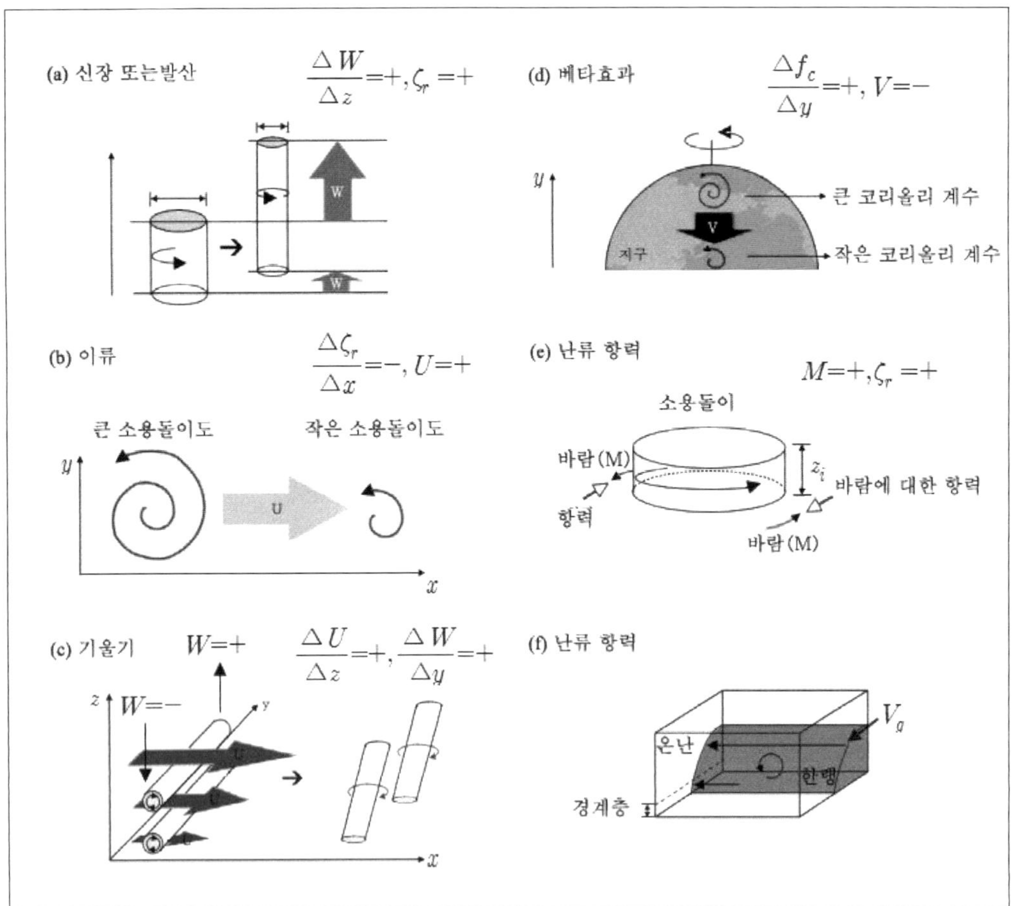

그림 15.4 ▌ 연직 소용돌이도 방정식의 각 항의 물리적 해석.

베타효과(beta effect)는 방정식 $\Delta f_c / \Delta y \cong \beta$(식 15.2 참조)에 의해 이름 붙여졌다. 베타 효과는 지구와도의 남북변위이다(그림 15.4(d)).

마지막으로 **난류-항력항(turbulent-drag term)**은 방향과 관계없이 **선회감소(spin-down)**를 유발하는 회전을 감소시키는 효과이다 (그림 15.4(e)). 이것은 지표에 대한 마찰항력에 의해 난류경계층(깊이 z_i)에서 발생한다. 지속되는 선회증가 과정이 없다면 저기압은 기하급수적으로 선회 감소되며 결국 사라질 것이다.

(2) 준지균근사

경계층보다 높은 곳과 전선, 제트류, 뇌우와 떨어진 경우, 소용돌이도 방정식의 두 번째 줄에 있는 항들은 첫 번째 줄에 있는 항들에 비해 작아 무시될 수 있다. 또한 종관규모의 중위도 날씨 시스템에서 바람은 거의 지균적이며, 이때를 **준지균적(quasi-geostrophic)**이라 한다.

이러한 기상현상은 뇌우나 열대저기압에 비하여 상대적으로 분석하기 쉬우며 운동 **원시방정식(primitive equations)계**보다 덜 복잡한 방정식 계(준지균소용돌이도방정식과 준지균 오메가방정식)로 잘 근사될 수 있다.

이러한 근사들로 소용돌이도 예측 방정식은 다음과 같은 준지균소용돌이도 방정식으로 근사된다.

$$\frac{\Delta \zeta_g}{\Delta t} = -U_g \frac{\Delta \zeta_g}{\Delta x} - V_g \frac{\Delta \zeta_g}{\Delta y} - V_g \frac{\Delta f_c}{\Delta y} + f_c \frac{\Delta W}{\Delta z} \tag{15.8}$$

여기서 상대 소용돌이도 ζ_g는 지균풍 U_g와 V_g을 이용하는 것을 제외하고는 식 (11.26)과 유사하게 정의되었다.

$$\zeta_g = \frac{\Delta V_g}{\Delta x} - \frac{\Delta U_g}{\Delta y} \tag{15.9a}$$

고체의 회전에서는 다음과 같이 정의된다.

$$\zeta_g = \frac{2G}{R} \tag{15.9b}$$

여기서 G는 지균풍속이고 R은 곡률반경이다.

"준(quasi-)"은 다음과 같은 이유로 쓰인다. 만약 바람이 완벽하게 지균적이면 등압선에 평행하게 불 것이다. 등압선에 평행한 바람은 등압선을 가로 지르지 않고 저기압으로 수렴되지 않는다. 바람이 수렴하지 않으면 연직류도 발생하지 않을 것이다. 그러나 우리는 관측을 통해 저기압에서 연직류가 존재하며 이것이 저기압에서의 구름과 강수의 생성에서 중요하다는 사실을 알고 있다. 그러므로 준지균소용돌이도 방정식에서 마지막 항은 연직 풍속인 W를 포함하며, 바람은 지균적으로 불지 않는다. 방정식에서 그러한 **비지균적(ageostrophic)** 연직 속도가 포함되면 그 방정식을 **준지균 방정식**이라한다. **준지균 근사**는 저기압의 연직 속도를 계산할 때도 유용하게 이용된다. 준지균 계에서 소용돌이도와 온도장은 지균 균형과 정역학 균형에 의해 서로 밀접하게 연관되어 있다.

예제 15.3

초기 바람장에 지균소용돌이도가 없다고 가정하자. 위도 35°N에서 $1km$ 높이의 공기기둥의 바닥이 $0.008ms^{-1}$의 속도로 상승하는 반면 꼭대기는 $0.01ms^{-1}$의 속도로 상승한다. 준지균소용돌이도의 변화율이 $3.5\times10^{-10}s^{-2}$이라고 할 때, 지균풍을 구하라.

풀이

코리올리 계수를 계산 :

$$f_c = (2\times7.292\times10^{-5}\,s^{-1})\ \sin35° = 0.000083\,s^{-1}$$

식 (15.2)을 이용:

$$\frac{\Delta f_c}{\Delta y} \equiv \beta = (2.294\times10^{-11}m^{-1}s^{-1})\cos35°$$

$$= 1.88\times10^{-11}\,m^{-1}s^{-1}$$

상승 속도의 연직경도 계산 :

$$\frac{\Delta W}{\Delta z} = \frac{W_{top}-W_{bottom}}{z_{top}-z_{bottom}} = \frac{(0.01-0.008)\,ms^{-1}}{(1000-0)\,m}$$

$$= 2\times10^{-6}s^{-1}$$

식 (15.8)을 이용 :

$$\frac{\Delta\zeta_g}{\Delta t} = -(V_g)(1.88\times10^{-11}m^{-1}s^{-1}) + (0.000083s^{-1})(2\times10^{-6}s^{-1})$$

$$= -(1.88\times10^{-11}m^{-1}s^{-1}V_g) + (1.66\times10^{-10})\,s^{-2} = 3.5\times10^{-10}\,s^{-2}$$

따라서 지균풍은 $V_g = -9.787\,ms^{-1}$ 이다.

(3) 이상화된 개념모형에 적용

그림 15.5는 이상화된 일기의 개념을 보여준다. 지균풍과 경도풍은 등고선에 평행하다. 기압골 축은 큰 양의 지균소용돌이도 값을 보이는 바람의 저기압곡률(반시계 방향)이 나타나는 지역이다. 기압 능에서의 상대 소용돌이도는 음의 값(시계 방향)을 가진다. 그러므로 **이류항(advection term)**은 양이며 바람이 더 큰 양의 소용돌이도를 지표 저기압 지역으로 옮기므로 저기압의 선회증가를 만든다. 그림에서 굵은 화살표로 바람을 표시하였듯이 일정한 기압경도를 가지고 저기압성 회전을 할 때 경도풍은 지균풍에 비해 느리며 고기압성 회전을 할 때는 더 빠르다. 지표 저기압 바로 위의 500hPa에서의 바람을 살펴보자. 이러한 불균형(발산)이 아래에서 위로 바람을 상승시킨다. 그러므로 연직 속도(W)는 지표 근처에서 거의 0의 값을 가지다가 연직적으로 증가하여 500hPa에서는 양의 상승속도를 가지게 된다. 이러한 **신장(stretching)**은 저기압의 선회증가에 기여한다. 그러나 상대적으로 낮은 위도에서 지표 저기압 위치로 불어가는 바람으로 인해 **베타항(beta term)**은 저기압의 선회감소에 기여한다. 파동의 진폭이 적을 때 이러한 효과 또한 적다.

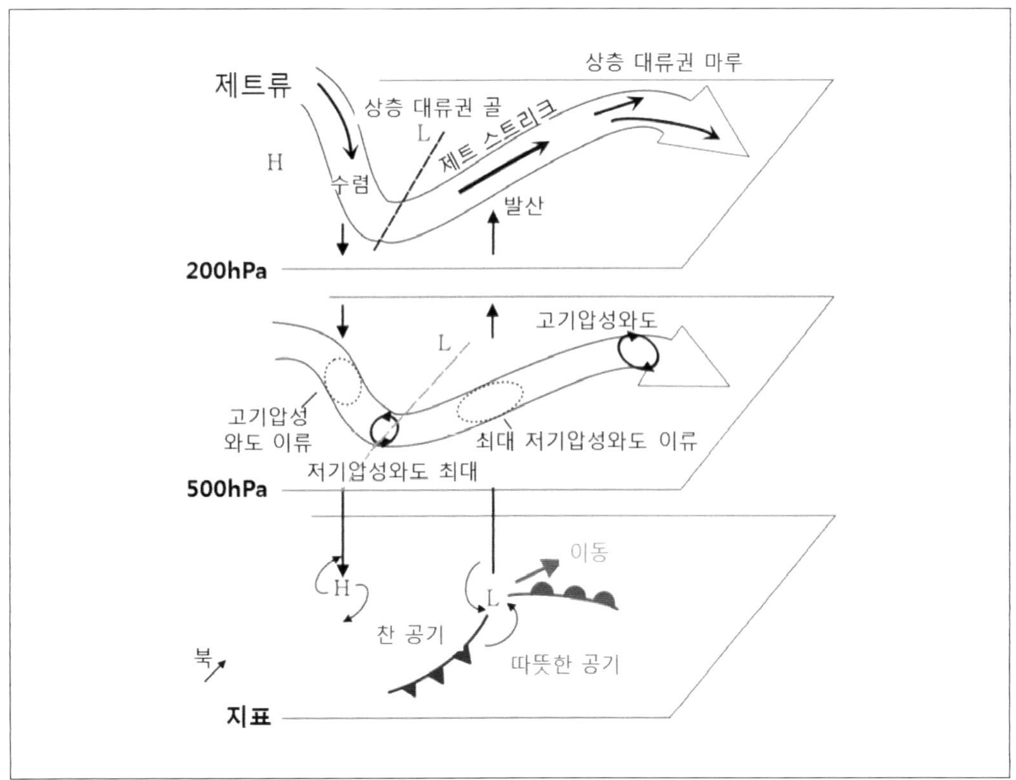

그림 15.5 ▎ 전형적인 기압골(저기압성 상대와도)과 기압능(고기압성 상대와도). Comet Program 참고.

실제 저기압에서 등고선은 기압골에서 더 좁게 나타나며, 이로 인해 제트류 내에 상대적인 최댓값이 나타나는 **제트 스트리크(jet streak)**가 존재한다. 그러나 이러한 운동은 공기의 질량이 등압 통로를 따라 보존된다는 가정에 어긋난다. 로스비는 경도풍균형이 불안정한 운동에서는 유효하지 않다는 것을 지적하였다. 그러므로 그림 15.5의 모형은 적용 가능성에 한계가 있을 수 있다.

15.4 상향 운동

상향 연직 운동은 저기압의 근원적인 힘이며 구름 형성을 측정하는 또 다른 방법이 될 수 있다. z좌표계에서 연직 속도 $W = \Delta z / \Delta t$로 정의되고, 여기서 t는 시간이다. 유사한 연직 속도, **오메가(ω)**는 기압 좌표계에 의해 다음과 같이 정의될 수 있다.

$$\omega \equiv \frac{\Delta p}{\Delta t} \tag{15.10}$$

높이에 따라 압력이 감소하기 때문에, ω는 상승기류에 대해 음인 반면에, W는 양이다. 정역학 방정식을 이용해서, ω와 W의 관계를 다음과 같이 나타낼 수 있다.

$$\omega = -\rho g W \tag{15.11}$$

여기서 ρ는 공기의 밀도이고, $g = 9.8ms^{-2}$는 중력가속도이다. 예를 들어, $p = 500hPa$인 표준대기의 밀도가 $\rho \cong 0.69kgm^{-3}$이면, 상승 기류 $W = 1ms^{-1}$는 $\omega = -6.8Pa(s)^{-1}$를 나타낸다. W 또는 ω는 연직 운동을 나타내는데 사용될 수 있다.

연직 운동을 연구하는 두 가지 기본적 방법은 연속 방정식과 오메가 방정식을 이용할 것이다. 연속 방정식은 대기권 꼭대기에서 수평적으로 발산하는 제트류 바람이 중부 대류권에 연직 운동을 어떻게 만들 수 있는지 보여준다. 오메가 방정식은 대류권 하부의 중층에서 속도와 온도풍으로부터의 연직 운동을 진단하기 위해서 이용한다. 두 가지 접근법은 상호보완적인 이해를 도와준다.

(1) 연속성을 이용한 연직 속도

저기압의 연직 운동은 종종 상부 대류권 제트류의 수평 풍속 변화에 의해 만들어진다. 질량 연속성은 연직 수렴에 의해 보상되는 수평 발산을 필요로 하고, 그 반대도 마찬가지이다. 다시 말해서, 어느 지역을 수평적으로 떠나는 공기가 진공을 남기지 않기 위해 연직적으로 들어가는 공기로 대체되어야 한다(그림 15.6). 제트류는 성층권의 바닥과 가깝고, 제트류 위에서는 연직 운동을 방해하는 강한 정적 안정층이다. 그러므로 연직 운동을 보상하는 대부분은 제트 아래층인 대류권에서 발생한다.

그림 15.6에 그려진 공기의 기둥에 대해서, 이차원의 비압축성 연속 방정식은 다음과 같다.

$$W_{mid} = \frac{\Delta M}{\Delta s}\Delta z \tag{15.12}$$

여기서 $\Delta M = M_{out} - M_{in}$은 수평 풍속의 변화이고, Δs는 유입과 유출 사이의 수평 거리이고, $\Delta M/\Delta s$는 상층의 **수평 발산(horizontal divergence)**이고, Δz는 대류권의 상층 부분이고(500hPa과 대류권계면 사이), W_{mid}는 500hPa을 지나는 연직 속도이다. 그림과 같이, 단순화를 위해 상층의 수평 발산 모두를 한 방향의 바람으로 대체할 수 있다고 가정하자.

제트류 발산을 만드는 두 개의 메커니즘은 제트류의 곡률과 제트 스트리크이다. 첫 번째는 지균근사평형의 특징을 가지는 큰 규모이다. 두 번째는 비지균발산류를 만드는 작은 규모 특징이다.

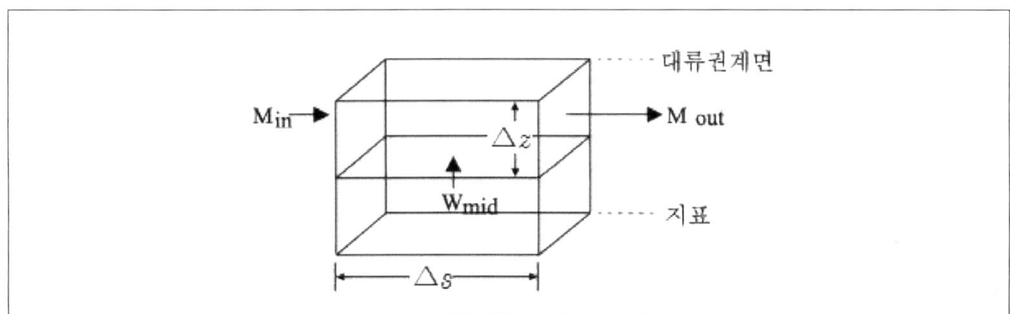

그림 15.6 ▎ 상층 발산 $M_{out} - M_{in}$과 관련된 중층 연직 운동 W를 보여주는 대류권 공기의 기둥. 여기서 M은 풍속.

▎ 제트류 곡률

제 9장에서 우리는 원심력 때문에 능 주변보다 골 주변에서 공기가 더 느리게 부는 것을 알고 있다. 상층 골의 동쪽에 위치한 공기기둥으로 수평적으로 들어오는 공기의 경도풍의 풍속은 나갈 때보다 더 작다. 이로 인하여 거리 $\Delta s = d$를 가로지르는 거리에 풍속 차 ΔM을 만든다.

제트류의 남북 진동을 사인 파(sine wave)로 가정하고 마루와 골 사이의 남북거리가 Δy(=파의 진폭)이고, 동서 파장이 λ이면, 마루와 골 사이의 거리 d는 다음과 같다.

$$\Delta s = d = \left[(\lambda/2)^2 + \Delta y^2\right]^{1/2} \tag{15.13}$$

고기압과 저기압의 경도풍 풍속 차이로 유출과 유입 사이의 풍속 차이를 정의 하면 다음과 같다.

$$\triangle M = 0.5 f_c R\left[2 - \sqrt{1 - \frac{4G}{f_c R}} - \sqrt{1 + \frac{4G}{f_c R}}\right] \quad (15.14)$$

여기서 G는 지균풍속이다. 사인파의 마루와 골의 곡률반경 R은 다음과 같다.

$$R = \frac{1}{2\pi^2}\frac{\lambda^2}{\triangle y} \quad (15.15)$$

제트류의 곡률 때문에 상층 발산의 결과는 위의 방정식들을 결합하여 다음과 같이 나타낼 수 있다.

$$W_{mid} = \frac{\dfrac{f_c \triangle z \lambda^2}{4\pi^2 \triangle y}\left[2 - \sqrt{1 - \dfrac{8\pi^2 G \triangle y}{f_c \lambda^2}} - \sqrt{1 + \dfrac{8\pi^2 G \triangle y}{f_c \lambda^2}}\right]}{[(\lambda/2)^2 + \triangle y^2]^{1/2}} \quad (15.16)$$

이 식을 이용하면, 주어진 파장, 진폭, 지균풍 풍속에 대해 연직 운동을 추산할 수 있다.

예제 15.4

제트류의 두께는 $5km$, 파장은 $6000km$, 진폭은 $500km$, 평균 지균풍의 풍속은 $30ms^{-1}$으로 주어졌다. 마루의 곡률반경, 기류를 따르는 거리 d, 유입 대 유출의 풍향 차이, 중층의 연직 속도를 추정하여라. (단, $f_s = 0.0001s^{-1}$을 가정하자.)

풀이

식 (15.15)을 이용 : $\triangle y = 2 \times 500km$ 이므로

$$R = \frac{1}{2\pi^2}\frac{(6000km)^2}{(2\times 500km)} \approx 1824\ km$$

로스비수에 따르면

$$\frac{G}{f_c R} = R_{0c} = \frac{30ms^{-1}}{(0.0001s^{-1})(1824km)} \approx 0.16$$

식 (15.14)을 이용 :

$$\triangle M = 0.5 \times 0.0001 \times 1824 \times 10^3 \left[2 - \sqrt{1 - 4(0.164)} - \sqrt{1 + 4(0.164)}\right] \approx 10.89ms^{-1}$$

식 (15.13)을 이용 :

$$d = [(3000km)^2 + (1000km)^2]^{1/2} \approx 3162km$$

식 (15.12)을 이용 :

$$W_{mid} = \left(\frac{10.89ms^{-1}}{3162km}\right)5km \approx 0.0172ms^{-1}$$

제트 스트리크

제트 스트리크(jet streaks)는 제트류 안에서 상대적으로 풍속의 최댓값인 지역이다. 이 지역에서는 등압선 또는 등고선이 조밀하며, 상층 대류권 제트류에서 형성된다. 바람은 온도 또는 습도를 이류할 뿐만 아니라 자신을 이류한다. 그 결과 제트류 최댓값이 동쪽으로 이류한다. 따라서 스트리크 지역의 출구에서 실제 풍속은 이론상의 지균풍보다 빠르다. 이러한 상황에 대한 설명으로 그림 15.8(a)에서와 같이 제트의 출구에서 남쪽으로 부는 비지균풍을 고려한다. 비지균풍을 정량적으로 설명하기 위해 대기 운동방정식에서 바람성분 U에 대한 방정식을 고려하고, 정상상태를 가정하며 경계층 항력을 무시하면 다음과 같은 근사식을 얻을 수 있다.

$$-U\frac{\Delta U}{\Delta x}+f_c(V-V_g) \simeq 0 \tag{15.17}$$

바람성분 V에 대해서도 식 (15.17)과 같은 식을 얻을 수 있다. 실제 바람과 지균풍 사이의 차를 이용해서 **비지균풍(ageostrophic wind)** V_{ag}를 다음과 같이 정의한다.

$$V_{ag} \equiv V-V_g, \quad U_{ag} \equiv U-U_g \tag{15.18}$$

식(15.17)과 (15.18)에 주어진 정의를 이용하면 비지균풍의 성분은 다음과 같이 주어진다.

$$V_{ag} = \frac{U}{f_c}\frac{\Delta U}{\Delta x}, \quad U_{ag} = -\frac{V}{f_c}\frac{\Delta V}{\Delta y} \tag{15.19}$$

제트류는 동서류가 탁월하므로 U_{ag}가 U보다 매우 작으며, 또한 $\Delta V/\Delta y$의 크기도 $\Delta U/\Delta x$의 크기에 비해 작다. 따라서 비지균풍 효과는 식 (15.18)에서 V_{ag}만 고려한다. 제트류의 **출구역(exit region)**에서 U는 양이지만, 바람이 동쪽으로 이동하면서 풍속이 감소하므로 $\Delta U/\Delta x$는 음이다. 그러므로 식 (15.19)에 의해 비지균풍 V_{ag}가 음의 값을 가진다. 따라서 그림 15.8(a)와 같이 출구역에서 비지균풍은 북쪽에서 남쪽으로 분다. **입구역(entrance region)**에서는 x방향으로 U바람이 증가하므로 $\Delta U/\Delta x$는 양의 값을 가지며, 남쪽에서 북쪽으로 부는 양의 비지균풍 V_{ag}가 형성된다.

비지균풍의 강도는 제트 축 근처에서 최대이고, 제트의 면으로부터 멀어질수록 강도가 감소한다. 결과적으로, 제트류의 출구역의 왼쪽에서 비지균풍이 수평 발산하고, 출구역의 오른쪽에서 수렴한다. 입구 지역에서는 이와 비슷하지만 반대로 수렴-발산이 일어난다. 이 네 지역은 제트 스크리크의 **4개의 사분면(four quadrants)**이라고 불린다.

그림 15.8(b)는 제트 스트리크의 출구역 근처의 비지균 운동에 의해 만들어진 연직과 수평

순환을 보여준다. 이러한 흐름은 **2차 순환(secondary circulation)**이라고 한다. 순환의 연직 성분은 상층 지역의 수렴과 발산에 의해서 만들어지고, 또한 지표에서 수평적인 발산과 수렴을 만든다. 제트류의 **출구역(exit region)에서** 열적 순환은 지상에서 북쪽의 찬 공기가 상승하고, 상층 남쪽의 온난한 공기가 하강하므로 **간접 열적순환**이다. 한편 **입구역(entrance region)에서는** 지상에서 남쪽의 온난한 공기가 상승하고, 상층 북쪽의 찬 공기가 하강하므로 에서 직**접 열적순환**이다.

상층의 발산 지역은 공기기둥으로부터 질량을 제거하므로 해면기압이 낮아진다. 이러한 해면기압의 낮아짐과 연관된 상향 운동은 저기압을 발생시킨다. 그러므로 저기압이 제트 스트리크의 출구 지역의 왼쪽과 입구 지역의 왼쪽 아래에 생긴다. 출구 사분면의 왼쪽 아래의 중층 연직 속도를 구하기 위해서 $\Delta s = \Delta y$는 제트 스크리크의 남북의 폭이 된다. 제트류의 면에서 거리 Δy 내부에서 비지균풍 V_{ag}는 완만하게 0에 접근한다고 가정하자. 식 (15.12)에 식 (15.19)을 이용하면, 상향 운동은 다음과 같다.

$$W_{mid} = \left| \frac{U \Delta U}{f_c \Delta x} \right| \frac{\Delta z}{\Delta y} \qquad (15.20)$$

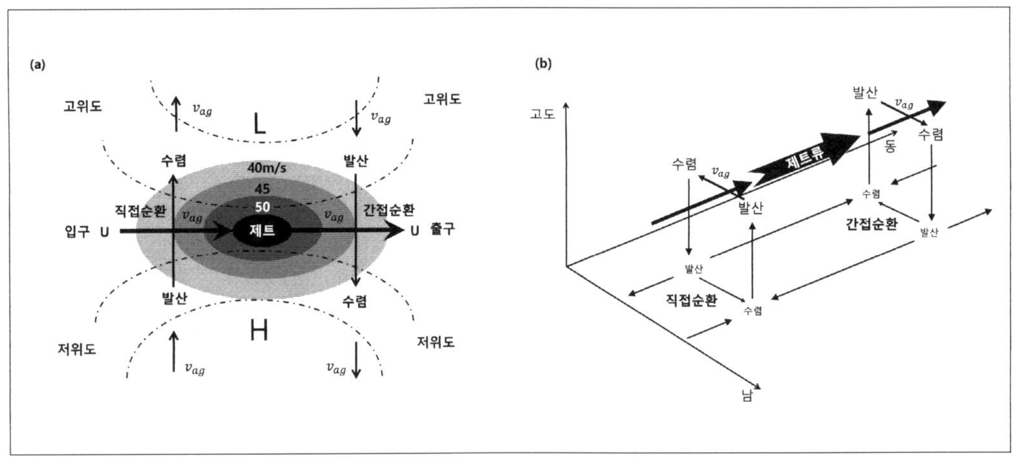

그림 15.8 ▍(a) 등압선 또는 등고선(점선), 제트 스트리크(색칠된 부분), 제트류 바람과 제트 축(두꺼운 화살표), 바람의 비지균 성분 V_{ag}(화살표). (b) 제트 스트리크 입체도, 제트 스트리크 입구부분의 상하층간의 순환은 직접순환, 제트 스트리크 출구부분의 상하층 간 순환은 간접순환이 이루어짐.

예제 15.5

제트 스크리크의 폭을 $1000km$, 중심풍속이 $50ms^{-1}$이고, $1000km$ 거리를 따라서 동쪽으로 $25ms^{-1}$로 감소한다고 가정하자. 만약에 제트 지역의 두께가 $5km$ 라면, 중층 연직 속도를 구하여라. $f_c = 10^{-4}s^{-1}$을 가정하자.

풀이

식 (15.20)을 이용:

$$W_{mid} = \frac{(50ms^{-1})(25ms^{-1})}{(10^{-4}s^{-1})(10^6m)} \frac{(5 \times 10^3m)}{(1000 \times 10^3m)} \approx 0.063ms^{-1}$$

(2) 오메가 방정식을 이용한 연직 속도

▌준지균 오메가 방정식

마찰이 없고, 단열과정에서의 준지균 오메가 방정식은 다음과 같이 표현할 수 있다.

$$\left\{\nabla_p^2 + \frac{f_o^{\ 2}}{\sigma}\frac{\partial^2}{\partial p^2}\right\}\omega = \frac{-f_o}{\sigma}\frac{\partial}{\partial p}\left[-\overrightarrow{V_g} \cdot \nabla_p(\zeta_g + f_c)\right] - \frac{R}{\sigma p}\nabla_p^2\left[-\overrightarrow{V_g} \cdot \nabla_p T\right] \quad (15.21)$$

▌Trenberth 오메가 방정식을 이용한 연직 속도

Trenberth는 다음과 같이 큰 항들 사이에서 작은 차이점을 없애기 위해 더 유용하게 발전시켰다.

$$\left\{\nabla_p^2 + \frac{f_o^{\ 2}}{\sigma}\frac{\partial^2}{\partial p^2}\right\}\omega = \frac{2f_o}{\sigma}\left[-\frac{\partial \overrightarrow{V_g}}{\partial p} \cdot \nabla_p(\zeta_g + (f_c/2))\right] \quad (15.22)$$

오메가 방정식의 세부항목에 대해서, 좌변에 연직(압력) 미분에 초점을 맞추면 다음과 같다.

$$\frac{f_o^{\ 2}}{\sigma}\frac{\partial^2\omega}{\partial p^2} = \frac{2f_o}{\sigma}\left[\frac{\partial \overrightarrow{V_g}}{\partial p} \cdot \nabla_p(\zeta_g + (f_c/2))\right] \quad (15.23)$$

p를 $1000hPa$에서 $500hPa$까지 적분하면 다음과 같다.

$$\frac{\partial\omega}{\partial p} = \frac{-2}{f_o}\left[\overrightarrow{V}_{TH} \cdot \overline{\nabla_p(\zeta_g + (f_c/2))}\right] \quad (15.24)$$

여기서 평균 값 이론을 이용하고, 온도풍의 정의 V_{TH}를 사용한다.

층고 방정식을 이용하여 좌변을 바꿀 수 있다. 전체 방정식은 $z=\Delta z(=1000\sim500hPa$ 두께)에 대하여 $W=W_{mid}$로 두고 $z=0$일 때 $W=0$을 이용해서 높이에 대해 적분한다. 결과적으로 W_{mid}는 다음과 같이 표현될 수 있다.

$$W_{mid}=\frac{-2\Delta z}{f_c}\left[U_{TH}\frac{\overline{\Delta(\zeta_g+(f_c/2))}}{\Delta x}+V_{TH}\frac{\overline{\Delta(\zeta_g+(f_c/2))}}{\Delta y}\right] \tag{15.25}$$

그러나 f_c는 y에 대한 함수이고, x에 대한 함수는 아니기 때문에 Trenberth 오메가 방정식을 이용한 연직 속도는 다음과 같다.

$$W_{mid}\cong\frac{-2\Delta z}{f_c}\left[U_{TH}\frac{\overline{\Delta\zeta_g}}{\Delta x}+V_{TH}\frac{\overline{\Delta\zeta_g}}{\Delta y}+V_{TH}\frac{\beta}{2}\right] \tag{15.26}$$

Q벡터 오메가 방정식

Q벡터가 식 (15.27)과 같을 때 Q벡터를 이용한 준지균 방정식은 식 (15.28)과 같이 표현할 수 있다.

$$\vec{Q}=\frac{1}{2}\left(-\frac{f_0}{\sigma}\frac{\partial^2}{\partial p}(\vec{V_g}\zeta_g)+\frac{R}{\sigma p}\nabla_p(-\vec{V_g}\cdot\nabla_p T\right) \tag{15.27}$$

$$\left(\nabla_p^2+\frac{f_c^2}{\sigma}\frac{\partial^2}{\partial p^2}\right)\omega=-2\nabla_p\cdot\vec{Q}-\frac{R}{\sigma p}\beta\frac{\partial T}{\partial x} \tag{15.28}$$

이중 우변에서 비단열 가열항을 제거하여 Q벡터가 $\vec{Q}=-\frac{f_0}{\sigma}\zeta_g\frac{\partial\vec{V_g}}{\partial p}$ 일 때 Trenberth 오메가 방정식을 Q벡터를 이용하여 표현하면 다음과 같다.

$$\left(\nabla_p^2+\frac{f_c^2}{\sigma}\frac{\partial^2}{\partial p^2}\right)\omega=-2\nabla_p\cdot\vec{Q} \tag{15.29}$$

연직 속도 ω와 Q벡터 사이의 관계는 (15.30)으로 표현할 수 있다.

$$\omega\quad\propto\quad 2\nabla_p\cdot\vec{Q} \tag{15.30}$$

만약 Q벡터의 수렴(발산)이 존재한다면, 우변은 양(음)이 되고 상승(하강) 운동이 발생한다.

예제 15.6

1000 ~ 500hPa의 두께는 5km이고 $f_c = 10^{-4}s^{-1}$이다. 20ms^{-1}의 서에서 동으로 향하는 온도풍이 평균 저기압성 와도가 500km 거리를 따라 동쪽으로 향하면서 $10^{-4}s^{-1}$에 의해 감소하는 지역을 통과하여 분다. 오메가 방정식을 이용해서 대류권 중층에서의 연직 속도를 구하여라.

풀이

식 (15.26)을 이용:

$$W_{mid} \cong \frac{-2(5000m)}{(10^{-4}s^{-1})}\left[(20ms^{-1})\frac{(-10^{-4}s^{-1})}{(5\times 10^{5}m)}+0+0\right]$$

$$\approx 0.4ms^{-1}$$

연습문제

1. 위도 35° N에서 풍속이 $20ms^{-1}$일 때, 산의 풍하 측에서의 정지행성파의 전형적인 파장을 계산하시오.

2. 곡률반경 $1000km$를 가지고 풍속이 $20ms^{-1}$인 바람이 저기압성으로 회전한다. 위도 40° N 에서 두께가 $11km$인 대기의 위치 소용돌이도를 구하시오.

3. 북서방향으로 $100km$마다 U 성분의 지균풍이 $5ms^{-1}$만큼 증가한다고 가정하자. 여기에 다른 시어도 존재하지 않고, 일정한 v성분의 풍속이 $-10ms^{-1}$일 때, 지균소용돌이도의 이류를 구하시오.

4. 일기도를 이용한 최대 한랭이류 지역을 표시하고 이유를 설명하시오.

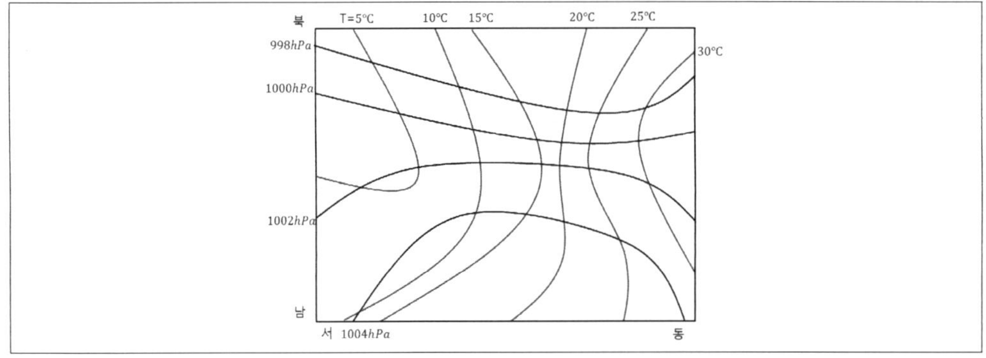

5. $2km$의 두께를 가진 공기의 꼭대기에서 $0.01ms^{-1}$로 올라가고 바닥에서 $0.005ms^{-1}$로 올라간다. $5ms^{-1}$로 남풍이 분다. 위도 30° 에서 지균소용돌이도의 선회증가율을 구하시오.

6. 만약 평균 지균속도가 $40ms^{-1}$이고 $100km$를 따라 수평 바람경도가 $-20ms^{-1}$일 때, 위도 50° N에서 제트 스트리크의 출구역의 비지균풍의 남북 성분을 구하시오.

제16장 태풍의 생성과 발달

열대성 저기압인 태풍은 폭우와 강풍을 동반하는 중규모 기상현상으로 태풍 통과 시 인명과 재산에 큰 피해를 일으킨다. 이 장에서는 태풍의 구조와 운동, 열역학적 특성에 대해 논의하도록 하자.

16.1 태풍의 특성

태풍은 열대 해양에서 발달하는 풍속이 $34ms^{-1}$(기상청 기준 $17ms^{-1}$)이상인 열대 폭풍으로 많은 강수를 동반한다. 태풍의 일반적인 반경은 약 $500km$로 전체 공간 규모로 보면 종관규모에 상당하다고 할 수 있지만 태풍의 강한 대류영역과 강풍역의 반경이 대략 $100km$ 정도이므로 태풍을 중규모로 분류하고 있다. 태풍의 이차원적 공간 규모와 구조는 기상위성의 가시영상(visible image)에서 잘 볼 수 있다(그림 16.1). 그림 16.1에서 태풍 중심의 작은 점은 태풍의 눈을 나타낸다. 태풍의 눈은 **눈벽(eye wall)**에 의해 둘러싸여 있는 구름이 없는 태풍의 중심부이며, 이곳에서는 공기가 침강한다. 나선 모양의 구름 띠는 대부분 강수 역을 나타낸다. 기상위성 사진을 연속적으로 분석하면 북반구에서 발달하는 태풍의 경우 나선 띠(spiral band)를 구성하고 있는 구름의 운동은 태풍의 정상 부근에서 고기압성 (시계 방향)임을 알 수 있다. 고기압성 흐름으로 태풍 중심에서 멀어진 공기는 다시 해수면으로 침강한다. 하층의 구름은 태풍의 중심을 향해서 안쪽으로 향하는 저기압성 나선 운동을 한다. 태풍의 하층에서 이와 같은 저기압성 나선 운동은 라디오존데와 기상 레이더 관측에서 확인할 수 있다.

그림 16.1 ▎천리안 위성으로 관측된 태풍 봉퐁(Vongpong)의 가시영상 (2014.10.9.0745UTC).

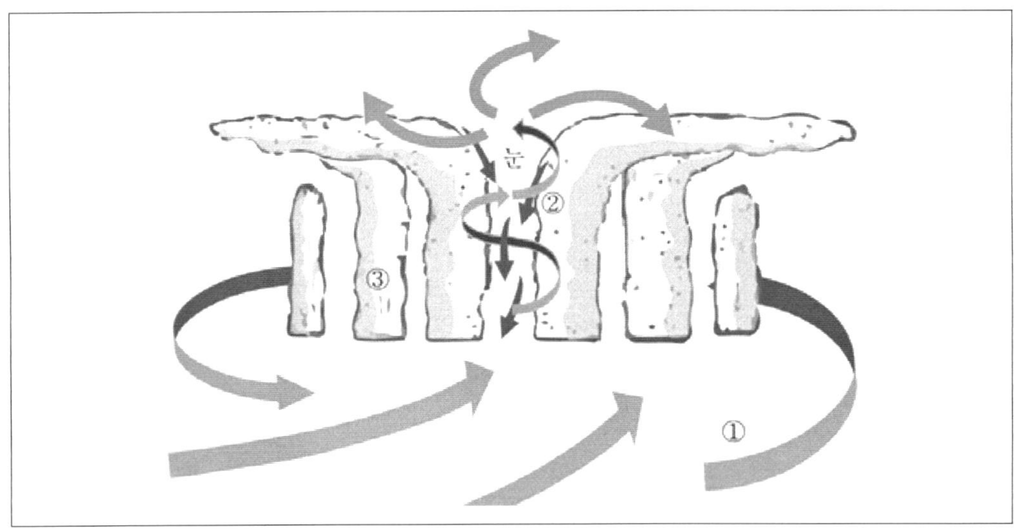

그림 16.2 ▎열대저기압의 전형적인 구조: ① 경계층 유입흐름, ② 눈벽, ③ 강우띠.

그림 16.2는 태풍의 3차원 구조를 개괄적으로 나타낸 것이다. 그림에서 보면 태풍 눈의 정상에서는 하강기류가 존재한다. 태풍의 눈 주위에 발달한 심층대류운으로 형성된 대류고리(convective ring)의 안쪽 부분이 눈벽을 형성하고 있다. 나선형 강우 띠(rain band)와 강우 띠 사이에 멀리 상층에서 시작한 하강기류가 대기경계층 하부에서는 태풍 중심으로 향하는 유입류(inflow)로 바뀌고 있다. 이 유입류는 눈벽에 도달하면 눈 안으로 더 이상 진입하지 못하고 그림에서 보는 바와 같이 저기압성의 나선형 운동을 하면서 계속 빠른 속도로 상승하면서 그

일부가 주위로 발산한다. 고도에 따라 대류 고리의 반경이 점점 증가하며 고리가 각운동량을 보존하려는 경향 때문에 풍속은 점점 감소한다. 그리고 기류가 태풍 정상에 도달하면 그 중심에 형성된 고기압으로 인해 기류는 시계 방향의 회전을 하면서 눈벽에서 가장자리로 서서히 이동한다. 지표에서 저기압인 태풍의 중심이 상층으로 올라가면서 고기압으로 바뀌는 이유는 온도가 주위보다 높은 온난핵에서는 주위보다 기압이 더 천천히 감소하기 때문에 대류권계면 부근에서는 태풍 정상부의 중심기압이 주위보다 더 높아져 고기압이 형성되기 때문이다. 한편 태풍 위에는 권운이 넓은 지역을 덮고 있다.

그림 16.3은 눈벽 주위의 대기흐름을 좀 더 자세히 나타낸 것이다. 그림에서 보는 바와 같이 하층에서 눈벽 주위로 수렴하는 바람은 눈벽 주위를 따라 올라가면서 상승기류로 바뀐다. 그리고 상층으로 올라가면서 대기의 발산으로 눈의 반경이 커지면서 각운동량 보존으로 인해 풍속은 감소한다. 그러나 원형의 눈벽이 항상 대칭 구조를 가지는 것은 아니다. 눈벽의 기울기(slope) 분석에는 **최대풍속반경(radius of max wind, RMW)**의 기울기, 각운동량 표면의 기울기(Stern and Nolan, 2009) 그리고 $20dBZ$의 레이더 반사도 인자(Hazelton and Hart, 2013)가 이용되었다. 이들 모수들을 이용한 분석에 따르면 바람의 연직 시어가 작은 경우에는 눈벽의 연직 단면도가 대칭 구조에 가깝지만 연직 시어가 큰 경우에는 풍하 측에 있는 눈벽이 지면으로 더 기운다. 또한 태풍이 강화되는 경우가 약화되는 경우에 비해 눈벽의 기울기가 더 크다.

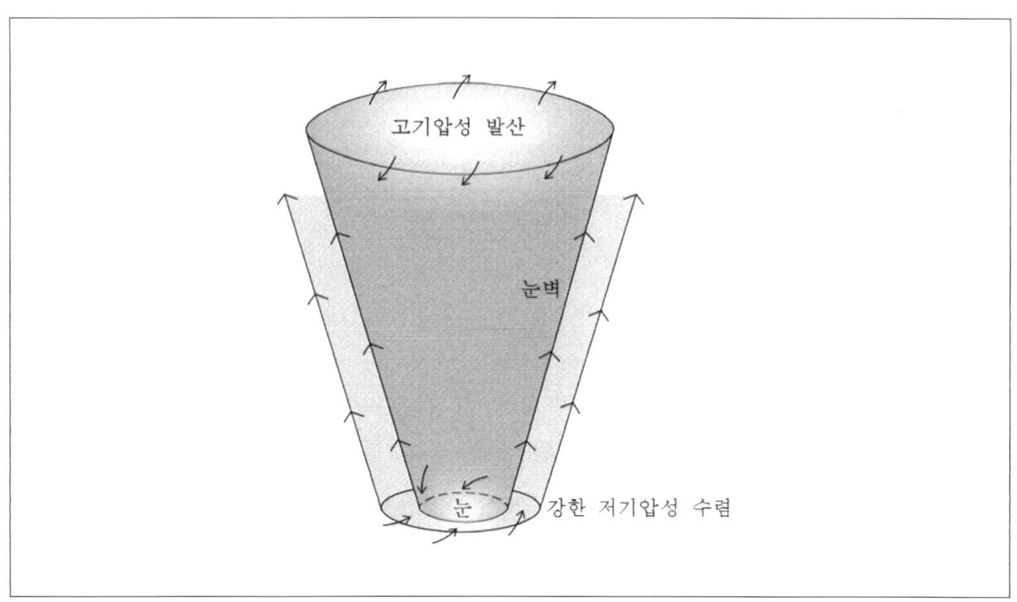

그림 16.3 ‖ 태풍의 눈의 하층, 정상과 눈벽에서 대기 운동의 모식도.

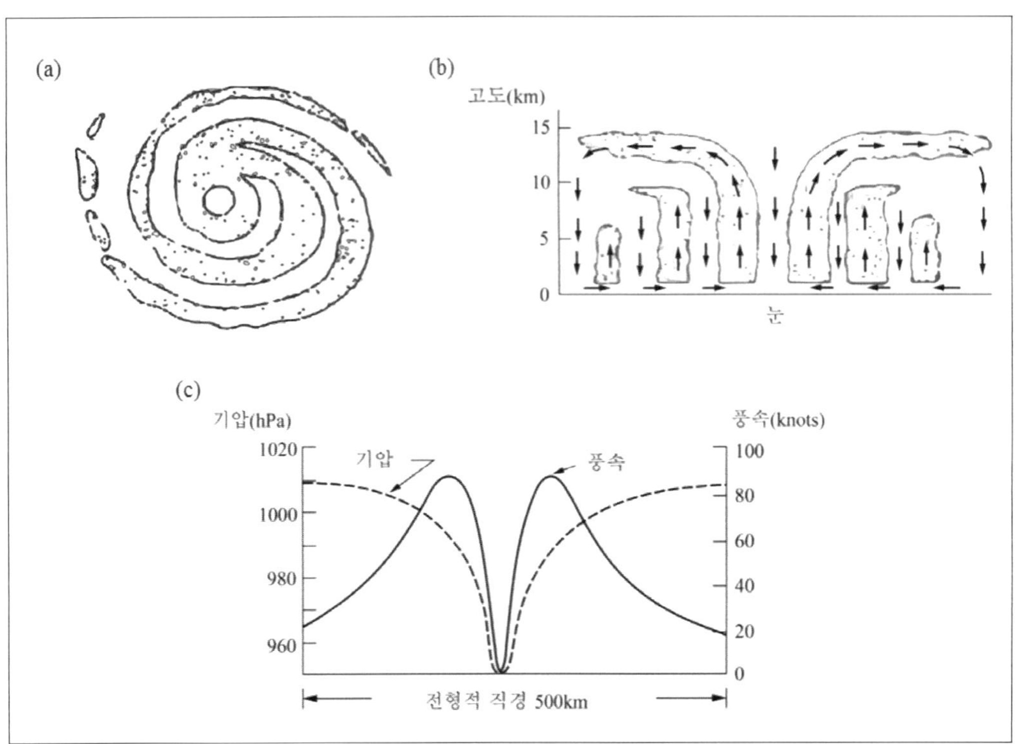

그림 16.4 ▎ 모식적인 태풍구조 (a) 2차원 평면도, (b) 연직단면, (c) 지표면 기압과 바람분포.

그림 16.4(a)는 태풍의 2차원 평면구조를 보여주는 모식도이다. 전형적인 눈의 직경은 40~50km이다. 급속히 발달하는 태풍의 경우에는 **방사 기압경도(radial pressure gradient)**의 증가로 눈의 크기가 작아질 수 있다. 그림 16.4(b)는 연직 방향에서 대기흐름과 구름분포를 보여준다. 태풍의 눈에서는 정상부에서 생긴 하강기류가 단열 하강하여 구름이 거의 없다. 눈벽은 고도가 증가함에 따라 중심에서 바깥쪽으로 기울어져 있으며, 이로 인해 눈의 크기가 고도에 따라 증가한다. 대기의 수평 흐름을 보면 대기경계층 내에서는 대기가 중심으로 가면서 수렴하는 반면 태풍의 정상에서는 마치 고기압 중심처럼 공기가 그 주위로 발산하고 있다. 이 공기는 밖으로 이동하면서 고기압성 흐름을 형성한다.

그림 16.4(c)는 지표에서 태풍의 중심에서 **방사 거리(radial distance)**에 따른 기압과 풍속의 변화를 나타낸 모식도이다. 표면 기압은 태풍 중심에서 가장 낮고 방사 거리에 따라 증가하지만 눈벽 경계에서 매우 증가하며 그 이후는 점차 서서히 증가한다. 풍속은 태풍 중심에서는 거의 $0ms^{-1}$이지만 방사 거리에 따라 점차 증가하여 눈벽에서 최대 풍속을 가진 후 점차 감소한다.

16.2 태풍의 생성조건

태풍의 생성에 대해서는 많은 연구가 수행되어왔지만 아직도 명확한 이론과 설명이 제시되어 있지 않다. 태풍 생성, 즉 **열대 저기압 생성(tropical cyclogenesis)**에 대해 Gray(1968)가 다음 6가지 필요조건을 제시하였다.

(i) 해수면 온도가 26℃ 이상이어야 하며 혼합층 또는 수온약층(thermocline)의 깊이가 60m 이상일 것. (ii) 대류권 중층의 상대습도가 높을 것. (iii) 대기가 조건부 불안정 상태에 있을 것. (iv) 대류권 하층의 상대와도가 클 것. (v) 위도가 5° 이상일 것. (vi) 바람의 연직 시어가 작을 것.

앞에서 제시한 조건 중 처음 3가지 조건은 열역학적 요인이고 나머지 3가지 조건은 역학적 요인이다. 6가지를 필요조건이라고 한 이유는 열대저기압이 발생하려면 적어도 이 조건이 동시에 만족 되어야 하기 때문이다. 그러나 실제로 이 조건이 만족 되어도 열대저기압이 항상 생성하는 것은 아니므로 앞에 기술한 요인들은 충분조건은 되지 못한다. Gray(1968)의 태풍 발생에 대한 연구 이후 많은 연구가 수행되었으며, 그 결과 앞에 제시한 조건이 충족되지 않는 경우에도 태풍이 발생하는 것으로 밝혀졌다. 주어진 6가지 요인에 대해서 좀 더 자세히 살펴보자.

(1) 26℃ 이상의 해수면 온도와 혼합층의 깊이

해수면 온도가 26℃ 이하인 경우에도 많지는 않지만 태풍이 발생한다. 이 사실은 앞에 제시한 요인 이외에 다른 요인이 태풍 형성에 중요하게 작용하고 있음을 말해준다. 해수면 온도가 26℃ 이상인 해수층의 깊이는 태풍의 형성뿐만 아니라 태풍의 강도 변화에도 영향을 미친다. 그 이유는 태풍이 통과하면, 특히 중심부의 강한 바람에 의한 상층해양(upper ocean)의 혼합과 **용승(upwelling)**작용으로 해수면 온도가 하강하기 때문이다. 태풍 통과후의 해수면 냉각은 그 위를 통과하는 후속 태풍의 발달을 저해한다.

(2) 대류권 중층의 상대습도

대기의 습도가 높을수록 구름 덩이가 상승하는 과정에서 불포화 공기가 유입되어도 쉽게 포화 상태를 유지 할 수 있기 때문에, 태풍 발생 요인 중 대류권 중층의 습도는 매우 중요하다. 또한, 이로 인해 계속 왕성한 대류를 유지할 수 있다. 열대해양에서 700~500hPa에 이르는 층에서 상대습도는 50~60%이며, 이 경우에 주위에서 구름으로 불포화 공기가 유입되어도 구름 덩이가 상승하는 동안 포화 상태를 유지할 수 있다.

(3) 하층대기의 정적 안정도

대기의 정적 안정도는 공기 덩이의 가온도와 주위 공기의 가온도 차이에 기인한 부력으로 인해 불안정한 상태, 즉 연직 운동의 가능성을 분석하는 데 유용하다. 이 조건을 고도에 따른 상당온위의 변화로 나타내면 $\partial\theta_e/\partial z < 0$이다. 태풍 발생을 위해서는 지표의 상당온위(θ_{esfc})와 $500hPa$고도의 상당온위(θ_{e500})의 차 즉 $\triangle\theta_e(=\theta_{esfc}-\theta_{e500})$가 $10K$이상 되어야 하며, 이 조건은 열대 해양에서 쉽게 만족된다.

(4) 위도가 5° 이상인 지역

이 조건은 전향력이 거의 경도풍 균형(gradient wind balance)을 유지 할 수 있을 정도로 충분히 커야 태풍이 생성될 수 있음을 의미한다. 주어진 풍속에 대해 전향력의 크기는 지구와도의 크기에 의해 결정된다.

(5) 약한 연직 바람시어

태풍이 발생하기 위해서는 대류권 내에서 수평 바람의 연직 시어가 작아야 한다. 그 이유는 **습윤대류(moist convection)**시 발생한 잠열이 바람의 연직 시어가 작은 경우에만 스톰의 중심부에 머물러 스톰의 발달을 도모할 수 있기 때문이다. 스톰이 상층풍보다 더 느리게 이동하는 경우에는 스톰 상부의 가열된 부분이 평균류에 의해서 시간이 지남에 따라 스톰에서 멀리 떨어져 나가게 된다. 그 결과 폭풍이 크게 발달할 수 없다. 일반적으로 태풍 발생시 $850hPa$과 $500hPa$고도에서 풍속 차이가 $10ms^{-1}$ 미만이면 태풍 발생이 가능하나 $16ms^{-1}$ 이상이면 태풍 발생이 어렵다.

(6) 대류권 하층의 상대와도

태풍 발생에 있어서 하층대기의 저기압성 회전은 매우 중요한 기본 요소이다. 한대 전선에서 작은 규모의 불안정에서 발달하는 **전선 저기압(frontal cyclone)**과는 달리, 태풍은 그림 16.5와 같이 기존의 대규모 또는 중규모 흐름 패턴(flow pattern)에서 발달한다. 그림 16.5(a)는 적도 수렴대에서 수평시어, (b)는 편동풍 파동(easterly waves), (c) 중규모 맴돌이, (d) 열대 상층 대류권골(tropical upper tropospheric trough, TUTT)이 태풍의 생성에 필요한 하층의 상대와도를 제공하는 것을 보여준다.

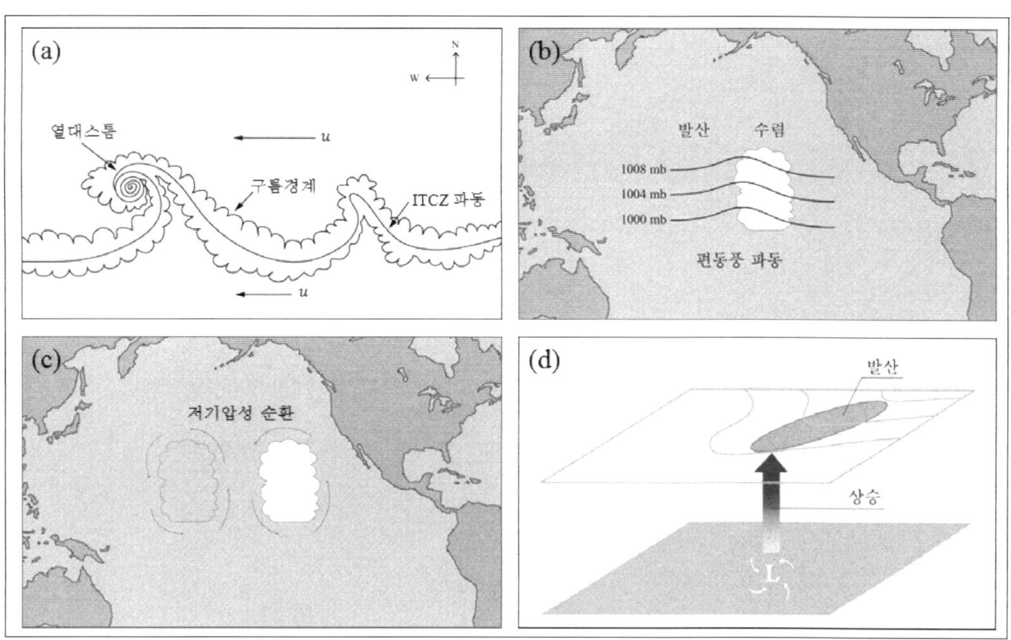

그림 16.5 ❙ 태풍 생성과 관련된 상, 하층 대기의 운동.

16.3 태풍의 발달과정

(1) 태풍의 에너지원

태풍 운동의 에너지원은 일차적으로 해양에서 온다. 그림 16.6과 같이 열대 해양에서 온난한 해수면을 통과하는 공기는 해면으로부터 현열과 잠열의 형태로 에너지를 받는다. 현열은 난류로 인해 형성된 작은 에디(eddy)에 의해 해수면과 인접한 대기에서 그 위로 이동한다. 해수면과 그 위에 있는 대기간의 온도 차가 클수록, 풍속이 증가할수록 현열속은 더욱 증가한다. 현열속(Q_s)은 다음 식을 이용하여 구할 수 있다.

$$Q_S = \rho_a C_p C_h U_{10}(T_s - T_{10}) \tag{16.1}$$

여기서 Q_S의 단위는 Ws^{-2}이며, ρ_a는 공기밀도, C_p는 습윤공기의 정압비열, C_h는 현열속에 대한 bulk 계수, T_s는 해수면 온도이고 T_{10}과 U_{10}은 해면에서 높이 $10m$인 곳에서 온도와 풍속이다. C_h의 값은 풍속, 온도, 습도의 함수이며, 대기가 중립인 경우 $C_h = (1 \sim 1.5) \times 10^{-3}$의 값을 갖는다(Toba,2003).

잠열속(Q_E)에 관한 식은 현열속과 유사한 형태로 다음과 같이 주어진다.

$$Q_E = \rho_a L C_e U_{10}\{q_s(T_s) - q_s(T_{10})\} \tag{16.2}$$

여기서 L은 증발잠열($2.5 \times 10^6\ Jkg^{-1}$)이며, q_s와 q_{10}은 각각 해면에서 높이 $10m$ 인 곳에서 포화비습이다. 전형적으로 $C_h = (1 \sim 3) \times 10^{-3}$이며 대기가 중립인 경우에는 $C_h \simeq C_e$이다.

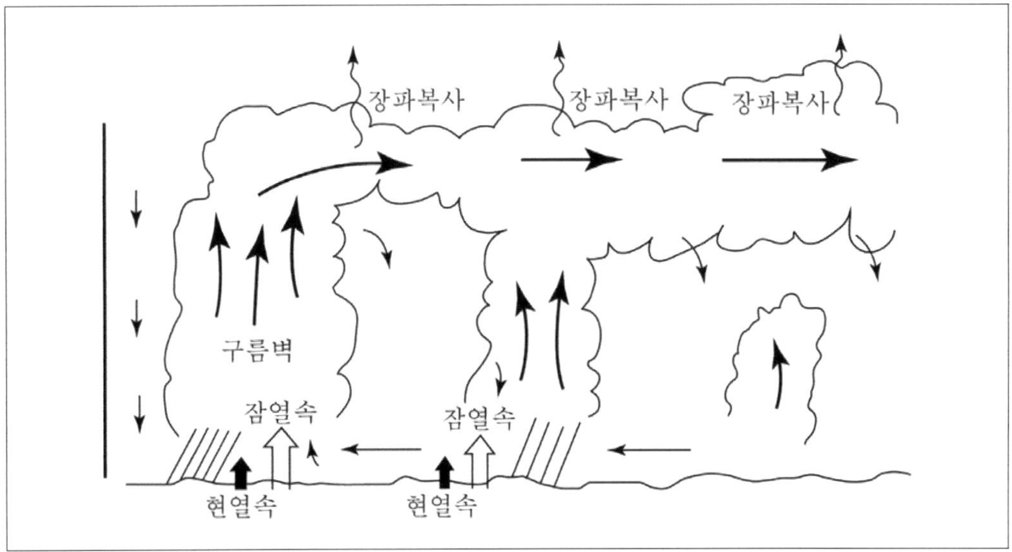

그림 16.6 ▎ 해수면에서의 현열, 잠열의 이동과 정상에서의 순 장파복사.

한편 야간에 구름의 정상에는 구름의 상향(upward) 장파복사와 그 위에 대기층에서 구름으로 들어오는 하향(downward) 장파복사의 차이로 복사 냉각이 일어난다. 이로 인해 야간에 구름의 정상부의 복사냉각으로 수증기가 응결되면서 구름 입자가 성장하여 강수를 유도할 수 있다. 또한 하강기류를 일으켜 구름 내부에서 연직 전도(vertical overturning)가 일어날 수 있다.

(2) 발달 초기의 회전

태풍에서 접선속도는 저기압 중심을 향해 일어나는 대기의 수렴과 연관된 회전으로 생성된다. 와도 방정식에서 절대와도의 시간 변화는

절대와도의 시간 변화 = 대기의 수평수렴 + 와도관의 경사 + 솔레노이드 (16.3)

으로 주어진다. 여기서 와도관의 **기울기항(tilting term)**이 무시될 만큼 연직 속도의 수평 시어가 작고, 대기의 경압성이 무시할 수 있는 경우에는 절대와도의 시간 변화는 직교좌표에서 다음과 같이 근사할 수 있다.

$$\frac{d}{dt}(\zeta+f) \simeq -(\zeta+f)\left(\frac{\partial v}{\partial x}+\frac{\partial u}{\partial y}\right) = -(\zeta+f)D \tag{16.4}$$

여기서 ζ는 대기의 상대와도, D는 발산을 나타내며, 수평수렴인 $D<0$이므로 주어진 저기압 중심에서는 상대와도가 증가한다. 더욱이 태풍의 중심으로 접근할수록 대기의 접선속도는 증가한다. 이러한 태풍의 수평운동의 특성은 지구 자전과 연관된 각운동량, $r^2\Omega\sin\phi$(Ω:지구 자전 각속도, ϕ:위도)과 태풍의 바람과 연관된 각운동량에의 합 즉, 절대 **각 운동량(angular momentum)**의 보존으로 설명할 수 있다. 절대 각운동량은 다음과 같이 주어진다.

$$M_a = rv_\theta + r^2\Omega\sin\phi = rv_\theta + 0.5fr^2 \tag{16.5}$$

여기서 v_θ는 태풍 중심에서 반경 r인 지점에서 접선속도이며 f는 코리올리인자이다. 태풍이 위치하는 전형적인 위도대인 20°에서의 코리올리인자(f)는 $5\times10^{-5}s^{-1}$이다. 식 (16.5)에 의하면 절대 각운동량이 보존될 경우 대기는 중심으로 이동하면서 접선속도가 계속 증가한다. 예를 들면 태풍의 중심(위도10°)에서 $400km$에 위치한 접선속도가 $0ms^{-1}$인 공기 덩이가 나선 경로를 따라 $r=100km$에 접근했을 때 가지게 되는 접선속도는 각운동량 보존을 고려하면 $19ms^{-1}$이다. 만약 허리케인이 지표로부터의 마찰의 영향을 받지 않는다면 각속도는 대기가 수렴하는 동안에 보존될 것이다. 실제로 태풍에서 마찰력은 무시할 수 없으며 각운동량은 보존되지 않는다. 따라서 실제 접선속도는 $19ms^{-1}$보다 느리다.

예제 16.1

열대성 저기압 중심으로부터 $400km$ 반경의 초기 비회전성 대기가 반경 $100km$로 수렴한 이후의 접선속도, $v_\theta(ms^{-1})$를 구하시오. 저기압의 중심은 위도 10°에 위치한다.

풀이

먼저, 코리올리인자를 계산한다.

$f_c = 2\Omega\sin\phi = (1.458\times10^{-4}s^{-1})\sin(10°) \approx 0.0000253s^{-1}$

식 $v_\theta = \frac{f}{2}\left(\frac{R_{\in}^2 - R_{final}^2}{R_{final}}\right)$을 이용하면

$v_\theta = \frac{(0.0000253s^{-1})}{2}\left(\frac{(400km)^2-(100km)^2}{100km}\right) \approx 19ms^{-1}$

(3) 관성불안정

관성안정도(inertial stability)는 유체의 소용돌이가 어떤 섭동(perturbation)이나 외부영향에 대한 저항 또는 상호작용의 정도를 보여준다. 예를 들면 작은 원형의 풀(pool)에서 가장자리를 따라 걸으면 물이 걷는 방향으로 함께 움직이는 것을 느낄 수 있다. 이때 물이 움직이는 방향으로 거슬러 이동하거나 또는 풀의 중심에서 바깥쪽으로 나오려고 하는 경우 쉽지 않다. 그 이유는 회전상태의 물의 관성 안정도가 물의 흐르는 방향과 반대 방향의 운동과 흐름을 횡단하는 운동에 대해 저항하기 때문이다. 따라서 높은 관성 안정도를 가진 소용돌이는 저항이나 외부영향에도 잘 저항하므로 대칭적이다. 반면 낮은 관성 안정도를 가진 소용돌이는 저항이나 외부영향에 잘 저항하지 못하므로 덜 대칭적이다. 성숙기에 있는 태풍은 관성 안정도가 매우 높아서 발달된 대칭 구조를 보여준다. 태풍의 **맴돌이(eddy or vortex)**는 다음 조건을 만족할 때 **관성안정도(inertial stability)**를 갖는다.

$$I_{\omega}^2 = (\zeta + f)(\frac{2v_\theta}{r} + f) > 0 \qquad (16.6)$$

식 (16.6)에 의하면 태풍의 맴돌이(vortex)의 관성안정도는 절대와도와 풍속에 비례하고 반경에 역 비례한다. 따라서 주어진 위도와 태풍 반경에 대해 풍속이 증가할수록 관성안정도는 증가한다. 따라서 태풍의 위치와 발달 정도에 따라 관성안정도가 변한다. 한편 식 (16.6)에서 음의 절대와도는 관성 불안정에 대한 충분한 조건이 되지 않음을 알 수 있다. $(\frac{2v_\theta}{r} + f) < 0$인 경우에는 관성안정이 되기 때문이다.

(4) 일차순환과 이차순환

태풍은 일반적으로 두 개의 순환, 즉 **일차순환(primary circulation)**과 **이차순환(secondary circulation)**으로 구성되어 있다. 일차순환은 태풍의 중심에 대한 수평, 접선운동으로 대류권 하층에서는 바람이 중심을 향해 저기압성의 회전을 하면서 나선형으로 불어 들어가지만 고도가 증가하면서 풍속이 감소하고 풍향이 점차 바뀌면서 태풍의 정상 부근에서는 완전한 고기압성 회전을 하면서 불어나가는 바람이다. 일차순환을 일으키는 힘들을 살펴보면 그림 16.7과 같다. 기압경도력은 풍향과 90° 를 이루면서 태풍의 중심을 향하고 있고 전향력과 원심력은 풍향과 90° 를 이루면서 기압경도력과 정반대 방향으로 작용하여 거의 경도풍 균형(gradient balance)을 이룬다. 그러나 지표 부근에서는 풍향과 반대 방향으로 마찰력이 작용한다. 여기서 원심력과 전향력은 감소하지만 기압경도력은 영향을 받지 않는다. 이로 인해 지표 부근에서 바람이 태풍의 눈을 향해 안쪽으로 불면서 나선형의 경로를 가지게 되며, 각운동량 보존으로 중심으로 접근할수록 풍속이 증가한다.

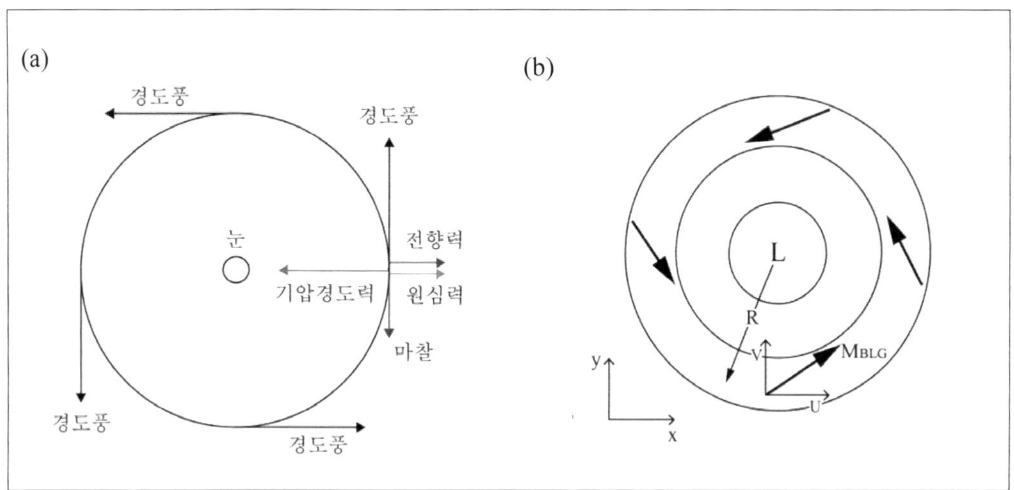

그림 16.7 ▍ 해수면에서 경도풍 근사. (a) 힘의 균형과 (b) 저기압 주위 바람.

(5) 운동방정식

태풍의 운동을 기술하는 데는 회전하는 지구상에 설정한 국지 원통좌표계가 주로 이용된다. 원통좌표계(r, θ, z)에서 이류항을 무시한 운동방정식은 다음과 같이 주어진다(Anthes, 1982).

$$\frac{dv_r}{dt} - \frac{v_\theta^2}{r} = -\frac{1}{\rho}\frac{\partial p}{\partial r} + fv_\theta + F_r \tag{16.7}$$

$$\frac{dv_\theta}{dt} + \frac{v_r v_\theta}{r} = -\frac{1}{\rho r}\frac{\partial p}{\partial \theta} - fv_r + F_\theta \tag{16.8}$$

$$\frac{dw}{dt} = -\frac{1}{\rho}\frac{\partial p}{\partial z} - g + F_z \tag{16.9}$$

여기서 r은 태풍의 중심에서 방사거리(radial distance), ρ는 공기의 밀도이다, θ 는 기준선에서 각 거리이며, g는 지구 중력가속도, f는 코리올리 인자이다. 바람 벡터의 각 성분으로 $v_r (= dr/dt)$는 방사속도(radial velocity), $v_\theta (= rd\theta/dt)$는 접선속도 그리고 $w (= dz/dt)$는 연직 속도이다. 난류에 기인한 마찰력의 각 성분은 F_r, F_θ, F_z이며 그리고 $\frac{v_\theta^2}{r}$은 원심력이다.

운동량 방정식에서 ρ는 공기의 밀도, $\frac{\partial p}{\partial r}$는 방사 기압경도(radial pressure gradient), 그리고 $\frac{1}{r}\frac{\partial p}{\partial \theta}$는 접선 기압경도이며, 축대칭의 경우 $\frac{1}{r}\frac{\partial p}{\partial \theta}=0$이다.

방정식 (16.7)과 (16.8)는 저기압과 고기압성 흐름 모두에 적용된다. 운동방정식에서 v_r는 소용돌이(vortex)에서 r이 증가하는 방향으로 유출되는 경우 $v_r > 0$이다. 그리고 v_θ는 저기압성 흐름인 경우 $v_\theta > 0$이고, 고기압성 흐름인 경우 $v_\theta < 0$으로 고려한다. 만일 소용돌이가 정상 상태이고 축대칭이며 마찰력이 무시되는 경우에는 접선 운동방정식은

$$\frac{v_\theta^2}{r}= \frac{1}{\rho}\frac{\partial p}{\partial r}-fv_\theta \tag{16.10}$$

으로 주어진다. 식 (16.10)은 소용돌이가 경도풍균형임을 보여준다. 식 (16.10)을 fv_θ로 나누어 주면 다음 식을 얻는다.

$$\frac{v_\theta}{fr}+1+\frac{1}{\rho f v_\theta}\frac{\partial p}{\partial r}=0 \tag{16.11}$$

식 (16.11)에서 첫 번째 항은 로스비수(Rossby number), $R_o=\frac{v_\theta}{fr}$이다. 북반구에서 저기압일 때 반시계 방향으로 그리고 고기압일 때 시계 방향으로 회전한다. 바람이 계속해서 저기압 중심 쪽으로 상승하면서 원심력이 중요해진다. 이 경우 원심력과 비교하여 코리올리힘은 무시될 수 있으며, 내부를 향하는 기압경도력은 외부를 향하는 원심력과 균형을 이루어, 바람은 **선형풍(cyclostrophic wind)이 된다. 선형풍의 속력, V_{cs}**는 다음과 같이 주어진다.

$$V_{cs} = \sqrt{\frac{r}{\rho_a}\frac{\partial p}{\partial r}} \tag{16.12}$$

이 식은 회전의 중심 반경 100km 내에서 유효하며 허리케인의 눈과 주변의 눈벽을 포함한다. 어느 경우에나 풍속은 기압경도에 의존한다. 대략 중심기압이 낮을수록 최대 풍속은 더욱 커진다. 태풍의 최대 풍속($v_{\max}$)과 중심기압 사이의 관계는 다음 식으로 표현될 수 있다.

$$v_{\max} = A\sqrt{p_\infty - p_c} \tag{16.13}$$

여기서 p_∞는 태풍순환 영역 밖에서 주위의 해면 기압이며, p_c는 태풍중심의 최저기압이다. 상수 A는 실험적으로 결정되는 값으로 대서양에서 발달하는 허리케인의 경우 $A=6.3$이다.

(6) 태풍의 와도

태풍 내에 있는 대기는 그 중심에 대해 곡선 경로를 따라 회전하므로 와도를 가진다. 태풍을 축대칭 맴돌이라고 가정할 경우 극좌표에서 상대와도(ζ)는

$$\zeta = \frac{\partial v}{\partial r} + \frac{v}{r} \tag{16.14}$$

으로 주어진다. 여기서 우변의 첫 번째 항은 시어(shear)항 그리고 두 번째 항은 곡률항이다. 단위질량의 공기가 가지는 지구와도와 상대와도의 합인 절대와도는

$$\eta = \left(\frac{\partial v}{\partial r} + \frac{v}{r}\right) + f \tag{16.15}$$

으로 주어진다. 절대와도(η)와 단위질량에 대한 절대 각운동량(M_a)과의 관계는

$$\eta = \frac{1}{r}\frac{\partial M_a}{\partial r} \tag{16.16}$$

으로 주어진다. 식 (16.16)은 $\partial M_a/\partial r = 0$인 경우 절대와도가 0임을 보여준다.

이차순환은 그림 16.4(b)에 주어진 연직단면과 같이 태풍 중심을 향한 공기의 방사 운동은 내향(inward) 방사 운동 - 상승 - 외향(outward) 방사운동-하강으로 구성되어 있다. 대류권 하부, 즉 저층에서의 방사 운동은 밖에서 안쪽으로 향하지만 상층에서는 안에서 밖으로 향한다. 태풍에서 이차순환이 일어나는 이유는 앞에서 기술한 마찰력의 영향으로 풍속이 감소하면서 공기가 강제 상승하며 단열상승 과정에서 포화 상태의 수증기가 응결하면서 잠열이 이차순환에 필요한 에너지를 공급하기 때문이다. 그리고 태풍 정상에서 외부로 나간 공기는 복사 냉각에 의해 하강한다. 이차순환과 관련된 열역학 과정은 카르노 순환으로 근사할 수 있다.

(7) 눈벽의 형성

눈벽의 형성을 식 (16.7)에서 마찰력을 무시한 상태의 동경방향의 운동을 다음 식에서 개념적으로 살펴보자.

$$\frac{dv_r}{dt} = \frac{v_\theta^2}{r} + fv_\theta - \frac{1}{\rho}\frac{\partial p}{\partial r} \tag{16.17}$$

태풍 중심을 향해서 나선형 경로를 따라 공기가 이동할 경우 각운동량 보존에 의해 공기의 접선 속도는 계속 증가하며 이에 따라 원심력과 전향력이 증가한다. 이에 따라 기압경도력도 증가한다.

그러나 눈벽 안으로 진입할 경우에는 기압경도력이 접선속도의 제곱에 비례하는 원심력과 전향력의 합력과 균형을 유지할 수 없게 된다. 이 경우 힘의 크기를 비교하면 다음과 같이 나타낼 수 있다.

$$\frac{v_\theta^2}{r} + f v_\theta > \frac{1}{\rho}\frac{\partial p}{\partial r} \tag{16.18}$$

즉, 접선속도는 **초경도풍(supergradient wind)**이 된다. 식 (16.18)를 식 (16.17)에 대입하면 태풍 눈의 임계반경(r_{cr})내에서는 다음 식을 얻는다.

$$\frac{dv_r}{dt} = \left(\frac{v_\theta^2}{r} + f v_\theta\right) - \frac{1}{\rho}\frac{\partial p}{\partial r} > 0 \qquad (r < r_{cr}) \tag{16.19}$$

이 식은 태풍의 임계 반경 안으로 진입하는 공기는 오히려 바깥쪽으로 가속도를 받는 것을 보여준다. 따라서 눈 안으로 진입하지 못하는 공기는 $r = r_{cr}$ 인 곳에서 수렴하여 상승기류를 만들고 결국에는 눈벽을 형성하게 된다.

16.4 태풍의 열역학

(1) 눈의 기압과 온도분포

중심 주위의 조직화된 대류에 의해 방출된 잠열 때문에 태풍의 중심 온도는 그 주변부 보다 높다. 태풍의 눈의 온도는 지표 근처에서 주변의 공기 보다 0~2℃ 정도 더 높은 반면 $12km$고도까지 올라가면 10℃ 정도 더 높다. 그러므로 그림 16.8과 같이 태풍은 온난핵을 가진 중규모 대류계이다. 이러한 현상은 바람과 기온의 온도풍 관계식으로 설명할 수 있다.

먼저, 수평 바람의 동경성분(radial component)을 고려하자. 대류권의 최하층인 대기경계층에서는 대기가 눈 쪽으로 수렴하지만, 대류권의 상부에서 눈에서 대기가 발산한다. 경계층에서 수렴하기 위해서는 눈의 기압(p_{beye})이 그 주변부의 기압($p_{b\infty}$)보다 더 낮아야 한다. 한편, 대류권 상부에서 발산하기 위해서는, 고도증가에 따라 눈의 기압이 주변의 기압보다 천천히 감소하여야 한다. 그림 16.8과 같이 동일 고도에서의 눈의 기압(p_{teye})이 주변부의 기압($p_{t\infty}$)보다 높아야 한다. b와 t는 각각 대류권의 하부와 상부를 나타낸다. **측고공식(hypsometric equation)**에 따르면 이는 핵이 주변부보다 온도가 더 높을 때 일어난다.

측고공식을 이용하여 눈의 기압(p_{teye})과 주변부의 기압($p_{t\infty}$)을 나타내면 다음과 같다.

$$P_{teye} = P_{beye}\exp\left[-gz_{\max}/\left(R_d\overline{T}_{eye}\right)\right] \tag{16.20}$$

$$P_{t\infty} = P_{b\infty}\exp\left[-gz_{\max}/\left(R_d\overline{T}_{\infty}\right)\right] \tag{16.21}$$

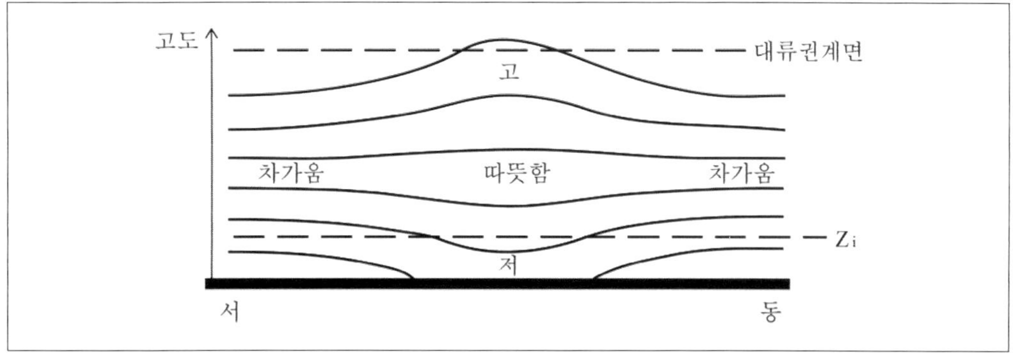

그림 16.8 **| 태풍의 온난핵. 실선은 등압선.**

식 (16.20)과 (16.21)을 이용하여 대류권 상층에서 태풍의 중심과 그 주변의 기압차, $\triangle p_t = p_{t\infty} - p_{teye}$를 구하면 다음과 같다.

$$\triangle p_t = p_{b\infty}\exp\left[-gz_{\max}/\left(R_d\overline{T}_{\infty}\right)\right] - p_{beye}\exp\left[-gz_{\max}/\left(R_d\overline{T}_{eye}\right)\right] \tag{16.22}$$

여기서 $\triangle p_b = p_{b\infty} - p_{beye}$을 도입하고 $p_{b\infty}$가 곱해진 지수 항을 A' 그리고 p_{beye} 곱해진 지수 항을 A로 표시하면 식 (16.22)는 다음과 같이 주어진다.

$$\begin{aligned}\triangle p_t &= p_{b\infty}\exp\left[-gz_{\max}/\left(R_d\overline{T}_{\infty}\right)\right] - (p_{b\infty} - \triangle p_b)\exp\left[-gz_{\max}/\left(R_d\overline{T}_{eye}\right)\right] \\ &= A\triangle p_b - p_{b\infty}(A - A')\end{aligned} \tag{16.23}$$

그리고 A항의 값과 $p_{b\infty}(A - A')$의 값은 다음과 같이 주어진다.

$$A = \exp\left[-gz_{\max}/\left(R_d\overline{T}_{eye}\right)\right] \cong \frac{R_d\overline{T}_{eye} - gz_{\max}}{R_d\overline{T}_{eye}} = 0.15 \tag{16.24}$$

$$p_{b\infty}(A - A') = \left(\frac{p_{b\infty}gz_{\max}}{R_d\overline{T}_{\infty}\overline{T}_{eye}}\right)(\overline{T}_{eye} - \overline{T}_{\infty}) = B\triangle T \tag{16.25}$$

여기서 $B = p_{b\infty}gz_{\max}/\left(R_d\overline{T}_{\infty}\overline{T}_{eye}\right)$이며, 그 값은 $B = 7hPa/K$이다. A, B의 값을 결정하는데 이용한 상숫값은 태풍이 발달하는 최대고도, $z_{\max} = 15km$, 태풍의 눈에서 지표부터 최대고도까지 연직 평균한 기온, $\overline{T}_{eye} = 273K$, $\overline{T}_{\infty} = 263K$ 그리고 태풍에서 떨어진 주변

지상기압, $p_{b\infty} = 1013hPa$을 가정하였다. 그리고 $g = 9.8ms^{-2}$와 건조 공기의 기체상수 $R_d = 287.04m^2s^{-2}K^{-1}$이다. 태풍 상층부에서의 기압 차($\triangle p_t = p_{t\infty} - p_{teye}$)와 하부에서의 기압차($\triangle p_b = p_{b\infty} - p_{beye}$)의 관계는 다음과 같이 주어진다.

$$\triangle P_t \approx A \triangle P_b - B \triangle T \tag{16.26}$$

$A \simeq 0.15$이고 $B \simeq 7hPaK^{-1}$이며 $\triangle T = T_{eye} - T_{\infty}$는 기온 차를 대류권 높이에 걸쳐 연직 평균한 값이다. 여기서 $\triangle p_t < 0$인 경우 태풍의 정상에서 눈의 기압이 주변 기압보다 높다.

예제 16.2

태풍의 눈에서의 지상기압은 $920hPa$이고, 주변의 기압은 $1000hPa$이라고 가정하자. 만약 주위보다 핵에서의 온도가 $10K$ 더 높다면, 태풍의 정상에서의 눈과 주위의 기압의 차이는 얼마인가?

풀이

식 (16.26) 이용 :

$\triangle p_t = (0.15)(80hPa) - (7hPaK^{-1})(10K) = -58hPa$

음의 부호는 상부에서 눈의 기압이 주변부의 기압보다 높다는 것을 의미한다.

(2) 온난핵의 형성

다음으로 접선속도를 고려해보자. 이 바람은 눈 주변으로 낮은 고도에서는 저기압성 상승을 하지만 대류권 상부에서는 고기압성 상승을 한다. 접선속도(v)는 고도에 따라 감소해야 하며 결국에는 부호가 바뀌게 된다. 고도 z에 따라 접선속도가 어떻게 다른지를 보여주기 위해 이상 기체방정식과 식 (16.3)이 함께 이용된다.

$$\left(\frac{2v_\theta}{r} + f\right)\frac{\partial v_\theta}{\partial z} = \frac{g}{\overline{T}}\frac{\partial T}{\partial r} \tag{16.27}$$

$\overline{T}$는 주어진 대기층에 대한 총 깊이를 고려한 평균온도이다. 고도에 따라 접선속도는 감소하기 때문에 눈으로부터 반경 r증가함에 따라 기온 또한 감소해야 한다. 이는 태풍이 온난핵을 가지는 것을 의미한다.

16.5 태풍의 이동 경로

태풍의 이동 경로는 그림 16.9에 주어진 바와 같이 비교적 완만한 곡선을 가지지만 때로는 지그재그(zigzag)나 고리(ring)를 만들며 이동하는 경우도 있다. 태풍의 이동 경로 예측은 태풍에 의한 피해를 최소화하기 위해 반드시 필요한 정보이다. 여기서는 태풍의 이동 경로에 영향을 주는 여러 가지 요인에 대해 살펴보자. 태풍의 진로에 영향을 미치는 요인으로는 (1) 지향류(steering flow), (2) 베타표류(beta-drift), (3) 해수면 온도의 경도 그리고 후지와라 효과(Fujiwhara effect) 등을 들 수 있다.

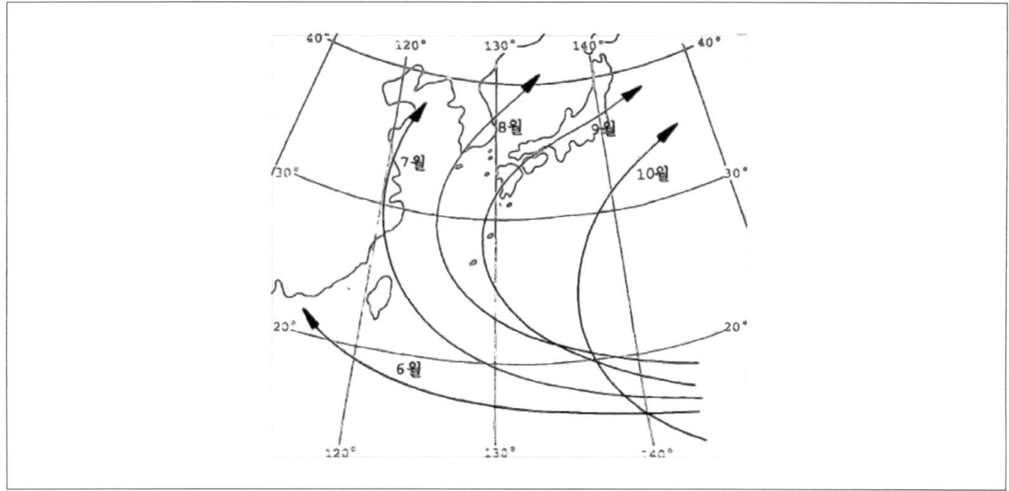

그림 16.9 | 태풍의 월별 이동경로 (태풍백서).

16.6 폭풍해일

폭풍해일은 폭풍과 관련된 표면 기압의 변화 그리고 해수면에 대한 바람의 저항과 같은 대기의 강제력(atmospheric forcing)의해 발생한다. 폭풍해일(storm surge)의 시간규모는 수 시간에서 2~3일이며, 해일이 높은 경우에는 해수면의 높이가 통상적인 해수면보다 5~6m나 더 높은 경우도 있다. 태풍에 의한 대부분 피해는 폭풍해일에 기인한 연안 지역의 해수의 범람 때문이다. 태풍의 눈에서 낮아진 대기압과 캘빈파라고 불리는 전파되는 큰 해일을 일으키는 바람에 의해 높은 파고가 생긴다. 폭풍해일과 만조가 중첩될 경우에는 높은 표면파로 인해 더 큰 피해를 줄 수 있다.

(1) 해면기압과 해수면의 높이

해면에서 주변보다 기압이 낮은 부분을 압력머리(pressure head)라고 한다. 압력머리에서는 해수면이 상승하는데 이를 물머리(water head)라고 한다. 그림 16.10은 기압이 낮은 눈에서는 해수면이 높고, 기압이 높은 부분에서는 상대적으로 해수면이 낮음을 보여준다. 기압이 낮은 눈에서 해수면이 높은 이유는 물이 줄어든 공기의 압력을 보상할 때까지 상승하기 때문이다. 태풍의 눈에서 상승하는 물의 높이 $\triangle z$는 다음과 같다.

$$\triangle z = \frac{\triangle p_{\max}}{\rho_w g} \tag{16.28}$$

여기서 g는 중력가속도로 $9.8ms^{-2}$이며 물의 밀도 $\rho_w = 1000kgm^{-3}$이고 $\triangle P_{\max}$는 눈과 태풍 영향권 밖의 지표면에서의 기압 차이이다. 식 (16.28)은 다음과 같이 근사할 수 있다.

$$\triangle z = a\triangle P_{\max} \tag{16.29}$$

여기서 $a = 0.01m/hPa$이다. 그러므로 중심기압이 $900hPa(\triangle P_{\max} \cong 100hPa)$인 강한 태풍에서 해수면 높이는 $1m$ 상승할 것이다.

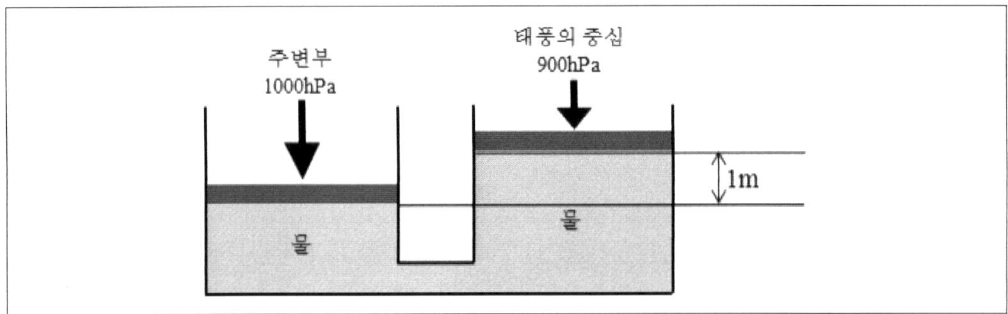

그림 16.10 ▎ 태풍 중심에서의 기압감소와 해수면 상승.

(2) 에크만 수송과 폭풍해일

에크만 수송은 태풍에 의한 폭풍해일에 영향을 미친다. 전향력에 의해 생기는 해양의 **에크만 나선(Ekman spiral)**은 해류의 방향과 속도 그리고 깊이에 따라 다르다. 해양 표면의 해류는 전향력의 영향으로 풍향에 대해 오른쪽으로 45° 방향으로 흐른다. 그러나 에크만 층(Ekman layer)의 해류를 연직으로 누적했을 때의 **순 에크만 수송(net Ekman transport)**은 정확히 지표 풍향에 대해 오른쪽 90° 방향으로 일어난다. 태풍이 대륙의 동쪽 해안가에 다가올수록 태풍의 앞쪽 가장 자리에 위치한 바람은 해안에 나란히 분다. 그 결과 순 에크만 수송(그림 16.11,

16.12)에 의해 해안 쪽으로 물이 이동하면서 해수가 쌓여서 폭풍해일을 만든다. 특히 태풍이 육지로 상륙할 경우 위험 반원 내에 있는 해안가는 다른 곳보다 더 강한 바람으로 인해 해수가 더욱 많이 누적되면서 해안을 크게 침수시켜 막대한 피해를 준다.

북반구(남반구)에서 태풍이 접근할 때 해수의 순 수송은 그림 16.11에서 보는 바와 같이 바람의 진행 방향에 직각인 오른쪽(왼쪽) 방향으로 일어난다. 정상 상태에서 그림 16.11(a)에서 북풍이 부는 경우에 에크만 수송방정식은 다음과 같이 주어진다(Apel, 1987).

$$fM_x = \tau_{ys} \tag{16.30}$$

여기서 τ_{ys}는 에크만 층에 대해 연직으로 적분한 표면 응력(surface stress), f는 코리올리 인자 그리고 M_x는 단위시간에 단위 길이(Δy)와 에크만 층의 깊이(H_e)의 곱으로 주어지는 면적을 통과하는 총 해수의 질량으로 다음과 같이 주어진다.

$$M_x = \int_{H_e}^{0} \rho_s u_e dydz \tag{16.31}$$

여기서 ρ_s는 해수의 밀도이고, u_e는 에크만 층에서 x-방향의 유속이다. 그리고 τ_{ys}는 바람에 의해 해수면이 받는 응력(surface stress)으로 다음과 같이 계산할 수 있다.

$$\overrightarrow{\tau_{ys}} = \rho_a C_D \vec{v}\,|v| \tag{16.32}$$

여기서 v는 지표 근처 (지표에서 $10m$ 높이)의 y-방향의 풍속, 그리고 C_D는 항력계수이다.

식 (16.31)에서 시간 간격 Δt 동안, 해안선의 단위 길이Δy를 통해 수송되는 물의 부피를 V_{sw}라고 하면 식 (16.31)과 (16.32)를 이용하면 식 (16.30)은 다음과 같이 주어진다.

$$\frac{V_{sw}}{\Delta t \Delta y} = \frac{\rho_a}{\rho_s}\frac{C_D v^2}{f} \tag{16.33}$$

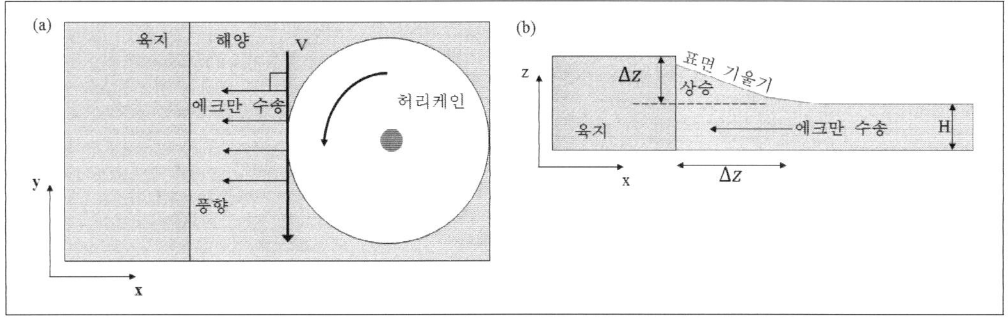

그림 16.11 ▌ **북반구에서 태풍이 상륙하기 전 육지로의 에크만 수송 (a) 위에서 내려다본 그림 (b) 남쪽에서 바라본 그림.**

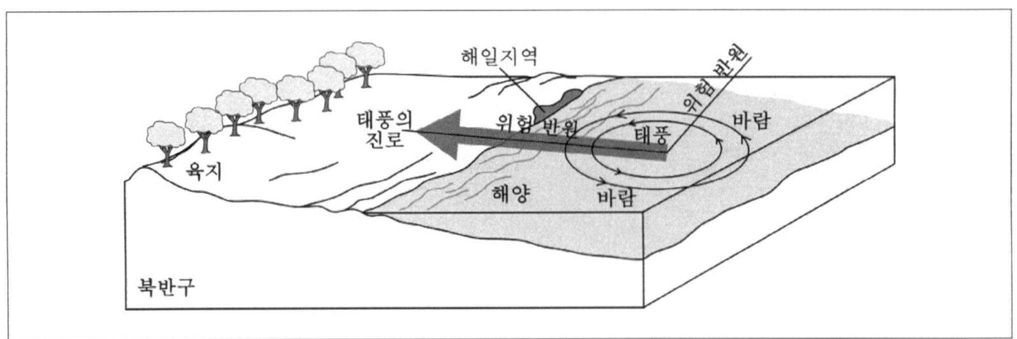

그림 16.12 ▎북반구에서 태풍이 접근 할 때 해수의 순 수송과 해안의 폭풍해일.

(3) 연안 켈빈파

연안 켈빈파(coastal Kelvin wave)는 켈빈파의 한 유형으로 해안에 있는 해수의 용승(upwelling)에 의해서 생긴 요란(disturbance)으로 태풍 시 해일의 발생에 부분적으로 기여한다. 연안 켈빈파는 비분산파이며, 그림 16.13(a)에서 보는 바와 같이 전향력과 해수면의 경사에 기인한 압력 경도력이 균형을 이룬 상태에서 해안을 오른쪽에 끼고 해안에 나란하게 전파한다. 동쪽에서 볼 때 해일은 그림 16.13(b)와 같이 보이는데 이것이 켈빈파이다. 켈빈파의 **위상 속도(phase speed)**, C_{kelvin}는 다음과 같다.

$$C_{kelvin} = \sqrt{gH} \tag{16.34}$$

여기서 C_{kelvin}를 **천수파 속도(shallow-water wave speed)**라고 한다. 전형적인 위상 속도는 $15 \sim 30ms^{-1}$이다. 연안 켈빈파는 그림 16.13(b)와 같이 북반구에서 해안을 오른쪽에 두고 전파한다. 한편 대륙의 서쪽 해안에서는 서쪽 해안을 따라 북쪽으로 이동한다.

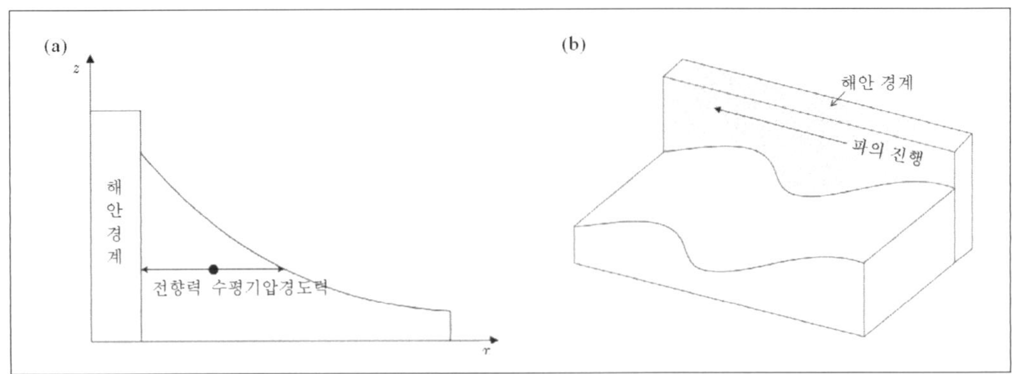

그림 16.13 ▎연안에 접한 해일의 연직단면과 연안 켈빈파의 진행.

켈빈파는 동쪽 해안가를 따라 남쪽으로 전파한다. 반면 연속해서 해일을 만들어 내기 위해 태풍의 바로 앞부분으로 에크만 수송은 계속된다. 이로 인해서 태풍에 가깝고 남쪽에 위치한 해안가를 따라 높은 파도의 연속적인 해일이 발생한다. 해안가에서 전형적인 해일의 높이는 2~10m이며 13~20m의 극한 값을 가지기도 한다. 만일 태풍이 켈빈파의 속도와 거의 같은 속도로 남쪽으로 이동한다면, 에크만 펌핑(Ekman pumping)은 계속 강화되면서 해일을 만들고, 파의 진폭은 다음 식에 따라 커진다.

$$\frac{\Delta A}{\Delta t} \approx \frac{\rho_a}{\rho_w} \frac{C_D V^2}{\sqrt{gH}} \qquad (16.35)$$

진폭 A는 평균 해수면에서 잰 해일의 최대 고도로 연안 켈빈파의 진폭에 해당된다.

예제 16.3

대륙붕의 깊이가 50m인 바다에서 태풍의 풍속이 50ms^{-1}인 경우에 켈빈파의 위상속도 C_{kelvin}를 구하시오. 만약 태풍이 남쪽으로 켈빈파를 따른다면 그 성장률 $\Delta A/\Delta t(m/s)$을 구하시오.

풀이

식 (16.34) 이용 :

$C_{kelvin} = \sqrt{(9.8ms^{-2})(50m)} = 22.1\,ms^{-1}$

식 (16.35) 이용 :

$$\frac{\Delta A}{\Delta t} \approx \frac{(1.23kg\,m^{-3})}{(1000kg\,m^{-3})} \frac{(0.01)(50ms^{-1})^2}{\sqrt{(9.8ms^{-2})(50m)}} \approx 0.0014ms^{-1}$$

연습문제

1. 태풍의 관성안정도의 변화 요인에 대해 기술하시오.

2. 대기경계층에서 태풍의 눈에 접근한 공기와 태풍 정상 부근에서 눈벽에 있는 공기의 관성 안정도를 비교하시오.

3. 깊이가 $60m$ 인 해양의 대륙붕에서 풍속이 $50ms^{-1}$ 인 태풍에 의한 해수의 부피 수송비를 구하시오. (단, $C_D = 0.01$, $f = 5 \times 10^{-5} s^{-1}$, $\rho_a = 1.225kg/m^3$, $\rho_w = 1000kg/m^3$ 으로 고려한다.)

4. 태풍 반경 $40km$ 의 지표에서 $50ms^{-1}$ 인 접선속도가 $10km$ 고도에서 $12ms^{-1}$ 로 감소한다고 가정하고, 방사 온도경도를 구하시오. 단, $f = 5 \times 10^{-5} s^{-1}$ 이고 주어진 위도에서 $g/T = 0.033ms^{-2}K^{-1}$ 라고 가정한다.

5. 원통좌표계(r, θ, z)를 이용하여 연속 방정식을 기술 하시오.

6. 원통좌표계(r, θ, z)의 운동방정식을 이용하여 식 (16.7) ~ (16.9)에 주어진 식을 구하시오.

제17장 뇌우

뇌우는 적란운에 의해서 형성되며, 천둥과 번개를 동반한 폭풍우로서 때로는 돌풍 전선과 우박을 동반하는 중규모 대류계의 한 유형이다. 뇌우는 맹렬한 토네이도를 동반하기도 하며, 예측하기 어려운 기상현상 중 하나이다. 뇌우는 공포감을 주기도 하지만 아름답고 장엄해서 미학과 과학을 공부하는 사람들에게 끝없는 호기심을 불러일으킨다.

17.1 뇌우의 분류

뇌우의 특징은 활발한 상승기류와 난류, 강한 하강기류와 돌풍 전선(gust front), 번개와 천둥, 극심한 강수, 때로는 우박과 중규모 저기압(mesocyclone) 및 토네이도를 동반한다. 모든 뇌우가 이와 같은 특징을 보이는 것은 아니므로 세분화하여 연구할 필요가 있다. 뇌우는 중규모 대류계(mesoscale convective system)의 한 유형지만 특성에 따라 여러 가지로 분류할 수 있다. 그림 17.1은 뇌우를 중심으로 강도 및 유형에 따라 크게 **일반뇌우(ordinary thunderstorm)**과 **위험뇌우(severe thunderstorm)**로 구분한 것이다. 일반뇌우는 강풍이나 우박 등을 동반하지 않는 주로 여름철에 산발적으로 발생하는 뇌우로 기단뇌우가 여기에 속한다. 위험뇌우는 강풍, 돌발홍수, 우박, 토네이도를 동반하며 인명이나 재산에 큰 피해를 준다. 미국 기상국(National Weather Service, NWS)에서는 뇌우 발달 시에 1) 직경이 1.9cm 이상인 우박, 2) 풍속이 $24ms^{-1}$이상의 강풍, 3) 토네이도 중 하나만 발생해도 이를 위험뇌우로 분류하고 있다. 이외에도 위험뇌우 발생 시에는 집중호우로 인한 돌발홍수 등이 발생한다. 그림 17.1의 분류는 뇌우 그 자체의 특성에 대한 분류이며, 대부분 문헌에서는 (1) 전선 뇌우와 기단 뇌우, (2) 대류 세포의 수에 따라 단세포, 다세포 그리고 거대세포 뇌우로 분류하고 있다.

뇌우가 그림 17.1에 주어진 것처럼 여러 유형을 가지는 것은 바람의 연직 시어와 대기 불안정도의 정도 그리고 뇌우의 유발과정이 다르기 때문이다.

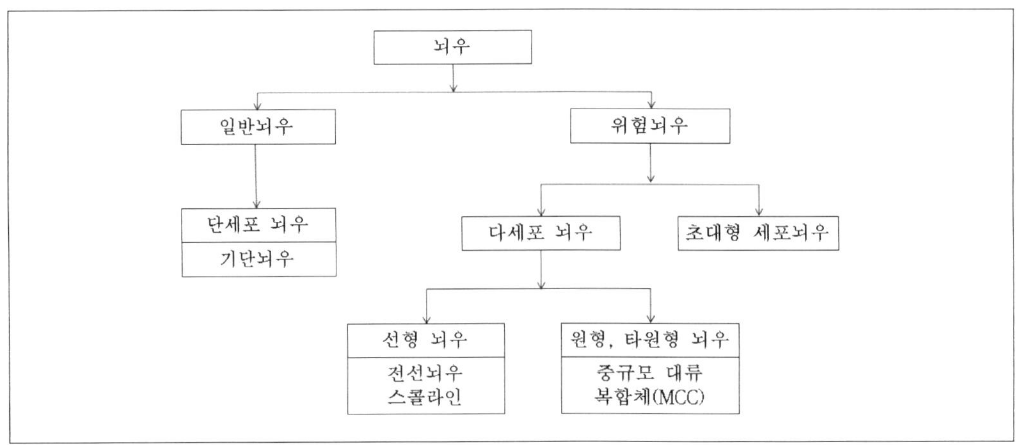

그림 17.1 ▎ **뇌우의 분류.**

17.2 뇌우의 형성과 발달

뇌우의 발달과정은 크게 두 단계의 과정을 고려할 수 있다. 첫째는 스톰(storm)이 형성될 수 있도록 초기에 공기를 상승시키는 물리 과정으로, 이를 **유발기구(triggering mechanism)**이라고 한다. 둘째는 **발달기구(development mechanism)**로서 유발기구에 의해 상승한 공기가 뇌운으로 발달할 수 있도록 도움을 주는 기구이다. 따라서 뇌우가 발달하려면 유발기구와 발달기구가 함께 유기적으로 연관되어야 한다.

(1) 유발기구

뇌우 발달 시에 대기의 상태를 분석해보면 대기경계층 상부에 역전층이 형성되어 있는 경우가 많다. 그림 17.2는 토네이도가 발생한 75개 사례에 대한 평균 기온(우측 곡선)과 습구온도(좌측 곡선)의 연직 분포이다. 그림에서 D와 S로 표시된 두 개의 곡선은 각각 건조단열선과 습윤단열선을 나타낸다. 그림에서 주목할 부분은 대기경계층의 상부에 위치한 강한 역전층이다. 이 경우에 역전층 아래 있는 공기가 그 위에 있는 안정한 기층을 뚫고 올라갈 수 있도록 상승운동을 유발하는 유발기구는 다음과 같다.

(i) 기단 사이의 경계 : 전선, 건조선(dry line), 해풍 전선(sea-breeze front)

(ii) 다른 뇌우로 인한 돌풍 전선(gust front)

(iii) 대기의 파동(부력파)

(iv) 국지적인 가열

(v) 지형효과(orographic effect)

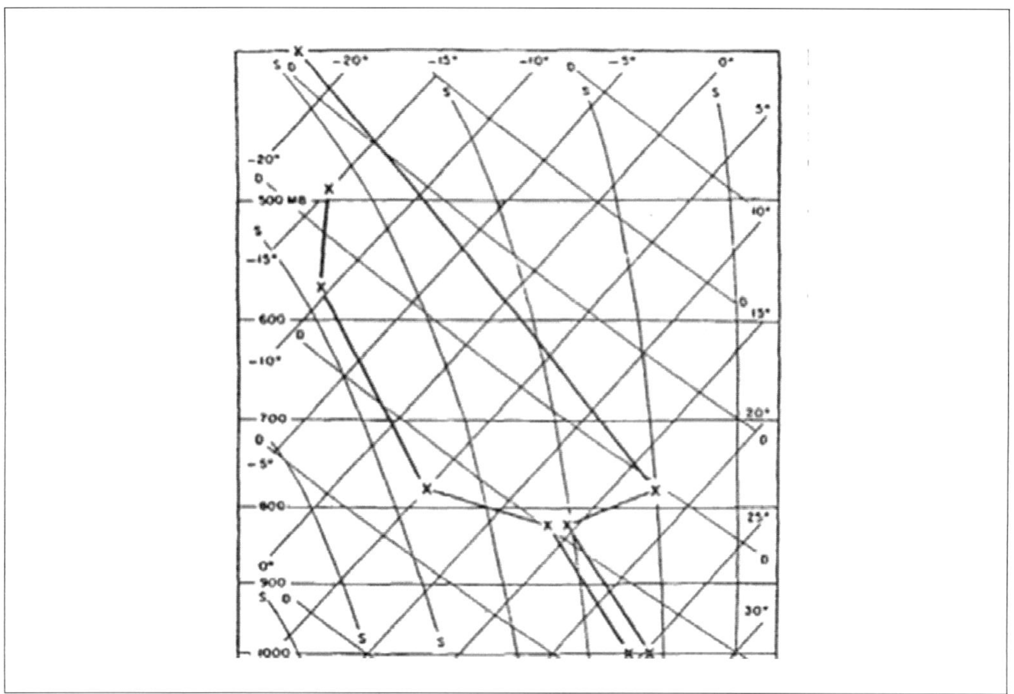

그림 17.2 ▍ **토네이도 발생과 관련된 대기의 평균상태** (Fawbush and Miller, 1953).

유발기구의 예를 들면 상대적으로 공기밀도가 큰 한랭 전선이 이동하면서 그 앞에 있는 대기 경계층의 공기를 강제적으로 상승시키면 이 공기는 안정한 층을 뚫고 경계층 위로 올라간다. 또한, 산 경사면으로 부는 수평 바람은 올라가는 힘을 받으며, 지형에 의해서 공기가 수렴하면서 상승이 일어난다.

(2) 발달기구

유발기구에 의해 상승한 공기가 뇌운으로 발달할 수 있도록 도움을 주는 발달기구로는 대기의 불안정, 조건부 불안정, 연직 바람 시어, 구름의 지속적인 성장에 필요한 하층에서의 수증기 공급 등을 들 수 있다.

▎조건부 불안정

조건부 불안정은 기온감률(γ)이 습윤단열감률(γ_s)보다는 크고 건조단열감률(γ_d)보다는 작은 경우로서 대기의 기온분포가 그림 17.3(a)와 같은 경우이다. 그림에서 ELR은 대기의 상태곡선이다. 그림 17.3b는 우박이나 토네이도 등을 동반한 경우의 대기 상태이다. 뇌우 안에서 격렬한 상승기류는 엄청난 양의 에너지 방출을 보여준다. 이와 같은 운동을 일으킬 수 있는 에너지의 총량의 척도는 **대류 가용 위치에너지(convective available potential Energy, CAPE)**이다. **대류억제(Convective Inhibition, CIN)**는 지표에서 건조 단열적으로 상승한 공기가 자유대류고도(LFC)까지 상승하는데 외부에서 공급되어야 할 에너지량에 해당하며, 그림 17.3에서 부력이 음의 값인 부분이다.

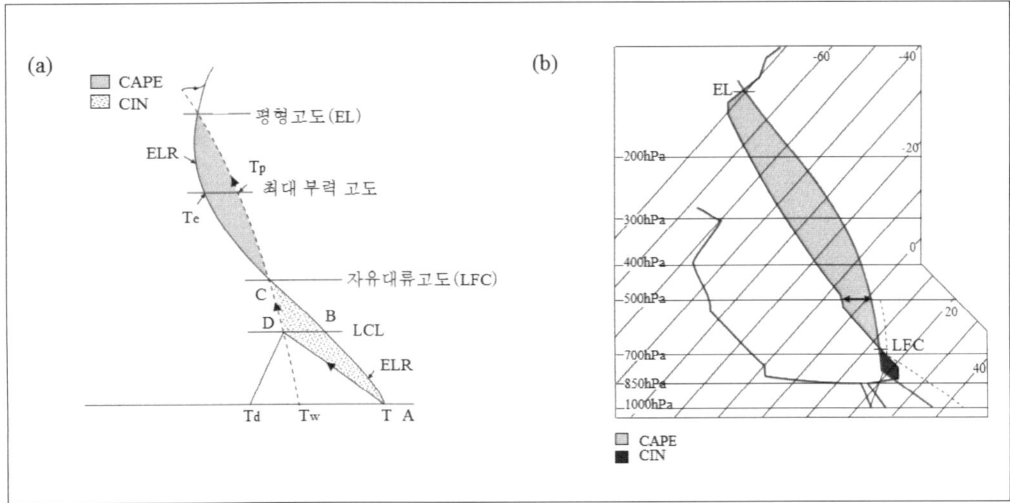

그림 17.3 ▎ 조건부 불안정 상태의 열역학 선도.

대류가용에너지는 공기 덩이의 가온도(T_{vp})와 주위 공기의 가온도(T_{ve})를 이용하여 공기 덩이의 부력에 의한 연직 가속도 방정식에서 다음과 같이 유도할 수 있다 (8장 참고).

$$CAPE = \frac{1}{2}w^2 = R_d \int_{P_e}^{P_f} (T_{vp} - T_{ve})\, d(\ln p) \tag{17.1}$$

여기서 w는 평형고도에서 연직 속도이며, p_f는 각각 자유대류고도에서 기압, 그리고 p_e는 평형고도에서 압력을 표시한다. 식 (17.1)에서 오른쪽 항은 공기 덩이의 운동을 위해 한 일이다. 포화 상태의 공기 덩이는 상승 시에 그 온도가 습윤 단열곡선을 따라 변한다. 따라서 고도준위 (level)가 i에서 공기 덩이의 습구온위를 θ_{wi}그리고 주위 공기의 습구온위를 θ^*_{wi}(주위 공기의 온도를 지나는 습윤 단열선에 의한 습구온위) 라고 하면 $CAPE$은 다음과 같이 계산할 수 있다.

$$CAPE = R_d \sum_i (\theta_{wi} - \theta_{wi}{}^*) \frac{\Delta p_i}{p_i} \tag{17.2}$$

여기서 유한차분을 이용하면 $\frac{\Delta p_i}{p_i} = \frac{p_i - p_{i+1}}{0.5(p_i + p_{i+1})}$ 으로 주어진다. 이 방법의 장점은 식 (17.2)에서 공기 덩이와 주위 공기의 가온도를 계산함이 없이 $CAPE$을 계산 할 수 있는 점이다. 마찰력이 작용하지 않을 경우 평형고도에서 공기 덩이의 연직 속도가 최대이며, 식 (17.1)에서 다음과 같이 나타낼 수 있다.

$$w_{\max} = (2\mathrm{CAPE})^{\frac{1}{2}} \tag{17.3}$$

대류가용에너지는 뇌우의 발생 가능성을 분석하는 데 이용된다. 단위 질량의 공기 덩이에 대한 대류가용에너지가 $1000m^2s^{-2}$ 미만일 때는 강한 대류가 일어날 가능성이 작다. 그러나 대류가용에너지가 $2000m^2s^{-2}$ 일 때는 위험 폭풍우(severe storm)가 발생할 확률이 높다.

뇌우의 큰 상승기류의 속도에 대한 관성은 구름의 꼭대기가 평형고도 위로 올라갈 수 있게 한다. 이것을 **침투대류(penetrative convection)**라고 하며, 일시적으로 모루구름의 꼭대기에서 하부 성층권의 내부로 진입하여 작은 탑구름을 형성하며, 위성사진에서 볼 수 있다.

바람의 연직 시어

대기의 열역학적 연직 구조가 대류폭풍(convective storm)에서 연직 가속도에 큰 영향을 미치는 반면, 연직 바람 시어는 뇌운이 어떠한 형태를 가질 수 있는지에 대해 가장 큰 영향을 주며, 이는 호도그래프(hodograph)의 분석을 통해서 잘 알 수 있다. 뇌우 바람의 연직 시어는 바람 벡터의 고도증가에 따른 변화로 다음과 같이 정의한다.

$$\frac{d\overrightarrow{V_h}}{\partial z} = \frac{\partial u}{\partial z}\hat{i} + \frac{\partial v}{\partial z}\hat{j} \tag{17.4}$$

여기서 $\overrightarrow{V_h}$는 바람의 수평 성분 벡터이다. 바람 시어(SH)는 두 고도(z_1, z_2)에서 식 (1.37)과 (1.38)을 관측한 풍속(V)과 풍향(θ_{me})에 적용하여 다음과 같이 계산한다.

$$SH = \frac{\left\{(V_{h1}\sin\theta_{1me} - V_{h2}\sin\theta_{2me})^2 + (V_{h1}\cos\theta_{2me} - V_{h2}\cos\theta_{2me})^2\right\}^{1/2}}{z_2 - z_1} \tag{17.5}$$

여기서 첨자 1과 2는 바람자료가 이용된 두 고도($z_{1,}z_2$)이다. 한편 뇌우가 지속적으로 발달하기 위해서는 CAPE와 중간 정도의 바람 시어가 필요하다. 이 두 개의 모수를 고려한 것이 총체 리치드슨 수(bulk Richardson number, BRN)이며, 다음과 같이 무차원의 수로서 정의한다.

$$BRN = \frac{CAPE}{1/2\left[\Delta \overline{u}^2 + \Delta \overline{v}^2\right]} \tag{17.6}$$

여기서 $\Delta \overline{u}$와 $\Delta \overline{v}$는 지정된 두 기층에 대한 평균풍속의 차이로 다음과 같다.

$$\Delta \overline{u} = \overline{u_\rho}(0-6km) - \overline{u}(0-500m) \tag{17.7}$$

$$\Delta \overline{v} = \overline{v_\rho}(0-6km) - \overline{v}(0-500m) \tag{17.8}$$

식 (17.7)에서 $\overline{u_\rho}(0-6km)$는 지표에서 고도 $6km$ 까지 기층에 대해 공기밀도를 가중(density-weighted)한 평균 바람 성분이다. 그리고 $\overline{u}(0-500m)$는 지표에서 고도 $500m$ 까지 기층에 대한 평균 바람 성분이다. 총체 리차드슨 수는 리차드슨 수와 마찬가지로 관성력에 대한 부력의 비이다. 수치 모델링과 스톰에 대한 연구 결과 (Ray, 1986)에 의하면 $BRN > 30$인 경우 다세포 뇌우가 쉽게 발생하며, $10 < BRN < 40$인 경우에는 거대세포 뇌우가 발생할 수 있음을 제안한 바 있다.

호도그래프

호도그래프는 한 지점에서 고도별로 관측한 바람 데이터를 이용하여 $V - \theta_{me}$ 평면 또는 $u - v$평면에 표시한 것으로 바람의 연직 분포의 특성을 분석하는 데 이용된다. 그리는 방법은 바람 벡터를 먼저 그린 후에 그림 17.4와 같이 그 끝을 연결하면 호도그래프가 완성된다(그림 17.4). 호도그래프 상에서 어떤 이웃한 두 지점 사이의 바람 벡터의 차($\Delta \vec{V}$)는 두 고도의 바람을 연결하고 있다. 호도그래프에서 얻을 수 있는 정보는 두 가지이다. 첫째는 뇌우의 유형에 따라 호도그래프 모양이 다르므로 뇌우의 유형을 분석하는 데 유용하다. 둘째는 바람의 연직 시어가 고도에 따라 어떻게 변하는지를 알 수 있다. 호도그래프에서 풍향이 고도에 따라 시계 방향으로 바뀌면 순전(veering), 반시계 방향으로 바뀌면 반전(backing)이라고 한다. 예를 들면 바람이 남풍(z_1)에서 남서풍(z_2)으로 바뀌면 순전이 된다.

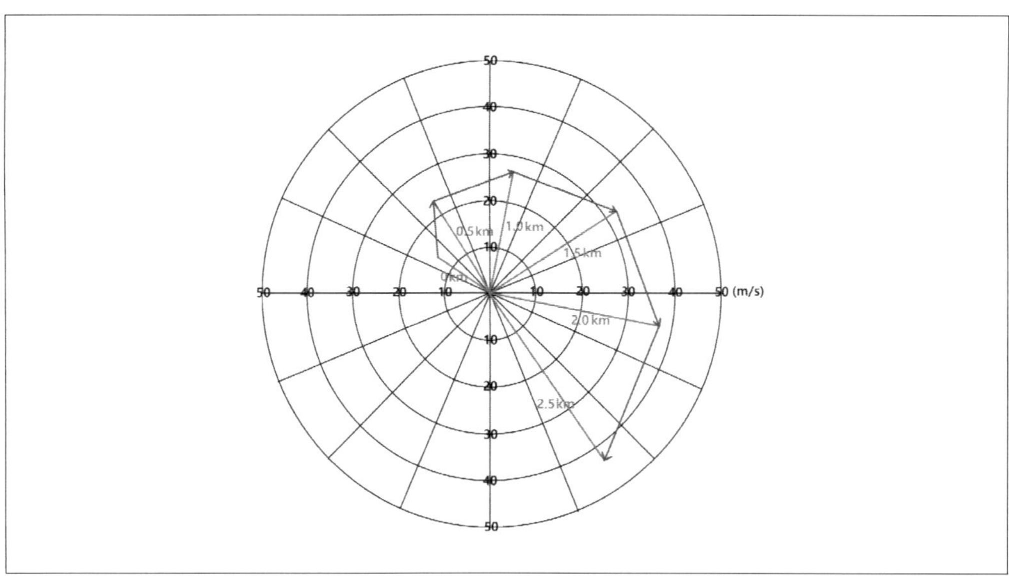

그림 17.4 ▎ 호도그래프의 작성 (모식도).

▎ 스톰-상대 나선도(SRH)

나선도(helicity)는 유체의 국소적인 체적에 대해 유체의 속도와 와도의 스칼라 곱, 즉 $H_{hel} = \overrightarrow{V} \bullet (\nabla \times \overrightarrow{V})$으로 정의한다.

$$H = u\left[\frac{\Delta w}{\Delta y} - \frac{\Delta v}{\Delta z}\right] + v\left[-\frac{\Delta w}{\Delta x} + \frac{\Delta u}{\Delta z}\right] + w\left[\frac{\Delta w}{\Delta x} - \frac{\Delta u}{\Delta y}\right] \tag{17.9a}$$

식 (17.9a)의 수평 바람에 대한 연직 시어는 주변 공기가 통과하는 동안 줄어든다.

$$H \approx V\frac{\Delta U}{\Delta z} - U\frac{\Delta V}{\Delta z} \tag{17.9b}$$

이것은 **유선방향 소용돌이도(streamwise vorticity)**와 연관된 헬리시티의 부분이고, 호도그래프 안의 정보로부터 쉽게 계산할 수 있다.

나선도의 물리적 의미는 와도를 속도 벡터에 투영한 것으로 속도장의 어떤 점에서 나선 흐름(helical flow)의 척도라고 할 수 있다. 나선도는 와도와 속도의 상대적인 방향에 따라 그 값이 양 또는 음이 될 수 있다. 기상학자들은 회오리성 폭풍을 예측하는 도구로서 호도그래프로부터 나선도를 계산한다. 특히 스톰-상대 나선도(storm-relative helicity)는 뇌운(thunder cloud)의 중간 고도에서 회전하는 상승기류 발달 정도를 평가하는 척도이다. 따라서 토네이도의 발생 가능성을 분석하는 데 이용되며 다음과 같이 정의한다.

$$SRH(m^2s^{-2}) = \int_{0km}^{3km} \left[\overrightarrow{V_h}(z) - \overrightarrow{C_s} \right] \cdot \overrightarrow{\Omega_h} dz \qquad (17.10)$$

여기서 $\overrightarrow{V_h}$는 바람벡터, $\overrightarrow{C_s}$는 지면에 대한 스톰의 이동속도이고, $\overrightarrow{\Omega_h} = \nabla \times \overrightarrow{V_h}$으로 수평와도를 나타낸다. 또는 다음과 같이 기술 할 수 있다.

$$SRH = \int_{0km}^{3km} \hat{k} \cdot \left[\left(\vec{V} - \overrightarrow{C_S} \right) \times \left(\frac{\partial \vec{V}}{\partial z} \right) \right] dz \qquad (17.11)$$

Davies-Jones(1990)가 28개의 토네이도 사례분석에 따르면 (i) 약한(weak) 토네이도: $150m^2s^{-2} < SRH < 299m^2s^{-2}$, 강한(strong) 토네이도: $300m^2s^{-2} < SRH < 499m^2s^{-2}$ 그리고 맹렬한(violent) 토네이도: $SRH > 450m^2s^{-2}$ 이다.

예제 17.1

고도 $1km$에서 동서방향의 풍속 $1ms^{-1}$이며 남북방향 풍속은 $5ms^{-1}$이다. $2km$ 고도에서는 동서, 남북방향 풍속이 각각 $4ms^{-1}$, $10ms^{-1}$이다. 이 바람의 헬리시티를 구하여라.

풀이

식 (17.9b) 이용하고, 동서 남북방향의 평균풍속을 이용 :

$$H \approx \frac{7.5ms^{-1}(4ms^{-1} - 1ms^{-1})}{1000m} - \frac{2.5ms^{-1}(10ms^{-1} - 5ms^{-1})}{1000m} \approx 0.01ms^{-2}$$

17.3 일반뇌우

대부분의 일반뇌우는 비위험뇌우이며 **단세포(single cell)** 뇌우로서 **기단뇌우(air mass thundrstorm)**라고 한다. 단세포 뇌우는 일반적으로 대류권 전반에 걸쳐 바람이 약하며, 바람의 연직 시어가 작은 경우에 발생한다. 따라서 뇌우의 모양은 연직 방향에 대해서 거의 대칭이며, 뇌우가 풍하 측으로 크게 기울지 않고 거의 연직 방향으로 발달한다. 단세포뇌우의 발달 과정은 크게 3단계로 적운단계, 성숙단계, 소멸단계로 구분한다(그림 17.5). 적운단계는 초기에 대기경계층에서 부력을 가진 공기가 상승하면서 적운이 발달한다.

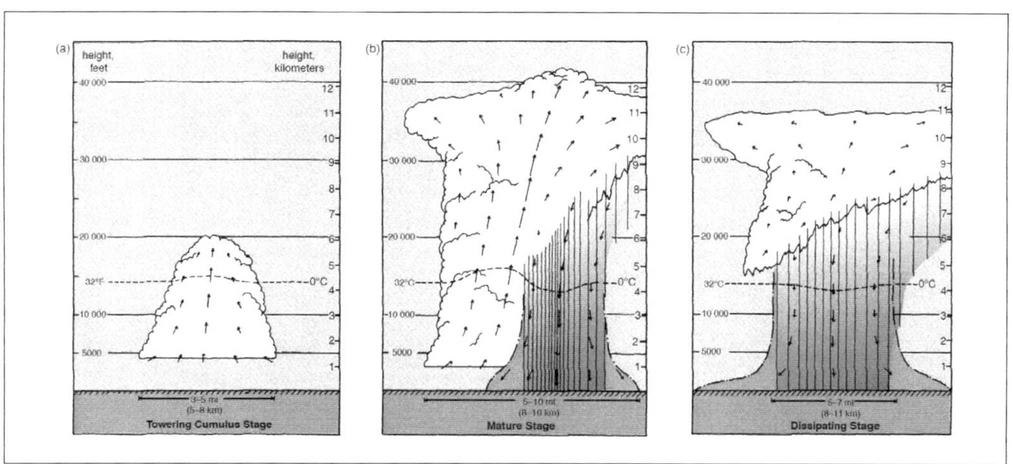

그림 17.5 ▌ **단세포 뇌우의 발달: (a) 적운단계, (b) 성숙단계, (c) 소멸단계 (Doswell, 1985).**

- **적운단계** : 발달하는 적운에서 $10ms^{-1}$이상의 상승기류가 나타나며 대류 세포는 거의 기울어짐이 없이 성장한다. 이 단계에서는 하강기류가 없고 강수 입자는 구름 상층에서 발달하고 있으며 상승기류에 의해 떠 있다.
- **성숙단계** : 이 단계에는 구름이 거의 대류권계면까지 도달한다. 대류권계면 부근에서 **모루구름(anvil cloud)**이 형성되어 주위로 퍼진다. 강수하중(precipitation loading)과 하강기류 내에 있는 수적의 증발로 공기의 증발냉각(evaporative cooling)이 일어나 하강기류가 발달하고 지상에 강수가 나타난다. 적란운의 외곽에 있는 하강기류가 지면에 도달하여 지면을 따라 이동하여 유출류(outflow)에 의해 **돌풍 전선(gust front)**을 형성한다. 상승기류가 0℃고도를 넘어가면서 빙정이 형성되고 구름의 정상부 근처에서 과냉각 수적이 빙정으로 바뀌는 **빙정화(glaciation)**가 나타난다. 이 단계에서는 천둥과 번개가 나타나지 않는다. 성숙단계(mature stage)의 특징은 강수의 시작과 구름 내부에 상승기류와 하강기류가 공존하고 돌풍 전선(gust front)이 발달한다. 상수가 시작되는 이유는 적운단계에 0℃고도 이상에서 계속 성장한 구름 입자가 너무 커지므로 상승기류는 구름 입자가 계속 대기 중에 떠 있게끔 지탱할 수 없기 때문이다.
- **소멸단계** : 이 단계에서 강수가 하강기류를 가진 구름의 중, 상층까지 확대되면서 더 이상 지상에서 상승기류가 나타나지 않는다. 약한 하강기류가 구름에서 지배적이며 지상에는 약한 강수가 있다. 성숙단계에서 하강기류가 형성되는 이유는 두 가지이다. 첫째는 구름 내부에 있는 강한 난류로 인하여 난류강도가 약한 구름 주위의 불포화 공기가 구름 내부로 유입(entrainment)되기 때문이다. 유입된 불포화 공기는 주위 구름 입자를 증발시키면서 온도가 주위보다 낮아진다. 그 결과 유입된 공기는 음(−)의 부력을 갖게 된다. 무겁고 차가운 공기가 아

래로 내려가면서 하강기류가 형성된다. 또한 낙하하는 구름 입자들은 주변 공기의 일부를 끌어당겨 하강기류가 강화된다. 위험뇌우와 비교해서 일반뇌우의 특징은 그림 17.6에서 보는 바와 같이 매우 작은 바람의 연직 시어이다. 따라서 일반뇌우는 풍하 측으로 크게 기울어지지 않는다. 연직 시어는 작은 대류 세포의 성장에 걸림돌이 되기도 한다. 그러나 그림 17.6에 의하면 커다란 대류 세포는 연직 시어가 성장을 촉진하는 것을 나타낸다.

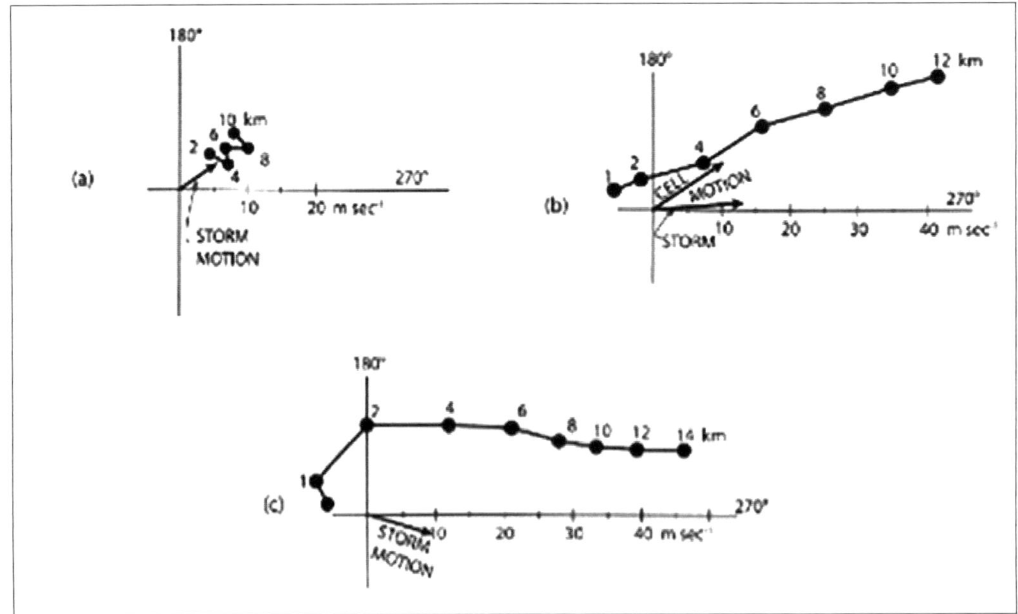

그림 17.6 ▌ 뇌우 발생 시의 호도그래프. (a) 단세포, (b) 다세포, (c) 거대세포 (Chisholm and Rennick, 1972).

17.4 다세포 뇌우의 특징

다세포 뇌우는 그림 17.1에서 보는 바와 같이 그 형태에 따라서 선형인 스콜라인과 타원형인 중규모 대류복합체로 구분된다. 다세포 뇌우를 **뇌우 집단(thunderstorm cluster)**이라고도 하며 보통 2~4개의 세포로 구성되어 있다. 다세포 뇌우는 불안정한 대기에서 바람의 연직 시어가 큰 경우에 발달한다. 명확한 것은 아니지, 총체 리차드슨 수가 $BRN > 30$인 경우 다세포 뇌우가 발생할 수 있다. 다세포 뇌우의 경우, 각 세포는 서로 다른 발달 단계에 따라 적운단계, 성숙단계 그리고 소멸단계로 구분한다. 따라서 각 세포에 따라 하강기류와 상승기류, 강수 발달 정도가 다르다. 그 결과 다세포 뇌우의 수명은 단세포 뇌우보다 길어서 4~5시간 동안 지속된다.

그림 17.7은 20분 동안에 다세포 뇌우의 발달과정을 보여 준 것으로 뇌우의 사진 관측을 기반으로 나타낸 다세포 뇌우의 발달과정의 모식도이다. 맨 위 그림은 $t=0$일 때 다세포 뇌우의 모식도이다. 그림에서 4개의 구름 세포 중 세포 1이 가장 먼저 생성되었고 세포 4가 가장 늦게 생성되었다. 그림에서 화살표는 상승기류와 하강기류를 표시하며 전선은 뇌우의 유출류(outflow)에 의해 형성된 돌풍 전선(gust front)을 나타낸다. 그림 17.7에서 $t=10$분일 때 다세포 뇌우의 변화를 보면 구름 세포 1에서 하강기류가 이전보다 약해졌고 세포 4에 이어 세포 5가 새로 생성되었다. 뇌우 관측 후 20분이 지난 맨 아래 모식도에는 세포 1이 상당 부분 소멸되고 상층부의 **모루(anvil)**만 남았다. 세포 3, 4, 5가 계속 성장한 반면 세포 2는 소멸단계에 있다.

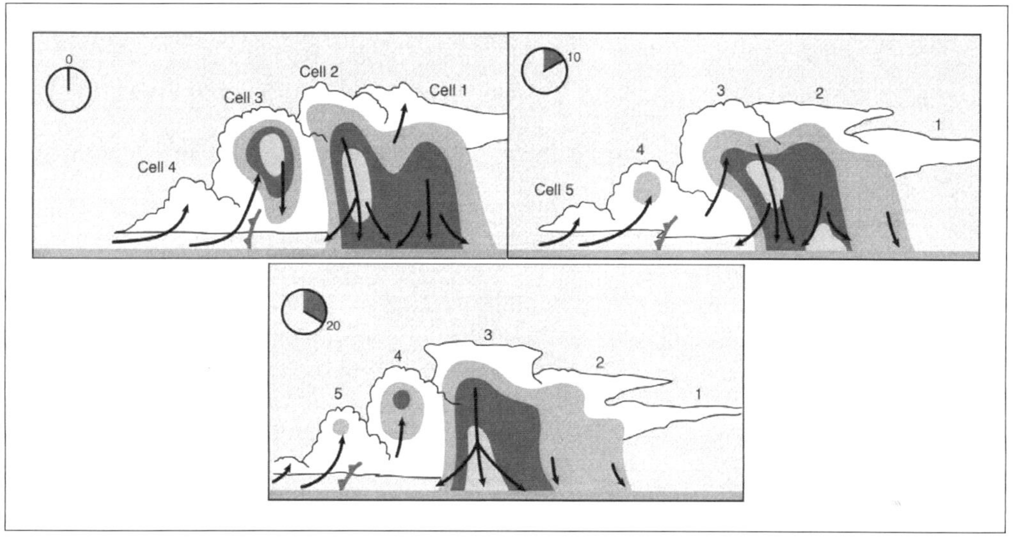

그림 17.7 ▎ 다세포 뇌우의 세포의 이동 방향, 풍향과 그리고 스톰의 운동 방향과의 관계 (Doswell, 1985).

그림 17.7에서 각 색깔은 레이더 반사도를 나타내며 연한 녹색, 녹색, 노란색 순으로 레이더 반사도가 증가한다. $t=0$일 때 세포 2에 강한 에코가 그 중심에 잠시 나타났으나, 10분 후에는 강한 에코의 중심이 지면과 접하면서 호우가 발생하였다. 세포 3의 경우도 강한 에코가 상층에 있다가 점점 하강하면서 강수를 내린다.

그림 17.8은 돌풍 전선에서 새로운 대류운의 형성과 다세포 뇌우의 진행 방향을 보여준다. **돌풍 전선(gust front)**은 심층대류운(뇌우)의 강수 구역에서 나타나는 온도가 주위보다 낮은 하강기류 (downdraft)가 지표에 도달하여 사방으로 퍼져나간다. 이 경우 지상에서의 강한 바람과 함께 풍향이 바뀌고 기온이 하강하며 기압이 상승한다. 이때 하강기류가 상대적으로 따뜻한 주위 공기를 추어올리면서 상승기류를 형성한다. 이때 상승하는 온난한 공기와 찬 공기 사이에서 형성되는 경계를 돌풍 전선이라고 한다. 돌풍 전선에 의해 형성된 상승기류는 보통 새로운

구름을 형성한다. 돌풍 전선은 레이더 영상 또는 기상위성 영상에서 확인할 수 있으며 유출류 경계(outflow boundary)라고도 한다.

그림 17.8(a)에서 적란운의 강수역에서 발달한 차가운 하강기류가 지표면에 도달한 후 퍼져 나가면서 주위 공기와 만나는 부분에서 돌풍 전선이 형성된다. 이때 돌풍 전선의 모습은 그림 17.8(a)와 같다. 지표와의 마찰로 지면보다 약간 위에 있는 코 부분이 돌풍 전선의 선단부(leading edge)가 된다. 그리고 머리는 돌풍 전선의 가장 높은 부분으로 하강기류에서 거리 그리고 하강기류의 강도에 따라 보통 $500-2000m$의 깊이를 갖는다. 그림 17.8(b)는 그림 17.8(a)의 수평 단면의 모식도이다. 그림에서 특이한 점은 새로운 구름 세포(2)가 먼저생긴 구름 세포(1)에 의해 생긴 돌풍 전선의 오른쪽 측면에 형성되고 있다. 그림 17.8(c)는 구름 세포(2)의 우측 측면의 돌풍 전선에 새로운 구름 세포(3)이 형성된 것을 보여준다. 그림 17.8(d)는 그림 17.6(c)의 수평 단면의 모식도이다. 그림에서 세 개의 구름 세포는 주위 바람을 따라 모두 동일한 방향으로 이동하고 있다. 그러나 뇌우의 진행은 구름 세포에 진행 방향에 대해 오른쪽, 즉 $t=t_0$인때 구름 세포(1)의 중심에서 (2)의 중심을 연결한 방향으로 진행한다.

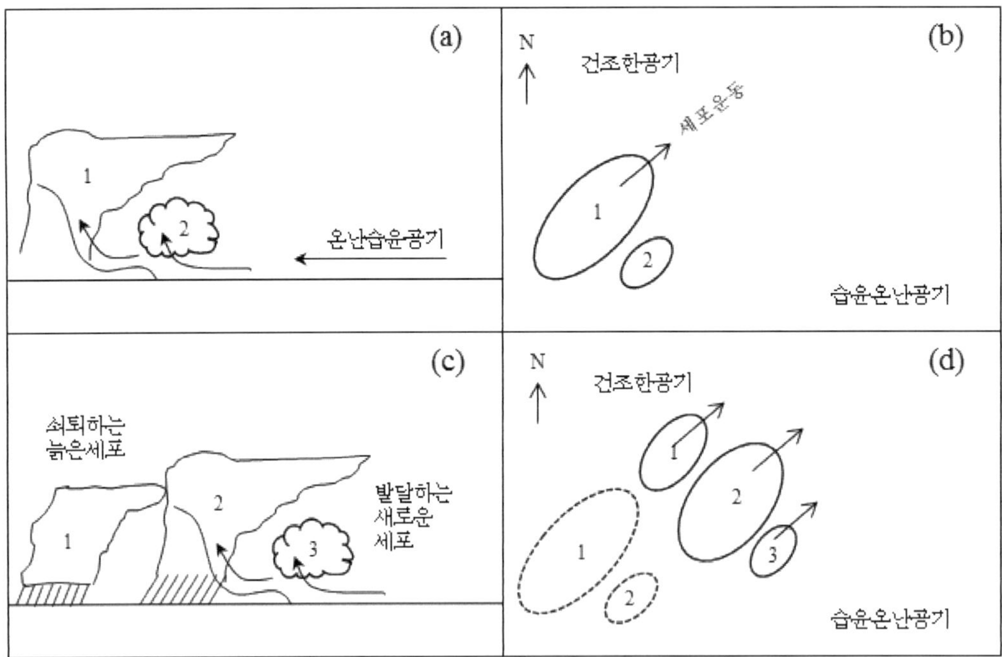

그림 17.8 ❙ 돌풍 전선에서 구름 형성과 다세포 뇌우의 진행 방향.

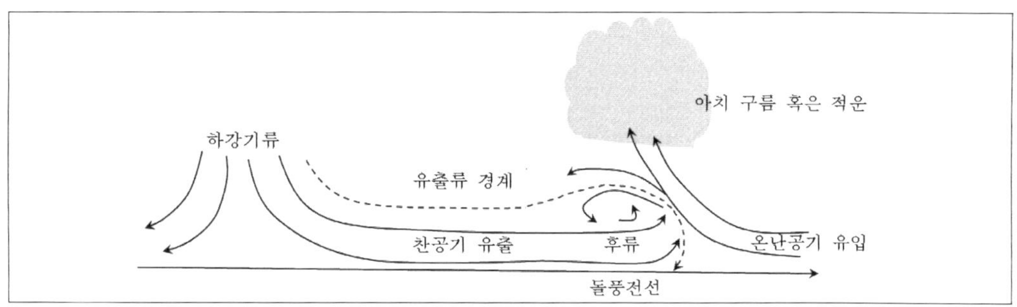

그림 17.9 ▎ **돌풍 전선의 모식적인 구조 (Goff,1976; Wakimoto, 1982).**

그림 17.9는 다세포 뇌우의 돌풍 전선에서 새로운 대류운의 형성과 뇌우의 진행 방향을 보여주는 모식도이다. 이때 주위 공기에 대한 돌풍 전선의 이동속도(C_{gust})는 다음과 같이 주어진다(Cotton et al., 2011).

$$C_{gust} = k\left\{gh\frac{(\theta_0 - \theta_1)}{\theta_0}\right\}^{1/2} \tag{17.12}$$

여기서 k는 실험상수로서 $0.7-1.1$의 값을 가지며, g는 중력가속도 그리고 h는 유출류의 깊이를 나타낸다. θ_0는 주위 공기의 평균온위 그리고 θ_1는 돌풍 전선 뒤에 있는 찬 공기(cold pool)의 평균 온위이다. 머리 아랫부분에는 하강류로 인해 후류(wake)가 형성된다. 돌풍 전선이 주위 공기에 대한 전형적인 이동속도는 $10ms^{-1}$이다. 돌풍 전선과 주위 공기가 만나는 부분에서 공기의 상승기류는 보통 수ms^{-1}에서 $10ms^{-1}$정도이며, 적운 또는 활 모양 구름(arc cloud)이 형성된다.

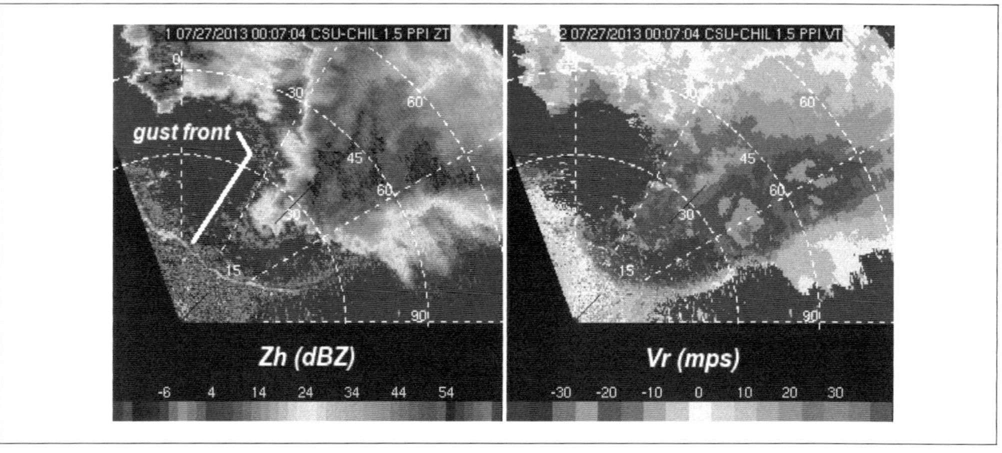

그림 17.10 ▎ **뇌우의 돌풍 전선에 형성된 유출류의 경계 (2013.7.27.).**
(http://www.chill.colostate.edu/w/Articles/An_RHI_scan_sequence_through_thunderstorm_outflow:_27_July_2013)

그림 17.10은 위험뇌우 발달 시의 S-밴드 레이더 반사도(radar reflectivity)로 관측한 레이더 반사도(Z_h)와 시선속도(V_r)의 영상이다. 뇌우관측 시 레이더 고도각은 2.3° 이다. 좌측 그림에서 레이더에서 녹색 선으로 표시된 부분이 돌풍 전선이다. 우측 시선속도의 영상에서 돌풍 전선을 중심으로 시선속도의 값이 반대임을 알 수 있다. 녹색 부분은 음의 시선속도로 레이더를 향해서 공기가 이동하는 부분이며, 노란색 부분은 양의 시선속도로 레이더에서 공기가 멀어지는 부분을 나타낸다. 따라서 돌풍 전선에서 수렴이 일어남을 알 수 있다. 영상에서 보면 유출류 경계가 뇌우에서 상당히 떨어진 위치에 발달해 있음을 보여준다.

17.5 초대형세포 뇌우

초대형세포(supercell)라는 용어는 1962년에 영국의 기상학자 K. Browning의해 처음 사용되었다. 초대형세포 뇌우는 주로 대기에 강한 연직 바람 시어가 존재할 때 발생하며 준정 상태(quasi-state)의 회전 운동을 하는 대류 세포로 구성되어 있다. Doswell(2001)은 초대형세포 뇌우 발달 환경의 특징으로 (i) $\Delta U = U_{6km} - U_{sfc} > 15-20\,ms^{-1}$, (ii) 10 < 총체 리차드슨수 <50, (iii)$1000m^2s^{-2}$ <CAPE< $3500m^2s^{-2}$을 제시하였다.

초대형세포 뇌우의 경우 상승기류와 하강기류에 의한 순환이 장시간(1~4시간)동안 폭풍의 구조를 유지하며, 가끔 우박과 토네이도를 동반한다. 초대형세포 뇌우는 강한 회오리바람, 큰 우박, 강한 번개, 토네이도 중 하나를 동반하는 뇌우로, 뇌우 중에서 가장 격렬하여 많은 재산과 인명 피해를 일으킨다. 초대형세포 뇌우가 격렬한 기상현상을 동반하는 이유는 뇌우가 성장하는 기상 상태에 기인한다. 초대형세포 뇌우는 1) 대기의 조건부 불안정과 2) 대류권의 상층에서 바람의 연직 시어가 큰 경우에 주로 발생하기 때문이다. 다른 유형의 뇌우와 비교해서 초대형세포의 특징은 회전하는 상승기류이다. 초대형세포 뇌우는 크게 세 가지, 1) **전형적인(classic, CL)** 초대형세포, 2) **강한강수(high precipitation, HP)** 초대형세포, 3) **약한 강수(low precipitation, LP)** 초대형세포로 구분한다. 이 세 가지 유형에서는 도플러 레이더 영상, 토네이도의 강도, 우박의 강도가 서로 다르게 나타난다. CL유형의 초대형세포는 호우, 크기가 큰 우박, 지상의 강풍, 토네이도를 동반하는 세포로서 악기상과 관련된 전반적인 요소를 수반한다. 따라서 CL유형의 초대형세포는 초대형세포 뇌우의 전형적인 모델이라고 할 수 있다. 그림 17.11은 초대형 세포의 유형에 따른 레이더 반사도 분포이다. 그림에서 청색→녹색→진한 노랑→빨강으로 갈수록 강수 강도(레이더 반사도)가 증가한다. 그림에서 보는 바와 같이 HP형이 상대적으로 강수역이 넓고 강수 강도가 크다.

HP유형의 초대형세포에서는 뇌우의 중심부에 호우와 크기가 큰 우박이 발생하며, 강한 하강기류(down burst)와 돌발홍수(flash flood)가 빈번하게 발생한다.

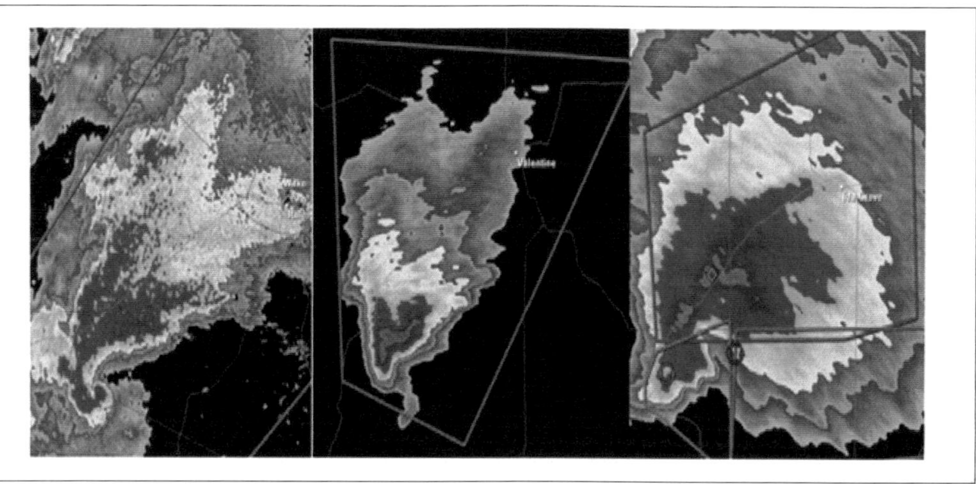

그림 17.11 **초대형세포의 유형(좌: CL, 중간: LP, 우: HP).**
(http://www.ustornadoes.com/2013/02/14/understanding-basic-tornadic-radar-signatures)

전형적인 초대형세포 뇌우는 레이더 반사도 영상에서 뚜렷한 특징으로 갈고리 에코(hook echo), BWER(bounded weak echo region), 높은 반사도 영역을 가진다. 저고도에 위치한 갈고리 에코는 그림 17.11(좌)와 그림 17.12에서 아랫부분에 반사도가 큰 값을 가지면서 갈고리 모양을 하고 있는 부분이다. 갈고리 에코는 상승기류와 하강기류 위의 상호작용에 의해서 생성되며, 중저기압(mesocyclone)이 발생하기 쉬운 곳이다. BWER은 갈고리 에코에 의해 부분적으로 둘러싸인 레이더 반사도가 낮은 강수가 없는 영역이다. 그림 17.13은 전형적인 초대형 세포의 수평 구성을 자세히 나타낸 것이다. 그림에서 녹색선은 레이더 에코영역, 돌풍 전선은 짙은 청색, 그리고 화살표로 표시한 곡선은 지표면에 대한 대기의 상대흐름을 나타낸다. UD(updraft)는 상승기류, FFD(forward flank downdraft)는 전방측면 하강기류 그리고 RFD(rear flank downdraft)는 후방측면 하강기류를 나타낸다. 그리고 BWER내부에 삼각형은 토네이도가 발생 가능한 부분이다. BWER은 그림에서 보는 바와 같이 대기가 수렴 상승하는 지역에서 나타나며, 레이더 반사도가 다른 부분에 비해 낮은 곳이다. 이에 대해서 두 가지 관점으로 설명할 수 있다. 하나는 상승기류가 너무 강하여 구름 기저에서 이 영역까지 구름 입자가 이동하는 동안 충분히 성장할 시간을 갖지 못해서 작은 수적만으로 이루어져 있기 때문에 레이더 반사도가 낮다는 것이다. 다른 하나는 강한 상승기류로 인해 비교적 큰 구름 입자들이 이 영역으로 하강하지 못해서 큰 입자들의 부족으로 인해 레이더 반사도가 낮다고 설명하고 있다.

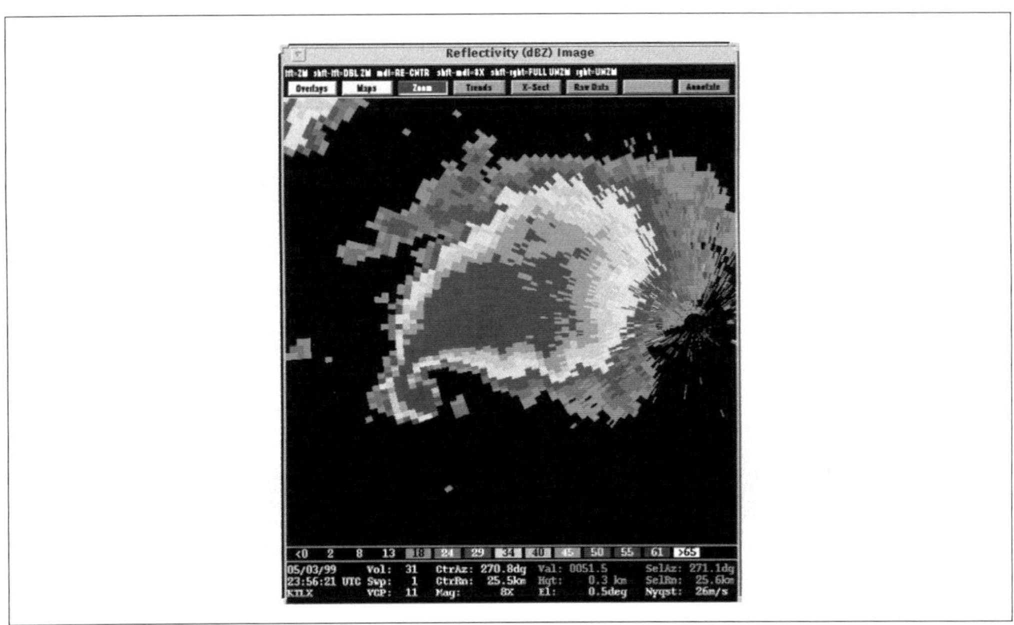

그림 17.12 ▎ **갈고리 에코와 BWER. (http://www.crh.noaa.gov/lmk/soo/docu/supercell.htm)**

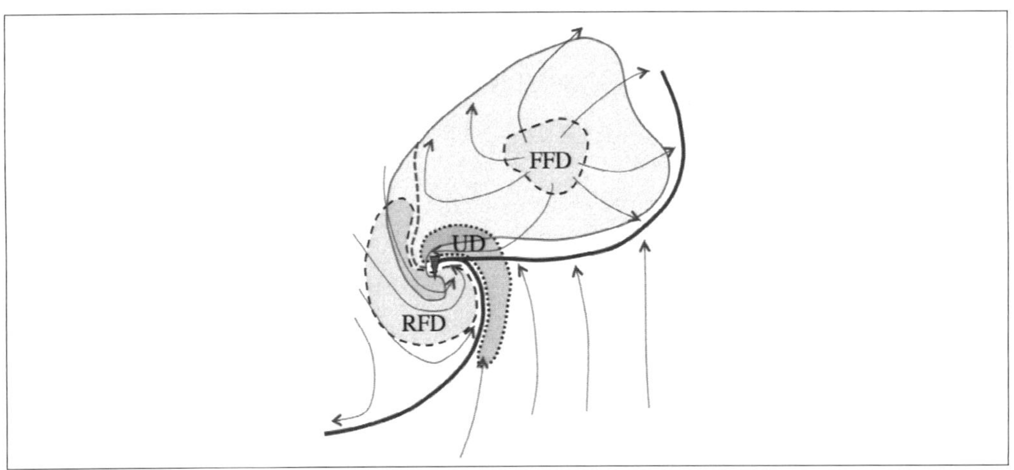

그림 17.13 ▎ **지면 부근에서 초대형 세포 뇌우의 모식도.**
(http://www.flame.org/~cdoswell/SuptorRoles/SuptorRoles.html)

LP유형의 초대형세포 뇌우는 약한 강수가 특징적이다. LP유형 구름의 기저고도는 HP나 CL 유형보다 높고 토네이도의 강도는 다른 유형에 비해서 약하며 발생 시에는 강수가 약하므로 토네이도를 육안으로 볼 수 있다. 일반적으로 초대형세포 뇌우가 토네이도를 동반할 때는 뇌운의 기저인 회전하는 부분에서 하강하는 벽 구름(wall cloud), 중규모저기압(mesocyclone), 깔때기 구름(funnel cloud)이 관측된다. 육지에서 관측되는 토네이도와 비슷한 현상이 해상에서도 관측되는데 이를 **용오름(water spout)**이라고 한다(그림 17.14).

그림 17.14 ▌ 울릉도 부근에서 발생한 용오름 (2003.10. 3., 기상청).

17.6 토네이도의 형성

위험뇌우는 그림 17.15와 같은 주변의 환경에서 발생할 가능성이 높다. 대기 경계층 내부(그림 17.15에서 아래 층)의 **이슬점 온도(dew-point temperature)**는 위험뇌우의 에너지에 근원(source)을 제공하는 지표이다. 높은 이슬점은 더 따뜻하고 습한 경계층을 만들고, 뇌우를 더 강하게 한다. 만약 기온과 상대습도가 모두 높으면, 높은 이슬점에서 뇌우를 형성하므로 현열과 잠열을 많이 방출한다. 예를 들어, 미국 중부에서 이슬점 온도가 20℃ 또는 더 높은 경우가 가끔 관측되고, 이는 강수가 많고 맹렬한 폭풍과 연관된다.

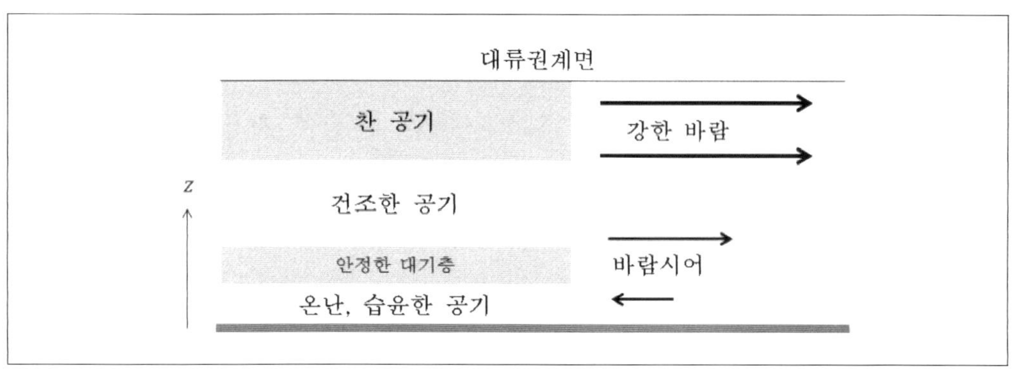

그림 17.15 ▌ 위험뇌우를 발달시키는 환경.

상층의 차가운 공기는 조건부 불안정을 증가시켜 CAPE의 값이 커지게 한다. 중층의 **건조한 공기(dry air)**는 강한 하강기류의 강도에 영향을 준다. 그림 17.15의 **정적 안정층(statically-stable layer)**은 경계층에서 뚜껑(lid)이나 모자처럼 작용하며, 지표 근처에서 방출한 뇌우의 에너지에 대한 근원을 제공한다. 최종적으로 이 에너지는 격렬한 위험뇌우를 만들 수 있는 지점에 축적되고 결국에는 방출되면서 폭풍에 공급된다.

상층의 강한 바람은 토네이도를 동반할 수 있는 뇌우의 발달을 촉진한다. 상층의 바람이 스톰에 의해 교란되면서 와도가 발달할 수 있고, 이 와도는 뇌우전체의 회전을 일으킬 수 있다. 이 경우에 저기압성 회전을 하고 있는 공기기둥을 **중저기압(mesocyclone)**이라고 한다(그림 17.16(b)). 상승기류에 의한 와도의 신장(stretching)은 구름 내부에서 토네이도를 형성 할 수 있을 정도까지 와도를 증가시킬 수 있다. 이 경우 그림 17.17과 같이 공기의 운동에 의해 소용돌이 관(vortex tube)이 늘어난다. 이 와도관이 연직으로 늘어나서 결국에는 구름 밑으로 나오게 된다. 이때 구름 아래로 늘어진 부분은 그림 17.16(b)와 같이 두 부분, 즉 **벽운(wall cloud)**과 **깔대기 구름(funnel cloud)**으로 되어 있다. **벽 구름**은 회전하는 구름이며, **깔대기 구름(funnel cloud)**은 지표면에 도달하기 이전의 토네이도에 대한 명칭이다. 그림 17.18(b)와 같이 **깔대기 구름**이 지표에 도달했을 때 토네이도가 된다.

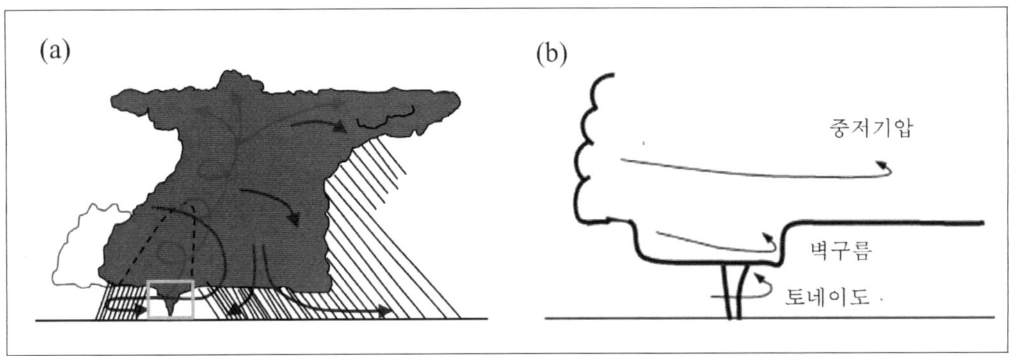

그림 17.16 ▌ 중저기압, 벽구름과 토네이도. (b)는 (a)의 사각형 부분의 확대.

토네이도 중에는 뇌운의 기저(base)에서 눈에 보이는 깔때기 구름 형태로 시작하는 것도 있고, 또는 깔때기 구름이 없는 상태에서 지상에서 출발하여 위로 뻗어가는 토네이도도 있다. 토네이도 직경은 대체로 수백 미터이고 최대 접선속도는 $140ms^{-1}$나 된다(Lin, 2007). 토네이도는 초대형세포 뇌우에서 발생하지만 모든 초대형세포 뇌우가 토네이도를 발생시키는 것은 아니다. 토네이도 형성은 두 가지로 구분할 수 있다. 하나는 **초대형 세포 토네이도(supercell tornado)**와 다른 하나는 **비 초대형 세포 토네이도(nonsupercell tornado)**이다. 초대형세포 토네이도의 형성은 그림 17.16(b)와 같이 적란운의 하부에 벽 구름(wall cloud) 그리고 구름 내부에 중 저기압을 동반한다. 벽 구름은 초대형세포의 구름 내부에서 회전하는 부분이 구름 밑면 아래로 확장된 것으로 이 부분에서 강수는 없다(그림 17.18(a)). 중 저기압은 직경이 2~10 km인 저기압성 회전을 하는 연직와도의 크기는 약 $0.01s^{-1}$정도이며 이보다 큰 경우도 있다. 중 저기압은 초대형세포 뇌우에서 종종 상승기류와 연관되어 나타난다.

비 초대형 세포 토네이도는 초대형 세포 토네이도와 달리 벽 구름 또는 구름의 중층에 중규모 저기압이 있다. 비 초대형 세포 토네이도는 비교적 약하긴 해도, 일반뇌우는 물론 강력한 다세포 뇌우와 함께 발생할 수 있다.

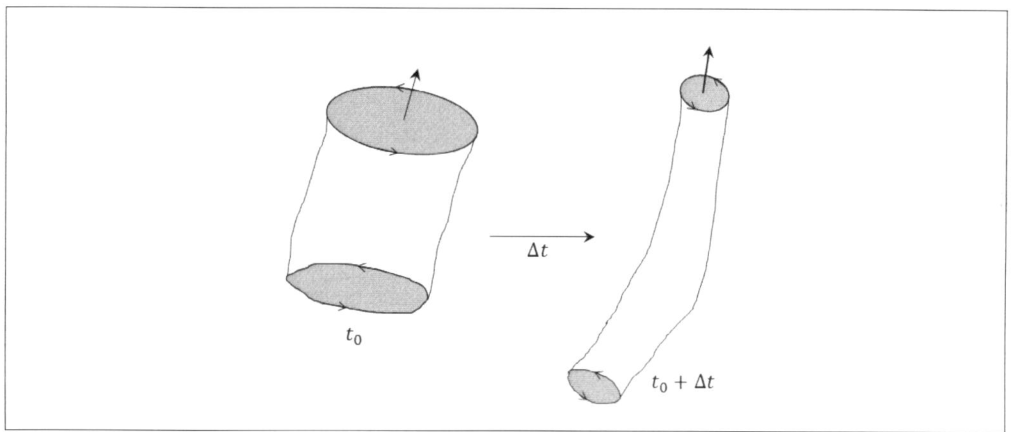

그림 17.17 ▌ **소용돌이 늘임** (vortex stretching).

그림 17.18 ▌ **벽구름과 토네이도.** (https://en.wikipedia.org/wiki/Wall_cloud)

17.7 하강돌풍

(1) 하강돌풍의 발달 조건

하강돌풍(downburst)은 적운 또는 적란운의 하부에서 발생하여 지면으로 도달하는 강한 하강기류이다. 토네이도와 다른 점은 하강돌풍은 하강기류가 지면에 도달한 중심점에서 모든 방향, 동경방향(radial direction)으로 직선으로 바람이 불어나간다 (그림 17.19). 그러나 토네이도 경우는 그 중심에 대해 강한 바람이 저기압성 원운동을 한다. 하강 돌풍의 풍속은 $66.7ms^{-1}$를 넘는 경우도 있으며 강한 풍속으로 인해 막대한 피해를 준다. 하강돌풍이 발생에 필요한 조건은 크게 3가지이다. (i) 구름 아래 대기층의 기온감률(γ)이 $\sim 10℃ km^{-1}$ 정도로 커야 한다. 그 이유는 그림 17.20(a)와 같이 구름 내부에서 공기가 하강 시 습윤단열감률(γ_s)에 따라 온도가 상승하지만, 구름 아래서 하강 기류가 단열 압축되어 건조 단열감률(γ_d)적으로 증가한다. 그 결과 지표에 도달할 때까지 공기 덩이가 주위 공기에 대해 커다란 음의 부력을 갖게 된다. 한편 17.20(b)의 경우처럼 구름 아래 대기층의 기온감률이 평균 기온과 비슷하면 오히려 하강기류가 지면 부근에서 양의 부력을 갖게 된다. (ii) 0℃ 고도가 구름 기저에서 높이 위치하여야 한다. 그 이유는 하강기류에 얼음 입자가 포함되었을 때 융해열이 수적이 포함된 경우의 기화열보다 훨씬 커서 하강기류의 온도가 더 낮아져 음의 부력이 더 커지기 때문이다. (iii) 구름아래 대기의 상대습도가 낮아야 한다. 그 이유는 상대습도가 낮을수록 증발이 더 많이 일어나며, 이로 인해 하강기류의 온도가 크게 감소하기 때문이다.

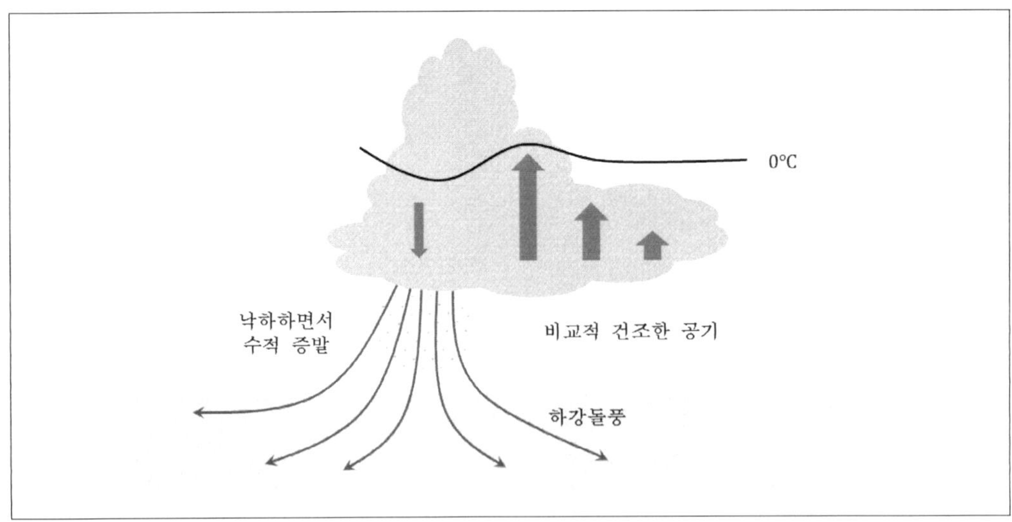

그림 17.19 ❙ 하강돌풍의 형성.

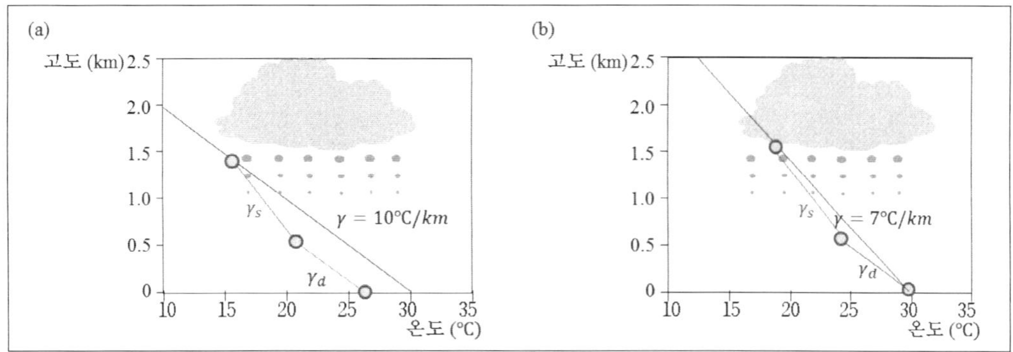

그림 17.20 ❙ **하강돌풍의 형성과 대기의 기온감률. (a) 하강돌풍 발생, (b) 하강돌풍 미 발생.**

(2) 하강기류의 강화 요인

하강기류를 강화 요인 시키는 주 요인은 2가지이다. 첫째는 떨어지는 물방울 또는 얼음 결정과 연관된 **강수항력(precipitation drag)**, 그리고 둘째는 초기에 상대습도가 낮은 건조한 대기로 수적이나 빙정이 낙하 시에 일어나는 **증발냉각(evaporative cooling)**이다.

• **강수항력**: 강수 입자가 낙하 시에 공기저항을 받는다. 만약 공기저항(air drag)과 강수 입자에 미치는 중력이 균형을 이루면 강수 입자는 종단 속도로 낙하한다. 한편 구름 덩이(cloudy parcel)에 수적 또는 얼음 입자가 들어 있으면 이로 인해 구름 덩이의 무게가 증가하는데 이 효과를 **액체수 부하(liquid-water loading)**라고 부른다. 그 이유는 액체수 부하가 공기 덩이의 온도를 낮추고 밀도를 증가시키는 것과 같은 효과를 가지기 때문이다. 구름 덩이의 가온도 T_{vp}, 주위 공기의 가온도가 T_{ve} 그리고 액체수의 혼합비 r_l 인 경우 부력과 중력만을 고려한 구름덩이의 운동방정식은 다음과 같이 주어진다(Rogers 와 Yau, 1989).

$$\frac{F}{m} = \frac{dw}{dt} = g\frac{[T_{vp} - T_{ve}]}{T_{ve}} \tag{17.13}$$

만약 하강돌풍이 아래로 Δz 만큼 이동하는 동안 단위 질량당 부력이 변하지 않으면, 운동에너지의 증가와 위치에너지 감소는 같다. 이 관계식을 이용하면 하강돌풍이 출발점에서 Δz 인 거리에서 하강기류 속도는 다음과 같이 주어진다.

$$w = -\sqrt{2(F/m)\Delta z} \tag{17.14}$$

• **증발 냉각**: 구름 아래에서 강수 입자의 증발로 인해 하강기류의 온도는 감소하고, 공기밀도는 증가한다. 그러나 수적의 증발로 하강기류가 포화 되지 않는다. 그 이유는 하강기류 주위

에 있는 공기가 하강기류로 유입되어 혼합이 일어나기 때문이다. 따라서 하강기류가 지면에 도달할 때 까지는 계속 강수입자가 증발하며 이로 인해 음의 부력을 갖게 된다. 하강기류에 액체수 혼합비가 $\triangle r_l$만큼 감소했을 단위질량의 공기에 대한 온도변화는 다음과 같다.

$$\triangle T = -r_l\left(\frac{L_v}{C_{pd}}\right) \tag{17.15}$$

여기서 L_v는 증발잠열이며 c_{pd}는 건조 공기의 정압비열이다. 강수 입자의 증발 냉각은 종종 액체수 부하보다 더 큰 효과이다. 따라서 위험한 하강돌풍은 꼬리구름(virga) 아래에서 발생할 수 있고, 이 경우 강수입자는 땅에 도달하기 전에 증발한다. 규모(직경)는 더 작지만 매우 강한 하강돌풍을 **마이크로버스트(microburst)**라고 한다.

극한 상황에서 직경이 $0.5km$에서 $5km$이고 풍속이 약 $10ms^{-1}$인 강한 하강기류가 지면에서 $100m$ 높이에서 관측된다. 마이크로 버스트는 그 연직 속도가 가끔 항공기 상승속도를 초과하기 때문에, 항공기가 이, 착륙할 때 특히 위험하다. 도플러 레이더는 강한 하강기류의 일부를 탐지할 수 있으므로 미리 조종사에게 경고할 수 있다.

예제 17.2

액체수 혼합비가 $10g\,kg^{-1}$이고 온도 10℃, 압력 $700hPa$인 포화된 공기 안에 빗방울로 존재한다. 가온도를 구하고, 액체수 부하에 연관된 질량당 부력, 액체수 부하에 연관된 1km 떨어진 바닥에서의 하강기류 속도를 구하여라.

풀이

식 (6.5)과 (6.7)을 이용:

$$e_s{=}e_s = (6.11hPa)\exp((5423K)(\frac{1}{273}-\frac{1}{283}) = 12.3hPa$$

$$r_s = \frac{(0.622)(12.3)}{800-12.3} = 0.1115$$

따라서 식 (1.9)와 (1.10)을 이용하면

$$T_{vp} = T(1+0.61r_s - r_l) = 280.17K,\ T_{ve} = T(1+0.61r_s) = 284.92K$$

식 (17.13)을 이용:

$$\frac{F}{m} = 9.8ms^{-2}\frac{280.17-284.92}{284.92} = -0.16354ms^{-2}$$

식(17.14)을 이용:

$$w = -\sqrt{2(-0.16354ms^{-2})(-1000m)} \approx 18.08563ms^{-1}$$

17.8 돌풍 전선과 주위 바람

그림 17.21은 뇌우에서 돌풍 전선이 발달하는 과정을 나타낸 모식도이다. 그림에서 강우역에 하강기류가 형성되어 있다. 하강기류에서 강한 부분을 하강돌풍이라고 하며 수평 규모가 1~10km 이내의 바람이 강한 지역이며 항공기 이·착륙에 주의가 필요한 지역이다. 하강돌풍의 강도는 주로 구름 내 건조 공기 유입과 강수입자의 증발에 의한 대기의 냉각에 의해 결정된다. 그림에서와 같이 뇌운에서 하강기류 또는 하강돌풍이 지표에 도달하면 찬 기류는 그림 17.21과 같이 수평으로 퍼져나간다. 이를 유출류(outflow)라고 하며, 유출류의 선단부(leading edge)를 돌풍 전선이라고 한다. 유출류가 지면을 따라 전파 시에 배경 바람의 풍향과 강도에 따라 하강 돌풍의 중심에서 돌풍 전선까지 거리가 달라진다. 그림에서 보는 바와 같이 배경바람과 유출류의 방향이 정반대인 곳에서는 하강돌풍의 중심에서 가까운 지점에 돌풍 전선이 형성된다. 그러나 배경바람과 유출류의 방향이 같은 곳에서는 하강돌풍의 중심에서 멀리 있는 지점에 돌풍 전선이 형성된다. 따라서 하강돌풍을 중심으로 돌풍 전선의 전파 속도는 풍상 측에서는 최소인 반면에 풍하 측에서 최대이다. 강한 수평수렴이 예상되는 곳은 풍상 측에서 하강돌풍이 나가는 유출류와 지상풍이 수렴하는 곳이며 하층대기가 습한 경우 이곳에서 구름이 형성된다. 이로 인해 돌풍 전선은 위성과 레이더 영상에서 그 위치를 확인할 수 있다. 돌풍 전선의 길이는 100~1000m, 넓이는 5~100km이고 2 ~ 20분에 걸쳐 지속된다. 돌풍 전선의 전파 속도는 보통 5 ~ 15ms^{-1}이다. 돌풍 전선이 통과시 1~3℃의 온도 감소가 나타난다.

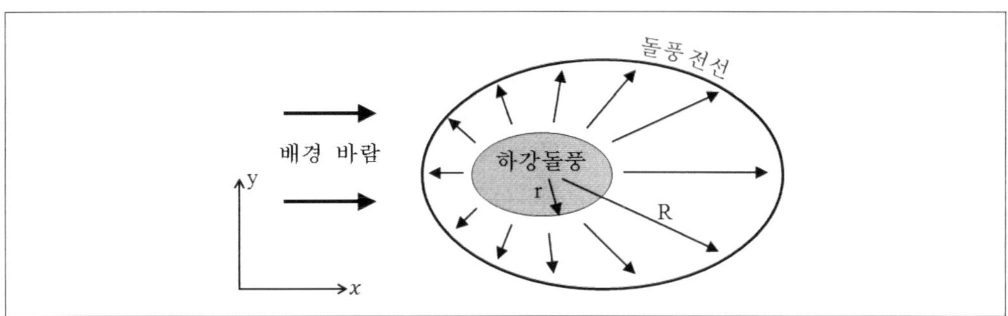

그림 17.21 ▌ 하강돌풍과 돌풍 전선의 수평 단면도 (Stull, 2000).

돌풍 전선 뒤에서 30ms^{-1} 풍속의 강한 바람이 불기도 하는데 그것은 회오리바람과 돌풍 전선을 구별할 수 있는 특징으로, **직선바람(straight-line wind)**이라고 한다. 직선바람은 나무가 넘어지고 이동식 주택이 뒤집히는 등의 커다란 피해를 초래할 수 있다. 돌풍 전선이 건조한 토양 위로 이동할 때에는 **하부브(haboob)**라 불리는 먼지폭풍(dust storm) 또는 모래 폭풍이 생긴다.

연습문제

1. 한국에서 발달하는 전선뇌우와 기단 뇌우의 특징을 관련 논문을 참고하여 설명하시오.

2. 우리나라 부근에서 발달하는 중규모 대류복합체(Mescoscale Convective Complex)의 특징을 관련 논문을 참고 기술하시오.

3. $10gkg^{-1}$의 액체수가 온도 10℃, $800hPa$인 포화된 공기 안에 빗방울로서 존재한다. (1) 가온도, (2)액체수 부하에 연관된 질량당 부력, (3)액체수 부하에 연관된 $1km$ 떨어진 지면에서의 하강기류 속도를 구하시오.

4. 앞에 3번 문제에 주어진 액체수가 모두 증발할 경우 공기 덩이의 온도 감소를 구하시오.

제18장 수치예보

현재 대부분의 기상예보는 컴퓨터에 의해 만들어진다. 컴퓨터는 전 세계 수천 개 지역의 바람, 온도, 수증기, 그리고 고도 사이의 복잡한 비선형적인 관계를 여러 단계의 처리 과정들을 통해 나타낼 수 있다. 또한 자료의 관측, 수집, 분석 및 보급은 갈수록 더 자동화되고 있다. 기상관측 도구의 발명, 일기도 차트개발, 통신기술 발달에 따라 1,800년대 중반 이후 일기도를 기반으로 한 1일 예보 등 근대적 일기예보 체제가 정착되었다. 20세기에는 컴퓨터의 발명과 수치예보 이론의 발전에 힘입어 일기예보가 보다 과학적인 방법으로 다시 한번 도약하였다.

18.1 역사적 고찰

수치예보는 객관적이고 이론적인 날씨 예측 방법으로, 고성능 컴퓨터에서 계산되는 수치예보모델을 이용하여 현재의 대기상태로부터 미래 날씨를 예측한다. 수치예보는 예보관의 지식, 경험 및 주관적 판단에만 의존할 수밖에 없었던 날씨 예측의 영역에 과학적인 방법을 도입한 것이다.

(1) 수치예보의 역사

▌수치예보의 개념 정립

뉴턴(Isaac Newton, 1665)과 라이프니쯔(Gottfried Wilhelm Leibniz, 1675)가 발명한 미분학, 1746년 달랑바르(Jean le Rond d'Alembert)가 고안한 편도 x'함수를 사용하여 1755년 오일러(Leonhard Euler)에 의해 유체 역학의 첫 번째 방정식이 만들어졌다.

분자 점성 항은 나비어(Calude-Louis Navier, 1827)와 스토크스(George Stokes, 1845)에 의해 추가되었다. 유체운동을 묘사한 그 식은 **나비어-스토크스(Navier-Stokes) 방정식**이라 한다. 수십 년 후에 노르웨이의 비야크네스(Vilhelm Bjerknes)는 이와 같은 방정식을 대기에 적용하였다. 그는 기상예보를 만드는 데 있어서 경험적인 규칙보다 물리학을 사용하는 것을 매우 강하게 지지하는 학자였다.

❙ 최초의 수치예보

1922년, 영국의 리차드슨(Lewis Fry Richardson)은 기계 탁상 계산기를 이용하여 원시 방정식을 푼 최초의 기상예보 수치 실험에 관해 서술한 책을 출판하였다. 그 책은 상호작용 방법을 만족하는 많은 물리 이론을 결합한 최초의 작업 중 하나이며 매우 높게 평가되고 인정받았다. 이 방법은 6시간 예측을 만드는데 6주가 걸렸다. 유감스럽게도 그의 지상 기압 예측은 실제 날씨에 비해 기압의 크기에 대한 차수가 달랐다. 리차드슨은 이 예측을 하는데 심혈을 쏟았기 때문에 수치예보 자체가 실현 불가능한 문제라고 결론을 내렸다. 그리고 20년 후까지 수치예보 작업을 좌절시켰다. 결국 1945년에 고등 학술 연구를 위한 프린스턴 대학 기관의 물리학자 폰 노이만(ohn von Neumann)과 프린스턴 실험실의 전기 공학자 즈워리킨(Valdimir Zworykin)에 의해 최근 발명된 전자계산기의 발명을 입증하기 위해 수치예보를 시작하는 것을 제안하였다. 그들의 목표는 기후 수정을 향한 첫 단계로 일반적인 순환을 모의하는 것이었으나, 초기에는 그 문제에 접근하는 방법에 대해 동의하지 않았다. 폰 노이만은 이론 기상학자들인 로스비(Carl-Gustav Rossby), 엘리아센(Arnt Eliassen), 챠니(Jule Charney), 플라츠만(George Platzman)을 데려왔다. 최초의 전기 계산기 에니악(ENIAC)은 프린스턴의 큰 방에 가득 있었고 엄청난 열이 발생하였으며 자주 고장 나는 진공관을 사용했다. 결국 그들은 제한된 컴퓨터 능력에 맞추어 대기대순환의 장파에 집중하기 위해 모든 원시 방정식을 간소화할 필요성을 깨달았다. 원시 방정식을 사용했던 리차드슨의 실패에서 교훈을 얻어 모든 원시 방정식의 해를 얻는 것이 불가능하다는 것을 결국 받아들이게 된 것이다.

❙ 근사방정식과 수치예보

챠니와 폰 노이만은 1948년과 1949년 수치모델 학회에서 제안한 간단한 단층 순압성 모형(절대 소용돌이도 보존)을 개발하였다. 드디어 에니악은 1950년 3, 4월 북미의 3가지 사례연구를 예측하였고, 그 결과는 상당히 좋았다. 이내, 볼린, 스마고린스키, 필립스가 그 연구팀에 합류하였고 더 많은 수치 예측을 하였다. 그동안에 로스비는 수치예보 활동을 시작하기 위해 그의 고향인 스웨덴으로 돌아왔다. 프린스턴에서 돌아온 볼린과 필립스와 함께 간소화된 대기의 물리적 구조를 기초로 한 순압 모델을 개발했다. BESK라고 불리는 스웨덴 전자계산기는 1953년부터 사용할 수 있었고 그 당시에 전 세계에서 가장 강력한 컴퓨터였다. 스웨덴 공군의 지원으로 1954년 12월 스웨덴에서 최초로 규칙적으로 사용되는 군사 작전 수치예보가 시작되었다. 이것은 지표 상태 없이 500hPa 고도의 24시간, 48시간, 심지어 72시간 예보를 하였다. 이 군사 작전 예보의 단계는 1955년 5월에 끝이 날 때쯤 좋은 결과를 만든 60~70개의 예보가 만들어졌다.

수치예보의 발전

1953년에 미국에서 IBM이 새로운 컴퓨터의 설명서를 발표하였다. 1954년에 이 새 컴퓨터를 사용하여 미기상청, USAF 항공 기상 근무대, 그리고 해군에서는 크레스만(George Cressman)이 책임자인 수치 기상 예측부(Joint Numerical Weather Prediction Unit, JNWPU)를 형성하였다. 이 단체는 1948년에 챠니와 엘리아센이 유도한 준지균 경압 모델을 사용한 군용 기상예측에 초점을 맞추기로 하였다. 컴퓨터 동력은 모델의 40, 70, 900hPa 3개의 층에 제한하였다. 1955년에 IBM 701 컴퓨터가 소개되고, 그해 5월 JNWPU는 북미를 대상으로 첫 군용 수치 기상예보를 시작하였다. 또한, 파노프스키는 기상 자료의 자동화된 분석을 위한 계획을 제안하였다. 그동안에 필립스와 스마고린스키는 일반 순환이 작용하는 과정에 대해 더 알기 위해서 연구 방식에 수치 예보를 사용하고 있었다. 초기 수치 예보는 모델 격자점 관측이 수동으로 보관한 자료를 사용하여 초기화하였다. **객관 분석(objective analysis)** 방법은 이전 예측에 맞는 새로운 관측으로 쓰였다. 최초의 경압(다층) 모델은 1955년에 사용되었으나 정확하지 않은 눈금과 사용하기 불편하여 1956년에 실패하였다. 모형 제작자들은 순압 모델로 되돌아갔다. 순압 모델은 단 하나의 층을 가지고 있기 때문에, 컴퓨터를 모두 이용하지 않아도 되기 때문이다. 추가된 컴퓨터 동력의 이점을 이용하여 모델 제작자들은 반구정도로 순압 영역을 확대하였지만 예보의 질이 더 나빠지면서 실망하게 되었다. 결국, 크레스만과 필립스는 모형의 대류권보다 위에 있는 대기의 특징을 고침으로써 해결책을 발견하였다. 500hPa 순압 예측 결과는 경압 모델의 10년 동안의 결과를 뛰어넘는 높은 품질의 결과이었다. 마침내 1962년에 6개 층의 원시 방정식 모델을 시행할 만큼 충분한 동력을 가진 컴퓨터가 생겼다. 예측 평가는 극적으로 개선되었고, 마침내 수치예보를 유용한 예측 도구로 만들었다. 그 이후로 예측 품질의 향상은 컴퓨터 동력인 메모리, 계산 속력, 기억장치의 성장과 매우 밀접하였다. 그림 18.1은 시간에 대한 컴퓨터 동력의 발전을 보여준다. 모형에는 더 많은 층과 수평면으로 정밀한 격자, 충분한 전 지구적 범위(1966년), 지형, 눈과 해빙 범위가 포함된 지형적 특성이 추가되었다. 또한 복사, 구름, 강수, 난류와 같은 물리적 과정의 매개 변수화가 향상되었다.

수치예보모형의 발달

전 세계적으로 미국국립기상센터는 지역(제한된 도메인) 모형을 개발하여 1976년에 제한된 영역에서 정밀 격자 모델(LFM)로 발전하다가 1994년에 단계적으로 중단되었다. 수평장의 스펙트럼 표현은 1980년에 미국국립기상센터 전 지구 모델에서 격자점으로 대체하였다. 1990년대 후반, 전 지구 모델들은 42개 층과 수평 해상도가 80km인 정역학 전 지구 스펙트럼 모델

(Global Spectral Model, GSM)로 발전하였다. 1990년대 중반, 미군 수치예보는 몬테레이에서 함대 수치 기상학과 해양학 센터(the Fleet Numerical Meteorological and Oceanographic Center, FNMOC)로 통합되었다. 미국국립기상센터는 환경 예측 국립 센터(National Centers for Environmental Prediction, NCEP)로 재조직되었고 워싱턴 DC에 있다. 그들은 1999년에 10km 수평 격자와 60개의 층을 가진 모형을 도입하였다. 캐나다 기상 센터는 1990년 후반 15km격자 규모의 전 지구 환경 다중 규모(Global Environmental Multiscale, GEM) 모델로 발달하였다.

1970년 중반 유럽 사회는 영국의 레딩에 유럽 중기 기상예보 센터(European Centre for Medium-Range Weather Forecasts, ECMWF)를 설립하였다. 1979년에 그들의 첫 중기 예보는 격자 모델에 기초하였다. 1990년대, 그들의 10일 예보는 스펙트럼 모델로 만들어졌다. 1992년에 ECMWF는 앙상블 예측 시스템(ensemble Prediction System, EPS)을 운영하기 시작했다. 1999년 후반, 50개의 대안 가능한 분석 연구는 하나의 운영상의 분석으로부터 매일 구성되었다. ECMWF 수치예보는 50개의 예측 결과의 분포는 예측 신뢰를 측정하여 확률 정보를 제공하며 세계에서 가장 높은 검증기술을 가지게 되었다. ECMWF 모델은 수평으로 60km의 동일한 해상도와 연직으로 60개의 층을 가지고, 8.3×10^6개의 지점에서 20분마다 10개의 기상 변수들에 대해 계산했고, 2015년 현재 수평해상도는 8~10km, 연직으로 91개의 층을 가지고 6.3×10^{15}개의 지점을 계산하여 10일 예보를 하고 있다.

이러한 기관들의 모델 이외에 모델사용자와 개발자 간의 상호작용을 통해 개발시켜나가는 커뮤니티 모델이 있다. 대표적인 예가 MM5와 WRF이다. MM5와 WRF의 경우 중규모수치예보 모형으로써 UCAR에서 개발이 이루어졌다. MM5의 경우 1960년 안데스에 의해 개발된 3층 허리케인모형으로부터 개발되어 1970년대 MM0부터 MM3로 개발되었다. 그리고 1980년대 NCAR와 펜 스테이트(Pen State)가 함께 MM4를 개발하여, 1980년대 커뮤니티 모델로 사용되었다. 1992년 MM5로 개발되어 2004년까지 3.7버전까지 개발되었고, WRF의 등장으로 인해 더 이상 개발되지 않았다. WRF의 경우 2000년부터 개발이 시작되어 2004년 2.0버전부터 배포되었고, 2015년 8월 기준으로 3.7버전까지 개발된 상태다. WRF는 목적에 따라서, 연구목적으로 이용되는 WRF-ARW와 예보목적으로 이용되는 WRF-NMM이 있다. WRF를 이용하고자 한다면, WRF사용자 페이지(http://www2.mmm.ucar.edu/wrf/users/)를 이용할 수 있다.

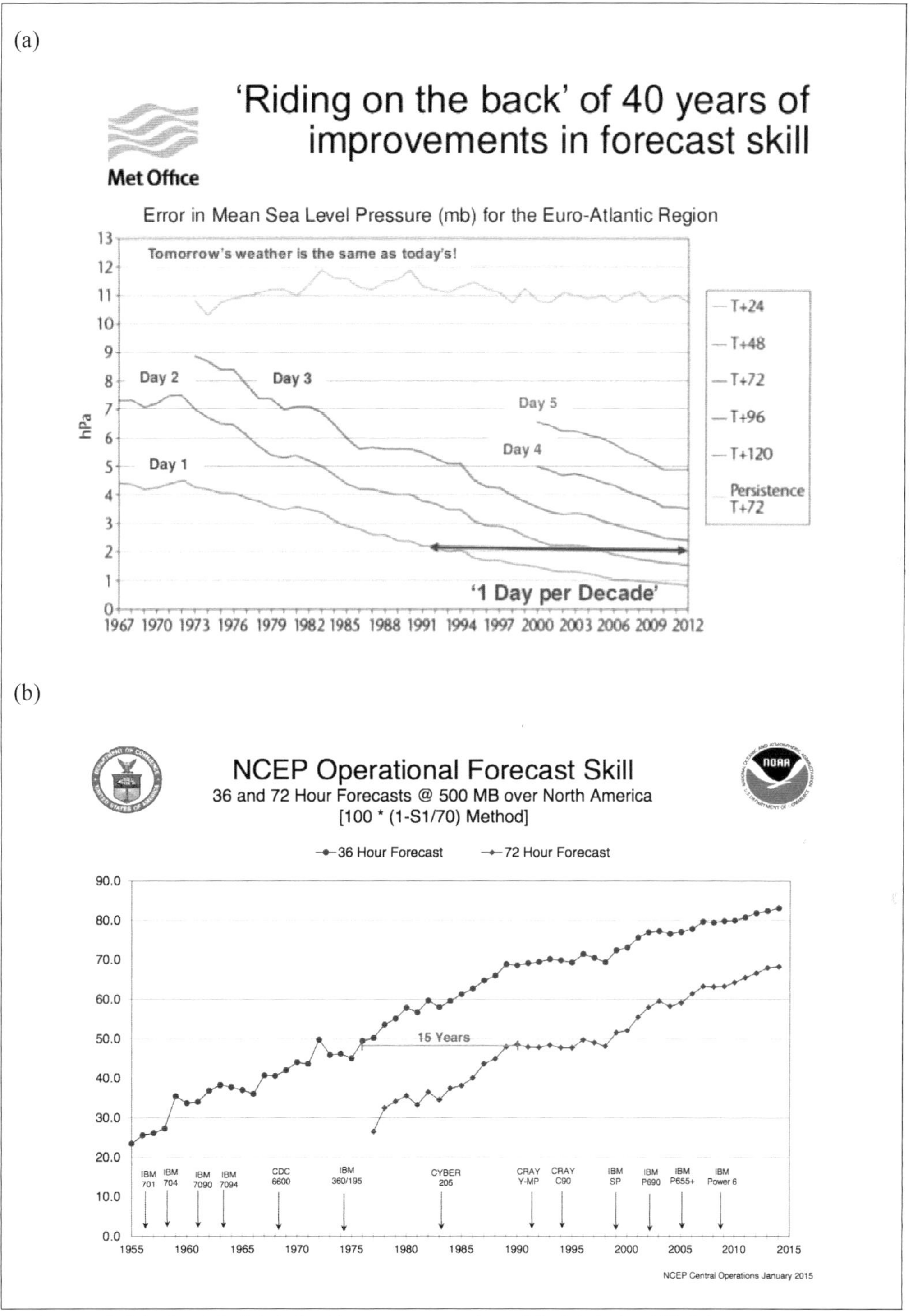

그림 18.1 ▌ (a) 컴퓨터의 발전에 따른 영국 MET Office의 40년간 기간별 예보의 향상과
(b) 컴퓨터의 발전과 더불어 미국 NCEP의 36시간 예보와 72시간 예보의 향상.

(2) 한국 수치예보의 발전

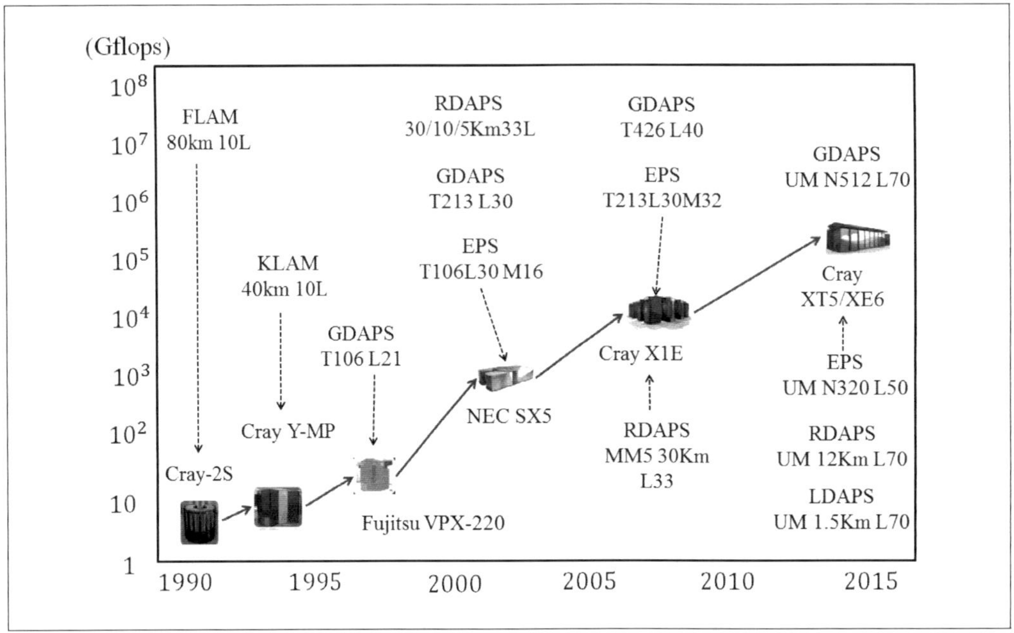

그림 18.2 ▌ **1990년대부터 현재까지의 우리나라 기상청이 수치예보에 활용하고 있는 컴퓨터 종류 및 계산 능력 (국가기상슈퍼컴퓨터 센터).**

우리나라는 그림 18.2에서 보는 바와 같이 수치예보모델의 운영을 위해 기상청에 1988년 최초의 수치계산용 서버로 CDC사의 Cyber 932 기종을 도입하는 한편 한국과학기술연구원(KIST)이 도입한 슈퍼컴퓨터 Cray-2S 장비도 활용하였다. 1995년에는 고성능 수치계산용 서버인 Fujitsu사의 VPX 220 장비를 도입하고, 1997년에 전지구 예보모델의 운영을 시작함으로써 마침내 독자적 수치예보의 시대가 개막되었다. 슈퍼컴퓨터 1호기 도입이 시작된 1999년부터는 슈퍼컴퓨터 기반의 고해상도 수치예보모델을 예보 업무에 활용하고 있다 (국가기상슈퍼컴퓨터센터 제공).

18.2 대기 방정식의 풀이

기상예보는 대기의 운동방정식을 풀어서 만들어진다. 일반적인 기상 지배 방정식의 비선형성으로 인해 분석적으로 지배방정식들을 풀이할 수 없다. 즉, 기상수치예보에서는 **해석해(analytical solution)**를 구하는 것이 아니라 수치적 해를 구하는 것이다.

(1) 원시방정식

일반적인 기상 지배방정식 역학, 열역학, 연속 방정식, 수증기 보존의 비선형 편미분 방정식들이다.

▎기본방정식

- x-방향 운동방정식

$$\frac{du}{dt} = -\frac{1}{\rho}\frac{\partial p}{\partial x} + 2\Omega v \sin\phi - 2\Omega w \cos\phi + F_x \tag{18.1}$$

- y-방향 운동방정식

$$\frac{dv}{dt} = -\frac{1}{\rho}\frac{\partial p}{\partial y} - 2\Omega u \sin\phi + F_y \tag{18.2}$$

- z-방향 운동방정식

$$\frac{dw}{dt} = -\frac{1}{\rho}\frac{\partial p}{\partial z} - g + 2\Omega u \cos\phi + F_z \tag{18.3}$$

- 연속 방정식

$$\frac{d\rho}{dt} = -\rho \nabla \cdot \widetilde{V} \tag{18.4}$$

- 열에너지 방정식

$$C_v \frac{dT}{dt} + p\frac{d\alpha}{dt} = \dot{Q} \tag{18.5}$$

- 이상기체 방정식

$$p = \rho R_d T_v \tag{18.6}$$

- 수증기 방정식

$$\frac{dq}{dt} = e - c \tag{18.7}$$

여기서 변수는 u, v, w, T, p, ρ, q 7개이고 방정식도 7개이므로, 변수와 방정식의 개수가 같아 연립하여 푼다면 해석해를 구할 수 있다. 그러나 이 방정식을 풀기 위해서는 각 방정식의 다양한 물리항들(예를 들어, 마찰항, 비단열가열항, 증발률, 응결율 등)을 모두 알아야 하므로 물리항들은 물리모수화(physical parameterization)의 방법을 사용하여 구한다.

(2) 근사 풀이

비선형 편미분 방정식들을 풀지 못하기 때문에 세 가지 대안법이 사용된다. 하나는 지배방정식들을 간소화한 식에서 정확한 분석적 해법을 찾는 것이다. 두 번째는 정확한 식들을 풀 수 있는 간단한 물리 모델을 만드는 것이고 세 번째는 지배방정식들에서 근사적으로 수치해를 찾는 것이다. 첫 번째 방법의 예시로 대기에서 매우 간소화한 운동방정식의 정확한 해인 지균풍이 있다. 이것은 마찰이 무시될 수 있는 경계층 위와 등압선이 거의 일직선인 지역에서 정상 상태의 바람인 경우이다. 초기의 **수치예보(numerical weather prediction, NWP)**는 두 번째 방법을 사용하였다. 예를 들어, Rossby는 대기가 지구를 둘러싼 물의 층인 것처럼 모형을 제작한 초기 컴퓨터에 방정식들을 넣기 위해 간소화하였다. 지금의 수치예보는 세 번째 방법을 사용한다. 편미분 방정식(또는 원시방정식)은 **격자점(grid point)**이라고 불리는 각 지점에서 유한 차분 근사를 이용해 풀 수 있다. 이 격자점들은 각 도시나 시내보다는 세계를 일정한 공간 간격으로 구분하는데, 일상적으로 운영되는 기상예보는 1975년 이후로 컴퓨터에 의해 생산되기 시작했다. 수치예보 기술은 1975년 이후로 사람이 하는 예보 기술을 넘어섰고 그 이후로 사람들은 컴퓨터로 예보되는 결과에 의지하게 되었다.

(3) 물리 모수화

모수화(parameterization)는 하나 이상의 알려진 항이나 요소에 의해 알 수 없는 항을 근사한 것이다. 기상학에서 몇 가지 물리적 과정은 정확한 물리 법칙을 제공하기에 충분히 알려지지 않지만 그 과정의 순 효과는 관측할 수 있고 모수화할 수 있다. 반면, 정확한 물리적 과정은 알려져 있지만 매우 복잡하거나 충분히 좋은 해를 제공하는 모수화가 힘든 상황도 있다. 예를 들어, 수십 개의 구름 물방울과 빙정이 성장과 충돌을 하는 진화를 적용하는 대신 순 강수율을 간단한 모수를 통해 사용할 수 있다. 이것은 **구름 미세물리 모수화(cloud microphysics parameterization)**라 한다. 또 다른 예로는 난류가 있다. 각 소용돌이와 맴돌이의 움직임과 열 수송을 계산하는 것 대신에 난류에 의해 순 연직 열속 수송을 모수화할 수 있다. 이것을 **난류 모수화(turbulence parameterization)**라고 한다.

수치예보에서는 다양한 물리적 현상을 그림 18.3과 같이 모수화하여 사용한다. 복사, 경계층, 산악파 항력, 식생, 표면 효과 등의 모수화를 **물리 모수화(physical parameterization)**라고 한다. 대기 운동에 대한 미분 방정식은 수치 알고리즘으로 설계할 수 있다. 더 효율적인 계산과 더 정확한 계산을 위하여 기상학자들은 지속적으로 연구하고 있는데, 이러한 모수화를 **수치 모수화(numerical parameterization)** 또는 **수치화(numeric)**라고 부른다. 모수화는 단지 근사치이기 때문에 단 하나의 모수화란 있을 수 없다. 과학자들은 같은 현상에 서로 다른 모수화를 제안한다. 다른 알고리즘은 다른 상황에 각각 더 잘 맞다. 그래서 과학자의 이름을 붙인 물리 모수화 이름을 사용하기도 한다. 컴퓨터가 하나의 특정한 수치 모수화와 물리화를 포함한 코드로 된 것을 수치 모형이라고 한다. 컴퓨터 코드가 매우 큰 세트를 개발하는 사람들을 **모형 제작자(modeler)**라고 한다. 하나의 새로운 수치 모델을 만들기 위해서는 일반적으로 몇 년 동안 모형 제작자 팀(기상학자, 물리학자, 컴퓨터 과학자)이 필요하다.

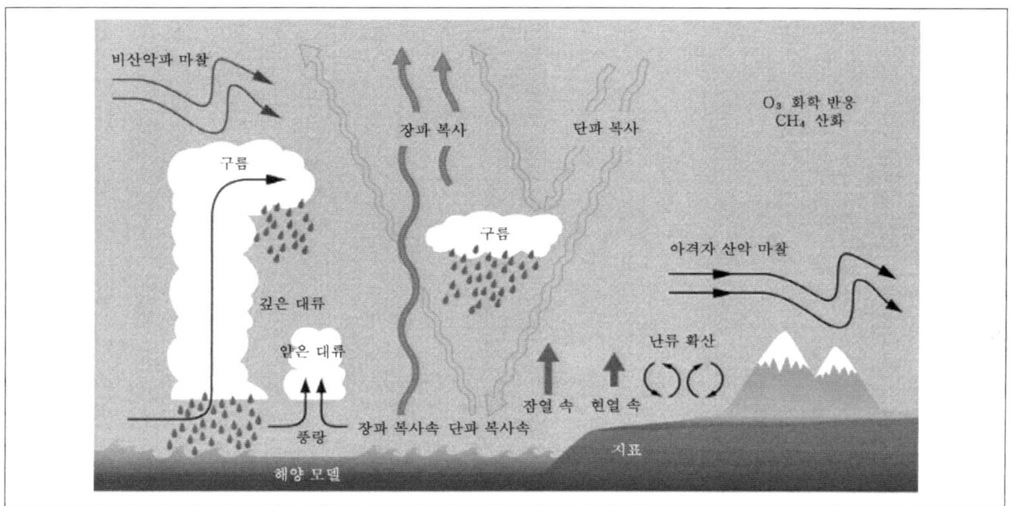

그림 18.3 ▎ 기상수치예보 모형에 사용되는 물리 과정의 모수화 모형 (ECMWF 참고).

18.3 유한 차분 방정식

(1) 격자점

대기의 모든 곳에서 수치 기상예보를 하려면 부한하게 큰 컴퓨터가 필요하지만, 경제적으로 비용이 많이 든다. 대신, 지구상의 **격자점(grid point)**이라 하는 규칙적인 공간 위치로 된 한정된 수로 수치 예보를 만들었다. 각 격자점은 주변 공기 부피의 평균값을 가진다. 이 부피를 **격자 셀(grid cell)** 또는 **격자 부피(grid volume)**이라 한다. 여러 변수는 격자점에서 수치모델마다 다른 위치로 표현되어 입력 자료로 사용된다.

다음 그림 18.4(1)의 경우 수평격자 방안 중 Arakawa-격자방안을 예로 나타낸 그림이다. 그림 18.4(a)-grid는 교차되지 않은 격자이며 꼭짓점에 값들을 입력한다. (b)-grid의 경우 교차된 격자로써 풍속은 격자의 중심에 나머지 값들을 꼭짓점에 입력한다. (c)-grid 또한 교차 격자이며 동서바람의 경우 동서를 가로지르는 면의 중앙에, 남북바람의 경우 남북을 가로지르는 면의 중앙에 위치하게 되고, 꼭짓점에 다른 값들을 입력하게 된다. (d)-grid의 경우 (c)-grid를 90도 회전시킨 형태이다. (e)-grid는 다른 격자점에 비해 45도 회전시켰다. 모든 변수는 사각형 격자에 따라 새롭게 정의할 수 있게 된다.

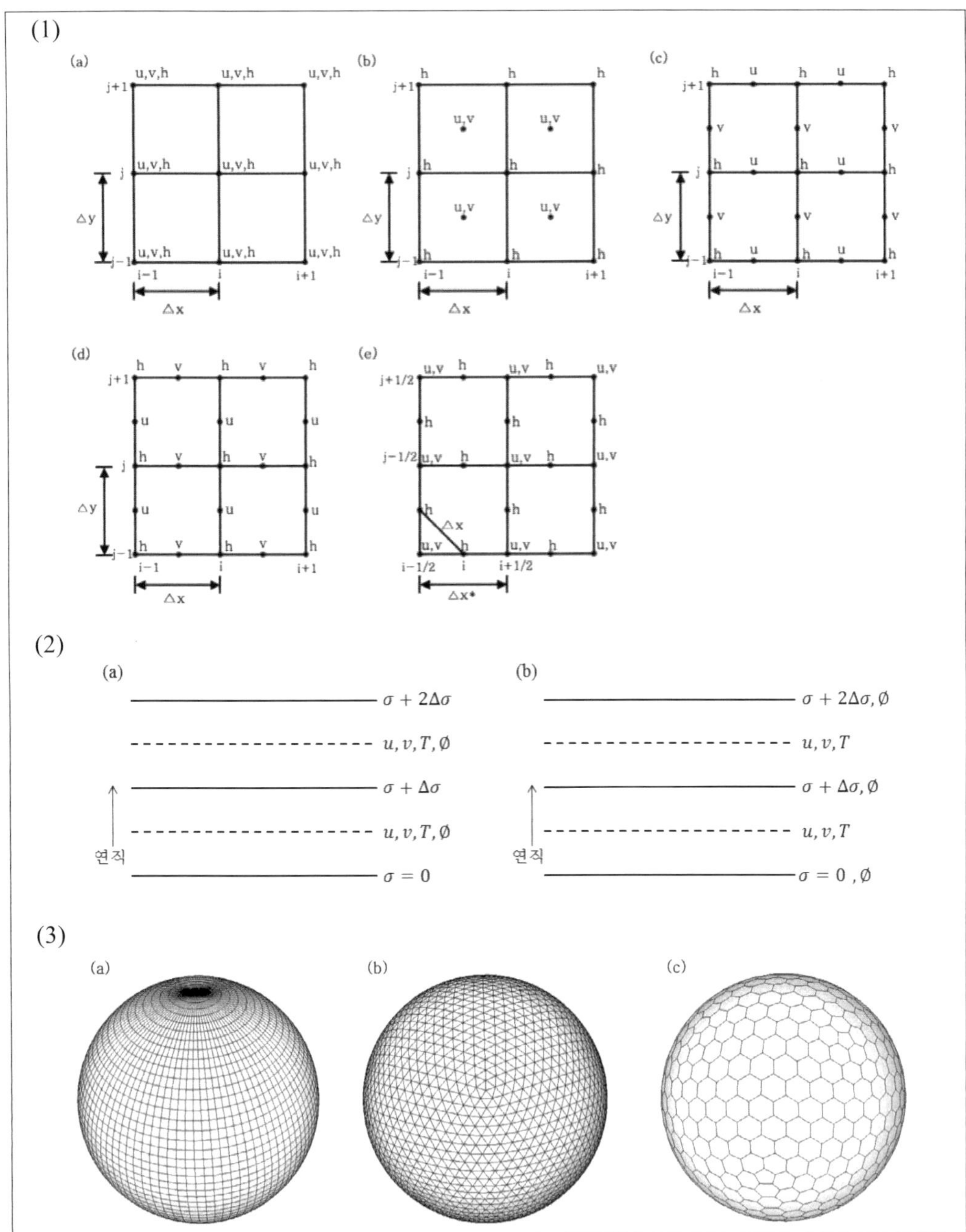

그림 18.4 ▎(1) Arakawa Grid 방안. (2) 연직격자 방안 (a) Lorentz 방안, (b) Charney-Phillips 방안. (3) 구면좌표계에서 격자화의 다양한 형태. (a) 위경도-grid. (b) 3각grid. (c) 6각grid

그림 18.4(2)는 연직차분방법으로 대표적으로 사용되는 로렌츠연직 방안과 챠니-필립스 연직방안이다. 정역학방정식을 고려하여 계산한다. 그림 18.4(3)은 구면좌표계의 예에서 대표적으로 사용되는 위도-경도 격자 이외의 3각형 격자와 6각형 격자체계의 예를 보인다.

(2) 차분 방법

유한차분법은 테일러 전개(Taylor's Series Expansion)를 이용하여 편미분 항을 차분 항으로 근사하여 계산하는 가장 기본적인 방법이다. 임의의 종속 변수 $F(x,y,z,t)$에 대해 임의의 한 점 x와 이 점으로부터 $\triangle x$만큼 떨어진 $x+\triangle x$ 또는 $x-\triangle x$에서 종속 변수 F 의 값은 테일러 전개를 이용하여 무한급수로 나타낼 수 있다.

그림 18.4(2)는 연직차분 방법으로 그림 18.4(3)은 구면 좌표계의 예에서 대표적으로 사용되는 로렌츠 연직 격자와 챠니-필립스 연직차분이다. 위도-경도 격자 이외의 3각형 격자와 6각형 격자체계의 예를 보인다. 연직차분이나 연직 방안의 고안은 정역학 조절과정에서 중요하며, 온도를 나타내는 변수의 연직차분 위치를 다르게 표현한 것이다.

▎전방차분

$$F(x+\triangle x,y,z,t)=F(x,y,z,t)+\frac{\partial F}{\partial x}\triangle x+\frac{1}{2!}\frac{\partial^2 F}{\partial x^2}(\triangle x)^2+\frac{1}{3!}\frac{\partial^3 F}{\partial x^3}(\triangle x)^3+\cdots \tag{18.8}$$

여기서 x 방향의 1계 편미분항은 다음과 같이 정리하면 다음과 같다.

$$\frac{\partial F}{\partial x}=\frac{F(x+\triangle x)-F(x)}{\triangle x}+O(\triangle x) \tag{18.9}$$

위 식에서 $O(\triangle x)$는 1계($\triangle x$) 이상의 고차 미분항이고, 위의 1계 미분항에서 고차항을 무시하고 근사하면 이 고차항의 값은 근사 차분 방정식의 오차를 나타내고 1차 정확도를 가진다. 전방 차분 근사식은 아래와 같다.

$$\frac{\partial F}{\partial x}\approx\frac{F(x+\triangle x)-F(x)}{\triangle x} \tag{18.10}$$

후방차분

전방차분과 마찬가지로 후방 차분의 근사 차분방정식을 구하면 다음과 같다.

$$F(x-\triangle x,y,z,t)=F(x,y,z,t)-\frac{\partial F}{\partial x}\triangle x+\frac{1}{2!}\frac{\partial^2 F}{\partial x^2}\triangle x^2-\frac{1}{3!}\frac{\partial^3 F}{\partial x^3}\triangle x^3+\cdots \tag{18.11}$$

$$\frac{\partial F}{\partial x}=\frac{F(x)-F(x-\triangle x)}{\triangle x}+O(\triangle x) \tag{18.12}$$

$$\frac{\partial F}{\partial x}\approx\frac{F(x)-F(x-\triangle x)}{\triangle x} \tag{18.13}$$

중앙차분

식 (18.10)과 (18.13)를 이용하여 근사 차분방정식을 구할 수 있다.

$$F(x+\triangle x)-F(x-\triangle x)=2\frac{\partial f}{\partial x}\triangle x+\frac{2}{3!}\frac{\partial^3 F}{\partial x^3}\triangle x^3+\cdots \tag{18.14}$$

$$\frac{\partial F}{\partial x}=\frac{F(x+\triangle x)-F(x-\triangle x)}{\triangle x}+O(\triangle x)^2 \tag{18.15}$$

위 식에서 $O(\triangle x)^2$는 2계($(\triangle x)^2$) 이상의 고차 미분항을 나타낸다. 위의 1계 미분항에서 고차항을 무시하고 근사하게 되면 이 고차항의 값들은 근사 차분 방정식의 오차를 나타내고 2차 정확도를 가진다. 근사된 중앙 차분방정식은 다음과 같다.

$$\frac{\partial F}{\partial x}\approx\frac{F(x+\triangle x)-F(x-\triangle x)}{2\triangle x} \tag{18.16}$$

1계 도함수의 1차 정확도를 가지는 전방차분과 후방차분에 비해 중앙차분은 1계 도함수의 2차 정확도를 가진다.

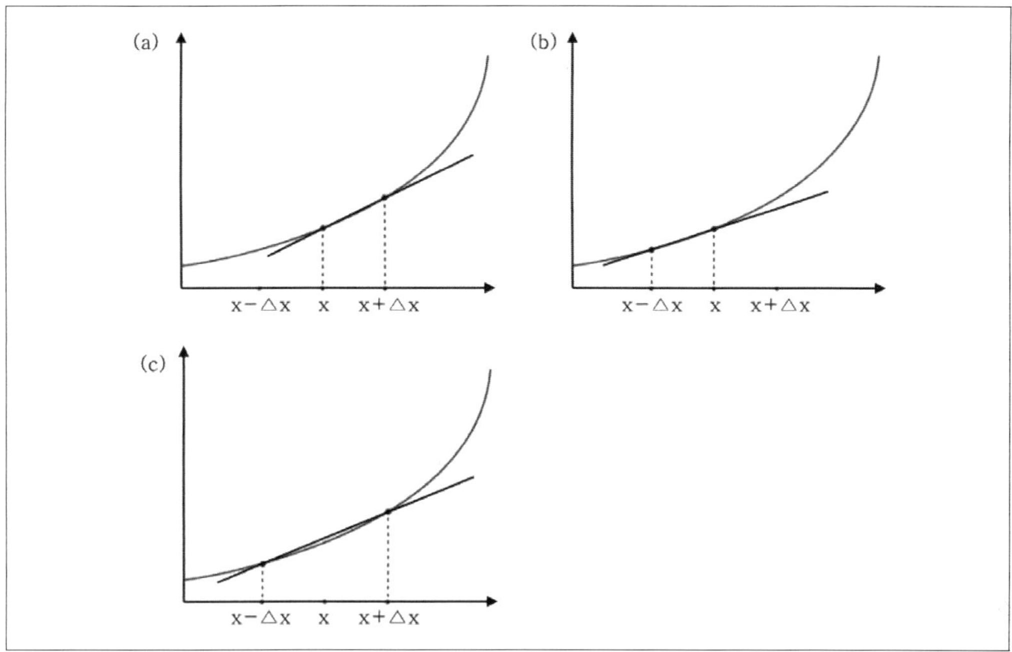

그림 18.5 ▎ 차분 방법 (a) 전방차분, (b) 후방차분, (c) 중앙차분.

(3) 등넘기 방안에서의 유한차분법

일반적으로 간소화한 물리적 방정식은 격자점에서 작용이 별개의 것으로 구분되어야 한다. 예를 들면 x 방향으로 온도 이류의 물리를 고려하면 다음과 같이 주어진다.

$$\frac{\Delta\theta}{\Delta t} = -U\frac{\Delta\theta}{\Delta x} \tag{18.17}$$

U가 일정하다고 가정했을 때 온위를 시간과 x에 대한 중앙차분을 하게 되면

$$\frac{\Delta\theta}{\Delta t} = \frac{\theta_{x,t+\Delta t}-\theta_{x,t-\Delta t}}{2\Delta t},\quad \frac{\Delta\theta}{\Delta x} = \frac{\theta_{x+\Delta x,t}-\theta_{x-\Delta x,t}}{2\Delta x} \tag{18.18}$$

다음과 같은 식을 얻을 수 있고, 식 (18.17)에 대입하면,

$$\frac{\theta_{x,t+\Delta t}-\theta_{x,t-\Delta t}}{2\Delta t} = -U\frac{\theta_{x+\Delta x,t}-\theta_{x-\Delta x,t}}{2\Delta x} \tag{18.19}$$

다음과 같은 식을 얻는다.

$$\theta_{x,t+\Delta t} = \theta_{x,t-\Delta t} - U\frac{\Delta t}{\Delta x}(\theta_{x+\Delta x,t}-\theta_{x-\Delta x,t}) \tag{18.20}$$

그러므로 한 지점에서 온도를 예측하기 위해서는 세 방향의 온도와 2번의 시간, 구하려는 시간에 다른 두 위치의 바람이 필요하다. 어떤 격자점에서 물리적인 측면을 예측하기 위해 필요로 하는 위치와 시간의 배치가 중요하다.

다른 두 방향에서 이류뿐만 아니라 복사, 난류, 대기의 잠열을 고려할 때, 온도의 유한차분법은 매우 길고 골치 아프게 될 것이다. 하지만, 그 결과는 프로그래밍하면서 어떤 버그도 없다는 가정 아래 원래의 편미분 방정식을 대수로 변환하였기 때문에 컴퓨터에서의 계산은 간단하다. 방정식을 푸는 것은 사소하지만, 한정된 시간이 걸린다. 이 시간이 영역의 각 격자점에 소비되어야 하고 계산은 며칠의 예측 기간에 도달하기 위해 짧은 시간 간격으로 연속적으로 반복해야 한다는 것을 고려하면, 총 컴퓨터가 계산하는 시간은 늘어난다.

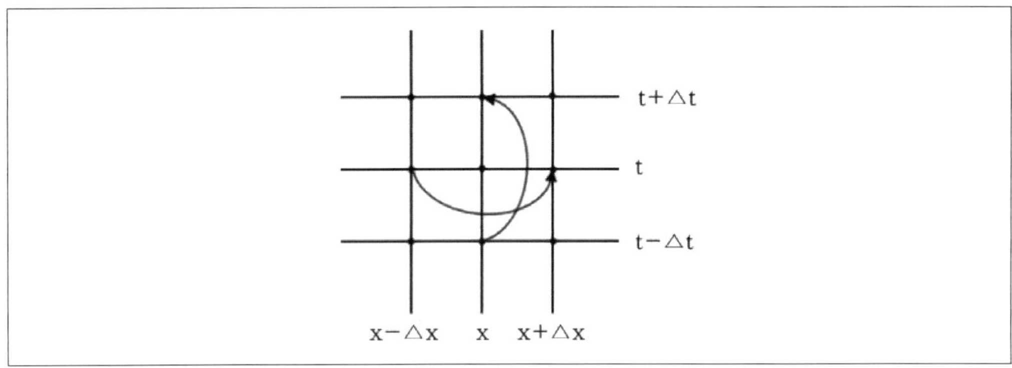

그림 18.6 ▌ 2차원 영역 내에 격자 셀의 배치.

18.4 수치적 안정

코딩 버그, 컴퓨터 바이러스, 사용자 오류를 고려하지 않는다면, 수치 기상예측에는 **반올림 오차 오류**(round-off error), **절단 오차**(truncation error), **수치적 불안정**(numerical instability), **역학적 불안정**(dynamical instability)과 같은 오류에 대한 4가지 잠재적 원인이 있다. 역학적 불안정은 카오스 절에서 다룰 것이다.

반올림 오차 오류(round-ff error)는 컴퓨터가 바이너리 비트(32, 64, 80 비트)의 제한된 수의 숫자로 표현하기 때문에 존재한다. 그렇기 때문에 실제 10진법수가 컴퓨터에서는 근사치로 나타날 수 있다. 예를 들어서 32비트 컴퓨터는 3×10^{-3} 또는 그 이상의 값에 대해 실제 값과 다른 값으로 될 수도 있고, 어떤 미세한 차이는 누락되어 있다.

숫자의 진수와 바이너리 표현 사이에 약간의 오류가 누적될 수도 있거나 조건부 실험의 예기치 않은 결과가 발생할 수 있다. 대부분의 현재 컴퓨터들은 수를 표현하기 위해 많은 비트를 사용하므로 프로그래밍에 적절한 수정을 해주면 이와 같은 오류는 일반적으로 문제가 되지 않는다.

절단 오차(truncation error)는 온위가 같은 분석적 변수가 다른 격자점에서의 값의 함수로 하나의 격자점에서 표현될 때, 결과는 Δx 또는 Δt의 큰 멱들의 무한한 항들의 합이다. 이를 **테일러급수**(Taylor series)라고 한다. 이 급수에서 가장 중요한 항은 첫 번째 항(가장 낮은 멱의 항 또는 가장 낮은 차수의 항)이다. 하지만, 높은 차수의 항들은 정확도를 약간 향상시킨다. 실질적인 이유로 수치예보는 오직 테일러급수에서 처음 몇 가지의 항들만 고려할 수 있다. 이러한 급수들을 불완전하다고 한다. 즉, 높은 차수의 항들이 무시되었다.

1차수 방안은 **오일러법**(Euler method)이라 한다. 하지만 절단 오차가 비교적 크기 때문에 좀처럼 사용되지 않으며 수치적 불안정을 만들 수도 있다. 등넘기 방안은 2차수 방안이다. 4차수 또는 더 높은 차수의 더 정확한 방안들을 **룽게-쿠타법**(Runge-Kutta method)이라 하고 이것에 대한 내용은 이 책의 수치적 방법에 설명했다.

수치적 불안정은 예측의 과정에서 **폭파**(blow up)**하여 생긴** 결과이다. 즉, 수치 해법이 재빠르게 실제 값에서 멀어지고 부정확한 징후를 보이는 비현실적인 값($\pm\infty$)으로 다가갈 수 있다. 절단 오차는 수치적 불안정의 한 가지 원인이다. 수치적 불안정은 풍속이 크고, 격자 크기가 작고, 시간 간격이 매우 크면 발생할 수 있다. 예를 들어서 식 (18.20)는 인접한 격자 셀에 온도를 사용하여 이류를 만들었다. 하지만 만약에 실제 대기에서 더 먼 거리에 있는(인접한 셀을 건너) 온도를 가진 곳에서 풍속이 매우 강해서 시간 간격 Δt 동안 도착할 수 있다면 무슨 일이 일어날까? 이러한 물리적 상황은 식 (18.20)의 수치적 근사에서는 고려하지 않는다. 이것은 모델이 폭파하는 원인인 증폭된 수치 오류를 만들 수 있다.

이러한 오류는 작고 충분한 시간 단계를 적용하여 최소화할 수 있다. 1차원에서 이류 과정에 대한 안정적인 특정한 조건은 다음과 같다.

$$\Delta t \le \frac{\Delta x}{|U|} \tag{18.21}$$

y와 z방향으로도 유사한 조건이다. 이것은 **CFL안정기준**(Courant-Friedrichs-Lewy stability criterion) 또는 **CFL조건**(Courant-Friedrichs-Lewy condition)으로 알려져 있다. 모형 제작자가 Δx의 값이 더 작은 정밀 격자를 사용할 때, 그들은 수치 안정도를 유지하기 위해 Δt를 감소시켜야 한다. 결합 효과는 컴퓨터에서 모델의 실행 시간을 크게 증가시킨다. 예를 들어, 만약에 Δx와 Δy가 절반으로 줄어들면, Δt 또한 반으로 줄어야한다. 따라서 많은

계산은 8배의 시간을 필요로 한다. 이류에서 시간 단계 제한을 피하기 위한 한 가지 방법은 **반-라그랑지 방법**(semi-Lagrangian method)을 사용하는 것이다. 이 방안은 **역방향 궤적**(backward trajectory)을 계산하기 위해 각 격자점에 바람을 사용한다. 역방향 궤적은 관심 있는 격자 셀로 공기가 불러오는 발생 위치를 나타낸다. 이 발생 위치는 관심을 두고 있는 격자 셀에 인접할 필요는 없다. 시간 단계 동안에 시작점부터 도착점까지 기상학적 변수의 값을 가져옴으로써 이류는 성공적으로 모의될 수 있다. 확산과 파동전파와 같은 물리적 과정은 수치적 안정도에 대한 다른 요건이다. 모델에서 전체적인 안정도를 유지하려면, 하나는 가장 엄격한 조건을 충족해야 한다. 즉, 최소 시간 단계가 그 조건이다.

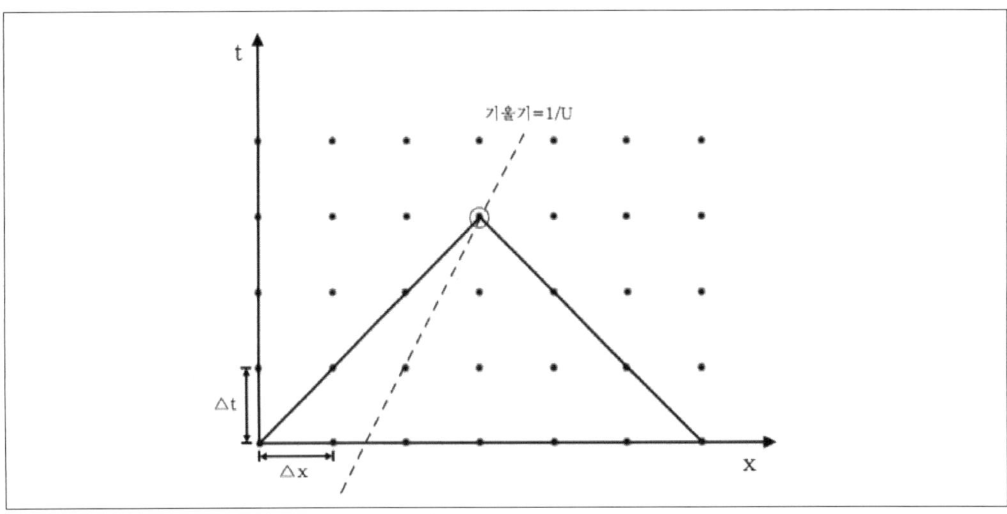

그림 18.7 ❙ CFL 안정기준을 만족할 때의 조건.

예제 18.1

풍속이 $50ms^{-1}$인 허리케인을 수치예보하기 위해, 정밀 격자 모델은 $\Delta x = 5km$를 사용한다. 이류의 등넘기 방안에서 허용되는 최대 시간 증분이 얼마인지 구하시오.

풀이

식 (18.21)을 이용 : $\Delta t = \dfrac{5000m}{50ms^{-1}} = 100s$

18.5 수치 예보 과정

기상예보는 **초기치 문제(initial value problem)**이다. 식 (18.20)를 보면, 미래($t+\Delta t$)에 온도를 예보하기 위해서는 우변의 초기 상태(t와 $t-\Delta t$)를 알아야 한다. 그러므로 실제 기상의 예보를 만들려면 실제 기상의 관측에서 시작해야 한다.

기상관측대와 기구들로부터 관측된 기상 자료는 중심 위치로 전달되고, 정부 예보 센터는 이 자료를 예보를 만드는 데 사용한다. 예보 과정에는 3가지 단계가 있다. 첫 번째는 전 세계에 있는 불규칙적인 위치와 시간으로부터 얻은 기상관측 자료를 균일한 격자의 초기치로 변환시키는 전처리 과정이다. 두 번째는 운동방정식의 유한 차분 근사를 푸는 실제 계산된 기상예보이다. 마지막으로 후처리 가공은 예측을 정제하고 정확하게 만들고 특별한 고객을 위해 추가적인 2차 생산물을 만들어 낸다.

(1) 질량과 흐름장의 균형

지난 수십 년간 가공되지 않은 관측 자료를 초기치로 이용하여 수치 모델은 좋지 않은 예보를 하였고, 어려운 경험을 통해 배워왔다. 한 가지 이유는 바다와 같은 곳과 남반구의 관측 네트워크에 대한 격차가 큰 것이었다. 또한, 지표면에서는 많은 관측이 이루어지지만 상층에 대해서는 관측이 충분히 이루어지지 않고 있다. 관측 또한 오류가 있을 수 있다. 그리고 배출풍과 같은 국소현상은 관측에서 편향될 수 있다. 간격, 오류, 불일치한 것들을 수치 묘사한 초기치의 순 효과는 불균형하다. 불균형하기 때문에 관측된 바람은 온도와 기압장을 기반으로 한 지균풍과 같은 이론적인 바람과 다르다. 균형과 불균형한 흐름은 연못과 같은 얕은 물에서 설명할 수 있다. 실제 수위가 모든 곳이 동일하고 물의 흐름이 0이라고 가정하자. 연못의 표면에서 어떠한 흐름도 없기 때문에 이 흐름 시스템은 균형을 이룬다. 이 상태를 연못의 '실제' 초기 상태라고 하자. 만약 관측의 오류가 초기 상태에 포함된다면 연못의 수치 모델에서 무엇이 일어나는지 고려해보자. 연못의 중심의 수위 관측이 잘못되어 다른 곳에 비해 1m정도 더 높다고 가정한다. 이 연못의 수괴 분포를 나타내는 **질량장(mass field)**은 흐름장(예시에서는 0으로 가정한 연못의 움직이나 순환)과 마찬가지로 불균형이다. 연못 모델은 모든 운동방정식을 사용하기 때문에, 모델의 반응은 실제 연못의 반응과 유사하다. 즉, 중앙에서 초과한 물은 빠르게 가라앉고 연못 주위로 빠르게 전파되는 파동을 만든다. 이 흐름이 불균형을 조정하는 반응이다. 모든 곳의 수위가 약간 깊어지고 물의 질량은 결국 움직임이 없는 새로운 균형 상태에 도달한다. 일시적인 파동과 흐름은 좋지 못한 초기 상태에 대한 인위적인 결과이고 연못의 실제 흐름을 대표하지는 않는다. 그러므로 모델이 스스로 균형 상태로 조정하는 기간인 예보 기간의 첫 몇 분 동안의 예보 결과는 신뢰하지 않는다. 대기의 수치 기상예보도 같은 문제를 가지지만 연못보다는 긴 시간 단계를 거친다. 즉, 실제로 기상예보의 모델이 초기 상태의 불균형을 조정하는 초기 몇 시간 동안은 소용이 없다. 초기 시작되는 동안 모의 실험된 대기 파동은 수평, 연직적으로 모델에서 튀고 있다. 예보의 첫 18시간 또는 그 이상의 시간 이후, 역학은 상당히 잘 균형을 이루고 마치 그 장이 시작부터 균형이었던 것처럼 근본적으로 같은 예측을 한다. 또, 잘못된 파동은 잘못된 강수 같은 원인으로 잘못된 구름을 발생시킬 수 있다. 그 결과는 모델로부터 구름 형성과 강수의 미래 변화를 감소시키는 물의 비현실적인 손실이다. 수분 함량의 변화는 예보에 영구히 많은 해를 끼치는 **비가역 과정(irreversible process)** 중에 하나다. 요약해서 초기치 문제는 좋지 못한 예보의 일시적인 기간이 원인이고 장기 예측 기술을 영구히 저하시키거나 좋은 자료를 폐기시키는 원인일 수 있다. 그러므로 앞으로 언급하게 될 시작의 불균형을 감소시키는 방법은 매우 가치가 있다.

(2) 자료 동화와 분석

모델의 초기 상태로 관측을 결합시키는 기술을 **자료 동화(data assimilation)**라 한다. 대부분의 동화 기법은 예측 기간 동안 균형 상태를 생성하는 모델의 경향을 이용한다. 하나의 방법으로 새로운 예보를 위한 초기 상태의 **초기 추정값(first guess)**으로 기존 예보에서의 균형 상태를 활용할 수 있다. 새로운 기상관측이 초기 추정값과 같이 포함될 때, 그 결과를 기상 분석이라고 한다. 그 분석이 현재나 가장 최근 과거의 기상을 대표하지만(예보가 아닌), 분석장은 보통 가공되지 않은 관측과 정확하게 같지 않다. 왜냐하면 그 분석은 순조로워지고 부분적으로 균형을 이루고 있기 때문이다. 먼저, 가공되지 않은 자료의 자동 초기 검사가 이루어진다. 품질 관리 단계 동안에 일부 관측은 비물리적이거나 주변의 관측과 비슷하지 않기 때문에 거부된다. 특히 밀집되어있고, 인접하게 관측하는 관측망을 가진 세계의 지역은 더욱 정확한 관측값을 만들기 위해 평균을 취한다. 남아 있는 기상관측을 분석하여 결합할 때 다양한 근원에서 나온 가공되지 않은 자료들은 동등하게 처리하지 않는다. 일부 근원들은 오류의 더 큰 공산을 가지고 있고 더 좋은 질의 관측보다 덜 편중되어진다. 또한, 약간 너무 일찍 또는 너무 늦게 만들어지거나 다른 고도에서 만들어진 관측은 덜 편중된다. σ_g는 초기 추정값과 관련된 표준 편차라고 하자. σ_0는 라디오존데와 같은 감지기에서 가공되지 않은 관측의 표준 편차라고 하자(표 18-1). 더 큰 σ는 더 큰 오류를 나타낸다. 객관적인 최적 보간 분석은 분석 장 Z_a를 만들기 위해 초기 추정값 Z_g와 관측 Z_0를 각각의 오류로 가중치로 둔다.

$$Z_a = Z_g + (Z_o - Z_g)\frac{\sigma_g^{\ 2}}{\sigma_g^{\ 2} + \sigma_o^{\ 2}} \tag{18.22}$$

여기에서 Z는 $500hPa$의 지위 고도를 나타낸다. "객관적인"이라는 말은 컴퓨터에 의해 만들어졌다는 것을 의미한다. 만약에 관측이 초기 추정값보다 더 큰 오류를 가지고 있다면, 분석은 관측에 가중치를 덜 주고 초기 추정값에 더 가중치를 둔다.

표 18.1 ▎ 기상관측의 일반적인 오류 (ECMWF).

감지기 유형	σ 0
하층 대류권에서 바람 오류	(ms^{-1})
지표 관측과 선박 관측	3~4
표류 부표	5~6
라디오존데, 측풍기구, 바람연직분포	2~3
항공기와 위성	3
기압 오류	(hPa)
지표 기상관측소	1
선박과 표류 분표	2
남반구 수동 분석	4
지위고도 오류	(m)
지표 기상관측소	7
선박과 표류 분포	14
남반구 수동 분석	32
라디오존데	13~26

최적의 내삽법은 차후의 예보에서 대기 중력파가 원인이 되는 일부 불균형이 남아있어 완벽하지 않다. **기존 방식의 초기값 설정**(normalmode initialization)은 중력파를 자극할 수 있는 특성을 제거하는 것을 추가하여 분석을 수정한다. 다른 방법인 **변분 분석**(variational analysis)은 **통계 비용 함수**(statistical cost function)를 최소화한 것으로 관측과 분석장의 보조 특성을 일치시키려고 시도한다. 예를 들어, 분석된 온도에서 예상되는 복사휘도는 적절한 온도 분석을 할 수 있도록 만들어진 위성으로 측정된 복사휘도와 비교된다. 초기화 과정을 이용하기 위해 00UTC에서부터 예보를 시작하는 것으로 가정하고 06UTC에 유효한 6시간 예보를 만든다. 이 06UTC 예보는 새로운 06UTC 기상관측과 통합할 수 있는 새로운 초기 조건의 초기 추정값을 제공한다. 06UTC 분석은 그다음 예보 실행을 시작하는 데 사용할 수 있다. 이 과정은 다음 연속적인 6시간 예보에 대해 반복할 수 있다.

예제 18.2

같은 위치에 대해 초기 추정 값은 $8ms^{-1}$이고 $2ms^{-1}$의 오류가 있는 표류 부이가 $10ms^{-1}$의 바람을 관측했다. 분석 풍속은 얼마인지 표 18-1을 이용하여 구하시오.

풀이

Z 대신 M을 사용하여 식 (18.22)에 적용하면

$$M_a = 8ms^{-1} + (10-8ms^{-1})\frac{(2ms^{-1})^2}{(2ms^{-1})^2+(6ms^{-1})^2}$$

$$= 8ms^{-1} + (2ms^{-1})(4/40) = 8.2\,ms^{-1}$$

(3) 예보

전 세계에서 얻은 광대한 양의 기상관측을 수치 예보 센터로 전달하는 데 시간이 걸린다. 컴퓨터는 작은 시간 단계를 수행하여 예측을 진행한다. 1일~10일, 또는 그 이상의 핵심적인 시간에 도달할 때, 예보 장은 표시 및 사후 처리를 위한 디스크에 저장된다. 기상은 작은 난류 맴돌이부터 큰 행성규모까지의 중첩으로 구성되어 있다는 것을 상기해라. 불행하게도 작은 규모의 예보의 질은 큰 규모의 예보 질보다 더 빨리 악화된다. 예를 들어서 로스비 파동 예보는 며칠이 걸려서 나오는 동안에 구름 예보는 2~12시간의 결과, 전선 예보는 12~36시간의 결과가 좋다. 기상예보를 볼 때 모든 규모가 예측 기간과 상관없이 중첩되어 있기 때문에 이를 기만할 수 있다. 따라서 5일 예보를 연구할 때, 뇌우 또는 전선의 위치와 같은 모든 작은 특징들을 일기도에서 무시하려고 한다. 예보 일기도가 있더라도 그것들은 아마도 틀렸을 것이다. 오직 이 예보 기간에 제트류의 주요한 능과 골의 위치가 예보 기술로 나타날 것이다.

(4) 후처리

역학상의 컴퓨터 모델이 예보를 완료하고 난 후, 다음 과정인 후처리 계산이 결과물을 만들어 저장할 수 있다. 기본적으로 바람, 온도, 비습으로 구성된 장들을 저장한다. 차후 후처리 분야들은 기상 연구원, 일반 대중, 농업과 같은 특정 업종을 위한 결과물을 만든다. 후처리 과정에서 포함하는 변수들은 다음과 같다.

- 2차적인 열역학 변수 : 온위, 연직 온위, 수액량 또는 상당온위, 습구온도, 지표 부근

($z = 2m$) 온도, 지표 표피 온도, 지표 열 플럭스, 지표 반사율, 바람 냉각온도, 정적안정도, 단파 · 장파 복사 등

- 2차적인 수분 변수 : 상대습도, 구름량(고도와 범위), 강수 유형과 양, 시정, 지표 부근(z $z = 2m$)의 이슬점, 토양 습도, 강설량.
- 2차적인 역학 변수 : 유선, 유적, 절대 소용돌이도, 위치 소용돌이도, 등엔트로피 위치 소용돌이도, 소용돌이도이류, 리차드슨수, CAPE, 역학안정도, 지표 부근($z = 10m$) 바람, 지표 응력, 지표 거칠기, 평균해면기압, 난류

위의 변수 중 많은 것이 중앙 수치 컴퓨터용 설비에서 계산되는 동안에 추가의 계산은 별도의 조직으로 만들 수 있다. 예를 들어 컨설팅 회사, 방송 회사 및 항공사들은 인터넷과 같은 데이터 네트워크를 통해 기본 및 2차 분야를 가지고 있다. 이 분야들에서 계산된 항공기의 비행계획, 수확량 지수와 같은 결과물과 서리, 일조시간, 가열일 또는 냉각일과 같은 위험을 계산한다. 대학교는 교육과 연구에 사용하기 위해 기본 및 보조 생산장들을 얻는다. 일기도에 응용된 결과의 일부는 인터넷에서 제공한다.

(5) 예보 개선

자동화된 예보는 종종 특정 지역에 결과를 조정하여 향상시킬 수 있다. 예를 들어 마을이 계곡 또는 인근 해안에 위치할 수 있다. 지역적인 기상을 수정할 수 있는 자연적인 특성이 있지만 거대한 격자 구조를 가진 수치 모델에서는 포착되지 않는다. 다수의 자동화된 통계 기법은 기후학적으로 예상되는 지역적인 기상에 대해서 모델 결과물이 조정되는 후처리로 적용할 수 있다. 두 개의 고전적 통계적 방법으로 **완벽한 예상 방법(Perfect Prog Method, PPM)**과 **모델 결과 통계값(Model Output Statistics, MOS)**이 있다. 두 방법 모두 결과물 장(예측량)과 다른 입력장(예측 인자)과 관련된 가장 적합한 통계 회귀 분석을 사용한다. 예를 들어서 상대습도, 풍속, 강수를 포함하는 예측 인자들의 예측량이 지표 시정이다. PPM 방법은 회귀 계수를 결정하기 위해 예측 인자로 관측을 사용한다. 반면에 MOS는 모델 예측장을 사용한다. 계수를 알게 되면, 두 방법 모두 예측 인자로 모델 예측장을 사용한다.

최고의 회귀는 예측 인자와 예측량의 다년에 걸친 결과를 사용하여 찾을 수 있다. 가장 적합한 회귀 방정식의 매개 변수들은 차후에 사용하는 동안에 일정하게 유지된다. PPM방법은 특정 예측 모델에 의존하지 않는 이점이 있고 예보 모델이 바뀐 즉시 사용할 수 있다. PPM은 모델이 완벽한 예측 인자를 만드는 경우에만 최고의 예측량 값을 만든다. MOS의 이점은 어떤 체제의

모델 오류가 통계적 회귀를 통해 보정될 수 있다는 것이다. MOS의 단점은 미래 예보에 회귀 결과를 사용하기 전에 다년간의 모델 결과물 세트가 먼저 수집되고 통계적으로 적합해야 한다는 것이다. MOS와 PPM 둘 다 통계적 매개 변수가 고정되어있다는 단점이 있다. 새로운 대처 방법으로 통계적 매개 변수를 사용한 이후 지속적으로 개선하는 **칼만필터(Kalman filter)**가 있다. 이 조정하는 방법은 예측 인자로 모델의 결과물을 사용한다는 점에서 MOS의 장점을 가진다. MOS의 실수로부터 배우고 자동으로 신속하게 기본 수치 모델 변경 후 결과를 다시 조율할 수 있다. 칼만필터는 인기가 증가하고 있다.

(6) 검증 지수

검증(verification)은 예보의 질을 결정하는 과정이다. 그 질은 통계적 정의를 기초로 한 다양한 방법으로 측정할 수 있다. 먼저 항들의 정의는 다음과 같다.

A = 초기 분석(관측을 기초)

V = 정확한 분석(이후의 관측을 기초)

F = 예보

C = 기후학적인 상태

n = 평균할 격자점의 수

이 책에서 정의한 대로 ‾(overbar)는 평균을 나타낸다. 이 경우, 평균은 격자점의 개수(n)에 대한 평균이다.

$$\overline{X} = \frac{1}{n}\sum_{k=1}^{n} X_k \qquad (18.23)$$

여기서 k는 임의의 격자점 지수이고, X는 어떤 변수를 의미한다.

간단한 품질의 통계는 **평균 오류(mean error)**이다.

$$MeanError_f = \overline{(F-V)} \text{ ; 평균 예보 오류} \qquad (18.24)$$

$$MeanError_p = \overline{(A-V)} \text{ ; 평균 지속성 오류} \qquad (18.25)$$

오류를 정량화하는 더 유용한 방법은 각 격자점의 오류들의 부호와 상관없이 2차 제곱근 오차에 기여하기 때문에 **2차 제곱근(root-mean-square, RMS)**을 이용하는 것이다.

$$RMSE_f = \sqrt{\overline{(F-V)^2}} \tag{18.16}$$

$$RMSE_p = \sqrt{\overline{(A-V)^2}} \tag{18.27}$$

이는 각 격자점의 기여도를 포함할 뿐만 아니라 어떤 평균 편향 오류도 포함한다.

2차 제곱근 오차는 예보 기간과 함께 증가한다. 이 오차는 여름에 비교적 잠잠한 기상을 가지기 때문에 여름보다 겨울에 더 크다.

▌S1 지수

S1 지수(Skill score)는 주로 $500hPa$의 고도에 적용되며 평균해면 기압을 의미할 수 도 있다. 수평 기압 경도는 지균풍과 연관되어 있다는 것과 측고방정식으로 온도 경도와 연관되어 있다는 것을 기억해야 한다. 그러므로 하나의 통계에 많은 물리학이 포함되어있다. 예보 고도장에서 이웃한 격자점들 사이에 수평 경도를 아래와 같이 정의한다.

$$\Delta F_x = F_{i,j} - F_{i+1,j} \quad \text{(동서 경도)}$$

$$\Delta F_y = F_{i,j} - F_{i,j+1} \quad \text{(남북 경도)}$$

여기에서 i는 동서 격자점지수이고, j는 남북지수이다. 정확한 분석에서는 아래와 같다 :

$$\Delta V_x = V_{i,j} - V_{i+1,j} \quad \text{(동서 경도)}$$

$$\Delta V_y = V_{i,j} - V_{i,j+1} \quad \text{(남북 경도)}$$

위에서 정의한 식들로 S1 지수를 다음과 같이 정의한다.

$$S1 = 100\frac{\overline{\Delta F_x - \Delta V_x} + \overline{\Delta F_y - \Delta V_y}}{\overline{\max(\Delta F_x, \Delta V_x)} + \overline{\max(\Delta F_y, \Delta V_y)}} \tag{18.28}$$

S1은 오류의 유형을 대표하기 때문에 S1가 낮은 값이면 좋은 예보이다.

▌브라이언 검증지수(BSS)

기준값을 C_i라 할 때, 괄호 안의 둘째 항은 기준값의 오차와 예측값의 오차의 비를 나타낸다. 이 지수가 작은 값을 가지면 예보 정확도가 기준이 되는 값의 정확도에 비해 나아진 것이 없음을 의미하고, 반대로 1에 가까운 값을 가지면, 기준값에 비해 예보값의 정확도가 개선되었음을 의미한다.

위의 내용들을 바탕으로 BSS는 다음과 같이 정의한다.

$$BSS = \left[1 - \frac{\sum_{i=1}^{N}(F_i - O_i)^2}{\sum_{i=1}^{N}(C_i - O_i)^2} \right] \times 100 \tag{18.29}$$

18.6 비선형 역학과 앙상블예보

(1) 로렌츠 방정식과 이상끌개

수치 기상예측은 관측된 기상 상태를 기초로 한 초기값 문제가 있다는 것을 기억해야 한다. 유감스럽게도 관측은 계측 및 샘플링 오류를 포함한다. 이미 이러한 오류가 초기값 문제를 일으키는 방법을 살펴보았다. 이러한 오류는 장기 예보에 영향을 미칠 수 있을까?

로렌츠는 운동방정식(변수의 결과물을 포함하기 때문에 **비선형(nonlinear)**이다)은 초기 상태에 매우 민감하다는 것을 제안하였다. 이러한 민감도는 상당히 다른 기상예보가 약간 다른 초기 조건에서 발생할 수 있다는 것을 의미한다. 초기 조건은 항상 작은 오류를 가지고 있으므로 예보는 항상 시간에 따라 부정확할 것이다. 그러므로 기상의 예측 가능성은 제한적인 것이다. 초기 조건에 의존하는 민감한 간단한 물리적 예시로는 장난감 풍선이 있다. 풍선에 공기를 넣고 방에서 날려 보낸다. 같은 양의 공기를 넣고 같은 방향으로 바라보게 주의하면서 실험을 반복한다. 아마도 그 실험에서 풍선의 경로와 최종 도착지는 제각기 날아간 곳이 다른 것을 알게 될 것이다. 간단하게 보이는 장난감 풍선임에도 불구하고 비행을 설명하는 역학 방정식은 실제 비행경로를 예측하기 불가능할 정도로 초기 조건에 매우 민감하다. 초기 조건에 민감한 의존성에 대한 그림은 로렌츠에 의해 제안되었다. 물이 들어있는 탱크의 바닥에 가열을 하고 탱크 내에서 2차원 대류를 조사한다고 가정하자(그림 18.8). 바닥과 천장의 연직 온도 경도는 따뜻한 유체가 상승하도록 물의 순환을 유도한다. 그 순환은 탱크 내에서 온도 분포를 바꾼다. 이 흐름을 매우 전문적으로 단순화한 방정식들은 다음과 같다.

$$\begin{aligned}\frac{\Delta C}{\Delta t} &= \alpha(L - C)\\ \frac{\Delta L}{\Delta t} &= \gamma C - L - CM\\ \frac{\Delta M}{\Delta t} &= CL - \beta M\end{aligned} \tag{18.30}$$

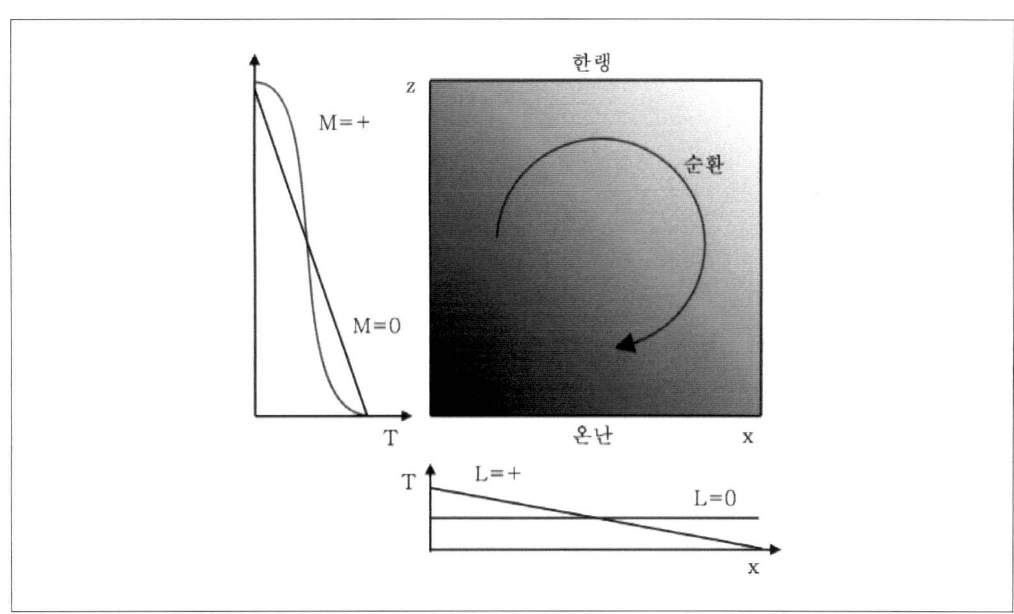

그림 18.8 ▎**유체 탱크(음영)와 순환(C)을 보여준다. 온도의 연직(M)과 수평(L)의 분포.**

여기서 C는 순환(시계 방향은 양의 값이고 더 큰 값은 더 활발한 순환을 의미)을 의미하며, L은 온도의 좌우 분포(왼쪽에서 따뜻한 물은 양의 값을 의미), M은 연직 혼합의 양을 나타낸다(선형적인 온도 경도는 0이고 탱크의 중간 부분에서 더 균등한 온도 혼합이 있을 때 양의 값을 의미). 이 변수들은 무차원이다.

그림 18.8은 매개 변숫값을 $\alpha = 10.0$, $\beta = 8/3$, $\gamma = 28$로 하고 초기 조건 $C(0) = 13.0$, $L(0) = 5.1$, $M(0) = 45$로 하였을 때 시간에 따른 C와 M의 예측을 보여준다. 그리고 L의 초기값을 5.0으로 지정한 경우의 시간 변화를 점선 그래프로 나타내었다(그림 18.9(a)). 이는 초기값의 아주 작은 차이가 시간이 지날수록 큰 변화를 나타낼 수 있다는 것을 보여준다. 그림 18.8에서 C의 부호의 변화로부터 순환 방향 변화가 무질서하다는 것은 분명하다. 또한 M의 혼란스러운 변동에 의해 탱크의 내부에서 혼합된 양의 증가와 감소를 알 수 있다. 하나의 종속 변수가 다른 종속 변수와 비교하여 그림을 그렸을 때, 그 결과는 해답의 위상 공간 그림이다. 로렌츠 방정식은 3개의 종속 변수를 가지고 있기 때문에 위상 공간은 3차원이다. 그림 18.9(b)와 (c)는 나비 모양과 같은 해답의 2차원 관점을 보여준다.

이 해답은 실제 대기와 비슷한 몇 가지 중요한 특징을 나타낸다. 먼저, 미래의 해답을 추측하는 것은 불가능하다는 것을 의미하는 불규칙하거나 혼돈 상태이다. 두 번째로 해답은 유한한 영역 내에서 제한된다.

$$-20 < C < 20,\ -30 < L < 30,\ 0 \le M < 50$$

이는 해답이 항상 물리적으로 타당하게 남아있는 것을 의미한다. 세 번째로 해답(M 대 C)은 두 선호하는 지역(즉, 나비의 날개) 사이에 앞뒤로 뒤집혀서 나타난다. 이 날개들은 날개 쪽으로 해답을 끌어들이지만 상당히 낯선 방향으로 끌어들이는 경향이 있다.

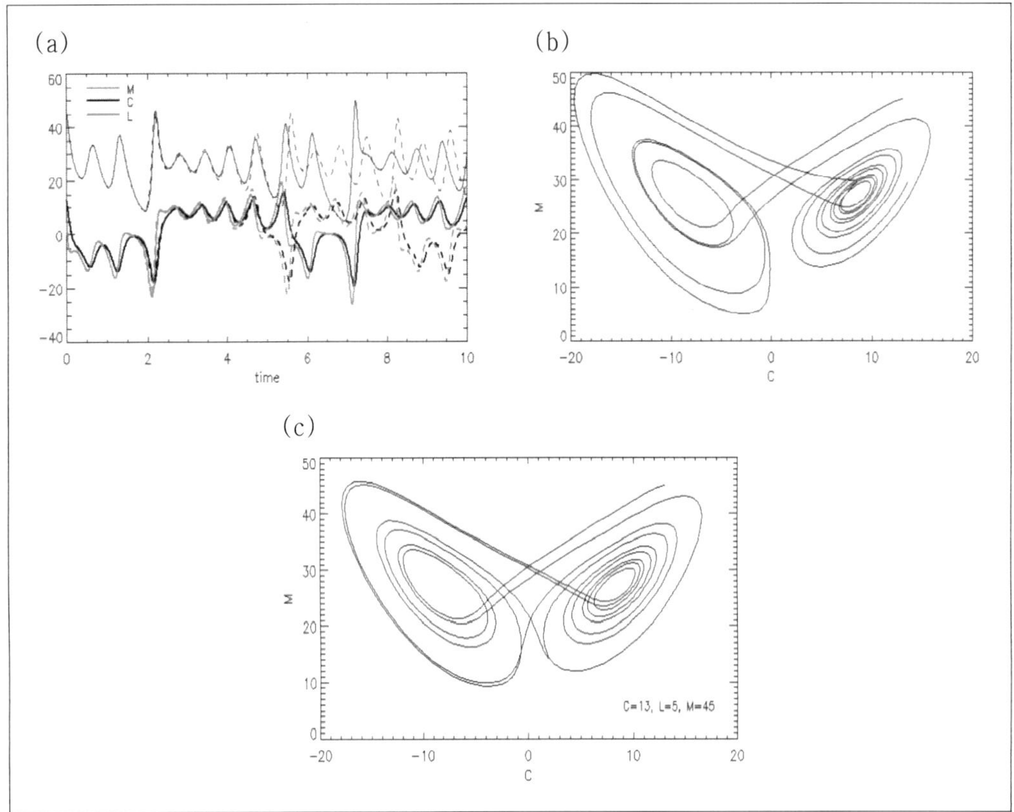

그림 18.9 ▌ (a) 순환(C), 연직 혼합(M), 온도의 좌우분포(L)의 시간에 따른 진화와 (b) 위상 공간에서의 로렌츠 방정식의 해결의 진화를 보여주는 나비효과, (c) 초기값 변경에 따른 연직 혼합과, 순환에 대한 로렌츠 곡선.

그림처럼 이러한 나비의 날개는 때로는 나비 이론으로 알려지기도 하는데 물리적인 해석은 M과 C의 발전이 매우 비선형적인 것을 보이며, 어떠한 한계 내에서 이상끌개로 작용하며 이들의 발전이 혼돈 속에 질서를 나타낸다는 것을 의미한다. 수치 예보를 위한 초기 조건의 불확실성이 시간 적분 후에 큰 오차를 가져올 수 있지만 어떠한 범위 내의 값의 산출을 보이므로 앙상블 평균으로 예보를 가능하게 만들었다.

(2) 앙상블예보

초기 조건에 따른 기상예보의 의존성을 추정하기 위해 수치 예보 센터들은 약간 다른 초기 조건들로 여러 차례 같은 기간에 대해 예보하였다. 이것으로 **앙상블예보(ensemble forecast)** 를 얻을 수 있다.

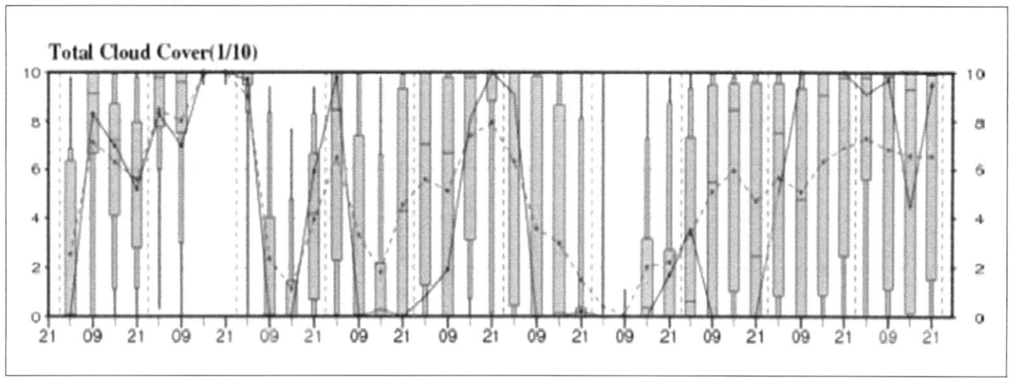

그림 18.10 ▌ 2012년 1월 25일 21KST에 작성한 2012년 1월 26일 21KST~2월 5일 21KST까지 서울시 전운량에 대한 EPSgram.

카오스 연구는 초기 조건으로부터 시간에 따른 해답의 최종 상태에 초점을 맞춘다. 긴 시간이 지나면 역학은 초기 상태를 잊어버린다. 이 최종 상태가 다소 기상예보에 영향을 끼치지 않지만, 역학 방정식들에 의해 가능한 기후 조건의 범위에 몇 가지 이해를 제공한다. 그것은 일부 소비자에게 귀중한 정보가 될 수 있는 발생 가능성이 없는 어떤 기상 조건을 나타낸다. 예를 들어, 앙상블예보가 영하로 떨어지는 특정한 날이 없다면, 단정적으로 "무결빙" 예보를 통해서 높은 신뢰감으로 할 수 있다.

(3) 앙상블예보의 오차

앙상블예보를 했을 경우 각각의 수치 모델 예보들의 결과값보다 더 예측성이 높다는 것은 다음을 통하여 설명할 수 있다.

앙상블 오차의 평균은 다음과 같다.

$$\varepsilon_i \equiv S_i - S : E_i \equiv \varepsilon_i^2 \quad \{S_i : i = 1, 2, 3, \cdots, I\} \tag{18.31}$$

앙상블 평균의 오차는 다음과 같다.

$$S_e \equiv \sum_i \frac{S_i}{I} \tag{18.32}$$

$$\varepsilon_e \equiv S_e - S : E_e \equiv \varepsilon_e^2$$

$$E_e = \left(\sum_i \frac{S_i}{I} - S\right)^2 = \left(\sum_i \frac{\varepsilon_i}{I}\right)^2$$

$$\left(\sum_i \frac{\varepsilon_i}{I}\right)^2 \leq \sum_i \frac{\varepsilon_i^2}{I} \tag{18.33}$$

$$\langle E_i \rangle = E \tag{18.34}$$

$$\langle E_e \rangle \leq E$$

위와 같이 식 (18.34)와 같은 결과를 통하여 앙상블 오차의 평균보다 앙상블 평균의 오차가 더 작게 나타나므로, 앙상블예보를 통하여 더욱 정확한 수치예보를 할 수 있다.

연습문제

1. $\triangle x = 50km$의 격자 간격과 30분의 시간 간격을 사용하는 모델에서 최대 풍속이 $50ms^{-1}$일 때, 모델의 수치적인 불안정이 얼마인지 구하시오.

2. 최적내삽은 $1000hPa$이고 $0.20hPa$의 오류가 있는 초기 추정 기압값을 가정하자. $p = 1020hPa$의 관측이 있을 때 지표 기상관측소에서 분석된 기압을 구하시오.

3. 식 $T_{\max} = a + bT_{2m} - cv_{850hPa} - dq_{2m} - eTPW + fT_{obs}$는 부산의 여름철 00UTC 최고 기온을 구하는 식이다. 이때 부산의 여름철 최고 기온을 구하는 데 필요한 계수는 다음과 같다. ($a = -164.74, b = 0.62, c = 0.4, d = 0.18, e = 0.01, f = 0.93$)
여기에서 T_{2m}: 2m 기온, v_{850hPa}: $850hPa$ 남북 바람 성분, q_{2m}: 2m 비습, TPW: 가강수량, T_{obs} :최근 관측 기온이며, 관측값이 각각 $T_{2m} = 24℃$, $v_{850hPa} = 4ms^{-1}$, $q_{2m} = 0.3gkg^{-1}$, $TPW = 10mmhr^{-1}0$, $T_{obs} = 25℃$ 일 때, $T_{\max}$를 구하시오.

4. CMIP5에서 Historical 자료를 바탕으로 지표면 온도에 대한 10개의 모델 각각의 값들과 앙상블값이 다음과 같을 때 앙상블 오차가 각각 모델의 오차 평균의 차이를 구하시오. 2005년 9월의 월평균 기온이며, 실제 진주의 월 평균기온은 22.9℃ (296.06 K)를 나타냈다.

모델	예측값
ACCESS1.0	293.122 K
ACCESS1.3	293.711 K
bcc-csm1-1	293.586 K
bcc-csm1-1-m	294.434 K
BNU-ESM	297.395 K
CCSM4	296.369 K
CESM1-BGC	295.707 K
CESM1-CAM5	295.446 K
CESM1-CAM5.1-FV2	295.81 K
CESM1-WACCM	298.896 K
10-Model MME	295.446 K

제19장 대기 오염

인간 활동으로 인한 대기 오염은 인간의 생활에도 막대한 영향을 끼칠 뿐 아니라 기상 현상과도 밀접한 관련이 있다. 오염이 발생하는 주된 원인이 되는 것을 **오염원(pollutant)**이라고 하는데, 오염원에는 자연적으로 형성된 것과 인위적으로 형성되는 것이 있다. 오염원의 자연적인 배출원은 숲이나 늪지와 같은 넓은 지역에서부터 약하게 방출된다.

대기 오염물질이란 대기 오염원이 되는 가스, 입자상의 물질을 말한다. 가스상 물질은 물질의 연소, 합성, 분해 혹은 물리적 성질에 의하여 발생하는 기체물질을 말하며, 입자상 물질은 공정에서 발생하는 고체상이나 액체상의 미세한 물질을 말하는 것으로 분진, 매연, 물방울 등이 있다. 이러한 오염물질이 일정 수준 이상으로 배출되어 대기 중의 농도가 높아지게 되면 자연 생태계와 사람들의 건강에도 다양한 피해를 주게 된다.

19.1 대기 오염의 물질

인위적인 배출원은 굴뚝 꼭대기의 연기와 같은 하나의 지점에 집중되어있다. 그림 19.1은 인공적인 배출원이 있을 경우의 오염원에 대한 평균적 확산을 나타낸 것이다. 대기 오염물의 농도를 같은 시간 간격에 대해 평균하면 오염의 대부분은 플룸 중심선 근처에 존재한다. 평균적으로 집중된 양은 플룸 중심선으로부터 거리가 멀어질수록 서서히 감소한다. 농도의 분포는 종 모양이거나 가우스 모양으로 나타난다.

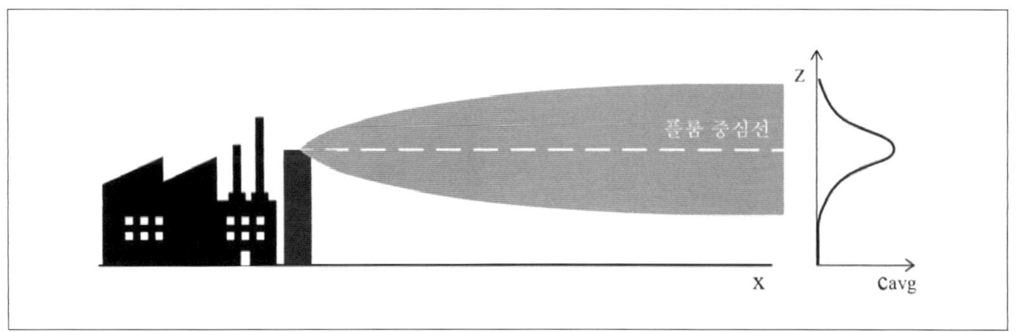

그림 19.1 ▌ 대기 오염의 평균적인 확산과 높이에 따른 분포도.

(1) 입자상 물질

입자상 물질은 그 크기에 따른 물리적 특성에 따라 부유성 입자와 침강성 입자로 분류될 수 있다. 부유성 입자의 크기는 보통 $10\mu m$ 미만이며 대기 중에서 비교적 장기간 부유한다. 침강성 입자는 $10\mu m$ 이상의 입자를 말한다. 입자상의 대기 오염물질은 1차, 2차 입자로 구분된다. 발생원으로부터 배출된 오염물질이 그대로 대기 중의 오염물질이 되는 것을 1차 오염물질이라고 하며, 대기 중에서 변질되어 새롭게 생겨난 물질을 2차 오염물질이라고 한다.

또한, 입자상 물질은 발생원에 따라서 **인위적 배출물**과 **자연배출물**로 분류할 수 있다. 자연배출물에는 화산재, 꽃가루, 박테리아 등이 있으며 인위적 배출물에는 먼지, 연기, 연무 등이 있다. 입자상 물질이 인체에 미치는 영향으로는 부유성 입자는 호흡기 질환이나 진폐증을 일으키며 식물의 기공을 막아 농작물에 피해를 주기도 한다. 이 밖에도 태양 및 지구의 복사 에너지를 분산시키거나 흡수하므로 가시거리를 줄이며, 이산화황과 산화질소, 오존 등과 함께 스모그의 원인이 된다.

▌미세먼지(PM-10)

미세먼지(PM-10)는 대기 중의 고체상태의 입자와 액적 상태의 입자의 혼합물을 말하는 것으로 공기 직경이 $10\mu m$ 이하인 먼지를 말한다. 미세먼지는 주로 산업, 운송, 주거활동 등에 의한 연소나 기타 공장에서 직접 배출되는 1차 먼지와 황산염, 질산염과 같이 대기 중의 반응에 의해 생성된 2차 먼지로 구분된다. 인위적 미세먼지 발생원으로는 산업, 발전, 자동차 등이 있으며 자연적 발생원으로는 안개, 화재, 황사와 화산폭발 등을 들 수 있다.

미세먼지는 천식 등의 호흡기 질환 및 심혈질환을 일으키며 저체중이나 조기출산 같은 생식이상과도 연관이 있다. 또, 시정을 악화시키고 식물의 잎 표면에 침적되어 신진대사를 방해하며, 건축물의 부식을 일으킨다.

▌초미세먼지(PM-2.5)

초미세먼지(PM-2.5)는 직경이 $2.5\mu m$ 이하로 직경 $10\mu m$ 인 미세먼지에 비해 크기가 매우 작다. 초미세먼지를 흡입할 경우, 기도에서 걸러지지 못하고 대부분 폐까지 침투하여 심장질환과 호흡기 질환을 유발한다. 초미세먼지는 질산염과 황산염 등의 이온성분과 금속 화합물 등의 유해물질로 구성되어 있다.

▎매연

매연은 연료가 연소할 때에 타지 않거나 덜 탄 고체물질을 말한다. 석탄의 경우 석탄 자체에 10%미만의 광물질을 포함하는데, 이것은 석탄의 연소 후에 아궁이에 남아 있거나 굴뚝으로 배출되기도 한다. 굴뚝으로 빠져나가는 것은 입자의 크기와 공장 굴뚝의 상승기류의 속도에 비례한다. 검댕의 대부분은 공기 중에 머무르다가 지상에 떨어지면 공장 굴뚝 주변의 오염원이 되기도 한다.

(2) 가스상 물질

가스상 물질은 세계적으로 큰 문제가 되는 대기 오염물질이다. 가스상 물질은 물질이 연소되거나 합성 또는 분해될 때 발생하거나 물리적 성질에 의해서 저절로 발생하는 기체상의 물질을 말한다. 주요한 오염물질로는 황산화물, 일산화탄소, 오존 및 휘발성 유기화합물 등이 있다.

▎황산화물

황산화물은 황을 포함한 화석연료가 연소될 때 연료에 포함되어 있던 황과 대기 중의 산소가 결합된 화학물질로, 불쾌한 냄새가 나는 무색의 불연성기체이다. 발전소, 금속제련공장, 석유정제와 같은 산업공정에서 주로 발생한다. 황산화물은 광화학반응이나 촉매반응에 의하여 다른 오염물질과 반응하며 2차 오염물질을 생성하고 대기 중 습도가 높을 때는 아황산, 황산 미스트 등을 형성하여 시정을 감소시키고 구조물의 부식과 생태계와 인간에 악영향을 미친다. 황산화물은 분진에 부착되기도 하는데, 호흡을 통해 신체 내로 흡입되면 폐 조직을 손상시킬 수도 있다.

▎일산화탄소(CO)

일산화탄소는 무색, 무취의 맹독성 기체로 주로 연료의 불완전 연소로 발생한다. 주 배출원은 자동차이며 이외에도 코크스 연료, 석유화학 등 화기를 취급하는 산업공정 등이 주요 배출원이다. 실내에서도 담배 연기, 지역 난방 등이 발생원이 되며 산불도 일산화탄소를 많이 배출한다.

▎오존(O_3)

오존은 2차 오염물질에 속하며 무색, 무미, 해초 냄새의 기체로 산화력이 강한 특징이 있다. 오존은 성층권에서 자외선을 차단하여 생태계를 보호해 주는 역할을 한다. 대류권에서는 인위적 전구물질(질소산화물이나 휘발성 유기화학물 등)의 광화학 반응에 의해 생성되며 해안가와 산림 등에서 자연적으로 생성되는 부분도 있다. 오존에 대한 반복적인 노출은 폐에 피해를 줄 수 있으며 농작물과 식물에 직접적인 영향을 미친다.

❙ 휘발성 유기화합물(VOCs)

휘발성 유기화합물은 수소와 탄소로 이루어진 유기화합물로, 대기 중으로 휘발되어 악취를 유발하고 광화학반응으로 오존을 발생시키며 2차 미세먼지의 원인물질이 된다. 자동차의 배기가스와 페인트, 접착제, 주유소의 저장 탱크 등에서 발생한다. 휘발성 유기화학물은 피부접촉이나 호흡기 흡입을 통해 신경계에 장애를 일으키는 발암물질이다.

19.2 확산 인자

확산은 오염의 이동과 퍼짐으로 나타난다. 오염의 확산은 아래의 세 가지에 의존한다.

- 바람의 속도와 방향
- 연기의 상승
- 대기 난류

오염물은 대기의 혼합에 의해 시간에 따라 확산하여, 희석된 혼합물의 결과이다. 바람과 난류는 환경 대기의 특징이다. 굴뚝의 꼭대기에서 방출은 강한 내부 난류이지만, 굴뚝의 오염원은 빠르게 확산되므로 대부분은 환경 바람을 따른다. 오염된 대기가 이동하는 방향은 종관규모 날씨와 일반적인 순환에 의해 지배된다. 오염원의 이동 방향은 평균 바람을 따라 전방 궤적(forward trajectory)을 이용하여 구할 수 있으며, 대기 오염원의 위치는 후방 궤적(backward trajectory)에 의해 구할 수 있다.

굴뚝의 오염된 바람을 타는 기류는 **연기플룸(smoke plume)**이라고 부른다. 만약 이 연기플룸에 대한 부력이 크다면, 초기의 방출 높이보다 위로 연기플룸이 상승한다. 이것을 플룸상승(plume rise)이라고 부른다.

확산 정도를 산출하는 것은 배출원으로부터 특정 지점까지의 오염 농도를 진단 및 예측하는 것이다. 농도는 mg/m^3 또는 $\mu g/m^3$와 같이 단위 부피당 질량으로 측정된다. 이것은 백 만 분율(ppm) 또는 십억 분율(ppb)과 같은 깨끗한 공기에 대한 오염된 기체의 부피비로 측정할 수 있다.

19.3 대기환경기준

대기 오염과 관련된 건강 문제를 방지하거나 줄이기 위해서, 각 나라는 대기환경기준을 정한다. 정부는 대기 오염 문제를 다루는 모든 사람에게 대기 오염의 위험관리에 관한 결정을 하는 데 필요한 배경 정보와 지침을 제공한다. 이러한 기준과 지침들은 각 지역에서 다양한 대기질의 관리정책결정과 계획에 반영한다. 대기환경기준을 정하여 이를 따르지 않으면 벌금이나 처벌 등 정부의 규정에 따르게 된다.

우리나라의 경우 대기환경기준, 미국에서는 국가대기환경기준(National Ambient Air Quality Standards, NAAQS)이라고 명명하였으며 캐나다에서는 국가대기질목표(National Air Quality Objectives)를 정하여 대기 질 오염에 대한 기준을 설정하였다. 표 19-1은 나라별 대기환경기준의 예이다.

이론적으로 시간과 장소에 관계없이 오염원의 농도가 높게 나타나는 것은 아니다. 예를 들어 고기압에서 얕은 대기경계층과 풍속이 강하지 않을 때 대기질 농도는 높게 나타난다. 간혹, 의도치 않게 배출원에서 대기 오염통제 규정을 초과하는 오염 양을 방출시킬 수 있으므로 몇몇 규정은 처벌 없이 작은 양만 초과하는 것을 허락한다. 새로운 공장, 용광로 또는 발전소를 설계할 때에는 대기 오염 모델링을 통하여 예상되는 방출량에 기초하여 대기질 오염 농도를 결정한다.

표 19-1의 대기질 기준과 예측된 농도를 비교함으로써, 엔지니어는 법을 확실하게 준수하면서 공장 설계를 수정할 수 있다. 공장 설계의 수정 방법으로는 긴 굴뚝과 오수 무더기로부터 오염을 없애는 것, 연료 또는 원자재를 변경하는 것이나 다른 제조 또는 화학적 과정을 이용하는 방법 등이 있다.

표 19.1 ▎한국, 미국, 캐나다, 일본, 스위스의 연간, 24시간, 1시간 평균의 대기질 표준농도 (환경부).

구 분		한 국	미 국	캐나다	일 본	스위스
SO2 (ppm)	연 평균	0.02	0.03	0.02	–	0.01
	24시간 평균	0.05	0.14	0.11	0.04	0.04
	1시간 평균	0.15	–	0.34	0.10	–
PM10 $(\mu g/m^3)$	연 평균	70	50	70	–	70
	24시간 평균	150	150	120	100	150
	1시간 평균	–	–	–	200	–
O3 (ppm)	연 평균	–	–	0.015	–	–
	8시간 평균	0.06	0.08	0.025	0.06	–
	1시간 평균	0.10	0.12	0.08	0.10	0.06
NO2 (ppm)	연 평균	0.05	0.053	0.05	–	0.02
	24시간 평균	0.08	–	0.11	0.04–0.06	0.04
	1시간 평균	0.15	–	0.21	–	0.05/30분
CO (ppm)	연 평균	–	–	–	10	7
	8시간 평균	–	9	13	20	–
	1시간 평균	25	35	31	–	–
HC (ppm)	연 평균	–	–	–	–	–
	1시간 평균	–	–	–	–	–
Pb $(\mu g/m^3)$		0.5/연	1.5/3개월	–	–	1.0/년

19.4 분산 통계

(1) 질량의 중심

플룸의 중심 높이 z_{CL}는 오염물질 질량의 중심 위치로 정의한다. 다시 말해서 오염물질의 평균 높이이다. 연기 플룸을 통하여 같은 공간 높이 z_k의 범위에서 오염물질의 농도 c_k를 측정한다면, 이 질량의 중심은 다음과 같이 정의된다.

$$z_{CL} = \overline{z} = \sum_{k=1}^{K} c_k z_k \ / \ \sum_{k=1}^{K} c_k \qquad (19.1)$$

여기서 K는 전체 높이이고 k는 각 높이 지수를 나타낸다.

수동적인 추적에 대하여 플룸의 중심선은 굴뚝의 꼭대기와 같은 높이에 있다. 고온의 배기가스에서 부력의 플룸에 대한 굴뚝의 꼭대기 위의 중심선은 상승한다. 굴뚝 밖으로 유출되는 속도가 오염물질의 상승시킬 만큼 충분히 빠르다면 플룸 상승은 일어날 수 있다.

플룸을 일정 시간 간격으로 측정하면 주변 바람의 방향을 따라 질량 중심을 찾을 수 있다. 그러므로 기상 위성을 통해서 볼 때, 연기 플룸의 질량의 중심은 굴뚝 위치로부터 평균 바람 궤도를 따른다.

(2) 표준편차

시간 평균한 플룸에 대해 플룸의 가장자리를 분간하는 것은 쉽지 않다. 종 모양의 곡선은 중심선으로부터 거리가 멀어질수록 점진적으로 0 농도에 도달하기 때문에 시간 평균한 플룸의 확인이 어려우므로, 플룸의 확산을 측정하는 플룸 가장자리를 확인하는데 이용할 수 없다.

대신, 오염물질 위치의 표준편차 σ_z는 플룸 확산을 측정하는 데 사용된다. 연직 변동성은 아래와 같이 오염물질의 농도에 의해 가중치를 둬야한다.

$$\sigma_z{}^2 = \frac{\sum_{k=1}^{K} c_k (z_k - \bar{z})^2}{\sum_{k=1}^{K} c_k} \tag{19.2}$$

여기서 $\bar{z}$는 이전의 식으로 구해진 평균 높이이다.

비슷한 식은 남북방향으로의 표준 편차에 대하여 σ_y 로 정의할 수 있다. 난류가 이방성일 때, 자연 난류의 확산은 연직적 수평적으로 같지 않기 때문에 확산되는 양이 다르다. 또, 플룸이 조밀할 경우에 표준편차와 변동성이 작다.

(3) 가우스 분포

가우스 또는 정규분포 곡선은 종형 모양이며 1차원이다.

$$c(z) = \frac{Q_1}{\sigma_2\sqrt{2\pi}}\exp\left\{-0.5\left[\frac{z-\bar{z}}{\sigma_z}\right]^2\right\} \tag{19.3}$$

$c(z)$는 어떤 높이에서 1차원 농도(g/m)이고 $Q_1(g)$는 방출된 오염물질의 전체 양이다.

이 곡선은 평균 위치에 대하여 대칭적이고 z가 무한대로 가면서 0에 도달하는 끝부분을 가진다(그림 19.2). 곡선 안의 면적은 물리적으로 오염물질이 보존되는 것을 의미하는 Q_1과 같다. 이 곡선에서 변곡점은 평균에서부터 σ_z 에 발생한다. $2\sigma_z$ 사이는 오염물질의 95%이다. 따라서 가우스 곡선은 중앙에 집중되는 경향이 있다.

식 (19.3)은 Q_1, $\bar{z}$, σ_z의 3가지 인자로 구성되어 있다. 이 인자는 가우스 곡선에 가장 잘 맞는 것을 찾기 위해서 플룸을 통해 같은 공간 높이에서 농도의 측정으로부터 평가할 수 있다. 이 중 두 개의 인자는 식 (19.1)과 (19.2)로 찾아진다. 첫 번째 인자는 아래와 같이 쓰인다.

$$Q_1 = \Delta z \sum_{k=1}^{K} c_k \tag{19.4}$$

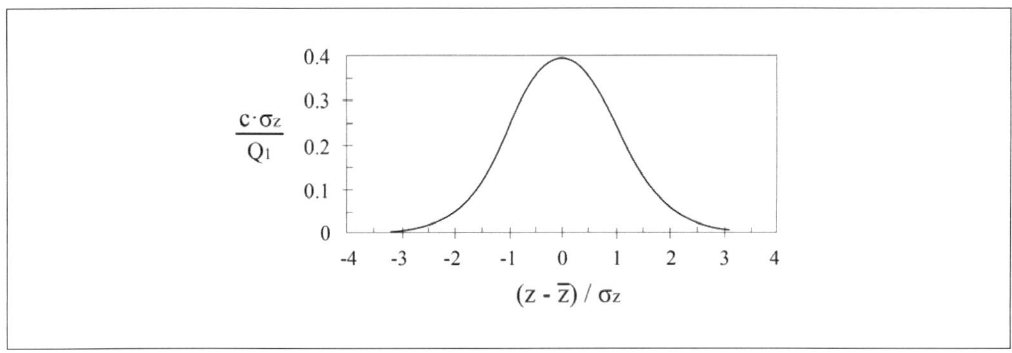

그림 19.2 ❙ 가우스 분포.

예제 19.1

주어진 농도 측정 표를 이용하여, 플룸의 중심선 높이, 높이의 표준편차, 플룸의 깊이를 구하시오.

$z\,(km)$	$c\,(\mu g/m^3)$
1	6
0.8	2
0.6	1
0.4	5
0.2	0
0	0

예제 19.1

풀이

플룸의 중심선 높이를 찾기 위해 식 (19.1)을 사용 :

$\bar{z} = \dfrac{10.2km\,\mu g\,m^{-3}}{14\mu g\,m^{-3}} = 0.73km$

식 (19.2)를 사용 :

$\sigma_z{}^2 = \dfrac{3.26km^2\mu g\,m^{-3}}{14\mu g\,m^{-3}} \approx 0.23\,km^2$

풀름 높이의 표준편차는 $\sigma_z = \sqrt{0.23\,km^2} = 0.48km$ 이다.

플룸의 전체 깊이는 $d = 4.3\sigma_z$로 나타낼 수 있으므로,

$d = 4.3\,(0.48km) = 2.064\,km$ 이다.

19.5 테일러 통계 이론

(1) Tracers

많은 오염물질은 매우 작은 입자 또는 가스를 포함하는데 이를 추적자(traces) 혹은 미량기체라고 한다. 이러한 오염물질은 수동적으로 바람을 타고 수동적으로 이동하므로, 오염물질을 통해서 공기의 움직임을 찾아낼 수 있다. 따라서 확산의 정도는 바람과 난류에 따라 좌우된다. 이를 **수동적 추적자(passive tracers)**라고 하며, 오염물질들이 땅에서 없어지거나 화학 반응을 일으키거나 떨어져 나가지 않는다면, 공기에 방출된 모든 오염물질 질량은 보존되기 때문에 **보존적인 추적자(conservative tracers)**라고도 부른다.

반면, 모든 오염물질들이 수동적 혹은 보존적인 것은 아니다. 어두운 검댕 입자는 공기를 가열시키는 태양빛을 흡수하지만 대기에 흡수한 에너지를 방출하지 않는다. 따라서 검댕 입자는 증가하는 부력으로 난류를 변형시키기 때문에 활동적이다. 마찬가지로 방사성의 오염물질은 방사성의 부패와 가열 때문에 보존되지 않고 활동적이다.

수동적 보존 추적자(passive conservative tracers)에 대해 분산은 난류의 강도뿐만 아니라 다양한 크기의 에디 사이의 난류 분산에 의존한다. 확산되는 플룸에 대하여 에디가 플룸의 지름만큼 크다는 것은 작은 크기의 에디보다 더 큰 분산을 야기한다. 그러므로 분산의 비는 시간에 따라 또는 풍하 거리에 따라 증가한다.

(2) 확산 식

테일러는 바람에 의해 움직이는 수동적 추적자를 이론적으로 조사하였다. 제 3장에서 다루었던 라그랑지 방법으로 연기구름 내에 많은 이런 입자를 평균함으로써 난류에 대한 통계이론을 유도하였다.

결과에 대한 하나의 근사치는 아래와 같다.

$$\sigma_y{}^2 = 2\sigma_v{}^2 t_L{}^2 \left[\frac{x}{Mt_L} - 1 + \exp\left(-\frac{x}{Mt_L} \right) \right] \tag{19.5a}$$

$$\sigma_z{}^2 = 2\sigma_w{}^2 t_L{}^2 \left[\frac{x}{Mt_L} - 1 + \exp\left(-\frac{x}{Mt_L} \right) \right] \tag{19.5b}$$

여기서 x는 근원에서의 풍하 거리, M은 바람의 속도, t_L은 라그랑지언 시간 규모이다. 따라서 수동적인 추적자의 확장 σ_y와 σ_z는 난류 강도(σ_v 또는 σ_w)와 풍하 거리 x에 따라 증가한다.

라그랑지언 시간 규모는 하나의 변수가 얼마나 빠르게 해당 변수와의 연관성이 없게 하는지에 대한 측정이다. 매우 작은 규모의 대기 에디에 대해 라그랑지언 시간 규모는 약 15초이다. 대류 열에 대해서는 약 15분이며 종관규모의 고-저기압 시스템에 대해서 라그랑지언 시간 규모는 이틀 정도이다. 대기경계층에서는 확산에 대하여 라그랑지언 시간 규모로 보통 1분의 값을 사용한다.

예제 19.2

안정한 대기에서, 풍속 $10m/s$인 바람이 고도 $100m$에서 분다고 가정하자. 경계층높이 $500m$에서 1분 단위의 라그랑지언 시간규모를 사용할 때, 풍하 거리 50km에서의 수평적, 연직적 플룸 분산의 σ_y와 σ_z 를 구하시오. (단, 지표 거칠기는 $1m$이다.)

풀이

식 (4.13) 사용 :

$$u_* = \frac{0.4\,(10ms^{-1})}{\ln(100m/1m)} \approx 0.87ms^{-1}$$

정적으로 안정한 대기에서 두께 h인 대기경계층의 표준편차는 아래와 같다.

$$\sigma_u = 2u_*[1-(z/h)]^{3/4}$$

$$\sigma_v = 2.2u_*[1-(z/h)]^{3/4}$$

$$\sigma_w = 1.73u_*[1-(z/h)]^{3/4}$$

예제 19.2

풀이

따라서 위의 식을 이용하여 σ_v와 σ_w 를 구할 수 있다.

$\sigma_v = 2.2\ (0.87ms^{-1})\ [1-(100m/500m)]^{3/4} \approx 1.62\,m\,s^{-1}$

$\sigma_w = 1.73\ (0.87ms^{-1})\ [1-(100m/500m)]^{3/4} \approx 1.27ms^{-1}$

식 (19.5a, b) 사용 :

이 때 $\frac{x}{Mt_L} = \frac{50000m}{(10ms^{-1})(60s)} = 83.3$ 이므로

${\sigma_y}^2 = 2\,(1.62ms^{-1})^2\,(60s)^2\,(83.3 - 1 + e^{-83.3}) \approx 1555114m^2$

${\sigma_z}^2 = 2\,(1.27ms^{-1})^2\,(60s)^2\,(83.3 - 1 + e^{-83.3}) \approx 955740m^2$

이고, 계산하면 아래와 같다.

$\sigma_y \approx 1247m$

$\sigma_z \approx 978m$

(3) 오염원에서 가까울 때와 멀 때의 확산

가까이 있는 오염원으로부터의 확산(dispersion)이 일어나는 경우, 식 (19.5a)는 다음으로 근사된다.

$$\sigma_y \approx \sigma_v \left(\frac{x}{M}\right) \tag{19.6}$$

한편 오염원에서 먼 경우에는 다음의 식으로 근사된다.

$$\sigma_y = \sigma_v \left(2\,t_L \frac{x}{M}\right)^{1/2} \tag{19.7}$$

위의 두 식은 σ_z 에 관한 방정식과 유사하다. 즉, 오염원에서 가까울 때는 오염물질의 농도가 선형적으로 변화하는 확산을 하지만, 풍하 거리보다 멀어지면 농도가 제곱근에 비례하게 변화한다는 것을 예상할 수 있다.

19.6 중립인 경계층과 안정한 경계층에서의 확산

지표에서 오염물질의 농도를 계산하기 위해서는 플룸의 중심축 높이와 그 중심축에서 오염물질의 확산에 대해 알아야 한다. 오염물질의 공간적인 평균 분포에 대하여 플룸 상승과 테일러 통계이론에 의한 확산이 주어지면 오염 농도를 계산할 수 있다.

(1) 플룸 상승

지표에서의 농도는 플룸 중심선의 고도가 높아짐에 따라 감소한다. 초기 운동량과 배출물이 뜨거울 때 생겨나는 부력에 의해 플룸의 중심선은 굴뚝 꼭대기보다 높게 상승할 수 있다. 이때, 초기운동량은 굴뚝 꼭대기에서 바깥 연기의 배출 속도와 관련이 있다.

(2) 중립 경계층

중립 경계층은 약한 바람이 부는 야간 잔류층에서 나타난다. 또한 바람이 부는 밤과 낮에 경계층의 하층 전체에서 나타나기도 한다. 중립 상태의 경계층에서 지표 위의 플룸 중심선의 고도 z_{CL}는 아래의 식으로 표현할 수 있다.

$$z_{CL} = z_s + \left[a\,l_m{}^2 x + b\,l_b x^2 \right]^{1/3} \tag{19.8}$$

여기서 $a = 8.3, b = 4.2$ 임을 Stull(2000)에서 실험적으로 주어졌다. x는 굴뚝의 풍하 거리, z_s는 굴뚝의 높이를 나타낸다. 이 방정식은 굴뚝이 높아짐에 따라 플룸의 중심선 고도가 높아지는 것을 보여준다. 이때, 플룸 상승과 상부를 향하는 확산의 덮개 역할을 하는 대기경계층 꼭대기의 역전은 무시한다.

모멘텀 길이 규모 l_m은 다음과 같이 정의될 수 있다.

$$l_m \approx \frac{W_o R_o}{M} \tag{19.9}$$

여기서 R_0는 굴뚝의 내경, W_0는 연기의 배출 속도, M은 굴뚝 꼭대기에서의 외부 풍속을 나타낸다. 따라서 l_m은 수평 바람 모멘텀에 대한 연직으로 방출되는 모멘텀의 비로 설명할 수 있다.

부력 길이 규모 l_b는 다음과 같이 정의될 수 있다.

$$l_b \approx \frac{W_o R_o{}^2 g}{M^3} \frac{\Delta\theta}{\theta_a} \tag{19.10}$$

여기서 $g = 9.8ms^{-2}$은 중력가속도, $\Delta\theta = \theta_p - \theta_a$는 오염물의 초과된 온위, θ_p는 굴뚝 꼭대기에서 초기 연기의 온위, θ_a는 굴뚝 꼭대기에서 외부 대기의 온위, l_b는 외부 바람의 수평 강도에 대한 연직 부력의 강도이다.

예제 19.3

높이가 $50m$ 이고 안쪽 반지름이 $2m$ 인 굴뚝이 있다. 이 굴뚝에서 이산화황 연기의 방출속도는 $20m/s$ 이고 굴뚝에서의 온도는 200℃라고 한다. 굴뚝의 꼭대기에서 외부 풍속은 $5m/s$ 이며 외부 대기의 온위는 20℃라고 할 때, 중립 경계층에 대하여 풍하 거리가 $1km$ 일 경우의 플룸의 중심축 고도를 구하시오.

풀이

식 (19.9) 사용 :

$$l_m \approx \frac{(20\,m\,s^{-1})\,(2\,m)}{(5\,m\,s^{-1})} = 8\,m$$

식 (19.10) 사용 :

$$l_b \approx \frac{(20\,ms^{-1})\,(2m)^2\,(9.8\,ms^{-2})}{(5\,ms^{-1})^3} \times \frac{(473\,K - 293\,K)}{293\,K} \approx 3.85\,m$$

풍하 거리 x가 $1km$ 이므로 식 (19.8)에 대입하면 다음과 같다.

$$z_{CL} = (50m) + \left[8.3\,(8m)^2\,(1000m) + 4.2\,(3.85m)\,(1000m)^2\right]^{1/3} \approx 305.6m$$

(3) 안정 경계층

정적 안정 상태에서 대기의 온위는 고도가 상승함에 따라 상승한다. 이러한 안정 경계층에서의 대기는 플룸 상승의 중심축이 지상으로부터 최종 평형 고도 $z_{CL\,eq}$까지만 상승하도록 제한된다.

$$z_{CL\,eq} = z_s + 2.6\left(\frac{l_b M^2}{N_{BV}{}^2}\right)^{1/3} \tag{19.11}$$

여기서 N_{BV}는 브런트-바이살라 진동수를 의미하며, 정적 안정도를 측정하는 데 쓰인다.

예제 19.4

예제 19.3과 같은 조건의 대기에서 $\triangle\theta_a/\triangle z = 10℃/km$ 인 안정 경계층에 대해, 최종 평형 고도를 구하시오

풀이

브런트-바이살라 진동수 는 아래 식과 같이 나타낼 수 있다.

$$N_{BV} = \sqrt{\frac{|g|\triangle\theta}{T_v\triangle z}}$$

따라서, $N_{BV}{}^2 = \dfrac{9.8ms^{-2}}{293K} \times \dfrac{10K}{1000m} = 3.34 \times 10^{-4}s^{-2}$ 이다.

식 (19.11) 사용하여 최종 평형 고도 계산 :

$$z_{CL\,eq} = 50m + 2.6\left(\frac{(3.85m)\,(5ms^{-1})^2}{3.34 \times 10^{-4}s^{-2}}\right)^{1/3} \approx 221.7m$$

(4) 가우스 농도 분포

중립과 안정 경계층에 대해 난류성 에디의 크기는 경계층의 높이(depth)에 비해 상대적으로 작다. 이것은 난류 확산(turbluent dispersion)을 분자 확산(molecular diffusion)과 유사하게 조정하여 단순화할 수 있다. 이때, 플룸 중심선 부근의 평균 농도 분포는 3-D 가우스 종형 곡선에 의해 근사하여 나타내면 다음과 같다(Stull, 2000).

$$c = \frac{Q}{2\pi\sigma_y\sigma_z M}\exp\left[-0.5\left(\frac{y}{\sigma_y}\right)^2\right]\left\{\exp\left[-0.5\left(\frac{z-z_{CL}}{\sigma_z}\right)^2\right]+\exp\left[-0.5\left(\frac{z+z_{CL}}{\sigma_z}\right)^2\right]\right\} \quad (19.12)$$

여기서 Q는 오염물질의 배출률(g/s), σ_y와 σ_z는 수평과 연직 바람의 플룸 확산 표준편차이며, y는 플룸 중심선으로부터 수용체까지의 남북방향 거리, z는 지표로부터 수용체까지의 연직 거리, z_{CL}은 지표에서 플룸 중심선까지의 높이를, M은 플룸 중심선에서 평균 풍속을 의미한다.

식 (19.12)을 지표($z = 0$)에 적용하면 아래와 같다.

$$c = \frac{Q}{\pi\sigma_y\sigma_z M}\exp\left[-0.5\left(\frac{y}{\sigma_y}\right)^2\right]\exp\left[-0.5\left(\frac{z_{CL}}{\sigma_z}\right)^2\right] \quad (19.13)$$

위 두 식은 땅은 평평하다는 점과 오염물질이 지표에 부딪혀 공기 중으로 반사된다는 점을 가정으로 하며, 정적으로 불안정한 혼합층에서는 이 확산식으로 표현하지 못한다.

예제 19.5

지표로부터 고도 10m에서 풍속은 10m/s이며, 경계층의 높이가 1km인 정적 안정층이 있다. 이 때, 지표 거칠기 길이는 0.5m이고 오염물질인 SO_2의 배출율은 300g/s이다. 라그랑지언 시간 규모가 1분으로 주어질 때 지표에서 플룸 중심축 고도가 200m라고 하면, 플룸 중심선으로부터 수용체까지 남북방향 거리가 0.1km일 때, 동서방향으로 5km에 위치한 플룸의 농도를 구하시오.

풀이

z_{CL}은 일정하다고 가정한다.

식 (4.13) 사용 :

$$u_* = \frac{0.4\,(10\,ms^{-1})}{\ln(10m/0.5m)} \approx 1.34\,ms^{-1}$$

예제 19.2 풀이의, 정적으로 안정한 대기에서 대기경계층의 표준편차 식을 이용 :

$$\sigma_v = 2.2\,(1.34ms^{-1})\,[1-(200m/1000m)]^{3/4} \approx 2.49\,m\,s^{-1}$$

$$\sigma_w = 1.73\,(1.34ms^{-1})\,[1-(200m/1000m)]^{3/4} \approx 1.96ms^{-1}$$

식 (19.5a)와 식 (19.5b)를 이용하여 x가 5km일 때의 σ_y와 σ_z를 구한다.

$$\sigma_y{}^2 = 2\,(2.49ms^{-1})^2\,(60s)^2\left[\frac{5000m}{(10ms^{-1})\,(60s)} - 1 + \exp\left(\frac{5000m}{(10ms^{-1})\,(60s)}\right)\right]$$

$$\sigma_z{}^2 = 2\,(1.96ms^{-1})^2\,(60s)^2\left[\frac{5000m}{(10ms^{-1})\,(60s)} - 1 + \exp\left(\frac{5000m}{(10ms^{-1})\,(60s)}\right)\right]$$

계산하면, $\sigma_y \approx 0.572km$ 이고 $\sigma_z \approx 0.450km$ 이다.

플룸의 농도를 구하기 위해 식 (19.13)을 이용 :

$$c = \frac{300gs^{-1}}{\pi\,(572m)\,(450m)\,(10ms^{-1})}\exp\left[-0.5\left(\frac{100m}{572m}\right)^2\right]\exp\left[-0.5\left(\frac{200m}{450m}\right)^2\right]$$

$$\approx 3.3\times10^{-5}g/m^3 \approx 33\mu g/m^3$$

19.7 불안정층에서의 확산

따뜻한 지표 위로 약한 바람이 부는 환경에서 대기경계층은 정적으로 불안정하고 대류가 자유롭기 때문에 **대류혼합층**(convective mixed layer)이라고 한다. 난류는 지표에서 혼합층의 꼭대기로 상승하는 따뜻한 공기의 열을 포함한다. 커다란 난류 구조와 난류의 불균형은 일반적인 가우시안 플룸 확산과는 다르게 움직인다.

굴뚝과 같은 한 점 오염원에서 연기가 배출될 때, 일부는 열의 상승기류를 향하고, 나머지 는 하강기류를 향한다. 이때, 연기는 위아래로 고리(loop) 형태를 띤다. 이 고리 형태를 평균하면 하나의 특정한 방향으로 묘사되는데, 이 묘사는 변수들이 자유 대류 규모로 일반화되었을 때만 작용한다.

(1) 관련 변수

대류 불안정층은 주로 정적으로 불안정한 주간에 발생하며 그림 4.1에서 보는 바와 같이 지상에서 $1km$ 이상으로 발달한다. 불안정층에서 확산은 물리적 변수, 혼합층 스케일링 변수, 무차원 스케일 변수로 표현된다.

▎물리적 변수

c	오염물질의 농도 (g/m^3)
c_y	측풍 총 농도 (g/m^2)
Q	오염물질의 방출률 (g/s)
x	굴뚝에서 바람을 타고 내려간 수용체의 거리 (m)
z	지표보다 높게 위치한 수용체의 고도 (m)
z_{CL}	지표보다 높게 위치한 플룸 중심선의 고도(질량의 중심) (m)
z_s	굴뚝 꼭대기의 고도 = 오염원의 고도 (m)
σ_y	오염물질의 수평 표준편차 (m)
σ_z	오염물질의 연직 표준편차 (m)
σ_{zc}	측풍 총 농도의 연직 표준편차 (m)

▎혼합층 스케일링 변수

F_H	유효 지표 운동학적 열 플럭스 (Km/s)
M	평균 풍속 (m/s)
w_*	$\left[\frac{\lvert g\rvert z_i F_H}{T_v}\right]^{1/3} \cong 0.02wB$ = Deardorff velocity (m/s)
z_i	대류 혼합층의 높이 (m)

▍무차원 스케일 변수

C	$\frac{c z_i^2 M}{Q}$	무차원 농도
C_y	$\frac{c_y z_i M}{Q}$	무차원 측풍 총 농도
X	$\frac{x w_*}{z_i M}$	소스로부터 수용체의 무차원 풍하 거리
Y	$\frac{y}{z_i}$	중심선으로부터 수용체의 무차원 측풍(양옆의) 거리
Z	$\frac{z}{z_i}$	무차원 수용체 고도
Z_{CL}	$\frac{z_{CL}}{z_i}$	무차원 플룸 중심선 고도
Z_s	$\frac{z_s}{z_i}$	무차원 소스 고도
σ_{yd}	$\frac{\sigma_y}{z_i}$	무차원 수평 표준편차
σ_{zdc}	$\frac{\sigma_{zc}}{z_i}$	측풍 총 농도의무차원 연직 표준편차

앞서 언급되었던 것처럼, 대류 환경에서 오염원의 오염 농도를 구하기 위해서 세 단계를 거쳐야 한다. (1) 플룸 중심선의 고도를 찾는다. (2) 필요한 x와 Z위치에서 측풍 총 농도를 찾는다. (3) 필요한 y지점에서 실제 농도를 찾는다.

(2) 플룸의 중심축

$$z_{CL} \approx 0.5 + \frac{0.5}{1+0.5X^2}\cos\left[2\pi\frac{X}{\lambda} + \cos^{-1}(2Z_s - 1)\right] \tag{19.14}$$

이 식은 Stull(2000)에 주어진 식이며, 중심선은 상승원으로부터 아래로 내려가려는 경향이 있다(그림 19.3). 플룸은 최종 높이 $0.5z_i$에 도달하기 전에, 바람을 따라 혼합층 고도의 중심보다 약간 높게 떠오른다. 그러나 부력이 있는 플룸에 대해서는 중심선이 초기에 아래를 향하는 움직임은 약하거나 존재하지 않는다.

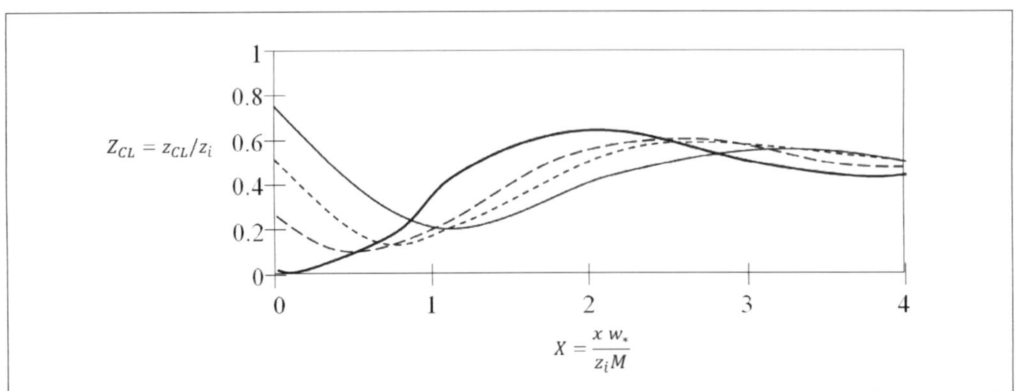

그림 19.3 ▌ 풍하 거리 x와 함께 평균 오염 중심축의 고도 Z_{CL}는 혼합층 스케일에 의해 표준화 된다. 무차원의 소스 고도는 $Z_s = Z_a / Z_i = 0.025$(굵은 실선), 0.25(파선), 0.5(점선), 0.75(가는 실선)이다.

(3) 측풍 총 농도

아래의 알고리즘은 측풍 총 농도에 대한 근사식으로 제공된다(Stull, 2000). 연직 확산 가우시안 근사를 사용하여 무차원 고도 Z의 첫 번째 근사인 무차원 함수 $C_y{}'$는 아래와 같다.

$$C_y{}' = \exp\left[-0.5\left(\frac{Z - Z_{CL}}{\sigma_{zdc}{}'}\right)^2\right] \tag{19.15}$$

프라임(′)은 첫 번째 근사를 표시한 것이고, 연직 농도 거리는

$$\sigma_{zdc}{}' = 0.25\,X \tag{19.16}$$

이 지표와 혼합층 꼭대기를 반으로 나누는 높이 K에서 이루어진다.

다음으로 모든 높이 $0 \leq Z \leq 1$에 대해 평균을 구한다.

$$\overline{C_y{}'} = \frac{1}{K}\sum_{k=1}^{K} C_y{}' \tag{19.17}$$

식에서 지수(index) k는 높이 z에 대응한 값이다. 최종적으로 어떤 높이에서나 무차원의 측풍 총 농도는 다음과 같이 계산하여 사용한다.

$$C_y = \frac{C_y{}'}{\overline{C_y{}'}} \tag{19.18}$$

(4) 농도

플룸 중심선 바로 아래를 $Y=0$으로 두고, 지점 Y에서의 실제 농도는 아래 식을 따라 구할 수 있다.

$$C = \frac{C_y}{(2\pi)^{1/2}\sigma_{yd}} \exp\left[-0.5\left(\frac{Y}{\sigma_{yd}}\right)^2\right] \qquad (19.19)$$

상승원으로 부터 측면 확산 거리의 무차원 표준 편차는 다음과 같이 주어진다.

$$\sigma_{yd} \approx 0.5\,X \qquad (19.20)$$

그런데 $X \geq 4$인 경우의 큰 풍하 거리에서 측풍 총 농도는 모든 고도에 대해 항상 C_y가 1.0에 접근한다.

연습문제

1. 아래 표에는 특정 지역에서 고도별로 측정한 오염물질의 농도를 나타낸 자료이다. 이 지역 오염물질의 질량 중심 고도를 구하고, 그 물질들의 연직 표준편차를 구하시오.

$z\,(km)$	$c\,(\mu g/m^3)$
1.0	0
0.9	0
0.8	5
0.7	25
0.6	20
0.5	45
0.4	55
0.3	40
0.2	30
0.1	10

2. 연습문제 1번의 조건에서의 가우스 분포곡선을 그리시오.

3. 중립인 경계층인 대기에 높이 $1km$이고 안쪽 반지름이 $1m$인 굴뚝이 있다. 이 굴뚝에서 오염원의 방출속도는 $15m/s$이고 굴뚝에서의 온도는 250℃ 이다. 굴뚝의 꼭대기에서 외부 풍속은 $10m/s$이며 외부 대기의 온위는 25℃ 일 때, 풍하 거리가 $1.5km$일 때 주어진 플룸의 중심선 고도를 구하시오.

4. 연습문제 3번과 같은 조건의 대기에서, $\dfrac{\Delta\theta_s}{\Delta z} = 10\,℃/km$ 인 안정경계층에 대하여, 플룸의 평형 고도를 구하시오.

5. 불안정한 대기에서 중심선으로부터 수용체의 무차원 측풍거리 Y가 2이고 소스로부터 수용체의 무차원 풍하 거리는 3인 지점에서의 플룸 농도를 구하시오.

제20장 기후 변동성과 기후 변화

기후는 장기간 평균된 대기상태로 가장 기본적으로 정의된다. 그런데 지구의 평균 지표면 온도는 백만 년 동안 놀랍게도 거의 일정하게 지속되어 왔다. 이러한 온도를 조절하는 요소에는 태양, 지구 궤도 특성, 해양, 대기 순환, 판 구조론, 구름, 빙정, 눈, 자연적, 인위적 가스, 입자, 화산분출물을 포함한 에어로졸, 생명체가 있다. 여러 요소들의 과정과 조건들 간의 상호작용 또한 여전히 기후 변화 연구의 한 분야로서 진행되고 있다.

이들 중 일부 요소는 기후 변화를 약화시키는 경향이 있으며, 이는 **음의 되먹임(negative feedback)**으로 분류된다. 이러한 변화를 증폭시키는 요소들도 많이 있는데, 이는 **양의 되먹임 (positive feedback)**이라고 한다. 이러한 온도의 일정함은 음의 되먹임이 지배적이라는 것을 의미한다.

20.1 복사강제력과 지구 평형 온도

복사강제력이란, 예를 들어 태양의 방출 에너지나 이산화탄소의 농도 변화와 같이 기후시스템의 외부강제력에서의 변화나 내부 변화에 의해 대류권계면에서 연직 방향의 순 복사 조도(irradiance, 단위: Wm^{-2})의 변화량을 말한다. 대체로 성층권 온도가 복사평형에 재 보정되도록 한 후에 복사강제력이 계산되지만, 가지고 있는 대류권의 모든 특성과 함께 섭동을 고려하지 않은 값에서 고정된다.

산업화를 이루며, 지구의 온난화에 온실기체의 역할이 매우 크게 작용했다는 것은 IPCC 5차 보고서 (그림 20.1)에 가장 잘 표현되었으며, 인간 활동이 온실기체 증가에 중요하다는 것을 보였다. 특히 대기 중에 잘 혼합되는 기체들과 단수명의 온실기체와 에어로졸의 종류에 따라 다른 복사강제력을 잘 표현하고 있다. 검댕으로 표현된 black carbon의 경우에는 다른 에어로졸이 온도를 냉각하는 것과는 다르게 오히려 대기의 온도를 상승시키는 역할을 한다. 최근에는 단수명의 기체들에 대한 연구가 활발하여 그래프에서 옆으로 마크된 불확실성을 줄일 수 있을 것이다.

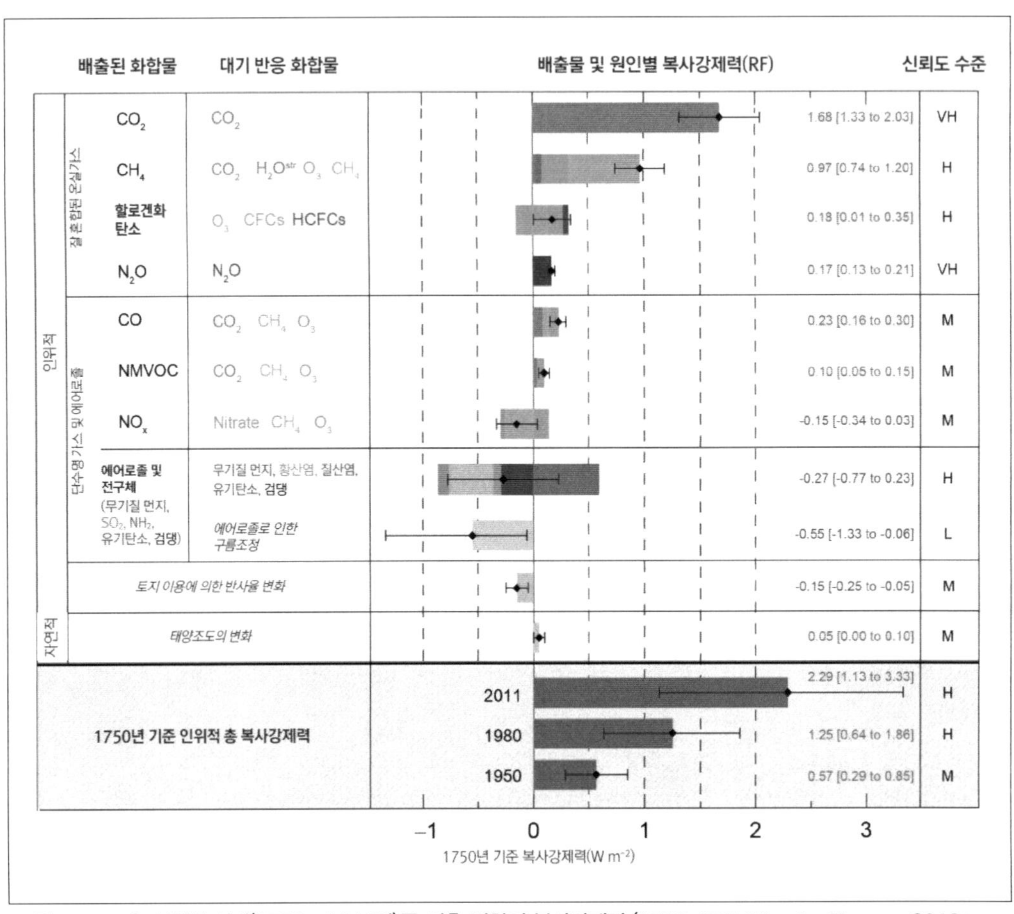

그림 20.1 ▌ 산업화 시대(1750~2011년)중 기후 변화의 복사강제력.(IPCC AR5 Climate Change 2013: The Physical Science Basis – Figure SPM.5)

인간의 활동에 의하여 유발된 복사강제력의 원인으로 온실가스, 성층권 수증기 및 오존, 에어로졸 및 구름, 지표면의 변화를 들 수 있다. 한반도 및 동아시아 지역의 온실가스에 의한 복사강제력 산출 연구는 부족하지만, 한반도의 이산화탄소, 메탄, 아산화질소 등의 온실가스량은 전 지구 평균 온실가스량에 비해 비교적 높게 나타나고 있기 때문에 복사강제력도 전 지구 평균과 유사하거나 다소 높게 나타날 것으로 추정된다. 그림 20.2는 1850년 이래의 에어로졸에 의한 다중모형평균의 유효복사강제력 (effective radiative forcings, ERFs)의 최근 기간(1995-2014)의 값이다. 시공간적인 변화가 커서 한반도를 포함하는 동아시아 지역에 대한 에어로졸 복사강제력은 변화가 되며, 전 지구 평균복사강제력에 비해 크게 음의 값을 나타낸다. 이외에도 동아시아 지역의 검댕에 의한 복사 강제력이 높아서 문제가 되기도 한다.

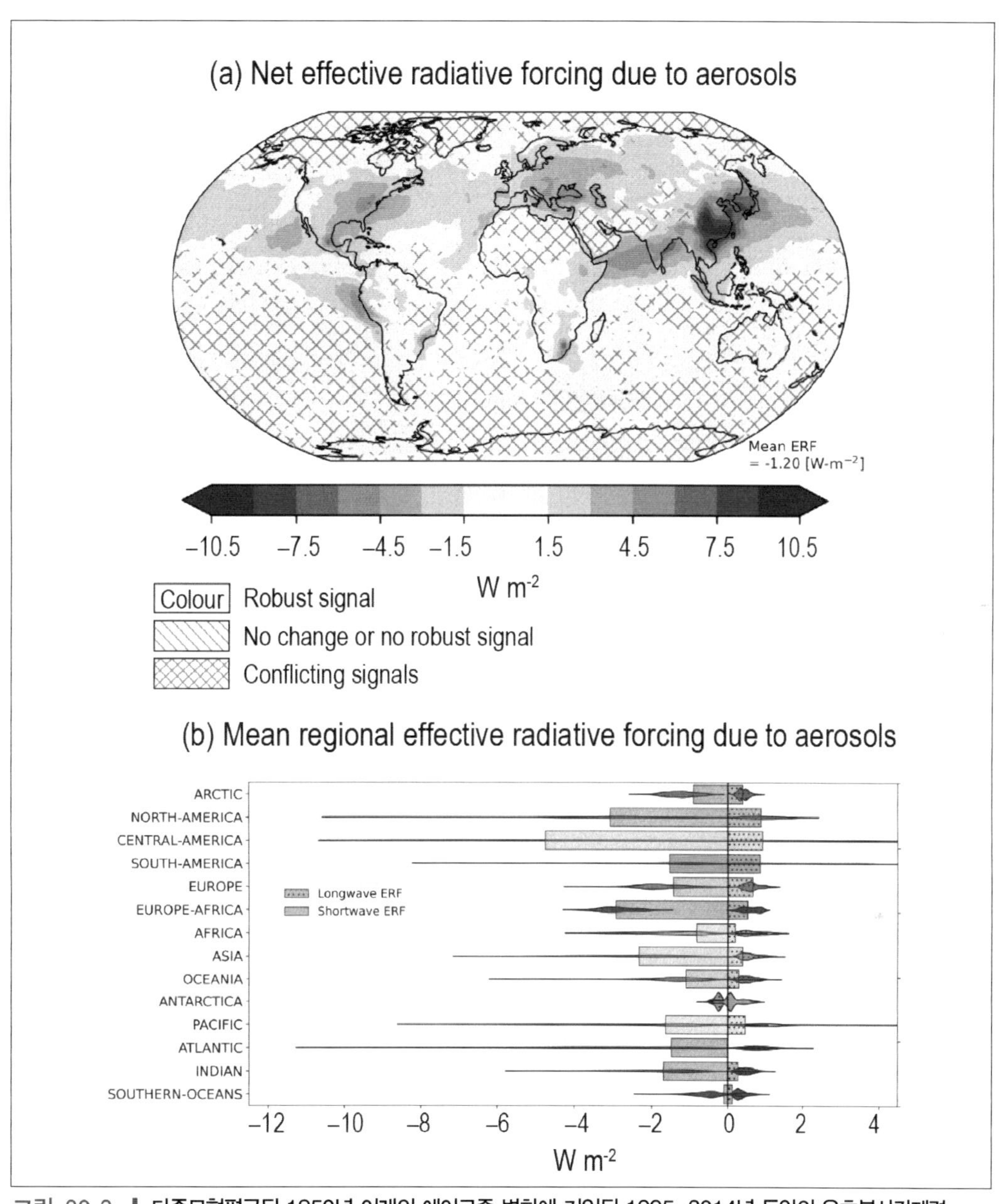

그림 20.2 **| 다중모형평균된 1850년 이래의 에어로졸 변화에 기인된 1995–2014년 동안의 유효복사강제력 (a) 에어로졸에 기인한 순 유효복사강제력 (b) 에어로졸에 기인한 평균 지역별 유효복사강제력(IPCC AR6 Climate Change 2021: The Physical Science Basis – Fig6.10)**

기후 변화를 유발하는 자연적 요인 중 대표적인 것으로 태양활동의 변화와 화산활동이 있다. 태양활동의 변동성에 의한 기후 변화는 지구에 입사하는 태양복사량의 총량 변화나 어느 특정한 파장 영역에서의 입사하는 태양복사 에너지의 변화를 통하여 산출될 수 있다. 그림 20.3을 보면, 1750년부터 2011년까지를 대표하는 태양복사량변화에 기인한 복사강제력에 대한 최선의 추정치는 $0.05\,Wm^{-2}$이다. 화산활동에 의한 복사강제력은 상당히 크지만, 그 출현빈도가 작은 특징을 보이며, 기후에 급격한 영향을 줄 수 있다. 화산활동에 의한 에어로졸의 복사강제력은 화산 분출 후 2년 동안에 가장 큰 영향을 주는 것으로 알려져 있다. 1750년에 비해 -0.11(범위는 $-0.15 \sim -0.08\,Wm^{-2}$) 정도로 추정된다.

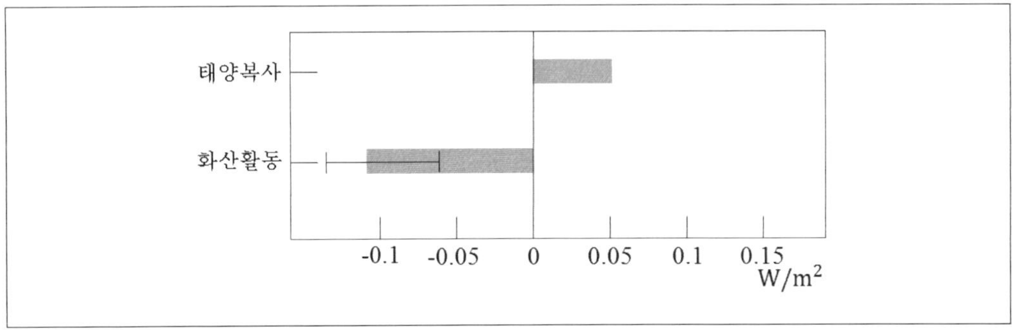

그림 20.3 ▍요인에 따른 자연적 복사강제력.

지구는 태양복사에 의해 가열되며, 장파 복사에 의해 냉각된다. 지구가 입사하는 복사와 방출되는 복사 사이에서 복사평형을 유지하면서 거의 일정한 절대온도를 지닌다는 것을 알 수 있는데 이 온도를 **복사평형온도**라고 한다.

입사복사는 태양 상수로 알려진 태양복사가 지구 대기 상단으로 입사되는 복사량이다. 따라서 반사되지 않고 지구 단면으로 들어온 양이므로 다음과 같다.

$$\text{입사복사량} = (1-A)\,S_0\,\pi\,R_{earth}^2 \tag{20.1}$$

여기서 $A(=0.3)$는 지구 반사도이며, $S_0(=1367\,Wm^{-2})$는 연평균 태양 상수이고, R_{earth}는 지구 반경이다. 차단된 태양복사 영역이 지구의 그림자 영역과 같기 때문에, 구의 지표면 영역보다는 원반의 단면적을 사용하였다.

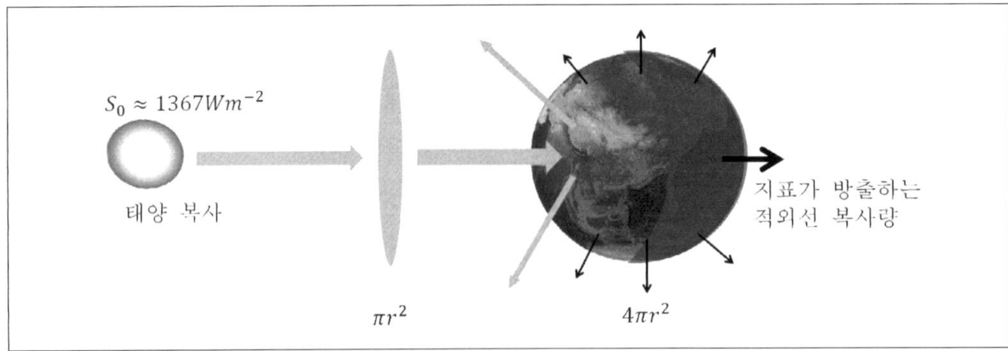

그림 20.4 ▍태양빛의 입사와 지구에서 적외선 방출(OLR).

지구는 적외선 영역에서 흑체라고 가정한다면, 전 지표면 영역(대륙과 해양)으로부터 적외 복사를 방출한다. 단위면적 당 방출량을 계산하는 스테판-볼츠만 법칙을 이용해서 지구에서 나가는 복사량을 다음과 같이 나타낸다.

$$\text{방출복사량} = \sigma_{SB} T_e^4 4\pi R_{earth}^2 \tag{20.2}$$

$\sigma_{SB}(= 5.67 \times 10^{-8} Wm^{-2}K^{-4})$는 스테판-볼츠만상수이며, 복사평형을 유지한 상태에서 지구의 온도 T_e를 **유효 복사 방출 온도**라고 한다.

실제 지구는 해양, 대륙, 숲, 구름, 다른 온도의 얼음모자들과 함께 꽤 비균질적이다. 이러한 지역들은 각각 다른 복사량을 배출한다. 또한 어떤 복사는 지표면으로부터 방출되며, 다른 것은 대기의 다양한 높이나 구름으로부터 방출되기도 한다.

실제 지구-대기 시스템의 총 방출은 균일한 지구 온도(T_e)로부터의 이론적 방출량과 동일하다는 가정을 하고, 유효 복사 온도가 정의되었다. 그러면 유효 복사 방출 온도는 입사복사와 방출복사를 동일시하여 아래와 같이 구할 수 있다.

$$T_e = \quad 255K = \; -18℃ \tag{20.3}$$

이 유효온도는 실제 15℃로 관측된 지구의 지표면 온도보다 너무 낮다. 여기서 복사평형은 음의 되먹임이라는 사실을 인지하여야 한다. 즉, 태양 입사복사의 증가는 방출하는 장파복사의 증가에 의해 대체로 보충되며, 지구 시스템은 안정평형을 유지하려고 한다. 만약 다음 조건으로 태양상수(S)$= 1400\ Wm^{-2}$이고 지구 알베도(A)가 0.3인 경우에는 다음과 같다. 복사평형 온도는 식 (20.1)과 식 (20.2)가 같다는 복사평형 원리에 의하여 구할 수 있기 때문에 다음과 같이 구해진다.

$$T_e = \left[\frac{(1-0.3)(1400\,Wm^{-2})}{4(5.67 \times 10^{-8}\,Wm^{-2}K^{-4})} \right]^{1/4} \approx 256K$$

20.2 온실 효과와 대기의 창

복사평형 온도가 -18℃로 실제 관측되는 지구 평균 온도인 15℃보다 약 33℃ 이상 따듯하다. 이러한 지구 대기 특성에 대하여 살펴보도록 하자. 지구 대기는 장파복사에 대해선 불투명하지만 가시광선에 대해서는 투명한 성질을 갖는다. 즉, 태양으로부터의 햇빛은 지구의 지표면에 도달하여 지표면을 가열시킨다. 지표면으로부터의 나가는 적외 복사는 대기의 불투명 특성에 의하여 흡수하여 대기를 가열시킨다. 지구-대기 시스템 내에서 복사평형을 이루기 위해, 태양으로부터의 입사복사는 대기로부터 방출복사와 균형을 이루어야 한다고 가정하면

$$T_A = T_e = 255\,K \qquad (20.4)$$

여기서 T_e는 전체 지구-대기 시스템의 유효 방출 온도이며, T_A는 대기의 온도이다. 이러한 경우, 두 온도는 서로 같다. 다른 에너지 균형은 하나의 시스템이 아니라 대기와 지구의 지표면을 개별적으로 다루는 것이다. 불투명한 대기는 우주나 지구의 지표면으로 향하는 장파복사를 방출한다고 가정된다. 그러면 대기로부터 각각의 방향에서 방출되는 양은 스테판-볼츠만 법칙으로부터 구할 수 있다. 즉, 지구의 지표면으로부터 대기로 들어오는 장파복사와 대기가 정상상태 가정하면 대기가 방출하는 복사가 같아야 한다.

$$\sigma_{SB} T_s^4 = 2\sigma_{SB} T_e^4 \qquad (20.5a)$$

여기서 T_s는 지구의 지표면 온도이다. 대기로부터 추가되는 가열은 전에 비해 복사를 두 배로 방출할 때까지 지구를 따뜻하게 한다. 이를 통해 지구의 지표면 온도를 추정할 수 있다.

$$T_s = 2^{1/4} T_e \cong 303K = 30℃ \qquad (20.5b)$$

대기로부터 방출되는 복사로 인해, 지표면이 따뜻해지는 것은 **온실효과**라고 알려져 있다.

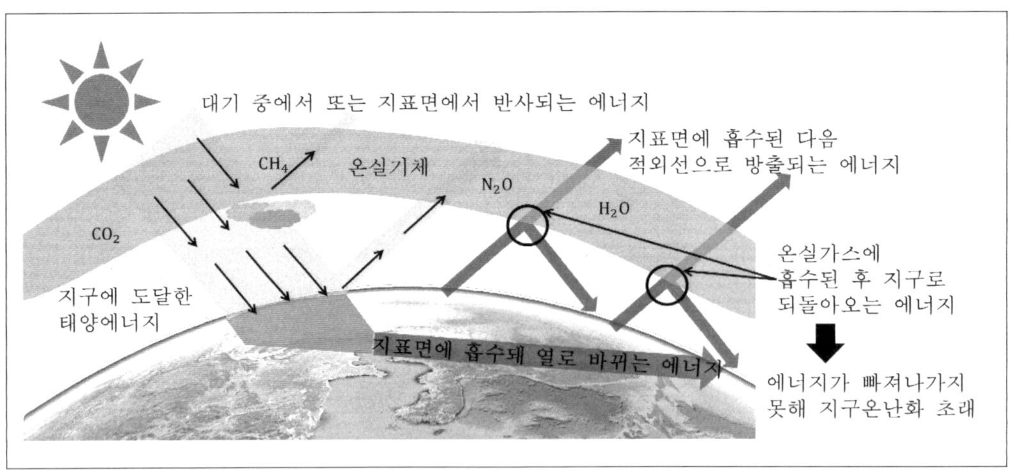

그림 20.5 ▎ **지구의 온실효과 모식도.**

대기는 8 ~ 11μm의 적외선 파장인 장파복사에 대해 불투명하기보다는 반투명이다. 이를 소위 **대기의 창**(atmospheric window)이라고 불린다. 이 창은 처음에 대기에 의하여 흡수가

되지 않고, 바로 우주로 향하는 장파복사를 허용하는 파장 영역을 이른다. 평형 대기에서 입사하는 플럭스는 방출하는 플럭스와 균형을 이루어야 한다는 가정을 지구의 지표면에서도 적용해 보자.

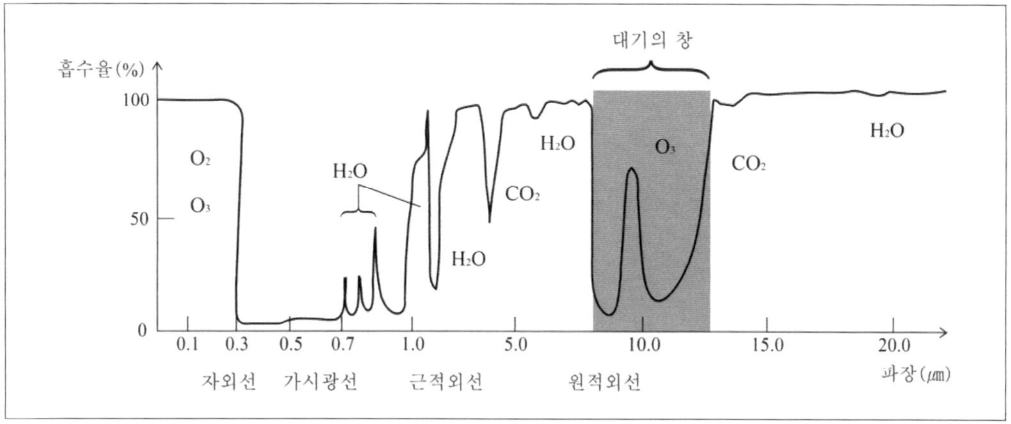

그림 20.6 ▎ **파장대에 따른 흡수율 (색칠된 파장대는 대기의 창).**

그림 20.6에 그려진 것처럼, 하나의 창을 가진 대기의 층에서 대기의 평형 에너지 균형(입사량=방출량)은 다음과 같다.

$$e\sigma_{SB}T_s^4 = 2e\sigma_{SB}T_A^4 \tag{20.6}$$

지구의 지표면에서 대응되는 균형은 다음과 같다.

$$\sigma_{SB}T_e^4 + e\sigma_{SB}T_A^4 = \sigma_{SB}T_s^4 \tag{20.7}$$

대기와 지표면 온도에서 이것을 구하면 다음과 같다.

$$T_A^4 = \frac{T_e^4}{2-e} \tag{20.8}$$

$$T_s^4 = \frac{2T_e^4}{2-e} \tag{20.9a}$$

즉,

$$T_s \cong 296K = 23℃ \tag{20.9b}$$

지표면 온도는 약간 더 차가워지고, 대기의 창이 없는 것보다 더 현실에 가까워진다. 이러한 결론은 기후 변화를 이해하는데 매우 중요하다. 만약 이산화탄소(CO_2), 아산화질소(N_2O), 메탄(CH_4), CFC-12(CCl_2F_2) 기체와 같은 인간에 의한 **인위적 기체(anthropogenic gases)**

가 대기 내에 축적되어 있다고 가정하면, 이들은 지구로부터 방출된 장파복사를 흡수함으로써, 대기의 창을 가릴 수 있다. 그 결과, 지표면 온도는 이전 문제풀이의 결과와 같이, 아마도 따뜻해 질 것이다. 이것이 **지구온난화의 위협**이다.

예제 20.1

대기의 방출률을 0.9로 가정하고, 지표면 온도(T_s)를 구하시오. (단, $T_e = 255K$Te = 255K, $e = 0.9$이다.)

풀이

식 (20.9a) 이용:

$$T_s = \left(\frac{2}{2-0.9}\right)^{1/4}(255K) = 296K = 23℃$$

20.3 되먹임 현상

(1) 수증기

수증기 되먹임은 양의 되먹임 현상이다. 수증기는 자연적인 온실기체이다. 온난화에 의하여 따뜻해지면 지표면 온도는 바다로부터 더 많은 증발을 일으킨다. 대기 중의 증가된 수증기는 대기의 창을 닫아버리는 경향이 있으며, 이는 더 많은 복사를 가둬두며, 지표면 온도를 더 증가시킨다. 이러한 현상이 수증기 양의 되먹임현상이다.

비록 이것은 양의 되먹임일지라도, 꾸준히 증가하는 온도처럼 일방적인 기후 변화를 일으키지 않는다. 그 이유는 일단 대기의 창이 닫히면, 수증기의 증가가 이 되먹임 과정에 추가적인 영향을 가하지 않을 것이기 때문이다. 닫힌 창에서, 복사평형의 음의 되먹임에 의하여 새로운 평형에 도달할 것이다. 이러한 되먹임을 보여주기 위하여 다음 물리 과정을 생각하자. 대기의 흡수율과 방출률 e 은 습도에 따라 증가하며, 지표면 온도 T_s에 관련되어있다고 가정하자.

$$e = e_w + \frac{T_s - T_{sw}}{T_r} \tag{20.10}$$

여기서, $e_w(= 0.9)$는 평형 방출률이며, $T_{sw}(= 296K)$는 평형 지표면 온도이고, 이 양의 되먹임의 기하급수적인 증가를 보여주기 위해 선정된, $T_r(= 45K)$는 임의의 기준 온도이다.

식 (20.9a)와 (20.10)은 닫힌계이다. 식 (20.10)의 초기 조건($T_s = T_{sw}$)을 적용해서, 우리는 지표면 온도에 $0.1K$를 더함으로써, 7개의 시간 단계에서 평형에 변동을 가한다. 각각의 연속적인 시간 단계에서, 우리는 제한 조건($e \leq 1$)내에서 e와 T_s를 다시 계산한다. 알베도는 0.3으로 상수이며, 태양 상수는 $1367\,Wm^{-2}$이다. 이 가상적인 시나리오의 예를 그림 20.7에 그려 보였다. 초기 요란 이후에 창이 닫힐 때까지, 요란은 기하급수적으로 증가한다.

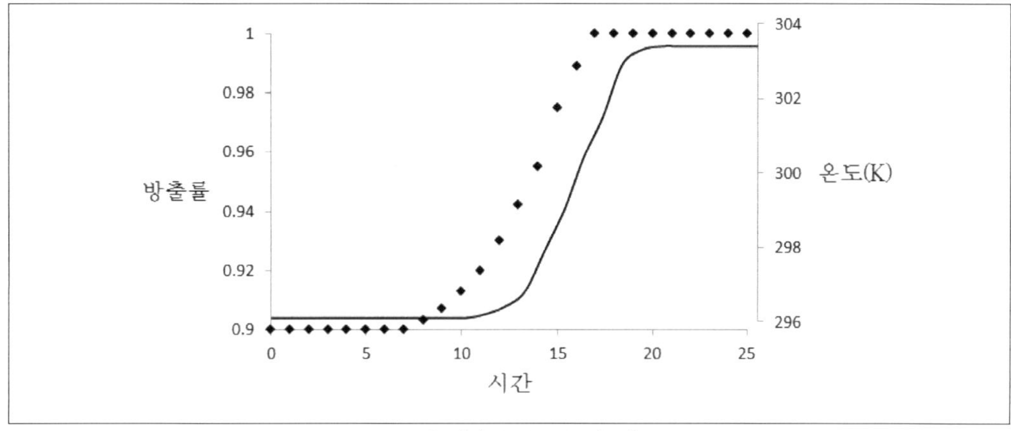

그림 20.7 ▎ 수증기의 양의 되먹임에 따른 방출률(e)과 지표 온도(T_s)의 변화. 실선은 지표 기온이며, 큰 점은 방출률이다.

(2) 구름

구름을 고려하면 위의 논의가 달라진다. 일반적으로 전 지구를 평균하면, 구름은 냉각을 일으킨다. 구름 꼭대기로부터의 단파 복사가 반사되기 때문에 지구복사의 흡수와 재방출에 의해 발생된 승온을 더 상쇄시킨다. 결과적으로 수증기의 증가는 지구 알베도 A를 증가시키는 구름 양의 증가를 일으킨다. 그 결과 그림 20.7에서 보인 것처럼 매우 따뜻해지지 않으며 최종 평형 온도를 가져온다. 구름의 반사도를 두 배로 만들면(15%에서 30%로) 장파방출을 약 $30\,Wm^{-2}$정도 줄일 수 있다. 이 두 영향의 상쇄 역할을 고려하면, 지구의 순 복사 에너지 속에서 구름의 영향은 약 $20\,Wm^{-2}$정도로 감소한다. 지역 에너지 균형에 대한 개별 구름의 영향은 구름의 높이나 광학적 두께, 일사량 및 지표의 특성에 민감하게 반응한다. 예를 들어, 해양 위의 낮은 구름은 대기의 꼭대기에서 장파 속에 영향을 주지 않고 반사도를 증가시키기 때문에, 순 복사를 상당히 줄일 것이다. 반면에, 높고 얇은 구름은 태양 흡수에 영향을 주지 않고 장파 복사를 조절할 수 있으므로, 순 복사를 증가시켜 지표 온도를 증가시킬 것이다.

(3) 얼음 알베도-온도 되먹임

또 다른 양의 되먹임은 얼음이나 눈의 형성과 녹음에 관여하는 알베도-온도 되먹임이다. 지표면 온도가 낮아질수록, 눈 녹음이 줄어들 것이다. 얼음이 해양을 덮을수록, 눈이 대륙의 많은 지역을 덮을수록, 더 많은 햇빛이 반사될 것이다. 이는 냉각을 강화하며, 눈 덮임을 증가시킨다. 알베도에 관한 온도 영향에 대한 모형을 다음과 같이 고려할 수 있다.

$$A = A_w + \frac{T_{sw} - T_s}{T_r} \tag{20.11}$$

여기서 $A_w(=0.3)$는 현재 지구 알베도이며, 일반적인 눈의 알베도는 $A \leq 0.75$이다. 식 (20.9a)과 식 (20.11)와 함께, 이 방정식은 지표면 온도와 알베도를 구할 수 있도록 닫힌계에 속한다. 초기 조건은 $A = A_w = 0.3$, 그리고 $T_s = T_{sw} = 296K$이다. 방출률은 0.9로 일정하며, 보통 임의의 기준 온도(T_r)를 $65K$로 두며 결과는 그림 20.8에 나타내었다. 지구가 완전히 눈으로 덮이면 추가된 눈 깊이가 알베도를 달라지게 하지 않을 것이다. 이 예에서 최종 온도는 $229K$로 꽤 춥다. 결국, 복사평형이 이루어지며 음의 되먹임으로 되돌아간다.

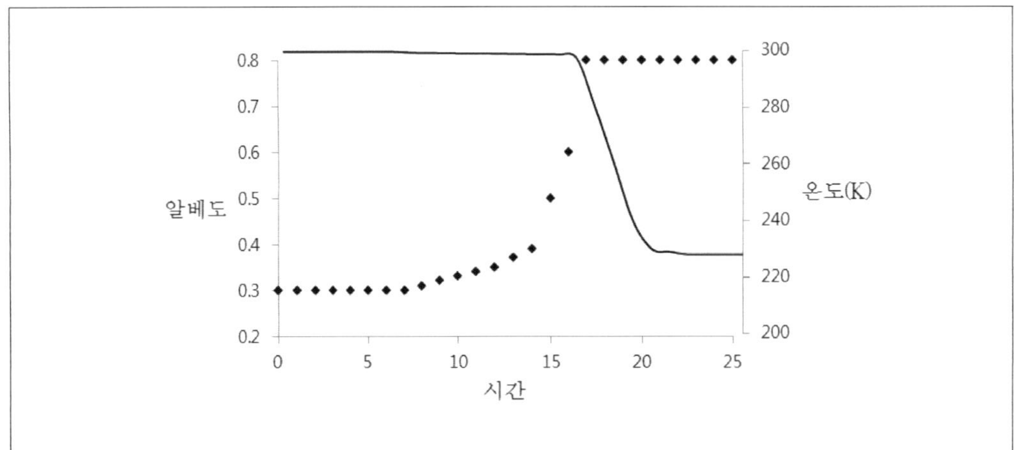

그림 20.8 ▎ 얼음 알베도 되먹임 그림. 실선은 지표 기온이며, 큰 점은 알베도이다.

20.4 기후 변동성

(1) 경년 변동성과 수 십 년 주기 변동성

경년 변동성을 대표하는 현상으로는 **ENSO(El Niño-Southern Oscillation)**가 가장 유명하다. 워커순환과 연관된 동서방향의 기압경도는 불규칙적인 경년 변동을 한다. 이 전구 규모의 기압 시소현상과 그에 연관된 바람 패턴, 온도, 강수량의 변화를 워커(walker)는 남방진동이라 불렀다. 이 진동은 적도 태평양의 동쪽과 서쪽 지역 간 지상 기압의 기후 평년값으로부터의 편차의 시계열을 보면 분명히 나타난다(그림 20.9). 그림 20.9의 남방진동지수는 타히티섬과 호주의 다윈 종관관측점의 해면기압의 차이로 정의된다. 태평양 동서 간 기압차가 약한 기간 동안 무역풍이 약해지면 바람에 의해 야기된 해수의 용승을 감소시키며 동태평양의 수온약층은 깊어지게 된다. 그 결과 해수면 온도가 증가하게 되고 이를 엘니뇨라 부른다. 반대 현상이 나타나는 경우에는 태평양 동서 간 기압차가 강한 기간에는 무역풍이 강해지며, 해수의 용승을 강화시켜 수온약층은 깊어진다. 이때 적도 태평양의 해수면 온도는 낮아지며, 이를 라니냐라 부른다. 무역풍의 약화와 연관된 해양의 편차는 해안에서 시작된다. 하지만 수개월이 지나는 일련의 과정을 거치면서 적도를 따라 서쪽으로 퍼지면서 적도 태평양 전체에 걸쳐 양의 해수면 온도 편차가 나타나게 된다. 이 해수면 온도 편차는 또다시 무역풍의 약화를 가져 오게 된다. 이러한 해양 간 변화를 총칭하는 복합체를 ENSO라 일컫는다.

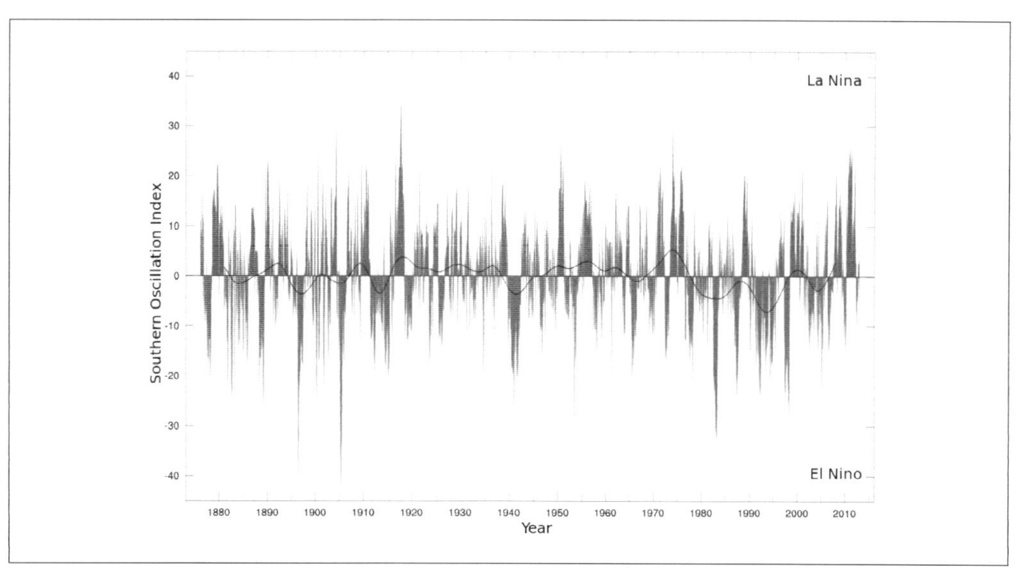

그림 20.9 ▌ 1876~2012년까지 남방진동지수의 시계열.
(https://en.wikipedia.org/wiki/El_Ni%C3%B1o_Southern_Oscillation)

이러한 ENSO는 수 십 년 주기 변동성에도 영향을 받는데 이러한 현상 중에 대표적인 현상으로 **PDO(Pacific Decadal Oscillation)**와 **AMO(Atlantic Multi-decadal Oscillation)**가 있다. PDO는 중위도 태평양 분지 위에 중위도 태평양 지역에 해양 - 대기의 기후 변동성의 형태 중 하나이다. PDO는 북위 20도의 태평양에서 따뜻하거나 차가운 표층수에 의해 감지된다. 지난 100년동안, 이 기후 패턴의 강도는 경년~수 십년 주기의 시간규모로 불규칙적으로 변하였다. PDO의 패턴과 영향은 ENSO현상과 매우 닮아있다. PDO지수는 20°N의 북쪽으로 북태평양 월 SST변동의 주요 모드로 정의되며, 양의 위상을 띄는 동안 겨울철에 알루샨 저기압은 더 강해지고 남쪽으로 내려간다. 따뜻하고, 습한 공기는 북미의 서해안을 따라 이류했다. 온도는 북서태평양에서부터 알래스카까지 평소보다 더 높게 되지만, 멕시코와 미국의 동남지역의 온도는 평소보다 더 낮게 된다. 겨울철 강수의 경우에는 알래스카 해안지역과 멕시코와 미국의 동남지역은 평소보다 더 많은 강수가 내리고, 캐나다, 동시베리아, 호주는 감소한다. 아시아 몬순 또한 영향을 받는데, 음의 위상기간동안 인도지역의 강수를 강화하고 여름기온을 낮추는 것으로 관측 되었다. NOAA의 예보는 PDO예측을 하는데 선형역전 모델(linear inverse modeling, LIM)방법을 이용한다. LIM방법은 PDO를 임의의 파동에 대해 선형적인 성분과 비선형적 성분으로 나누는 것을 가정한다. 예측의 최적의 해수면온도 구조는 6~10개월 후 ENSO가 성숙한 단계로 발달하는 계절의 북태평양 해수면온도가 대기를 통하여 일관성 있는 영향을 주는 것이다. PDO변동성의 예측 기술은 내부적으로 태평양 변동의 발생과 외부적으로는 강제력에 의한 영향을 고려해야한다.

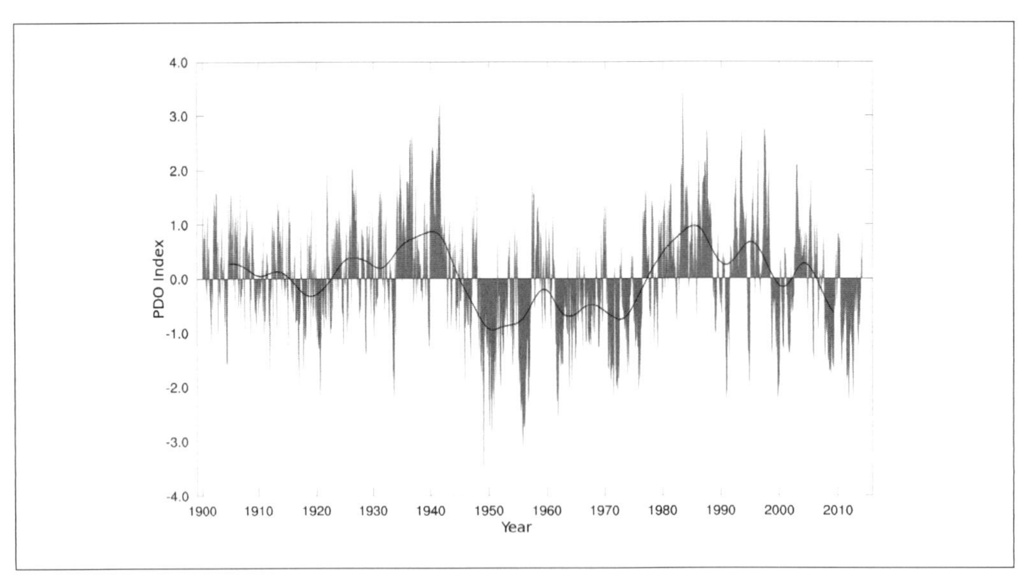

그림 20.10 ▌ 1900~2014년 관측된 PDO지수의 월 자료의 시계열.
(https://en.wikipedia.org/wiki/Pacific decadal oscillation)

또 다른 수 십 년 주기의 변동성 중 하나는, 1994년 Schlesinger와 Ramankutty에 의해 정의된 대서양 수 십 년 진동(atlantic multidecadal oscillation, AMO)이 있다. AMO(그림 20.11)는 북대서양에서 선형적인 경향을 제거하였을 때 해수면 온도 변동성에 의한 유형에 따라 정의된다. 몇몇은 모델과 역사적 관찰 속에서 이런 형태를 지지하는 반면에 이것의 규모와 특히 허리케인 발달에 중요한 지역인 열대 대서양에서의 자연적이거나 인간의 영향으로 인해 변하는 해수면 온도에 기여하는 정도에 대해서는 논란이 있다. AMO는 북대서양에서 선형적인 경향을 제거하였을 때 해수면 온도 변동성에 의한 유형에 따라 정의된다. 이러한 제거는 분석에서 지구 온난화에 의해 유도되는 온실 가스의 영향을 제거하기 위해서 이루어진다. 그러나 만약 지구 온난화 신호가 시간에 따라 눈에 띄게 비선형적이라면 영향을 받은 신호의 변화는 AMO 정의로 강할 것이다. 북대서양 해수면 온도의 ENSO 효과와 전 지구적 경향을 제거하기 위한 방법은 여러 가지가 있다. Trenberth와 Shea는 지구적 영향이 전체 해양과 북대서양에 비슷하게 미친다고 가정하면서, 수정된 AMO 지수를 구하기 위해 북위 60°와 남위 60° 사이의 평균 해수면 온도를 추출했다. Van Oldenborgh 등은 음의 지구 평균온도 회귀 온대 북대서양(ENSO 영향이 더 큰 열대 지방을 제거하기 위해)에서 평균된 해수면 온도를 이용해 AMO 지수를 구했다.

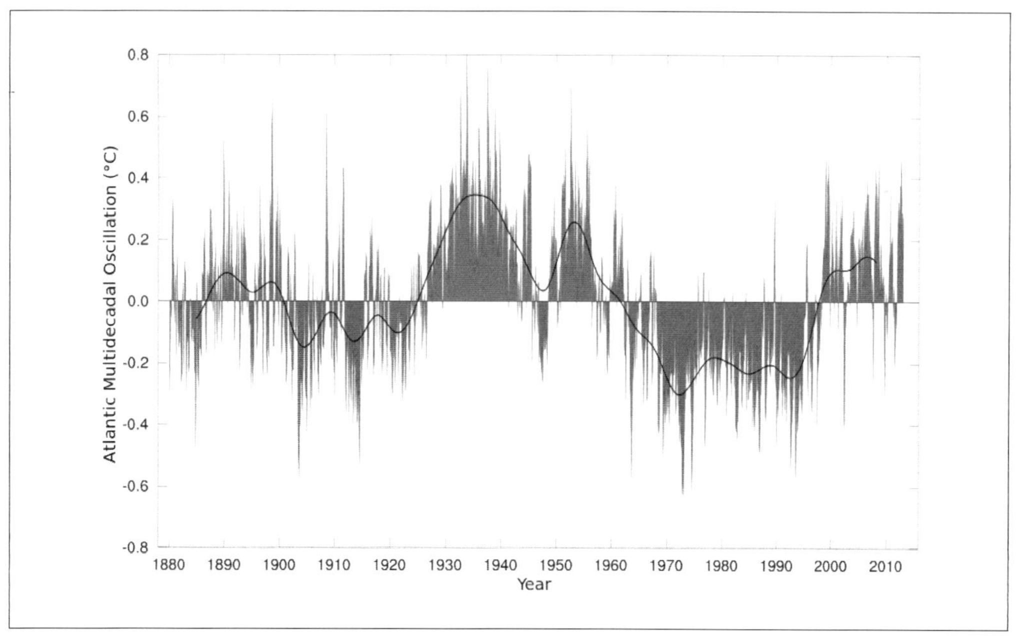

그림 20.11 ❙ 1880~2014년 관측된 AMO지수의 월 자료의 시계열.
(https://en.wikipedia.org/wiki/Atlantic_multidecadal_oscillation)

(2) 천문학적 변동성

밀란코비치 이론으로 알려진 천문학적 기후 변동성은 지구의 기후를 변화시키는 지구 자체운동의 집합적 효과를 나타낸다. 천문학적인 요소는 지구의 기후를 변화시키는 데 영향을 준다. 지구의 궤도에서 천천히 변하게 되어 계절의 길이를 바꿈으로써 기후변동에 영향을 준다. 밀란코비치 이론에 의하면, 일사량의 장기간 변동성을 계산한다. 이에 영향을 주는 요소로는 공전 궤도의 이심률, 지구 자전축의 변화, 지구 자전축의 세차운동이 있으며, 수 만년 이상의 주기를 갖는다.

❙ 이심률

이심률은 타원이 원에서 얼마나 변형되었는가를 나타내는 척도이다. 지구의 공전 궤도는 타원으로 0 ~ 0.05도 사이에서 변화한다. 현재는 0.017로 점점 작아지는 중이다. 이심률 변화하는데 가장 주요한 요인인 410,000년의 주기는 이심률을 ±0.012만큼 변화시킨다.

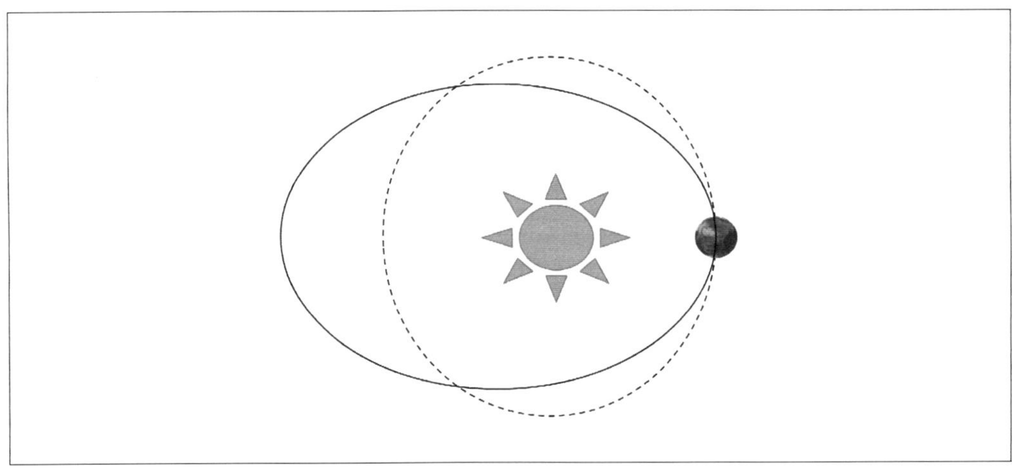

그림 20.12 ❙ 지구 공전궤도의 변화(점선궤도의 이심률 0.005, 실선궤도의 이심률 0.017).

❙ 자전축의 변화

지구 자전축의 경사는 22° ~ 24.5° 범위에서 변화한다. 주기는 약 4만 1천 년 정도의 주기성을 가진다. 자전축의 경사가 증가할 때, 여름에는 태양복사가 증가하고, 겨울에는 태양복사가 감소하여, 계절 간 태양복사량 차이가 증가한다. 현재 자전축은 23.5° 기울어져 있고, 자전축은 서서히 줄어드는 추세에 있다.

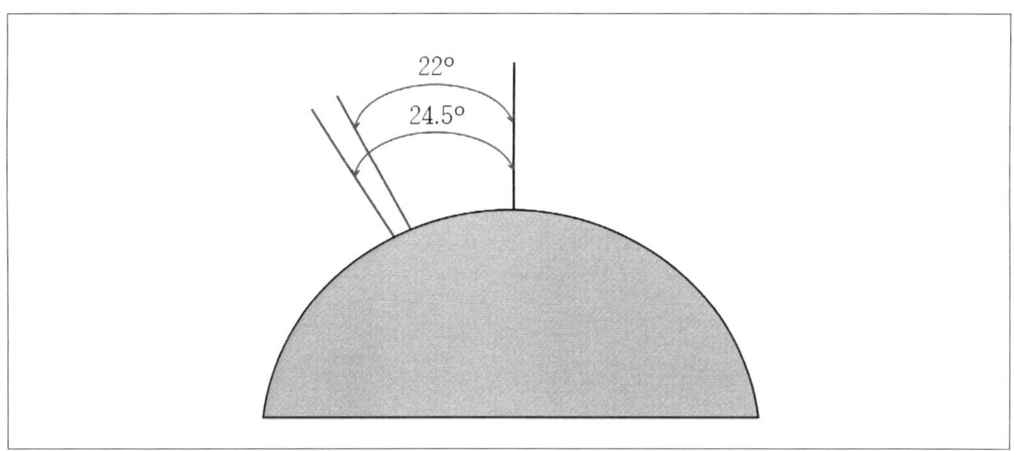

그림 20.13 ❙ 지구의 자전축의 변화 (현재 23.5°).

❙ 세차운동

고정된 별에 대해 회전하는 지구의 축의 방향이 변화하는 것을 세차운동이라고 한다. 세차운동의 주기는 2만 6천 년이다. 세차운동은 태양과 달의 조력, 그리고 지구가 완벽한 구가 아니기 때문에 발생한다. 자전축이 근일점을 가리키게 되면, 지구의 한쪽 반구는 계절 간에 큰 차이를 가지게 되고, 반대편에서는 계절 간에 더 작은 변화가 일어나게 된다.

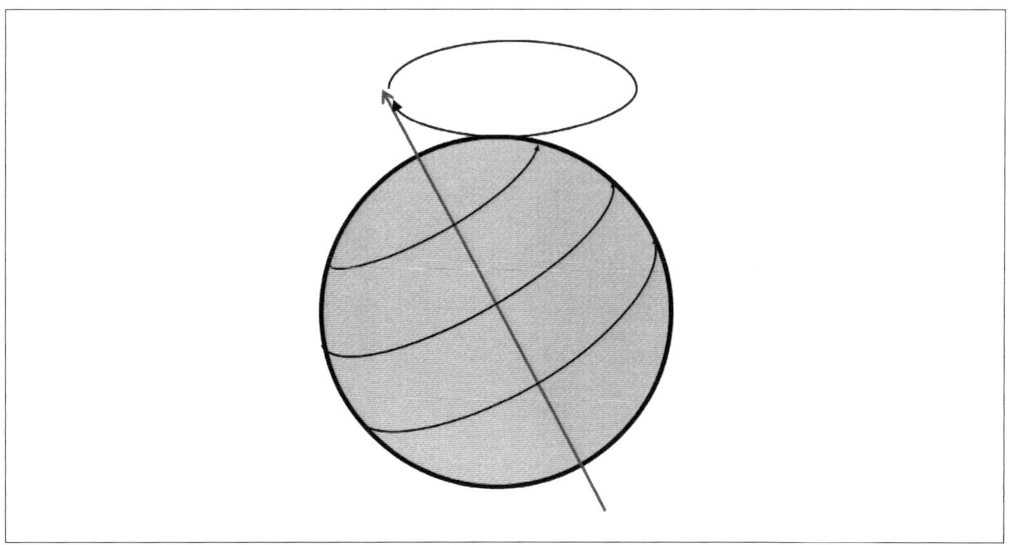

그림 20.14 ❙ 지구 자전축의 세차운동에 관한 모식도.

20.5 기후 변화

기후는 언제나 변한다. 기후 변화에 대한 국가 간 패널, 소위, IPCC(International Panel on Climate Change)라는 국제적 기구가 설립되어 인간의 활동에 의한 기후 변화의 경각심을 불러일으키고 있다. IPCC의 '기후 변화에 대한 과학적 근거'에 대한 보고서가 거의 5년 만에 한 번씩 출간되고 있다. 1988년에 설립된 기후 변화에 관한 정부 간 협의체에서는 기후변화기본협약의 목적을 위해 기후 변화를 "직접적 또는 간접적으로 전체 대기의 성분을 바꾸는 인간 활동에 의한, 그리고 비교할 수 있는 시간 동안 관찰된 자연적 기후 변동을 포함한 기후의 변화"로 정의하고 있다. 인위적 · 자연적 기후 변화는 자연 생태계와 인간의 건강, 사회 · 경제 활동에 큰 영향을 미칠 수 있다. 따라서 기후 변화의 취약성을 파악하고 효율적인 대응전략을 펴기 위해서는 과학적이고 신뢰할 수 있는 장기와 단기 기후 변화 전망이 필수적이다. 그림 20.15은 IPCC에서 정의하는 기후 변화의 성분들이다. 최근에 각종 산업은 물론이고 자연재해 예측 등에 기후모형에 의한 예측 정보가 매우 중요하게 제공되고 있다. 기후 변동성과 기후 변화에 대한 특정한 물리적 과정을 분석하기 위한 모형을 설정할 수 있다. 기후 조절과 반응의 일부를 나타내기 위해, 자연을 단순하게 형상화시킨 모형들이다.

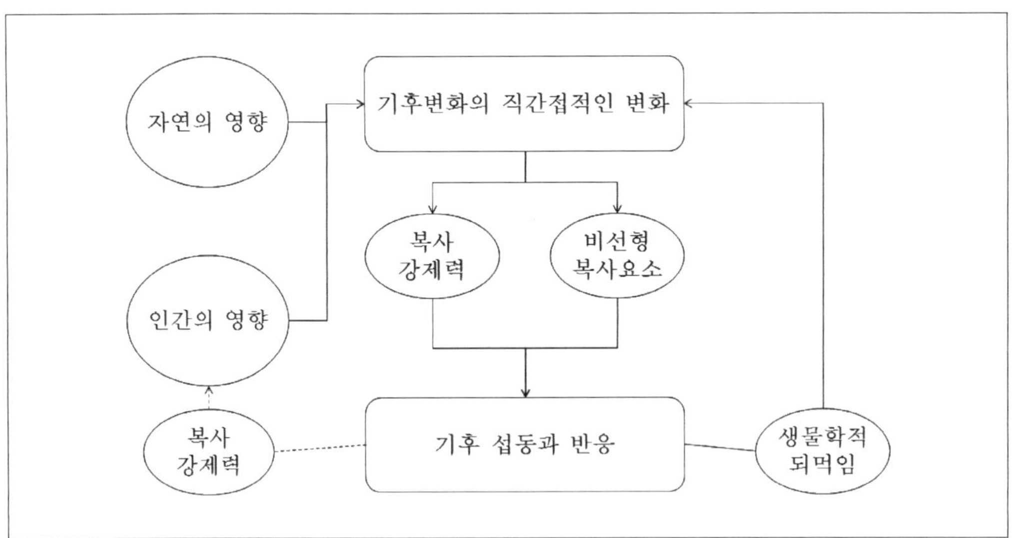

그림 20.15 ▎IPCC에 의해 평가된 기후 변화의 다른 양상이 복사강제력과 어떻게 연관되어 있는지를 설명한 다이어그램.

전 지구 기후 모델(Global climate models, GCMs)은 **수치일기예보**(NWP) 모델의 특별한 유형이다. 교점들의 표준 격자는 구를 덮고 있으며, 유한 차분 방정식을 수치적으로 풀어서, 시간 단계별로 각각의 교점에서 모의실험이 행해진다. 일부 기후 되먹임 과정들은 모델 속의 역학, 열역학, 물리학을 통해 포함된다. 다른 되먹임 과정들은 근사되거나 파라미터화 되어야만 한다. 최종 결과는 실제 대기에 존재하는, 대부분의 복잡한 상호작용을 포함하는 하나의 모델이다. 기후를 모의 실험하기 위해, 실행 시간은 수 십년부터 수세기까지 충분히 길어야 한다. 현재 컴퓨터로 모델을 실행하기 위해서는, 실행 시간을 줄이기 위한 격자 해상도를 조절해야 된다. 전체 구에서 약 위도 1° 에 대한 거친 수평 해상도가 사용되며, 연직적 격자 층의 수는 제한되었다. 거친 해상도는 중요한 물리학(경계층, 난류, 복사, 구름 물리학)의 아격자 규모에 있어서 결점이며, 이는 해결할 수 없다. 예를 들면, 위도 약 2° ($\fallingdotseq 222km$)보다 적은 구름 직경은 놓칠 수 있다. 대신에, 아격자 물리적 과정들은 모수화되어야만 한다. GCM 모델은 물리모수화 부분이 복잡하여 예보의 질이 좋지 않다. 그러나 역설적으로 이러한 과정 간의 상호작용은 GCMs을 이용하여, 성공적으로 연구될 수 있다. 모든 수치 모델들은 초기조건(ICs)과 경계조건(BCs)을 필요로 한다. 단기 일기예보 모델은 상당히 초기조건에 의존하는 반면, 기후 모델은 장기간 예보 기간이기 때문에, 실질적으로 초기조건에 독립적이다. 반대로, 경계조건은 기후 모델에 중요하며, 단기간 예보 모델에 대해서는 덜 중요하다. 기후 예보가 실제 기후와 멀어지지 않도록 하기 위해, 모델은 지구의 지표면에서 열, 수분, 운동량 수지에 대한 상당히 정확한 파라미터들을 필요로 한다. 우리는 이들을 가상 기후를 연구하는데 사용하기 위해, 이러한 파라미터들은 사전에 실제 기후에 대한 관측 자료와 관련하여 입증하여야 한다.

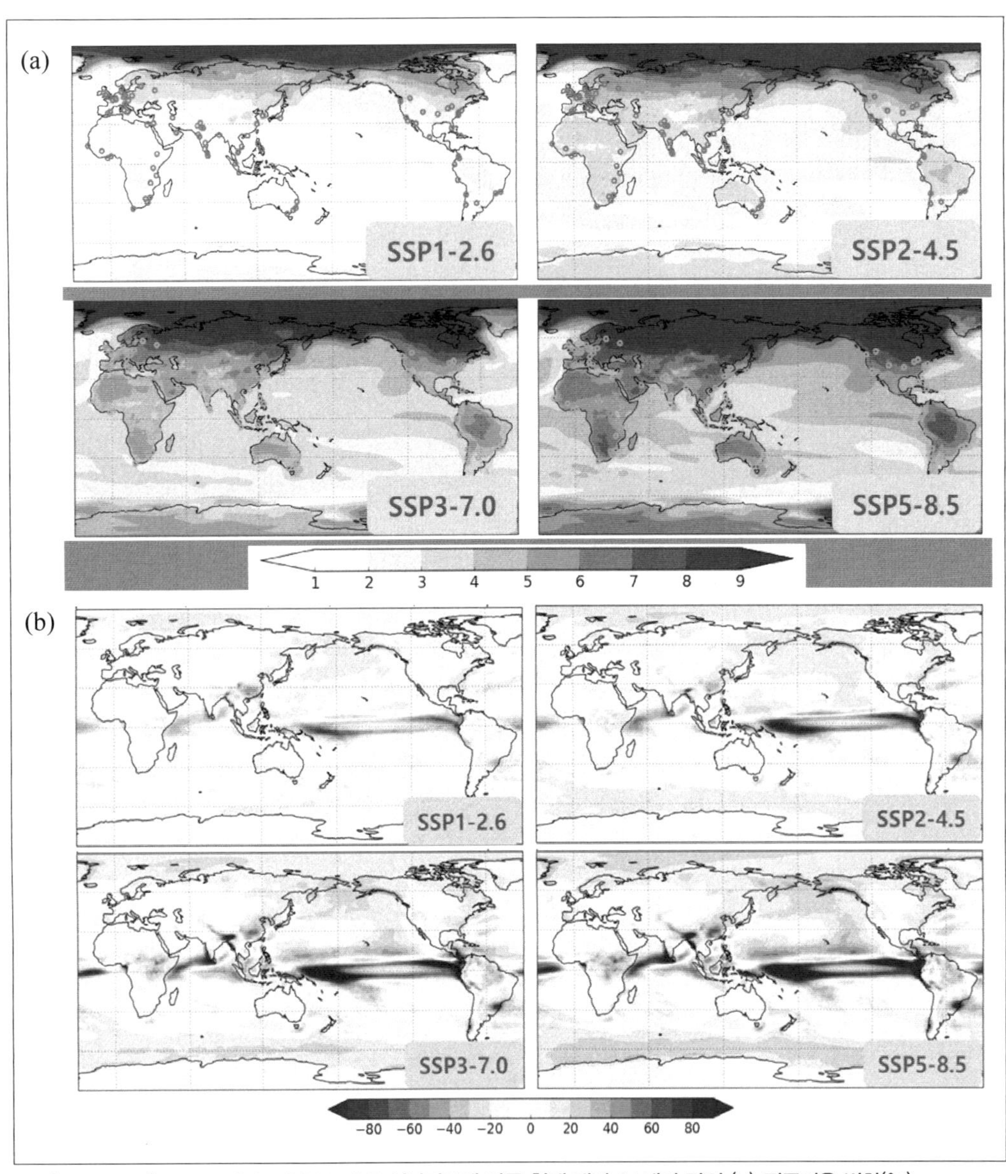

그림 20.16 ▎SSP1-2.6~SSP5-8.5 시나리오에 따른 현재 대비 21세기 말의 (a) 평균기온 변화(℃) (b) 평균 강수량 변화(%). (국립기상과학원_전지구 기후변화 전망보고서(2020)_22p)

그림 20.16은 6차 보고서에 새로 나온 공통사회경제경로 시나리오 SSP1-2.6 시나리오에서 SSP 5-8.5 시나리오를 바탕으로 전 지구 온도와 강수의 변화를 나타낸다. 온도의 경우 모든 시나리오에서 상승하며 그 크기는 다르게 상승한다. 특히 육지의 온도와 극지방의 온도가 약 5도 이상 상승한다. 강수량의 경우 ITCZ를 따라서 SSP 1-2.6 시나리오의 경우 약 10~20% 증가하지만, SSP 5-8.5 시나리오의 경우 50%이상 상승하는 지역이 증가 된다. 그에 비해 대륙의 서안 지역의 강수량은 10%이상 줄어들어 강수량의 지리적 빈부격차가 심해

지는 것을 확인 할 수 있다. 이 시나리오를 바탕으로 동아시아 영역의 온도와 강수량을 시계열로 확인하였을 때, 그림 20.17에서 보듯이 온도의 경우 SSP 시나리오에 따라 큰 변화를 보인 반면, 강수량의 경우 온도에 비해 큰 변화를 보이지 않았다. 시나리오에 따라, 최대 약 14% 까지 증가하고, 최소는 약 5% 정도 증가할 가능성이 있다. 물론 연평균으로 보았을 경우 물 증가현상을 걱정할 부분은 아니지만, 강수의 형태가 국지성 호우, 폭우와 같은 형태로 강수현상이 생기면서 실제로 이용가능한 물의 양이 얼마나 변할지에 대해서는 고려하여 대비를 해야 할 것이다. 어떤 시나리오가 미래기후와 가장 밀접할 지는 지금도 알아보는 중이며, GCMs들의 오차들을 줄여나가 예측성을 기르며 미래기후에 대비하도록 해야 한다.

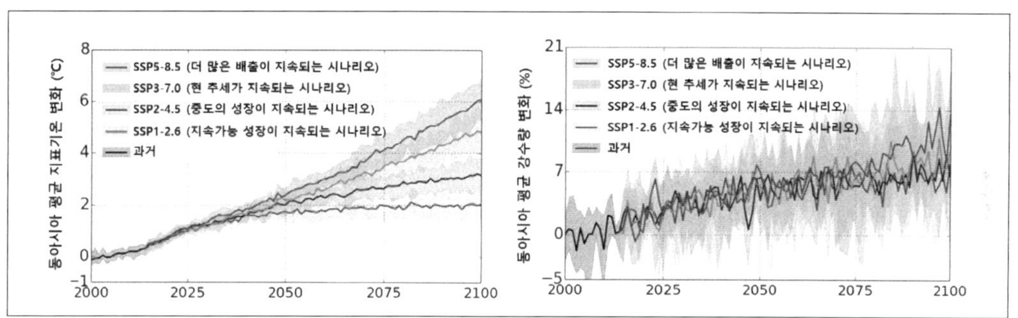

그림 20.17 ▎ 현재 (1995~2014년) 대비 2000~2100년의 연도별 동아시아 지역 (a) 평균기온(℃), (b) 평균강수량 변화(%) 시계열. 음영은 표준 편차를 의미함(국립기상과학원_전지구 기후변화 전망보고서(2020)_22p).

20.6 민감도와 취약성

(1) 민감도

민감도의 개념은 어떤 기후 과정이 먼저 고려되어야 하는지, 어떤 것이 나중까지 무시될 수 있는지를 판단하는데 사용될 수 있다. 민감도는 모델 수행의 객관적인 척도로써 사용된다. 정량적으로, 민감도는 기후를 지배하는 추정 독립변수 중 하나가 변화할 때, 기후의 객관적인 측정값이 변화하는 양을 의미한다. 전 지구 평균 표면온도가 얼마나 변하는지에 대해 생각해보자. 예를 들어, 만약 태양 상수 S_0가 변화한다면 전 지구 평균온도인 T_s가 변화하지만 전 지구 평균온도는 태양 상수이상의 함수이다. 이것이 S_0와 관계가 있는 매개변수에 의해 다양한 y_j 변수에 의존한다고 가정하고 $y_j = y_j(S_0)$, 두 번째 변수는 수증기, 다른 온실 가스, 운량, 해빙, 육지 초목, 그리고 다양한 변수들이라고 생각한다면 이러한 연쇄법칙은 아래처럼 표현한다.

$$\frac{dT_s}{dS_0} = \frac{\partial T_s}{\partial S_0} + \sum_{j=1}^{N} \frac{\partial T_s}{\partial y_j} \frac{dy_j}{dS_0} \tag{20.12}$$

여기서 N은 중요한 부수적인 변수의 수이다. 태양 상수와 관련된 지표 온도의 전체 변화는 순수하게 태양 상수에 의하여 변하는 양과 태양 상수와 관련된 종속변수를 변화시키고, 그 변화된 종속 변수가 지표 온도를 조절하는 간접적인 영향으로 이루어진다. 만약 태양 상수가 증가한다면, 대기의 비습은 온도에 따른 포화수증기압의 변화에 의존하기 때문에 증가할 것이다. 대기 중 수증기의 증가는 온실효과로 지표 온도의 증가를 일으킨다.

기후 시스템에 적용되는 기후 강제력 $dQ(Wm^{-2})$를 가정함으로써 기후 민감도의 개념을 다소 간단히 만들고, dT_s와 같은 지구 평균 지표 온도의 변화가 기후 변화의 척도와 어떻게 관련되어있는지 알아보려고 한다. 기후 민감도의 하나의 척도로써 강제력에 대한 기후 반응의 비율을 아래와 같이 정의한다.

$$\lambda_R = \frac{dT_s}{dQ} \tag{20.13}$$

λ_R은 Km^2W^{-1}의 단위를 가지며 λ의 여러 값은 기후에 영향을 미치는 다른 과정들로 인해 나타난다. 더 작은 λ값들은 더 적은 민감도 반응을 나타내며, 지표면 온도 변화의 최솟값을 나타낸다. 다양한 강제력에 대한 온도 변화를 구하기 위해, 다음 식을 쓸 수 있다.

$$\Delta T_s = \lambda \Delta N \tag{20.14}$$

대기 중의 이산화탄소가 $300ppm$에서 $600ppm$으로 두 배 증가한 것은 더 많은 적외 복사를 흡수함으로써 온실효과가 증가할 것으로 예상된다. 이는 더 많은 적외 복사를 가둠으로써, 총에너지의 증가($\Delta N = 4Wm^{-2}$)를 가져올 것이다. 스테판-볼츠만 과정으로 인해 예상되는 직접적 기후 반응은 지구 온난화이다.

$$\Delta T_s = \lambda(4Wm^{-2}) = 1℃ \tag{20.15}$$

여기서 $\lambda = 0.27KW^{-1}m^{-2}$이다. 직접적 온난화는 수증기 되먹임 과정에 의해 강화될 수 있다. 수증기 민감도 요소(0.5)를 사용함으로써, 우리는 2℃ 의 지구 온난화를 예상할 수 있다. 증가된 수증기 효과와 구름 효과를 결합하여 고려할 때, GCM 모의실험은 총 민감도 요소가 0.75라는 결과를 나타내었다. 즉, 직·간접적 과정이 포함될 때, CO_2 두 배와 관련된

$\Delta N = 4\,Wm^{-2}$는 3℃의 총 지구 온난화를 일으키는 것으로 예상된다. 그러나 1.7℃에서 5.4℃ 사이에서 지구 온난화가 나타난다고 제시하는 여러 GCMs들과 함께, 이 수치는 불확실성이 있다. 다른 과정들이 구름양을 바꿀 때, 무슨 일이 생길까? 구름 아래 가두어진 적외 복사를 고려할 때, $\Delta N = -4\,Wm^{-2}$의 에너지 수지를 줄이기 위해, 구름양의 10% 증가는 충분한 햇빛을 반사시킬 수 있다. 예상되는 기후 반응은 약 −3℃ 정도의 전 지구 냉각이다.

약 3천만 톤 정도의 유황산을 포함한 성층권 에어로졸을 생성한 피나투보 화산은 1991년 6월에 분출하였다. 세계적으로, 총 복사는 약 $\Delta N = -4\,Wm^{-2}$로 줄어들었다. 그러나 피나투보 화산의 영향을 안 받은 지역을 포함한 전 지구에서 평균할 때, 전 지구 냉각은 약 −0.25℃에서 −0.5℃로 예상된다. 만약 흑점 수가 약 $\Delta N = 2\,Wm^{-2}$ 정도의 태양상수의 증가를 일으킨다면, 지구 온난화는 0.54℃로 예상된다. 전 지구 온도에 영향을 미치는 여러 요소가 있지만, 그것들이 모두 GCMs에 포함되지는 않았다. 세계 기후 예측이 신뢰성을 갖기 위해, 많은 연구가 필요하다.

예제 20.2

지난 150년 동안, 어떤 위도에서 궤도 변화가 $50\,Wm^{-2}$나 그 이상의 복사조도를 변화시킨다고 믿어왔다. 어떤 기후 반응이 예상되는가?(단, $\Delta S = \Delta N = 50\,Wm^{-2}$)

풀이

스테판-볼츠만요소의 $\lambda = 0.27$과 식 (20.21b) 이용:

$\Delta T_s = (0.27KW^{-1}m^2)(50\,Wm^{-2}) = 13.5℃$

(2) 취약성

기후 변화 **취약성** 개념의 발전은 일반적 취약성 개념의 발전에 비해 그 역사가 짧다. 1990년대 초반부터 기후 변화에 대한 전 세계적인 관심이 증대됨으로 인해 기후 변화 취약성 개념에 대한 이론이 발전하기 시작하였다. 기후 변화 분야에서의 취약성은 기후 변화라는 외부적인 스트레스가 인간이라는 시스템의 구성요소에 의해 야기된 것이고, 이런 외부적인 스트레스는 인간의 노력 여하에 따라 더 커질 수도 있고 더 작아질 수도 있다. 그러므로 기후 변화에 따른 취약성 감소를 위해서는 시스템에 가해지는 외부 스트레스를 인간의 노력으로 줄일 수도 있고, 또한 시스템의 내적인 부분의 대응능력을 강화함으로써 가능하다. 기후 변화 취약성에서 바라보는 시스템에 대한 관점은 시공간적으로 역동적이다. 기후의 평균적 변화 및 변이를 나타내는 기후 변화는 과거 통계자료에 기인한 확률로 계산되는 것이 아니라, 미래의 알려지지 않은 어떤 상황에서 위해로 변화될 수 있다. 기후 변화에 따른 적응대책으로는 응급상황 모드의 작동뿐만 아니라 변화하는 기후에 사회시스템을 적응시켜 이를 정상적 모드로 작동하게 만드는 것까지를 포함한다. 기후 변화 취약성이라고 하여도 정의하는 기관에 따라, 즉 취약성을 분석하려는 목적에 따라 개념적 정의가 조금씩 다르게 된다.

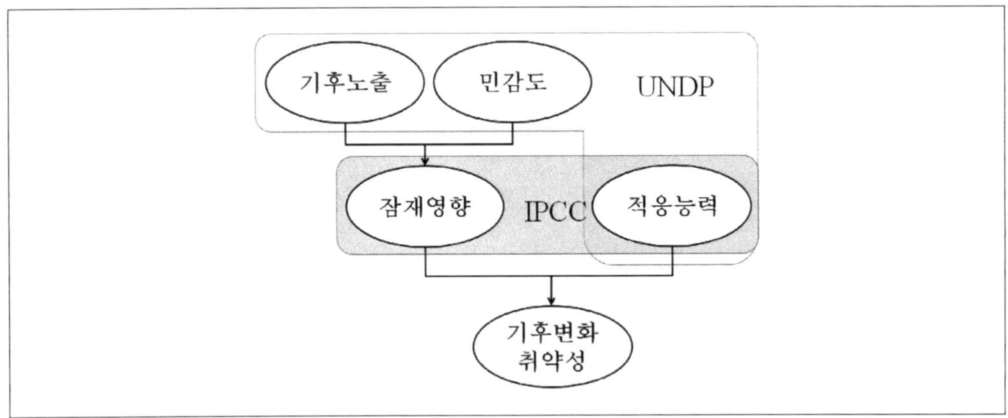

그림 20.18 ▌UNDP와 IPCC기후 변화 취약성의 구성요소.

UNDP(2005)는 기후영향에 대한 위해성과 시스템의 취약성을 조합하여 한 시스템의 기후 위해에 따른 위험이라고 정의하고 있다. UNDP(2005)는 취약성을 어떤 시스템의 기후 변화에 대한 민감도와 적응능력의 함수로 보고 취약성 $= f($노출, 민감도, 적응능력$)$라 정의하였다.

IPCC는 취약성을 적응치가 취해진 후의 기후 변화 잔여 영향으로 정의하고 취약성= 위험(예상된 기후의 영향) − 적응이라고 나타낸다. 여기서 기후 변화 취약성은 기후 변화에 따른 부정적 영향에서 적응을 뺀 나머지로써, 취약성은 미래 배출 추세의 예측에서 시작된 기후 시나리오에 근거하여, 생물 물리적 시스템이 반응하는 정도와 이에 따른 적응 환경을 밝혀내는 일련의 평가 결과를 의미하게 된다. 이런 의미에서 기후 변화 취약성은 논의의 종결점이 된다. 여기에는 기후 변화가 시스템에 노출되는 정도, 생물 물리적 시스템이 반응하는 정도 및 사회경제적 시스템이 이에 대응하는 적응능력을 모두 포괄하는 개념이다.

IPCC는 기후 변화 영향평가 연구에서 발전시켜야 할 중요한 두 가지 측면을 지적하였는데, 첫째는 다양한 부문 간의 영향평가 결과를 비교하는 통합하는 것이며, 둘째는 기후 변화의 생물물리적인 영향과 사회경제적 측면을 함께 평가해야 한다는 것이다. 취약성의 개념에는 생물물리적 그리고 사회경제적인 측면이 동시에 포함되어 있다. 그러므로 취약성 평가는 기후 변화의 생물물리적 영향과 사회경제적 측면을 동시에 고려해야 하고, 기후 변화에 의해 영향받을 수 있는 여러 부문을 통합해야 하는 매우 도전적인 과제인 것이다. 10% 유의수준에서 사망률과 유의하고 높은 상관성을 가진 취약성의 주요 대리변수는 1) 깨끗한 물에 접근 할 수 있는 인구수 2) 15~24세의 식자율 3) 산모 사망률 4) 15세 이상의 식자율 5) 칼로리 섭취율 6) 언론의 자유 7) 시민 자율성 8) 정치적 권리 9) 정부 효율성 10) 남성대 여성의 식자율 비율 11) 평균 기대 수명이 있다. 이러한 주요 대리변수들외 여러 변수들을 고려하여 기후 변화 취약성 지수를 지도상에 표시한 그림 20.19를 살펴보면 작은 섬들, 중앙아프리카, 인도, 동남아시아와 북한 지역이 기후 변화 취약성 지수가 높게 나타났다. 이번 보고서에서의 특징은 12가지의 다양한 측면을 고려하여 지역별 특징을 고려한 취약성 지수를 보인 것이다. 2014년 5차 보고서에서 위험한 국가로 나타났던 방글라데시, 기니비사우, 시에라리온, 아이티, 남수단, 나이지리아, 콩고 공화국, 캄보디아, 필리핀, 에티오피아가 여전히 위험군에 속한다. 반면에, 호주, 북유럽, 북미 지역은 기후 변화 취약성지수가 낮아 비교적 위험이 덜한 것으로 나타났다.

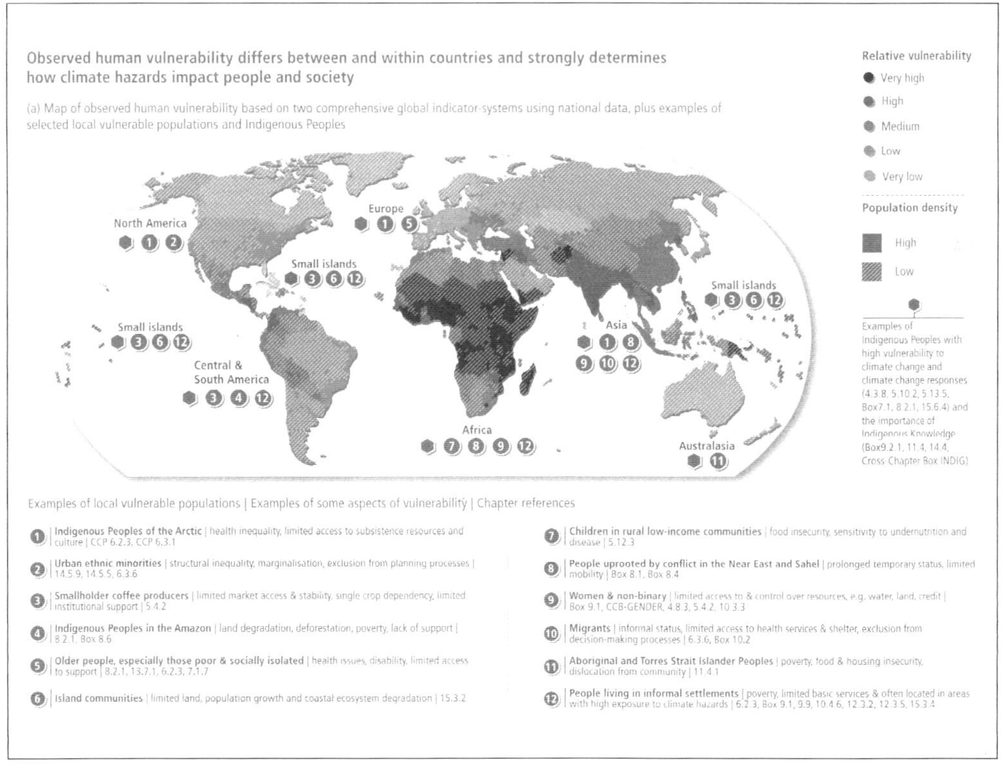

그림 20.19 ▌ **전 지구 취약성 지수.**
(IPCC AR6 Climate Change 2022: Impacts, Adaptation and Vulnerability – Fig7.2)

연습문제

1. 알베도가 0.2, 0.8일 때의 지구 유효 복사 온도를 각각 찾으시오.

2. 적외복사 내 대기의 창에서, 하나의 대기층의 방출률이 0.7일 때, 지표면 온도를 구하여라. (단, 유효 방출 온도는 $255K$라고 가정함.)

3. 민감도 요소가 다음 표 20.1과 같을 때 각 요소에 의해 2℃ 의 온도 변화가 있다고 가정할 때, 에너지 변화량을 구하여라.

표 20.1

과정	민감도 요소 $\lambda[KWm^{-2}]$
(1) 스테판-볼츠만 IR($L \propto T^4$)	0.27
(2) 위성관측 IR($L \propto T$)	0.55
(3) 온도에 따른 수증기 증가	0.5
(4) 수증기와 구름	0.75
(5) 얼음의 반사율	0.27 ~ 2.7
(6) 열대해양에서의 증발	0.3
(7) 생물학적인 요소	−0.3

유용한 상수

지구 평균 반경	$R_e = 6,370 km$
지구 표면적	$4\pi R_e^2 = 5.09 \times 10^{14} m^2$
지구 단면적	$\pi R_e^2 = 1.27 \times 10^{14} m^2$
만유인력상수	$G = 6.67 \times 10^{-11} Nm^2 kg^{-2}$
지구질량	$M = 5.9 \times 10^{24} kg$
극 지역에서 자전 각속도	$\Omega = 7.292 \times 10^{-5} rad\, s^{-1}$
지구의 표면 중력가속도	$g = 9.81 ms^{-2}$
지구의 1 항성일	$P_{rot} = 86,164s$
지구에서이탈속도	$V_{es} = 11.2 kms^{-1}$
해양 평균 깊이	$d_{ocean(avg)} = 3.7 km$
지구해양질량	$1.4 \times 10^{21} kg$
지구대기질량	$5 \times 10^{18} kg$
볼츠만 상수	$k = 1.38 \times 10^{-23} J/K$
건조 공기에 대한 기체상수	$R_d = 287.053 JKgK^{-1}$
수증기의 기체상수	$R_v = 461 J\ K^{-1} kg^{-1}$
보편기체상수	$R^* = 8.314 Jmole^{-1} K^{-1}$
해수면에서 표준기압	$p = 1013.25\, hPa$
플랑크 상수	$h = 6.6262 \times 10^{-34} Js$
빛의 속도	$c = 2.998 \times 10^8 ms^{-1}$
스테판-볼츠만상수	$\sigma = 5.67 \times 10^{-8} W/m^2K^4$
태양에서 지구까지의 평균거리	$R = 149.6 \times 10^9 m$
지구 자전축의 경사각	$\Phi_r = 23.45^\circ = 0.409 rad.$
태양상수	$S_0 = 1368 \pm 7\, Wm^{-2} = 1.125 Kms^{-1}$
대류권에서 환경 기온 감률	$\gamma = 6.5℃/km$
대류권에서 건조 단열 감률	$\gamma_d = 10℃/km$
대류권에서 습윤 단열 감률	$\gamma_d = 5℃/km$
공기의 분자 전도도	$k = 2.53 \times 10^{-2} Wm^{-2} K^{-1}$
기화열	$L_{iv} = 2.834 \times 10^6 \text{J kg}^{-1} = 677.0 \text{kcal kg}^{-1}$
융해열	$L_{iw} = 0.334 \times 10^6 \text{J kg}^{-1} = 79.7 \text{kcal kg}^{-1}$
승화열	$L_{wv} = 2.500 \times 10^6 \text{J kg}^{-1} = 597.3 \text{kcal kg}^{-1}$
물의밀도	$\rho_{liq} = 1025 kg\, m^{-3}$
대류권밀도	$\rho_{air} = 0.689 kg\, m^{-3}$
항력 계수	매끄러운 면 : $C_D = 2 \times 10^{-3}$ 거친 면 : $C_D = 2 \times 10^{-2}$
von Karman 상수	$k = 0.4$

참고문헌

1장

1. Lovelock, J., 1991: Healing Gaia: Practical Medicine for the planet, Harmony Books.
2. Trenberth, K.E., and J.M. Caron, 2001: Estimates of Meridional Atmosphere and Ocean Heat Transports, *Journal of Climate*, 14, 3433–3443.

4장

1. Stull, R.B., 1988: An Introduction to Boundary Layer Meteorology, Kluwer Academic Publishers, 2pp.
2. Stull, R.B., 2000: Meteorology for Scientists and Engineers, Brooks/Cole, 67pp., 74pp., 81pp.

5장

1. Ha, K.-J., Y.K. Hyun, H.M. Oh, K.E. Kim, and L. Mahrt, 2007: Evaluation of Boundary Layer Similarity Theory for Stable Conditions in CASES-99, *Monthly Weather Review*, 35(10), 3473–3483.
2. Holton, J.R., 2004: An Introduction to Dynamic Meteorology, Elserviera Academicpress.
3. Stull, R.B., 1988: An introduction to boundary layer meteorology (Vol. 13), Springer Science & Business Media.
4. http://www.engr.uky.edu/~acfd/research1.html

6장

1. Horel, J., and J. Geisler, 1997: Global environmental change and atmosphere perspective, John Wiley &Sons.
2. Stull, R.B., 2000: Meteorology for Scientists and Engineers, Brooks/Cole, 95–118pp.

7장

1. 기상청 제공: 2015년 2월18일.
2. Bennetts, D.A., and J.C. Sharp, 1982: The relevance of conditional symmetric instability to the prediction of mesoscale frontal rainbands, Quarterly Journal of the Royal Meteorological Society 108.457, 595–602.
3. Charney, J.G., 1973: Planetary fluid dynamics, Springer Netherlands, 97–351.
4. Dyke, M.V., 1982: An album of fluid motion, Parabolic Press, 174pp.
5. Eady, E.T., 1949: Long waves and cyclone waves, Imperial College of Science, 33–52.
6. Rogers, R.R., and M.K. Yau, 1989: A Short Course in Cloud Physics, Butterworth-Heinemann.

7. Stull, R.B., 1991: Static Stability−An Update, Bulletin American Meteorological Society, 72, 1521−1529.

8장

1. Gultepe, I., M.D. Müller, and Z. Boybeyi, 2006: A New Visibility Parameterization for Warm− Fog Applications in Numerical Weather Prediction Models. *Journal of applied meteorology and Climatology*, 45, 1469−1480.
2. Stull, R.B., 2000: Meteorology for Scientists and Engineers, Brooks/Cole, 143−158pp.

9장

1. Fletcher, N.H., 1962: Surface structure of water and ice, *Philosophical Magazine*, 8,92, 1425−1426.
2. Hobbs, P.V., 1974: Ice Physics, Oxford University Press, 837pp.
3. Hobbs, P.V., and A.L. Rangno, 1990: Rapid development of high ice particle concentrations in small polar maritime cumuliform clouds, *Journal of the Atmospheric Sciences* 47.22, 2710−2722.
4. Houze, R.A., Jr., 2014: Cloud Dynamics, Academic Press.
5. Klett, J.d., M.H. Davis, 1973: Theoretical collision efficiencies of cloud droplets at small Reynolds numbers, *Journal of the Atmospheric Sciences* 30.1, 17−117.
6. Kobayashi, T., 1961: The growth of snow crystals at low supersatulation, *Philosophical Magazine*, 6, 1363−1370.
7. Kajikawa, M., 1972: Measurement of Falling Velocity of Individual Snow Crystals, *Journal of the Meteorological Society of Japan*, 50, 577−583.
8. Mitchell, D.L., 1996: Use of mass−and area−dimensional power laws for determining precipitation particle terminal velocities, *Journal Of The Atmospheric Science*, 53, 1710−1723.
9. Mitchell, D.L., D. Koracin, E. Carter, 1996: Radiative properties of ice clouds, *Proceedings of the Fifth Atmospheric Radiation Measurement (ARM) Science Team Meeting*, 19−23.
10. Nakaya, U., 1954: Snow crystals, Harvard University Press, 81, 299−300.
11. Nelson, J., and C. Knight, 1998: Snow Crystal Habit Changes Explained by Layer Nucleation, *Journal Of The Atmospheric Science*, 55, 1452−1465.
12. Pitter, R.L., and H.R. Pruppacher, 1974: A Numerical Investigation of Collision Efficiencies of Simple Ice Plates Colliding with Supercooled Water Drops, *Journal of the Atmospheric Sciences* 31.2, 551−559.
13. Rogers, R.R., and M.K. Yau, 1989: A short Course in Cloud Physics Third Edition, Butterworth−Heinemann, 289pp.
14. Seinfeld, J.H., and S.N. Pandis, 1997: Atmospheric Chemistry and Physics, John Wiley&Sons, 1326pp.
15. Wallace, J.M., P.V Hobbs, 2006: Atmospheric science, Academic Press.

10장

1. Stull, R.B., 2000: Meteorology for Scientists and Engineers, Brooks/cole, 186pp.

11장

1. 기상청 제공: 2013년 10월 2일 00UTC 상층일기도.
2. Stull, R.B., 2000: Meteorology for Scientists and Engineers, Brooks/cole.

12장

1. 기상청 제공: http://www.kma.go.kr/index.jsp
2. Finkele, K., J.M. Hacker, H. Kraus, and R.A. Byron−Scott, 1995: A complete sea−breeze circulation cell derived from aircraft observations, *Boundary−Layer Meteorology*, 73(3), 299−317.
3. Han, H.−Y., 2006: Analysis of vertical structure and inland penetration of the sea breeze by wind profiler observations. M. S. thesis, Kyungpook National University 55pp.
4. Hsu, S.A., 1988: Coastal Meteorology, Academic Press.
5. Orlanski, I., 1975: A rational subdivision of scales for atmospheric processes. *Bulletin of the American Meteorological Society*, 56, 527−530.
6. Pokhrel, R., and H. Lee, 2011: Estimation of the effective zone of sea/land breeze in a coastal area. *Atmospheric Pollution Research*, 2(1).
7. Reible, D.D., J.E. Simpson, and P.F. Linden, 1993: The sea breeze and gravity current frontogenesis, *Quarterly Journal of the Royal Meteorological Society*, 119(509), 1−16.
8. Stull, R.B., 2000: Meteorology for Scientists and Engineers, Brooks/Cole, 205−222.
9. Thunis, P., and Bornstein, R., 1996: Hierarchy of mesoscale flow assumptions and equations, *Journal of the atmospheric sciences*, 53(3), 380−397.

13장

1. Stull, R.B., 2000: Meteorology for Scientists and Engineers, Brooks/cole, 237pp.
2. Wallace, J.M., and P.V. Hobbs, 2006: Atmospheric Science, Academic Press, 14pp.

14장

1. 기상청 제공: 2015년 2월 5일 지상 일기도, 상층일기도.
2. 김경익 외 8인, 2011: 환경대기과학, 동화기술, 172−174.
3. 서경환, 손준혁, 이준이, 2011: 장마의 재조명, 대기, 21, 109−121.
4. Stull, R.B., 2000: Meteorology for Scientists and Engineers, Brooks/cole, 267−271pp.

15장

1. The COMET® Program Introduction to Meteorological Charting3.0 Upper Air Charts, 3.2 Identifying Features on Upper−Air Charts.
2. Stull, R.B., 2000: Meteorology for Scientists and Engineers, Brooks/Cole, 281−310pp.

16장

1. 국가태풍센터, 2011: 태풍백서.
2. Apel, J.R., 1987: Principles of Ocean Physics.
3. Anthes, R., 1982: Tropical cyslones: Their Evolution, Structure and Effects, *American Meteor. Soc.*, 208pp.
4. Gray, W.M., 1968: Global view of the origin of tropical disturbances and storms, *Monthly Weather Review*, 96, 669−700.
5. Hazelton, A.T., and R.E. Hart, 2013: Hurricane eyewall slope as determined from airborne radar reflectivity data: composites and case studies, *Weather. Forecasting*, 28, 368−386.
6. Pidwirny, M., 2006: Tropical Weather and Hurricanes. Fundamentals of Physical Geography, 2nd Edition. Date Viewed. http://www.physicalgeography.net/fundamentals/7u.html
7. Stull, R.B., 2000: Meteorology for Scientists and Engineers, Brooks/Cole, 357−377pp.
8. Stern, D.P., and D.S. Nolan, 2009: Reexamining the vertical structure of tangential winds in tropical cyclones: Observations vs. theory. *Journal of the atmospheric sciences.*, 66, 3579 −3600.
9. The COMET® Program Introduction to Tropical Meteorology 2nd Edition Chapter 8: Tropical cyclones 8.3 Tropical cyclogenesis 8.3.2 Dynamic Controls on genesis in the monsoon trough Environment tropical cyclogenesis associated with the TUTT.

17장

1. Chisholm, A.J., J. Renick, 1972: The kinematics of multicell and supercell Alberta hailstorms, Alberta Hail Studies, Reseach Council of Alberta Hail Studies Rep.
2. Cotton, W.R., G. Bryan, S.C. Heever, 2011: The mesoscale structure of extratropical cyclones and middle and high clouds. International Geophysics, 99, 527−672.
3. Davies−Jones, R.P., D. Burgess, M. Foster, 1990: Test of helicity as a tornado forecast parameter. Preprints, 16th Conf. on Severe Local Storms, Kananaskis Park, AB, Canada, *America Meteorology Society*, 588−592.
4. Doswell, C.A. III, 2001: Severe Convective Storms−An Overview. Meteorological Monographs, 28, 1−26.
5. Fawbush, E.J., and R.C. Miller, 1953: A method for forecasting hailstone size at the earth's surface. *Bulletin of the American Meteorological Society*, 34(6), 235−244.
6. Goff, R.C., 1976: Vertical Structure of Thunderstorm Outflows, *Monthly Weather Review*, 104, 1429−1440.
7. Lin, W.E., L.G. Orf, E. Savory, and C. Novacco, 2007: Proposed large−scale modelling of the transient features of a downburst outflow, Wind and structures, 10(4), 315−346.
8. Ray, P.S., 1986: Principles of Radar Mesoscale Meteorology and Forecasting, *American Meteorological Society*.

9. Rogers, R.R., and M.K. Yau, 1989: A short course in cloud physics, International series in natural philosophy.
10. Wakimoto, R.M., 1982: The Life Cycle of Thunderstorm Gust Fronts as Viewed with Doppler Radar and Rawinsonde Data, *Monthly Weather Review*, 110, 1060-1082.
11. https://en.wikipedia.org/wiki/Wall_cloud
12. http://www.chill.colostate.edu/w/Articles/An_RHI_scan_sequence_through_thunderstorm_outflow:_27_July_2013: 그림 17.10
13. http://www.crh.noaa.gov/lmk/soo/docu/supercell.htm
14. http://www.flame.org/~cdoswell/SuptorRoles/SuptorRoles.html
15. http://www.ustornadoes.com/2013/02/14/understanding-basic-tornadic-radar-signatures

18장

1. 국가기상슈퍼컴센터: http://super.kma.go.kr/model/model_history.jsp
2. Arakawa, A., and V.R. Lamb, 1977: Computational design of the basic dynamical processes of the UCLA general circulation model. Methods of Computational Physics 17. New York: Academic Press. 173-265pp.
3. ECMWF: http://www.ecmwf.int/en/research/modelling-and-prediction/atmospheric-physics
4. Holdaway, D., J. Thuburn, and N. Wood, 2012: Comparison of Lorenz and Charney-Phillips vertical discretisations for dynamics-boundary layer coupling. Part I: Steady states Fig.1
5. Met Office: http://www.publications.parliament.uk/pa/cm201012/cmselect/cmsctech/1538/1538we02.htm
6. NCEP: http://www.iweathernet.com/wxnetcms/wp-content/uploads/2015/01/ncep-model-forecast -s kill.png
7. Nebeker. F, 1995: Calculating the weather, Academic Press
8. Stull, R.B., 2000: Meteorology for Scientists and Engineers, Brooks/Cole, 311-336pp.

19장

1. 김경익 외 8인, 2011: 환경대기과학, 동화기술, 232-240pp.
2. 서울특별시 대기환경정보: http://cleanair.seoul.go.kr/inform.htm?method=airPollutant
3. 환경부: http://www.me.go.kr/mamo/web/index.do?menuId=586
4. Stull, R.B., 2000: Meteorology for Scientists and Engineers, Brooks/cole, 374-395pp.

20장

1. 국립기상과학원, 2020: IPCC 6차 평가보고서 대응 전지구 기후변화 전망보고서.
2. 김동주 외, 2000: 푸른행성 지구환경과학개론, 시그마 프레스.
3. 유가영, 김인애, 2008: 기후 변화 취약성 평가지표의 개발 및 도입방안, 한국환경정책평가연구원, 4-21pp.
4. 이승호, 2007: 기후학, 푸른 길.

5. Barnets, T.P., D.W. Pierce, M. Latif, D. Dommenget, and R. Saravanan, 1999:Interdecadal interactions between the tropics and midlatitudes in the Pacific basin. *GEOPHYSICAL RESEARCH LETTERS*, 26, 615−618.
6. Barry, R.G., R.J. Chorley, and M.U. Lee et al., 2002: 현대기후학, 한울아카데미.
7. IPCC, 2014: Climate Change 2014: Synthesis Report. Contribution of Working Groups I, II and III to the Fifth Assessment Report of the Intergovernmental Panel on Climate Change [Core Writing Team, R.K. Pachauri and L.A. Meyer (eds.)]. IPCC, Geneva, Switzerland
8. IPCC, 2021: Climate Change 2021: The Physical Science Basis. Contribution of Working Group I to the Sixth Assessment Report of the Intergovernmental Panel on Climate Change[Masson−Delmotte, V., P. Zhai, A. Pirani, S.L. Connors, C. Péan, S. Berger, N. Caud, Y. Chen, L. Goldfarb, M.I. Gomis, M. Huang, K. Leitzell, E. Lonnoy, J.B.R. Matthews, T.K. Maycock, T. Waterfield, O. Yelekçi, R. Yu, and B. Zhou (eds.)]. Cambridge University Press, Cambridge, United Kingdom and New York, NY, USA, In press.
9. IPCC, 2022: Climate Change 2022: Impacts, Adaptation, and Vulnerability. Contribution of Working Group II to the Sixth Assessment Report of the Intergovernmental Panel on Climate Change [H.−O. Pörtner, D.C. Roberts, M. Tignor, E.S. Poloczanska, K. Mintenbeck, A. Alegría, M. Craig, S. Langsdorf, S. Löschke, V. Möller, A. Okem, B. Rama (eds.)]. Cambridge University Press. Cambridge University Press, Cambridge, UK and New York, NY, USA, 3056 pp.
10. MacDonald, G.M., and R.A. Case, 2005: Variations in the Pacific Decadal Oscillation over the past millennium, *Geophysical Research Letters*, 32, L08703.
11. Oldenborgh, G.J., L.A. te Raa, H.A. Dijkstra and S.Y. Philip, 2009: Frequency−or amplitude −dependent effects of the Atlantic meridional overturning on the tropical Pacific Ocean, *Ocean Science*, 5, 293−301.
12. Stull, R.B., 2000: Meteorology for Scientists and Engineers, Brooks/Cole, 399−411pp.
13. Schlesinger, M. E., 1994: An oscillation in the global climate system of period 65−70 years, *Nature*, 367, 723−726.
14. Trenberth, K.E., and D.J. Shea, 2005: Atlantic hurricanes and natural variability in 2005, *Geophysical Research Letters*, 33, L12704.
15. Washington University : http://research.jisao.washington.edu/pdo/

해설

1장

1. (1) $n(v)$의 단위는 v와 $v+dv$사이에 있는 입자수를dv로 나누어 준 것. 따라서 단위속력 구간에 있는 분자수, 즉 분자수/ (ms^{-1})를 의미한다.

   (2) $\bar{v}=\frac{1}{N}\int_0^\infty vn(v)dv$에서 $\bar{v}=A\int_0^\infty \exp(-\beta v^2)v^n dv=\frac{1}{2\beta^{(n+1/2)}}\Gamma\left(\frac{n+1}{2}\right)$을 이용.

   여기서 A와 β는 상수이고, $\Gamma\left(\frac{n+1}{2}\right)$는 감마함수이다.

   (3) $\overline{v^2}=\frac{1}{N}\int_0^\infty v^2 n(v)dv$. 적분은 (2)와 동일하게 할 것.

   (4) $\frac{dn}{dv}=0$를 만족하는 속력을 구할 것.

   (5) 평균자유행로(l_{mfp})는 기체분자의 수밀도(n)에 반비례한다. $l_{mfp}\propto\frac{1}{n}$. 그리고 이상기체의 상태 방정식은 $p=nkT$으로 주어진다. 이 식을 적용하면 $l_{mfp}\propto\frac{T}{p}$을 얻는다.

2. 식 (1.19) $dp = -\rho g dz$,을 적분하면 $p=g\int_0^\infty \rho dz$을 얻는다.

   단위면적당 대기의 질량: $\frac{p}{g}=\int_0^\infty \rho dz$

   $4\pi r^2\frac{p}{g}=\frac{4\pi\times(6370000)^2\times 101300}{9.8}=5.17\times10^{19}kg$

   지구대기의 질량 : $\mathrm{M}=5.17\times10^{19}kg$

3. 식 (1.37) $u=-V\sin(\theta_{me})$, 식 (1.38) $v=-V\cos(\theta_{me})$

   $\frac{u}{v}=\tan(\theta_{me})$: 풍향 : $\theta_{me}=\tan^{-1}(\frac{u}{v})=\tan^{-1}(\frac{5}{20})=14.04^\circ$

   풍속 : $v=\sqrt{5^2+20^2}=20.62m/s$

4. (a) $\theta_{me}=180^\circ$, $u=-10\sin(180^\circ)=0m/s$, $v=-10\cos(180^\circ)=10m/s$

   (b) $1kts\approx0.5m/s$ 따라서 $15kts\approx7.5m/s$

   $\theta_{me}=60^\circ$, $u=-7.5\sin60^\circ\approx-6.50m/s$, $v=-7.5\cos60^\circ=-3.75m/s$

5. $\ln\pi=\frac{R_d}{C_p}\ln\frac{p}{p_0}$, $\frac{d\pi}{\pi}=\frac{R_d}{C_p}\frac{dp}{p}$, $d\pi=\pi\frac{R_d}{C_p}\frac{dp}{p}$

   $\pi=\frac{T}{\theta}$를 이용하면 $d\pi=\frac{T}{\theta}\frac{R_d}{C_p}\frac{dp}{p}$, $\frac{1}{\rho}=\frac{TR_d}{P}$이므로 $C_p\theta d\pi=\frac{1}{\rho}dp$

   $\therefore\ C_p\theta\nabla\pi=\frac{1}{\rho}\nabla p$

2장

1. 식 (2.2)~(2.4)이용:

$f = c_0/\lambda = (3\times10^8 ms^{-1})/(0.7\times10^{-6} m\,cycle^{-1}) = \underline{4.28\times10^{14}}\ Hz$

$\omega = 2\pi f = 2(3.14159)(4.28\times10^{14} Hz) = \underline{2.69\times10^{15}}\, s^{-1}$

$\nu = 1/\lambda = 1/(0.7\times10^{-6} m) = \underline{1.43\times10^6}\, m^{-1}$

2. 단색복사 방출도는 플랑크의 법칙 E_λ을 이용하여 계산한다.

$E_\lambda = \dfrac{c_1}{\lambda^5[\exp(c_2/\lambda T) - 1]}$. $c_1 = 3.74\times108\,Wm^{-2}\mu m^4$ $c_2 = 1.44\times10^4 \mu mK$

$E_\lambda = 1.04\times10^6\,Wm^{-2}\mu m^{-1}$

3. $dI = I_\lambda d\lambda = I_\nu d\nu$. $\nu = \dfrac{1}{\lambda}$, $d\nu = -\dfrac{d\lambda}{\lambda^2}$ $\therefore I\nu = -\lambda^2 I_\lambda$

4. 지구복사를 흑체복사로 가정한다. 식(2.12): $F_b = \sigma T^4$

$\ln F_b = \ln\sigma + 4\ln T$. 대수미분을 하면 $\dfrac{dF_b}{F_b} = 4\dfrac{dT}{T} = 4\times0.1 = 0.4(\%)$

5. 하지 (d=dr=173) 동안 위도(35.5°), 경도 (125°)인 곳에서 평균 일 일사량 $\overline{E}$ 계산; 예제 2.2를 참고하여 계산 할 것.

3장

1. 식(3.39) 이용: $F_{hzcond} = -k\dfrac{\Delta T}{\Delta z}$

$\Delta T = -\Delta z F_{hzcond}/k$, $\Delta T = -(10^{-3}m)(100\,Wm^{-2})/(2.53\times10^{-2}\,Wm^{-1}K^{-1})$

$\therefore \Delta T = -3.95\,^\circ K$

2. 식(3.43) 이용: $F_H = b_h w_B(\theta_{sfc} - \theta_{ML})$, 식(3.45): $w_B = \left[\dfrac{gz_i}{\theta_{v\,ML}}(\theta_{v\,sfc} - \theta_{v\,ML})\right]^{1/2}$ 적용

$w_B = \left[\dfrac{9.8ms^{-2}2000m}{300K}(325K - 300K)\right]^{1/2}$
$= (1633m^2s^{-2})^{1/2} = 40.4ms^{-1}$

$F_H = (5\times10^{-4})(40.4ms^{-1})(325K - 200K) = \underline{0.51}\,Kms^{-1}$

3. $\alpha dp = d(p\alpha) - pd\alpha$로 주어진다. 여기서 $pd\alpha$는 단위비체적에 대한 일을 나타낸다. 따라서 αdp도 단위비체적에 일을 나타낸다.

4. 근사식으로 식(3.61)적용: $H_G \approx XR_n$, 주간에는 $X = 0.1$

$H_G = 0.1R_n = 0.1(-500\,Wm^{-2}) = -50\ Wm^{-2}$

식(3.64): $H_S = \dfrac{B(R_n - H_G)}{(1+\beta)}$, 식(3.65): $H_L = \dfrac{(R_n - H_G)}{(1+\beta)}$, $\beta = 0.5$ 이용

$H_s = 0.5(-50 + 500\ Wm^{-2})/(1 + 0.5 = 150\ Wm^{-2}$
$H_L = (-50 + 500\,Wm^{-2})/(1+0.5) = 300\ Wm^{-2}$

5. 먼저 습윤공기의 정압비열(c_p)을 건조 공기의 정압비열과 혼합비(r)를 이용하여 구한다.

$c_p = c_{pd}(1+0.84r)$ 여기서 수증기의 혼합비는 $r=0.01\ (g/g)$

$c_p = (1004.67\ Jkg^{-1}K^{-1})(1+0.84\times 0.01) = 1013.11\ Jkg^{-1}K^{-1}$

계에 주어진 열 : $\Delta Q_H = H\Delta t = (200Js^{-1})(600s) = 12\times 10^6 J$

$\Delta Q_H = m_{air}c_p\Delta T$을 적용

$\Delta T = (12\times 10^5 J) / [(10kg)(1013.11\ Jkg^{-1}K^{-1})] = 11.8\,K$

4장

1. 식 (4.4), 식 (4.5) 사용

역전층 강도가 1℃일 때,

유입속도 $w_e = \dfrac{F_{Hzi}}{\Delta\theta} = \dfrac{0.2Kms^{-1}}{1.0K} = 0.2ms^{-1}$,

혼합층 깊이 $\Delta z_i = (w_e + w_s)\times\Delta t = 3.9km$ 이다.

역전층 강도가 5℃ 일 때,

유입속도 $w_e = \dfrac{F_{Hzi}}{\Delta\theta} = \dfrac{0.2Kms^{-1}}{5K} = 0.04ms^{-1}$

혼합층 깊이는 $\Delta z_i = (w_e + w_s)\times\Delta t = 432m$ 이다.

2. 식 (4.7) $w_e \cong \dfrac{AF_{H\ sfc}}{\Delta\theta}$에 의하여 $w_e \cong \dfrac{0.2\times 0.7K\bullet ms^{-1}}{3K} = 0.047ms^{-1}$ 이다.

3. 대기는 유체이므로, 단위 밀도 당 응력을 고려하여 마찰속도를 구할 수 있다.

$\rho = 1.225kg/m^3$이며 식 (4.10) 이용

마찰속도 $u_* = 0.2ms^{-1}$일 때, $\tau = {u_*}^2\rho = (0.2ms^{-1})^2\times 1.225kg/m^3 = 0.049Pa$

마찰속도 $u_* = 2ms^{-1}$일 때, $\tau = {u_*}^2\rho = (2ms^{-1})^2\times 1.225kg/m^3 = 4.9Pa$

4. 식 (4.11)과 식 (4.12) 이용

$$C_D = \frac{0.4^2}{\ln^2(10/2)} \approx 0.062$$

$$u_* = (C_D {V_{10}}^2)^{1/2} = (0.062\times(10ms^{-1})^2)^{1/2} = 2.490ms^{-1}$$

5. 식 (4.11) 이용

$$C_D = \left(\frac{u_*}{V_{10}}\right)^2 = \left(\frac{4ms^{-1}}{5ms^{-1}}\right)^2 = 0.64$$

식 (4.12) 이용

$\ln^2(z_R/z_0) = \dfrac{k^2}{C_D}$ 이므로 $z_0 = \dfrac{z_R}{e^{(\frac{k^2}{C_D})^{1/2}}} = 6.065\ (m)$

6. 식 (4.9) $V_2 = V_1 \frac{\ln(z_2/z_0)}{\ln(z_1/z_0)}$ 를 변형시키면 $z_2 = z_0 \times e^{\frac{V_2 \times \ln(z_1/z_0)}{V_1}}$ 와 같다.

이 수식을 이용하여 거칠기 길이에 따라 연직 바람 속도 그래프를 그리면 아래의 그림과 같다.

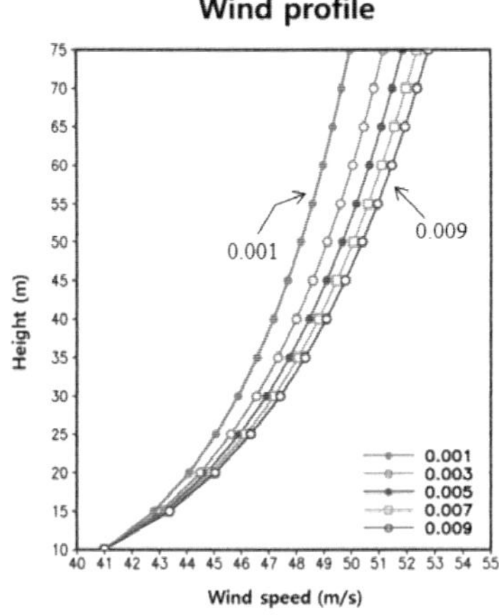

7. 식 (4.14)와 식 (4.15)를 사용하여 구한다.

그 전에 식 (4.11)과 식 (4.12)을 이용하여 마찰길이(z_0)를 구한다.

마찰속도 $u_* = 0.1ms^{-1}$ 이므로

$$C_D = \frac{u_*^2}{V_{10}^2} = \frac{0.1^2}{(1m/s)^2} = 0.01 \; F_{Hsfc} = -0.01Kms^{-1}$$

$$z_0 = z_R \div e^{\sqrt{\frac{k^2}{C_D}}} = 10m \div e^{\sqrt{\frac{0.4^2}{0.01}}} = 0.183$$

식 (4.15)에 $g/T_v = 0.0333ms^{-2}K^{-1}$, $F_{Hsfc} = -0.05Kms^{-1}$, k=0.4, $u_* = 0.1ms^{-1}$를 대입한다.

$$L \equiv \frac{-u_*^3}{k(g/T_v)F_{Hsfc}} = \frac{-0.1^3}{0.4 \times 0.0333 \times -0.01} = 7.508$$

식 (4.14)에 $z_0 = 0.183m$, $z = 20m$, $L = 7.508$을 대입한다.

$$V(z) = \frac{u_*}{k}\left[\ln\left(\frac{z}{z_0}\right) + 6\frac{z}{L}\right] = \frac{0.1}{0.4} \times \left[\ln\left(\frac{20}{0.183}\right) + 6\frac{20}{7.508}\right] = 5.170$$

5장

1. 대기경계층에서 바람의 연직 시어 항은 $-\overline{u'w'}(\partial\overline{u}/\partial z)$ 으로 주어진다. 대기경계층에서 평균 풍속은 일반적으로 고도에 따라 증가: $\partial\overline{u}/\partial z > 0$ 그리고 이 경우 레이놀즈 응력: $-\overline{u'w'} > 0$

따라서 $-\overline{u'w'}(\partial\overline{u}/\partial z) > 0$

2. 가온위는 $\theta_v = T_v\left(\frac{p_0}{p}\right)^{K_d}$ 로 주어짐. 식에 자연대수를 취하고 미분을 하면 다음과 같다.

$d\theta_v/\theta_v = dT_v/T_v - K_d dp/p$ 여기서 $\overline{\theta_v} \equiv \theta_v$, $d\theta_v = \theta'_v$, $\overline{T_v} \equiv T_v$, $dT_v = T'_v$ 그리고 $\bar{p} \equiv p$, $dp = p'$ 로 두면 다음과 같이 주어진다. 여기서 $K_d < 1$, $\therefore \theta'_v/\overline{\theta_v} \simeq T'_v/\overline{T_v}$

3. $$\frac{\partial^2 (\overline{u_i'^2})}{\partial x_j^2} = \frac{\partial}{\partial x_j}\left(\frac{\overline{\partial (u'_i)^2}}{\partial x_j}\right) = \frac{\partial}{\partial x_j}\left(\overline{2u'_i \frac{\partial u'_i}{\partial x_j}}\right) = 2\overline{\frac{\partial u_i'}{\partial x_j}\frac{\partial u'_i}{\partial x_j}} + \overline{2u'_i \frac{\partial^2 u'_i}{\partial x^{2_j}}}$$

$$\therefore \frac{\partial^2 (\overline{u_i'^2})}{\partial x_j^2} = 2\overline{\left(\frac{\partial u'_i}{\partial x_j}\right)^2} + \overline{2u'_i \left(\frac{\partial^2 u'_i}{\partial x_j^2}\right)}$$

4. $\epsilon = \nu\overline{\left(\frac{\partial u'_i}{\partial x_j}\right)^2}$ 의 차원은 $\epsilon = \frac{L^2}{T}\left(\frac{1}{T^2}\right) = \left(\frac{L}{T}\right)^3 \frac{1}{L}$, $TKE = \left(\frac{L}{T}\right)^2$ 에서

$\epsilon = \nu\overline{\left(\frac{\partial u'_i}{\partial x_j}\right)^2}$ 의 차원은 $\epsilon = \frac{L^2}{T}\left(\frac{1}{T^2}\right) = \left(\frac{L}{T}\right)^3 \frac{1}{L}$, $TKE = \left(\frac{L}{T}\right)^2$ 에서

$\frac{L}{T} = (TKE)^{1/2}$. 이식을 이용하면 $\epsilon = \left(\frac{L}{T}\right)^3 \frac{1}{L} = [(TKE)^{1/2}]^3 \frac{1}{L} = [TKE]^{3/2} \frac{1}{L}$

$\therefore \epsilon = [TKE]^{3/2} \frac{1}{L}$

5. 전향력은 $\frac{d\vec{V}}{dt} = -f\hat{k} \times \vec{V}$ 으로 주어진다. 이 방정식은 $\frac{du_i}{dt} = \frac{\partial u_i}{\partial t} + u_j \frac{\partial u_i}{\partial x_j} = -2\epsilon_{ijk}\Omega_j u_j$ 으로 나타낼 수 있다. 여기서 ϵ_{ijk} 은 Levi-Civita기호이고, Ω_j 는 지구 각속도 성분이다.

여기서 $\vec{\Omega} = \Omega\cos\phi\hat{j} + \Omega\sin\phi\hat{k}$ ㅇ이므로 식(2)를 다음과 같이 기술 할 수 있다.

$\frac{du_i}{dt} = \frac{\partial u_i}{\partial t} + u_j \frac{\partial u_i}{\partial x_j} = -2\epsilon_{ij3}\Omega_j u_j = -f\epsilon_{ij3}u_j$ $u_i = \overline{u_i} + u_i'$ 대입한 후 TKE의 시간 변화율에 해당되는 u'_i 의 분산에 대한 시간 미분 식을 식(5.49)를 참고하여 구하면 다음과 같이 주어진다.

$$\frac{\partial \overline{u_i'^2}}{\partial t} + \overline{u_j}\frac{\partial \overline{u_i'^2}}{\partial x_j} + 2\overline{u_i' u'_j}\frac{\partial \overline{u_i}}{\partial x_j} + \frac{\overline{\partial (u'_j u_i'^2)}}{\partial x_j} = 2f\epsilon_{ij3}\overline{u'_i u'_j}$$

여기서 우변은 $2f\epsilon_{ij3}\overline{u_i u_j} = 2f\epsilon_{213}\overline{u'_2 u'_1} + 2f\epsilon_{123}\overline{u'_1 u'_2} = -2f\overline{u'_2 u'_1} + 2f\overline{u'_1 u'_2} = 0$

6. $$\overline{\partial (u'_i p')/\partial x_i} = \overline{p'\frac{\partial u'_i}{\partial x_i}} + \overline{u'_i \frac{\partial p'}{\partial x_i}} = 0 + \overline{u'_i \frac{\partial p'}{\partial x_i}}$$

여기서 $\overline{p'\frac{\partial u'_i}{\partial x_i}}$ 은 질량보존 때문에 0이 된다.

6장

1. 혼합비는 온도가 높고, 상대습도가 높을수록 크다는 사실을 미루어 d. T=+20°C (RH =50%) 일 때 혼합비가 가장 크다.
2. 식 (6.12) 이용하면 a. 2500m ; b. 0m ; c. 625m ; d. 3750m
3. 물수지의 초기값은 $r = 15g/kg$ 이고, $r_L = 0$ 이었지만, 나중에 상승하는 포화된 공기 덩이의

$r_L = 2g/kg$이고, 총 물수지를 고려한 혼합비는 $r = 13g/kg$이다. 표 6.1을 참고하여 혼합비가 13일 때 온도는 약 18°C이다. $r = 13g/kg$, T=18°C

4. 식 (6.31) 이용하면

$$\frac{(1.025\times 10^6 g_{water} m^{-3})}{(1\times 10^3 g_{air} m^{-3})}\frac{[(1.39-1.11)\times 10^{-5} ms^{-1}]}{100m} \approx 0.00287\,(g/kg)/s$$

5. 그림 6.4를 이용하여 단열선도를 따라 1000hPa에서 700hPa 까지 20°C공기를 습윤단열 상승시켰을 때, 약 6.2°C 정도가 된다.

7장

1. 식(7.18) 적용: $R_e = \frac{UL}{\nu}$, $U = 10ms^{-1}$, $L = 10Km$ (대류권계면 평균고도)

$\nu \approx 1\times 10^{-5} m^2 s^{-1}$, $R_e = \frac{UL}{\nu} = \frac{10(m/s)\times(10^4 m)}{1\times 10^{-5} m^2 s^{-1}} \simeq 10^{10}$

2. $\overline{u_g} = -\frac{1}{\rho_0 f}\frac{\partial \overline{p}}{\partial y}$ 을 z로 미분 $\frac{\partial \overline{u_g}}{\partial z} = -\frac{1}{\rho_0 f}\frac{\partial}{\partial y}\left(\frac{\partial \overline{p}}{\partial z}\right) = -\frac{1}{f\rho_0}\frac{\partial}{\partial y}(-\overline{\rho}g)$

$\therefore\ \frac{\partial \overline{u_g}}{\partial z} = \frac{g}{f\rho_0}\frac{\partial \overline{\rho}}{\partial y}$

3. 식(7.89)에서 $B = -\alpha c A/\Lambda$를 구한다. 이 식을 식(7.90)에 대입한다. 얻어진 식에서 A를 양변으로 나눈 후 정리하면 다음 식을 얻는다.

$$c^2 - \Lambda H c + \left(\frac{\Lambda^2 H^2}{\alpha H}\frac{\cosh\alpha H}{\sinh\alpha H} - \frac{\Lambda^2 H^2}{\alpha^2 H^2}\right) = 0 \qquad (1)$$

식(1)은 c에 대한 2차방정식이며, 해는 다음과 같다.

$$c = \frac{\Lambda H}{2} \pm \frac{\Lambda H}{2}\left[1 - \frac{4\cosh\alpha H}{\alpha H sinh\alpha H} - \frac{4}{\alpha^2 H^2}\right]^{1/2} \qquad (2)$$

8장

1. 표 또는 공식을 이용하여 포화수증기압을 구한다. $e_s = 23.3hPa$

상대습도 $RH = \frac{e}{e_s}$: $e = RH\times e_s = 0.68\times 23.3hPa = 15.8hPa$

(1) Skew T-log P 다이어그램 이용 : $T_d = 14℃$

(2) $z_{LCL}(m) = 125(T - T_d) = 125(293 - 287) = 750m$

(3) 혼합비식 이용 : $r = \frac{\epsilon e}{p - e}$ 이용하여 면 초기상태의 혼합비 계산

$r = \frac{0.622\times 15.8hPa}{(1000hPa - 15.8hPa)} = 9.98g\,kg^{-1}$

포화에 이른 마지막 상태의 혼합비: $r_s = \frac{\epsilon e_s}{p - e_s}$

$$r_s = \frac{0.622 \times 23.3hPa}{(1000Pa - 23.3hPa)} = 14.83g\,kg^{-1}$$

따라서 1kg 공기 당 필요한 수증기량: $\Delta r = r_s - r = 14.83 - 9.98 = 4.85\,g\,kg^{-1}$

2. 식(8.4)와 (8.5)이용:

$m_x = 1 + 1 = 2kg$

$T_x = [(1kg)(30℃) + (1kg)(-4℃)]/(2kg) = 13℃$

$e_x = [(1kg)(34hPa) + (1kg)(2hPa)]/(2kg) = 18hPa$

9장

1. 식(9.6) 이용: $\frac{e_{ss}(r)}{e_{s\,\infty}} = \exp(\frac{a}{r})(1 - \frac{b}{r^3}) = \exp(\frac{a}{r})/(1 + \frac{b}{r^3}) \simeq 1.0045$

2. 식(9.32) 이용: $w_{t\,hail} = 1184 D_e^{0.57}$; $w_{t\,hail} = 1184(20)^{0.57} = 6.5\,ms^{-1}$

낙하속도가 $6.5ms^{-1}$이므로 상승기류의 속도는 이보다 커야 한다.

3. 표9.2에 있는 식 이용 : $w_t = (-1.19 \times 10^8 m^{-1}s^{-1})(10 \times 10^{-6}m)^2 = -1.2cm\,s^{-1}$ 상승기류의 속도가 $1.2cms^{-1}$보다 커야한다. 이 구름 입자의 낙하속도가 안개의 상승기류속도 $1cms^{-1}$ 보다 크기 때문에 안개 속에서 성장 할 수 없다.

10장

1. 식(10.6)을 적용 : $\overrightarrow{a^*} = \vec{a} - \overrightarrow{a_h}$: $\overrightarrow{F^*} = -mg\hat{z} - ma_h\hat{z}$

$\overrightarrow{F^*} = -10kg \times 10ms^{-2}\hat{z} - 10kg \times 10ms^{-2}\hat{z} = -200N\hat{z}$: 엘리베이터 바닥에 $200N$에 힘이 작용.

2. 높이가 Δz, 반경이 R인 원통을 고려한다. 원통의 측면에 직교하는 바람성분을 V_{in} 그리고 원통의 밑면에서 상승기류 속도 w 그리고 원통의 상부에서 상승기류 속도를 $w + dw$라고 한다. 비압축성 유체의 연속 방정식을 고려한다.

유입질량=유출질량 : $(2\pi R \Delta z)\rho V_{in} = \pi R^2 \rho \overline{w}$, 지표에서 $w = 0$.

$$\therefore \frac{2V_{in}}{R} = \frac{\overline{w}}{\Delta z} \quad \overline{w} = 2V_{in}\frac{\Delta z}{R} = 2(2ms^{-1})\frac{1km}{500km} = 0.008\,ms^{-1}$$

3. 예제 10.1 참고할 것

4. 식(10.68)적용: $V_G = \frac{2V_g}{1 + \sqrt{1 + 4V_g/fr}}$

$$V_G = \frac{2 \times 10}{1 + \sqrt{1 + 4 \times 10/10^{-4} \times 500000}} = \frac{20}{2.34}$$

$\therefore V_G = 20/2.34 = 8.54\,ms^{-1}$

5. 주어진 방정식을 $\frac{1}{V_G}$에 대한 2차방정식으로 정리하면 $\frac{1}{r}=\frac{fV_g}{V_G^2}-\frac{f}{V_G}$ (1)

$$fV_g\left(\frac{1}{V_G}\right)^2-f\left(\frac{1}{V_G}\right)-\frac{1}{r}=0 \quad (2), \quad \frac{1}{V_G}=\frac{f\pm\sqrt{f^2+4fV_g/r}}{2fV_g}=\frac{1\pm\sqrt{1+4V_g/fr}}{2V_g} \quad (3)$$

식(3)에서 + 부호만 택하고, V_G에 대해서 나타내면 $V_G=\frac{2V_g}{1+\sqrt{1+4V_g/fr}}$을 얻는다.

11장

1. $\frac{d\overrightarrow{V_a}}{dt}=-\frac{1}{\rho}\nabla p+\nabla\Phi$에 $\overrightarrow{dl}$의 스칼라라 곱을 한 다음 폐곡선에 대해 적분 할 것.
2. 그림 10.3 참고.

$\nabla\times(\overrightarrow{\Omega}\times\overrightarrow{r})=\nabla\times(\overrightarrow{\Omega}\times(\overrightarrow{R}+z\overrightarrow{k}))=\nabla\times(\overrightarrow{\Omega}\times\overrightarrow{R})$ 벡터 항등식을 이용하면

$=(\nabla\cdot\overrightarrow{R})\overrightarrow{\Omega}-(\nabla\cdot\overrightarrow{\Omega})\overrightarrow{R}$

$=(\frac{\partial}{\partial x}\hat{i}+\frac{\partial}{\partial y}\hat{j}+\frac{\partial}{\partial z}\hat{z})\cdot(x\hat{i}+y\hat{j})\overrightarrow{\Omega}-\frac{\partial\Omega}{\partial z}\hat{k}=2\overrightarrow{\Omega}$ (여기서 $\frac{\partial\Omega}{\partial z}=0$)

12장

1. 식 (12.16)을 이용:

(1) 열기포: $W=\sqrt{\frac{(0.0333ms^{-2}K^{-1})(1000m)(2K)}{5}}=3.65ms^{-1}$

(2) 뇌우: $W=\sqrt{\frac{(0.0333ms^{-2}K^{-1})(11000m)(5K)}{5}}=19.1ms^{-1}$

2. 식 (12.34)이용: $Fr=\frac{(10km)}{2(20km)}=0.25$

그림 12.15(a)처럼 파동은 산 정상에서 떨어져 형성되고 일부 공기는 산의 양 옆 으로 흐른다.

3. 식(12.15) 이용하고 공기를 건조 공기로 고려하고 항력 무시한다.

$$\frac{\partial w}{\partial t}=-\left(u\frac{\partial w}{\partial x}+v\frac{\partial w}{\partial y}\right)+\frac{T_{vp}-T_{ve}}{T_{ve}}g\mp C_w\frac{w^2}{z_i}$$

$$\frac{\partial w}{\partial t}=-(5ms^{-1})(-4ms^{-1}/2000m)+(3/298)(9.8ms^{-2})$$
$$=0.010+0.099=0.109ms^{-2}$$

13장

1. 식(13.8a)과 식(13.8b)를 사용.

북쪽으로 이동하면서 온위가 감소하고 있으므로 동서방향의 온위감소항인 $\frac{\Delta\Phi}{\Delta x}$는 0이다.

$v_T=\frac{g}{f}\frac{\partial\Phi}{\partial x}=0$이므로 남북방향의 온도풍만을 계산한다.

$f = 10^{-4}s^{-1}$, $g = 9.8ms^{-1}$이므로 각각 계산하면

(a) $-4.9\times 10^{9}ms^{-1} \approx 1.764\times 10^{10}kmh^{-1}$

(b) $9.8\times 10^{9}ms^{-1} \approx 3.528\times 10^{10}kmh^{-1}$

(c) $4.9\times 10^{9}ms^{-1} \approx 5.292\times 10^{10}kmh^{-1}$

(d) $4.9\times 10^{9}ms^{-1} \approx 7.056\times 10^{10}kmh^{-1}$

2. 식 (13.6a)과 식 (13.6b)를 사용.
동서방향으로 온도가 변하는 식 (13.6.b)을 이용한다. 지면에서 지균풍이 0이라 가정하고 지면으로부터 $1km$ 고도의 지균풍을 구함.
(a) $-6.926ms^{-1}$ (b) $-13.852ms^{-1}$ (c) $-27.703ms^{-1}$ (d) $-55.406ms^{-1}$

3. 식 (13.10)을 사용.
$\phi_s = 0°$, $\phi_d = 45°$, $R_e = 6357km$, $\Omega = 0.729\times 10^{-4}s^{-1}$을 식에 대입한다.

$$u' \approx \Omega R_e\left[\frac{\cos^2\phi_s}{\cos\phi_d} - \cos\phi_d\right] = (0.729\times 10^{-4})\times(6357\times 10^3 m)\times\left[\frac{1}{0.5} - 0.5\right] = 695ms^{-1}$$

즉, 각 운동량이 보존될 경우 적도에서 북위 45°로 움직일 경우 지구에 대한 상대적 속도는 $695ms^{-1}$이다.

4. 식 (13.11)을 사용.
동풍 성분만 존재하는 바람이므로 첫째항은 0 이다. $\Delta u = -5ms^{-1}$, $\Delta y = 100\times 10^3 m$을 둘째 항에 대입하여 계산하면 다음과 같다.

$$\zeta_r = -\frac{\Delta u}{\Delta y} = -\frac{-5ms^{-1}}{100\times 10^3 m} = 0.5\times 10^{-4}s^{-1}$$

5. 식 (13.12) $\zeta_a = \zeta_r + f$에서 공기 덩이의 절대 소용돌이도가 보존된다는 것을 이용하여 문제를 푼다. 북위 45°에서 정지되어 있었으므로 상대 소용돌이도와 행성 소용돌이도의 합인 절대 소용돌이도의 값이 0임을 알 수 있다. 그로인해 북위 60°에서 상대 소용돌이도는 60°에서의 행성 소용돌이도의 값과 부호가 반대될 것이라 추측할 수 있다. 60°에서의 코리올리 인자의 크기를 계산하면 다음과 같다.

$$f = 2\Omega\sin(\phi) = 1.458\times 10^{-4}s^{-1}\times\frac{\sqrt{3}}{2} = 1.263\times 10^{-4}$$

즉, 북위 60°에서의 상대 소용돌이는 $-1.263\times 10^{-4}s^{-1}$이다.

6. 식 (13.13)을 이용. 북위 45°에서 처음 상대 소용돌이도가 없으므로 이를 통해 위치 소용돌이도의 값을 구할 수 있다.

$$\zeta_p = \frac{\zeta_r + f}{\Delta z} = \frac{0 + 1.458\times 10^{-4}s^{-1}\times\sin 45}{11000m} = 6.627\times 10^{-9}s^{-1}$$

위치 소용돌이도의 값이 일정하므로 공기기둥이 $5km$ 높이의 산을 통과할 때 상대소용돌이도를 구하면 다음과 같다.

$\zeta_p \times \Delta z - f = \zeta_r = 6.627 \times 10^{-9}s^{-1} \times 6000m - 1.458 \times 10^{-4}s^{-1} = -1.060 \times 10^{-4}s^{-1}$ 즉, $5km$의 산 정상에서 상대 소용돌이도는 $-1.060 \times 10^{-4}s^{-1}$이다.

7. ② $[\overline{u}^*\overline{v}^*] = \gamma_{\overline{u}\overline{v}}\ \sigma_{\overline{u}}\sigma_{\overline{v}}$

식 ②는 아열대 고기압대, 알류산저기압 등 한자리에 머무는 에디에 의한 수송을 나타내는 항으로 공간적 에디를 시간의 평균을 취하고 공간의 평균을 취한 값이기 때문이다.

14장

1. 식 (14.4) 사용.

(a) 3.19일 (b) 3.09일 (c) 3.00일 (d) 2.91일 (e) 2.84일

2. 식 (14.1 ~ 14.3) 사용.

t=0(일)일 때, $\Delta\theta \approx 12℃ \times \exp(-0일/2.91일) \approx 12℃$ 이므로,

$\theta_{ML} = 24℃ - 12℃ = 12℃$, $z_i \approx \dfrac{12℃}{2.91일} \times \dfrac{1}{(0.000001s^{-1})(0.005Kkm^{-1})} \approx 9.5km$

t=6(일)일 때, $\Delta\theta \approx 12℃ \times \exp(-6일/2.91일) \approx 1.53℃$ 이므로,

$\theta_{ML} \approx 24℃ - 1.53℃ \approx 22.5℃$,

$z_i \approx \dfrac{1.53℃}{2.91일} \times \dfrac{1}{(0.000001s^{-1})(0.005Kkm^{-1})} \approx 1.2km$

t=12(일)일 때, $\Delta\theta \approx 12℃ \times \exp(-12일/2.91일) \approx 0.19℃$ 이므로,

$\theta_{ML} \approx 24℃ - 0.19℃ \approx 23.8℃$, $z_i \approx \dfrac{0.19℃}{2.91일} \times \dfrac{1}{(0.000001s^{-1})(0.005Kkm^{-1})} \approx 155km$

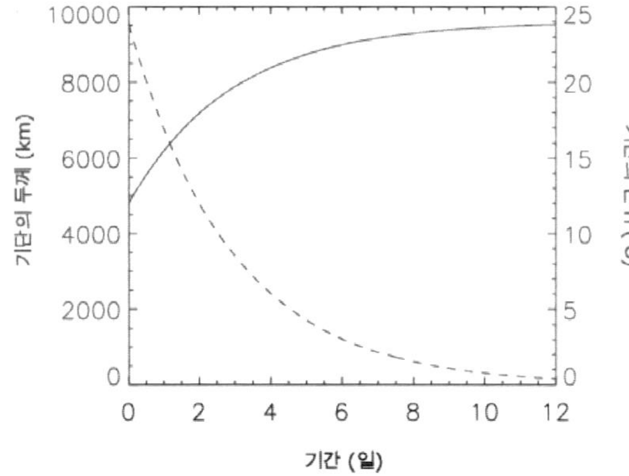

3. 식 (14.6) 사용.

(a) $0.6℃/km$ (b) $0.3℃/km$ (c) $0.2℃/km$

4. 식 (14.7) 사용.

(a) x=1.0km일 때, $\theta_{ML} = 10℃ - (10℃ - (-10℃))\exp(-\dfrac{0.01\,(1km)}{1km}) \approx -9.8$

(b) x=2.0km일 때, $\theta_{ML} = 10℃ - (10℃ - (-10℃))\exp(-\dfrac{0.01\,(2km)}{1km}) \approx -9.6$

(c) x=5.0km일 때, $\theta_{ML} = 10℃ - (10℃ - (-10℃))\exp(-\frac{0.01(5km)}{1km}) \approx -9.02$

5. 식 (14.4) 사용 $\frac{\Delta(FS)}{\Delta t} \approx -3\times10^{-4}℃ s^{-1} km^{-1}$

6. 폐색전선이란, 한랭 전선이 온난 전선을 따라잡을 때 형성되는 전선으로 한랭전선의 이동속도가 온난전선보다 빠른 중위도 지역에서 주로 나타난다. 폐색전선에는 한랭 전선형 폐색과 온난 전선형 폐색이 있다. 폐색 과정에서 한랭전선 후방의 공기가 보다 차기 때문에 전방의 찬 공기 밑으로 파고들 때 한랭 전선형 폐색이 생긴다. 반대로 온난 전선 전방에 보다 찬 공기가 있을 때는 온난 전선형 폐색이 나타난다.

15장

1. 식 (15.1) 이용, $\lambda \approx 2\pi\left[\frac{20ms^{-1}}{1.88\times10^{-11}m^{-1}s^{-1}}\right]^{1/2} = 6498Km$

2. 식 (15.4) 이용, $\zeta_p = \frac{\frac{20ms^{-1}}{1000Km} + 10.3\times10^{-5}s^{-1}}{11Km} = 1.118\times10^{-8}m^{-1}s^{-1}$

3. 식 (15.9a) 이용, $\zeta_g = \frac{-10ms^{-1}}{50\sqrt{2}m} - \frac{5ms^{-1}}{50\sqrt{2}m} = -2.12\times10^{-4}s^{-1}$

4. 15℃, 20℃, 1000hPa, 1002hPa 선으로 둘러싸인 지역

5. 식 (15.8) 이용, $1.58\times10^{-13}s^{-2}$

6. 식 (15.19a) 이용, $V_{ag} = \frac{40ms^{-1}}{0.000083s^{-1}}\frac{-20ms^{-1}}{100Km} = -96.39ms^{-1}$

16장

1. $I_\omega^2 = (\zeta + f)(\frac{2v_\theta}{r} + f) > 0$에서 고려.

(1) 태풍의 이동으로 위도 변화

(2) 태풍의 상대와도 변화

(3) v_θ의 변화

(4) r의 변화: 주어진 위도에서 태풍이 수축하는 경우 관성안정도 증가.

2. 관성안정도: $I_\omega^2 = (\zeta + f)(\frac{2v_\theta}{r} + f) > 0$

대기 경계층: 상대와도와 지구와도가 동일한 방향,

태풍 정상부: 고기압성으로 지구 와도와 반대 따라서 관성안정도가 경계층 보다 감소.

3. 식 (16.30)을 사용하면,

$$\frac{Vol}{\Delta t \Delta y} = \frac{(1.225kg\,m^{-3})}{(1000kg\,m^{-3})}\frac{(0.01)(50ms^{-1})^2}{(5\times10^{-5}s^{-1})} = 612.5\,m^2s^{-1}$$

바람에 나란한 단위 해안선에 대한 것이므로 주어진 답에 $1m$를 곱하면 1초 동안에 $612.5m^3$ 의 물이 해안으로 들어온다.

4. 식 (16.27)을 이용하여

$$\frac{g}{T}\left(\frac{\Delta T}{\Delta r}\right)=\left(\frac{2(31ms^{-1})}{40000m}+5\times10^{-5}s^{-1}\right)\frac{(12-50ms^{-1})}{(10000m)}$$
$$=-6.0\times10^{-6}s^{-2}$$

$$\frac{\Delta T}{\Delta r}=\frac{-6.0\times10^{-6}s^{-2}}{0.0333m\,s^{-2}K^{-1}}=-1.80\times10^{-4}Km^{-1}$$

5. 원통좌표계에서

$\nabla=\frac{\partial}{\partial r}\hat{r}+\frac{1}{r}\frac{\partial}{\partial\theta}\hat{\theta}+\frac{\partial}{\partial z}\hat{k}\quad \nabla\cdot\vec{V}=\frac{1}{r}\frac{\partial v_r}{\partial r}(rv_r)+\frac{1}{r}\frac{\partial v_\theta}{\partial\theta}+\frac{\partial v_z}{\partial z}$ 를 이용하여

$$(\nabla\rho)\cdot\vec{V}+\rho(\nabla\cdot\vec{V})=\frac{1}{r}\frac{\partial}{\partial r}\frac{\partial\rho}{\partial t}=-\nabla\cdot(\rho\vec{V})=(\rho rv_r)+\frac{1}{r}\frac{\partial}{\partial\theta}(\rho v_\theta)+\frac{\partial}{\partial z}(\rho v_z)$$

원통좌표계에서 연속방정식: $\frac{\partial\rho}{\partial t}+\frac{1}{r}\frac{\partial}{\partial r}(\rho rv_r)+\frac{1}{r}\frac{\partial}{\partial\theta}(\rho v_\theta)+\frac{\partial}{\partial z}(\rho v_z)=0$

6. 원통좌표계에서 운동방정식은 다음과 같이 주어진다.

$$\frac{d\vec{V}}{dt}=\hat{e_r}\left(\frac{dv_r}{dt}-v_\theta\frac{d\theta}{dt}\right)+\hat{e_\theta}\left(\frac{dv_r}{dt}+v_\theta\frac{d\theta}{dt}\right)+\hat{e_z}\frac{dw}{dz}=-\frac{1}{\rho}\nabla p-f\hat{e_z}\times\vec{V}+\vec{g}+\vec{F}$$

여기서 $v_\theta=r\frac{d\theta}{dt}$ 이다.

속도: $\vec{V}=\hat{e_r}v_r+\hat{e_\theta}v_\theta+\hat{e_z}w$

기압경도력: $-\frac{1}{\rho}\nabla p=-\frac{1}{\rho}\left(\hat{e_r}\frac{\partial p}{\partial r}+\hat{e_\theta}\frac{1}{r}\frac{\partial p}{\partial\theta}+\hat{e_z}\frac{\partial p}{\partial z}\right)$

전향력: $-f\hat{e_z}\times\vec{V}=\hat{e_r}fv_\theta-\hat{e_\theta}fv_r$ 으로 주어진다.

속도의 각 성분을 기술하면 다음과 같다.

$\hat{e_r}$ 성분: $\frac{dv_r}{dt}-v_\theta\frac{d\theta}{dt}=-\frac{1}{\rho}\frac{\partial p}{\partial r}+fv_\theta+F_r$ 에서 $\frac{dv_r}{dt}-v_\theta\frac{d\theta}{dt}=\frac{dv_r}{dt}-\frac{v_\theta^2}{r}$ 이므로

$$\frac{dv_r}{dt}-\frac{v_\theta^2}{r}=-\frac{1}{\rho}\frac{\partial p}{\partial r}+fv_\theta+F_r \qquad (16.7)$$

동일한 방법으로 다음 식들을 구할 수 있다.

$$\frac{dv_\theta}{dt}+\frac{v_rv_\theta}{r}=-\frac{1}{\rho r}\frac{\partial p}{\partial\theta}-fv_r+F_\theta \qquad (16.8)$$

$$\frac{dw}{dt}=-\frac{1}{\rho}\frac{\partial p}{\partial z}-g+F_z \qquad (16.9)$$

$$\frac{dv_r}{dt}=\frac{\partial v_r}{\partial t}+(\vec{V}\cdot\nabla)v_r=\frac{\partial v_r}{\partial t}+(v_r\hat{r}+rv_\theta\hat{\theta}+v_z\hat{k})\cdot(\frac{\partial}{\partial r}\hat{r}+\frac{1}{r}\frac{\partial}{\partial\theta}\hat{\theta}+\frac{\partial}{\partial z}\hat{k})v_r$$

$$= \frac{\partial v_r}{\partial t} + v_r \frac{\partial v_r}{\partial r} + v_\theta \frac{\partial v_r}{\partial \theta} + v_z \frac{\partial v_r}{\partial z}$$

$$\frac{dv_\theta}{dt} = \frac{\partial v_\theta}{\partial t} + (\vec{V} \bullet \nabla) v_\theta = \frac{\partial v_\theta}{\partial t} + (v_r \hat{r} + r v_\theta \hat{\theta} + v_z \hat{k}) \bullet (\frac{\partial}{\partial r}\hat{r} + \frac{1}{r}\frac{\partial}{\partial \theta}\hat{\theta} + \frac{\partial}{\partial z}\hat{k}) v_\theta$$

$$= \frac{\partial v_\theta}{\partial t} + v_r \frac{\partial v_\theta}{\partial r} + v_\theta \frac{\partial v_\theta}{\partial \theta} + v_z \frac{\partial v_\theta}{\partial z}$$

17장

1. 해답 생략
2. 해답 생략
3. (1) 포화 혼합비: $r_s = \frac{\epsilon e_s}{p - e_s}$ 포화 수증기압은 관련 이용

   $r_s = 0.622(12.33hPa)/(80 - 12.33hPa) = 9.74\,g/kg$

   (2) 가온도 공식 이용:

   $T_v = T(1 + 0.61 r_s - r_l) = (283K)(1 + 0.61(0.00974) - 283K \times 0.01$
   $= 284.68 - 2.83\,K = 281.85\,K = 8.85℃$

   (3) 식 (17.13)과 (17.14)를 이용:

   $\frac{F}{m} = \frac{-2.83\,K}{284.68\,K}(9.8\,m\,s^{-2}) = -0.097\,m\,s^{-2}$

   $w = -\sqrt{2(F/m)\triangle z} = -\sqrt{2(0.097ms^{-2})1000m} = -13.9ms^{-1}$
4. 식(17.15) 이용: $\triangle T = -\left(2.5\,K\frac{kg_{air}}{g_{water}}\right)\left(10\frac{g_{water}}{kg_{air}}\right) = -25\,K$

18장

1. 식 (18.21) 이용, $1800s \le \frac{50000m}{|50ms^{-1}|}; \frac{1800s}{1000s} \le 1$, CFL 조건은 1.8
2. 식 (18.22)와 표 18.1이용

   $Z_a = 1000hPa + (1020hPa - 1000hPa)\frac{2^2}{2^2 + 1^2} = 1016hPa$
3. 부산의 여름철 00UTC 최고 기온 MOS회귀식에 대입하면

   $T_{\max} = -164.74 + 0.62(297) - 0.4(4) - 0.18(0.03) - 0.01(10) + 0.93(298)$
   $= 294.8346 \cong 294.83 = 21.83℃$

   참고로, MOS 회귀식은 지점별, 계절별, 예보기간별로 다른 변수와 상수값을 가지게 되므로, 지점과, 날짜와, 예측기간에 대해서 알맞은 MOS 회귀식을 선정하여 구하여야한다.
4. 평균의 오차가 오차의 평균보다 작다는 사실을 이용하여 살펴보면 관측값(S)는 295.90K이다. S1 ~ S10는 각각의 모델 값들 그리고 Se 는 앙상블값을 의미하게 된다.여기서 예측값 오

차의 평균과 예측값 평균의 오차는 각각, E_i = 0.317, E_e= 0.206 으로 예측값 오차의 평균이 예측값 평균의 오차보다 큰 것으로 나타났다. 이를 통해 앙상블예보를 하는 것이 보다 오차 가능성을 더 줄여준다는 사실을 알 수 있었다.

19장

1. 식 (19.1) 이용, 질량 중심고도는 $0.42km$ 이다.

   식 (19.2) 이용, 연직 표준편차는 $0.17km$ 이다.

2. 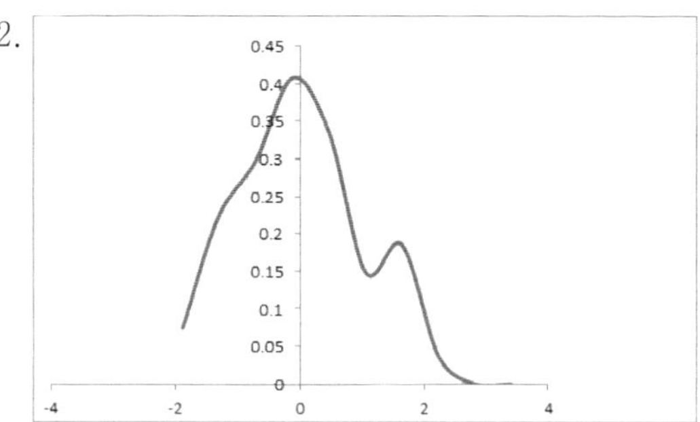

3. 식 (19.9) 의해, $l_m = \dfrac{15ms^{-1} \times 1m}{10ms^{-1}} = 1.5m$

   식 (19.10) 의해, $l_b = \dfrac{15ms^{-1} \times 1m^2 \times 9.8ms^{-1}}{(10ms^{-1})^3} \times \dfrac{(523-298)K}{298K} \approx 0.11m$

   굴뚝의 높이가 $1km$ 이고 풍하 거리 $1.5km$ 이므로

   식 (19.8) 의해

   $z_{CL} = 1000m + (8.3 \times 1.5m^2 \times 1500m + 4.2 \times 0.11m \times 1500m^2)^{1/3} \approx 1099.09m$ 이다.

4. 브란트-바이살라 진동수는 $N_{BV}^2 = \dfrac{9.8ms^{-2}}{298K} \times \dfrac{10K}{1000m} \approx 3.3 \times 10^{-4}s^{-2}$ 이다.

   식 (19.11) 사용하여 평형 고도를 계산하면

   $1000m + 2.6\,(\dfrac{0.11m \times (10ms^{-1})^2}{3.3 \times 10^{-4}s^{-2}})^{1/3} \approx 1083.68m \approx 1.08km$

   식 (19.20)에 의해 무차원 표준편차 $\sigma_{yd} \approx 0.5 \times 5 = 2.5$ 이고

   식 (19.29) 이용, 풍하 거리가 5이므로 $C_y \approx 0$ 이고 측풍거리가 2이므로

   $C \approx \dfrac{1}{(2\pi)^{1/2} \times 2.5} \exp[-0.5\,(\dfrac{2}{2.5})^2] \approx 0.12$

20장

1. 복사평형 $(1-A)S_0\pi R_{earth}^2 = \sigma_{SB}T_e^4 4\pi R_{earth}^2$ 이 때, 알베도가 0.2를 대입하면 유효 복사온도는 263.514°C, 알베도 0.8을 대입하면 유효복사온도는 186.333°C 이다.

2. $T_s^4 = \frac{2T_e^4}{2-e}$ 방출률이 0.7일 때, 지표면온도는 283.996°C 이다.

3. 온도는 2°C 의 변화에 따라서 각각 민감도 요소를 고려한, 에너지 변화량은 $\Delta N = \frac{2℃}{\lambda}$ 각 민감도 요소들을 대입한 에너지변화량은 다음과 같다.

과정	에너지 변화량 $\Delta N [Wm^{-2}]$
(1) 스테판-볼츠만 IR($L \propto T^4$)	7.41
(2) 위성관측 IR($L \propto T$)	3.64
(3) 온도에 따른 수증기 증가	4
(4) 수증기와 구름	2.67
(5) 얼음의 반사율	0.741~7.41
(6) 열대해양에서의 증발	6.67
(7) 생물학적인 요소	-6.67

색인

ㄴ

ㄷ

ㄹ

ㅁ

ㅇ

ㅈ

ㅊ

ㅋ

ㅌ

ㅍ

ㅎ

그림 참고

그림 10.13 ▎ 지균풍의 발달.

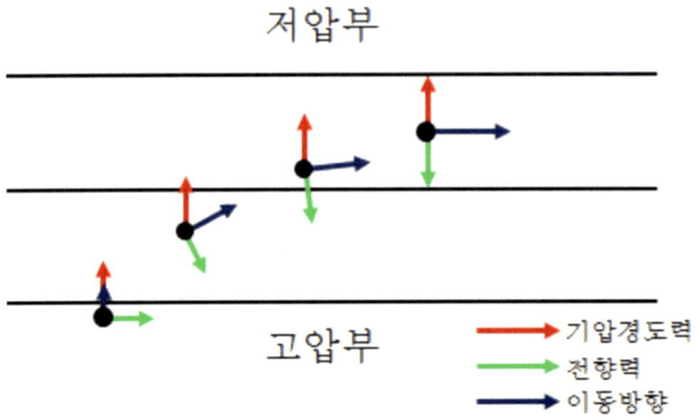

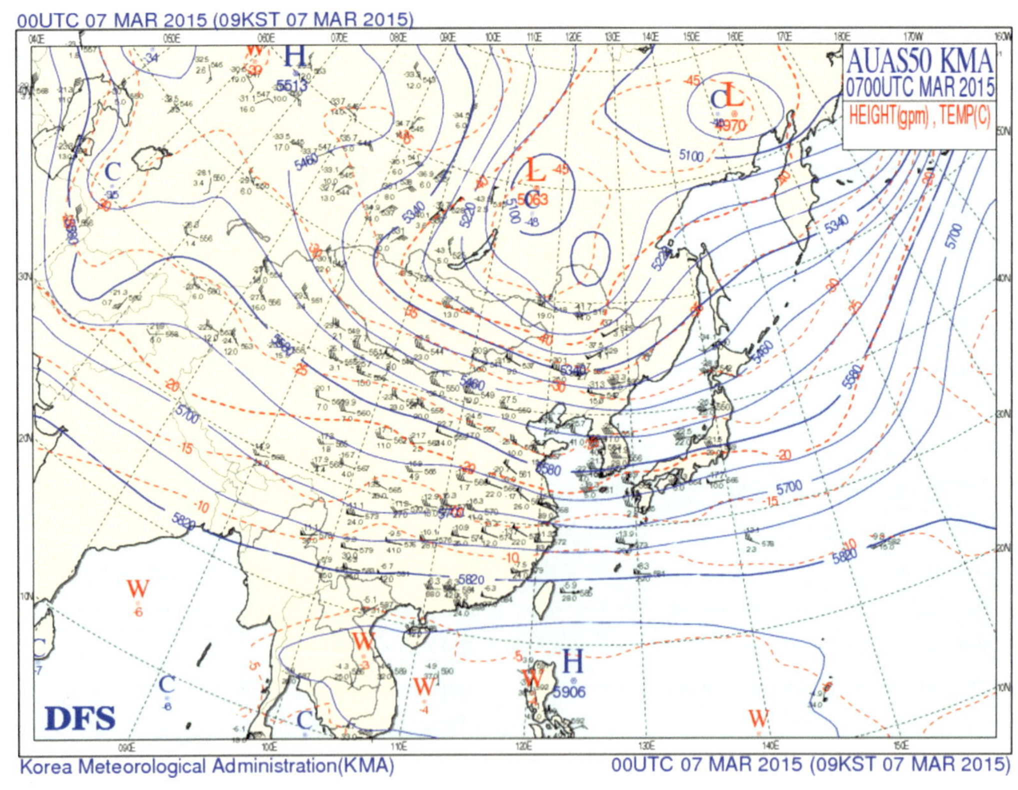

그림 17.12 ❙ 갈고리 에코와 BWER.

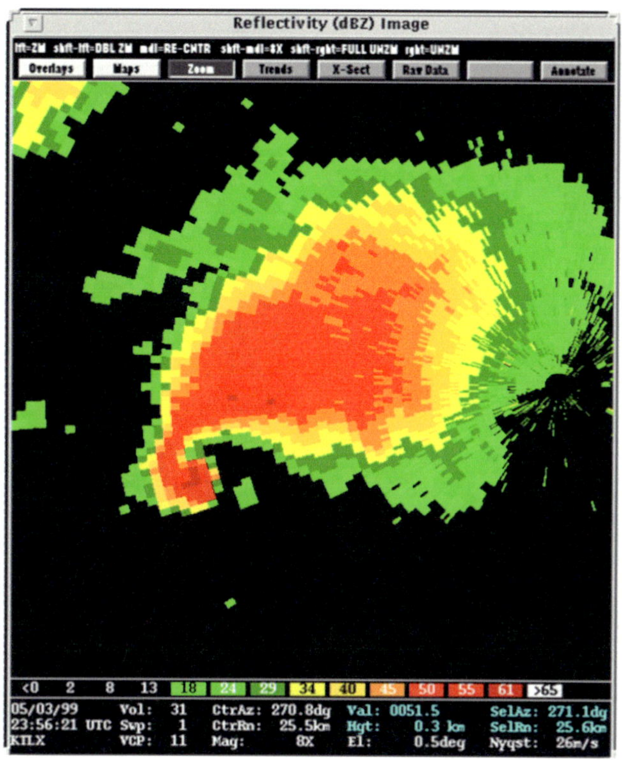

그림 17.13 ❙ 지면 부근에서 초대형 세포 뇌우의 모식도.

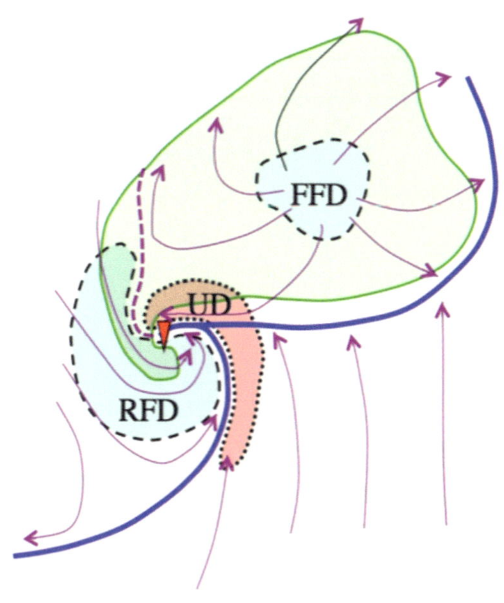

그림 20.1 ❙ 산업화 시대(1750~2011년)중 기후 변화의 복사강제력.

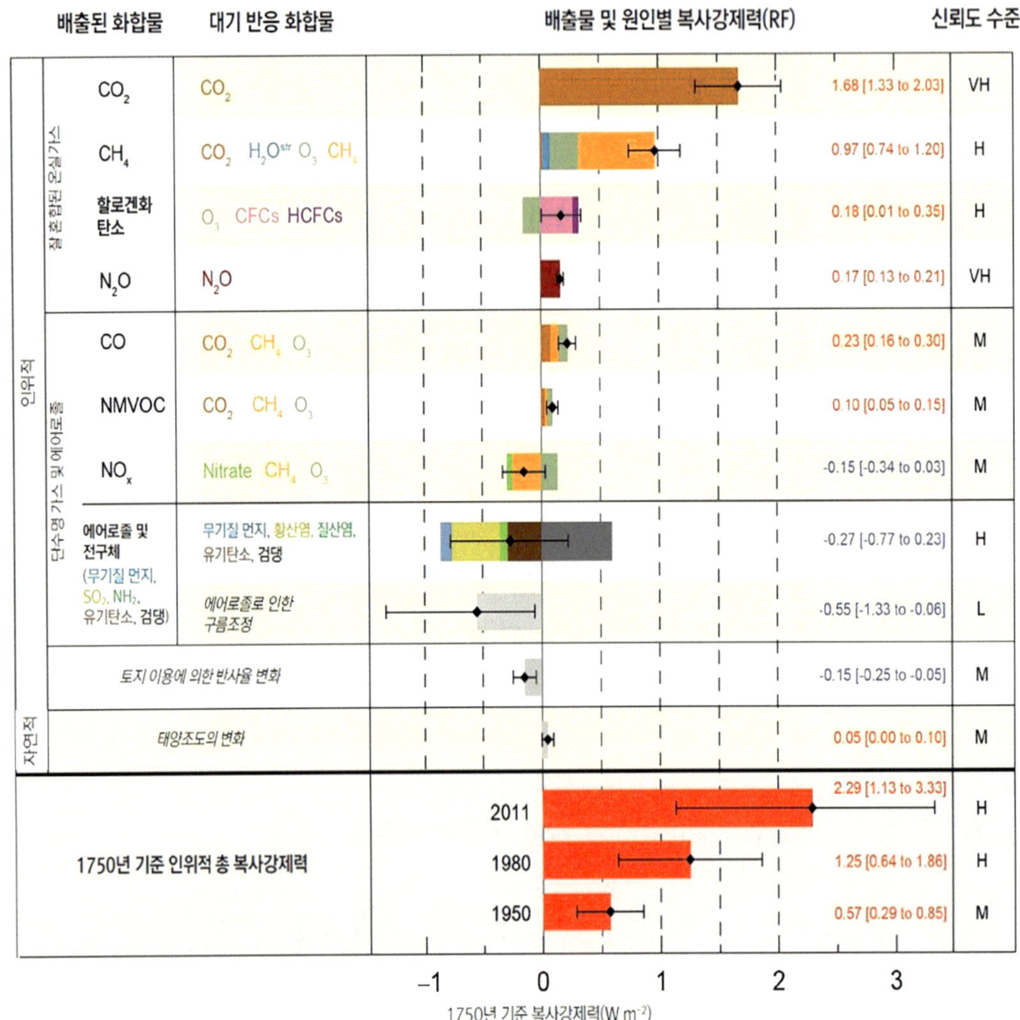

그림 20.16 ▌ SSP1-2.6~SSP5-8.5 시나리오에 따른 현재 대비 21세기 말의 (a) 평균기온 변화(℃) (b) 평균 강수량 변화(%).

(a)

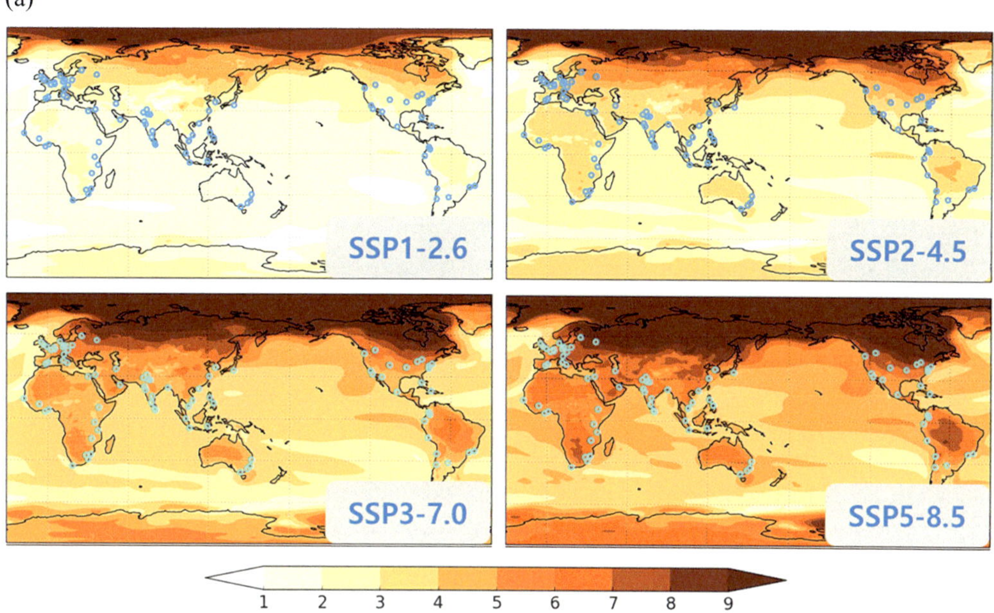

(b)

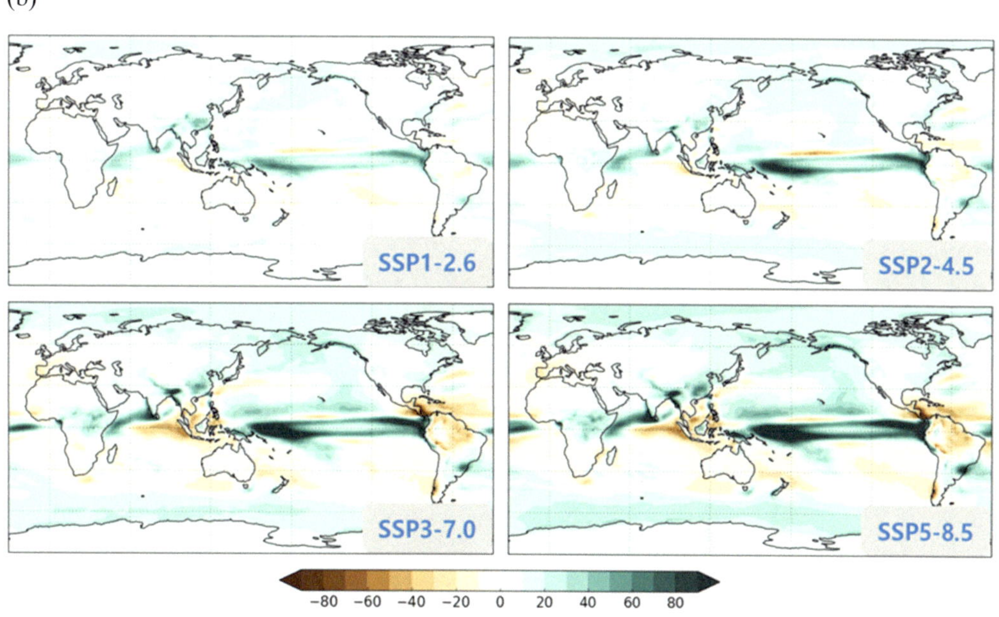

그림 20.19 ▌ 전 지구 취약성 지수.

Observed human vulnerability differs between and within countries and strongly determines how climate hazards impact people and society

(a) Map of observed human vulnerability based on two comprehensive global indicator-systems using national data, plus examples of selected local vulnerable populations and Indigenous Peoples

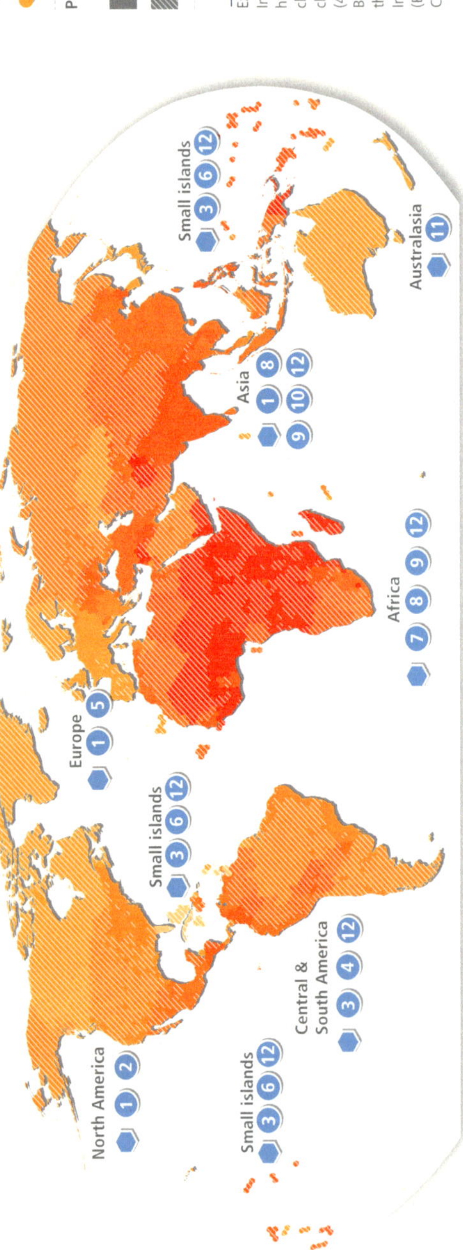

Relative vulnerability
- Very high
- High
- Medium
- Low
- Very low

Population density
- High
- Low

Examples of Indigenous Peoples with high vulnerability to climate change and climate change responses (4.3.8, 5.10.2, 5.13.5, Box7.1, 8.2.1, 15.6.4) and the importance of Indigenous Knowledge (Box9.2.1, 11.4, 14.4, Cross-Chapter Box INDIG)

Examples of local vulnerable populations | Examples of some aspects of vulnerability | Chapter references

1. **Indigenous Peoples of the Arctic** | health inequality, limited access to subsistence resources and culture | CCP 6.2.3, CCP 6.3.1
2. **Urban ethnic minorities** | structural inequality, marginalisation, exclusion from planning processes | 14.5.9, 14.5.5, 6.3.6
3. **Smallholder coffee producers** | limited market access & stability, single crop dependency, limited institutional support | 5.4.2
4. **Indigenous Peoples in the Amazon** | land degradation, deforestation, poverty, lack of support | 8.2.1, Box 8.6
5. **Older people, especially those poor & socially isolated** | health issues, disability, limited access to support | 8.2.1, 13.7.1, 6.2.3, 7.1.7
6. **Island communities** | limited land, population growth and coastal ecosystem degradation | 15.3.2
7. **Children in rural low-income communities** | food insecurity, sensitivity to undernutrition and disease | 5.12.3
8. **People uprooted by conflict in the Near East and Sahel** | prolonged temporary status, limited mobility | Box 8.1, Box 8.4
9. **Women & non-binary** | limited access to & control over resources, e.g. water, land, credit | Box 9.1, CCB-GENDER, 4.8.3, 5.4.2, 10.3.3
10. **Migrants** | informal status, limited access to health services & shelter, exclusion from decision-making processes | 6.3.6, Box 10.2
11. **Aboriginal and Torres Strait Islander Peoples** | poverty, food & housing insecurity, dislocation from community | 11.4.1
12. **People living in informal settlements** | poverty, limited basic services & often located in areas with high exposure to climate hazards | 6.2.3, Box 9.1, 9.9, 10.4.6, 12.3.2, 12.3.5, 15.3.4

대기과학 에센스

초판 1쇄 발행 2015년 9월 4일
3판 2쇄 인쇄 2024년 1월 31일

저 자 하경자 · 김경익

발행인 전호환
펴낸곳 부산대학교 출판부
주소 – 부산광역시 금정구 부산대학로63번길 2(장전동)
전화 – (051) 510 – 1932~3
전송 – (051) 512 – 7812

* 잘못된 책은 구입한 서점에서 교환해 드립니다.

정가 26,000원

ISBN 978-89-7316-622-0 93450

이 책은 2014년도 부산대학교출판부 교수저술지원사업비로 출간한 것입니다.